Anne M. Schüller & Torsten Schwarz
Herausgeber

LEITFADEN WOM Marketing

Die neue Empfehlungsgesellschaft
Online und offline neue Kunden gewinnen
durch Social Media Marketing, Viral Marketing,
Advocating und Buzz

marketing BÖRSE
www.marketing-boerse.de

ISBN-13: 978-3-00-030470-5
ISBN-10: 3-00-030470-3

Melanchthonstr. 5, D-68753 Waghäusel
Internet: http://www.marketing-boerse.de
Kontakt: info@marketing-boerse.de

Umschlagsgestaltung: Maren Wendt, Hamburg
Satz und Layout: KOMM-ON Peter Föll, Karlsruhe
Druck und Bindung: Wilhelm & Adam, Heusenstamm
Gedruckt auf säurefreiem, alterungsbeständigem und chlorfreiem Papier
Printed in Germany

Vorwort

Zwei Drittel der großen US-Online-Shops nutzen schon die Weiterempfehlfunktionen ins Social Web. „Social Sharing" heißt der große Trend. Empfehlungen werden massenhaft weitergereicht oder „retweetet". Nahezu neunzig Prozent der Internetnutzer finden die Bewertungen anderer wichtig und nutzen sie als Informationsquelle. Wer auf einer Produktseite im Internet von den Gesichtern seiner Freunde angelacht wird, weil diese den „Gefällt mir"-Knopf gedrückt haben, kauft eher.

Google, Qype und Foursqare erlauben es schon heute, jeden beliebigen Ort weiterzuempfehlen. Gerade hat Facebook diese Funktion freigeschaltet. Das führende US-Bewertungsportal Yelp startete kürzlich in Deutschland. Empfehlungen sind der neue Trend im Internet. Selbst Adwords-Textanzeigen können seit Kurzem bewertet werden. Die ersten Kneipen geben empfehlungsstarken Foursquare-Nutzern Freibier aus.

Was bei Eurovision noch ein einmaliges Telefonvoting ist, wird nun im Internet zum Massenphänomen. Was im Moment noch wie ein harmloses Spiel aussieht, kann jedoch bald ernst werden. Wer beim Voting durchfällt, hat verloren. Wer in der Werbung mehr verspricht, als er halten kann, bekommt schlechte Bewertungen. Der Umsatz steigt nicht mehr proportional zum Werbedruck, sondern mit der Zahl positiver Empfehlungen. Mundpropaganda gewinnt an Bedeutung, weil das Internet es so leicht macht.

Wer die Regeln des WOM-Marketing kennt, wird zu den Gewinnern gehören. Was früher im Kleinen weitererzählt wurde, erreicht heute blitzschnell die halbe Welt. Wenn bei Münster ein Blumenkübel umfällt, weiß es sofort die halbe Nation. Googeln Sie einmal danach. Eines sollten Sie bedenken: WOM lässt sich nur bedingt steuern. Was jedoch steuerbar ist, erfahren Sie in diesem Buch.

München und Waghäusel, im August 2010

Anne M. Schüller — Torsten Schwarz

INHALT

3. Word-of-Mouth-Marketing im Web

4. Online-Empfehlungen und Bewertungen

5. Die praktische Umsetzung im Offline-WOM

6. Reputationscontrolling im WOM

7. Die Implementierung des WOM

8. Anhang

Einleitung

Anne M. Schüller

Willkommen in der Empfehlungsgesellschaft. Das größte Empfehlungsnetzwerk, das es je gab, heißt **Social Web**. Die gute alte Mundpropaganda verlagert sich immer mehr ins Internet. Das klassische Weitererzählen und Weiterempfehlen erlebt als digitaler Consumer Content eine unbändige Renaissance. Interaktive virtuelle Plattformen – unter dem Sammelbegriff Web 2.0 zusammengefasst – haben das WWW zu einer wahren Spielwiese für alle möglichen Formen des Empfehlungsmarketing gemacht. Das ist Risiko und Chance zugleich.

Denn ob es den Unternehmen nun gefällt oder nicht: Was immer sie heute tun, im Web spricht es sich herum. **Word-of-Mouth** (WOM) erlangt schnell epidemische Ausmaße – im positiven wie auch im negativen Sinn. Wer unbeschadet davonkommen will, tut gut daran, eine Top-Performance zu bieten, moralisch sauber zu sein und in einen offenen, ehrlichen Dialog zu treten. Denn in unserer global vernetzten Welt kommt – früher oder später – alles raus. Und Minderwertiges wird gnadenlos ausgesondert.

In einem solchen allgegenwärtigen Social Media-geschwängerten Scenario schaffen Faszinationskraft, Reputationsvertrauen und überraschend positive Erfahrungen die beste Basis für reichlich Gesprächsstoff und wohlmeinende Mundpropaganda. Dies nicht länger dem Zufall zu überlassen, sondern durch geeignete Methodiken – und gemeinsam mit den Konsumenten – systematisch und zielsicher zu gestalten, davon handelt dieses Buch. Dabei geht es nicht nur um ein Set neuartiger Kommunikationstools, sondern letztlich um das Planen und Umsetzen einer **zukunftsweisenden Managementstrategie: Word-of-Mouth-Marketing**.

Weitersagen 2.0

Bis vor wenigen Jahren beschränkten sich die Möglichkeiten zum Weiterempfehlen auf Familienmitglieder, Nachbarn, Freunde und Kollegen. Mundpropaganda fand in einem überschaubaren Rahmen statt. Sie war zwar hörbar, aber nicht sichtbar. Und sie war flüchtig, denn sie musste erinnert werden. Heutzutage wird das, was wir von einer Sache halten, öffentlich geteilt. Und bis in alle Ewigkeit gespeichert.

Hierzu kann auf **digitale Kommunikationswerkzeuge** von unglaublicher Reichweite zurückgegriffen werden, wodurch sich positives wie auch negatives Gerede (Buzz) explosionsartig verbreitet. Mithilfe mobiler Endgeräte erreicht Word-of-Mouth nicht länger nur die Ohren weniger Interessierter, sondern inzwischen drahtlos die unzähligen Bildschirme der ganzen Welt. Werbung, auf

http://www.marketing-boerse.de/Experten/details/Anne-Schueller

die zu achten es sich lohnt, kommt vornehmlich aus dem Kreis der vernetzten Verbraucher. Sie sind die neuen Vermarkter.

Empfehlungen stecken fortan in der Hand- oder Hosentasche. Wer unterwegs ist und zum Beispiel über ein Restaurant oder Hotel Informationen will, braucht sein Handy nur noch in die gewünschte Richtung halten. Aus den Tiefen des Internet holt sich unser mobiler Begleiter, sofern er über die entsprechende Ausrüstung verfügt, die Antworten in Echtzeit aufs wartende Display. Und während unser Blick bedächtig über die Auslagen eines Schaufensters streift, checkt unser **Smartphone** via Apps bereits die Reputation des Händlers, die ökologische Haltung des Anbieters, den Fan-Faktor der Marke und die Preise im Vergleich.

All das ist schon längst keine Zukunftsmusik mehr. **Augmented Reality** (AR) macht es möglich. Sie wird nicht nur den Anwendern reichlich Spaß bescheren, sondern auch den gut Bewerteten dickes Geschäft. Das Problem dabei: Anbieter mit schlechten Kritiken und die ganz ohne Bewertung werden wohl leer ausgehen.

In nicht allzu ferner Zeit werden wir uns sogar in Räume begeben können, in denen die Wände lichtemittierende Flächen sind. Gestochen scharf werden dann Menschen von irgendwo auf der Welt vor uns stehen und über ihre Anwendererfahrungen – quasi leibhaftig – berichten. Wenn es soweit ist, dann gibt es für WOM kein Halten mehr. Denn dann bekommen wir über den sprachlichen Ausdruck hinaus auch die nonverbale Authentizität zu sehen. Und das ist uns Menschen das Wichtigste. Weil wir vor allem an der Körpersprache auslesen können, ob es jemand gut oder böse mit uns meint.

Schon jetzt ist sichtbar: Das **Internet und das Outernet** verschmelzen zu einem globalen Miteinander. Und die Menschen machen überaus rege Gebrauch davon. Kommunizierend zickzacken sie durch den virtuellen und den realen Raum, immer auf der Suche nach ihresgleichen. Denn Menschen sind sozial vernetzte Individuen. Isolation gehört zu unseren schlimmsten Ängsten. So erklärt sich auch der kometenhafte Aufstieg der Social Networks. Und vieles deutet darauf hin: Das ist erst der Anfang.

Jedenfalls haben sich die Kunden sehr geschwind von passiven Befehlsempfänger-Konsumenten („Kaufen! Sie! Jetzt!") zu aktiven **Marktgestaltern** und machtvollen **Kaufverhaltensbeeinflussern** gewandelt. Den Unternehmen fällt nunmehr die Aufgabe zu, sich diese Entwicklung zügig zunutze zu machen, förderliche virale Prozesse zu stimulieren und voller Leidenschaft mitzugestalten. Vor allem aber müssen sie ihren Kunden Möglichkeiten bieten, sich untereinander auszutauschen. Die vielleicht größte Herausforderung dabei? Zu verstehen, wie **Netzwerke** und **Gemeinschaften** funktionieren. Denn dann verstehen wir auch, wie WOM gut gelingt. Übrigens hat die neuere Hirnforschung in diesem Zusammenhang interessante Antworten parat.

Dabei wird klar: Zwischenmenschliche Beziehungen färben und lenken sehr stark, was wir für gut oder schlecht befinden. Manches erscheint uns nur deshalb begehrenswert, weil andere es haben – oder wollen. Gruppendynamische Prozesse nennt man das gern. Was viele tun, das kann so falsch nicht sein. Dabei rücken zunehmend die sogenannten „Alphas“ und „Mavens“ in den Fokus, die als Meinungsmacher und Referenzgeber fungieren. Ihr Urteil beeinflusst das Konsumverhalten ganzer Gruppen. Denn viele hören erst mal, was **„Influencer“** und **„Opinion-Leader“** zu sagen haben. Die wenigsten unter uns sind ja Vormacher, die meisten sind Nachmacher. So kommt es, dass Menschen sich an denen orientieren, die „oben“ sind und das Sagen haben. Auch wenn deren Leistung manchmal in keinem Verhältnis zu dem Lärm steht, den sie machen.

Die Bedeutung von Mundpropaganda wächst

Eines kann schon jetzt als sicher gelten: Die Bedeutung von Mundpropaganda- und Empfehlungsmarketing wird weiter kräftig wachsen – und das aus drei Gründen:

1. Gerade jetzt und in Zukunft noch verstärkt müssen Unternehmen zeigen, dass sie zu den wirklich Guten gehören. Am wirkungsvollsten ist es, wenn dies nicht vom Anbieter selbst behauptet, sondern von begeisterten Anwendern bezeugt wird. Als **Testimonial** agierende echte Kunden haben einen Vertrauensbonus. Sie machen neugierig und verbreiten Kauflaune. Ihre Empfehlungen wirken glaubhaft und neutral. Dadurch verringern sich Kaufwiderstände erheblich – und das Ja-sagen fällt leicht.

2. Durch die sich verschärfenden **Datenschutzgesetze** wird es immer schwieriger, Interessenten „kalt“ anzusprechen. Ein Empfehler hingegen schafft nicht nur Wärme, sondern auch ein perfektes Entrée. Das Neukunden-Gewinnen ist leicht, wenn man agile Fans und hochengagierte Multiplikatoren hat. Immer mehr Menschen folgen, wie einschlägige Studien zeigen, deren Hinweisen unbesehen – und frohgemut. Denn Empfehlungen basieren auf Erfahrungswissen. Sie kanalisieren den unendlichen Strom überbordender Angebotsvielfalt. Und sie trennen die Spreu vom Weizen. Sie machen damit unser Leben einfach und sicher. Und sie reduzieren Enttäuschungsgefahr.

3. Vieles im „alten“ Marketing funktioniert nicht mehr. Das Trommelfeuer und der Sirenengesang klassischer Werbung haben ausgedient. Professionelle Mittelsmänner werden zunehmend vom Markt verschwinden. Kostenlos agierende Fürsprecher und ja, auch belohnte und bezahlte Empfehler werden künftig das Bindeglied zwischen Anbieter und Endkunde sein. Mit der **Entwicklung passender Geschäftsmodelle** für diesen Zweck stehen wir erst ganz am Anfang. Am wirkungsvollsten sind freilich die unentgeltlich ausgesprochenen oder audiovisuell sichtbar gemachten Empfehlungen, Hinweise und Tipps.

Aus diesen und vielen weiteren Gründen muss **Word-of-Mouth-Marketing im Businessplan ganz weit nach vorne** rücken. Immer noch wird in Unternehmen ja viel zu oft übersehen, dass nicht die eigenen Vertriebsleute, sondern empfehlende Fans die besten Vermarkter sind. Sie haben die höchste

Überzeugungskraft – und die geringsten Streuverluste. Denn sie sorgen für Relevanz. Deshalb gilt: Die Macht der vielen Konsumentenmünder ist weit größer als die Macht der trügerischen Werbebilder. Und ferner gilt: Wer mithilfe eines Heeres von Promotoren für Anziehungskraft sorgt, der braucht nicht länger mit den Waffen des Preiskampfs hantieren.

Über den Inhalt des Buchs

Wohlgesinnte Mundpropaganda und aktive Positiv-Empfehlungen sind das Wertvollste, das ein Unternehmen von den Konsumenten bekommen kann. Deshalb lautet die alles entscheidende Aufgabe in Management, Sales & Marketing:

Wie bringen wir Menschen dazu, gut über uns und unsere Marken zu reden? Und wie machen wir unsere Kunden und Kontakte ganz gezielt und systematisch zu Top-Verkäufern unserer Angebote, Produkte und Services?

Die Möglichkeiten dazu sind facettenreich, und sie werden in diesem Leitfaden ausgiebig erörtert. Nach einer Einführung ins Thema, in der es auch um die Begrifflichkeiten rund um das WOM-Marketing geht, werden zunächst die **strategischen Grundlagen** beleuchtet. Dabei geht es um passende Ziele, eine empfehlungsfokussierte Positionierung und die Menschen, die als Advokaten, Ambassadeure und Empfehler hilfreich sein können. Ein Beitrag über Storytelling zeigt schließlich, wie gute Geschichten zum Weitererzählen aufgebaut sind. Danach werden **mundpropaganda-relevante Meilensteine** beleuchtet, wobei ein adäquater Umgang mit Bestandskunden, mit der Marke und mit Online-PR eine wesentliche Rolle spielt.

In den beiden folgenden großen Kapiteln geht es um **webbasiertes WOM**, im vierten Kapitel dabei speziell um Online-Empfehlungen und Bewertungen. In insgesamt 17 Beiträgen werden eine Vielzahl von Methoden sowie eine ganze Reihe von Kampagnenbeispielen vorgestellt. Dabei wird gezeigt, wie Viralität, Mundpropaganda und Empfehlungsbereitschaft bewirkt werden können: auf geeigneten Social Media-Plattformen, im E-Mail-Marketing und in Online-Communities. **Ausführlich berichten Experten aus ihrer täglichen Praxis**: Was funktioniert? Und was nicht? Was hat sich bewährt? Was sind die Dont's and Do's? Und worauf muss im Einzelnen geachtet werden, damit sich schließlich die gewünschten Erfolge zeigen?

Kapitel fünf befasst sich vornehmlich mit den **offlinerelevanten Aspekten des Empfehlungsmarketing** im Verkaufsgespräch und anderswo. Dabei geht es auch um das Neukundengewinnen durch Referenzen und das Auslösen von Gesprächsstoff via Guerilla-Marketing. Ein Beitrag über Pressearbeit zeigt schließlich, wie man durch außergewöhnliche Aktionen in die Medien kommt.

Das ist wichtig, denn Presse, Funk und Fernsehen sind immer noch mächtige Multiplikatoren.

In Kapitel sechs geht es dann um das **Controlling** der gewählten Maßnahmen. Social Media Monitoring und Reputationsmanagement im Web spielen dabei eine besondere Rolle. Mit dem Schutz vor Saboteuren, also einem wirkungsvollen online- und offlinebasierten Beschwerdemanagement sowie konkreten Tipps endet dieser Teil.

Im letzten Kapitel geht es schließlich um das in die Unternehmensstrategie eingepasste Umsetzen der beschriebenen Maßnahmen. Hierzu wird neben anderem ein **Customer Touchpoint Management** vorgeschlagen, welches die „neuen Momente der Wahrheit" integriert. Denn im Social Web kann man es sich mit vielen Interessenten bereits verscherzen, noch bevor diese eine erste Anfrage gestartet haben. Dabei erlangt ein spezieller Kontaktpunkt eine ganz herausragende Bedeutung: Das Suchfeld von Google & Co. Kaufprozesse beginnen ja heutzutage nicht selten mit einem Rundgang über solche Portale, auf denen es zahlreiche Konsumenten-Meinungen zu besichtigen gibt.

Eines wird bei all dem ganz klar: Heutzutage ist es unabdingbar, Online- und Offlineaktivitäten ohne Medienbruch eng zu verzahnen und – das ist wichtig – mit den Marktteilnehmern gemeinsam zu gestalten. **WOM ist dabei der Brückenbauer**, das verbindende Glied, weil es – wie die Menschen auch – in beiden Welten spielt.

Warum Empfehlungen uns so wichtig sind

Im Beziehungsdreieck zwischen Empfehlungsgeber, Empfehlungsempfänger und empfohlenem Unternehmen sind – um virale Effekte am Ende gezielt auszulösen – die folgenden Vorüberlegungen hilfreich:

1. Was motiviert einen Menschen, für ein Unternehmen und seine Angebote als Botschafter wohlwollend tätig zu sein?

2. Aus welchen Gründen suchen wir den Rat unserer Mitmenschen? Und warum folgen wir deren Hinweisen manchmal geradezu blind?

Verlässliche Empfehlungen Dritter geben uns Orientierung und verringern das Risiko einer bedrohlichen Fehlentscheidung – im beruflichen wie auch im privaten Bereich. Sie ersetzen mangelndes Wissen durch Vertrauen. Sie schaffen Sicherheit. Und sie helfen, eine Menge Zeit zu sparen.

Wir greifen insbesondere dann auf eine Empfehlung zurück,

- wenn es schwierig oder aufwendig ist, sich einen Überblick über den jeweiligen Markt, alle Anbieter und ihre Leistungen zu verschaffen,
- wenn Angebote komplex oder stark erklärungsbedürftig sind,
- wenn uns die notwendige Fachkenntnis fehlt,

- wenn uns die notwendige Muße fehlt,
- wenn Produkte sehr teuer sind,
- wenn wir ein langfristiges Engagement eingehen müssen,
- wenn wir uns einen Fehlkauf nicht leisten können,
- wenn wir uns nicht entscheiden können,
- wenn es um unsere Sicherheit geht,
- wenn es um ein hohes Maß an Vertrauen geht.

Wenn wir uns also einer Sache nicht sicher sind, hören wir auf die, die ihre praktischen Erfahrungen gutgemeint mit uns teilen: verlässliche Empfehler. Empfehler sind das Bindeglied zwischen Gewohntem und Ungewissheit, zwischen altem und neuem Ufer. Sie legen die Trittsteine und machen so den Weg ungefährlich und frei. Genau deshalb ist empfohlenes Geschäft auch so leicht zu bekommen.

Warum werden Menschen als Empfehler aktiv?

Nur, wenn man etwas geboten bekommt, worüber es sich zu reden lohnt – womit man sich also schmücken und bei Anderen punkten kann – nur dann wird man eifrig darüber berichten. **Word-of-Mouth ist eine hochemotionale Angelegenheit.** Und immer ein wenig irrational – weit jenseits der Vernunft. Wie bei der Liebe auch: Es muss funken zwischen Anbieter und Kunde. Denn wen wir nicht leiden können, den empfehlen wir nicht. Und enttäuschte Fans? Sie können in Windeseile zu subversiven Saboteuren werden. Liebe und Hass sind nah beieinander.

Word-of-Mouth setzt also nicht nur bemerkenswerte Produktfeatures, sondern immer auch eine Menge Beziehungsarbeit voraus. Und dazu werden zwei Dinge benötigt: **Menschenversteher-Wissen** und **Superlative**. Mittelmaß wird niemals empfohlen. Erst im Bereich der Spitzen, wenn wir also höchst zufrieden oder zutiefst unzufrieden sind, entsteht die Motivation zur Abgabe von WOM. Und schließlich. Es braucht Stories, die weitererzählbar sind. Denn unser Oberstübchen liebt Bilder und Geschichten.

Mundpropaganda und Empfehlungsbereitschaft entstehen insbesondere dann,

- wenn man hiermit seiner Persönlichkeit Ausdruck verleihen kann,
- wenn man dadurch Coolness und Geltungsbedürfnis nähren kann,
- wenn man zum Wohlergehen Anderer beitragen kann,
- wenn man sich durch Insider-Wissen oder als Vorreiter profilieren kann,
- wenn man sich zugehörig und als Teil einer Gemeinschaft fühlen kann,
- wenn man in Entstehungsprozesse mitgestaltend involviert wurde,
- wenn etwas Unterhaltsames oder Sensationelles bereitgehalten wird,
- wenn etwas völlig Neues oder sehr Exklusives offeriert wird,
- wenn etwas überaus Nützliches oder höchst Begehrenswertes angeboten wird,
- wenn es etwas zum Gewinnen oder zum (miteinander) Spielen gibt.

Auf einen Nenner gebracht, lässt sich das so zusammenfassen: Menschen wollen nicht nur Geld und Spaß, sie wollen sich auch als „wichtig“ erleben. Sie wollen Sinnhaftes tun. Und Spuren hinterlassen. Und als geschätztes Mitglied einer Gemeinschaft gelten. Wer ihnen dazu verhilft, dem wird dies **mit wertvoller Mundpropaganda vergoldet**.

Ein schöner Nebeneffekt: Die, die ein Unternehmen mit Inbrunst und Leidenschaft weiterempfehlen, werden dieses kaum mehr verlassen. So kommt man zu Kunden mit quasi eingebauter **Bleibe-Garantie**.

Nur wer empfehlenswert ist, wird auch weiterempfohlen

Das Wichtigste zum Schluss: Nur wer wirklich empfehlenswert ist, wird auch weiterempfohlen. Hierzu sind – neben wertigen Angeboten und einer exzellenten Reputation – hochmotivierte Mitarbeiter vonnöten. Mitarbeiter, die nicht nur Spitzenleistungen erbringen können, sondern dies vor allem auch wollen. Basis dafür ist eine **kundenfokussierte Unternehmenskultur**. Achtsam und verlässlich sein, Wertschätzung zeigen, besser sein, schneller sein, nach kundenrelevanten Problemlösungen suchen, gute Gefühle bewirken, durch immer wieder neue faszinierende Kauferlebnisse für begeisternden Gesprächsstoff sorgen: Das ist es, was der Markt dann mit Word-of-Mouth honoriert.

Unternehmen, die das schaffen, werden nicht länger um Empfehlungen betteln müssen. Diese kommen jetzt von ganz allein. **Entflammte Kunden** werden von nun an kräftig die Werbetrommel rühren. Und von sich aus nach passenden Interessenten suchen. Sie werden sich bei Ihnen melden, um potenzielles Neugeschäft zu avisieren. Als enthusiastische Botschafter, glaubwürdige Advokaten und emsige Multiplikatoren werden sie der ganzen Welt erzählen, wie unvergleichlich vortrefflich Sie sind.

In einer sich anonymisierenden und zur Vereinzelung neigenden Gesellschaft ist das **Mitteilungsbedürfnis** der Menschen besonders hoch. Social Media ist dafür der geeignetste Katalysator. Gerade deshalb wird vor allem die onlinebasierte Mundpropaganda immer mehr zum Massenphänomen – und ist schon fast so etwas wie Bürgerpflicht. An der Macht der Vielen kommt heute kein einziges Unternehmen mehr vorbei.

Sei wirklich gut und bringe die Menschen dazu, dies engagiert weiterzutragen!

So lautet das Mantra in einer Empfehlungsgesellschaft. Word-of-Mouth-Marketing ist Umsatz-Boosting. Doch nur, wer die Regeln des neuen WOM beherrscht, wird künftig zu den Gewinnern zählen. Von Konsumenten, Kunden und Kontakten empfohlen zu werden, ist nicht nur die wirkungsvollste, sondern auch die kostengünstigste Form der Kunden-Neugewinnung. Und damit die intelligenteste **Rendite-Zuwachsstrategie** aller Zeiten.

STRATEGISCHE GRUNDLAGEN

INTRO

Empfehlungen – eine lange Geschichte: Ossi Urchs gibt einen historischen Abriss über Online-Empfehlungen. Er erzählt, wie Empfehlungen in der Architektur des Internets schon immer angelegt waren. Computerbildschirme bezeichnet er als die „Lagerfeuer des digitalen Zeitalters".

Roter Faden im Begriffsdschungel: Alexander Körner erklärt die Unterschiede der Begriffe. Zwischen Empfehlungen, Word-of-Mouth und Viral Marketing gibt es wichtige Unterschiede. Alle jedoch haben mit dem veränderten Kommunikationsverhalten durch die erstarkte Interaktion zwischen Verbrauchern zu tun.

Kritische Erfolgsfaktoren für die Akzeptanz von viralem Marketing: Marcus Schögel, Fabian Dörr und Dennis Herhausen gehen mit universitärer Gründlichkeit auf Chancen und Risiken viraler Botschaften ein. Dazu zählen Kontrollverlust im Kommunikationsprozess oder Anreize bei den falschen Personen. Virale Prozesse können nicht mehr vom Unternehmen gestoppt werden. Die kontrollierte Verbreitung ist deshalb nur noch eine Illusion.

Wie wichtig ist Mundpropaganda-Marketing? Bernd Röthlingshöfer deklariert Mundpropaganda zur neuen Querschnittsaufgabe von Unternehmen. Sie wirkt nicht nur nach außen sondern auch ins Unternehmen hinein. Sowohl Kritik als auch Lob wird offen ausgesprochen.

Positionierung – der Schlüssel für erfolgreiche Empfehlungen: Peter Sawtschenko stellt anhand von Beispielen dar, weshalb eine durchdachte Positionierung die unerlässliche Vorbedingung für ein funktionierendes Empfehlungsmarketing ist. In zwölf Schritten zeigt er den Weg zur erfolgreichen Positionierung.

Ein Blick ins Gehirn: Die individuelle emotionale Persönlichkeitsstruktur eines Menschen beeinflusst in hohem Maße sein Mundpropaganda-Gebaren und seine Empfehlungsbereitschaft. Hans-Georg Häusel berichtet über die drei großen cerebralen Emotionssysteme und das unterschiedliche Empfehlungsverhalten der sieben „Limbic Types".

Mundpropaganda ist Storytelling. Und Storytelling ist Geschichten erzählen. Werner Fuchs führt uns in die Kunst des Geschichtenerzählens ein. Er verrät uns die kleinen Geheimnisse und die großen Ordnungsmuster gutgemachter Geschichten. Geschichten, denen wir gebannt lauschen – und die wir begeistert weitererzählen.

Empfehlungen und (Online-)Marketing – kurzer Abriss einer langen Geschichte

Ossi Urchs

„Hast Du schon mal die neue www-newsgroup angeschaut? Das könnte das ‚next big thing' werden", schrieb mein Freund Bob Jacobson, damals mein wichtigster Begleiter und „Guide" in den unendlichen Weiten des Netzes. Eine Empfehlung also, mich mit dem damals noch weitgehend unbekannten Thema „World Wide Web" zu beschäftigen.

Empfehlungen, im eigentlichen, persönlichen wie auch im Sinne eines modernen, interaktiven Marketings, sind also nichts wirklich Neues – schon gar keine „Erfindung" des Web 2.0, wie heute manche glauben möchten. Aber sie haben durch diese Entwicklung eine neue und unübersehbare Relevanz gewonnen – wie so vieles im Web, das in der Architektur des Internets schon immer angelegt war, aber für den durchschnittlichen Nutzer schwer zugänglich blieb. Einiges davon wurde durch die Innovationen, die wir heute unter dem schillernden Begriff **„Web 2.0"** zusammenfassen, zu einem allgemein bekannten und genutzten Teil der **„User Experience"**, also des Nutzungserlebnisses im Internet. Und dafür gibt es gute Gründe:

Empfehlungen in der Architektur des Internets schon immer angelegt

Die Sache mit der Interaktivität

Als ich vor etwa 15 Jahren versuchte, einem höchst erstaunten Publikum, das eigentlich Neue und Sensationelle am Internet zu erklären, erntete ich bestenfalls ungläubiges Staunen und schlimmstenfalls kopfschüttelndes Unverständnis. Denn ich versuchte den Unterschied zwischen dem neuen, interaktiven und personalisierten Internet und den alten, linearen Massenmedien von Print bis TV mit einem „Paradigmenwechsel" in der medialen Kommunikation zu erklären.

Unterschied zwischen dem neuen, interaktiven und personalisierten Internet und den alten, linearen Massenmedien

Lag doch allen bisher bekannten Massenmedien eine gemeinsame Kommunikationsstruktur zu Grunde: Immer versuchte ein „Sender" (sei es ein Verlag oder eine Fernsehanstalt) seine Inhalte an möglichst viele, allesamt passive „Empfänger" (Leser oder Zuschauer) zu bringen – und zwar um diese „Aufmerksamkeit" des geschätzten Publikums sodann an die eigenen Werbekunden weiter verkaufen zu können. Beide Kommunikationsteilnehmer, Sender und Empfänger, waren prinzipiell, wirtschaftlich wie technisch, von einander unterschieden: Für den Empfänger gab es keinerlei Möglichkeit „zurück zu senden".

Und genau dieses Paradigma gelte nun im Internet nicht mehr, so meine kernige These. Kann hier doch jeder „Nutzer" prinzipiell und jeder Zeit mit jedem anderen in einen Austausch treten und somit sowohl als Sender wie

http://www.marketing-boerse.de/Experten/details/Ossi-Urchs

Nutzer wird sich in Zukunft sein „Programm" selbst zusammenstellen

als Empfänger der Inhalte agieren. Mit erheblichen Konsequenzen für die Medienindustrie und ihre bekannten Geschäftsmodelle: Jeder Nutzer würde sich in Zukunft sein „Programm" selbst zusammenstellen, mit den Themen und Inhalten, die ihn persönlich besonders interessieren. Jede „Sendung", also jedes ausgetauschte Inhaltspaket, würde somit immer auch eine Einladung zum Dialog, zu Widerspruch oder Zustimmung, zu Engagement oder Nichtbeachtung, wenn nicht explizit, dann doch zumindest implizit, darstellen.

Und dann gehörte keine prophetische Gabe mehr zu der Vermutung, dass in einem solchen medialen Umfeld, auch die seit Jahrzehnten auf ihre größtmögliche Massentauglichkeit (und damit Banalität) gebürsteten Botschaften der kommerziellen (Massen-)Kommunikation („Weißer geht's nicht!") kaum noch eine Chance auf Gehör haben würden. Denn was soll der Nutzer auf solche Plattitüden schon antworten? Doch, es geht noch weißer! Oder was?

Kein Wunder, dass diese Erkenntnis, insbesondere bei den „gestandenen" Medien- und Marketing-Verantwortlichen im Publikum, alles andere als gut ankam. Zumal sich damals noch die wenigsten Nutzer so verhielten, wie von mir beschrieben und prognostiziert. Waren doch für solche interaktiven Lebenszeichen, insbesondere in den wilden Frühzeiten des Web, nur wenige Nutzer auch entsprechend gerüstet, verfügten also über das für die praktische Interaktivität damals noch unbedingt notwendige technische Wissen. Tatsächlich gaben sich die meisten Nutzer damit zufrieden, im Web Texte zu lesen und wesentliche (oft wissenschaftliche) Informationen abzurufen – wenn sie solche denn nach mühsamer Suche endlich gefunden hatten. Die Skeptiker, die im Internet nichts anderes als einen neuen „Distributionskanal" für ihre wohlfeilen Inhalte zu entdecken vermochten, schienen eindeutig recht zu behalten. Ein wenig Anpassung der Inhalte an neue mediale und technische Bedingungen, etwas „Repackaging" und Oberflächenkosmetik und fertig. Thema durch. Zurück zur Tagesordnung.

Mit Blog brauchte plötzlich niemand mehr HTML lernen

Diese (für die Medienindustrie) fatale Sichtweise änderte sich erst vor wenigen Jahren, zusammen mit dem Aufkommen und dem schier sensationellen Erfolg neuer Tools und Plattformen für den Austausch der Nutzer untereinander. Auf einmal brauchte niemand mehr HTML lernen, oder gar TCP/IP verstehen, nur um seine persönliche Sicht der Dinge auch der Web-Öffentlichkeit mitteilen zu können. Innerhalb kurzer Zeit entstanden Millionen von Blogs und immer neue Plattformen für den Austausch persönlicher Inhalte und Medien, die allesamt ein bis dahin geradezu unvorstellbar dynamisches Wachstum erlebten.

Eine Frage blieb allerdings zunächst unbeantwortet: Wem sollte ich mittels meiner mühelos selbst produzierten, persönlichen und digitalen Medien etwas mitteilen? Einer anonymen Masse von inzwischen über einer Milliarde Internetnutzern weltweit? Ein nicht wirklich befriedigendes oder gar lohnendes Unterfangen. Zwar gelang es einigen Bloggern ein durchaus stattliches Publikum, mit dem sich auch trefflich und engagiert diskutieren ließ, auf ihren Websites zu versammeln. Sogar einige echte, wenn auch vorübergehende YouTube-Stars tauchten auf, die es auf Hunderttausende, wenn nicht Millionen von amüsierten Online-Video-

Fans brachten, die wiederum selbst für die weitere (virale) Verbreitung ihrer Entdeckungen sorgten.

Aber all das konnte doch nicht über einen entscheidenden Zusammenhang hinwegtäuschen.

Interaktivität braucht Gemeinschaft

Richtig verstandene, auch durchaus komplexe, **Interaktivität**, die das Ergebnis eines gedanklichen Findungsprozesses in eine neue und unerwartete Richtung lenken kann, also weit über die rudimentären „Like"- oder „Share"-Buttons hinausgeht, funktioniert, wenn überhaupt, dann nur schlecht mit einer großen Masse unbekannter Diskussionsteilnehmer. Ich muss mein Gegenüber zumindest ansatzweise kennen, Hintergründe und Zusammenhänge seiner Argumentation verstehen und einschätzen können, um mit ihm in einen einigermaßen kreativen und auch produktiven Diskurs einsteigen zu können: der **Kontext** macht's! Mit Freunden streitet es sich allemal beherzter und produktiver als mit völlig unbekannten Fremden. Verständnis setzt immer auch die Kenntnis des Zusammenhangs, in dem ein Argument entstanden ist, voraus. Und das gilt für die persönliche wie für die kommerzielle Kommunikation – wenn sie denn auf dem Austausch von Argumenten und Erfahrungen beruht.

So wundert es nicht, dass schon die ersten „Communities", Plattformen für neue, **virtuelle Gemeinschaften** im Netz, immer auch Plattformen für Diskussionen und den Austausch von Erfahrungen und darauf basierenden Empfehlungen jeder Art waren. Das galt auch und ganz besonders für die „Mutter aller" Online-Communities im Netz, die auf den ebenso schönen wie passenden Namen „WELL" getauft wurde – wobei der Name als Akronym für „Whole Earth °Lectronic Link" stand. Es handelte sich um einen frühen, digitalen Ableger des „Whole Earth Catalogue", der „Bibel" der amerikanischen Counter Culture. Schon in den 80er Jahren versammelten sich hier große Teile dieser Szene, um sich im wörtlichen Sinn über Gott und die Welt auszutauschen. Wie in der gedruckten Version ging es hier auch um Bücher und Werkzeuge, um Musik und Mode, aber auch um Plätze und Geräte für eine neue Landkommune, um Lebenshilfe und Lebensmittel („organic", versteht sich) oder um Tipps für den nächsten Trip nach Indien oder nach Mexiko. Allerdings konnten die Inhalte hier sehr viel schneller aktualisiert und von den Mitgliedern auf so genannten „Schwarzen Brettern" online diskutiert und bewertet werden.

Austausch von Erfahrungen und darauf basierenden Empfehlungen

Ins Leben gerufen und anfangs auch noch stark geprägt von der kalifornischen Alternativ-Szene wuchs und gedieh die WELL schnell über deren Grenzen hinaus und wurde so zur größten und erfolgreichsten Community im noch jungen Web. Und zwar auf Grund einer entscheidenden „Kernkompetenz": Dem lebhaften und produktiven Austausch der Mitglieder untereinander und den dabei produzierten Tipps und Empfehlungen.

Spätestens nachdem einer der Gründer der WELL, Howard Rheingold, in seinem Buch „The Virtual Community" diesen Zusammenhang beschrieben und analysiert hatte, sorgte die Gemeinschaft auch in der gerade entstehenden Disziplin des Online-Marketings für Aufsehen und Hoffnung. Rheingolds Kernthese war klar und unmissverständlich:

Wer im Internet etwas (kommunikativ und wirtschaftlich) erreichen will, ist dabei immer auf die dort besonders engagierten und intensiv vernetzten Nutzer angewiesen. Wer diese Nutzer ansprechen und gewinnen will, muss selbst zu einem ebenso selbstverständlichen wie unverwechselbaren, also persönlich identifizierbaren, heute würden wir sagen: zu einem „profilierten" Teil ihrer Gemeinschaft werden. Das gilt auch und ganz besonders für Marken und Dienstleistungen, sowie deren Vermittlung durch die eine oder andere Form kommerzieller Kommunikation. Denn die besteht gerade in solchen Onlinegemeinschaften im Wesentlichen immer in der Weitergabe und dem Austausch von Tipps und Empfehlungen durch die Nutzer. Es kommt also darauf an, zum Teil – und zwar sowohl als Subjekt wie auch als Gegenstand – ihres Austausches und ihrer Gespräche zu werden.

Weitergabe und dem Austausch von Tipps und Empfehlungen durch die Nutzer

Starker Tobak für alle „Markenpäpste" und andere massenmedial geprägten kommerziellen Kommunikatoren, damals wie heute. Aber eben auch eine Analyse, die bis heute nichts von ihrem Wert und ihrer provozierenden Gültigkeit verloren hat. Fast ein Jahrzehnt vor dem „Cluetrain Manifesto" war also damals schon klar:

Nicht nur Märkte sind Gespräche ...

... sondern auch das (Online-)Marketing, das somit in seiner digitalen Form zu seinen vormedialen Ursprüngen zurückkehrt. Denn so wie unsere Vorfahren Tipps und Erfahrungen, Hinweise und Empfehlungen an den Lager- und Kaminfeuern der Vergangenheit ausgetauscht haben, so tun das die Internetnutzer heute vor ihren Bildschirmen. Und so war es nur konsequent, dass Derrick de Kerckhove, der Nachfolger McLuhans an der University of Toronto, die Computerbildschirme als die „Lagerfeuer des digitalen Zeitalters" bezeichnete. Denn genau hier findet der Austausch der Nutzer in Form ihrer digitalen Gespräche heute statt. Marken und Dienstleistungen können nicht nur, sie müssen selbstverständlich zum Teil dieses Kommunikations-Zusammenhangs werden, wenn sie denn zum „relevant mind-set", also zu den die Nutzer wirklich bewegenden Interessen gehören wollen. Allerdings findet diese bemerkenswerte Mischung aus medialer und persönlicher Kommunikation nicht mehr sequentiell nacheinander statt, sondern gleichzeitig und gleichermaßen von beiden Elementen geprägt.

Computerbildschirme als die „Lagerfeuer des digitalen Zeitalters"

Wer das ungewöhnlich findet, vergisst, dass dieser unmittelbare Zusammenhang erst mit der Entstehung moderner Massenmedien, also etwa zu Beginn des 19. Jahrhunderts nachhaltig aufgelöst wurde. Damit einher ging übrigens auch die „Perversion" des Marketings, also seine Wandlung vom Gegenstand des Dialogs der Nutzer zum Monolog der Marke. Und weil dieser Monolog für die Markenverantwortlichen so gemütlich und bequem war, wollten sie auch ganz und gar nicht davon lassen: Selbst als sich das neue, interaktive und personalisierte Internet den monodirektionalen Massenmedien hinzu gesellte.

Zunächst versuchte das herkömmliche Marketing dem neuen Massenmedium jede Relevanz abzusprechen. Als diese Ignoranz nicht länger haltbar schien, wurden fehlenden Techniken zur Messung der kommerziellen Kommunikation im Web als Grund für den mangelnden Erfolg altbackener Werbestrategien angeführt. Und schließlich verhallte auch die Mahnung des charismatischen Gründers des Media Labs am MIT in Boston, Nicholas Negroponte, dass die Werbung im Internet adäquat auf die Wünsche und Forderungen der Konsumenten zu reagieren habe, ungehört im Sturm der turbulenten Entwicklung. Was zur Folge hatte, dass die kommerzielle Kommunikation im Web bis heute meist daher kommt, wie die Werbung in den „klassischen" Massenmedien: Zuerst wie kleine Print-Anzeigen, dann als „Klick mich!" schreiende Animationen und schließlich als verkürzte und vereinfachte TV-Spots. Immer darauf aus, den Nutzer von der Verfolgung seiner eigentlichen Interessen abzuhalten und ihn stattdessen zur Botschaft der Werbung zur entführen.

Banner wollen den Nutzer von der Verfolgung seiner eigentlichen Interessen abhalten

Das alles wirkt heute so unbeholfen und hoffnungslos altmodisch wie die ersten Autos, die man ja auch versuchte nach dem Vorbild von Kutschen (nur ohne Pferde davor) zu gestalten. Beim Auto dauerte es etwa ein Vierteljahrhundert bis Designer und Techniker gemeinsam zu einer neuen und dem Gegenstand angemessenen Formensprache gefunden hatten. Bleibt zu hoffen, dass auch das im Web schneller geht. Denn heute wissen wir alle längst, dass das Marketing im Web nur dann die Chance hat etwas zu bewirken, wenn es zu seinen Ursprüngen zurückkehrt, wenn es also Erfahrungen und Empfehlungen der Nutzer und Kunden aufnimmt und zu entsprechenden Angeboten weiter entwickelt.

Literatur

Rheingold, Howard: Virtuelle Geminschaft. – Addison Wesley Deutschland GmbH, Bonn, 1994.

Berners-Lee, Tim: Weaving The Web. – Harper, San Francisco, 1999.

Levine, Rick et al.: The Cluetrain Manifesto. – Perseus, Cambridge, Ma., 1999.

Ein roter Faden im Begriffsdschungel

Alexander Körner

Social Media wird heiß diskutiert

Kaum ein Thema wurde in letzter Zeit derart häufig von der Fach- wie Publikumspresse aufgegriffen und in Marketingkreisen diskutiert wie „Social Media". Doch was steckt hinter dieser neuen Vokabel? Und was hat sie mit WOM-Marketing zu tun? Bei dem Versuch, einen Blick hinter die Kulissen der schönen neuen Welt des sozialen Internets zu werfen, wird das Bild schnell unscharf und man läuft Gefahr, sich im Dschungel der Buzzwords zu verlieren. Es fehlt bislang an klaren Abgrenzungen und widerspruchsfreien Definitionen, an einem roten Faden, der im Ergebnis zu einem konzeptionellen Ordnungsrahmen für alle etablierten sowie neuen Disziplinen und Tools führt.

Dieses Kapitel soll ein kleiner Beitrag für Klarheit und Ordnung in diesem Bild sein, damit der aus den vielen nachfolgenden Beiträgen erwachsende Erkenntnisgewinn bestmöglich genutzt werden kann.

Verändertes Kommunikationsverhalten von Verbrauchern

Im Kern steht Social Media vor allem für ein verändertes Kommunikationsverhalten von Verbrauchern, das in Folge ihr Meinungsbildungs-, Entscheidungs- und Kaufverhalten tief greifend wie nachhaltig verändert. Die Implikationen, die hieraus für unternehmerisches Handeln und insbesondere die Marketingkommunikation erwachsen, sind fundamental. Das über Jahrzehnte gereifte „Sender-Empfänger-Prinzip", auf dem nahezu alle bekannten Formen der Unternehmenskommunikation beruhen, droht von der Welle der „Peer-to-Peer-Kommunikation" unterspült zu werden und seine Wirksamkeit zu verlieren. Entsprechend groß ist der Handlungsdruck für Unternehmen und Fachwelt mit einem Modell aufzuwarten, das den Status quo ante zwischen Verbrauchern und Unternehmen wieder herstellt.

Dieser dringlichen Suche nach dem „Ei des Kolumbus" der Marketingkommunikation in Zeiten von Social Media ist das hoch frequente Aufblühen und Verblassen neuer Buzzwords geschuldet, das zwischenzeitlich geradezu Hype-ähnliche Züge annahm. Neben der einen oder anderen Stilblüte resultierte hieraus vor allem das eingangs beschriebene diffuse Bild mit entsprechender Verunsicherung auf Seiten der Entscheider.

Erstarkte Interaktion zwischen Verbrauchern

Doch was eint beziehungsweise unterscheidet nun diese neuen Ansätze? Allen sich neu formierenden Kommunikationsdisziplinen ist gemein, dass sie auf die durch Social Media erstarkte Interaktion zwischen Verbrauchern abstellen, die jeder einzelnen Meinung eine hohe Aufmerksamkeit, Reichweite und Verbreitungsgeschwindigkeit ermöglicht.

http://www.marketing-boerse.de/Experten/details/Alexander-Koerner

Marketing 2.0

Marketing 2.0 steht für ein neues konzeptionelles Framework marktorientierter Unternehmensführung. Marketing 2.0 ist die Weiterentwicklung und Neuausrichtung aller marktgerichteten Aktivitäten, die angesichts kommunikativer Realität sowie der neuen Rolle und Macht der Verbraucher erforderlich ist. Marketing 2.0 umfasst alle Touchpoints eines Unternehmens zum Markt, in denen Partizipation vom Verbraucher zunehmend eingefordert wird – es reicht von der Produktentwicklung über die Marktforschung und Kommunikation bis hin zum Vertrieb und After-Sales-Service. Marketing 2.0 erstreckt sich also weit über den bisherigen Funktionsbereich hinaus. Es ist ein evolutionärer Ansatz, neu entstandene Marketing-Disziplinen mit etablierten, durch Einweben von Verbraucherpartizipation weiterentwickelten Disziplinen, zu verbinden.

Alle Touchpoints zum Markt betroffen

Social Media Marketing

Das viel zitierte **Social Media Marketing** stellt ein Subset von Marketing 2.0 dar. Es steht für die eher taktische Nutzung von Social Media und entsprechenden Plattformen wie YouTube, Facebook & Co. im Marketing-Kontext. Die vielfach im Markt anzutreffende Verkürzung von Social Media auf die Funktion eines Kommunikationskanals, der isoliert gemanaged und nahtlos auf Basis bestehender Denk- und Arbeitsweisen in das Marketing-Mix eingehängt werden kann, ist dabei äußerst kritisch zu bewerten.

Diese Denkweise blendet zwei zentrale Aspekte aus: Die Notwendigkeit, dem abweichenden Kommunikationsmodell Rechnung zu tragen und nicht nur einen weiteren „Kanal" zu bespielen. Ferner unterschlägt sie den Interaktionsaspekt, der Social Media inne wohnt:

Offene Interaktionsplattform statt Kommunikationskanal

- Die Interaktion der Verbraucher untereinander, denn für sie ist Social Media vor allem ein Medium zum Austausch von Meinungen und Erfahrungen.
- Die wechselseitigen Wirkungszusammenhänge zwischen Social Media und dem Marketing beziehungsweise dem Unternehmen in Gänze.

Werden diese Aspekte nicht berücksichtigt, kann die Nutzung von Social Media zu einem riskanten Unterfangen werden, das erhebliches Lehrgeld kostet.

Mundpropaganda/Word-of-Mouth

Die unmittelbar von Social Media tangierte Unternehmensfunktion der Kommunikation geriet erwartungsgemäß zuerst in den Strudel der Veränderung. Insbesondere der Marketingkommunikation steht mit der Social Media bedingten Renaissance der **Mundpropaganda** eine Weiterentwicklung ins Haus. Das deutsche Synonym für **Word-of-Mouth** ist der direkte Ausdruck des veränderten Kommunikationsverhaltens der Verbraucher.

Renaissance der Mundpropaganda

Ihre Renaissance verdankt die Mundpropaganda insbesondere dem wachsenden Verbraucherbedürfnis nach Orientierung, Simplifizierung und Sicherheit. Als Impulsgeber, Meinungsbarometer und glaubwürdige Bezugsquelle von Verbrauchererfahrungen mit Produkten und Unternehmen erfüllt Mundpropaganda genau diese Bedürfnisse. Word-of-Mouth hat sich zu einem Sammelbegriff vieler Facetten des Austausches zwischen Verbraucher entwickelt – der digitalen oder auch persönlichen, der direkten oder indirekten, der getriggerten oder erfahrungsbasierten, der aktiven oder passiven, der aus Begeisterung oder Expertentum entsprungenen Kommunikation.

Austausch von Meinungen und Erfahrungen im direkten Dialog

Der persönliche Austausch von Meinungen und Erfahrungen im direkten Dialog stellt wohl die Urform des Word-of-Mouth dar und ist seit jeher einer der wichtigsten Wege, auf dem uns Informationen über Produkte erreichen. Der ihr im Vergleich zu kommerziellen Botschaften innewohnende Glaubwürdigkeitsvorteil hat sich auf die in jüngerer Zeit in Social Media entstandenen Formen digitalen Word-of-Mouth übertragen und ist einer der wichtigsten Treiber dieser Renaissance. Diese webbasierten Formen von Word-of-Mouth wurden anfänglich gerne mit **Word-of-Mouse** umschrieben und abgegrenzt, sind aber angesichts ihrer gewachsenen Bedeutung mittlerweile mit Word-of-Mouth begrifflich verschmolzen.

Rezensionen auf Meinungsportalen und in Online-Shops

Während Word-of-Mouth in seiner direkten Form in einen Dialog – online wie offline – und damit synchrone Kommunikation eingebunden ist, lässt sich die meist asynchron als dokumentierte Meinung vorliegende indirekte Variante in verschiedenen Ausprägungen beobachten. Im Verbraucheralltag begegnen wir dieser in Form von Rezensionen auf Meinungsportalen und in Online-Shops, in Gestalt von Produktbewertungen oder auch Erfahrungsberichten.

Reflektiert man Word-of-Mouth aus der ursächlichen Perspektive, kristallisieren sich zwei wesentliche Anlässe heraus: die Produkt(anwendungs)erfahrung und der Neuigkeitswert einer mit dem Produkt verbundenen Information. Das Eintreten für ein Produkt nach positiver eigener Erfahrung wird gemeinhin mit **Advocacy** bezeichnet. In seiner pro-aktiven Form wird daraus dann die **Empfehlung**. Empfehlungen stellen die wohl wertvollste und glaubwürdigste Quelle der Produktinformation dar. Sie basieren auf Erfahrungen, entstammen meist dem eigenen sozialen Umfeld, stehen in einem relevanten Kontext und sind auf die individuellen Vorkenntnisse des Empfängers zugeschnitten. Entsprechend hoch ist ihr Einfluss auf Meinungsbildung, Präferenzbildung und Kaufentscheidung.

Doch es gibt noch eine Steigerung: **Customer Evangelism. Customer Evangelists** oder vielfach auch kurz **Fans** genannt, sind die wertvollsten Kunden eines Unternehmens. Ausgestattet mit hohem Sendungsbewusstsein sorgen sie für die Verbreitung ihrer „frohen Botschaft“, teilen mit Dritten ihre Begeisterung für Marke und Produkt und tragen mittels Vorführung zur Multiplikation von Anwendungserfahrung bei.

Die Empfehlung und noch viel mehr das Evangelisieren entspringt einem endogenen Impuls. Bei Produkten mit geringerem Involvierungsgrad hingegen beziehungsweise bei Vorliegen geringerer Produkterfahrung wie bei einer Produktneueinführung bedarf es eines exogenen Impulses um ein Produkt, eine Marke unter Verbrauchern ins Gespräch zu bringen. Diese getriggerten Gespräche zwischen Verbrauchern nennt man **Buzz**.

Eine Marke unter Verbrauchern ins Gespräch zu bringen

Übererfüllte Erwartungshaltungen oder gar begeisternde Erfahrungen lösen Mundpropaganda aus und führen zu Advocates oder gar Fans. Angesichts der Wertigkeit dieses Kundenstandes sowie der nachweislichen Effekte von Mundpropaganda liegt es nahe, Entstehung wie Verbreitung von Mundpropaganda zu systematisieren. Dies ist Gegenstand von **Word-of-Mouth-Marketing** oder seinem deutschsprachigen Synonym **Mundpropaganda-Marketing**.

Die Vielschichtigkeit der Mundpropaganda führte auch beim Mundpropaganda-Marketing zu einer zunehmenden Ausdifferenzierung, die im Markt zu einer mitunter verwirrenden Begriffsvielfalt führt: Buzz-Marketing, Empfehlungsmarketing, virales Marketing, um nur die meistverwandten zu nennen. Während es sich bei einigen eher um taktische Varianten handelt, die auf Tooleinsatz beziehungsweise Kampagnen basieren, sind andere Formen eher strategisch verankert und nehmen über die Unternehmenskommunikation hinaus weitgehenden Einfluss.

Buzz-Marketing

Das **Buzz-Marketing** bedient sich des Verbrauchers insbesondere als Ersatzmedium für die klassischen Medienformen, deren Aufmerksamkeitswerte stetig abschmelzen. Ziel des eher taktisch geprägten und kampagnenlastigen Buzz-Marketing ist die Erzielung von Awareness durch das Injizieren eigener Botschaften in die Gespräche von Verbrauchern. Hierfür bedarf es einer relevanten und mit Neuigkeitswert ausgestatteten Botschaft, die geeignete Zielgruppen erreicht, um von diesen multipliziert zu werden.

Injizieren eigener Botschaften in die Gespräche von Verbrauchern

Erreicht wird dies beispielsweise durch den taktischen Einsatz von **Seeding** – dem gezielten Ausstreuen von Botschaften, Videos und Warenproben in einer für den erfolgreichen Aufbau einer Kommunikationskaskade maßgeblichen Personengruppe. Dies können entweder hoch vernetzte und kommunikationsfreudige Menschen sein, bei denen viele Kommunikationsstränge zusammenlaufen – sogenannte **Hubs**, die für eine Verbreitung sorgen. Oder auch **Experten**, fachlich versierte Verbraucher, die durch Validierung der Botschaften im Falle von Feedbackschleifen der Aufrechterhaltung und Verstärkung des Kommunikationsflusses dienen.

Gezieltes Ausstreuen von Botschaften

Empfehlungsmarketing

Das **Empfehlungsmarketing** ist eher strategisch geprägt. Im Gegensatz zum Buzz-Marketing bedarf es hier zunächst einer positiven Kunden- beziehungsweise Produkt(anwendungs)erfahrung, die dann kommunikativ (Advocacy/Evangelism) eingesetzt werden kann. Dies führt zu Implikationen, die weit über den Kommunikationsbereich hinausgehen, führt zu einer umfassenderen Involvierung der Verbraucher und ist eher als stetiger Prozess denn als Kampagne zu bewerten. Die strategische Hauptaufgabe des Empfehlungsmarketing liegt demnach darin, online wie offline systematisch Begegnungsmöglichkeiten zwischen Verbrauchern zu schaffen und zu unterhalten. Dort kann sich die durch Involvierung geschaffene und aus Elementen wie Goodwill und positiver Verbrauchererfahrung bestehende Consumer-Energy entfalten und auf die Zielgruppe einwirken.

Systematisch Begegnungsmöglichkeiten schaffen

Aufgrund der herausragenden Rolle, welche die begeisterten Kunden in diesem Kontext spielen, wird auch der Begriff **Fan-Marketing** weitgehend synonym verwandt, wenngleich beim Empfehlungsmarketing das Kommunikationsziel der Empfehlung im Vordergrund steht und das Fan-Marketing auf die Nutzung der Consumer-Energy in möglichst vielen Belangen des Marketings abstellt.

Während im Zentrum des Buzz-Marketings das Gespräch, im Zentrum des Empfehlungsmarketings die positive Erfahrung und beim Fan-Marketing die begeisterte Person steht, dreht sich beim **viralen Marketing** alles um die epidemische Verbreitung.

Virales Marketing

Epidemisch verbreitende Werbebotschaften

Der Teilbereich der **viralen Werbung** umfasst dabei die Entwicklung von ansteckenden, sich epidemisch verbreitenden Werbebotschaften oder -Materialien, die von einer Person an eine andere Person ihres sozialen Netzwerks weiter geleitet werden. Virale Werbung zum Beispiel in Form unterhaltsamer Videoclips wird häufig dann eingesetzt, wenn der Marke/Leistung der erforderliche Neuigkeitswert fehlt, um Buzz auszulösen. In diesem Fall wird nicht die Leistung sondern die Botschaft oder das Transportmedium mit ansteckenden, virulenten Eigenschaften versehen. **Virale Produkte** hingegen bezeichnen Produkte mit spezifischen Eigenschaften, die eine Verbreitung beschleunigen. So kann ein Produkt insbesondere dann virale Eigenschaften entwickeln, wenn es für den Verbraucher umso wertvoller wird je größer die Zahl seiner Nutzer ist (zum Beispiel Fax, E-Mail). In seinem eigenen Interesse wird er dann in seinem Umfeld für Kenntnis und Nutzung des Produktes sorgen.

Fazit

Die Definition und Abgrenzung der beschriebenen Disziplinen ist angesichts der großen Dynamik ihrer Grundlagen und der sie bestimmenden Parameter eher eine Momentaufnahme denn in Stein gemeißelt. Mit der weiteren Ausweitung der Social Media-Nutzung, seiner sich immer stärker abzeichnenden Auswirkungen auf das Marktgefüge und den hieraus erwachsenden Implikationen für alle Unternehmensbereiche darf damit gerechnet werden, dass die tektonischen Verschiebungen im Marketing noch lange nicht abgeschlossen sind.

Kritische Erfolgsfaktoren für die Akzeptanz von viralem Marketing

Marcus Schögel, Fabian Dörr, Dennis Herhausen

Virales Marketing hat in den letzten Jahren einen enormen Aufschwung erlebt. So stiegen zwischen 2003 und 2008 die Ausgaben für diese Form des Marketings jährlich im Schnitt um 37,6 Prozent. Und sogar in den Jahren 2008 und 2009, in denen die gesamte Werbebranche unter starken Umsatzeinbrüchen litt, stiegen die Ausgaben für virale Kommunikationsansätze um über zehn Prozent [1]. Die Bedeutung von viralem Marketing für den Erfolg von Marken, Produkten und Dienstleistungen ist unbestritten und wurde in zahlreichen Studien nachgewiesen [2]. Im Grunde ist virales Marketing allerdings die moderne Variante der ältesten Werbeform überhaupt: der Mund-zu-Mund-Propaganda. Darunter versteht man die Weitergabe von Werbebotschaften von Konsument zu Konsument. Wenn der Empfänger die Botschaft gut findet, schickt er sie weiter – die „virale Lawine" kommt ins Rollen.

Virales Marketing ist die moderne Variante der ältesten Werbeform überhaupt: der Mund-zu-Mund-Propaganda

Das Neue am viralen Marketing im Vergleich zu herkömmlichem Mund-zu-Mund-Marketing ist **das gezielte Auslösen von Weiterempfehlungen** unter Konsumenten. Wie bei einem Virus sollen dabei spezifische Botschaften über ein Unternehmen, eine Marke oder ein bestimmtes Leistungsangebot innerhalb kurzer Zeit zwischen Konsumenten weiter gegeben werden.

Ein zentraler Grund für die steigende Popularität viraler Ansätze ist der deutliche **Wirkungsverlust der klassischen Werbeformen** im Zuge einer immer größeren Werbedichte in den vergangenen Jahren. In diesem Kontext haben persönliche Empfehlungen von Konsument zu Konsument, wie sie im Rahmen viraler Ansätze angestoßen werden, eine besondere Bedeutung bei der Vermittlung von spezifischen Botschaften gewonnen. Darüber hinaus hat es die Entwicklung des Internets und die damit einhergehende **zunehmende kommunikative Vernetzung** ermöglicht, im Rahmen viraler Kampagnen immer mehr Konsumenten in immer kürzerer Zeit zu erreichen.

Vor diesem Hintergrund wurde virales Marketing in der jüngsten Vergangenheit immer wieder als effizienteste Werbeform angepriesen. Doch trotz der großen Popularität viraler Marketingkonzepte hat sich diese Form der Marketingkommunikation noch längst nicht in allen Unternehmen durchgesetzt. Vielmehr werden virale Ansätze von deutlich weniger als einem Drittel der deutschen Unternehmen regelmäßig genutzt [3].

Virale Marketingansätze beinhalten spezifische Risiken

Zentraler Grund dafür ist, dass virale Marketingansätze neben besagten Vorteilen auch spezifische Risiken beinhalten. In der Vergangenheit wurde im Zuge weit verbreiteter Goldgräberstimmung vor allem auf den besonderen Nutzen viraler Ansätze hingewiesen. Ausgewählte Erfolgsbeispiele unterstreichen diesen Nutzen, der Umgang mit den spezifischen Risiken viraler Kommunikation

http://www.marketing-boerse.de/Experten/details/Marcus-Schoegel
http://www.marketing-boerse.de/Experten/details/Fabian-Doerr
http://www.marketing-boerse.de/Experten/details/Dennis-Herhausen

wird hingegen kaum diskutiert. Viele Unternehmen können diese Risiken daher bislang nur schwer für die eigene Unternehmenspraxis einschätzen und scheuen aus diesem Grund den Einsatz von viralem Marketing.

Was virales Marketing so attraktiv macht

Für die zunehmende Attraktivität viraler Marketingansätze sind insbesondere zwei Entwicklungen verantwortlich, welche die Rahmenbedingungen des Marketings in den vergangenen Jahren grundlegend verändert haben. Dies ist zum einen das **veränderte Informationsverhalten der Konsumenten**; zum anderen sind es die **besonderen Eigenschaften der neuen Medien** [4].

Verändertes Informationsverhalten der Konsumenten

Konsumenten sind von der täglichen Informationsflut überlastet

Werbung ist heute praktisch allgegenwärtig. Konsumenten werden täglich mit bis zu fünftausend Werbebotschaften konfrontiert. Während jedoch das mediale Angebot in der Gesellschaft immer neue Höhepunkte erreicht, fühlen sich viele Konsumenten von der täglichen Informationsflut zunehmend überlastet. Längst sind sie nicht mehr in der Lage, all die verschiedenen Botschaften zu verarbeiten, mit denen sich Unternehmen an sie wenden. Eine zunehmende Abwehrhaltung gegenüber klassischen Werbeformen macht sich breit. Unter diesen Umständen wird es nicht nur immer schwerer, Konsumenten über klassische Werbung überhaupt zu erreichen, auch vertrauen potentielle Konsumenten kaum mehr den Verkaufsargumente aus der Werbung. Obschon die Devise „Viel hilft viel!" bislang als eine Art ungeschriebenes Gesetz im klassischen Kommunikationsmix galt, **bieten große Marketingbudgets längst keine Erfolgsgarantie** mehr. Nach Expertenschätzungen liegen mittlerweile bei mehr als 75 Prozent der Kampagnen die Kosten in keinem ausgewogenen Verhältnis mehr zum Nutzen der Werbemaßnahmen [5].

Vertrauen in klassische Werbung ist stark gesunken

Während das Vertrauen in klassische Werbung stark gesunken ist, orientieren sich Konsumenten heute in ihrem Kaufentscheidungsprozess in erster Linie an persönlichen Empfehlungen. Diese kommen von Freunden und Bekannten oder anderen Konsumenten, die nicht auf der Gehaltsliste der jeweiligen Unternehmen stehen [6]. Durch die persönliche Weiterempfehlung unter Konsumenten werden Botschaften von vielen Empfängern nicht als überflüssig und störend betrachtet. Sie werden als interessante Information wahrgenommen, die ihnen von einer vertrauenswürdigen Person weitergegeben wird.

Besondere Eigenschaften neuer Medien

Die virale Informationsverbreitung ist grundsätzlich an kein spezifisches Medium gebunden. Doch es ist kein Zufall, dass die Idee eines gezielten Auslösens von Mund-zu-Mund-Propaganda gerade mit der Entwicklung des Internet besondere Beachtung erfahren hat. Dies hängt mit der enormen Geschwindigkeit zusammen, mit der sich Informationen im Internet exponentiell verbreiten können. So bietet das Internet neben dem E-Mail-Versand auch verschiedene Kommunikationsplattformen, die sich hervorragend für die virale Informationsverbreitung eignen. Täglich tauschen sich Millionen von Menschen in Chats, sozialen Netzwerken und unzähligen Foren über unterschiedlichste Themen aus. Hier ausgesprochene Empfehlungen werden nicht nur von den Diskussionsteilnehmern selbst gelesen, sondern auch von Hunderten anderen Nutzern, die auf der Suche nach bereits beantworteten Fragen das Internet durchstöbern. Damit bieten das Internet und die zunehmende kommunikative Vernetzung unter den Konsumenten enorme **Geschwindigkeitsvorteile und Multiplikationseffekte**. Die Verbreitung einer spezifischen Botschaft wird so erheblich erleichtert und zeitlich verkürzt. Das Potenzial für virale Kommunikationsansätze wird am Beispiel des Schlämmerblogs von Volkswagen deutlich: In nur vier Wochen konnten 3,6 Millionen Seitenbesuche mit 2,8 Millionen gesehenen Videos erreicht werden [7].

Damit scheint virales Marketing die passende Antwort auf die kommunikativen Herausforderungen unserer Zeit zu sein. In dem eine Botschaft bei der Vermittlung von Konsument zu Konsument den aufdringlichen Charakter eines Werbeversprechens verliert, ergeben sich enorme Potenziale in der Kundenkommunikation. Dies umso mehr durch die Möglichkeiten des Internet, welches der kommunikativen Vernetzung unter den Konsumenten völlig neue Dimensionen verliehen hat. Doch so überzeugend diese Vorteile viraler Ansätze auch sein mögen, so bergen diese immer auch spezifische Risiken.

Botschaft verliert den aufdringlichen Charakter eines Werbeversprechens

Spezifische Risiken bei viralem Marketing

Wie jede strategische Marketingmaßnahme beinhalten auch virale Kommunikationsansätze neben spezifischen Chancen auch gewisse Risiken. Dazu gehören insbesondere die Verbreitung der viralen Botschaft im falschen Personenkreis, eine fehlende Verbindung zum Urheber der Botschaft, die Verbreitung modifizierter Botschaften, das Nichterreichen der kritischen Masse und der Kontrollverlust im Kommunikationsprozess. Diese Risiken sollen im Folgenden näher betrachtet werden.

Kontrollverlust im Kommunikationsprozess

Verbreitung der Botschaft im falschen Personenkreis

Im Rahmen viraler Verbreitungsprozesse ist es möglich, dass Personengruppen angesprochen werden, deren Ansprache nicht beabsichtigt oder sogar unerwünscht ist, während die eigentliche Zielgruppe unerreicht bleibt. So kommt es vor, dass sich einzelne Botschaften im Rahmen viraler Prozesse zwar exponentiell verbreiten, dies jedoch fast **ausschließlich in völlig falschen Zielgruppen**. Zum Beispiel erreichte eine eigene Kampagne von MarketingSherpa zwar große Nutzerzahlen, doch lagen 95 Prozent davon komplett außerhalb des Zielmarktes [8]. In diesen Fällen bestehen zwar große Anreize zur Weitergabe, doch wirken diese Anreize bei den falschen Personen.

Anreize bei den falschen Personen

Fehlende Verbindung zum Urheber

In der Praxis kommt es häufig vor, dass die von einem Unternehmen in Umlauf gebrachten Inhalte zwar eine breite Personengruppe erreichen, jedoch nur unzureichend mit dem Unternehmen beziehungsweise einer Marke oder einem Produkt in Verbindung gebracht werden. **So steht nicht selten der unterhaltsame Inhalt im Vordergrund**, während die beworbene Marke beziehungsweise das Produkt in den Hintergrund gerät. In solchen Fällen verursacht eine Kampagne Kosten, die in keinem Verhältnis mehr zum Erfolg stehen. Wie die eigentliche Aufgabe einer Kampagne sehr schnell in den Hintergrund rücken kann, wird am Beispiel der Software Moorhuhn deutlich.

Moorhuhn: Kein Bezug zur Marke

Verbreitung modifizierter Botschaften

Ein weiteres zentrales Risiko ist die Weitergabe von modifizierten Botschaften, die in dieser Form nicht im Interesse des Unternehmens stehen. Dafür gibt es verschiedene Gründe. Zum einen ist es möglich, dass eine Botschaft vom Empfänger falsch verstanden beziehungsweise interpretiert und aufgrund dessen unbewusst in „falscher" Form weitergegeben wird. Zum anderen kann es passieren, dass einzelne Empfänger nicht mit der ursprünglichen Botschaft einverstanden oder sogar darüber verärgert sind. Diese Empfänger können daher bewusst eine andere, korrigierende Botschaft in Umlauf bringen. Ein häufig zu beobachtendes Phänomen ist in diesem Zusammenhang die **Verbreitung von Parodien auf Werbefilme**, die von Unternehmen zur viralen Verbreitung im Internet platziert wurden. Diese Parodien machen sich in amüsanter, teilweise jedoch auch für das Unternehmen schmerzhafter Weise über die ursprüngliche Botschaft des Werbefilms lustig. Das Risiko einer raschen Verbreitung unerwünschter Botschaften verschärft sich dadurch, dass auch sie sich, vermittelt durch eine glaubwürdige Bezugsperson, stark im Bewusstsein des Empfängers verankern.

Kritische Masse wird nicht erreicht

Weiter kann es vorkommen, dass der im Rahmen einer viralen Kampagne losgetretene Kommunikationsprozess die kritische Masse nicht erreicht. Erst ab diesem Punkt können virale Kampagnen ohne weiteren Mitteleinsatz selbständig weiterlaufen und einen epidemischen Verlauf nehmen. Für das Erreichen einer kritischen Masse ist nicht in erster Linie die Anzahl, sondern vor allem die Qualität der Kontakte entscheidend. Allerdings können Unternehmen dieses Risiko mit einem aktiven „Spreading" oder „Seeding" minimieren.

Kontrollverlust im Kommunikationsprozess

Jedes dieser Risiken wird verstärkt durch die Tatsache, dass virale Prozesse, sobald sie einmal losgetreten sind, in ihrem Verlauf kaum noch vom Unternehmen beeinflusst werden können. Grund dafür ist, wie in Abbildung 1 ersichtlich, die **besondere Ausprägung der Interaktivität im Rahmen viraler Kommunikationsprozesse**. Die hohe Interaktivität zwischen den Kunden geht gleichzeitig mit einer geringen Interaktivität zwischen Unternehmen und Kunden einher.

Abb. 1: Ansätze im interaktiven Marketing

Virale Prozesse, die einmal eine gewisse Dynamik erreicht haben, können nicht mehr vom Unternehmen gestoppt werden. Selbst wenn der eigentliche Botschaftsträger wie beispielsweise ein Film oder Blog aus dem Kommunikationsprozess entfernt wird, finden sich für einzelne Botschaften schnell neue Wege der Verbreitung. Dabei kann gerade das Entfernen von Trägern negativer Botschaften dazu führen, dass die virale Verbreitung dieser Botschaften zusätzlich entzündet wird. Ein prominentes Beispiel für einen gescheiterten Versuch, die virale Verbreitung negativer Botschaften zu unterbinden oder zumindest einzudämmen, ist Nestlé. Greenpeace hatte Nestlé's Fan-Page auf Facebook zu einer Protestseite umfunktioniert. Eigentlich dient die Seite als Plattform für den Austausch und die Verbreitung positiver Botschaften zum Unternehmen. Nun wurden hier jedoch unternehmenskritische Videos veröffentlicht, welche die Praktiken der Firma stark kritisieren. Als Nestlé nun begann, einzelne unerwünschte Beiträge zu löschen, nahm der Protest ein ungeahntes Ausmaß an. Das Unternehmen erlebte einen regelrechten PR-Alptraum.

Virale Prozesse können nicht mehr vom Unternehmen gestoppt werden

Greenpeace hat Nestlé's Facebookseite zu einer Protestseite umfunktioniert

Bisher fällt es vielen Unternehmen noch schwer, die Risiken viraler Ansätze realistisch einzuschätzen, was ein zentrales Hemmnis für die Akzeptanz viraler Kommunikation darstellt. Es stellt sich die Frage, inwiefern diese Skepsis tatsächlich berechtigt ist. Dazu gilt es zunächst einmal festzuhalten, dass **der Glaube an eine kontrollierte Verbreitung unternehmensrelevanter Botschaften heute nur noch eine Illusion ist**. Das Bild einer Marke wird nicht mehr nur durch TV-Spots oder Printanzeigen geprägt. Viele Menschen

Kontrollierte Verbreitung nur noch eine Illusion

nutzen heute Online-Communities für den Austausch von Erfahrungen und zur Bewertung von Produkten, Dienstleistungen oder Marken. Dieser Austausch wird von Unternehmen nicht bewusst ausgelöst. Diese Informationen werden von Konsumenten insbesondere unmittelbar vor einer Kaufentscheidung genutzt und sind daher von besonderer Relevanz. Damit relativiert sich das Risiko viraler Kampagnen, da der Verzicht auf virales Marketing nicht automatisch eine wesentlich bessere Kontrollierbarkeit der Außenwirkung beinhaltet.

Viele Unternehmen nehmen jedoch erst jetzt wahr, dass die fehlende Kontrolle bereits Teil einer jeden Marketingstrategie geworden ist – egal ob vom Unternehmen aktiv einbezogen oder nicht. Virale Kampagnen verleihen diesem ohnehin stattfindenden Austauschprozess jedoch eine zusätzliche Dynamik. Von dieser profitiert das Unternehmen nur, wenn dabei auch **die richtige Zielgruppe mit den richtigen Botschaften und Weiterleitungsanreizen erreicht wird**. Um dies zu gewährleisten, gilt es verschiedene Aspekte zu berücksichtigen, die im Folgenden erläutert werden.

Prozess des viralen Marketings

Unternehmen müssen bei der Planung und Umsetzung viraler Kampagnen einige zentrale Aspekte beachten. Nur so können sie vom Einsatz viraler Kommunikationsansätze profitieren und die damit verbundenen Risiken minimieren. Aufgrund unserer Erfahrungen aus wissenschaftlichen Untersuchungen und aus Praxisprojekten haben wir sieben zentrale Prozessschritte identifiziert. An diesen Schritten können sich Unternehmen beim Einsatz viraler Kommunikationsansätze orientieren und den Erfolg des viralen Marketings optimieren. Diese strategischen Überlegungen müssen Unternehmen im Vorfeld einer viralen Kampagne anstellen und mit der eigenen Marke abstimmen [9].

Virales Marketing braucht eindeutige Ziele

Zunächst einmal müssen die allgemeinen Kommunikationsziele einer viralen Kampagne festgelegt werden. Diese können sehr unterschiedlich sein und umfassen zum Beispiel die Erzeugung genereller Awareness für ein bestimmtes Thema, die Steigerung der Brand Awareness, die Loyalisierung bestehender Kunden, die Gewinnung von Kundeninformation oder die Neukundengewinnung. Des Weiteren gilt es klar festzuhalten, welche Zielgruppe im Rahmen der Kampagne mit welcher Botschaft erreicht werden soll, um die allgemeinen Kampagnenziele zu erreichen. Erst aus der eindeutigen Definition der Zielgruppe und der Zielbotschaft lassen sich weitere Gestaltungsmerkmale einer Kampagne (wie beispielsweise der Einsatz bestimmter Medien) sinnvoll ableiten. Ebenso wichtig wie eine klare Definition der Zielgruppe und der Zielbotschaft ist auch die Formulierung von **eindeutigen, messbaren und realistisch erreichbaren Zielaussagen**. Nur so kann eine valide Messung der Zielerreichung erfolgen.

Nutzung des viralen Spektrums

Nachdem Klarheit über die jeweiligen Ziele einer Kampagne besteht, müssen in einem nächsten Schritt die Kommunikationskanäle ausgewählt werden. Mit den gewählten Kanälen muss die Zielgruppe erreicht und die Zielbotschaft wirkungsvoll vermittelt werden. Grundsätzlich sollten sich Unternehmen bei der Planung viraler Kampagnen eingehend mit dem Einsatz verschiedener Kommunikationsmittel beschäftigen. Zur Auswahl stehen unterschiedliche Kanäle wie persönliche Kommunikation, Telefon, E-Mail, Blogs, Communities, Printmedien, Fernsehen, Rundfunk und mobile Kanäle. Durch die zunehmende Interaktivität und Individualisierung eines Kommunikationsmittels lässt sich die Chancen einer schnellen Verbreitung erhöhen. Durch den Einsatz von Massenmedien wie Fernsehen und Rundfunk lassen sich dagegen die anfänglichen Kontaktzahlen erheblich steigern. Vor allem aber sollten Unternehmen virales Marketing nicht losgelöst betrachten, sondern versuchen, es in den gesamten Marketing-Mix zu integrieren und nach Möglichkeit **Synergien mit anderen Medien** und Kampagnen nutzen.

Wirkungsvolle Anreize oder echten Mehrwert bieten

Weitergabe soll einen echten Nutzen bieten

Damit sich spezifische Botschaften viral weiterverbreiten, muss deren Weitergabe einen echten Nutzen bieten. Vor diesem Hintergrund unterscheidet Langner (2009) zwischen anreizorientierten und mehrwertorientierten Kampagnen. Danach nutzen anreizorientierte Kampagnen insbesondere Prämien oder Belohnungen, um die Empfänger einer Botschaft zu deren Weitergabe zu motivieren beziehungsweise den Weiterempfehlungsprozess anzutreiben. Beispiele sind Gewinnspiele, Rabatte oder der freie Zugang zu kostenpflichtigen Angeboten.

Im Gegensatz dazu verzichten mehrwertorientierte Kampagnen weitgehend auf den Einsatz solcher zusätzlichen Anreize. Sie bieten dem Konsumenten alleine dadurch einen hohen Nutzen, dass er spezifische Inhalte mit anderen Personen teilt. Von zentraler Bedeutung ist hier ein kreativer, außergewöhnlicher und innovativer Inhalt, der zu Gesprächen und Interaktionen anregt und zur eigenen Marke passt. Anreizorientierte Kampagnen eignen sich insbesondere zur Gewinnung von Kundeninformation und zur Neukundengewinnung. Mehrwertorientierte Kampagnen erzeugen insbesondere Aufmerksamkeit für ein bestimmtes Thema. Damit kann vor allem die allgemeine Brand Awareness gesteigert werden. Je nach Zielsetzung, die ein Unternehmen mit einer viralen Kampagne verfolgt, ergeben sich demnach **unterschiedliche Anforderungen an den Nutzen**, der die Empfänger einer Botschaft zu deren Weitergabe motivieren soll.

Ziel entscheidet über Nutzen, der die Empfänger einer Botschaft zu deren Weitergabe motivieren soll

Virales Marketing sollte im Markt getestet werden

In einem Piloten sollten virale Kampagnen zunächst mit begrenzter Reichweite und ausgewählten Personen im Markt getestet werden. Damit lässt sich unter **realen Bedingungen** prüfen, ob sich im Rahmen eines spezifischen Kampagnenkonzepts auch die richtigen Botschaften in der richtigen Zielgruppe viral verbreiten beziehungsweise ob sich die im Vorfeld formulierten Zielaussagen mit der Kampagne tatsächlich realisieren lassen. Auch wenn solche Tests durchaus kosten- und zeitintensiv sein können, lassen sich so grobe Fehlschläge vermeiden und weiteres Optimierungspotential identifizieren. Daher muss eine Testkultur gefördert werden, die sich auf das Ausprobieren von Konzepten unter realen Bedingungen konzentriert. Nur so können Unternehmen an notwendige und wertvolle Einsichten gelangen.

Aktive Verbreitung der viralen Botschaft

Risiko: Schwelle zum epidemischen Verlauf nicht erreicht

Personen mit vielen Kontakten in sozialen Netzwerken

Das Risiko, dass ein Verbreitungsprozess gar nicht erst die Schwelle zu einem epidemischen Verlauf erreicht, lässt sich durch zwei verschiedene Maßnahmen reduzieren. Zum einen können Unternehmen gezielt Personen ansprechen, die für die Meinungsbildung innerhalb einer bestimmten Zielgruppe besonders bedeutend sind, sogenannte **„Spreader"**. Das können zum Beispiel Prominente sein, ebenso wie Personen mit vielen Kontakten in sozialen Netzwerken. Die spezifische Motivation dieser Multiplikatoren zur Weitergabe der Botschaft ist hier von zentraler Bedeutung. Zum anderen können Weiterempfehlungsprozesse durch eine möglichst breite Streuung der Botschaft, das so genannte **„Seeding"**, weiter angetrieben werden. Hier wird die virale Botschaft gleichzeitig über möglichst viele Kanäle verbreitet. Dieser Ansatz ist entsprechend teuer, weil das Vorgehen aufwendiger geplant und abgestimmt werden muss und zusätzliche Kosten für unterstützende Medien anfallen können. Synergien mit bestehenden Marketingaktivitäten spielen dabei eine große Rolle.

Den Beitrag des viralen Marketings messen

Der Erfolg einer viralen Kampagne ergibt sich aus einem Vergleich von Kosten und Nutzen. Zur Messung des Nutzens einer viralen Kampagne gibt es zwei Ansätze: **quantitative und qualitative Messungen**. Für beide Techniken sind eindeutige, messbare und realistisch erreichbare Zielaussagen eine Voraussetzung für eine differenzierte Bewertung. Kosteneffizient funktioniert eine quantitative Messung der reinen Verbreitung einer viralen Botschaft nur im Internet. Dort lässt sich die Zahl der Downloads ebenso bestimmen wie die Zahl der Besucher oder die Verweildauer. Auch eine qualitative Erfolgsmessung ist möglich, beispielsweise aufgrund des Austauschs („Buzz") über die Kampagne in Blogs und Internetforen. Im Rahmen des Internet lässt sich der Kampagnenerfolg daher quantitativ wie qualitativ gut einschätzen. Für virale Kampagnen, die cross-medial oder offline funktionieren, lässt sich die erzielte Reichweite schwerer abschätzen. Trotzdem gibt es auch hier Methoden zur Messung. Bewährt haben sich unter anderem Studien zur ungestützten und gestützten Bekanntheit in der Zielgruppe, bei denen aufgrund der Ergebnisse in einer Stichprobe der prozentuale Anteil errechnet werden kann. Eine andere Möglichkeit ist die gezielte Befragung von Neukunden, warum sie sich für das eigene Angebot entschieden haben. Andererseits kann natürlich auch die Berichterstattung in klassischen Medien ausgewertet werden.

Berichterstattung in klassischen Medien

Gezielt Wissen aufbauen

Unternehmen, die virale Kampagnen im Rahmen ihres Marketing-Mix nutzen, sollten die dabei gemachten Erfahrungen stets dokumentieren und auswerten: Was ist gut gelaufen, was weniger gut? Nur so kann Wissen für zukünftige virale Kampagnen aufgebaut und realistische Erwartungen entwickelt werden. Gerade die begrenzte Messbarkeit von viralem Marketing führt zu einer hohen Bedeutung valider Erwartungswerte. Grundsätzlich muss festgehalten werden, dass Unternehmen bei innovativen Marketingformen immer auch mit Rückschlägen und Misserfolgen rechnen müssen. Aus diesen sollte aber durch eine **Dokumentation der Erfahrungen** gelernt und gezielt Kompetenzen aufgebaut werden.

Fazit

In den vergangenen Jahren wurden in erster Linie die Vorteile des viralen Marketings diskutiert – viele Marketingverantwortliche wollten auf den Zug aufspringen und auch ein Stück vom Kuchen abhaben. Während die einen sich mitreißen ließen, wurden die anderen – der größere Teil der Unternehmen – erst recht skeptisch. Bestehende Defizite im Wissen über die viralen Möglichkeiten und Grenzen erhöhen diese Skepsis.

In der praxisorientierten Literatur wird das Thema virales Marketing immer noch überwiegend anhand von Fallbeispielen erläutert. Diese verdeutlichen lediglich, wie bei besonders erfolgreichen Kampagnen mit minimalem Ressourceneinsatz ein maximales Ergebnis erreicht werden kann [10]. Doch wird die Akzeptanz viraler Ansätze der Marketingkommunikation erst dann nachhaltig bei Unternehmen zunehmen, wenn virales Marketing nicht weiter wenig kritisch als Allheilmittel propagiert wird. Es sollte weniger emotional und mehr sachlich als ein möglicher Kommunikationsansatz neben anderen diskutiert werden, der sowohl Chancen, als auch Risiken birgt. Es muss daher sorgfältige Aufklärungsarbeit darüber geleistet werden, wie die Risiken viraler Ansätze im Einzelfall realistisch einzuschätzen sind beziehungsweise wie sie sich minimieren lassen. Unternehmen müssen sich aufgrund ihrer spezifischen Situation entscheiden. **Ist virales Marketing tatsächlich ein erfolgsversprechender Ansatz zur Erreichung der Kommunikationsziele?** Oder eignen sich im konkreten Kontext andere Ansätze besser?

Mit minimalem Ressourceneinsatz ein maximales Ergebnis erreichen

Ein systematischer Planungs- und Umsetzungsprozess hilft dabei, unnötige Risiken im Rahmen einer viralen Marketingkampagne zu vermeiden. Die dazu erforderlichen Prozessschritte sind in der folgenden Checkliste noch einmal übersichtlich zusammengefasst.

Literatur

[1] PQ Media: Word-of-Mouth-Marketing Forecast 2009-2013. – 2009.

[2] Ferguson, R.: Word of mouth and viral marketing: Taking the temperature of the hottest trends in marketing. – In: Journal of Consumer Marketing. – 25, 3, S. 179-182, 2008.

[3] Robert & Horst, webguerillas und GfK: Alternative Werbeformen. – 2007.

[4] Schögel, M./Herhausen, D./Walter, V.: Interaktive Marketing-Kommunikation – Herausforderung und Chance für Konsumgüterhersteller. – In: Belz et al. (Hrsg.): Interaktives Marketing. – 2008.

[5] Langner, S: Viral Marketing – Wie Sie Mundpropaganda gezielt auslösen und Gewinn bringend nutzen. – 2009.

[6] Nielsen: Global Online Consumer Survey. – 2009.

[7] Maltzen, R./Figge, P.: Der Schlämmer-Blog – Erfolgreich trotz Regelverstoß. – In: Marketing Review St. Gallen, 1-2009, S. 34-38, 2009.

[8] Langner, S: Viral Marketing – Wie Sie Mundpropaganda gezielt auslösen und Gewinn bringend nutzen. – 2009.

[9] Esch, F.-R./Krieger, K./Stenger, D.: Virale Markenkommunikation – Wirksame Interaktion statt «Trial and Error». – In: Marketing Review St. Gallen, 1-2009, S. 11-16, 2009.

[10] Koppelmann, U./Groeger, L.: Virale Informationsverarbeitung – Mit System den Faktor Zufall minimieren. – In: Marketing Review St. Gallen, 1-2009, S. 6-10, 2009.

Weiterführende Literatur

Belz, C./Schögel, M./Arndt, O./Walter, V. (Hrsg.): Interaktives Marketing – Neue Wege zum Dialog mit Kunden. – 2009.

Gladwell, M.: Der Tipping Point. – 2000.

Kirby, J./ Marsden, P.: Connected Marketing. – 2006.

Markert, G.: Weiterempfehlung als Marketingziel: Analyse, empirische Prüfung und Managementimplikationen. – 2008.

Langner, S.: http://www.viral-marketing-buch.de

Oetting, M.: www.connectedmarketing.de

	Zentrale Fragen	Ergebnis
Schritt 1: **Ziel der Kampagne festlegen**	• Welche Kommunikationsziele sollen mit der Kampagne erreicht werden? • Welche Zielgruppe soll mit welcher Botschaft erreicht werden? • An welchen konkreten Zielaussagen ist der Erfolg der Kampagne zu messen?	• Eindeutige Ziele • Klar abgegrenzte Zielgruppen • Fundierte Entscheidungen für oder gegen virales Marketing
Schritt 2: **Wahl der geeigneten Medien**	• Welche viralen Wege sollen in der Kampagne genutzt werden? • Welche anderen Medien können die Kampagne unterstützen?	• Einordnung im Marketing-Mix • Medien passend zur Zielgruppe • Synergien mit anderen Medien anstreben
Schritt 3: **Ausgestaltung der viralen Kampagne**	• Bietet sich eher eine mehrwertorientierte oder eine anreizorientierte Kampagne an? • Ist der transportierte Inhalt kreativ, außergewöhnlich und innovativ? • Regt der Inhalt zu Gesprächen und Interaktionen an? • Passt der Inhalt zur eigenen Marke?	• Kampagne bietet Mehrwert oder Anreize zur Weiterleitung • Aufmerksamkeit der Zielgruppe wird geweckt • Austausch der Zielgruppe über die Inhalte der Kampagne • Markenwerte werden gestärkt (oder zumindest nicht geschwächt)
Schritt 4: **Testen eines Piloten im Markt**	• Können die definierten Ziele erreicht werden? • Werden die richtigen Botschaften in der richtigen Zielgruppe verbreiten? • Wird die Kampagne mit der Marke in Verbindung gebracht?	• Fertigstellung der Konzeption • Realitätscheck der angestrebten Zielsetzung • Prüfung der Konsumentenreaktion auf die Botschaft
Schritt 5: **Aktive Verbreitung der viralen Botschaft**	• Wo kann das „Seeding" der Botschaft erfolgen? • Welche Multiplikatoren („Spreader") eignen sich zur Weitergabe? • Wie können die Multiplikatoren zur Weitergabe motiviert werden?	• Identifizierung effektiver und effizienter Medien • Identifizierung der richtigen Multiplikatoren • Motivation der Multiplikatoren • Erreichen der kritischen Masse mit angemessenen Ressourcen
Schritt 6: **Messung der Zielerreichung**	• Welche Kosten hat die Kampagne verursacht? • Welcher Nutzen konnte erzielt werden?	• Wirkung des viralen Marketings beurteilen (Effizienz und Effektivität)
Schritt 7: **Dokumentation der Kampagne**	• Was ist gut gelaufen, was weniger gut? • Welche Schritte sollten bei der nächsten Kampagne anders gemacht werden?	• Wissen für zukünftige virale Kampagnen wird aufgebaut • Realistische Erwartungen an das virale Marketing werden ermöglicht

Wie wichtig ist Mundpropaganda-Marketing?

Bernd Röthlingshöfer

Alle klassischen Elemente des Marketings müssen ihren Beitrag zu einer positiven Mundpropaganda leisten

Mundpropaganda-Marketing ist keine spezielle Geheimdisziplin. Mundpropaganda-Marketing ist eine Aufgabe innerhalb des Marketings. Es ist kein separates Instrument, sondern das, was man eine **Querschnittsaufgabe** nennt: alle Mittel und Techniken des Marketing müssen daraufhin überprüft werden, ob und vor allem wie sie geeignet sind, die erwünschte positive Mundpropaganda auszulösen. Alle klassischen Elemente des Marketing, also Produkt- beziehungsweise Leistungspolitik (Product), Preispolitik (Pricing), Kommunikationspolitik (Promotion), Distributionspolitik – Vertrieb, Logistik – (Placement) können und müssen so gestaltet werden, dass sie ihren Beitrag zu einer positiven Mundpropaganda leisten.

Die Ziele des Mundpropaganda-Marketings

Mundpropaganda-Marketing kann die unterschiedlichsten Zielsetzungen haben und wie bei der Planung jeder Marketingmaßnahme sollten die Zieldefinitionen am Anfang stehen. Hier ein paar Beispiele für typische Zielformulierungen:

- Herausfinden, ob und wie über das Unternehmen, seine Produkte und Services in zwischenmenschlichen Gesprächen geredet wird.
- Erkenntnisse über Verbesserungspotenziale und Innovationen gewinnen.
- Informationen und Erkenntnisse über den Markt und den Wettbewerber beschaffen und analysieren.
- Positive Gespräche über das Unternehmen, die Marke, Produkte und Dienstleistungen fördern.
- Themen schaffen, die sich für Mundpropaganda eignen (so genanntes Themen-Setting).
- Negative Mundpropaganda eindämmen.

Mundpropaganda wirkt nach innen

Mundpropaganda wirkt auch in das Unternehmen hinein

Weitgehend unbeachtet blieb bisher auch die Tatsache, dass Mundpropaganda auch **in das Unternehmen hineinwirkt**. Die Tatsache, dass positive oder negative Meinungen über das Unternehmen auch auf das Selbstwertgefühl der Mitarbeiter einen Einfluss haben, kennt jedes Unternehmen, das sich mit negativer Kritik herumschlagen muss. Positives dringt viel zu selten nach innen.

http://www.marketing-boerse.de/Experten/details/Bernd-Roethlingshoefer

Bei Unternehmen, die Blogs betreiben, ist dies anders. Denn Kommentare in Blogs sind für alle Mitarbeiter sichtbar gemachte Mundpropaganda.

So berichten die beiden Pioniere unter den Unternehmensbloggern, die Saftkelterei Walther (http://www.saftblog.de) und der Online-Elektronikshop Cyberport (http://www.cyberbloc.de), von dem spürbaren Effekt, den diese Kommentare in ihren Blogs hinterlassen. Dort wird sowohl Kritik als auch Lob offen ausgesprochen. Die Tatsache, dass sich auch Interne ohne Kundenkontakt bewusst werden, welche Reaktion ihre Arbeit auslöst, stellt einen gewaltigen **Motivationsschub** dar.

Sowohl Kritik als auch Lob wird offen ausgesprochen

Mundpropaganda hilft, die Werbung zu optimieren

Inzwischen gibt es zahlreiche Beispiele, die zeigen, dass Mundpropaganda, die sich mit der Werbung des Unternehmens beschäftigt, diese auch positiv beeinflussen kann. Unter dem Schlagwort „User Generated Content" – also vom Nutzer oder Kunden geschaffene Inhalte – gehen zahlreiche Firmen dazu über, ihre Werbung von ihren Kunden oder der breiten Öffentlichkeit gestalten zu lassen.

Firmen lassen ihre Werbung von ihren Kunden oder der breiten Öffentlichkeit gestalten

Ein erfolgreiches Beispiel dafür ist der öffentlich ausgetragene Logo-Wettbewerb des Leipziger T-Shirt-Händlers Spreadshirt. Die Firma Spreadshirt ließ sich ihr neues Logo in einem öffentlichen Wettbewerb genannt „Open Logo Projekt" entwickeln. Die eingereichten Entwürfe wurden auf einer Website veröffentlicht und konnten von allen Besuchern diskutiert werden. Der Wettbewerb lief drei Monate. Mehr als sechshundert Teilnehmer haben mehr als 1.100 Vorschläge für das neue Logo eingereicht. 1.500 Nutzer haben die Webseite zu dem Wettbewerb im Schnitt täglich aufgerufen.

Die betreuende Agentur Companice zog dazu das folgende Fazit: „Wir haben drei Monate lang die Türen geöffnet, und in dieser Zeit und ohne jegliche ‚Außenwerbung' von mehr als sechshundert Teilnehmern mehr als 1.100 Vorschläge für unser neues Corporate Design erhalten. ... Im Schnitt haben das Open Logo Projekt etwa 1.500 Nutzer täglich aufgerufen, mehr als sechzig Nutzer wurden von uns als ‚aktiv' eingeschätzt. Wir haben gelernt, wie unsere Kunden uns sehen, uns wahrnehmen, und was ihnen an Spreadshirt wichtig ist. Ich würde jedem Unternehmen jederzeit empfehlen, ein Open Logo Projekt durchzuführen, es lohnt sich und ist auch ein guter Start für eine ‚1:1' Kommunikation, für einen Dialog mit den Kunden."

Mundpropaganda liefert Erkenntnisse über den Wettbewerb

Wenn Sie anfangen Mundpropaganda zu beobachten, entdecken Sie nicht nur wie Sie selbst beurteilt werden, sondern auch das, was man über Ihren Wettbewerb spricht. Das bietet Ihnen Einsichten wie:

- Welche Services sind wichtig? Was funktioniert im Unternehmen, was nicht? Welche Schwachpunkte werden bemängelt?
- Image/Urteil über Produkt und Unternehmen,
- Erkenntnisse über den Markt und das Kundenverhalten allgemein,
- Aufspüren von Plagiaten, illegalen Markenverwendungen.

Mundpropaganda verbessert Produkte

In der Softwarebranche – ebenso wie im E-Commerce – ist es beinah schon üblich, neue Angebote in **Beta-Versionen** auf den Markt zu bringen. Das Schema ist immer dasselbe. Zunächst werden Einzelne zu einer Begutachtung eingeladen. Dann öffnet man sich dem allgemeinen Publikum – ohne die Beta-Phase aufzuheben. In dieser Zeit werden Schwachpunkte, etwa am Bedienkonzept der Software, deutlich. Beta-Tester können Vorschläge äußern, die das Produkt rund machen. Erst nach Wochen oder Monaten endet die Beta-Phase. Entweder indem das Produkt erfolgreich online geht. Oder indem es vom Markt genommen wird. Die Beteiligung der tatsächlichen oder potenziellen Kunden an der Entwicklung neuer Produkte und Services ist zumindest für Onlineangebote mit relativ kleinem Aufwand zu realisieren. Teure Flops werden so verhindert.

Ein Unternehmen betreiben, das nur mit hervorragenden Produkten handelt

Stellen Sie sich vor, Sie könnten ein Unternehmen betreiben, das nur mit hervorragenden Produkten handelt. Wer Produkte nicht selbst herstellt, sondern von anderen bezieht, muss sich auf die Qualitätsaussagen verlassen. Wenn Sie aber Ihre Kunden ermutigen, auch kritische Statements zur Produktqualität abzugeben, haben Sie irgendwann ein Unternehmen, das nur erstklassige Qualität im Angebot hat. Das senkt die Kosten für Reklamationen, etwaige Gutschriften, Korrespondenz mit verärgerten Kunden und natürlich Kunden, die dem Unternehmen selbst den Rücken kehren, weil sie eine schlechte Produkterfahrung auf den Einzelhändler übertragen.

Die Kunden optimieren das Produktangebot

Die Schweizer HolidayCheck AG betreibt eines der führenden Meinungsportale für Hotelbewertungen im Internet. Dort können Urlauber ihre Hotelbewertungen online stellen, aber auch ihre eigenen Hotelbilder und Urlaubsfotos veröffentlichen. Ihr Geld verdienen die Leute von HolidayCheck mit einem ganz normalen Reisebüro, wo die empfehlenswerten Reisen dann direkt gebucht werden können. Für Unternehmen ist es viel cleverer, sich die Weisheit der Vielen zunutze zu machen und damit sein Produktportfolio zusammenzustellen. Umso erfolgreicher kann das Unternehmen dann agieren.

Kritik kann Schlimmeres verhindern

Beim amerikanischen Online-Shop für Outdoor-Ausrüstung und Angelbedarf Bass Pro konnte man kleine Halter für den Reserve-Angelhaken kaufen. Vier Stück davon wurden im Set für 3,99 US Dollar verkauft. Diese Halter wurden die am schlechtesten bewerteten Produkte im Shop, weil sie dauernd kaputt gingen. Mit den Hinweisen der unzufriedenen Käufer konnte die Schwachstelle des Produktes exakt benannt werden – der Händler gab die Ware an den Hersteller zurück, der jetzt die Konstruktion der Halterungen verbessert. Hätte er die Website nicht für Kritik geöffnet, wären diese Meldungen niemals angekommen. Wer reklamiert schon ein Produkt, das nur wenige Dollar kostet?

Hinweise der unzufriedenen Käufer helfen weiter

Allerdings wird die negative Produkterfahrung immer auch auf den Händler übertragen, der mangelhafte Produkte verkauft. Davor kann man sich schützen, indem man Kundenkommentare zu den angebotenen Produkten zulässt. Auch der stationäre Einzelhandel kann davon profitieren, seine Kunden zum Feedback aufzufordern.

Sortimentscheck im Kaufhaus

Bereits sechs Monate nachdem die Kaufhaus-Kette Macys ihre Website für Leserkommentare geöffnet hatte, zeigten sich erstaunliche Erfolge: Mehr als 350 Kommentare gehen auf der Website täglich ein. Lobende und kritische zugleich. Erstaunlich, in wie vielen Kommentaren sich die Besucher untereinander helfen. Es gibt Tipps zu einer Schuhmarke (Größen fallen zu groß aus! Lieber eine halbe Nummer kleiner kaufen!) oder zu Bettwäsche von Calvin Klein (Braucht keinen Weichspüler!) Die Leser gaben Macys also klare Hinweise auf die Alltagstauglichkeit der Produkte und wichtige **Qualitätshinweise**. So listete der Einkauf einen metallenen Zahnbürstenhalter aus, weil mehrere Kunden darauf hinwiesen, dass er an der Unterseite Rost ansetzte.

Die Besucher helfen sich untereinander

Mundpropaganda hilft beim Verkaufen

Das Empfehlungsmarketing versucht gezielt Kunden als Empfehler zu gewinnen. Die Techniken dafür reichen von materiellen Anreizen, Bonuskarten bis hin zur Aufforderung: Bring deine Freunde mit! Zahlreiche Unternehmen sind aber auch dazu übergegangen so genannte **Botschafterprogramme** aufzulegen. Dort werden begeisterte Kunden als Markenbotschafter gewonnen, die helfen, sowohl die Bekanntheit des Unternehmens aufzubauen als auch den Absatz der Produkte zu fördern.

Faltfahrrad mit 70

Die siebzigjährige Australierin Margaret Day ist der lebende Beweis dafür, wie einzelne Empfehler zum Gelingen des Empfehlungsmarketings beitragen

Ein Falt-Fahrrad erhält 110 Empfehlungen

können. Seitdem sie im Jahre 1995 ihr erstes Falt-Fahrrad der Marke Bike Friday (http://www.bikefriday.com) gekauft hat, hat sie 110 Empfehlungen für diese Marke ausgesprochen und damit dem Unternehmen einen Umsatz von 337.170 Dollar beschert. Für jede Empfehlung, die zum Kauf führt, können Kunden entweder einen Scheck über fünfzig Dollar erhalten oder eine Gutschrift über 75 Dollar, die sie bei einem zukünftigen Kauf einlösen können.

Um Kunden das Empfehlen leicht zu machen, erhalten sie nach dem Kauf zwölf bereits frankierte Postkarten, die den Namen des Kunden und des Verkäufers enthalten, der ihm das Fahrrad verkauft hat. Diese Karten senden sie an das Unternehmen mit dem Namen desjenigen, dem sie das Fahrrad empfohlen hatten. Bike Friday versendet dann Informationen an den Interessenten und notiert in der Datenbank den Namen des Empfehlungsgebers. Wann immer der Kunde nun kauft, erhält der Tippgeber seinen Bonus.

Das Empfehlerprogramm von Bike Friday ist nach Aussagen des Unternehmens sehr erfolgreich. Fast sechzig Prozent der Umsätze stammen aus den Empfehlungen. Werbung und Pressearbeit hat das Unternehmen reduziert – das Empfehlerprogramm arbeitet einfach besser. (Quelle: Startup Journal, The Wall Street Journal)

Mundpropaganda hilft bei der Personalbeschaffung

Stellen mit Kandidaten besetzen, die von den eigenen Mitarbeitern vorgeschlagen wurden

Nach einer Studie des Instituts für Arbeitsmarkt- und Berufsforschung bei der Bundesagentur für Arbeit werden zwei von drei Stellen in deutschen Unternehmen mit Kandidaten besetzt, die von den eigenen Mitarbeitern vorgeschlagen wurden. Einige Unternehmen haben diese Mundpropaganda zur Personalbeschaffung sogar mit Prämien stimuliert:

- Wer beim Textildiscounter Kik zehn neue Kollegen wirbt, erhält einen Kleinwagen.
- Ein Mitarbeiter der Unternehmensberatungsgesellschaft Accenture bekommt 1.500 Euro, wenn er einen Neueinsteiger vermittelt, der die Probezeit übersteht.

Die Vorteile: Mundpropaganda ist kostenlos oder weitaus preiswerter als Stellenanzeigen. Die Empfehlungen führen zu besser geeigneten Kandidaten – denn Mitarbeiter können aus der eigenen Erfahrung heraus am besten beurteilen, wer zum Unternehmen passt. Außerdem sind die Absageraten der Bewerber niedriger, weil sich die Angesprochenen ihrem Bekannten verpflichtet fühlen.

Literatur

Röthlingshöfer, Bernd: „Mundpropaganda-Marketing: Was Unternehmen wirklich erfolgreich macht", 224 S., Deutscher Taschenbuch Verlag, 2008.

Positionierung – der Schlüssel für erfolgreiche Empfehlungen

Peter Sawtschenko

Warum sind manche Unternehmen erfolgreicher als andere? Gleichgültig, ob sie als Gegenwind eine Wirtschaftkrise, starken Wettbewerb, Preiskampf oder Marktveränderungen spüren: Warum schreibt die Presse von sich aus über bestimmte Unternehmen, Freiberufler oder Berater, während andere teure Anzeigen schalten müssen? Warum gewinnen die einen automatisch neue Kunden und verzeichnen Warteschlangen, während die anderen mit viel Werbe- und Vertriebsaufwand ständig neue Kunden suchen? Warum lösen die einen eine regelrechte Empfehlungslawine bei Kunden und im Internet aus, während die anderen vergeblich darauf warten oder als unerwünschter Kontakt in den Junk-E-Mail-Ordner wandern? Ihr Geheimnis ist die richtige Positionierungsstrategie, die ihnen das optimale Alleinstellungsmerkmal im Markt verschafft.

Warum Positionierung unerlässlich ist – auch als Basis für Empfehlungsbereitschaft

Wenn Sie erfolgreiche Unternehmen einmal genauer unter die Lupe nehmen, werden Sie schnell feststellen, dass fast alle etwas gemeinsam haben: Sie sind spezialisiert und somit sehr gut positioniert! Sie konzentrieren sich auf **ein** Gebiet – **ein** Produkt, **eine** Zielgruppe, **eine** Problemlösung und so weiter – und erlangen dadurch auf diesem Gebiet Expertenstatus. Die Spezialisierung hat gegenüber der Diversifikation große Vorteile: Sie gewinnen schneller und zielorientierter wesentlich höhere Lernerfolge und Lernerfahrungen als jemand, der auf mehreren Hochzeiten gleichzeitig tanzt. Sie wissen genau, wo ihren Kunden „der Schuh drückt", und können passgenaue Problemlösungen anbieten, mit denen Sie der Konkurrenz überlegen sind, weil Sie einen deutlich höheren Nutzen bieten.

Wer nicht automatisch neue Kunden gewinnt, liegt falsch!

In der Entwicklung von neuen Positionierungsstrategien steht mein Motto „Wer nicht automatisch neue Kunden gewinnt, ist falsch positioniert!" immer als großes Ziel über allem. Denn ein Unternehmen, das nicht automatisch neue Kunden gewinnt und mit seinen Produkten oder Dienstleistungen keine automatische Nachfragesogwirkung erzielt, sitzt in der Geld vernichtenden Marketingfalle. Je schlechter ein Unternehmen positioniert ist, desto mehr muss es in Marketing und Vertrieb investieren. Jack Trout, der Ur-Vater der Positionierung, hat es noch deutlicher auf den Punkt gebracht. „Wenn Sie in diesem Wettbewerbsumfeld keinen differenzierenden Grund finden und anbieten, sollten Sie einen tiefen, besser noch einen verdammt tiefen Preis anbieten."

http://www.marketing-boerse.de/Experten/details/Peter-Sawtschenko

Neues Denken führt zu neuem Handeln

Wachstum erfordert Fähigkeiten und Wissen über die wichtigsten Schlüsselstrategien und Schlüsselprozesse

Anhand von Erfolgsbeispielen aus meiner Praxis, möchte ich Ihnen gerne zeigen, wie man mit den wichtigsten Schlüsselstrategien die erfolgreichsten Energiequellen des Marktes findet und wie Sie selbst in einer Krise beeindruckende Erfolge erzielen. Ich möchte Ihnen auch die wichtigsten Schlüsselgedanken aufzeigen, wie Sie mit den Werkzeugen der Positionierung die Komplexität des Marktes auf die wichtigsten Erfolgsfaktoren reduzieren. Anhand von Praxisbeispielen lernen Sie, wie verblüffend einfach es ist, Krisen zu umschiffen oder Krisensituationen zu meistern. Ich hoffe, Sie werden Ihr eigenes Unternehmen, Ihren Markt und Ihre Wettbewerber, Ihr Marketing, Ihre Werbung und Zukunftschancen mit anderen Augen und aus einer neuen Perspektive sehen.

Positionierung ist die Energiequelle und der Turbolader für ungewöhnliche Markterfolge und jede Menge Weiterempfehlungen. Positionierung ist die wichtigste Schlüsselkompetenz, mit der Sie sich der Krise, der Austauschbarkeit und dem Preiskampf erfolgreich entziehen, Mundpropaganda anregen, die Nachfrage steigern, neue Spezialisierungsnischen finden und zu einer erfolgreichen Marke werden.

Eine Weltneuheit revolutioniert den österreichischen Markt

Beispiel Olina Franchise GmbH

Das folgende Beispiel zeigt sehr schön, wie Sie den Zugangscode zu Ihren erfolgversprechendsten Märkten und Zielgruppen erkennen. Als Gründer eines Franchisekonzeptes mit einem Jahresumsatz von insgesamt 12,5 Millionen Euro arbeitet Wolfgang Allgäuer in einer besonders krisengeschüttelten Branche. Unter dem Markennamen Olina Küchen lässt das Unternehmen Küchen produzieren und verkauft sie mit eigenem Markennamen über die Franchisepartner an den Endverbraucher. Mit ständigen Sonderangeboten und Rabattschlachten kämpft die Branche ums Überleben. Eine wirkliche Alleinstellung konnte bisher kein Küchenanbieter vorweisen.

Mit einem Team aus der Franchisezentrale und einigen Franchisepartnern erarbeiteten wir in einem Workshop eine Neupositionierung und Alleinstellung. So wie in den meisten Fällen war die Zielgruppen- und Problemlösungsanalyse der Schlüssel, eine Marktnische in dieser schwierigen Branche zu finden. Die Marktnische beziehungsweise erfolgversprechendste Zielgruppe, die wir dann fanden, war für alle eine Überraschung. Österreich hat circa acht Millionen Einwohner. Etwa vier Millionen Haushalte haben als Mitbewohner ein Tier wie Hund, Katze, Vogel oder sonstige Kleintiere. Doch noch nie hat ein Küchenhersteller über die Wünsche und Bedürfnisse dieser Zielgruppe nachgedacht.

In Zusammenarbeit mit einem Kundenbeirat von Hunde- und Katzenbesitzern, engagierten Franchisepartnern und der Franchisezentrale wurde innerhalb von acht Monaten die weltweit erste tiertaugliche Küche entwickelt, die es in sich hatte. Vom unsichtbaren Futterplatz im Sockel, mit dem man die

Fresszeiten und Fressgewohnheiten seiner Lieblinge kontrollieren kann bis zum speziellen Unterschrank, in den ein automatischer Futter- und Wasserplatz wie in einer Höhle untergebracht ist. Mit einer Zeitschaltuhr lassen sich so die Fütterungszeiten programmieren, zum Beispiel: wenn die Besitzer mal länger nicht zu Hause sind. Ein Sauerstoff-Ionisator entkeimt und reinigt die Luft. Ein luftdichter Abfallbehälter für Futterreste, Katzenstreu und Essensreste schützt vor Geruchsbelästigung. Tierfreundliche Geräte, durch welche Küchentische und Arbeitsflächen zur tierfreien Zone werden und weitere Innovationen runden das Konzept ab. Im November 2009 ging es dann mit Pressemitteilungen und Anzeigen an den Start.

Der Erfolg von Olina mit der tierfreundlichen Küche

765 Berichte in der Fachpresse, auf Themenportalen, in Foren und Blogs plus Co-Brandingpartner als Power-Multiplikatoren

Bereits nach vierzehn Tagen erschienen über 765 Berichte im Internet wie Fachpresse, Themenportale, Foren, Blogs und so weiter. Nach vier Wochen setzten die Medien durch TV-Beiträge, Radio-Interviews und Pressemitteilungen eine regelrechte Lawine in Gang und Olina wurde von einem deutschen Verlag zum Hersteller des Monats gekürt. Die Anziehungskraft für Co-Brandingpartner war groß. Unternehmen wie Nestlé, Fressnapf, Mega Zoo, Purina, Proplan und andere Zielgruppenbesitzer wurden zu Power-Multiplikatoren und empfahlen Olina in Newslettern, in Broschüren und im Kassenbereich.

Obwohl die Branche mit Umsatzrückgängen von bis zu vierzig Prozent zu kämpfen hat, konnte Olina den Umsatz zum Jahresende 2009 stabil halten.

Gut positioniert, schlecht kommuniziert

Nicht Merkmale, sondern Nutzen beschreiben

Ein großes und sehr erschreckendes Dilemma in den meisten Unternehmen ist die Qualität der Kommunikation. In meinen Veranstaltungen gehört die Nutzen- statt Merkmalsargumentation immer zu den größten Aha-Effekten. Die Analysen der Werbematerialien und Internetinhalte waren zu über 95 Prozent immer eine frustrierende Ernüchterung. Auch erkannten die Kunden endlich, warum alle Marketingmaßnahmen, Verkaufsgespräche und Präsentationen so miserable Ergebnisse brachten: In nur ganz wenigen Fällen wurde der Nutzen für die Zielgruppe kommuniziert. Überwiegend waren die Inhalte reine Merkmalsbeschreibungen.

Sysmat GmbH: Eine Erfolgsgeschichte, wie aus dem Bilderbuch

Wie die kleine Firma Sysmat GmbH vierzehn Tage nach einer Neu-Positionierung zur Nr. 1 in den Köpfen ihrer Zielgruppe wurde? Das folgende Beispiel steht stellvertretend für viele Unternehmen, die sehr gut im Markt aufgestellt sind, aber mit dem Problem kämpfen, den Nutzen verständlich zu kommunizieren.

1994 gründete Rainer Schulz die Firma Sysmat GmbH in Mainhausen. Seine Kernkompetenz: modulare und konfigurierbare Software zur Steuerung von automatischen Hochregallagern. Aufgrund der Komplexität war die Software sehr schwer zu erklären und die Umwandlungsquote von Anfragen in Aufträge sehr mühsam.

Die Werbemaßnahmen beschränkten sich auf eine aufwendige Broschüre, diverse Produktblätter, Anzeigen in Fachzeitschriften und Mailings an potenzielle Kunden. Eine wichtige Präsentationsplattform war ein kleiner Messestand auf der LogiMAT, Europas größte jährlich stattfindende Intralogistikmesse für Distribution, Material- und Informationsfluss. Trotz Anzeigen und Versuchen, mit Presseberichten in den Fachzeitschriften auf sich aufmerksam zu machen, waren die Kontakte auf der Messe bisher mehr als spärlich.

Wenn es die Oma versteht, versteht es auch der Manager

Wahnsinn oder? Arbeiten Sie mal als Laie mit so einem Unternehmen und versuchen Sie alles zu verstehen. Mit den Jahren habe ich die Ehrfurcht vor dieser unbekannten Welt und Sprache verloren. Alles ist einfach, es kommt nur darauf, den Nutzen einfach und verständlich zu kommunizieren. Der Entscheider für eine Investition ist in der Regel auch kein IT-Experte. Es ist ein Problem vieler IT-Unternehmen, wenn Softwareentwickler Texte schreiben. Dann ist der Frust an der Verkaufsfront und auf der Entscheiderebene vorprogrammiert. IT-Entwickler denken in Softwarebausteinen und versuchen auch Softwarebausteine zu verkaufen.

IT-Entwickler denken in Softwarebausteinen und versuchen auch Softwarebausteine zu verkaufen

Die Familie Schulz wollte unbedingt noch vor der Messe eine Positionierungsstrategie. Im Vorfeld analysierten wir die bisherigen Kommunikationsmedien und die wichtigsten Wettbewerber. Doch eine Alleinstellung war nicht ersichtlich. Weder Herr Schulz noch alle Beteiligten konnten den Nutzen kurz und allgemein verständlich erklären. Was dann kam, war für Herrn Schulz wie eine Offenbarung. Ich forderte Herrn Schulz auf, Stück für Stück jeden einzelnen Nutzen seiner intelligenten Softwareentwicklung so einfach und verständlich wie nur möglich, zu erklären nach dem Motto: **Wenn es die Oma versteht, versteht es auch der Manager.** Fast einen Tag lang wurde dann jeder einzelne Baustein analysiert, mit einfachen und verständlichen Worten zusammengefasst und der Nutzen für die erfolgversprechendste Zielgruppe auf den Punkt gebracht. Was dann ans Tageslicht kam, war eine Weltneuheit und Gänsehaut pur.

Steuern und Optimieren – ohne programmieren

Herr Schulz hatte eine komplexe Software so vereinfacht, dass selbst für die Inbetriebnahme keine Softwareexperten erforderlich sind und dass auch Nicht-Programmierer damit arbeiten können. Ähnlich wie bei einem Bildbearbeitungsprogramm war alles soweit vorprogrammiert, dass mit wenigen Klicks die gewünschten Änderungen erreicht werden konnten. Mit der Software von Sysmat konnten Betreiber Zeit und Kosten der Inbetriebnahme um bis zu siebzig Prozent reduzieren. Das war eine absolute Weltalleinstellung.

Es verblieben nur noch zehn Tage bis zur Messe. Am letzten Tag des Workshops war ich als Software-Laie in der Lage, alle wichtigen textlichen Inhalte für

Presseberichte, Broschüren, Flyer und Messestand zum Mitschreiben zu diktieren. Danach scribbelte ich für alle Maßnahmen ein grobes Layout, das dann innerhalb von zehn Tagen von Grafikern und Messebauern umgesetzt werden musste.

Die unglaubliche Resonanz auf und nach der Messe

Die wichtigste Fachzeitschrift sicherte sich bereits am ersten Tag auf der Messe drei Exklusivberichte über die einzigartige Software. Drei Statements von dem Geschäftsführer Herrn Schulz wurden bereits in einer Sonderausgabe zur Messe veröffentlicht.

Alleinstellungen sprechen sich wie ein Lauffeuer herum

Die Innovation sprach sich auf der Messe wie ein Lauffeuer herum. Der Marktführer für Anlagenbau in Europa kam sogar mit der gesamten Geschäftsführung zum Messestand und ließ sich über zwei Stunden staunend die Weltalleinstellung präsentieren. Nach der Messe folgten Anfragen von neuen Kunden aus ganz Europa und Dubai. Angefangen bei großen Pharma-Unternehmen bis hin zu Anlagenbauern, die damit liebäugelten, ihre eigene Software gegen die von Sysmat in Lizenz auszutauschen. Ein Messebesucher brachte den Stellenwert der Alleinstellung mit einem Satz auf den Punkt. „Das ist genau das, worauf die ganze Branche schon immer gewartet hat.“

In 12 Schritten zur erfolgreichen Positionierung

Kennen Sie die wichtigsten Wettbewerber Ihres Unternehmens und können Sie definieren, wie Sie sich jeweils von diesen unterscheiden?

Ist Ihnen bewusst, wo die besonderen Stärken Ihres Unternehmens liegen?

Wissen Sie, wie Sie mögliche Hemmschwellen von Kunden abbauen können?

Die kommende Ausführung bietet Ihnen eine konkrete Anleitung in zwölf Schritten zur erfolgreichen Positionierung.

Schritt 1: Interne Probleme erkennen

Meist zeigen sich zuerst interne Probleme, die darauf aufmerksam machen, dass mit dem Unternehmen etwas nicht stimmt. Sie machen die tatsächliche Situation im Unternehmen transparent und geben bereits einen ersten Überblick über mögliche Risiken und Chancen in der Zukunft.

Definieren Sie Ihre internen Probleme:

- Halten Sie fest, welche Abhängigkeiten in Ihrem Unternehmen bestehen (zum Beispiel von Banken, anderem Kapital, Personal, Know-how et cetera).
- Markieren Sie farblich die wichtigsten Probleme und Abhängigkeiten.
- Analysieren Sie Ihr Unternehmen auf interne Probleme: Was stimmt nicht, wo sind Sie möglicherweise von Anderen abhängig?

Schritt 2: Externe Probleme definieren

Interne Probleme ziehen meist ziemlich schnell externe Probleme nach sich: Mangelndes Personal oder Know-how beispielsweise können schlechteren Service bedeuten, wodurch möglicherweise Kunden abspringen.

Definieren Sie Ihre externen Probleme und Abhängigkeiten, wie zum Beispiel Abhängigkeiten von Lieferanten oder vertriebliche Engpässe.

- Wie gut sind Ihre Kundenbeziehungen?
- Wie häufig erhalten Sie Reklamationen und wie gehen Sie mit diesen um?
- Markieren Sie farblich die wichtigsten Probleme und Abhängigkeiten.

Schritt 3: Risiken der Zukunft abschätzen

Werfen Sie einen Blick in die Zukunft und überlegen Sie, welche Risiken auf Sie zukommen könnten. Märkte werden sich verändern und veränderte Märkte erfordern neue Strategien. Halten Sie sich vor Augen, dass jedes Risiko auch eine Chance bedeutet – die Chance, sich weiterzuentwickeln und besser zu sein als die anderen.

Was wird sich in Zukunft in Ihrer Branche beziehungsweise Zielgruppe verändern und wie? Ist der Markt eher konservativ oder offen für Entwicklungen?

Welche Veränderungen könnten eine Bedrohung für Ihr Unternehmen darstellen? Wo sehen Sie die Schwachpunkte Ihrer Firma?

Markieren Sie farblich die drei wichtigsten Risiken.

Als Unternehmer müssen Sie immer einen Schritt weiter denken: Wie wird Ihr Markt in Zukunft aussehen? Könnten Risiken auf Sie zukommen – und welche?

Schritt 4: Chancen der Zukunft erkennen

Chancen der Zukunft erkennen

Genauso wie in der Zukunft Risiken liegen, so birgt sie natürlich auch Chancen. Wenn Sie sie jetzt schon erahnen und erkennen, können Sie Ihr Unternehmen besser darauf vorbereiten und werden so erfolgreicher sein.

Welche Chancen sehen Sie?

- Markieren Sie farblich die drei wichtigsten Chancen.

Es ist wichtig, mögliche Chancen der Zukunft für Ihr Unternehmen zu erkennen, damit Sie Ihre Maßnahmen darauf abstimmen können.

Schritt 5: Die wichtigsten Wettbewerber identifizieren

Um die eigene Position richtig einzuschätzen, ist es ganz wichtig, die Wettbewerber und deren Stärken und Schwächen zu kennen, denn mit ihnen werden Sie verglichen. Trotzdem wird die Wettbewerbsanalyse in vielen Unternehmen vernachlässigt.

Listen Sie Ihre wichtigsten Wettbewerber auf:

- Was ist ihr jeweiliges Alleinstellungsmerkmal?
- Wie lauten ihre Verkaufsargumente?
- Halten Sie Ihre Überlegungen unbedingt schriftlich fest, denn dadurch werden Sie gezwungen, auf den Punkt zu kommen. Man hat oft diffus die Unterschiede zum eigenen Unternehmen im Kopf, doch ganz deutlich werden diese erst, wenn man wirklich alle Punkte aufschreibt.
- Ein Vergleich mit der Konkurrenz hilft, die Marktsituation des eigenen Unternehmens realistisch einzuschätzen.

Schritt 6: Die eigenen Stärken ermitteln

Machen Sie sich die speziellen Stärken Ihres Unternehmens bewusst. Die Stärkenanalyse steigert das Selbstbewusstsein und das Selbstwertgefühl. Wer sich dagegen mit der Analyse der Unternehmensschwächen beschäftigt, erreicht genau das Gegenteil. Am effektivsten gelingt die Stärkenanalyse, wenn Unternehmensleitung, Mitarbeiter und Werbeagentur gemeinsam formulieren, wo sie ihre größten Stärken (Spezialisierung, Know-how, Service et cetera) sehen, und diese anschließend auch bewerten. Gehen Sie noch einen Schritt weiter und befragen Sie Kunden, von denen Sie wissen, dass sie ehrlich und konstruktiv ihre Meinung sagen.

Stärken Ihres Unternehmens definieren

Wo liegen die besonderen Stärken Ihres Unternehmens?

- Bewerten Sie diese im Hinblick auf Ihre Mitbewerber (wie unterscheiden Sie sich von ihnen?) und im Hinblick auf Ihre Kunden (wissen sie um die Stärken und sind sie nützlich für sie?).
- Besitzt Ihre Firma eventuell bereits ein Alleinstellungsmerkmal? Wird dieses nach außen kommuniziert?

Schritt 7: Potenzielle Geschäftsfelder analysieren

Überlegen Sie, auf welche Bereiche Sie Ihr Geschäftsfeld ausweiten könnten. Die Definition zusätzlicher Potenziale hilft dabei, neue Marktnischen zu finden, die erfolgreich besetzt werden können. Hinterfragen Sie mögliche Verwendungszwecke Ihrer besonderen Stärken. Denken Sie dabei in (Dienstleistungs-)Produkten. Das heißt, versuchen Sie, aus jeder Idee ein Produkt zu kreieren.

Diese Phase bietet zwei Denkansätze: Zum einen führen Sie sich vor Augen, wie sich die Stärken sinnvoll einsetzen lassen, wenn Sie etwas ganz Neues anfangen möchten. Zum anderen richten Sie Ihre Gedanken darauf, wie sich – aufbauend auf den Unternehmenserfahrungen – die Stärken im bestehenden Geschäftsfeld mit neuen Leistungen verbessern lassen. Diese Phase öffnet eine Bandbreite neuer Wege und Visionen.

Analysieren Sie Ihre potenziellen Geschäftsfelder:

- Was könnte Ihr Unternehmen mit den besonderen Stärken außerdem noch anbieten und welche Spezialisierungsmöglichkeiten liegen nahe?
- Welche Probleme können aufgrund der speziellen Stärken besonders gut gelöst werden?
- Welche weiteren Verwendungszwecke, Vermarktungschancen und Märkte stehen dahinter? Was könnten Sie außerdem leisten? Was würden Sie am liebsten tun? Wer könnte sich dafür interessieren?

Schritt 8: Die erfolgversprechendsten Zielgruppen definieren

Heutige Märkte zerfallen in eine Vielzahl kleiner und lukrativer Minimärkte. Die genaue Zielgruppen- und Teilzielgruppendefinition wird leider immer noch sehr oberflächlich gehandhabt. Dabei bietet die exakte Analyse eine Fülle von Marktnischen- und Positionierungsmöglichkeiten.

Auf eine Leidenszielgruppe fokussieren

Besonderen Erfolg verspricht die Konzentration auf eine Leidenszielgruppe. Diese ist wiederum ein Teil Ihrer Zielgruppe, die aber unter einem bestimmten Zustand leidet. Und für genau diesen versprechen Sie Abhilfe!

Widmen Sie der Bestimmung Ihrer Zielgruppe viel Zeit

Widmen Sie der Bestimmung Ihrer wichtigsten Zielgruppe viel Zeit, denn Ihre Zielgruppe ist wichtiger als Ihre kapitalen Werte. Welche Zielgruppen hatte Ihr Unternehmen früher und welche jetzt? Wie viel Prozent des Umsatzes entfallen auf diese Zielgruppen? Welche Zielgruppe ist die interessanteste und lohnendste? Wer sind die zwanzig Prozent Ihrer Zielgruppen, mit denen Sie nach dem Pareto-Prinzip achtzig Prozent Ihres Umsatzes machen beziehungsweise machen könnten?

Mit welcher Zielgruppe würden Sie am liebsten arbeiten? Wie sieht Ihre Lieblingszielgruppe beziehungsweise Ihr Lieblingskunde der Zukunft aus? Bewerten Sie diese nach Größe, Leidensdruck, höchstem Nutzen und Anziehungskraft.

Selektieren Sie die erfolgversprechendste Zielgruppe und konzentrieren Sie sich beim nächsten Schritt zunächst nur auf diese.

Schritt 9: Die brennendsten Probleme erkennen

Die Analyse der brennendsten Probleme ist, neben der Zielgruppenanalyse, der wichtigste Schritt, um Innovationen zu entwickeln. Denken Sie bitte immer daran: Jedes Problem kann eine Marktnische sein – besonders wenn es sich an eine Leidenszielgruppe richtet. Halten Sie kontinuierlichen Dialog mit Ihren Zielgruppen. Keine andere Quelle kann zuverlässiger Auskunft über die tatsächlichen Bedürfnisse und den Bedarf des Marktes geben als der Markt selbst.

Welche Probleme empfindet Ihre Zielgruppe als besonders brennend (faktisch oder emotional)?
Welche Wünsche, Bedürfnisse und Sorgen sind Ihnen bereits bekannt? Denken Sie dabei an: Vertrauen, Risiken, Preise, bisherige Problemlösung und Erwartungen, Finanzierung, Erreichbarkeit, Ängste, Hemmschwellen, Kompetenz, Informationen et cetera.

Versetzen Sie sich in die Lage Ihrer Zielgruppe und gehen Sie im Kopf der Zielgruppe spazieren! Durchforsten Sie alle emotionalen und faktischen Probleme, selbst wenn sie Ihr Angebot nicht tangieren.

Schritt 10: Innovationspotenzial herauskristallisieren

Sinnvolle Innovationen lösen das brennendste Problem einer Zielgruppe. Dabei geht es nicht immer darum, nur nach neuen, aufwendigen oder gar kostenintensiven technischen Innovationen zu suchen. Innovationen können technisch, faktisch oder virtuell – also nur im Kopf – eine Vorstellung auslösen und ein (psychologisches) Bedürfnis befriedigen. Wichtig ist, dass die Innovation im Kopf Ihrer Zielgruppe ein neues Fenster öffnet. „Virtuell" bedeutet, dass eine Dienstleistung oder ein Produkt eine Positionierungsnische besetzt und im Kopf der Zielgruppe als anders, einzigartig oder neu wahrgenommen wird.

Wenn Sie eine Innovation entwickelt haben, befragen Sie anschließend direkt und persönlich Ihre Zielgruppe, um Ihre eigene Einschätzung zu überprüfen. So stellen Sie auch die Wirksamkeit der folgenden Werbemaßnahmen sicher. Das Innovationsrisiko wird auf diese Weise praktisch auf null reduziert und garantiert eine erfolgreiche Umsetzung am Markt.

Analysieren Sie Innovationspotenziale

Der Zielgruppe Nutzen bieten

Welche zusätzlichen Leistungen lösen die Probleme der erfolgversprechendsten Zielgruppe? Womit oder wie kann man der Zielgruppe einen zwingenden Nutzen bieten?

Suchen Sie nach Begeisterungsmerkmalen. Lassen Sie allen Ideen freien Lauf, selbst wenn Sie glauben, dass eine Idee unmöglich zu realisieren ist. Wenn Sie später die einzelnen Positionierungsstrategien andocken, werden Sie eventuell überraschende Lösungen finden.

Versuchen Sie etwas Neues zu entwickeln, das die Probleme Ihrer Zielgruppe löst. Innovation muss hier nicht bedeuten, dass Sie etwas Neues erfinden – oft geht es allein darum, bereits vorhandene Leistungen so zu kombinieren, dass sie den Bedürfnissen der Zielgruppe besser entgegenkommen.

Schritt 11: Hemmschwellen der Zielgruppe abbauen

Es kann sein, dass eine Zielgruppe Ihr Produkt beziehungsweise Ihre Dienstleistung nicht annimmt, obwohl es ihre brennendsten Probleme löst und einmalig ist auf dem Markt. Denn es gibt psychologische und faktische Hemmschwellen bei der Zielgruppe, auf das Angebot einzugehen. Diese sind oft gar nicht so leicht herauszufinden.

Was könnte Ihre Zielgruppe davon abhalten, Ihre Leistung in Anspruch zu nehmen?
Da Sie erst einmal im Elfenbeinturm arbeiten und noch kein Markt-Feedback haben, sollten Sie an diesem Punkt der Erarbeitung Ihre Ideen kritisch in Frage stellen.

Wann würde Ihre Zielgruppe das Angebot auf jeden Fall annehmen?
Denken Sie bitte erneut über Innovationen nach und suchen Sie zu jeder Hemmschwelle eine Lösung.

> Manchmal gibt es Gründe, warum Kunden Ihr Angebot nicht annehmen, obwohl es genau ihre Bedürfnisse trifft. Räumen Sie diese Hemmschwellen aus dem Weg, sonst werden Sie nicht erfolgreich sein.

Das Unternehmensziel in einem Leitsatz zusammenfassen

Schritt 12: Das Unternehmensziel festlegen

Nachdem Sie Schritt für Schritt eine Positionierungsstrategie für Ihr Unternehmen erarbeitet haben, ist es wichtig, das Unternehmensziel in einem Leitsatz zusammenzufassen. Dieser hilft Ihnen und Ihren Mitarbeitern, sich immer wieder vor Augen zu führen, was das Besondere bei Ihnen ist und warum Kunden bei Ihnen kaufen sollten. Unternehmensziele sind niemals an Trends oder am Zeitgeist orientiert

Welches konstante Grundbedürfnis wollen Sie in Zukunft lösen?
Werden Sie zum Beispiel nicht bester Hersteller von einer bestimmten Art von Datenspeicher, sondern bester Problemlöser für die Sicherung von Daten, nicht bester Anbieter von Marketingseminaren, sondern bester Problemlöser für alle, die neue Kunden suchen. Tragen Sie alle Formulierungen zusammen, bewerten Sie diese und fassen Sie die wichtigste Aussage zu einem für jedermann verständlichen und nachvollziehbaren Leitsatz zusammen.

Ihr Leitsatz:

Merksätze zur Positionierung

Positionierung ist der erfolgreichste Weg aller Marketingstrategien. Damit sie gelingt, gilt es folgende Punkte zu berücksichtigen:

- Nicht gewinnorientiert vorgehen, sondern nutzenorientiert denken und handeln – Nutzen im Sinne eines speziellen Angebots für eine besondere Zielgruppe.
- Immer versuchen, den größten Engpass beziehungsweise das brennendste Problem seiner Zielgruppe zu lösen.
- Konsequent den Nutzen für seine Zielgruppe steigern.
- Nur absolute Kundenzufriedenheit und hohe Begeisterung anstreben.
- Wer die Probleme anderer löst, löst auch seine eigenen – daraus folgen mehr Anziehungskraft und Gewinn.

Literatur

Breidenbach Theo: Targeting: Marken erfolgreich positionieren – Marken ohne Streuverluste. – Metropolitan, Düsseldorf, 1998.

Buchholz, Andreas/Wolfram Wördemann: Der Wachstums-Code für Siegermarken. – Econ, München, 2000.

Friedrich, Kerstin: Erfolgreich durch Spezialisierung. Kompetenzen entwickeln, Kerngeschäfte ausbauen, Konkurrenz überholen. – Gabal, Offenbach, 2003.

Häusel, Hans-Georg: Think Limbic! Die Macht des Unbewussten – verstehen und nutzen für Motivation, Marketing, Management. – Haufe, Freiburg, 2003.

Jary, Michael/Dirk Schneider/Andrew Wileman: Marken-Power – Warum Aldi, Ikea, H & M und Co. so erfolgreich sind. – Gabler, Wiesbaden, 2000.

Kroeber-Riel, Werner: Konsumentenverhalten. – Vahlen, Saarbrücken, 2003.

Micic, Pero: Der Zukunftsmanager. Wie Sie Marktchancen vor Ihren Mitbewerbern erkennen und nutzen. – Haufe, Freiburg, 2000.

Ries, Al/Jack Trout: Die 22 unumstößlichen Gebote im Branding. – Econ, München, 1999.

Ries, Al: Die Strategie der Stärke. – Econ, Düsseldorf, 1996.

Sawtschenko Peter: Positionierung – das erfolgreichste Marketing auf unserem Planeten. – Gabal, Offenbach, 2005

Sawtschenko, Peter/Andreas Herden: Rasierte Stachelbeeren. So werden Sie die Nr. 1 im Kopf Ihrer Zielgruppe. – Gabal, Offenbach, 2000.

Schüller Anne M.: Zukunftstrend Empfehlungsmarketing. – Business Village, Göttingen, 4. Auflage 2010.

Trout, Jack: Trout über Strategie. Wie Sie die Köpfe der Verbraucher und damit die Märkte erobern. – Linde, Wien, 2004.

Trout, Jack/Steve Rivkin: New Positioning: Das Neueste zur Business-Strategie Nr. 1. – Econ, Düsseldorf, 1996.

Das Empfehlungsverhalten der Limbic Types

Hans-Georg Häusel

Die individuelle emotionale Persönlichkeitsstruktur beeinflusst das Empfehlungsverhalten

Die moderne Hirnforschung zeigt: Der Kern und die Basis der menschlichen Persönlichkeit wird von den Emotionssystemen im Gehirn gebildet. Menschen unterscheiden sich erheblich in der Ausprägung ihrer Emotionssysteme. Die individuelle emotionale Persönlichkeitsstruktur beeinflusst in hohem Maße ihr Empfehlungsverhalten.

Wie der Mensch tickt

Wie fallen Kaufentscheidungen tatsächlich im Kopf? Offensichtlich nicht so, wie wir selbst und Konsumenten den Entscheidungsablauf im Kopf erleben. Über siebzig bis achtzig Prozent der Entscheidungen fallen nämlich unbewusst. Und: Die eigentlichen Machthaber sind die Bereiche im Gehirn, die hauptsächlich mit der emotionalen Verarbeitung beschäftigt sind. Diese Hirnbereiche werden als limbisches System bezeichnet.

Nun stellt sich die Frage, welche Emotionen oder Emotionssysteme es im Gehirn überhaupt gibt. In einer mehrjährigen Forschungsarbeit wurden Erkenntnisse der Hirnforschung mit bestehendem Wissen der Psychologie und umfangreichen eigenen Untersuchungen unter dem Namen **Limbic** zu einem **Emotions-Gesamtmodell** verknüpft. Ziel war und ist es, ein Modell zu formulieren, das auf festem wissenschaftlichem Boden steht, aber gleichzeitig leicht verständlich und universell einsetzbar ist. Wie sieht nun das emotionale Betriebssystem im Konsumentenhirn genau aus? Abbildung 1 (nächste Seite) gibt einen Überblick.

Es gibt drei große Emotionssysteme: Balance, Dominanz, Stimulanz

Im Zentrum aller Emotionssysteme stehen die sogenannten physiologischen Vitalbedürfnisse, wie Nahrung (inklusive Appetit/Ekel), Schlaf und Atmung. Mit diesen Bedürfnissen werden wir uns nicht weiter befassen. Neben diesen Vitalbedürfnissen gibt es drei große Emotionssysteme. Diese sind:

- Das Balance-System (Sicherheit, Stabilität, Ordnung)
- Das Dominanz-System (Macht, Autonomie, Status)
- Das Stimulanz-System (Neugier, freudige Überraschung)

Im Laufe der Evolution haben sich zusätzliche Emotionssysteme im Gehirn entwickelt, die allerdings nicht ganz die Bedeutung der aufgezeigten Big 3 haben. Die wichtigsten sind:

- Bindung (Positiv: Geborgenheitsgefühl, Negativ: Verlassenheitsgefühl)

- Fürsorge (Positiv: Liebe, Negativ: Gefühl von niemandem gebraucht zu werden)

Da die drei großen Emotionssysteme (inklusive Submodule) meist zeitgleich aktiv sind, gibt es Mischungen. Die Mischung von Dominanz und Stimulanz beispielsweise ist Abenteuer, die Mischung aus Stimulanz und Balance ist Offenheit. Kontrolle schließlich ergibt sich aus der Mischung zwischen Balance und Dominanz.

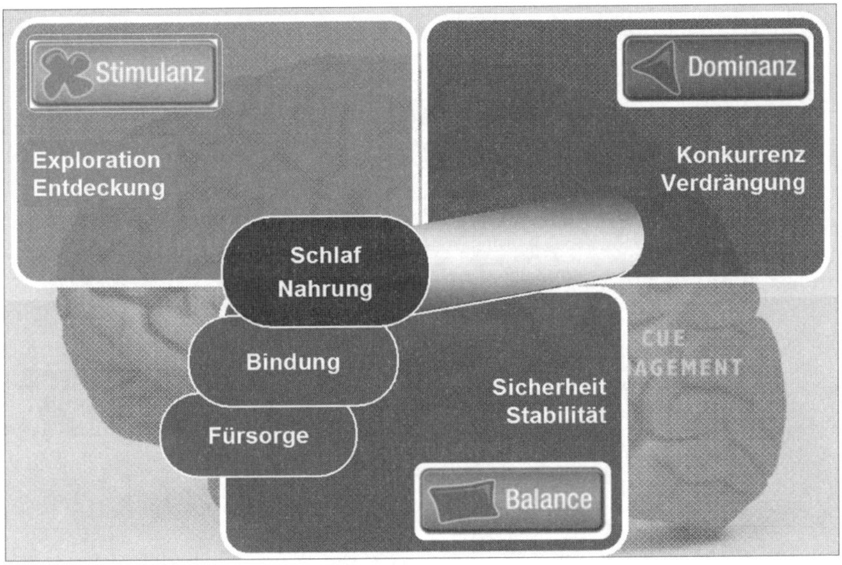

Abb. 1: Die Emotionssysteme im Gehirn

Die Limbic Types

Wirken die Emotionsysteme bei allen Menschen gleich? Die mit Limbic aufgezeigten Emotionssysteme inklusive Mischungen finden sich bei allen Menschen wieder – aber nicht in gleicher Stärke. Viele aktuelle Forschungen zeigen, dass die übergreifenden emotionalen Persönlichkeitsstrukturen das menschliche Entscheidungs- und Empfehlungsverhalten erheblich beeinflussen. Die meisten Menschen haben nun in der Regel einen **Schwerpunkt** in der Ausprägung ihrer Emotionssysteme. Auf diese Weise lassen sich Menschen praxisnah **typisieren**: Der Schwerpunkt bestimmt die Typzuordnung. Man muss sich dabei allerdings bewusst sein, dass jede Typisierung immer eine Vereinfachung darstellt. Entsprechend der Emotionssysteme im Gehirn und der damit verbundenen Mischungen kann man sieben Limbic Types festmachen. Diese sieben Limbic Types (vergleiche Abbildung 2) sind:

Durch Schwerpunkte in der Ausprägung ihrer Emotionssysteme lassen sich Menschen praxisnah typisieren

- **Harmoniser(in)**
  Hohe Sozial- und Familienorientierung; geringere Aufstiegs- und Statusorientierung,

Es gibt sieben Limbic Types

- **Offene(r)**
  Offenheit für Neues; Wohlfühlen; Toleranz,

  Hedonist(in)
- Aktive Suche nach Neuem; hoher Individualismus; hohe Spontaneität; geringe kognitive Auflösung
- **Abenteurer(in)**
  Hohe Risikobereitschaft; geringe Impulskontrolle,
- **Performer(in)**
  Hohe Leistungsorientierung; Ehrgeiz; hohe Statusorientierung,
- **Disziplinierte(r)**
  Hohes Pflichtbewusstsein; geringe Konsumlust; hohe kognitive Auflösung,
- **Traditionalist(in)**
  Geringe Zukunftsorientierung; Wunsch nach Ordnung und Sicherheit.

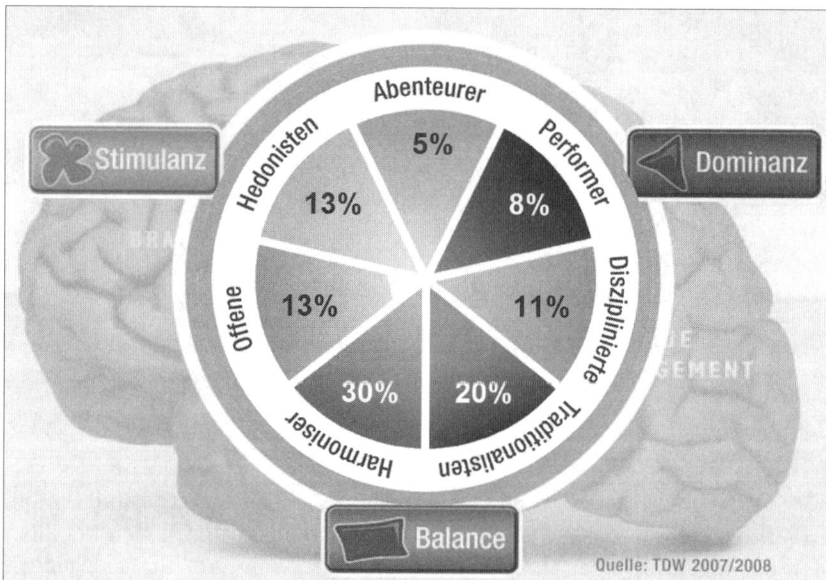

Abb. 2 : Die Limbic Types und ihre Verteilung in Deutschland

Gemeinsam mit der deutschen Burda-Verlagsgruppe werden jährlich circa 20.000 Menschen in Deutschland repräsentativ gemessen und zugeordnet.

Das Empfehlungsverhalten der Limbic Types

Kommen wir nun zum konkreten Empfehlungsverhalten der Limbic Types Dazu ist es notwendig, genauer zu analysieren, was Empfehlungsverhalten eigentlich ausmacht. Wenn wir nämlich von Empfehlungsverhalten sprechen, müssen wir zwischen folgenden Aspekten unterscheiden:

Beim Empfehlungsverhalten sind mehrere Aspekte relevant

- Was wird empfohlen? (Welche Produkte oder Themengebiete sind für die Limbic Types relevant? Für was interessieren sie sich?)
- Wo und wie wird empfohlen?
- Wie sieht das Kommunikationsverhalten aus?
- Welchen Multiplikationsfaktor haben die Limbic Types?
- Wer nimmt Innovationen als erstes auf?

Im Folgenden werden diese Fragen nun beantwortet. Wir werden sehen, dass es erhebliche Unterschiede gibt, die man beachten muss.

Was wird empfohlen?

Die Limbic Types unterscheiden sich erheblich in ihrem Produkt- und Themeninteresse

Zunächst beginnt jedes Empfehlungsverhalten damit, dass sich ein Konsument für einen Produkt- oder Themenbereich interessiert. Nur wenn er sich für etwas interessiert, ist ihm dieses Thema so wichtig – so dass er auch darüber spricht. Gleichzeitig wird er nur dann von anderen als „Empfehler" akzeptiert, wenn er eine bestimmte Expertise in einem Themen- oder Produktbereich hat. Und diese Expertise hängt eng mit seinem Interesse zusammen. Meine 87-jährige Mutter (Traditionalistin) ist deshalb keine glaubwürdige Empfehlerin für meine 22-jährige Tochter (Abenteurerin), wenn es um neue Handy-Funktionalitäten oder neue Modetrends geht. Meine Mutter würde sich zudem auch nicht anmaßen, hier Empfehlungen auszusprechen, weil sie genau weiß, dass sie davon nichts versteht.

Die Limbic Types zeigen nun erhebliche **Unterschiede** in ihrem Produkt- und Themeninteressen. Es würde den Rahmen dieses Beitrags sprengen, alle diese Differenzen aufzuzeigen. Im Folgenden werden einige Beispiele skizziert, um Sie, lieber Leser, für diese **Interessendifferenzen** zu sensibilisieren.

Die Limbic Types unterscheiden sich erheblich in ihrem Produktinteresse. Die Abbildungen 3 und 4 zeigen deutlich, wie unterschiedlich das Produktinteresse zwischen den verschiedenen Limbic Types ist. Zur Erklärung der Indexwerte: Index 100 bedeutet Durchschnitt. Wenn beispielsweise der Indexwert „Autointeresse" bei Harmonisern bei 59 liegt, bedeutet das, dass die Harmoniser 41 Prozent weniger Interesse am Auto haben als der Durchschnitt der Bevölkerung. Während Performer ein weit überdurchschnittliches Interesse an Autos haben, interessieren Autos die Harmoniser kaum. Dafür interessieren sich die Harmoniser sehr für Gesundheitsprodukte. Auf das Empfehlungsverhalten bezogen, kann man davon ausgehen, dass in puncto Auto der Performer sich nur von einem anderen Performer etwas empfehlen lässt, weil er bei diesem die Fachkompetenz spürt. In puncto Gesundheit dagegen wird die Harmoniserin Rat bei einer anderen Harmoniserin suchen, weil sie dort die Fachkompetenz spürt. Nun stellt sich die Frage, ob Performer für Harmoniser „Autoexperten" und Harmoniser für Performer „Gesundheitsexperten" sind.

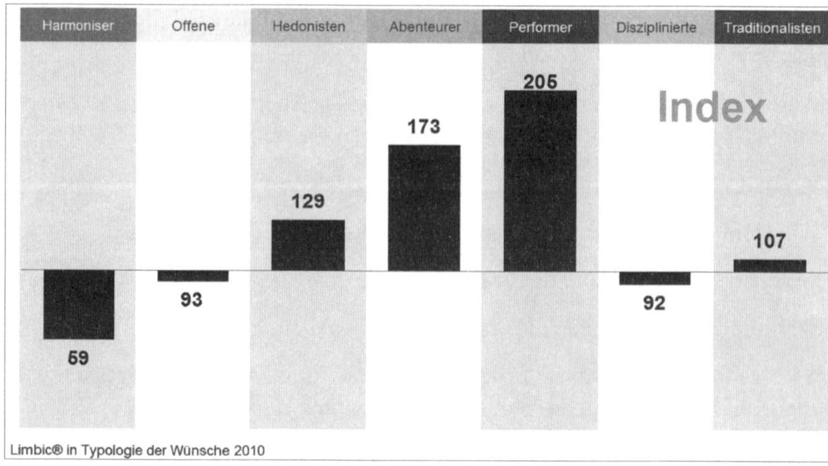

Abb. 3: Hohes Produktinteresse Autos

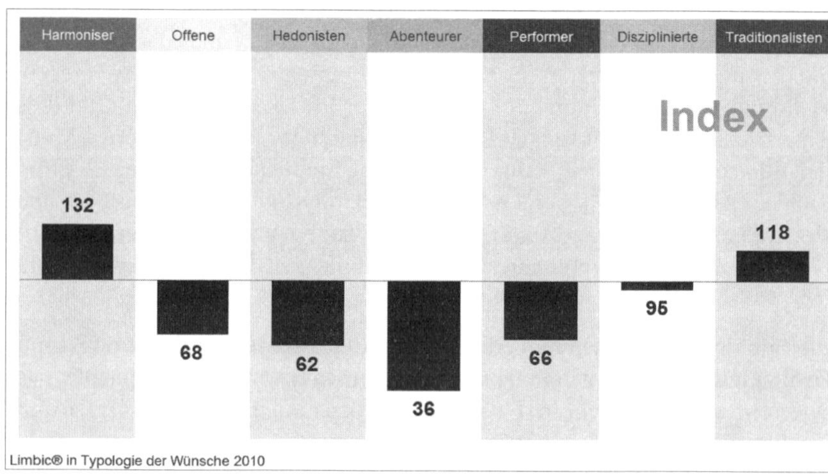

Abb. 4: Hohes Produktinteresse Gesundheitsprodukte

Den einzelnen Limbic Types lassen sich – typentsprechend – unterschiedliche Empfehlungskompetenzen zuordnen

Zwar billigt man dem anderen einen Experten-Status zu – seine Expertise ist aber nicht allzu wichtig, weil man sich für diesen Bereich nicht allzu sehr interessiert. Wie wir in diesem Abschnitt gesehen haben, gibt es erhebliche Unterschiede zwischen Produkt- und Themeninteressen zwischen den Limbic Types. Nachfolgend noch kurz, einige Bereiche in welchen die einzelnen Limbic Types hohes Interesse und hohe **Empfehlungskompetenz** haben.

- **Harmoniser(in)**
  Gesundheitsprodukte und Services, Lebensmittel, Haustiere/Tierbedarf, Kochen & Backen, Wellness, Haushaltsgeräte,
- **Offene(r)**
  Kultur, Theater, gehobene Gastronomie, Wellness, Esoterik,

- **Hedonist(in)**
  Mode, Kneipen, Kosmetik, neue Musik, Sport, neue Medien,
- **Abenteurer(in)**
  Sportgeräte, Unterhaltungselektronik, Computer, neue Medien,
- **Performer(in)**
  Exklusive Gastronomie, Autos, Wein, Mode, Computer,
- **Disziplinierte(r)**
  Garten und Haus,
- **Traditionalist(in)**
  Garten und Haus, Gesundheit.

Wo und wie wird empfohlen?

Die Limbic Types empfehlen auf unterschiedlichen Kanälen und haben – typbedingt – Offline- oder Online-präferenzen

Zwar ist das persönliche und direkte Gespräch nach wie vor das wichtigste Medium im Empfehlungsmarketing, aber durch Web 2.0 und **Social Media** wie Facebook, Twitter und Co. haben sich längst andere Kanäle etabliert, die durch ihre hohe Kontakt-Quantität enorme Bedeutung haben. Auch hier gibt es erhebliche Unterschiede zwischen Limbic Types. Das beginnt schon im persönlichen Kontaktverhalten. Während die Offenen, Hedonisten, Abenteurer und Performer eine große Freude an neuen Kontakten haben, ist dies bei den Harmonisern, Traditionalisten, Disziplinierten nicht der Fall. Sie sind in ihrem Kontaktverhalten eher konservativ – aus diesem Grund ist auch der Bekanntenkreis in der Regel sehr viel kleiner – ihre **Multiplikatorenwirkung** bleibt beschränkt.

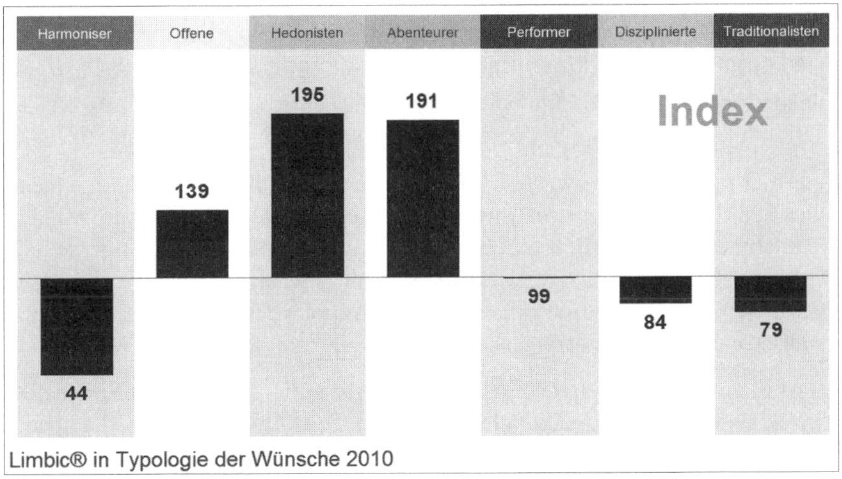

Abb. 5: Häufiger Besuch von Kneippen und Clubs

Das schauen wir uns nun konkreter an. Zunächst das Face-to-Face-Kontaktverhalten. Dazu werfen wir einen Blick auf Abbildung 5. Sie zeigt uns das spontane Besuchverhalten von Clubs und Kneippen, wo man in der Regel hingeht, um gesehen zu werden und um neue Leute kennen zu lernen. Man sieht, wie extrem die Unterschiede zwischen den Limbic Types in puncto Kontaktfreude sind.

Es sind die Offenen, Hedonisten, Abenteurer und am Rande die Performer, die Onlinemedien überproportional (fürs Empfehlen) nutzen

Betrachten wir nun den Bereich des Internet-Kontaktverhaltens, also die Blogger, Chatter, Facebookers und Co. (Abbildung 6). Auch hier sehen wir ein identisches Verhalten der Limbic Types. Es sind auch hier die Offenen, Hedonisten, Abenteurer und am Rande die Performer, die diese Kommunikationsmedien überproportional nutzen und deswegen eine **hohe Vernetzung** und damit Empfehlungsmultiplikatoren Wirkung haben.

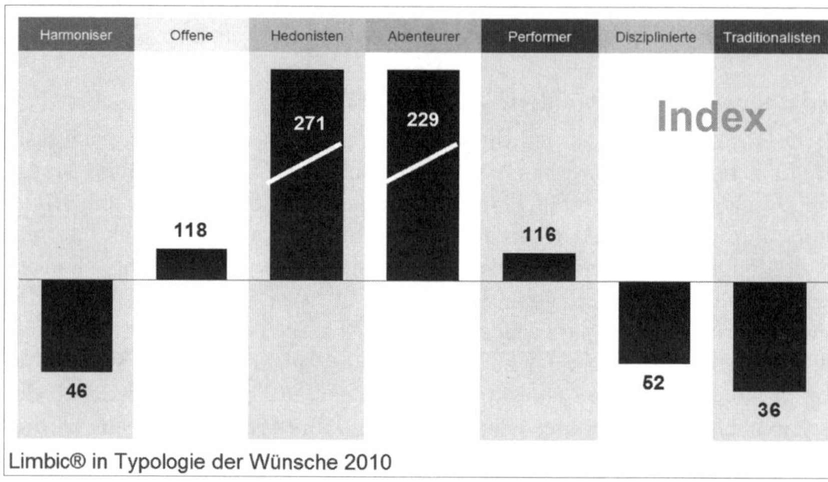

Abb. 6: Häufige Nutzung, Chats, Blogs & Facebook im Internet

Wie kommen Innovationen in die Welt?

Die Markteinführung von Innovationen ist eine der wichtigsten Aufgabe für das Marketing. Auch hier spielt das Empfehlungsmarketing eine zentrale Rolle.

Es gibt erhebliche Unterschiede zwischen den Limbic Types in ihrer Bereitschaft, Innovationen anzunehmen und darüber zu kommunizieren

Wie nicht anders zu erwarten, gibt es auch hier erhebliche Unterschiede zwischen Limbic Types in ihrer Freude und Bereitschaft, Innovationen anzunehmen und natürlich darüber zu kommunizieren. Der wichtige soziale Wert der „Individualität" wird nämlich damit bewiesen, Trendsetter zu sein. Dieser Beweis erfolgt durch aktive Kommunikation = Empfehlung seiner neuen Entdeckungen und Erfahrungen.

Im Marketing gibt es sogenannte **Adopter-Modelle** – hier unterscheidet man zwischen den Innovatoren, den Frühadoptern, der frühen Mehrheit, der späten Mehrheit und den Nachzüglern. Abbildung 7 zeigt, wo die Innovatoren in der Produktkategorie Unterhaltungselektronik unter den Limbic Types zu finden sind. Auch hier gibt es deutliche Unterschiede zwischen den Limbic Types.

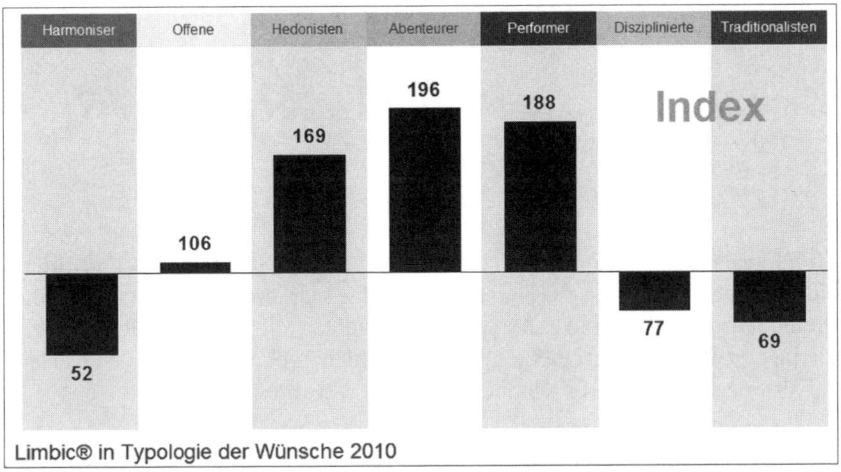

Abb. 7: Innovatoren = Trendsetter im Bereich Consumer-Elektronik

Quer über alle Produktkategorien zeigt sich ein ähnliches Bild. Es sind insbesondere die Hedonisten, Abenteurer und Performer, die neue Trends als Erste aufnehmen.

Fazit

Wie wir gesehen haben, unterscheiden sich die Limbic in allen wichtigen Bereichen des Empfehlungsverhaltens erheblich. Wer erfolgreiches Empfehlungsmarketing betreiben will, sollte sich vom Bild des Einheitskunden verabschieden und die Erkenntnisse der Hirnforschung nutzen. Die Limbic Types helfen dabei, wichtige Erfolgsfaktoren zu erkennen und in die Praxis umzusetzen.

Wer erfolgreiches Empfehlungsmarketing betreiben will, sollte die Erkenntnisse der Hirnforschung nutzen

Literatur

Häusel, H.G.: Brain View – Warum Kunden kaufen. – Haufe, 2008.

Häusel, H.G.: Emotional Boosting – Die hohe Kunst der Kaufverführung. – Haufe, 2009.

Storytelling und Mundpropaganda

Werner T. Fuchs

Mundpropaganda ist Storytelling. Und Storytelling ist Geschichten erzählen. Nur klingt Storytelling amerikanischer, was im Marketing die Bedeutung einer Methode erhöht. Dafür löst „Geschichten erzählen" andere Gefühle aus. Denn die beiden Wörter „Geschichten" und „erzählen" gehören zur Schatztruhe, in der Erinnerungen unserer Kindheit aufbewahrt werden.

Mundpropaganda machen wir also dann, wenn wir eine Geschichte erzählen, die uns mit einem Produkt, einem Unternehmen oder einer Dienstleistung widerfahren ist. Dass wir als Unternehmer ein Interesse daran haben, dass solche Geschichten ein Happy End haben, leuchtet ein.

Menschen lieben Geschichten. Deshalb funktioniert Mundpropaganda am besten über Geschichten erzählen

Menschen lieben Geschichten. Daher muss man sie ihnen liefern, bevor Kunden eigene Versionen erfinden oder bei der Konkurrenz suchen. Mundpropaganda heißt demnach: Die Mitarbeiter eines Unternehmens dazu ermuntern und befähigen, gute Geschichten zu kreieren. Und um den Boden zu bereiten, auf dem gute Geschichten wachsen können, muss man sähen, sprich investieren. Das jahrelange Gerede von „Gratis" hat unsere Wahrnehmung etwas vernebelt. Es gibt in der Natur nichts gratis. Alles hat seinen Preis. Auch wenn sich dieser nur in den wenigsten Fällen mit den Währungseinheiten der traditionellen Ökonomie beschreiben und festhalten lässt. Wer Mundpropaganda wirklich fördern will, muss wohl oder übel auch andere Währungen akzeptieren, in denen gekauft und verkauft wird. Zudem sollte er die wichtigsten Elemente guter Geschichten kennen und wissen, wie man mit ihnen umgeht. Anders gesagt: Geschichtenerzähler sind mit Schachspielern vergleichbar. Sie kennen die Figuren, ihre Möglichkeiten und die Spielregeln. Und je mehr gängige Spielzüge sie beherrschen, desto besser können sie sich auf überraschende Varianten konzentrieren.

Ein Beispiel für viele

Wie jede gute Geschichte, beginnt auch mein erstes Beispiel mit einem Problem. Dieser Begriff mag Anhänger positiverer Wörter stören. Aber letztlich geht es auch beim Erfüllen von Wünschen, Sehnsüchten oder so etwas Hässlichem wie einem Bedürfnis immer um die Lösung eines Problems. Entweder es fehlt das Geld, die Zeit, das Wissen oder der Platz. Wir sind am falschen Ort, kennen die falschen Leute oder verstehen nur Bahnhof.

Als ich vor gut zwölf Jahren einen Ort suchte, an dem meine behinderte Tochter ihren zehnten Geburtstag feiern konnte, schaute ich im Telefonbuch unter dem Buchstaben „R" nach. Ich betrachtete die geistigen Bilder, die von den Namen der Gaststätten aufgerufen wurden, sprach unhörbar einige der Wirte an, deren Portraits in verschiedenen Schärfegraden auftauchten und rief zuerst mein Lieblingsrestaurant an. Nach der ersten Absage folgte Nummer zwei, dann drei, vier und fünf. Da es mich schon beim fünften Anruf Überwindung kostete, eine erneute Absage zu riskieren, verschob ich das Problem auf den nächsten Tag und danach auf die nächste Woche. Während dieser Zeit stellte ich das Problem meinem Bekannten- und Freundeskreis vor. Ein Stammesverhalten, das für die Verbreitung von Mundpropaganda noch heute von Bedeutung ist. Als dann zwei Zuhörer den Namen einer Fastfood-Kette nannten, deren Erfolg ich aus ideologischen Gründen skeptisch gegenüberstand, rief ich bei McDonald's an. Denn beide argumentierten mit eigenen Erfahrungen, die das Selbstbild „Unkomplizierter Ort für Familien und Junge" bestätigten.

Der Anfang der neuen Geschichte war überwältigend und klang so: „Schön, dass Sie an uns gedacht haben. Selbstverständlich unternehmen wir alles, damit das Geburtstagsfest für Ihre Tochter und deren Freundinnen zum schönsten Tag des Jahres wird." Unsicher, ob der Mann mein Problem auch richtig verstanden habe, erinnerte ich ihn daran, dass meine Tochter und viele der Eingeladenen nicht unter die Kategorie „Normalkinder" fallen. Zudem bestehe die Möglichkeit eines epileptischen Anfalls, wobei selbstverständlich mindestens ein Elterteil von Olivia anwesend sei. Nächste Überraschung: „Ich habe Sie schon richtig verstanden. Ich werde deshalb veranlassen, dass während der Geburtstagsparty eine ausgebildete Krankenschwester dabei ist, natürlich auf unsere Kosten."

Storytelling ist Mundpropaganda. Wie bei jeder Mundpropaganda lässt sich auch bei diesem Beispiel der Return-of-Investment, ROI, nicht genau berechnen. Fest steht allerdings, dass ich diese Geschichte im ganzen Dorf erzählte, einen Leserbrief verfasste, mehrmals jährlich in Referate einbaue und zwölf Jahre später in dieses Buch aufnehme. Ganz abgesehen davon, dass ich inzwischen selber regelmäßiger Gast bei McDonald's bin, vor allem unterwegs zu Kunden und Vortragsreisen.

Geschichten folgen bestimmten Strukturen und Programmcodes

Ich erzähle diese Geschichte nicht nur deshalb weiter, weil sie von meiner Tochter handelt, sondern weil sie Strukturen und Programmcodes folgt, die eine sehr lange Entwicklungszeit hinter sich haben. Und den Praxistest haben sie immerhin so gut bestanden, dass die Gattung Mensch ziemlich erfolgreich war. Zumindest bis heute. Auf diese Strukturen und Codes will ich im Folgenden näher eingehen. Sie lassen sich zwar allesamt anders benennen, was nichts daran ändert, dass sie aus wissenschaftlicher Sicht Grundmuster neuronaler Datenverarbeitung sind. Naturtalente, die in ihren frühen Lebensjahren gute Geschichtenerzähler um sich hatten und denen die Lust am Fabulieren und Inszenieren nicht ausgetrieben wurde, haben diese Grundmuster in ihrem Erfahrungswissen abgespeichert und wenden sie intuitiv an. Und wer nicht zu diesen Meistern der Mundpropaganda gehört, muss das Handwerkszeug zumindest nicht von Grund auf erlernen. Es genügt, sich die folgenden Elemente guter Geschichten in Erinnerung zu rufen und häufiger anzuwenden.

Zielvorgaben haben Gewicht

Mundpropaganda ist eine Urform menschlicher Beeinflussung

Da sich das traditionelle Marketing lange nicht mit der Mundpropaganda beschäftigte, ist ihm Wesen und Wirksamkeit von Geschichten entgangen. Für die Wiederentdeckung dieser Urform menschlicher Beeinflussung ist auch das Neuromarketing verantwortlich. Weniger durch die mediengerechten Berichterstattungen über Vorgänge in Hirnscannern als durch eine neue Sichtweise des Gehirns. Denn unseren Kopf als Sitz eines einmaligen Datenverarbeitungssystem zu betrachten, öffnete den Blick auf die Ordnungsmuster, mit denen riesige Informationspakete wahrgenommen, gespeichert und abgerufen werden. Bis heute ist kein System bekannt, das so effizient, energiearm und flexibel arbeitet wie das Gehirn, wenn es Datenpakete in Geschichten verwandelt und wiedergibt. Obwohl an der Entwicklung evolutionärer Programme auch der Zufall beteiligt ist, gibt es Zielvorgaben, an die wir uns bei der Bewertung starker Geschichten erinnern sollten.

Fortpflanzen

Die mediale Reduktion der Fortpflanzung auf sexuelle Freuden und Nöte, vertuscht den wirklichen Vorgang. Der Evolution geht es nicht um glänzende Augen beim Anblick halbnackter Partner und nackter Säuglinge, sondern um Reproduktion bereits bewährter Informationspakete. Das klingt zwar sehr viel nüchterner, kommt aber der Realität näher. Auch derjenigen eines Unternehmens, seiner Produkte und seiner Dienstleistungen. Denn schließlich möchte McDonald's mehr Restaurants gleicher Art aufstellen, mehr Burger verkaufen und mehr Kunden gewinnen, die seine Dienstleistungen in Anspruch nehmen.

Anpassen

Dieses evolutionäre Ziel geht im Originalitäts-Hipe und in den Bemühungen zum Anderssein ebenfalls unter. Aber so wichtig kreative Kopfe auch sind, dürfen wir nicht vergessen, dass sie bei Fahrten ins Ungewisse als Erste abgeschlagen werden, wenn plötzlich feste Hindernisse auftauchen. Sich genauso stark anzupassen, wie es die Umstände erfordern, ist zumindest für den Einzelnen die bessere Strategie, als große Wagnisse einzugehen. Da könnten die Verfechter radikaler Konzeptänderungen noch einiges von der Natur lernen. McDonald's erzählt auch deshalb gute Geschichten, weil das Unternehmen die Devise „Most Advanced Yet Acceptable“, kurz MAYA, perfekt verinnerlichte.

Überleben

Reißt eine Informationskette ab, ist dies gleichbedeutend mit Tod. Marketing kann daher auch als die Aufgabe betrachtet werden, mit geeigneten Maßnahmen dafür zu sorgen, dass Informationsketten so stabil sind, dass zumindest deren wichtigsten Teile erhalten bleiben. In der Sprache von Storytelling ist das der unveränderbare Kern einer Geschichte. Bei der Weihnachtsgeschichte lautet dieser zum Beispiel „Es ist ein Erlöser geboren.“ Bei McDonald's kann er mit „Wir sind ein Restaurant für Familien und Menschen, die auf ihr Geld schauen müssen.“ umschrieben werden.

Drei Fragen im Dienste der evolutionären Ziele

Kann ich mich mit den Zielen anfreunden, nach denen die Evolution Informationen als nützlich oder nicht nützlich beurteilt, verstehe ich besser, warum neuronale Datenverarbeitungssysteme permanent nach Antworten auf drei wichtige Fragen suchen. Diese bei jeder Marketingmaßnahme zu stellen, ist für Geschichtenerzähler zwingend. Vor allem wenn ich der Behauptung der Neurowissenschaftler glaube, dass menschliches Verhalten zum größten Teil von Hirnarealen gesteuert wird, die dem Bewusstsein nur ungern oder gar keine Auskunft über die getroffenen Entscheidungen gibt.

Ob Mundpropaganda ihren Ursprung tatsächlich bei der Partnersuche hat, wie viele Evolutionspsychologen annehmen, bleibe dahingestellt. Aber wenn ich an die Informationspakete denke, die wir beim Kennenlernen unserer Partner austauschen, spricht einiges dafür. Denn über Lieblingsgeschichten Bescheid zu wissen, erhöht die Wahrscheinlichkeit, brauchbare Antworten auf die folgenden Fragen zu erhalten.

Wer bin ich?

Wer Geschichten erzählt, gibt etwas von sich preis

Bin ich ein Ideologe und unverbesserlicher McDonald's-Hasser oder kann ich Bilder auch korrigieren, wenn etwas Neues auf der Bühne erscheint, das mich überzeugt? Lasse ich mich leicht abwimmeln oder bleibe ich hartnäckig, falls mir das Ziel wichtig genug ist? Ist es mir peinlich, mit einer behinderten Tochter an einen Ort zu gehen, an dem uns Leute sehen, zu denen ich keine Beziehung habe? Ohne mir die unzähligen Informationen bewusst zu sein, die ich von mir preisgebe, wenn ich die McDonald's-Geschichte erzähle, sagt sie mehr über mich aus als jeder Fragebogen.

Wer ist der andere?

Wie reagiert der Zuhörer auf meine Erzählung? Bewundert er mich oder findet er mein Vorgehen selbstverständlich. Was löst das Gesagte bei ihm aus? Berichtet er von ähnlichen Erlebnissen oder geht gar nicht auf mich ein? Nutzt er die Gelegenheit, um seine Ansichten über den amerikanischen Kulturimperialismus zu formulieren? Kennt er die erwähnten Restaurantinhaber und solidarisiert sich mit ihnen? Teilt er meine Begeisterung nur, um sich nicht mit mir streiten zu müssen?

Wo ist mein Platz in dieser Welt?

Von den unzähligen Geschichten, die mein Gehirn tagtäglich verarbeiten muss, bevorzuge ich jene, die auf meine Koordinaten im sozialen Verband hinweisen. Mundpropaganda umfasst zwar auch Geschichten, die in schriftlicher Form weitererzählt werden. Zum Beispiel, indem ich eine Hotelbewertung auf einer entsprechenden Internetplattform abgebe. Aber obwohl mir dieses Medium direkte und nonverbale Informationen vorenthält, gibt es trotzdem Auskunft über meinen Platz in der Gemeinschaft. Und erfahre ich, dass andere meine Meinung teilen oder in diesem Hotel erlebten, fühle mich etwas sicherer.

Mundpropaganda, über welchen Kanal sie auch immer geht, setzt in unserem Gehirn ein Verarbeitungssystem in Gang, das auch für Sicherheit und Stabilität sorgen muss.

Ein Slogan ist noch keine Geschichte

Mundpropaganda lässt sich nicht delegieren. Ein Unternehmen kann lediglich geeignete Helfer engagieren, die wissen, was eine gute Geschichte ausmacht, was das Publikum hören möchte und dazu animiert, selber auf die Bühne zu gehen. Erhalten solche Helfer den Auftrag, einen Slogan zu finden, suchen sie nach Sätzen, die das Selbstbild des Unternehmens beschreiben und möglichst viele Andockstellen für Kundengeschichten bieten. Ob dies alle der sieben Slogans erfüllen, mit denen McDonald's seit 1970 im Deutsprachigen warb, mag jeder selber entscheiden. Sie lauten in chronologischer Reihenfolge:

Das etwas andere Restaurant.

Essen mit Spaß.

Gut, dass es McDonald's gibt.

Der Platz, wo du gerne bist, weil man gut ist.

McDonald's ist einfach gut.

Every time a good time.

Ich liebe es.

Spezialisten für Mundpropaganda suchen nach handlungsauslösenden Elementen

In unserem Sinn ist ein Slogan deshalb keine Geschichte, weil er unter Aussagen mit Behauptungscharakter fällt. Zwar kann ein Satz wie „Wir haben das zweitbeste Fondue in der Stadt" die Frage auslösen, ob ich zu den Menschen gehöre, die sich mit der zweitbesten Lösung zufrieden geben. Aber die Antwort behalte ich ebenso für mich wie die Annahme, hier sei ein origineller Texter am Werk gewesen. Von meinem Besuch erzähle ich erst, wenn ich Teil einer nennenswerten Handlung werde. Zum Beispiel wenn der Wirt verschiedene Brotsorten zu seinem Fondue auftischt und seine Gäste mit einem originellen Wettbewerb zu Testessern macht. Oder wenn er mir anbietet, mich zum Restaurant mit einem noch besseren Fondue zu begleiten und die Rechnung zu übernehmen. Mundpropaganda bedingt Geschichten mit einer starken Handlung und kann daher seine volle Wirkungskraft vor allem im Dienstleistungssektor entfalten. Die auf- und untergehende Sonne ist nicht wegen ihrer Farbe interessanter als die Mittagssonne, sondern weil sie uns mehr an Handlungen erinnert, die von Bedeutung sind. Als äußerst effizientes Datenverarbeitungssystem ist unser Gehirn darauf programmiert, Informationen über Veränderungen mehr Beachtung zu schenken als solchen, die von Zuständen berichten. Denn nur ein angreifender Bär konnte als gefährlich eingestuft werden. Und dunkle Wolken konnten erst richtig gedeutet werden, wenn ein heftiges Gewitter niederging. Spezialisten für Mundpropaganda suchen nach handlungsauslösenden Elementen, nicht nach Lehrbüchern.

Beispiele zum Mundpropaganda anregen

- Stehen in einem Hotelpark Bänke, die spielerisch zum Verändern einladen, wächst auch die Wahrscheinlichkeit, dass Gäste von diesem originellen Außenmobiliar erzählen. An der Sonne ein gutes Buch zu lesen, macht schließlich mehr Spaß, als im Schatten zu sitzen. Und die Idee, schöne Rückzugsmöglichkeiten auf überdimensionierte Schubkarren zu montieren, läßt sich auch in den heimischen Privatpark exportieren.
- Sind die schönen Aschenbecher mit dem goldenen Wappen des Fünf-Sterne-Hotels so plaziert, dass sie zum Mitnehmen verführen, werden sie zu Giveaways mit Erzählcharakter.
- Erhält ein Gast die Ansichtskarten seines Hotels gratis und kann sie an der Rezeption in eine Box mit der Aufschrift „Das Porto übernimmt der Gastgeber" einwerfen, wird gehandelt. Oft genügen kleine Gesten, damit sich Geschichten weiterverbreiten.
- Darf ich mir beim Empfang einen Glücksstein aussuchen und in einem Buch nachschauen, welcher am besten zu mir passt, bin ich mitten im evolutionären Frage- und Antwortspiel.

Statt immer wieder nach einem passenden Slogan für das eigene Unternehmen zu suchen, sollten wir lieber definieren, was seine Kerngeschichte aussagen soll. Wenn diese das Wesentliche trifft und von den Mitarbeitern verinnerlicht wird, führt dies fast automatisch zu Geschichten, die weitererzählt werden. Als ich den Inhaber einer Catering-Firma im Luxus-Segment fragte, ob er die Finanzkrise spüre, meinte er zufrieden: „Nein, denn Zirkus lieben die Menschen immer. Er sei Zirkusdirektor, nicht Wirt."

Die wichtigsten Ordnungsmuster von Geschichten

Wie das Hirn Geschichten verarbeitet

Einen Helden-Chip finden wir im Gehirn ebenso wenig wie eine Bibliothek, in der Geschichten nach bestimmten Themen geordnet sind. In der Sprache der Mediziner und Neurowissenschaftler tragen die Mustervorlagen, nach denen Informationspakete geordnet werden, lateinische Namen und werden eher als Systeme bezeichnet. Aber Begriffe aus der Alltagssprache zu verwenden, ist so lange gerechtfertigt, wie eine Rückübersetzung möglich ist. Im Falle des Ordnungsmusters „Helden" wären das die neuronalen Verknüpfungen, die sich bilden, wenn wir den Erzählungen und Handlungen unserer wichtigsten Bezugspersonen am meisten Aufmerksamkeit schenken. Belohnt ein Säugling seine Mutter mit einem Lächeln, wenn er gefüttert, in den Armen gewiegt oder in warme Decken eingehüllt wird, vergrößert dies seine Überlebenschancen. Ohne die genauen Vorgänge im Gehirn zu kennen und zu bezeichnen, darf man deshalb davon ausgehen, dass wir ausgewählten Menschen und ihren Geschichten mehr vertrauen.

Wenn ich im Folgenden einige Mustervorlagen vorstelle, nach denen Geschichten strukturiert und bewertet werden, ergibt sich daraus eine Art Checkliste für erfolgreichere Mundpropaganda. Auf die neurologische Legitimation der einzelnen Punkte muss ich im Rahmen eines solchen Beitrages allerdings verzichten.

Die Prägungsstärken von Geschichten gezielt nutzen

Frühkindliche Ereignisse werden besser gespeichert und bilden Mustervorlagen

Analysieren wir Geschichten, die besonders gerne weitererzählt werden, stoßen wir auf ein Phänomen, das Gedächtnisforscher bei der Suche nach prägenden Erlebnissen entdeckten. Sie fanden heraus, dass unser episodisches Gedächtnissystem Geschichten der frühen Kindheit, der Pubertät und von Ersterlebnissen besser speichern. Denn in den ersten Lebensjahren bilden sich die meisten neuronalen Netze. Mit dem Einsetzen der sexuellen Reifung kommt es dann im Sitz der Vernunft zu wesentlichen Neuverknüpfungen. Und Ersterlebnisse dienen als Mustervorlagen, die bei Wiederholungen das Abgleichen neuer Datenpakete erleichtern.

Wer die Mundpropaganda verstärken will, tut also gut daran, Erlebnisse zu ermöglichen, die Kunden an Geschichten mit größerer Prägungsstärke erinnern. Auf der Checkliste für wirkungsvolle Mundpropaganda steht das Ordnungsmuster „Prägungsstärke" daher weit oben.

Nach Ur-Themen Ausschau halten

Gute Geschichten sind oft Varianten von Ur-Themen

Gäbe es beliebig viele Themen, von denen Geschichten erzählen, könnten sie dem Gehirn bei der Datenverarbeitung nicht als Mustervorlagen dienen. Aber tatsächlich lassen sich alle Varianten uns bekannter Geschichten auf wenige Themen reduzieren. Wie man diese benennt und eingrenzt, ist eine Frage der Sichtweise und Methode. Für die in der Checkliste aufgeführten Ur-Themen habe ich mich auch deshalb entschieden, weil sie Antworten auf die bereits formulierten Fragen geben. Gestalte ich einen Anlass so, dass die Gäste leicht miteinander in Kontakt kommen, erzähle ich anderen vielleicht eine Geschichte, die vom Thema Suchen & Finden handelt. Überdurchschnittlich viele Personen näher kennenlernen, ist immer ein kleines Ereignis. Und für die Mundpropaganda aufregend ist es, weil ich den Schauplatz des Geschehens meistens erwähne. Denn schließlich weiß ich, dass dies dem Zuhörer beim Einordnen einer Geschichte hilft. Der Veranstalter darf also mindestens mit der Rolle des Helfers rechnen. Und hat er noch andere Pfeile im Köcher, ist er sogar der Held.

Durch günstige Andockstellen fester verankern

Wenn so erfolgreiche Drehbuchschreiber wie Steven Spielberg und George Lucas behaupten, alle guten Geschichten seien bereits erzählt worden, so sind sie in bester Gesellschaft. Denn auch Goethe und andere europäische Geistesgrößen vertraten die Meinung, dass wir uns lieber an die Vorlagen aus der Bibel, Grimms Märchen oder der Odyssee halten sollten, als krampfhaft etwas Neues erfinden zu wollen. Wie beim Schachspiel geht es also auch beim Finden guter Geschichten darum, in einer bestimmten Situation die bestmögliche Variante zu entdecken. Selbst in einer globalisierten und pluralistischen Gesellschaft gibt es Geschichten, die im kulturellen Gedächtnis gespeichert sind und als Andockstellen für eigene Varianten dienen können. Experten für Mundpropaganda kennen und nutzen diesen Erinnerungsschatz.

Den Helden eine Vorzugsstellung einräumen

Helden werden als Spiegelbild benutzt

Geschichtenerzähler ahnten schon immer, dass Wahrheit kein Begriff ist, mit dem das Unbewusste arbeitet. Während diese Hirnareale zwischen nützlichen oder schädlichen Informationen unterscheiden, verwendet der Geschichtenerzähler die Kriterien gefällt – gefällt nicht oder glaubwürdig – unglaubwürdig. Ihm ist es daher egal, wenn es aus ideologischen Gründen keine Helden geben darf. Er geht einfach davon aus, dass den Menschen Erzählungen mit Heldenfiguren gefallen und nimmt allenfalls dankbar zur Kenntnis, dass es dafür sogar neurowissenschaftliche Gründe gibt. Und weil er auch mit den Prägungsstärken vertraut ist, überlässt er Heldenrollen nicht nur prominenten Persönlichkeiten, sondern auch Teddybären, Robotern, Göttern oder scheinbar leblosen Dingen. Denn vertraut das Publikum dem auserwählten Helden, schreibt es ihm ohnehin menschliche Züge zu und benutzt ihn als Spiegelbild.

Mundpropaganda erzählt keine Geschichten von Unternehmen, sondern von Handlungen, die auf der Bühne oder vor der Kulisse eines Unternehmens stattfinden. Das Unbewusste zeichnet kein Bild der Welt und seiner Bewohner, sondern sucht aufgrund unzähliger Geschichten nach Verhaltensmustern, die der Fortpflanzung, der Anpassung und dem Überleben dienen. Daher betrachtet es „alle“ als Unwort ohne großen Nutzen. Ohne den Helden, der mir das Problem mit dem Geburtstag meiner Tochter löste, würde ich meine Geschichte von McDonald’s niemandem erzählen. Ein Unternehmen, das Mundpropaganda fördern will, ermutigt seine Mitarbeiter zur Übernahme von Heldenrollen.

Die Feinde benennen, um sie zu bekämpfen

Gute Geschichten handeln vom Kämpfen und Siegen

Statt Mitarbeiter mit ideologischen Wunschvorstellungen zu belästigen, sollten wir lieber die realen Umfelder beschreiben, in denen glaubwürdige Geschichten ihren Anfang nehmen. „Der Kunde ist König“ oder „Wir lieben alle Kunden“ gehören in langweilige Märchensammlungen. Und sind die wichtigsten Feinde bekannt, kann ich sie auch einfacher bekämpfen. Vor allem, wenn sie Namen tragen, die uns schon seit Kindheit vertraut sind und in den großen Geschichtensammlungen vorkommen. Auf einer solchen Liste stehen Laster wie Gleichgültigkeit, Geltungssucht, Selbstmitleid, Feigheit oder Starrsinn. Sünden wie Hochmut, Neid, Habgier, Zorn, Trägheit, Völlerei oder Wollust. Menschliche Schwächen wie Gewohnheit, Vergesslichkeit oder Egoismus. Gewinne ich den Kampf gegen einen dieser Drachen, ist die Wahrscheinlichkeit groß, dass ein Zuschauer diesen Sieg weitererzählt, wenn er davon profitiert.

Mit ungewöhnlichen Helfern überraschen

Mundpropaganda und Überraschungen gehören zusammen wie Wetterprognosen und Fehlurteile. Erzählungen vom Gewöhnlichen und Gewohnten sind schlicht langweilig. Glaube ich daran, dass ohne geeignete Helfer kein Held zum Ziel gelangt, bekomme ich ein Gespür für wichtige Nebenrollen. Und da diese

Gute Geschichten brauchen interessante Helfer

meist von Figuren besetzt werden, die sich vom Helden klar unterscheiden, haben Helfer oft überraschende Charaktereigenschaften. Daher erinnere ich mich noch gut an das Restaurant, in dem ein Junge in einem viel zu großen weißen Hemd und aufgekrempelten Hosen seinen Vater als Chef de Service vertrat. Der kleine Helfer ad interim kurvte zwar nicht so elegant zwischen den Tischen durch, trumpfte aber mit der Kombination von jugendlichem Stolz und kindlicher Unschuld auf.

Die Sinne für Kulissen und Requisiten schärfen

Gute Geschichten brauchen beeindruckende Bühnenbilder und Requisiten

Geschichten zum Weiterzählen brauchen zwar eine erinnerungswerte Handlung, können aber durch beeindruckende Bühnenbilder, Kostüme und Requisiten für zusätzliches Aufsehen sorgen. Kleine Details wie eine Kindergabel in Flugzeugform, bunte Kleiderbügel, japanische Sonnenschirmchen oder witzige Hausschuhe bringen Sympathiepunkte. Und wenn wir sie in China produzieren lassen und die Kosten unter dem Budgetposten „Mundpropaganda“ aufführen, sind wir den Gästen sogar dankbar, wenn sie diese Minigeschichten mit nach Hause nehmen.

Anfang und Ende beachten

Was wir aus eigener Erfahrung bestens kennen, bestätigen nun sogar Wissenschaftler, die unserem Gehirn beim Arbeiten zusehen. Wie eine Geschichte beginnt und aufhört, interessiert uns sehr viel mehr als die übrigen Kapitel. Wie wir empfangen und verabschiedet werden, bleibt daher auch stärker im Gedächtnis haften. Und woran wir uns nicht erinnern, können wir nur schlecht weitererzählen. So banal diese Erkenntnis ist, so wenig wird sie bei der Mundpropaganda berücksichtigt. Hätte der Herr bei McDonald's zuerst seine Bedenken geäußert, wäre seine Geschichte weniger glaubwürdig gewesen.

Das Zweitwichtigste zum Schluss

Mundpropaganda gestalten heißt, sich mit der Kunst des Geschichtenerzählens vertraut zu machen

Wenn wir daran glauben, dass Mundpropaganda eines der wichtigsten, wirkungsvollsten und günstigsten Werbemittel ist, müssen wir uns mit der Kunst des Geschichtenerzählens vertraut machen. Und wie in jeder Kunst gibt es auch beim Storytelling grundlegende Techniken, die sich vermitteln und lernen lassen. Um nach diesem Pflichtteil in der Kür ebenfalls zu punkten, braucht es selbstverständlich Übung. Und wer verhindern will, dass Fehler zur Gewohnheit werden, lässt sich beim Üben von einem Meister beobachten und korrigieren. Übernehmen wir bei der Auswahl geeigneter Helfer die Kriterien erfolgreicher Helden, achten wir lieber etwas mehr auf erzählte Geschichten als auf akademische Abschlüsse oder Titel.

Checkliste: Storytelling

Ordnungsmuster	Fragen
❑ Evolutionäre Zielvorgaben	Für einfache Reproduktion/Weitergabe geeignet? Mit anderen Geschichten kompatibel? Überzeitlicher und überregionaler Charakter?
❑ Sicherheit und Stabilität	Antworten auf die Fragen: Wer bin ich? Wer ist der andere? Wo ist mein Platz auf dieser Welt?
❑ Ur-Thema	Handelt die Geschichte von: Leben und Tod, Ankunft und Abschied, Liebe und Hass, Gut und Böse, Geborgenheit und Furcht, Wahrheit und Lüge, Stärke und Schwäche, Treue und Betrug, Weisheit und Dummheit, Hoffnung und Verzweiflung, Suchen und Finden?
❑ Prägungsstärke	Gibt es ähnliche Geschichten in meiner Kindheit, in meiner Pubertät? Handelt sie von Ersterlebnissen?
❑ Andockstellen	Gibt es im kulturellen Gedächtnis eine ähnliche Geschichte? Bibel, Grimms Märchen, Odyssee, bekannte Filme?
❑ Struktur	Gibt es klar erkennbare Handlungen, mit denen ein Problem gelöst wird?
❑ Held	Erzählt sie von einem Helden, in dem sich der Zuhörer wiedererkennen kann?
❑ Feind	Steht dem Held ein Widersacher im Wege, der auch das Böse in mir widerspiegelt?
❑ Helfer	Kann der Held auf geeignete Helfer zählen? Haben die Helfer ebenfalls Stil und Charakter?
❑ Ausschmückungen	Gibt es genügend Details, um die Authentizität zu erhöhem? Passt die Kulisse? Sind wichtige Requisiten gekennzeichnet?
❑ Anfang und Ende	Stimmt die Eröffnungsszene? Hat das Ende einen Bezug zum Anfang? Lässt das Ende Fortsetzungsgeschichten zu?

Literatur

Denning S.: The Leader's Guide to Storytelling. – 360 S., John Wiley & Sons, 2005.

Fog, K./Budtz. Ch./Yakaboylu, B.: Storytelling. Branding on Practice. – 238 S., Springer-Verlag, 2005.

Frenzel, K./Müller, M./Sottong, H.: Storytelling. Das Harun-al-Raschid-Prinzip. Die Kraft des Erzählens fürs Unternehmen. – 320 S., Carl Hanser Verlag, 2004.

Frenzel, K./Müller, M./Sottong. H.: Storytelling. Das Praxisbuch. – 249 S., Carl Hanser Verlag, 2006.

Fuchs, W.T.: Tausend und eine Macht. Marketing und moderne Hirnforschung. – 264 S., Orell Füssli, 2. Aufl., 2007.

Fuchs, W.T.: Wie hirngerechte Marketing-Geschichten aussehen. – In: Häusel, H-G. : Neuromarketing. – S. 125-140, Haufe Verlag, 2007.

Fuchs, W.T.: Wie wir zu guten Geschichtenerzählern werden. – In: Herbst, D. Storytelling. – S. 183-190, UVK Verlagsgesellschaft, 2008.

Fuchs, W.T.: Neurowissenschaften und Storytelling. – In: Anlanger, R/Engel, W.A.: Trojanisches Marketing. Mit unkonventioneller Werbung zum Markterfolg. – S. 238-242, Haufe Verlag, 2008.

Geißlinger, H./Raab, S.: Strategische Inszenierung. Story Dealing für Marketing und Management. – 176 S., Carl-Auer-Syteme Verlag, 2007.

Häusel, H-G.: Brain View. Warum Kunden kaufen. – 265 S., Haufe Verlag, 2008.

Häusel, H-G.: Emotional Boosting. Die hohe Kunst der Kaufverführung. – 205 S., Haufe Verlag, 2009.

Mark, M.; Pearson, C.: The Hero and the Outlaw. Building Extraordinary Brands Through the Power of Archetypes. – 384 S., McGraw-Hill, 2001.

McKee, R.: Story. Die Prinzipien des Drehbuchschreibens. – 494 S., Alexander Verlag, 2008.

Mikunda, C.: Der verbotene Ort oder Die inszenierte Verführung. Unwiderstehliches Marketing durch strategische Dramaturgie. – 267 S., Redline Wirtschaftsverlag, 2. Aufl. 2005.

Mikunda, C.: Marketing spüren. Willkommen am Dritten Ort. – 229 S., Redline Wirtschaftsverlag, 2007.

Mikunda, C.: Warum wir uns Gefühle kaufen. Die 7 Hochgefühle und wie man sie weckt. – 271 S., Ullstein Verlage, 2009.

Zaltman, G.: How Customers Think. Essential Insights into the Mind of Market. – 321 S., Harvard Business School Publishing, 2003.

Zaltman, G./Zaltman, L.: Marketing Metaphoria. What deep Metaphors reveal about the Minds of Consumers. – 228 S., Harvard Business School Publishing, 2008.

MEILENSTEINE IM WOM

2

INTRO

Erfolgsfaktor Kunde: Der Beitrag von Roman Becker beschäftigt sich mit der Frage, wie Unternehmen ihre Bestandskunden zu Fans machen und zu aktiven Empfehlern weiter entwickeln können. Deutlich wird: Engagierte Multiplikatoren lassen sich am ehesten aus dem Pool der durch und durch loyalen Immer-wieder-Kunden gewinnen. Anhand von Forschungsergebnissen erläutert er, wie das funktioniert – und welch wichtige Rolle die Mitarbeiter dabei spielen.

In nur drei Schritten zum erfolgreichen Ambassador Relationship Marketing (ARM): Jens Cornelsen zeigt anhand von Praxisbeispielen, wie das funktioniert. Seine Schlüsselfragen: 1. Wer ist Meinungsführer beziehungsweise Ambassador im Kundenstamm? (Messen). 2. Wie lassen sich Ambassador-Scores in CRM-Datenbanken einbauen? (Multiplizieren). 3. Welche Incentives machen ein ARM-Programm erfolgreich? (Motivieren).

WOM- und WOW-Branding: Heutzutage ist Mundpropaganda (WOM) für eine erfolgreiche Markenführung offline wie online von größter Bedeutung. Anhand einer Fülle von Beispielen zeigen Michael Brandner und Karsten Kilian: Die klassische Mundpropaganda wird immer mehr durch Mundpropaganda im Internet ergänzt, teilweise sogar nahezu vollständig ersetzt. Mehr noch: Eine gute Markenführung und WOW-Marketing eröffnen der Mundpropaganda im Web vielfältige neue Möglichkeiten.

Wie Sie eine virale Markenkommunikation erfolgreich managen? Franz-Rudolf Esch, Daniel Stenger und Kai Harald Krieger bescheren uns ein Feuerwerk an Erklärungen, wie dies zu bewerkstelligen ist. Über Formen, Ausprägungen und Zielrichtungen viraler Markenkommunikation geht die Reise zur Gestaltung und Umsetzung markenkonformer viraler Kampagnen. Es folgen Vorschläge für eine passgenaue Einbindung in den Marketing-Mix. Mit Hinweisen zur quantitativen und qualitativen Marktforschung als Kontrollinstrumentarium schließt dieser Beitrag dann ab.

Chance Online-PR: Als Online-PR werden alle Kommunikationsanstrengungen bezeichnet, die ein Unternehmen online zwecks Aufbau und Pflege von Dialog und Reputation unternehmen kann. Beides zielt sowohl auf bestehende als auch auf latente Zielgruppen. Ed Wohlfahrt macht klar und deutlich, wie das geht.

Erfolgsfaktor Kunde: Mit Fans Neugeschäft generieren

2

Roman Becker

In Zeiten stagnierender, teils sogar schrumpfender Märkte werden treue Kunden immer mehr zu DEM entscheidenden unternehmerischen Erfolgsfaktor. Dabei profitieren Unternehmen in zweierlei Hinsicht: Zum einen sind loyale Kunden weniger preissensibel und sichern so stabile Erträge. Zum anderen sind sie hocheffiziente Botschafter eines Unternehmens. Ihre Weiterempfehlung sorgt für stetiges, ressourcenschonendes Neugeschäft.

Loyale Kunden sind hocheffiziente Botschafter eines Unternehmens und sorgen für ressourcenschonendes Neugeschäft

Das erklärte Ziel eines jeden Unternehmens sollte daher sein, den Anteil seiner Fans, das heißt seiner Kunden mit hoher emotionaler Bindung, auszubauen. Der folgende Beitrag beschäftigt sich mit der Frage, wie Unternehmen aus Kunden Fans machen und sie damit zu **aktiven Weiterempfehlern** entwickeln können.

Aus Kunden Fans machen

Kundenzufriedenheit und Loyalität korrelieren nicht: Beispiel Handelsfilialist

Der Ansatz vieler Unternehmen, durch die Steigerung der Zufriedenheit ihre Kunden zu binden beziehungsweise zu Fans zu machen, greift zu kurz. Das folgende Beispiel eines Handelsfilialisten zeigt, dass der positive Zusammenhang zwischen Kundenzufriedenheit und -loyalität längst nicht mehr als gegeben betrachtet werden kann. Das Unternehmen hatte in der Vergangenheit eine Reihe von qualitäts- und zufriedenheitssteigernden Maßnahmen durchgeführt. Die Kundenzufriedenheit stieg folgerichtig. Jedoch schmälerte ein immer größeres, breiter gefächertes Angebot die Chancen, bei den Produzenten gute Rabatte zu erwirtschaften, und breitere Gänge sorgten zwar für entspanntes Einkaufen, kosteten aber Geld. Weiterhin war Sauberkeit mit höheren Kosten für das Reinigungspersonal verbunden und auch mehr Parkplätze hatten ihren Preis.

Die Folge: Je höher die Kundenzufriedenheit lag, desto niedriger war die Umsatzrendite pro Filiale. Dieser Zusammenhang wird in Abbildung 1 verdeutlicht. Jeder Punkt im Chart repräsentiert eine einzelne Filiale. Je weiter links ein Punkt im Diagramm liegt, desto niedriger ist die Kundenzufriedenheit, je weiter rechts der Punkt liegt, umso höher ist die Kundenzufriedenheit. Weiter gilt: Je weiter unten der Punkt liegt, desto niedriger ist die Umsatzrendite, je weiter oben er liegt, desto höher ist die Umsatzrendite in dieser Filiale.

Die Linie beschreibt den Zusammenhang zwischen Umsatzrendite und Kundenzufriedenheit. Sie ist im Beispiel in der Tendenz fallend, das heißt, je höher die Kundenzufriedenheit, desto niedriger die Umsatzrendite. Dieser scheinbare Widerspruch löst sich auf, wenn man sich die Wirkmechanismen genauer vergegenwärtigt: Zufriedenheit reflektiert die Leistungswahrnehmung

http://www.marketing-boerse.de/Experten/details/Roman-Becker

der Kunden. Über die Leistung alleine lassen sich jedoch heute kaum noch **Differenzierungsmerkmale** transportieren.

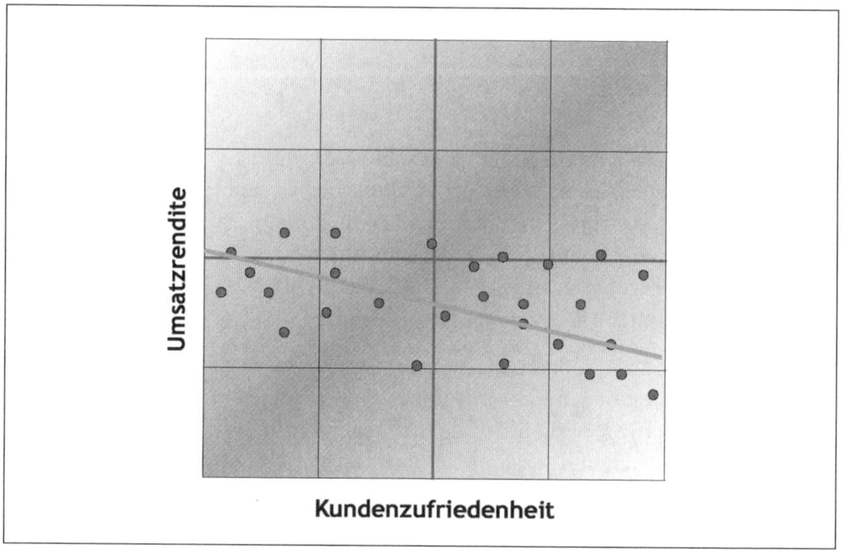

Abb. 1: Filialstudie Handel: Zusammenhang zwischen Kundenzufriedenheit und Rendite der Filialen [1]

Die Investition in Leistung führt demnach im Beispiel unseres Handelsfilialisten zu einem Mehr an Zufriedenheit, aber nicht zur besseren Differenzierung. Ergebnis: Die Kunden reagieren unverändert sensibel auf preisaggressive Angebote des Wettbewerbs. Da die verbesserte Leistungserbringung die Filialen Geld kostet, sinkt die Rendite trotz steigender Zufriedenheit.

Dieses Beispiel steht für einen seit Jahren unternehmens- und branchenübergreifend zu beobachtenden Trend: Ein wachsender Anteil an Kunden ist zwar hochzufrieden mit den Leistungen des Unternehmens, verhält sich aber dennoch nicht loyal. Dieses Phänomen wird in Abbildung 2 näher beleuchtet, in der die Zufriedenheit der Kunden ihrer **emotionalen Bindung** gegenübergestellt wird.

Wie Fans, Sympathisanten, Terroristen und Söldner sich verhalten

Die daraus resultierenden unterschiedlichen Kundengruppen lassen sich wie folgt charakterisieren: Die Fans eines Unternehmens sind hochzufrieden und stark gebunden. Auch die Sympathisanten sind überdurchschnittlich zufrieden und gebunden. Sie unterscheiden sich von den Fans lediglich in ihrem geringeren Aktivierungspotenzial. Im Gegensatz dazu ist die Gruppe der Terroristen unzufrieden und ungebunden. Ein Großteil dieser Kunden wird das Unternehmen in nächster Zeit verlassen. Diese Abwanderung geht in der Regel nicht still und leise vonstatten. Vielmehr nutzen die Terroristenkunden jede Gelegenheit und Plattform, ihre negativen Erfahrungen mit anderen aktuellen und potenziellen Kunden zu teilen – und schaden dem Unternehmen damit erheblich. Interessant sind die beiden atypischen Gruppen der Söldner und der

Gefangenen, da ihre Existenz belegt, dass die Kundenzufriedenheit allein nicht mehr als Gradmesser für das Kundenverhalten funktioniert. Die Gefangenen sind zwar unterdurchschnittlich zufrieden, aber dennoch an das Unternehmen emotional gebunden. Die Söldner hingegen sind überdurchschnittlich zufrieden, fühlen sich dem Unternehmen gegenüber aber nur unterdurchschnittlich verbunden.

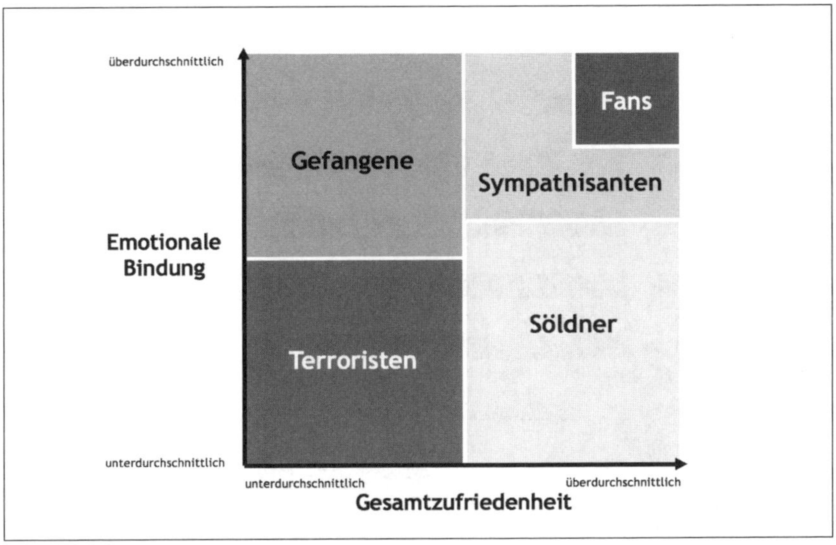

Abb. 2: Kundengruppen nach emotionaler Kundenbindung und Kundenzufriedenheit [2]

Ergebnisse einer Benchmark-studie Excellence Barometer (ExBa)

Die Anteile dieser unterschiedlichen Kundengruppen, ermittelt durch die Benchmarkstudie **Excellence Barometer (ExBa)** [3], sind in Abbildung 3 dargestellt. Es zeigt sich, dass rund achtzig Prozent der Geschäfts- und Privatkunden in Deutschland überdurchschnittlich zufrieden mit ihren Anbietern sind. Allerdings ist nur jeder Zweite dieser Kunden wirklich loyal und bleibt dem Unternehmen lange treu. Die anderen wechseln trotz ihrer guten Erfahrungen bei Gelegenheit zur Konkurrenz. Und diese Gruppe der **Söldnerkunden** wird immer größer.

Warum zufriedene Kunden genauso illoyal wie unzufriedene reagieren

Wieso reagieren zufriedene Kunden immer häufiger genauso illoyal wie unzufriedene? Bei der Suche nach der Antwort müssen sich die meisten Unternehmer an die eigene Nase fassen. Sie haben es versäumt, ihren Käufern alternative Unterscheidungsmerkmale zu liefern. In hoch entwickelten Märkten gleichen die Produkte konkurrierender Unternehmen einander wie ein Ei dem anderen. Sie lassen sich beliebig austauschen.

Mit fehlenden Differenzierungsstrategien haben die Firmen ihre Kunden geradezu in die Söldnerschaft getrieben. Das gilt für große wie für kleine Unternehmen und für die meisten Branchen. Das Hauptproblem lässt sich klar benennen: Deutschlands Unternehmer sind viel zu verliebt in ihre Produkte. Die Firmen investieren in bessere Leistung, sie optimieren die Angebotspalette und

Deutschlands Unternehmer sind zu produktverliebt

den Service, sie trainieren ihre Mitarbeiter für teures Geld. Und mit welchem Ergebnis? Alle diese Maßnahmen, das zeigen Forschung und Praxis, greifen zu kurz, weil sie lediglich auf die Leistungsebene, auf die einzelnen Produkte oder Dienste abzielen. Doch selbst sehr gute Qualität und Service reichen nicht mehr, um Kunden zu binden. Sie steigern zwar die Zufriedenheit, aber nicht die Loyalität. Vor allem schmälern sie die Rendite.

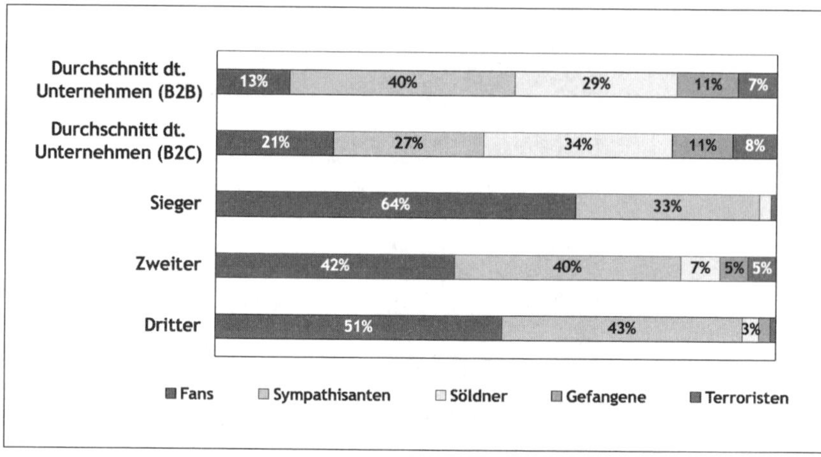

Abb. 3: Anteile der Kundengruppen in deutschen Unternehmen und den Siegerunternehmen aus dem Wettbewerb „Deutschlands Kundenchampions 2010" [4]

Dass man diesem Trend erfolgreich entgegensteuern kann, zeigen die Anteile der beschriebenen Kundengruppen bei den Siegerunternehmen des Wettbewerbs **„Deutschlands Kundenchampions"** aus dem Jahr 2010 [5]. Im Rahmen dieses Wettbewerbs werden branchenübergreifend die Unternehmen mit den besten Kundenbeziehungen ausgezeichnet. Abbildung 3 zeigt, dass die drei erstplatzierten Unternehmen einen drei- bis fünfmal so hohen Anteil an hochzufriedenen und stark gebundenen Kunden, also Fans, haben als der repräsentative Durchschnitt der Unternehmen in Deutschland. Gleichzeitig haben diese Unternehmen nur einen verschwindend geringen Anteil an Söldnerkunden.

Die zu maximierende Zielgröße ist die emotionale Kundenbindung

Die entscheidende Zielgröße, die es also zu maximieren gilt, ist die emotionale Kundenbindung. Unternehmen, die hier zulegen können, bauen automatisch ihre Fankurve und damit auch den Anteil an glaubwürdigen Weiterempfehlern aus – sie sind wirtschaftlich erfolgreich. Den empirischen Beleg liefert das bereits referierte Fallbeispiel des Handelsunternehmens. In Abbildung 4 ist die emotionale Kundenbindung der Umsatzrendite gegenübergestellt. Die Punkte kennzeichnen wieder die einzelnen Filialen. Je höher die emotionale Kundenbindung ist, desto weiter rechts liegt der Punkt. Je höher die Umsatzrendite ist, desto weiter oben liegt der Punkt. Die Linie beschreibt den Zusammenhang zwischen emotionaler Kundenbindung und Umsatzrendite. Dieser ist im Fallbeispiel eindeutig positiv, das heißt je höher die emotionale Kundenbindung ist, desto höher ist auch die Umsatzrendite.

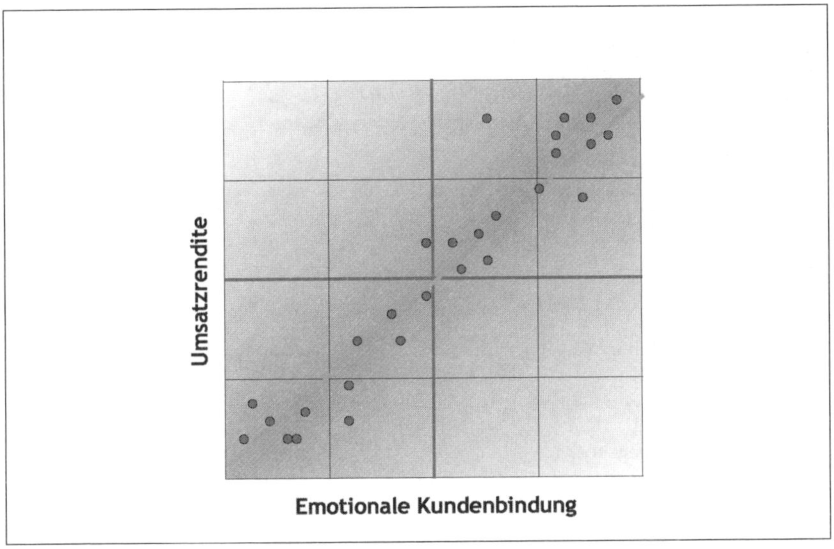

Abb. 4: Filialstudie Handel: Zusammenhang zwischen emotionale Kundenbindung und Rendite der Filialen [6]

Das Kausalmodell der emotionalen Kundenbindung

Wie wird die emotionale Kundenbindung ermittelt und welche Einflussgrößen zahlen auf diese ein? Das Maß, mit dem die Stabilität von Kundenbeziehungen gemessen wird, ist ein gewichteter Indexwert. Dieser Indexwert wird aus den Indikatoren Weiterempfehlungsbereitschaft, Wiederkaufabsicht, Cross-Buying-Bereitschaft, Alleinstellungsanspruch, Vertrauen und Commitment gebildet. Diese wurden über viele Jahre im Rahmen der ExBa-Forschung auf ihre Gültigkeit hin überprüft.

Söldnerkunden sind trotz hoher Zufriedenheit (und damit positiver Leistungsbeurteilung) nicht emotional gebunden. Ihre Existenz legt den Schluss nahe, dass es neben der Zufriedenheit noch eine andere Größe geben muss, die auf die emotionale Kundenbindung einzahlt. Diese zweite Einflussgröße ist die Imagewahrnehmung, in der die Qualität von **Markenführung und externer Kommunikation** zum Ausdruck kommt. Für höchste emotionale Kundenbindung braucht es einen optimalen Mix: eine hervorragende Leistung und ein Top-Image. In Abbildung 5 ist das Kausalmodell der emotionalen Kundenbindung dargestellt. Die zwei Einflussgrößen Zufriedenheit und Image werden ihrerseits von Unternehmen zu Unternehmen unterschiedlich stark von einzelnen Leistungs- und Imagedimensionen beeinflusst.

Für höchste emotionale Kundenbindung braucht es einen Mix aus hervorragender Leistung und Top-Image

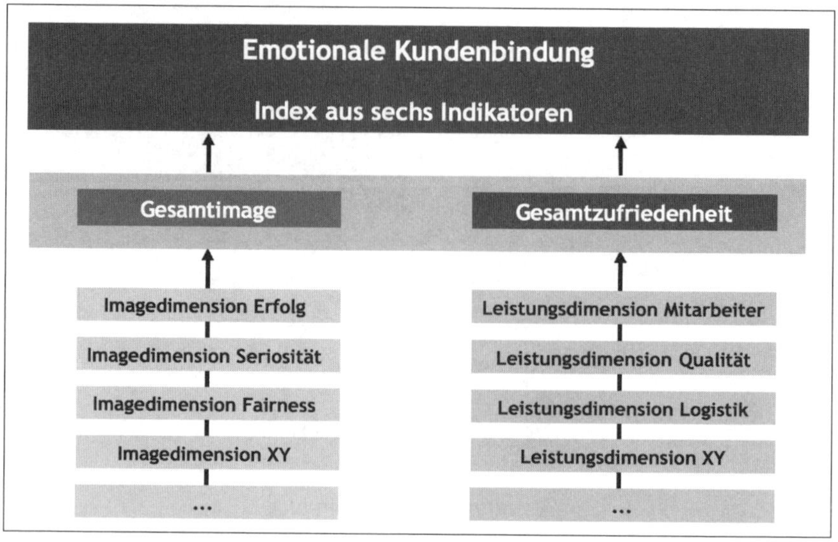

Abb. 5: forum! Kausalmodell der emotionalen Kundenbindung [7]

Ein Beispiel: Deutsche Bahn versus Lufthansa

Befragungsergebnisse von Kunden der Deutschen Bahn und der Lufthansa

Ein zweites Fallbeispiel soll den zusätzlichen Erklärungsgehalt dieses **Kausalmodells der emotionalen Kundenbindung** erläutern. Es verdeutlicht darüber hinaus, warum Investitionen auf der Leistungsebene mit der Absicht, die Zufriedenheit und damit die Bindung der Kunden zu steigern, oftmals nicht zielführend sind.

Im Rahmen einer ExBa -Befragung wurden dazu zunächst Kunden der Deutschen Bahn (Fernreisende) und der Lufthansa (innerdeutsche Flüge) unmittelbar nach Abschluss ihrer Reise nach ihrer Zufriedenheit mit der Pünktlichkeit befragt. Durch diese Befragungstechnik des „last incidence“ fokussiert sich die Wahrnehmung der Kunden auf die eigentliche Leistungserbringung; Imageeinflüsse können weitgehend ausgeblendet werden. Abbildung 6 zeigt, dass die Differenz zwischen der Zufriedenheit der Kunden der Deutschen Bahn und der Lufthansa-Kunden im Hinblick auf die Pünktlichkeit mit ihrer letzten Reise nur sehr gering ausfällt. Das heißt, auf der Leistungsebene gibt es in der Beurteilung der Kunden offensichtlich keine signifikanten Unterschiede zwischen den beiden Unternehmen.

Fragt man allerdings bevölkerungsrepräsentativ regelmäßige und gelegentliche Nutzer der Deutschen Bahn (Fernreisende) nach ihrer Zustimmung zu den Aussagen „Die DB ist sehr pünktlich“ beziehungsweise „...ist sehr zuverlässig“, so ergibt sich ein komplett anderes Bild. Wie Abbildung 6 verdeutlicht, fällt die Deutsche Bahn bei dieser imageorientierten Abfrage auf einer 100-Punkte-Skala um über dreißig Punkte hinter die Vergleichsgruppe von Lufthansa-Kunden auf innerdeutschen Flügen zurück.

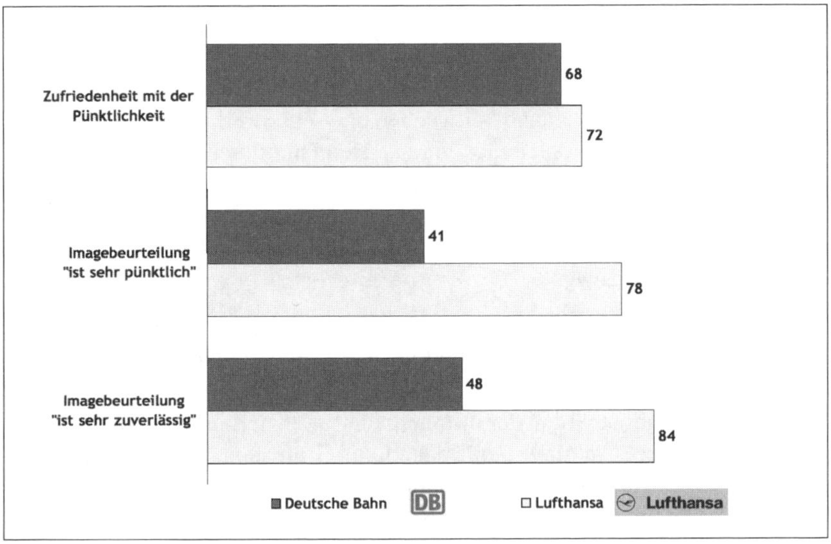

Abb. 6: Leistungsbeurteilung „Pünktlichkeit" und Imagebewertung „Pünktlichkeit/ Zuverlässsigkeit" für die Deutsche Bahn und die Lufthansa [8]

Bei gleicher Leistung kann trotzdem eine unterschiedliche Wahrnehmung entstehen

Das bedeutet: Die Ursache für das Pünktlichkeitsproblem der Deutschen Bahn liegt nicht primär auf der Leistungsebene, denn in der Leistungsbeurteilung schneidet die Deutsche Bahn zwar nicht gut ab, liegt aber praktisch auf Augenhöhe mit der Lufthansa. Die Ursachen sind vielmehr auf der Imageebene zu suchen — und damit auf der Wahrnehmungsebene: Beide Unternehmen sind gleichermaßen pünktlich (oder unpünktlich). Trotzdem produzieren sie bei ihren Kunden komplett unterschiedliche Wahrnehmungen. Diese entstehen durch komplett unterschiedliche Kommunikationsstrategien (Beispiel: Wie häufig thematisiert die Deutsche Bahn „Unpünktlichkeit", wie häufig die Lufthansa?) und ein differenziertes „Erwartungsmanagement" (so ist die kleinste Zeiteinheit bei der Lufthansa fünf Minuten, bei der Deutschen Bahn eine Minute). Im Umkehrschluss heißt dies aber, dass die Bahn mit Investitionen im Bereich der Leistungsebene Ressourcen verschwendet. Um die emotionale Kundenbindung zu erhöhen, sind Maßnahmen auf der kommunikativen Ebene, also im Bereich der Markenführung, erfolgversprechender.

Differenzierung über die Markenführung

Wie Kunden zu Fans werden

Hohe emotionale Bindung (und damit verbunden eine hohe Fanquote) entsteht, wenn Unternehmen es schaffen, dort zu glänzen, wo ihre Stärken für den Kunden mit hoher Relevanz und wahrnehmbarer Differenzierung zum Wettbewerb einhergehen. Wenn das gelingt, entsteht eine Monopolstellung in den Köpfen der Kunden — diese werden zu Fans. Über die Leistungsebene ist die **Differenzierung vom Wettbewerb** heutzutage meist nur noch sehr schwer möglich. Die Kunden nehmen Leistungsunterschiede kaum noch wahr. Daher kommt der Markenführung/dem Image eine wachsende Bedeutung zu.

Werden Produkt und produktbegleitende Leistungen zwar als sehr gut, aber nicht als einzigartig empfunden, muss die Marke des Unternehmens umso kräftiger strahlen. Eine wirksame Markenführung wiederum setzt fundierte Informationen über Stärken und Schwächen im Wettbewerbsvergleich und über das Anforderungsprofil der Kunden voraus. Denn nur durch eine Fokussierung auf strategische Stärken erzielen die Unternehmen eine für den Kunden spürbare Exklusivität. So verstanden, ist Markenführung zunächst kein Kreativprozess, bei dem es um Farben und Tonalitäten geht, sondern erfordert eine durchweg analytische Vorgehensweise.

forum!-Ampel für erfolgreiche Markenführung

Dieses Grundverständnis von Markenführung wird in Abbildung 7 illustriert, der **forum!-Ampel für erfolgreiche Markenführung**. In der ersten Spalte ist das Stärken-Schwächen-Profil aus Sicht der Kunden abgetragen, in der zweiten die Relevanz der Attribute und in der dritten die Differenzierung vom Wettbewerb. Nur wenn die Ampel in allen drei Spalten auf Grün steht, handelt es sich um eine strategische Stärke, auf die das Unternehmen fokussieren sollte, um weitere Fans zu gewinnen. Das bedeutet in diesem Beispiel, dass das Unternehmen sowohl in seiner Leistungserbringung als auch in seiner Kommunikation über alle Berührungspunkte zum Kunden „Technologiestärke" in den Vordergrund stellen sollte.

Imageattribute	Bewertung	Wichtigkeit	Differenzierung vom Markt/Wettbewerb
ist qualitativ sehr hochwertig	gut	wichtig	gleich
ist technologiestark	gut	wichtig	besser
ist sehr zuverlässig	gut	wichtig	gleich
ist sehr kompetent	gut	weniger wichtig	gleich
ist sehr hilfsbereit	gut	unwichtig	besser
ist sehr sympathisch	mittel	wichtig	besser
ist sehr kundenorientiert	mittel	weniger wichtig	besser
ist sehr innovativ	mittel	unwichtig	gleich
ist sehr serviceorientiert	mittel	weniger wichtig	besser
ist sehr traditionell	schlecht	unwichtig	gleich
ist sehr flexibel	schlecht	wichtig	gleich

Abb. 7: Die forum!-Ampel zur Illustration funktionierender Markenführung [9]

Wenig zielführend im Hinblick auf die Gewinnung von Fans ist dagegen der häufig anzutreffende Versuch, Schwächen zu kompensieren: Wie viel personeller und finanzieller Ressourcenaufwand ist notwendig, um aus einer Schwäche in der Wahrnehmung der Kunden eine Stärke zu machen und dabei auch noch besser als der Wettbewerb dazustehen? Ebenso wenig Erfolg versprechend ist der Versuch, mehrere Themen gleichzeitig zu besetzen, um es möglichst vielen Kunden recht zu machen. Dies führt in der Wahrnehmung zu Profillosigkeit und verhindert die notwendige Bündelung von Ressourcen — die von vielen Unternehmen mit konsequenter Markenführung wie ein Befreiungsschlag empfunden wird.

Differenzierung über den Herzblutfaktor Mitarbeiter

Ein weiterer entscheidender Stellhebel, um aus Kunden Fans zu machen und damit die Weiterempfehlungsbereitschaft zu steigern, sind die Mitarbeiter der Unternehmen, der sogenannte **„Herzblutfaktor Mensch“**: Der Kontakt zwischen Mitarbeiter und Kunde bietet exzellente Möglichkeiten, die Geschäftsbeziehung einzigartig zu machen und damit emotional aufzuladen. Die Mitarbeiter sind die ersten, besten und wichtigsten **Markenbotschafter des Unternehmens**. Sie tragen die Positionierung nach außen und sind daher wichtiger Bestandteil der im vorigen Abschnitt dargestellten Differenzierung vom Wettbewerb. Wie Unternehmen den Herzblutfaktor erfolgreich für sich nutzbar machen können, um ihre Fanquote zu steigern, soll im Folgenden ausführlich erläutert werden.

Ein entscheidender Stellhebel, um aus Kunden Fans zu machen und die Empfehlungsbereitschaft zu steigern, sind die Mitarbeiter

Die ExBa-Forschung beschäftigt sich seit Langem mit dem Einfluss der Mitarbeiter auf die emotionale Kundenbindung und den Unternehmenserfolg. Dabei zeichnet sich deutlich ab, dass es im Hinblick auf die emotionale Bindung von Kunden nicht primär darauf ankommt, wie zufrieden die Mitarbeiter sind oder wie stark sie an ihren Arbeitgeber gebunden sind. Vielmehr werden Mitarbeiter **„nach außen gerichtet“** zum Erfolgsfaktor, wenn sie **motiviert** sind, mit ihrer Arbeitskraft und ihrem Know-how beste Leistungen zu erbringen. Solche Mitarbeiter zeichnen sich durch eine besonders hohe Kundenorientierung aus. Darüber hinaus tragen sie ein positives Unternehmensbild nach außen, was sich spürbar auf die Begeisterung und die Loyalität der Kunden auswirkt.

Mitarbeiterzufriedenheit und -motivation sind nicht gleichzusetzen.

Häufig werden Mitarbeiterzufriedenheit und -motivation gleichgesetzt. Dass dies nicht korrekt ist, verdeutlicht Abbildung 8. Ein stattlicher Anteil der abhängig Beschäftigten in Deutschland gehört der Gruppe der Unternehmensbewohner an: Sie sind hochzufrieden (und bleiben ihrem Arbeitgeber lange treu). Dies ist jedoch Fluch und Segen zugleich, denn in Richtung Kunde sind die Unternehmensbewohner ihren Arbeitgebern wenig dienlich, da sie nur unterdurchschnittlich motiviert sind.

Auch die Wirkmechanismen von Mitarbeiterzufriedenheit und Motivation sind teilweise sehr unterschiedlich. So hat das Gehalt für die meisten Mitarbeiter eine große Bedeutung für ihre Zufriedenheit, eine nachhaltige Motivation lässt sich darüber jedoch in den wenigsten Fällen schaffen. Umgekehrt ist es mit der internen Kommunikation, die in vielen Unternehmen kritisch gesehen wird. Tatsächlich wirkt sich diese nicht merklich auf die Mitarbeiterzufriedenheit aus. Motivation dagegen ist dauerhaft ohne einen funktionierenden Informationsfluss nicht vorstellbar.

In Abbildung 9 ist der Einfluss der Mitarbeitermotivation auf den Unternehmenserfolg dargestellt. Dabei gilt: Motivierte Mitarbeiter sind kundenorientierter. Kundenorientierte Mitarbeiter steigern die emotionale Kundenbindung. Und emotional gebundene Kunden steigern, wie oben beschrieben, den Unternehmenserfolg. Die Mitarbeitermotivation wiederum lässt sich auf zwei Einflussfaktoren zurückführen: die intrinsische und die extrinsische Motivation.

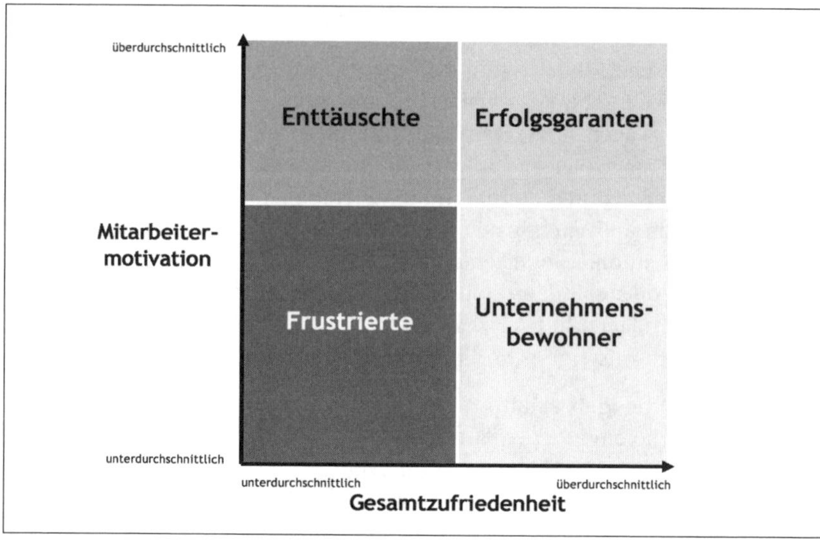

Abb. 8: Typologie von Mitarbeitern nach Motivation und Zufriedenheit [10]

Bei der Rekrutierung von Mitarbeitern ist auf die intrinsische Motivation zu achten

Menschen sind nicht gleichermaßen motiviert. Dies drückt sich in der **intrinsischen Motivation** aus. Sie beschreibt Persönlichkeitsmerkmale und Lebensumstände des Mitarbeiters, und zwar seine Begeisterungsfähigkeit, seinen Arbeitseifer beziehungsweise seine Disziplin sowie die allgemeine Lebenszufriedenheit. Unternehmen können die intrinsische Motivation kaum aktiv beeinflussen. Sie haben aber die Möglichkeit, bei der Rekrutierung gezielt auf diese Aspekte zu achten („hire for attitudes"). Vielfach wird dies jedoch beim Rekrutierungsprozess gar nicht oder nicht hinreichend hinterfragt und evaluiert.

Die Schlüssel zu hoher extrinsischer Motivation

Unternehmen können aber die Motivation ihrer Belegschaft aktiv beeinflussen, indem sie optimale Voraussetzungen zur Freisetzung schaffen. Dies wird als **extrinsische Motivation** bezeichnet. Die Schlüssel zu hoher extrinsischer Motivation liegen zum einen auf der zwischenmenschlichen Ebene, nämlich in der Beziehung zwischen Vorgesetzten und Mitarbeitern sowie zwischen den Kollegen eines Teams untereinander. Zum anderen finden sie sich in den strukturellen Bedingungen, allen voran der Kommunikation, der Perspektive und den Identifikationsmöglichkeiten. An beiden Stellschrauben — zwischenmenschliche Ebene und strukturelle Bedingungen — kann und muss gedreht werden.

Die Aufgabe einer Führungskraft

Gute Arbeitsbedingungen nützen wenig, wenn Vorgesetzte nicht die Fähigkeiten besitzen, Mitarbeiter zu fordern und zu fördern. Sie müssen ihnen das nötige Feedback geben, Perspektiven aufzeigen und dafür sorgen, dass jeder von sich aus das Beste geben will. Auch eine gestörte Teamatmosphäre kann ein schwerwiegendes Motivationshindernis sein — wiederum eine Führungsaufgabe, dies zu ändern. Auf der anderen Seite können gute Vorgesetzte und ein gutes Team Strukturprobleme wie mangelhafte Information oder fehlende Perspektiven nur unzureichend kompensieren. Selbst der beste Chef wird in den Augen der

Mitarbeiter irgendwann unglaubwürdig, wenn strukturelle Probleme über lange Zeit nicht abgestellt werden. Systemfehler färben auf Personen ab; Mitarbeiter sind da wenig zimperlich. Früher oder später leidet die Motivation aller darunter — auch die der Führungskraft.

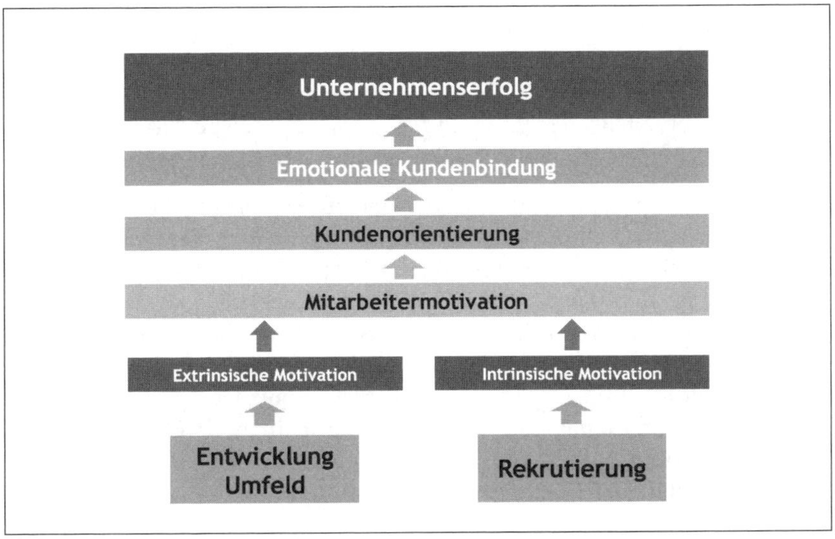

Abb. 9: Einfluss der Mitarbeitermotivation auf den Unternehmenserfolg [11]

Wie stark sich Mitarbeitermotivation nachweislich auf den Unternehmenserfolg auswirkt, lässt sich wiederum an dem bereits referierten Fallbeispiel des Handelsunternehmens demonstrieren. Die Mitarbeiter in den besonders renditeschwachen Filialen haben eine durchschnittliche Motivation von 46 Punkten (von maximal 100). Die Mitarbeiter in den besonders renditestarken Filialen dahingegen erreichen eine durchschnittliche Motivation von 86 Punkten.

In den erfolgreichen Filialen wird offensichtlich zusätzlich zu den zufriedenheitssteigernden Investitionen besonderer Wert auf die Mitarbeitermotivation gelegt. Dies wirkt sich unmittelbar auf die emotionale Kundenbindung und die Umsatzrendite aus. Die **Begeisterung** der Belegschaft im Umgang mit dem Kunden vermittelt Einzigartigkeit und lädt die Geschäftsbeziehung emotional auf. Solche extremen Werteunterschiede zeigen sich nicht nur bei der Gegenüberstellung verschiedener Filialen. Es sind Fälle bekannt, bei denen sich Teams gleicher Funktionalität (zum Beispiel zwei für unterschiedliche Regionen zuständige Vertriebsteams), die Tür an Tür arbeiten, in der Mitarbeitermotivation um bis zu fünfzig Punkte unterscheiden.

Hohe Mitarbeitermotivation wirkt sich positiv auf die emotionale Kundenbindung und damit auf die Umsatzrendite aus

Dies verdeutlicht die zentrale Bedeutung insbesondere des direkten Vorgesetzten. So sehen Mitarbeiter die Hauptverantwortung für die interne Kommunikation bei ihrer direkten Führungskraft. Da ihr auch die größte Glaubwürdigkeit zugeschrieben wird, sind auch elaborierte Formen der formellen internen Unternehmenskommunikation wirkungslos, wenn sie von der Führungsebene nicht mitgetragen werden. Maßnahmen zur Steigerung der extrinsischen

Mitarbeitermotivation sollten daher immer von oben nach unten verlaufen, also beim Management ansetzen.

Wie stark sich kundenorientiertes Verhalten der Mitarbeiter auf die emotionale Kundenorientierung und damit auf die Fanquote auswirkt, lässt sich am besten durch die Ergebnisse von Nachkontaktbefragungen belegen. Zu diesem Zweck werden Kunden, die von ihrem letzten Kontakt zu einem Mitarbeiter begeistert waren (und dies mit dem Wert 1, also „sehr zufrieden“, auf einer Fünferskala zum Ausdruck bringen), jenen Kunden gegenübergestellt, die den Kontakt mit den Werten 2 bis 5 bewertet haben. In der Gruppe mit den begeisterten Kunden ist die Fanquote mehr als dreimal so hoch wie in der Vergleichsgruppe.

Exzellente Kundenorientierung steigert die Fanquote

Dieser Effekt ist nicht ausschließlich auf den erfolgreich verlaufenden Kontakt zurückzuführen, sondern es spielen beispielsweise auch Vorprägungen eine Rolle. Trotzdem lässt sich im Ergebnis festhalten, dass **exzellente Kundenorientierung** die Fanquote steigert. Dies setzt auch eine gewisse Regelmäßigkeit und Intensität der Kontakte voraus. Aus verschiedenen Studien ist bekannt, dass Kunden, die länger als sechs Monate nicht mit ihrem Anbieter in persönlichem Kontakt stehen, für Konkurrenzangebote empfänglich werden. Sinkende Kontakthäufigkeit aufgrund der damit einhergehenden Kosteneinsparung als Erfolg zu feiern, kann also zu kurz greifen, weil die positiven, emotionalisierenden Effekte nicht ausreichend berücksichtigt werden.

Genauso wie der Kontakt zwischen Mitarbeiter und Kunde große Chancen bietet, birgt er auch große Risiken. Dies gilt vor allem für den Fall einer Beschwerde. Beim Auftreten einer Beschwerde steht die Geschäftsbeziehung auf dem Spiel. Dies belegt der Zusammenhang zwischen der Zufriedenheit mit der **Beschwerdebehandlung** und der emotionalen Kundenbindung. Als Referenz dient die emotionale Bindung von Kunden ohne Beschwerden.

Werden Beschwerden zur vollsten Zufriedenheit bearbeitet, steigt die emotionale Bindung

Für den Fall, dass die Beschwerde zur vollen Zufriedenheit des Beschwerdeführers bearbeitet wurde, birgt sie sogar eine Chance — der Wert für die emotionale Bindung liegt in diesem Fall über dem der Kunden ohne Beschwerden. Daraus eine Strategie abzuleiten, indem bewusst in Kauf genommene oder gar provozierte Beschwerden zur Begeisterung der Kunden gelöst werden, erweist sich jedoch selten als zielführend.

Terroristenkunden multiplizieren ihre negativen Erfahrungen über alle verfügbaren Kanäle

Denn bereits bei einer Beschwerdezufriedenheit von lediglich 2 (auf einer Skala von 1 bis 5) fällt der Wert für die emotionale Kundenbindung unter den der Referenzgruppe ohne Beschwerden. Und für eine Beschwerdezufriedenheit von 3 bis 5 (in diesem Bereich spielt sich erfahrungsgemäß ein Großteil der Beschwerden ab) sinkt die emotionale Bindung in Bereiche, in denen wir von Terroristenkunden sprechen. Diese Kunden wandern nicht nur ab, sondern sie multiplizieren ihre negativen Erfahrungen über alle verfügbaren Kanäle (real und virtuell) und fügen dem verursachenden Unternehmen damit einen nachhaltigen Schaden zu. Man kann sich also vorstellen, was passiert, wenn ein unmotivierter Mitarbeiter auf einen Kunden mit einer Beschwerde trifft. Beschwerden zuzulassen und bei hoch motivierten und speziell geschulten

Mitarbeitern zu bündeln, erweist sich daher als sehr wirkungsvolle Strategie, ein Absinken der Fanquote im Beschwerdefall zu vermeiden.

Die Mitarbeitermotivation bietet in einer hohen Ausprägung also die große Chance, aus Kunden Fans zu machen. Dagegen können unmotivierte Mitarbeiter auch sehr leicht aus bestehenden Fankunden Terroristen machen.

Fazit

Emotional gebundene Kunden sind die Grundlage für eine effiziente und gleichzeitig sehr kostengünstige Art der Neukundengewinnung: die **Weiterempfehlung**. Eine hohe emotionale Kundenbindung entsteht, wenn es Unternehmen gelingt, dort zu glänzen, wo ihre Stärken für den Kunden mit hoher Relevanz und wahrnehmbarer Differenzierung zum Wettbewerb einhergehen. Dafür sind Verbesserungen auf der Leistungsebene und eine damit einhergehende Steigerung der Kundenzufriedenheit nicht ausreichend. Denn Produkte und Leistungen unterschiedlicher Hersteller werden immer homogener und damit austauschbar. Die Kunden können keine Produktunterschiede mehr erkennen. Eine wachsende Rolle kommt daher der **Markenführung** und dem **„Herzblutfaktor Mensch“** zu.

Emotional gebundene Kunden sind die Grundlage für eine äußerst kostengünstige Art der Neukundengewinnung: die Weiterempfehlung

Voraussetzungen für eine Erfolg versprechende Markenführung sind **fundierte Analysen** über das Stärken- und Schwächen-Profil im Wettbewerbsvergleich (Leistung und Image) und über die relevanten Bedürfnisse und Motive der Kunden. Nur wer seine relevanten Stärken in der Wahrnehmung der Kunden wirklich kennt, kann auf diese an allen Kontaktpunkten zu den Kunden fokussieren und sie nachhaltig spürbar machen. Nur so lässt sich ein klares Profil vermitteln, mit dem die Unternehmen eine Monopolstellung in den Köpfen der Kunden erzeugen können — aus Kunden werden dann **Fans**. Wer dagegen alle Themen besetzt, verschwendet seine Ressourcen und wird austauschbar — aus Kunden werden Söldner.

Im Kontakt zwischen Kunden und Mitarbeitern besteht eine Chance, die Geschäftsbeziehung emotional aufzuladen und für die Kunden unverwechselbar zu machen. Voraussetzung dafür, dass sich der **„Herzblutfaktor“** entfalten kann, ist eine hohe Kundenorientierung der Mitarbeiter. Diese lässt sich auf zwei Arten steigern: zum einen, indem bei der Rekrutierung gezielter auf entsprechende Persönlichkeitsmerkmale, Talente und Einstellungen geachtet wird, zum anderen durch Rahmenbedingungen im Unternehmen, die eine Entfaltung der Mitarbeitermotivation fördern.

Eine wachsende Rolle kommt dabei der Markenführung und dem „Herzblutfaktor Mensch" zu

Literatur

[1] Quelle: Kundenbefragung für ein Handelsunternehmen; Handelsfilialen, forum! Marktforschung GmbH.

[2] Quelle: forum! Marktforschung GmbH.

[3] Das Excellence Barometer ist die Benchmarkstudie zur Leistungsfähigkeit der deutschen Wirtschaft. Initiatoren sind die Deutsche Gesellschaft für Qualität e.V. und die forum! Marktforschung GmbH. Weitere Informationen finden Sie unter: www.exba.de.

[4] Quelle: „Deutschlands Kundenchampions 2010" und „Excellence Barometer".

[5] „Deutschlands Kundenchampions" ist der branchenübergreifende Wettbewerb für Unternehmen, die ihre Kunden begeistern. Initiatoren sind die Deutsche Gesellschaft für Qualität e.V. und die forum! Marktforschung GmbH. Weitere Informationen finden Sie unter www.deutschlands-kundenchampions.de.

[6] Quelle: Kundenbefragung für ein Handelsunternehmen; Handelsfilialen, forum! Marktforschung GmbH.

[7] Quelle: forum! Marktforschung GmbH.

[8] Quelle: Excellence Barometer (ExBa) Kunden B2C; Mittelwerte auf einer Skala von 0 (stimme überhaupt nicht zu bzw. sehr unzufrieden) bis 100 (stimme vollständig zu bzw. sehr zufrieden)

[9] Quelle: Kundenstudie im Business-to-Business, forum! Marktforschung GmbH.

[10] Quelle: forum! Marktforschung GmbH.

[11] Quelle: forum! Marktforschung GmbH.

Benchmarkbericht zum Wettbewerb „Deutschlands Kundenchampions 2010".

Becker, R.: Excellente Beziehungen – auch in Krisenzeiten ein Erfolgsrezept. – Sonderstudie aus dem Excellence Barometer 2009.

Becker, R.: Menschen machen Erfolge – ExBa zieht Bilanz. – In: Erfolgreich in starken Zeiten. – Berichtsband zum Excellence Barometer, S. 46–51, 2009.

Becker, R./Hofmann, T.: Kundenwert – Potenziale erkennen und erschließen. – acquisa Sonderpublikation, 2009.

Becker, R.: Söldnerkunden – Schicksal oder Chance für das Marketing? – In: Wer führt, führt. – Berichtsband zum Excellence Barometer, S. 36-43, 2007.

Becker, R.: Vorsicht vor den Zufriedenen Kunden. – impulse, S. 130, Juni 2007.

Erfolgreiches Ambassador Relationship Marketing

2

Jens Cornelsen

Das Internet hat die Empfehlung von Kunde zu Kunde einfach gemacht. Und die Konsumenten machen davon regen Gebrauch. Wie kann sich das Marketing diesen Trend zunutze machen?

Meinungsführer auf dem Vormarsch

Die Skepsis der Konsumenten gegenüber der klassischen Anbieterwerbung steigt

Zu viel Werbung. Konsumenten werden in Deutschland tagtäglich mit mehr als drei Millionen Werbebotschaften überschüttet. Nicht vertrauensvoll. Die allgemeine Skepsis der Konsumenten gegenüber der klassischen Anbieterwerbung nimmt weiter zu. So glauben acht von zehn Amerikanern, „[…] that companies don't tell the truth in advertisements“ [1], über siebzig Prozent hingegen „[…] trust other people like themselves“ [2]. Konsumenten vernetzen sich immer stärker untereinander, werden immer cleverer und „konsum-demokratischer“. Zudem initiieren sie häufig von sich aus direkte, persönliche Gespräche und Empfehlungen im Freundes-, Bekannten- und Kollegenkreis.

Neben den überwiegend privaten Gesprächsinhalten geht es dabei mehr und mehr auch um das Verarbeiten und Weitergeben eigener Kauf- und Konsumerlebnisse an Freunde, Bekannte und Kollegen. Ganze Geschäftsmodelle basieren mittlerweile auf diesem Prinzip. So beschäftigt allein die Procter & Gamble Tochter Tremor in den USA circa dreihunderttausend sogenannte Buzzer, also Word-of-Mouth-Agenten. Diese sprechen ohne Zwang und ohne jegliche Bezahlung über neue Produkte in ihren persönlichen Netzwerken und bringen somit die Verkaufsmaschinerie des jeweiligen Anbieters clever in Gang. Eine Vielzahl von US-Studien belegt den hohen Stellenwert von Weiterempfehlungen und Word-of-Mouth-Aktivitäten im Kundenmarketing (Abbildung 1).

Verschiedene Studien belegen den hohen Stellenwert von Weiterempfehlungen und Word-of-Mouth-Aktivitäten im Kundenmarketing

Und dieser Trend ist in Deutschland inzwischen voll angekommen! Dies belegt auch die aktuelle Eigenstudie „Opinion Leader“ von defacto research & consulting, Marktforschungsinstitut innerhalb der defacto x GmbH aus Erlangen. Branchenübergreifend setzen circa vierzig Prozent aller Konsumenten in Deutschland beim Kauf eines Produktes „stark“ beziehungsweise „sehr stark“ auf persönliche Empfehlungen von Freunden, Bekannten und Kollegen. Und on-top kommen noch die inzwischen dreißig Millionen Onliner, die sich mittlerweile in sozialen Netzwerken, wie Facebook, XING, StudiVZ et cetera tummeln (Abbildung 2).

http://www.marketing-boerse.de/Experten/details/Jens-Cornelsen

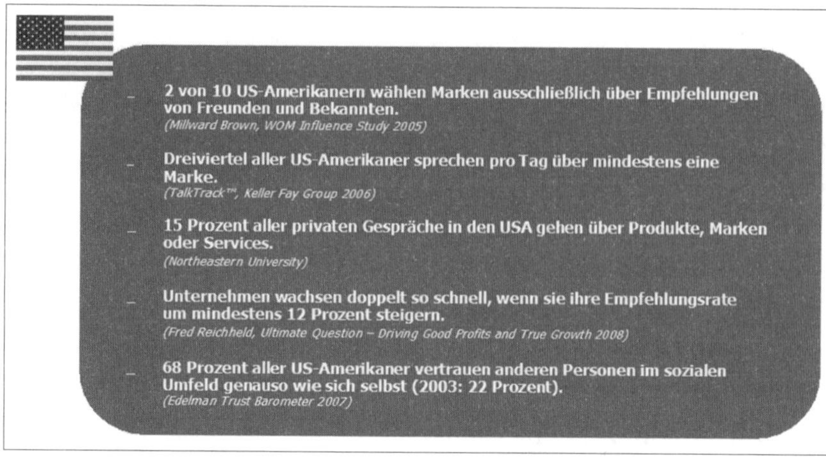

Abb. 1: "Word-of-Mouth" in den USA

Das CRM muss sich viel stärker mit dem Kunden in seiner Rolle als potenzieller Empfehlungsgeber, Markenbotschafter und Ambassador auseinandersetzen

Unternehmen müssen sich also sowohl im klassischen Marketing als auch im **Customer-Relationship-Marketing** (im Folgenden kurz: CRM) viel stärker als bisher mit dem Kunden in seiner Rolle als potenzieller Empfehlungsgeber, Markenbotschafter oder **Ambassador** auseinandersetzen. Dabei geht es überhaupt nicht um die komplette Abschaffung der klassischen above- und below-the-line-Marketing- und Werbeaktivitäten. Im Mittelpunkt stehen vielmehr die optimale Ergänzung und Ausweitung der bestehenden Marketing-Tools.

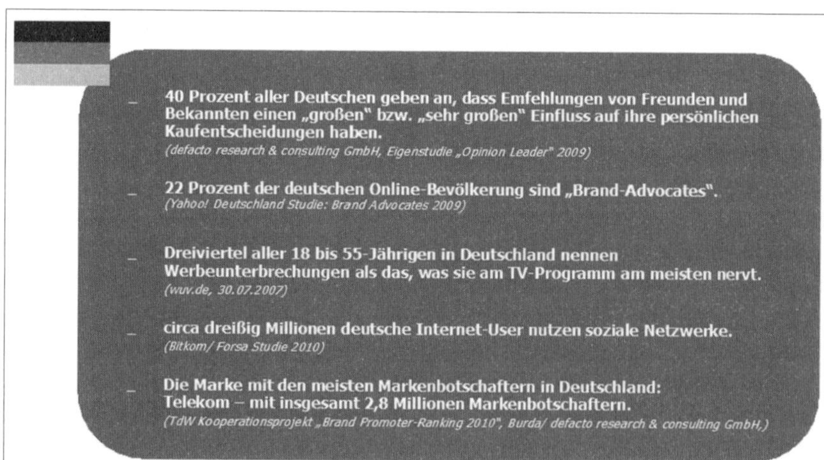

Abb. 2: "Word-of-Mouth" in Deutschland

Loyalitätsmanagement 2.0

Umdenken gefragt. Im Zuge der zu beobachtenden Entwicklung hin zum Word-of-Mouth-Marketing müssen Unternehmen den **Loyalitätsfunnel** in ihren CRM-Systemen vollständig neu justieren. Loyalitätsmanagement nach modernem CRM Verständnis endet demnach nämlich nicht mehr, wie heute, beim Kundenstatus „Kunde loyal", sondern vielmehr beim Status „Kunde motiviert" (Abbildung 3). Erst wenn es einem Unternehmen gelingt, die eigenen Kunden zu aktiven Fürsprechern und Multiplikatoren der Marke, Produkte, Services beziehungsweise des eigenen Unternehmens insgesamt zu machen, erst dann ist die höchste Weihe des Loyalitätsmanagements 2.0 im Hinblick auf ein **Ambassador Relationship Marketing** erreicht.

Loyalitätsmanagement impliziert, die Kunden zu aktiven Fürsprechern und Multiplikatoren der Marke, Produkte und Services zu machen

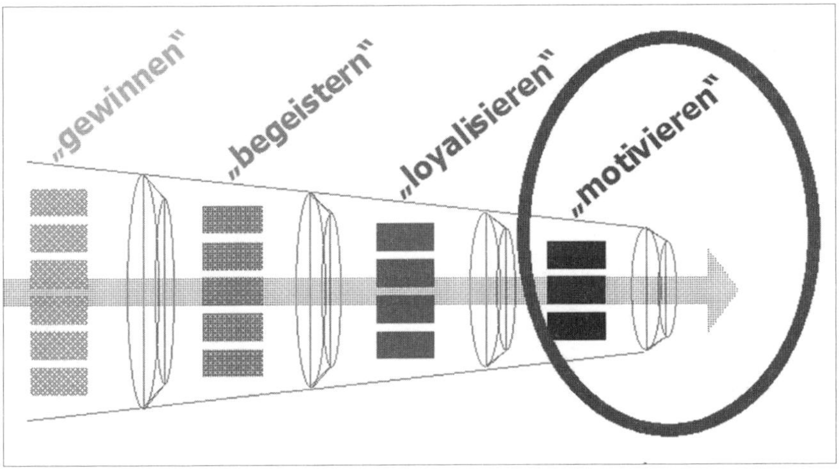

Abb. 3: Loyalitätsfunnel 2.0

Im Folgenden verstehen wir unter Ambassador Relationship Marketing sämtliche Marketing- und Dialogmaßnahmen in der speziellen Zielgruppe „Ambassadors". Im Grunde handelt es sich beim Ambassador Relationship Marketing um ein **Loyalitätsprogramm**, das speziell auf eben die Zielgruppe der Kunden-Meinungsführer und Markenbotschafter (= Ambassadors) ausgerichtet ist.

Ambassador Relationship Marketing in drei Schritten

Anhand eines Praxisbeispiels stellen wir nun die drei Schritte (Messen–Multiplizieren–Motivieren) eines erfolgreichen Ambassador Relationship Marketing-Programmes vor. Bei dem betrachteten Unternehmen handelt es sich um einen bekannten Versicherer mit ausgeprägter Historie und einer stabilen Marktpositionierung in den TOP 10 in Deutschland.

Die drei Schritte eines erfolgreichen Ambassador Relationship-Marketing heißen: Messen–Multiplizieren–Motivieren

Im Sommer 2009 stand das Unternehmen vor dem Problem, dass die herkömmlichen Marketing- und Vertriebsmaßnahmen nicht mehr optimal griffen. Außerdem wurde ein Großteil der Werbebudgets einfach zum Fenster rausgeblasen und die Maßnahmen waren schlichtweg ineffektiv und dafür wiederum viel zu teuer. Deshalb entschied sich das Management, den aktuellen Set an Marketing- und Vertriebsmaßnahmen um den neuen Baustein „Ambassador Relationship Marketing" zu erweitern.

Beispiel Versicherer

Ziel war es, die TOP Ambassadors im Kundenstamm mit einem eigenen Dialogprogramm an das Unternehmen zu binden und in angemessener Weise zur Empfehlungsabgabe zu motivieren. Außerdem sollte somit die Weiterempfehlungsquote und letztlich der Erfolg des gesamten Unternehmens „signifikant" gesteigert werden. Dabei galt es, insbesondere die folgenden Fragestellungen zu beantworten:

1. Wer ist Meinungsführer/Ambassador im Kundenstamm? **(„Messen")**
2. Wie lassen sich Ambassador-Scores in CRM-Datenbanken einbauen? **(„Multiplizieren")**
3. Welche Incentives machen ein Ambassador Relationship Marketing-Programm erfolgreich? **(„Motivieren")**

Schritt 1: Ambassadors identifizieren

Wie Ambassadors identifiziert werden

Im ersten Schritt wurde zunächst eine kundenrepräsentative Telefonumfrage bei insgesamt zweitausend Bestandskunden des Versicherers durchgeführt. Ziel der Umfrage war es, die potenziellen Ambassadors zunächst stichprobenbasiert zu identifizieren und per detailliertem Segmentsteckbrief konkret zu beschreiben („Ambassador-Steckbrief"). Die Bestimmung der lukrativsten Ambassadors dieses Versicherers erfolgte auf Basis von drei verschiedenen Kerndimensionen:

1. Größe des sozialen Netzes und Häufigkeit der markenbezogenen Gespräche,
2. Persönlichkeitsstärke und
3. Markenloyalität (Abbildung 4).

Soziales Netz

Die Größe des persönlichen **Sozialen Netzes** bezieht sich einerseits auf die Anzahl der Gesprächspartner im Familien-, Verwandten-, Freundes-, Bekannten- sowie Arbeits- und Vereinskollegenkreis. Dabei gilt es zu erfragen, mit wie vielen Personen der Kunde über seinen Versicherungsanbieter spricht. Andererseits stellen wir in dem Zusammenhang auch auf die jeweilige Gesprächsintensität ab: Wie häufig spricht der Versicherungskunde über seine Marke? Dabei kann dann zum Beispiel herauskommen: Ein betrachteter Versicherungskunde spricht mit zehn Freunden „sehr häufig", in seiner Familie „selten" und im Arbeitskollegenkreis mit zwanzig Personen „manchmal" über seinen Versicherungsanbieter. Auf der Basis ermitteln wir dann pro befragtem Kunden einen spezifischen Indexwert des Sozialen Netzes.

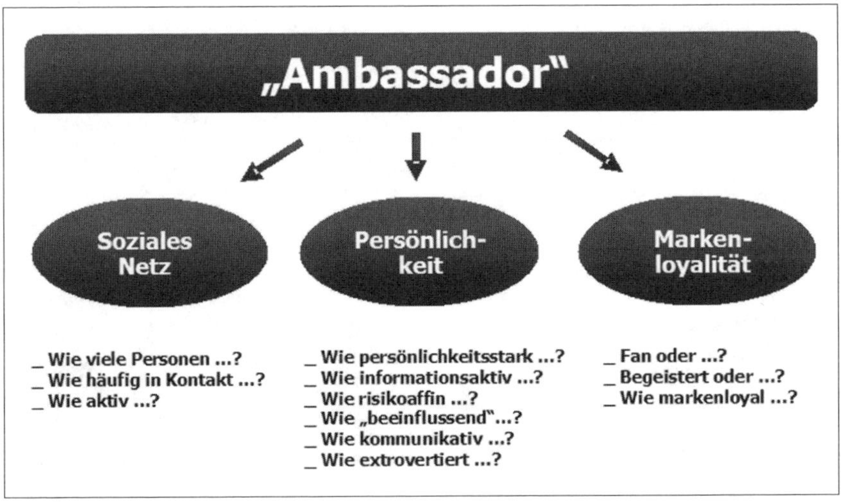

Abb. 4: Wer ist ein „Ambassador" ...?

Persönlichkeitsstärke

Die Persönlichkeitsstärke orientiert sich an meinungsführertypischen Eigenschaften

Nun sagt diese Information noch nicht viel darüber aus, inwieweit dieser Kunde sich bei anderen Personen des sozialen Umfeldes auch wirklich durchsetzen kann. Wird der betrachtete Kunde wirklich als Meinungsführer beziehungsweise Brand-Ambassador gesehen oder fehlt ihm die nötige soziale Durchschlagskraft? Die **Persönlichkeitsstärke** orientiert sich primär an meinungsführertypischen Eigenschaften, wie hohes Involvement, aktives Innovations- und Risikoverhalten. Nicht zuletzt spielen auch Eigenschaften wie eine überdurchschnittliche Kommunikationsbereitschaft und Extrovertiertheit eine große Rolle. Diejenigen Befragten, die sich als innovativ, risikobereit und bezüglich Versicherungen als kommunikations- und informationsaktiv einstufen, sind demnach tendenziell TOP Ambassadors.

Markenloyalität

Einflussgröße Markenloyalität

Die dritte Einflussgröße des Empfehlungspotenzials ist die **Markenloyalität**, die sowohl für die Richtung als auch Stärke der abgegebenen Empfehlungen maßgeblich ist. Die „Richtung" von Empfehlungen hängt insbesondere von der Tonalität der Empfehlungsgespräche ab und schlägt sich letztlich im „Vorzeichen" nieder. Die „Stärke" einer Empfehlung hängt wiederum unmittelbar vom Ausmaß der Markenloyalität ab.

Ein markenloyaler, begeisterter Kunde beziehungsweise ein ausgesprochener Fan einer Marke empfiehlt extrem positiv, ein sehr enttäuschter Kunde hingegen extrem negativ weiter (Empfehlungsdynamik!). Für jeden Befragten ermitteln wir so einen eindeutigen Ambassador-Score. Der Scorewert ist zugleich Basis für die Einordnung in die insgesamt drei verschiedenen Ambassador-Segmente ABC und die differenzierte Beschreibung der Segmente mittels spezifischer Segmentsteckbriefe (Abbildung 5).

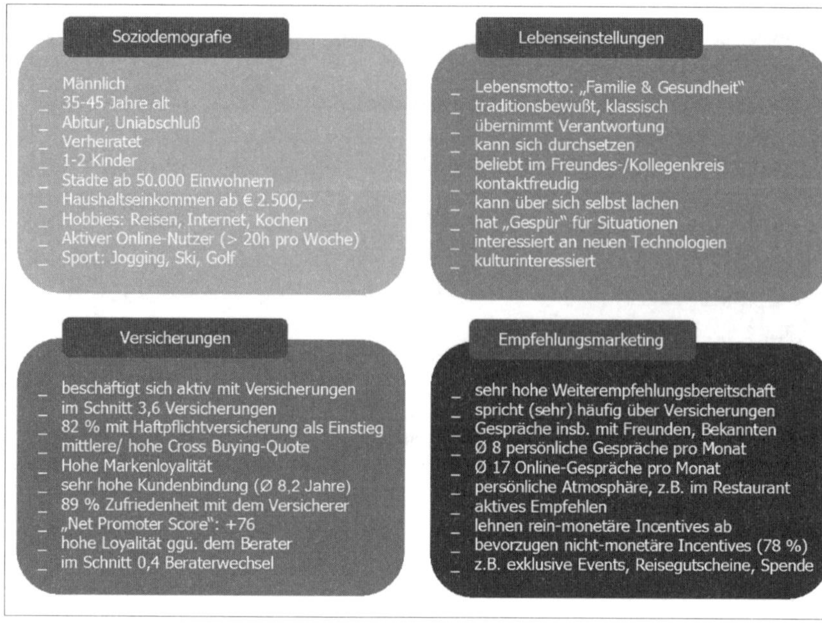

Abb. 5: Exemplarischer TOP Ambassador-Steckbrief

Eigenschaften eines TOP Ambassadors

Die Kundengruppe der TOP Ambassadors, also diejenigen Versicherungskunden mit dem höchsten Empfehlungspotenzial, umfasste im vorliegenden Fall insgesamt achtzehn Prozent aller befragten Kunden. Im vorliegenden Fall war der typische TOP Ambassador 35 - 45 Jahre alt, männlich, verheiratet, überdurchschnittlich kontaktfreudig und sehr familiär. Er hat im Schnitt 3,6 Versicherungen, spricht im Durchschnitt mit acht Personen pro Monat über seinen Versicherungsanbieter, empfiehlt aktiv und lehnt rein monetäre Incentives ab. Er bevorzugt stattdessen Einladungen zu exklusiven Events, Reisegutscheine und Spenden des Versicherers für einen wohltätigen Zweck im Gegenzug für eine Kundenempfehlung.

Schritt 2: Ambassador-Scores in der Kundendatenbank

Zuordnung spezifischer Ambassador-Scores auf jeden Kunden im Kundenstamm

Per Prognosealgorithmus in die Datenbank. Hier erfolgte die Zuordnung spezifischer Ambassador-Scores auf jeden Kunden im Kundenstamm des Versicherers. Basis war die existierende **Kundendatenbank** des Versicherers mit insgesamt circa 3,5 Millionen Kundenadressen. Hinzu kam die im Versicherungsbereich übliche Vielfalt an vorhandenen beziehungsweise von uns neu generierten Marketingvariablen und -Kennzahlen. Hierzu zählen Vertragsabschlussdaten, Anzahl Versicherungsverträge, Cross Buying-Quoten, Familienstand, Haushaltseinkommen et cetera.

Mittels statistischer **Prognosemodelle** (unter anderem Diskriminanzmodelle) erfolgte daraufhin die Auswahl möglichst trennscharfer Datenbankvariablen. Dann wurden die Ambassador-Scores in die gesamte Kundendatenbank des

Versicherers übertragen. Optimal war im vorliegenden Fall die Zwölf-Variablen-Lösung. Mit insgesamt zwölf Datenbankvariablen konnten wir die verschiedenen Ambassador-Segmente optimal gegeneinander abgrenzen und die Qualität des Prognosemodells maximieren.

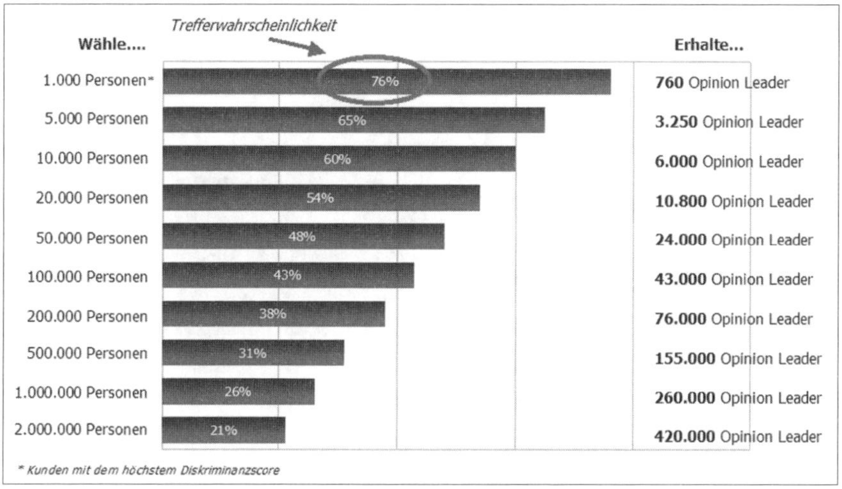

Abb. 6: Wie viele TOP Ambassadors erreichen wir?

Für geplante Marketingaktionen heißt das, dass Sie beispielsweise für ein hochwertiges TOP Ambassador-Event immer zuerst diejenigen Kunden mit dem höchsten Ambassador-Score einladen sollten. Im Endergebnis konnten wir mit der von uns angewandten **Split-Half-Methode** circa neunzig Prozent aller Kunden dieses Versicherers korrekt klassifizieren. Dies bedeutet, wir konnten den korrekten Ambassador-Score zuordnen, obwohl ja über 99 Prozent der Kunden gar nicht an der vorangegangenen Umfrage teilgenommen hatten.

Kunden mit hohen Ambassador-Scores vorrangig einbeziehen

Abbildung 6 verdeutlicht noch einmal den Zusammenhang. Bezogen auf den gesamten Kundenstamm von 3,6 Millionen haben wir insgesamt circa 630.000 TOP Ambassadors (= achtzehn Prozent aller Kunden). Wenn, also beispielsweise nur diejenigen eintausend Kunden mit dem höchsten Scorewert eingeladen werden, dann „treffen" wir mit einer Wahrscheinlichkeit von immerhin 76 Prozent (nicht achtzehn Prozent!) TOP Ambassadors. Das heißt: 760 TOP Ambassadors bei einem vergleichsweise minimalen Einladungsaufwand! Ohne die Kenntnis der kundenspezifischen Ambassador-Scores kann es im „worst scenario" durchaus sein, dass mit den eintausend versendeten Einladungen gar kein TOP Ambassador getroffen wird!

Schritt 3: Ambassadors erfolgreich incentivieren

Im dritten Schritt erfolgte dann der konkrete Anstoß für das Empfehlungsprogramm und die Verabschiedung von spezifischen Ambassador **Dialoganstoßketten**. Hierzu wurden die einzelnen aus Sicht der Befragten „sehr interessanten" beziehungsweise „interessanten" Incentivierungsangebote mit dem Gesamtmarketingplan crossmedial abgestimmt. Abbildung 7 zeigt das Ranking der beliebtesten **Incentivierungen** aus Sicht der TOP Ambassadors: Exklusive Events, Reisegutscheine und Patenschaftsspende. Es wurde deutlich, dass die TOP Ambassadors des Versicherers eben nicht nur auf finanzielle Anreize im Gegenzug für eine Empfehlung aus waren, sondern ganz andere Aspekte als Favorit hatten.

Ambassadors incentivieren

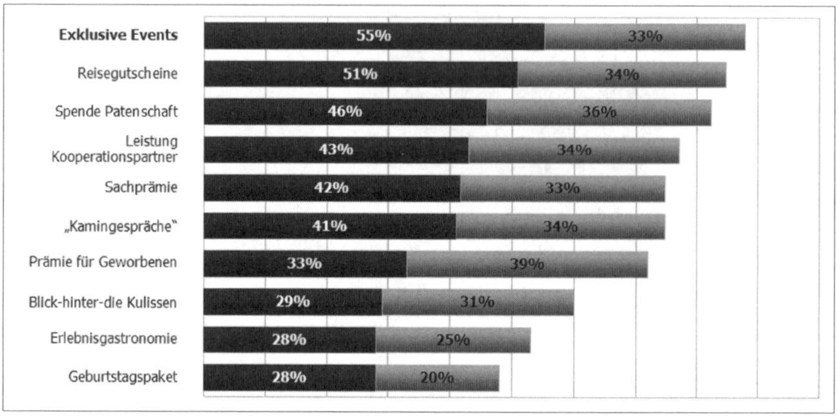

Abb. 7: Dos & Dont's im Ambassador Relationship Marketing

Ambassadors sind bei Weitem nicht nur auf finanzielle Anreize aus

Auf der anderen Seite haben sich lediglich zwölf Prozent der TOP Ambassadors strikt gegen jegliche Form der kommerziellen Incentivierung gewehrt. „[...] Ich möchte kein Verkäufer von ... sein" beziehungsweise „[...] Ich möchte eher freiwillig und ungezwungen empfehlen" waren die am häufigsten genannten Argumente gegen eine systematische Incentivierung von Empfehlungen. Diese Form der kundenbezogenen Verweigerung muss von den Unternehmen sehr ernst genommen werden! Uns liegen Fälle vor, in denen fast siebzig Prozent der Kunden Incentives in jeglicher Form ablehnen. Also, stets die Rechung mit(!), nicht ohne den Kunden machen.

Unser Credo: Für ein erfolgreiches Ambassador Relationship Marketing-Programm brauchen wir unbedingt die spezifischen Erkenntnisse aus der vorangehenden Umfrage. Leider gibt es eben kein immer gültiges Patentrezept für „das optimale Ambassador-Programm"!

Praxisbeispiel Ambassador-Programm

Beispiele für Belohnungen

Und wie ging es dann weiter? Im konkreten Fall erhielten die lukrativsten eintausend TOP Ambassadors zunächst ein umfangreiches Welcome-Package, mit dem jeder im Ambassador-Club quasi offiziell willkommen geheißen wurde. In der Folge wurden dann per Online-Marketing Reisegutscheine für besonders agile Empfehler ausgelobt sowie ein zentraler Spendenfond „Empfehlen und Vorsorgen" eingerichtet. Zudem wurden exklusive, gemeinsame Kochveranstaltungen (nicht: „Erlebnisgastronomie") in vielen Großstädten in Deutschland veranstaltet.

Denn aus den Umfrageergebnissen wussten wir auch, dass das Thema „Kochen" mit zu den beliebtesten Freizeitbeschäftigungen der betrachteten TOP Ambassadors gehört. Mit riesigem Erfolg … und einem tollen Nebeneffekt: Vernetzung mit anderen, einstellungs- und typbezogen ähnlich „tickenden" Menschen beziehungsweise Kunden des Versicherers. Es handelte sich also um eine Art **Networking** à la XING – zum Nutzen der Kunden und letztlich natürlich zum Nutzen des Versicherers.

Erfolg mit Ambassador Relationship Marketing

Messen–Multiplizieren–Motivieren. Die Erfolgsformel für ein nachhaltiges Word-of-Mouth-Marketing. Und das heißt für uns: Mittels Umfrage die lukrativsten TOP Ambassadors auffinden und den gesamten Kundenstamm mittels Ambassador-Scores anreichern. Schließlich via **Ambassador-Club** diese lukrative Zielgruppen eng an das Unternehmen binden und in angemessener(!) Weise zur Abgabe von Empfehlungen im Sinne des Unternehmens motivieren (Abbildung 8).

Messen–Multiplizieren–Motivieren: Die Erfolgsformel für ein nachhaltiges Word-of-Mouth-Marketing

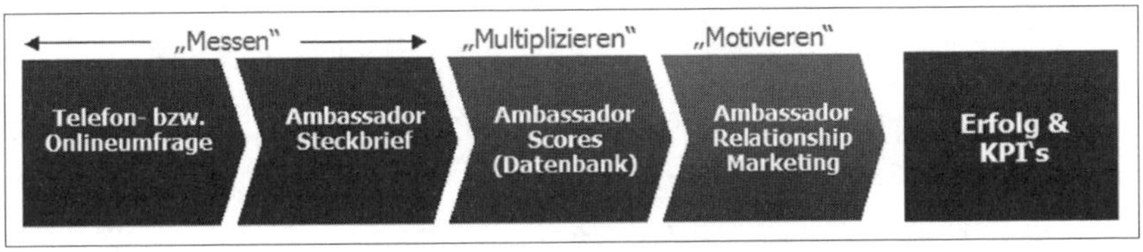

Abb 8: Erfolg mit Ambassador Relationship Marketing

Und was kommt am Ende bei rum? Aus Sicht des betrachteten Versicherers hat sich Ambassador Relationship Marketing in Ergänzung – nicht Ablösung – der klassischen Marketing- und Werbemaßnahmen bereits nach kurzer Zeit ausgezahlt. So stieg die „Quote der empfohlenen Neukunden" im Folgequartal bereits um über zwanzig Prozentpunkte an. Und das mit einem Bruchteil des Budgets, das im Marketing normalerweise für umfangreiche TV- und Printkampagnen ausgegeben wird! Ferner hat sich der **Net-Promoter-Score** („Wie wahrscheinlich ist es, dass Sie Anbieter XY weiterempfehlen werden?"), den der Versicherer standardmäßig in sämtlichen Studien abfragt, seitdem um immerhin fast sieben Punkte verbessert.

Aktionsergebnis: Die Quote der empfohlenen Neukunden stieg um über zwanzig Prozentpunkte

Zukünftig angedacht sind weiterhin controllingmäßig gut messbare „Bring-a-friend"-Aktionen. Dabei sollen die TOP Ambassadors dazu motiviert werden, zu einem weiteren, exklusiven Event Personen aus ihrem unmittelbaren Freundes- oder Bekanntenkreis mitzubringen. Gedanke dahinter: Man umgibt sich in seinem persönlichen Umfeld ja am liebsten mit seinesgleichen!

Und wenn wir perspektivisch zudem den Word-of-Mouth immanenten „Schneeballeffekt" unterstellen, dürfte sich die Erfolgsgeschichte des hier betrachteten Versicherers künftig noch weiter beschleunigen. So wird der professionell aufgesetzte Dialog mit den TOP Ambassadors in Zukunft sicher zu

Aus CRM wird ARM

einem immer stärkeren Erfolgsfaktor in Marketing und Customer-Relationship-Marketing der Unternehmen werden. Loyalitätsmanagement 2.0 bedeutet dann aber konsequenterweise: Aus CRM (Customer-Relationship-Marketing) wird ARM (Ambassador Relationship Marketing) – steigen Sie ein!

Literatur

[1] Yankelovich Global Monitor. – Yankelovich, New York 2005.

[2] Annual Edelman Trust Barometer. – Edelman, New York 2007. Cornelsen, J.: Kundenwertanalysen im Beziehungsmarketing. – 303 S., Nürnberg, 2000.

WOM- und WOW-Branding: Die neue Ära der Markenführung

Michael Brandtner, Karsten Kilian

2

Eine aktuelle Nielsen-Studie macht deutlich, wie es weltweit um das Vertrauen in der Werbung bestellt ist. Neunzig Prozent der Konsumenten vertrauen Empfehlungen von Leuten, die sie kennen. Es folgen Marken-Websites und online veröffentlichte Einschätzungen von Konsumenten mit jeweils siebzig Prozent sowie redaktionelle Beiträge mit 69 Prozent. Erst mit deutlichem Abstand folgen verschiedene Formen klassischer Werbung [1]. In ähnlicher Weise nannten in einer aktuellen Deloitte-Studie über Online-Gemeinschaften 38 Prozent der Befragten die Erhöhung von Mund-zu-Mund-Kommunikation als Ziel. An zweiter Stelle steht mit 34 Prozent das Ziel Kundenbindung, dicht gefolgt von Markenbekanntheit (30 Prozent) und Ideensuche (29 Prozent) [2].

Beide Studien machen deutlich: **Mundpropaganda** ist für eine erfolgreiche Markenführung sowohl online als auch offline von größter Bedeutung. Dabei gilt: Die klassische Mundpropaganda (Word-of-Mouth-Marketing, kurz WOM-Marketing) wird immer mehr durch Mundpropaganda im Internet (Word-of-Web-Marketing, kurz WOW-Marketing) ergänzt, teilweise sogar nahezu vollständig ersetzt. Mehr noch: Das WOW-Marketing eröffnet der Mundpropaganda vielfältige neue Möglichkeiten. Drei Gründe sind dabei von zentraler Bedeutung:

Studien machen deutlich: Mundpropaganda ist für eine erfolgreiche Markenführung sowohl online als auch offline von größter Bedeutung

- Reichweite
- Reproduzierbarkeit
- Langfristigkeit

Während persönliche Offline-Mundpropaganda nur einen überschaubaren Personenkreis in nächster Umgebung erreicht, verfügt mediale Online-Mundpropaganda über nahezu globale **Reichweite**. Damit können wesentlich mehr Menschen erreicht werden als durch mündliche Kommunikation mit Freunden und Bekannten. So wird es erst möglich, dass persönliche Einschätzungen und Erfahrungen mit Marken weite Kreise ziehen und eine Vielzahl von Personen erreichen, die dem Absender gänzlich unbekannt sind.

Mediale Online-Mundpropaganda verfügt über nahezu globale Reichweite

Lediglich zwei Faktoren können die Durchschlagkraft von Online-Mundpropaganda teilweise beschränken: Sprachliche Grenzen und das Suchmaschinen-Ranking der Einschätzungen und Kommentare bei Google & Co. Beides wird jedoch vielfach aufgrund der leichten **Reproduzierbarkeit** von Nachrichten weitestgehend kompensiert.

http://www.marketing-boerse.de/Experten/details/Michael-Brandtner
http://www.marketing-boerse.de/Experten/details/Karsten Kilian

So lässt sich durch einfaches Kopieren-und-Einfügen eine Mitteilung im Internet schnell an anderer Stelle leicht modifiziert erneut platzieren oder via E-Mail oder Retweet weiterleiten. Hinzu kommt, dass viele Internetnutzer Neuigkeiten nicht einfach nur lesen, sondern davon inspiriert, eigene Tweets verfassen, Blogs schreiben oder Kommentare posten. Im Zuge dessen werden die Nachrichten vielfach grundlegend überarbeitet und durch eigenes Wissen beziehungsweise persönliche Einschätzungen und Erfahrungen ergänzt. Fallweise werden Neuigkeiten auch übersetzt oder mit anderen Nachrichten zu einer neuen Nachricht kombiniert.

Mit der Online-Mundpropaganda wird die „Flüchtigkeit" persönlicher Kommunikation überwunden

Schließlich kommt noch die **Langfristigkeit** hinzu. Mit der Online-Mundpropaganda wird die „Flüchtigkeit" persönlicher Kommunikation überwunden. Das gesprochene Wort entfaltet seine Kraft nur im Augenblick der Äußerung und muss zur Weitergabe erinnert werden, während das dauerhaft einsehbare, geschriebene Wort lange „nachhallt". Auch ist es nur wenig anfällig für eine verfälschte Weitergabe. Das schriftlich dokumentierte Word-of-Web hält nahezu „ewig". Damit steigt die Chance, dass die Botschaft im Laufe der Zeit weitergetragen und immer wieder auf's Neue multipliziert wird. Anders gesagt: Das Web vergisst nie!

Eine neue Ära der Markenführung

Die neue Ära der Mundpropaganda hat eine neue Ära der Markenführung eingeleitet

Diese neue Ära doppelter Mundpropaganda hat eine neue Ära der Markenführung eingeleitetet. Die Ära des **WOM- und WOW-Brandings**. Bis vor wenigen Jahren galt die klassische Werbung als Schlüssel zum Marken- und Markterfolg. So denken nach wie vor viele Menschen bei bekannten Marken automatisch an große, teure Werbekampagnen. Die beiden Konzepte „starke Marke" und „teure Werbung" scheinen untrennbar miteinander verbunden zu sein.

Wenn man sich aber viele der großen **Markenerfolge** der letzten Jahre und Jahrzehnte ansieht, so findet man zwar große, bekannte und äußerst wertvolle Markennamen. Man findet aber kaum große Werbekampagnen, die diese Marken der alten Theorie entsprechend groß gemacht haben. Meist wurde stattdessen die Position in den Köpfen der Kunden erst mit klassischer Werbung untermauert, nachdem sich diese Marken bereits erfolgreich am Markt etabliert hatten [3].

Typische Erfolgsbeispiele, die diesem Muster entsprechen, sind Amazon, Apple (iPod, iPhone und iPad), Bionade, BlackBerry, Dyson, eBay, Facebook, Geox, Google, Mymuesli, Nintendo Wii, Red Bull, Ryanair, Starbucks, Twitter, Windows 7, YouTube und Zara. Selbst die bereits 1930 eingeführte Marke Alpecin schaffte vor einigen Jahren ein beeindruckendes Comeback als sie mit ihrem Glatzenrechner für reichlich PR und Mundpropaganda sorgte. Die Marke etablierte sich damit bei den Verbrauchern als das führende Koffeinshampoo gegen Haarausfall. Jetzt wird diese Position mit klassischer Werbung zusätzlich verstärkt.

Mundpropaganda auslösen

Storytelling: Entscheidend für den Erfolg von Marken sind die mit ihnen verbundene Erzählungen, Mythen und Geschichten, die Kunden untereinander austauschen

Entscheidend für den Erfolg von Marken sind mit ihnen verbundene Erzählungen, Mythen und Geschichten, die Kunden untereinander austauschen. Starke Marken liefern reichlich Gesprächsstoff, wecken unsere Neugierde und sorgen für wundersames Erstaunen. Gezielt eingesetztes **Storytelling** ermöglicht es, die besonderen Vorzüge einer Marke anschaulich und ansprechend aufzuzeigen. Voraussetzung hierfür ist, dass die Geschichten einfach, unerwartet, konkret, glaubwürdig und emotional gestaltet sind [4]. Dabei sollte darauf geachtet werden, dass die Geschichten nicht mehrdeutig sind. Dies kann möglicherweise zu verfälschter Weitergabe verleiten. Es kann aber auch zu kognitiver Reaktanz führen, weil die Geschichten aufgrund von Übertreibungen oder nur schwer nachprüfbaren Sachverhalten weniger glaubhaft erscheinen [5].

Doch es gibt auch Ausnahmen, die zeigen, dass gerade Übertreibungen oder Mehrdeutigkeiten gezielt als Gesprächsstoff-Turbo eingesetzt werden können, um Neuigkeiten einem Virus gleich zu verbreiten. Damit Geschichten viral wirken, gilt es die Prinzipien des Retro-Marketings zu berücksichtigen. Grundidee von **Retro-Marketing** ist die Erkenntnis, dass etwas umso mehr begehrt und besprochen wird, je schwieriger es zu haben ist beziehungsweise je mehr Raum es für Spekulationen bietet. Zu den fünf Prinzipien des Retro-Marketings zählen Exklusivität, Geheimniskrämerei, Verstärkungseffekte, Unterhaltsamkeit und kleine Schwindeleien [6].

Beispiel Mon Chéri

Exklusivität zielt darauf ab, trotz eines vorherrschenden Überangebots Waren nicht jederzeit für jeden bereit zu halten. Erreicht werden kann dies durch limitierte Sonderauflagen oder künstliche zeitliche Verknappungen. Typisches Beispiel dafür sind die „nur für kurze Zeit erhältlichen Aktionsartikel“, die allwöchentlich in Supermärkten landauf landab beworben werden. Das Gleiche gilt für die alljährliche Sommerpause von Mon Chéri. Durch die künstliche saisonale Nichtverfügbarkeit der Praline mit der Piemont-Kirsche entsteht bei den Kunden der Eindruck, dass die Pralinen besonders hochwertig und begehrenswert sind. Zudem hat Ferrero alljährlich im Spätsommer neben den Produkten selbst immer wieder eine einfache, erzählenswerte Neuigkeit auf Lager: Mon Chéri ist wieder da!

Beispiel Harry Potter

Die Magie der Geheimniskrämerei wiederum konnte in den letzten Jahren im Vorfeld der Veröffentlichung jedes neuen Harry Potter-Bands beobachtet werden. Während es einerseits eine absolute Sperre für jedwede Art von Vorinformation gab, erfuhren die Presse und das Lesepublikum dann doch häppchenweise neue Details zum Buch. Der Erfolg von Geheimniskrämerei liegt somit zum einen darin, ein paar Geheimnisse, zum Beispiel über ein neues Produkt zu haben. Zum anderen ist es erforderlich, dass diese Geheimnisse nicht geheim bleiben, sondern auf den unterschiedlichsten Wegen „an die Öffentlichkeit geraten“. Großangelegte Werbekampagnen sind hierfür nicht geeignet und wären auch viel zu teuer. Das Unternehmen muss lediglich sicherstellen, dass über das neue Angebot geredet wird, wie es Apple seit Jahren mit großem Erfolg praktiziert.

Behilflich können dabei auch geschickt gewählte **Verstärkungseffekte** sein. Eine der kostengünstigsten Methoden ist der Affront, ein kleiner Frevel, der für reichlich Aufmerksamkeit sorgt, so geschehen, als Citroën 1999 seinen ersten Xsara-Kompaktvan „Picasso" taufte. Als weiterer wirksamer Verstärker bieten sich kleine Überraschungen an. So verkündete etwa der österreichische Brillenhersteller Silhouette im Jahr 2000, dass die NASA das schrauben- und scharnierlose Titan-Brillengestell zur Standardbrille für ihre Astronauten erkoren hatte.

Besonders Erfolg versprechend sind Überraschungen, wenn sie zugleich auch unterhaltsam sind und zusätzlich amüsieren. So war beispielsweise 2001 der Drucktest einer Unterhose der Modemarke Bruno Banani im Bermudadreieck in 4.800 Meter Tiefe nicht nur überraschend, sondern auch äußerst unterhaltsam. Seitdem haben unzählige weitere **Guerilla-Marketingaktionen** stattgefunden. Sie machen deutlich, dass uns Marken immer wieder mit großartigen Ideen und kleinen Budgets auf einprägsame Art und Weise überraschen und unterhalten können.

Kleine Schwindeleien machen Marken interessant

Auch kleine „Schwindeleien" können dazu beitragen, dass über eine Marke gesprochen und geschrieben wird. Dabei darf es nie um glatten Betrug gehen, sondern vielmehr um klar erkennbare Übertreibungen oder Dreistigkeiten, die das eigentlich Inakzeptable wieder akzeptabel erscheinen lassen. So platzierte die Modemarke Quiksilver Anfang 2007 mit „Dynamite Surfing" einen Videoclip in diversen Onlineportalen. Darin ist ein Wellenreiter zu sehen, der in einer Nacht-und-Nebel-Aktion auf einem See vor einem herrschaftlichen Schloss eine durch eine Explosion ausgelöste Welle absurft. Das Video wurde seitdem millionenfach angeschaut. Und noch immer wird darüber spekuliert, ob das Gezeigte tatsächlich so stattgefunden hat oder ob es zumindest theoretisch möglich wäre. Ist es nicht – wirklich?

Adäquate Mundpropaganda auslösen

Die Frage ist: Wie kann zur Marke passende Mundpropaganda ausgelöst werden?

Aber es gilt nicht nur dieses **Potential der doppelten Mundpropaganda** zu erkennen, man muss es vor allem für die eigene Marke nutzen. Für viele Markenverantwortliche beziehungsweise deren Werbe-, PR- oder Webagenturen stellt sich folgende Frage: „Wie kann Mundpropaganda für die Marke ausgelöst werden?" Dabei wird allerdings vielfach übersehen, dass es nicht um Mundpropaganda an sich geht. Vielmehr geht es darum, dass zur Marke passende Themen Bestandteil persönlicher und medialer Kommunikation auf Kundenseite werden. Die richtige Frage lautet daher: „Wie kann zur Marke passende Mundpropaganda ausgelöst werden?"

Dazu ein Beispiel: Eine der erfolgreichsten Werbekampagnen aus reiner Mundpropaganda-Sicht war die „Whassup?"-Kampagne von Budweiser in den USA. Der Ausspruch „Whassup?" wurde zum geflügelten Alltagswort amerikanischer Teenager. Die Kampagne war tagtäglich in aller Munde. Nur leider nicht das Bier. Während die Amerikaner die Werbekampagne liebten, verlor Budweiser kontinuierlich Marktanteile.

Was war schief gelaufen? Genau das, was bei vielen werblich initiierten Mundpropaganda-Kampagnen heute schief läuft. Die Werbekampagne selbst steht im Mittelpunkt des Interesses, nicht die Marke. Nach wie vor aber gilt: Eine Werbekampagne ist Mittel zum Zweck, nicht Selbstzweck. Erfolgreiches **WOM- und WOW-Branding** stellt demgegenüber sicher, dass die Markenidee im Mittelpunkt der Mundpropaganda steht, nicht die Kampagnenidee. Dabei lassen sich zwei aufeinander folgende Phasen der Markenführung unterscheiden: Die Phase des Markenaufbaus und die Phase der Markenpflege.

Markenaufbau mit doppelter Mundpropaganda

PR und Mundpropaganda hängen eng zusammen

Woher kennen Sie die Marke Ryanair? Sicher nicht aus einer großangelegten klassischen Werbekampagne. Die meisten Menschen haben das erste Mal von der irischen Billig-Airline im Rahmen von Medienberichten und/oder durch Erfahrungsberichte von Freunden und Bekannten erfahren. Beides, PR und Mundpropaganda hängen eng zusammen, wobei gilt: PR ist der ideale Funken Glaubwürdigkeit, der Mundpropaganda entfacht. Für Unternehmen bedeutet dies, zuerst **PR zum Markenaufbau**, dann **Werbung zur Markenpflege**.

Dabei ist entscheidend, dass die Marke selbst ein „Element des Ersten“ enthält [7]. Die erste Internetbuchhandlung der Welt ist interessant. Die weiteren Internetbuchhandlungen der Welt sind demgegenüber schlicht und ergreifend „nicht der Rede wert“. Genau das unterscheidet Amazon.com von seinen unzähligen Kopien. Google als weltweit führende Suchmaschine ist der Rede wert. Bing, Cuil und Yahoo! sind es nicht beziehungsweise nicht mehr. Über Bionade wird gesprochen, über The Spirit of Georgia nicht.

Damit wird deutlich: Im Prinzip alle große Marken, die einst ohne klassische Werbekampagnen lanciert wurden, enthalten ein **Element des Ersten**: Alpecin war das erste Koffeinshampoo gegen Haarausfall, Amazon.com die erste Internetbuchhandlung, Bionade die erste gebraute Biolimonade, eBay das erste Internetauktionshaus, Geox der erste Schuh, der atmet, Google die erste Suchmaschine mit PageRank®-Technologie, Nintendo Wii die erste Spielkonsole mit Bewegungssteuerung, Red Bull der erste Energy-Drink und Ryanair die erste Billigfluglinie Europas. Besser Erster als besser ist heute der Schlüssel zu doppelter Mundpropaganda und zum Markterfolg [8]. Grundsätzlich lassen sich beim PR- und Mundpropaganda-basierten Markenaufbau vier Phasen unterscheiden.

Markenaufbau mit Mundpropaganda in vier Phasen

Der iGuru des Markenaufbaus in Zeiten von Web 2.0 ist Apple-Chef Steve Jobs. Während Giganten wie Nokia oder Sony den Markt mit unzähligen

Klein-Klein-Innovationen und klassischer Kommunikation überfluten, setzt Jobs auf wenige, ausgewählte Innovationen. Sie werden von ihm stets perfekt PR- und Mundpropaganda-konform inszeniert und präsentiert. Nokia bringt demgegenüber pro Jahr bis zu sechzig neue Handymodelle auf den Markt. Die Folge? Trotz aller Werbebemühungen gehen die vielen neuen Modelle im Medienrauschen sang- und klanglos unter. Aktuell gibt es nur zwei Mobilfunkgerätemarken mit einer klaren Wahrnehmung: das iPhone und der BlackBerry.

Beispiel Apple

Wie lautet Steve Jobs' Erfolgsmuster? Zunächst gilt es immer erst eine klare **Positionierung** festzulegen, die in der doppelten Mundpropaganda funktioniert. Der iPod beispielsweise war der erste MP3-Player mit Festplattenspeicher in den Köpfen der Kunden. Das Einführungsthema 2001 lautete: „Put a thousand songs in your pocket." Das iPhone wiederum war das erste Smartphone mit intuitiv bedienbarem Touchscreen. Wofür das iPad steht, bleibt demgegenüber noch unklar. Steve Jobs verließ sich bei der Einführung einfach auf die Strahlkraft seiner beiden Innovationserfolge der letzten Jahre. Eine eindeutige Positionierung fehlt noch. Der iPad ist der Erste – ja was? Der erste vollwertige App-Player zum Beispiel. Vielleicht heißt es bei Apple ja bald: „Put a thousand gadgets in your hand." Sinn machen würde es jedenfalls. Und dem Verkaufserfolg helfen auch.

Einen wesentlichen Erfolgsbeitrag leistet auch die Art und Weise, wie Steve Jobs die Produkt- und Markeneinführungen zelebriert. Jobs kündigt an, wann er etwas ankündigt. Über die neuen Produkte wird dann weltweit diskutiert und spekuliert. Das Ganze gewinnt dann eine Eigendynamik, die sich mit normaler Werbung nie erreichen ließe. Allein der PR-Effekt bei Einführung des iPhone im Jahr 2007 wird auf vierhundert Millionen US Dollar geschätzt.

Vorverkaufsphase

PR und Mundpropaganda leben von Ankündigungen, die möglichst vielversprechend sind

Allgemein gilt: Klassische bezahlte Werbung macht nur Sinn, wenn ein Markenprodukt bereits verfügbar ist. Bei PR und Mundpropaganda ist das anders. Beide leben von **Ankündigungen**, die möglichst vielversprechend sind, ohne zu viele Details zu verraten. Stattdessen werden Fakten nur häppchenweise kommuniziert, um Spannung zu erzeugen und zu Spekulationen anzuregen. Das Interesse der Medien und potenzieller Käufer wird geweckt, es wird kontinuierlich diskutiert und gespannt auf neue Details gewartet. Die Marke ist bereits in aller Munde, lange bevor das erste Produkt in den Läden erhältlich ist.

Ähnlich wie Jobs bei Apple hat es bereits Joanne K. Rowling geschafft, bei der Einführung jeder Fortsetzung ihrer siebenteiligen Harry-Potter-Romanreihe Gerüchte zu streuen. Mal ging ein Tagebuch verloren, mal wurden Druckfahnen gestohlen. Auch kam es immer wieder zu kleinen Andeutungen über den Inhalt des nächsten Bandes. So wurde beim siebten und letzten Buch beispielsweise im Vorfeld lange spekuliert, wer von den Helden möglicherweise sterben werde.

Voraussetzung für einen verbalen Vorverkauf ist, dass die Produktkategorie von großem Interesse für die Allgemeinheit oder eine bestimmte Zielgruppe ist. Idealerweise verfügt die Marke bereits über eine starke Kundenbasis, zum Beispiel in Form von **Markengemeinschaften**. So ging im Frühjahr 2010, ein paar Monate vor dem Verkaufsstart, die neueste Version des iPhones „verloren", was nicht nur in der Apple-Community für reichlich Gesprächsstoff sorgte.

Einführungsphase

Nochmal Apple

Auch in der Einführungsphase setzt Apple Standards. Jeder **Launch** läuft in mehreren Stufen ab. Die erste Stufe bildet die großangelegte Produktpräsentation, in der das neue Produkt im Mittelpunkt steht, das immer wieder auf die gleiche Art und Weise von Steve Jobs präsentiert wird. Die zweite Stufe stellt der Verkaufsstart in den USA dar, bei dem bewusst eine Ausverkaufssituation mit Warteschlangen vor den Apple-Stores angestrebt wird. In der dritten Stufe kommt es zum schrittweisen Verkaufsstart in anderen Ländern und Regionen. Auf diese Weise lässt sich die Phase der PR und Mundpropaganda geschickt verlängern, anstatt sie durch einen globalen „Big Bang" auf einmal „zu verschleißen". Zugleich lassen sich die gefühlten Lieferengpässe bei diesem kaskadenförmigen Rollout faktisch geschickt vermeiden.

Auch für kleinere Unternehmen bietet sich dieses Vorgehen an. Die Firma Neuberger zum Beispiel, die heute in Österreich Marktführer für Leber- und Fleischkäse ist, startete Mitte der 1980er Jahre mit der Idee „erster Gourmet-Leberkäse". Um diese Produktidee in die Köpfe und Münder der Kunden zu bekommen, setzte das Unternehmen vor allem auf Verkostungen in Supermärkten, über die im Nachgang unter den Kunden viel gesprochen wurde. Mit klassischer Werbung begann das Unternehmen erst dann, als es über ein ausreichendes, umsatzfinanziertes Werbebudget verfügte. Ähnliches gelang in Deutschland Ernst Wagner mit der Marke „Wagner Pizza", der ersten Steinofen-Fertigpizza. Auch hier fanden zunächst Verkostungen statt, die zu PR und Mundpropaganda führten und den Grundstein für den Marken- und Markterfolg legten.

Erste Wachstumsphase

Erfolg zieht Erfolg an. Diese Weisheit gilt auch für die PR-Arbeit und folglich für die doppelte Mundpropaganda. Wenn ein Marken- oder Produktstart erfolgreich war, bieten sich viele Möglichkeiten für reichweitenstarke Pressearbeit. Auch hier ist Apple das Maß aller Dinge. Aufbauend auf Berichte über die Produktpräsentation folgen in der Einführungsphase Berichte über den Verkaufsstart sowie erste Schätzungen der Verkaufszahlen. Sie führen zu weiteren Spekulationen über das Erfolgspotential. Es folgen Berichte über die tatsächlichen Verkaufszahlen, die das schnelle Wachstum für jeden erkennbar werden lassen – und die erneut unzählige Kommentare und Berichte nach sich ziehen.

In den meisten Fällen allerdings verläuft die Wachstumsphase faktisch deutlich langsamer als bei großen Marken mit viel Nachrichtenwert für die Weltöffentlichkeit. Erfolgreiche Nischenmarken wie Bionade, Neuburger und Wagner Pizza mussten in der ersten Wachstumsphase weitestgehend auf PR-Unterstützung verzichten. Der Grund hierfür war, dass die Erfolgsgeschichte deutlich gemächlicher begann.

Zweite Wachstumsphase

Dafür ist für diese Marken die zweite Wachstumsphase bedeutsam. Gemeint ist der Zeitpunkt an dem die Marke urplötzlich den Eindruck erweckt, dass sie „über Nacht" erfolgreich geworden ist. Eine **gefühlte Blitzkarriere** sozusagen. So geschehen bei Wagner Pizza! Die meisten Menschen glauben, dass Wagner Pizza durch viel Werbung urplötzlich erfolgreich geworden ist: Eine weit verbreitete (Fehl-)Einschätzung!

Beispiel Ryanair

Ähnliches gilt für eine ganze Reihe bekannter Marken. Ryanair beispielsweise ist bereits seit 1985 am Markt. Heute haben aber viele den Eindruck, dass die Billig-Airline erst vor fünf oder zehn Jahren wie „Phönix aus der Asche" emporgestiegen ist. Erst seitdem hat Ryanair aufgrund von Beharrlichkeit und wirtschaftlichem Erfolg massive Unterstützung durch PR und Mundpropaganda erhalten. So gilt Ryanair heute als „der Schrecken etablierter Fluglinien". Die Billig-Airline ist damit auf dem Weg, Europas nach Passagierzahlen führende Fluglinie zu werden. Eine perfekte Geschichte, wie man mit der richtigen Markenidee, PR, Mundpropaganda und viel Geduld eine starke Marke aufbaut. Das Gleiche gilt für die Marke Geox, die bereits seit 1995 Schuhe mit atmenden Sohlen verkauft.

Markenpflege mit doppelter Mundpropaganda

Der Einstieg in bezahlte Werbung ist nötig, weil eine Marke mit der Zeit "gewöhnlich" wird und ihr Mundpropaganda-Potential verliert

Wenn eine Marke mit der Zeit ihr PR- und Mundpropaganda-Potential verliert, weil sie sehr erfolgreich und damit etabliert ist, startet die Werbephase. Dabei gilt es die erreichte Bekanntheit und das einzigartige Image durch Werbung auf Dauer aufrecht zu erhalten. So macht es deshalb absolut Sinn, dass Geox heute massiv **Fernsehwerbung** betreibt, um die erreichte Position in den Köpfen der Kunden zu verteidigen.

Der notwendige Einstieg in bezahlte Werbung liegt darin begründet, dass jede neue Marke mit der Zeit "gewöhnlich" wird und ihr Mundpropaganda- und PR-Potential verliert. Ein klassisches Beispiel sind Tempo-Taschentücher! Die ersten Papiertaschentücher in Deutschland waren eine Sensation, über die viel berichtet und gesprochen wurde. Heute sind Papiertaschentücher Alltag und Tempo wird seit Jahrzehnten massenmedial beworben. Es findet somit ein medialer Wechsel statt. Die **klassische Markenwerbung** wird zum zentralen Instrument der Markenkommunikation. Ihr Hauptziel ist es, die bestehende Führungsposition und damit die bestehenden Meinungen in den Köpfen der Kunden und der Öffentlichkeit kontinuierlich wach zu halten und immer wieder auf's Neue zu bestätigen.

Der Einfluss von PR und Mundpropaganda verliert dabei vielfach an Bedeutung. Meist beschränkt sich ihre Aufgabe darauf, die Massenkommunikation gezielt zu unterstützen. Zwei Bereiche sind dabei von zentraler Bedeutung. Zum einen produktbasierte Innovationen, die unter dem etablierten Markennamen vermarktet werden, zum anderen markenbasierte Aktionen, die perfekt zur Marke passen. Dabei gilt: Bei geschickter Herangehensweise bietet sich auch in der Phase der Markenpflege reichlich PR- und Mundpropaganda-Potential.

Produktbasierte Innovationen

Die Automobilindustrie zeigt eindrucksvoll, wie man kleine und große Innovationen gezielt zur Erzeugung von PR und Mundpropaganda nutzen kann

Die Automobilindustrie zeigt eindrucksvoll, wie man kleinere und größere Innovationen gezielt zur Erzeugung von PR und Mundpropaganda nutzen kann. Die Autohersteller zelebrieren gekonnt jedes neue Modell und jeden anstehenden Modellwechsel.

Grundsätzlich können auch bei produktbasierten Innovationen alle vier genannten Phasen genutzt werden. In der Vorverkaufsphase werden zu diesem Zweck erste Skizzen und Entwürfe veröffentlicht, gefolgt von ersten **Prototypen und Studien**. Wenig später folgen erste Erlkönig-Fotos, über die in Automobilfachzeitschriften, an Stammtischen und in Internetforen umfassend berichtet und angeregt diskutiert wird. Die Einführungsphase wiederum wird von reichlich PR-Arbeit und umfassenden **Presseberichten** flankiert und zusätzlich unterstützt durch die Händler vor Ort, die bestehende und potentielle Kunden zu sich einladen. In der ersten Wachstumsphase folgen weitere Pressenachrichten sowie erste **Produktvergleiche**. Stellt sich dann der erwartete Erfolg ein, folgen in der zweiten Wachstumsphase positive Reportagen und Berichte.

Dies gelingt allerdings wieder nur, wenn die Marke interessant genug ist beziehungsweise über echte Markengemeinschaften verfügt. Wenn die Marke Tempo beispielsweise ein neues und verbessertes Papiertaschentuch einführt, so ist das zwar für die handelsorientierte Fachpresse von Interesse, nicht aber für den Endkundenbereich. Hier hilft dann nur klassische Werbung, flankiert durch Aktionen am Point of Sale. Und doch! Auch Marken wie Tempo haben PR- und Mundpropaganda-Potential, zum Beispiel wenn ein Jubiläum ansteht.

Markenzentrierte Aktionen

Bei markenbasierten Aktionen wie Jubiläen geht es darum, aktiv Aktionen zu starten, um PR- und Mundpropaganda zu erzielen. Wichtig dabei ist wieder, dass die initiierten Aktionen die Markenpositionierung unterstützen. Dabei geht es nicht, wie bereits eingangs betont wurde, um das Auffallen um des Auffallens Willen, sondern um echte Markenarbeit. Dazu bieten sich unter anderem Markenjubiläen, Markenevents, Markenerlebniswelten, Markenfürsprecher und markenverantwortliches Handeln an.

Markenjubiläen

Bei Markenjubiläen handelt es sich ganz allgemein um Erinnerungsfeiern bei der Wiederkehr eines besonderen Datums, zum Beispiel der **Gründung** eines Unternehmens oder einem runden **Geburtstag** des Unternehmers. So feierte im Jahr 2010 Würth, der weltgrößte Händler für Montage- und Befestigungsmaterial, zugleich das 65. Firmenjubiläum und den 75. Geburtstags seines langjährigen Chefs Reinhold Würth. Während häufig runde Geburtstage als Anlass für Markenjubiläen gewählt werden, entschloss man sich 2009 bei Schwarzkopf, den 111. Geburtstag der eigenen Marke besonders hervorzuheben. Jubiläen bieten sich ideal dafür an, sowohl die Historie als auch die Zukunft der eigenen Marke in den Fokus des öffentlichen Interesses zu rücken und die Marke mit Hilfe einzigartiger Events erlebbar zu machen.

Markenevents

Bei Markenevents handelt es sich um temporäre Veranstaltungen, die potenziellen und aktuellen Kunden die Möglichkeit bieten, die Marke „live" zu erleben. Das Spektrum reicht von Messen und Ausstellungen, über Kongresse und Tagungen bis zu Pressekonferenzen, Festakten, Galas, Roadshows und Incentive-Reisen. Auch Promotion-Veranstaltungen am POS oder **Veranstaltungen** am Firmenstandort, wie etwa ein jährlich stattfindender Tag der offenen Tür, zählen zu möglichen Ausprägungsformen von Markenevents. Schließlich zählen auch gemeinsam mit beziehungsweise für Markengemeinschaften und Markenfans initiierte Events und inszenierte Wettkämpfe dazu.

Mini beispielsweise veranstaltet mit „Mini United" seit 2005 alle zwei Jahre ein internationales Marken-Festival. 2009 kamen über 25.000 Markenfans aus mehr als vierzig Ländern zum Markentreffen. Red Bull wiederum veranstaltet regelmäßig internationale Sportwettbewerbe, die genauso energiegeladen sind wie der Energy Drink selbst. Aktuell veranstaltet Red Bull unter anderem Sportgroßveranstaltungen in den Disziplinen Eishockey-Hindernislauf (Crashed Ice), Wettfliegen (Air Race), Klippenspringen (Cliff Diving) und Motocross-Sprungakrobatik (X-Fighters).

Markenerlebniswelten

Neben Markenevents, die auch als temporäre Markenerlebniswelten bezeichnet werden, lassen sich vier dauerhafte Formen der räumlichen Markenpräsentation unterscheiden: Corporate Visitor Center und Markenparks, Markenfreizeit- oder Themenparks, Flagship, Theme und Brand Stores sowie Markenexperimentierfelder.

Typische Beispiele für **Markenparks** sind die Autostadt des Volkswagen-Konzerns in Wolfsburg und die BMW Welt in München. Sie ermöglichen es, die unternehmenseigenen Marken dauerhaft erlebnisorientiert zu präsentieren. Erklärtes Ziel von Markenwelten ist es, das Profil der eigenen Marke durch emotionale Aufladung zu stärken und bestehende Kunden an die Marke zu binden. Neben den auch als Brandlands bezeichneten Markenparks zählen auch Markenfreizeit- oder Themenparks zu den Markenerlebniswelten, wie etwa die elf Disney-Themenparks.

Bei **Flagship Stores** wiederum handelt es sich üblicherweise um die größten Markenshops bekannter Marken, wie zum Beispiel der Apple Flagship Store in der Fifth Avenue in New York. Sein Glaskubus ist mittlerweile zu einer ähnlich bedeutsamen Touristenattraktion geworden wie die Glaspyramide des Pariser Louvre-Museums. Mittlerweile verfügt Apple zudem über fast dreihundert eigene Brand Stores in repräsentativen Lagen weltweit, die jährlich von mehr als vierzig Millionen Kunden besucht werden. **Markenexperimentierfelder** schließlich umfassen Pilotprojekte von Markenanbietern, die mögliche Formen der Markenpräsentation und Markenanreicherung für die Zukunft testen – und für reichlich Gesprächsstoff sorgen. Bekannte Beispiele sind „Die Deutsche Bank der Zukunft“ in Berlin oder das „McDonald‘s Restaurant der Zukunft“ in der Nähe von München.

Allen Markenerlebniswelten gemeinsam ist das Bestreben der Markenhersteller, direkt mit potenziellen und aktuellen Kunden in Kontakt zu treten und ihnen am Ort der persönlichen Begegnung multisensuale Markenerlebnisse zu bieten. Die Marke wird fest im Gedächtnis der Kunden verankert, und es wird positive Mundpropaganda über die in den Markenerlebniswelten gemachten Erlebnisse ausgelöst [9].

Markenfürsprecher

Eine ähnliche Wirkung können auch Markenfürsprecher entfalten, insbesondere wenn es sich um prominente **Testimonials** handelt. Sie sorgen für eine erhöhte und länger anhaltende Zuwendung zur Marke und damit einhergehend, für eine bessere und umfassendere Erinnerung. Daneben untermauern Prominente häufig die Beweiskraft und bewirken Image- beziehungsweise Persönlichkeitstransfereffekte auf die Marke. Deshalb gehören Testimonials mittlerweile bei fast allen Unternehmen zum Standardrepertoire. Bei den auch als Endorser, Präsenter oder Spokesperson bezeichneten Markenfürsprechern handelt es sich um real lebende beziehungsweise verstorbene Personen oder fiktive Gestalten, die sich meist explizit für eine Marke aussprechen und deren Leistungsfähigkeit bezeugen. Sie bürgen für deren Qualität, Güte, Nützlichkeit und/oder Preiswürdigkeit

Prominente Testimonials als Markenfürsprecher

und bestärken damit andere, es ihnen gleich zu tun – und sich positiv über die Marke zu äußern.

Loyale Kunden als Markenfürsprecher

Während sich die meisten Testimonials bisher primär aufgrund monetärer Anreize für eine Marke aussprachen, kristallisiert sich seit ein paar Jahren ein neuer Testimonial-Typus heraus. Er verfügt ebenfalls über hohe Reichweite, erfordert jedoch keinerlei Media-Spendings: Der **selbstbestimmte Markenfürsprecher**. Gemeint sind vor allem loyale Kunden, die sich mit Hilfe von Weblogs, Foreneinträgen und Kommentaren in Verbraucherforen und sozialen Netzwerken weithin Gehör verschaffen. Hauptgrund für ihr Engagement ist die Begeisterung für eine Marke, der sie bei Facebook, Twitter & Co. Ausdruck verleihen. Aber auch selbstbestimmte Markenfürsprecher erhalten für ihr Engagement häufig einen Gegenwert. Dieser lässt sich meist nicht in Euro ausdrücken, sondern in einem Gewinn an sozialem Status im eigenen Freundeskreis oder der weit verzweigten Internet-Community.

Für Markenverantwortliche gilt dabei: Diese neue Form der Markenfürsprache lässt sich nicht ohne Weiteres kontrollieren. Vielmehr empfiehlt es sich, die zufälligen, unbeabsichtigten und unautorisierten Fürsprecher der Marke so weit wie nur möglich mit einzubeziehen. Häufig ist es ratsam, sie gezielt mit Neuigkeiten zu versorgen und ihnen umfassenden Zugang zu Informationen und innovativen Leistungsangeboten zu verschaffen [10].

Markenverantwortliches Verhalten

CSR Light kann zum Bumerang werden

Zentraler Anknüpfungspunkt für Fans und Feinde einer Marke zugleich ist das verantwortliche, markenkonforme Verhalten eines Unternehmens. Während echte unternehmerische Verantwortung (CSR – Corporate Social Responsibility) einen klaren strategischen Bezug zur Marke voraussetzt, ist dies bei „CSR light" meist nicht der Fall. Meist handelt es sich bei **CSR light** lediglich um ein vorübergehendes, mehr oder weniger oberflächliches Engagement für ein soziales oder ökologisches Thema mit oder ohne Leistungsbezug.

Letzteres wird meist vor allem aus Imagegründen betrieben und kurzzeitig werblich stark hervorgehoben. Bei Fehlverhalten kann CSR light schnell zum Imagebumerang werden und negative Mundpropaganda hervorrufen. Genau das ist 2010 BP widerfahren als die aktuelle „beyond petroleum"-Kampagne durch die von BP ausgelöste Ölkatastrophe im Golf von Mexiko ad absurdum geführt wurde. Demgegenüber lebt **echte CSR** von der langfristigen Weitergabe des eigenen Tuns und Lassens durch Dritte, die das gelebte Verhalten der Marke für sinnvoll und glaubwürdig erachten und ihre Einschätzung in Worte fassen oder im Web posten [11].

Strategische versus taktische Mundpropaganda

Nicht nur im Hinblick auf unternehmerische Verantwortung gilt: Ein Großteil der von Unternehmen initiierten Mundpropaganda ist (leider) nur rein **taktischer Natur**, um zwanghaft irgendwie „ins Gerede“ zu kommen. So warben etwa eine amerikanische Hamburger-Kette und eine brasilianische Biermarke mit Paris Hilton. Beide Unternehmen freuten sich über viele Medienberichte, hohe Klickraten bei YouTube und darüber, dass über die Werbespots, vor allem aber über Paris Hilton on- und offline heftig diskutiert wurde. Auf diese Weise lässt sich zwar kurzfristig die Mundpropaganda – vor allem über die Werbung selbst – beleben, zur Profilierung einer Marke trägt dieses Vorgehen demgegenüber meist nur wenig bei.

Erfolgreiches WOM-Branding ist strategischer Natur. Der Markenkern und die Markenwerte stehen dabei im Mittelpunkt

Erfolgreiches WOM- und WOW-Branding funktioniert anders. Es ist stets **strategischer Natur**! Der Markenkern und die Markenwerte stehen im Mittelpunkt aller Word-of-Überlegungen. Sie legen die strategische Markenpositionierung fest und kommen in allen Facetten der Umsetzung zur Geltung. Es geht dabei immer darum, mögliche Mundpropaganda-Inhalte direkt aus den besonderen Charakteristika der Marke abzuleiten. Das „Red Bull Air Race“ beispielsweise ist nicht nur ein beeindruckender Markenevent, der für reichlich PR und Mundpropaganda sorgt. Der Event verdeutlicht zugleich auf spektakuläre Weise den eigenen Anspruch der Energy Drink-Marke: Red Bull verleiht Flüüügel [12].

Richtig verstanden sorgt das in doppelter Mundpropaganda schlummernde Potenzial dafür, dass eine neue Marke alsbald zu ungewöhnlichen Höhenflügen ansetzt beziehungsweise eine bereits erfolgreiche Marke „obenauf“ bleibt. In beiden Fällen gilt: Die Marke muss immer wieder zu ihr passenden Gesprächsstoff liefern, der dafür sorgt, dass sie in aller Munde bleibt. Die Kunde von der Marke macht die Runde – und verwandelt mit der Zeit Interessenten in Kunden und Kunden in treue Markenfans.

Literatur

[1] Nielsen (Hrsg.): Nielsen Global Online Consumer Survey. – S. 2., Juli 2009.

[2] Deloitte (Hrsg.): 2009 Tribalization of Business Study. – S. 2., Oktober 2009.

[3] Ries, A./Ries, L.: PR ist die bessere Werbung. – 2003.

[4] Heath, C./Heath, D.: Was bleibt: Wie die richtige Story Ihre Werbung unwiderstehlich macht. – 2008.

[5] Kilian, K./Henkel, S.: Von der Markenbotschaft zum Markenbotschafter – Mitarbeiter als Mittler der Markenidentität. – In: Baumgarth, C. (Hrsg.), B2B-Markenführung. – S. 357-377, 2010.

[6] Brown, S.: Quälen Sie Ihre Kunden – die mögen das, in: Harvard Business Manager. – S. 64-70, 2/2002.

[7] Brandtner, M.: Brandtner on Branding: Entdecken Sie die 11 Naturgesetze der Markenführung und ihre strategischen Konsequenzen. – 2006.

[8] Ries, A./Ries, L.: Die 22 unumstößlichen Gebote des Brandings. – 1999.

[9] Kilian, K.: Vom Erlebnismarketing zum Markenerlebnis. – In: Herbrand, N.O. (Hrsg.), Schauplätze dreidimensionaler Markeninszenierung. – S. 29-68, 2008.

[10] Kilian, K.: Mensch Marke! – In: Absatzwirtschaft Marken, S. 106-109, März 2010.

[11] Kilian, K.: Dafür stehe ich mit meinem Namen – Unternehmerische Verantwortung als elementarer Bestandteil einer Marke. – In: Die Welt, S. 1 und S. 7, 19.09.2008.

[12] Kilian, K.: So bringen Sie Ihre Marke auf Kurs. – In: Absatzwirtschaft, S. 42-43, 4/2009.

Virale Markenkommunikation erfolgreich managen

Franz-Rudolf Esch, Daniel Stenger und Kai Harald Krieger

2

Das Internet bietet für Marken und Konsumenten viele neue Wege zu kommunizieren und sich auszutauschen. Virale Markenkommunikation macht sich die wichtigste und beliebteste Internetfunktion, „die Kommunikation zwischen den Konsumenten", zunutze. Dabei greift diese in weiten Teilen auf die weiteren Nutzervorteile wie Suchmaschinen und Videoportale im Web zurück.

Bedeutung viraler Markenkommunikation

Zielgruppen kosteneffizient erreichen

Virale Markenkommunikation stellt sich den kommunikativen Herausforderungen dieser Zeit. Sie setzt dort an, wo die klassische Werbung an ihre Grenzen stößt. Eine weiter fortschreitende Zersplitterung der Zielgruppen wurde in der Vergangenheit mit explodierenden Mediabudgets beantwortet. Die kostenlose persönliche Weiterleitung viraler Inhalte über das Internet durch Freunde oder Bekannte ermöglicht es hingegen, kosteneffizienter die Zielgruppen zu erreichen.

Konsumenten setzen sich mit viralen Markenbotschaften auseinander

Insbesondere die Ansprache jüngerer Konsumenten ist in der heutigen Zeit über traditionelle Medien wie Print oder Radio nur eingeschränkt möglich. Zudem stellt eine höhere Abneigung gegenüber werblichen Beeinflussungsversuchen das Markenmanagement vor Probleme. Einerseits suchen sich virale Botschaften ihre Zielgruppe selbst, indem sie nur an denjenigen gesendet werden, für den sie relevant erscheinen [1]. Andererseits schafft es die Kombination aus persönlicher Weiterleitung sowie unterhaltendem und zielgruppenfokussiertem Inhalt im Internet den Schutzschild der Konsumenten zu umgehen [2]. Während Werbung in den klassischen Medien zunehmend mit geringer Aufmerksamkeit zu kämpfen hat, setzen sich Konsumenten freiwillig und intensiv mit viralen Markenbotschaften auseinander. Darüber hinaus vermitteln sie aus eigenen Stücken markenrelevante Inhalte effektiv weiter.

Mundpropaganda für die Marke

Virales Marketing bedient sich am Grundprinzip der Mundpropaganda, die sich primär auf die persönliche Weitergabe von Informationen durch Konsumenten untereinander über Leistungen und Produkte eines Unternehmens bezieht. Darauf aufbauend versucht man in der **viralen Markenkommunikation** Konsumenten zu motivieren, Markenbotschaften (zum Beispiel in Form von Videos, Spielen oder Webseiten) in ihrem persönlichen Netzwerk im Internet zu

Konsumenten werden motiviert Markenbotschaften weiterzuleiten

http://www.marketing-boerse.de/Experten/details/Franz-Rudolf-Esch
http://www.marketing-boerse.de/Experten/details/Daniel-Stenger
http://www.marketing-boerse.de/Experten/details/Kai-Harald-Krieger

verbreiten. Durch das Internet kann sich die Botschaft schneeballartig verbreiten und schneller eine große Masse an Konsumenten erreichen.

Eine zentrale Bedeutung kommt dem Inhalt der Botschaft zu, welche sowohl für Sender und Empfänger emotional ansprechend oder nutzenstiftend sein muss [3]. Das mögliche Potenzial viraler Markenkommunikation zeigt das Beispiel des Schlämmerblogs von Volkswagen. In nur sechs Wochen generierte dieser 2,8 Millionen Video-Views und -Downloads sowie über 90.000 qualifizierte Kontakte für den Volkswagen-Vertrieb.

Formen viraler Markenkommunikation

Die Verbreitung viraler Markenbotschaften bedarf immer einer aktiven Rolle der Konsumenten. Entsprechend dem Ausmaß der Kundenintegration lassen sich virale Maßnahmen in gering- bis hochintegrative Ansätze einteilen. Je nach Ausgestaltung der Maßnahme variiert zudem die Steuerbarkeit durch die Markenführung.

Gering integrative Ansätze

Gering integrative Viral-ansätze erfordern eine geringe Aktivität des Konsumenten

Eine geringe Integration und somit eine geringe Aktivität des Konsumenten verlangt das Weiterleiten einer E-Mail oder der Klick auf einen „Tell a friend"-Button. Wie dies bei der „www.shaveeverywhere.com"-Kampagne von Philips umgesetzt wurde. Geringintegrative Maßnahmen haben den Vorteil, dass die Verbreitung mit geringem Aufwand möglich ist und selbst wenig motivierte Konsumenten eingebunden werden können. Da die Inhalte vom Unternehmen gestaltet werden, sind geringintegrative Maßnahmen klar steuerbar.

Insbesondere über unterhaltsame Videos wie die Evian „Roller Babies" kann die Marke bei jungen Zielgruppen aktualisiert und ins Gespräch gebracht werden. Individualisierbare Videos lassen Konsumenten einige Freiheitsgrade wie die Einbindung von Namen (wie die Dove Kampagne für wahre Schönheit) oder Bildern (wie das The Hero-Video) der Empfänger in die Handlung von Videos. Diese bieten aber auch Risiken, wenn den Konsumenten zu viele Freiheiten gelassen werden (wie unkontrolliertes Hochladen von Bildern). Die Markenführung muss den Balanceakt der inhaltlichen Kontrolle und des zusätzlichen Mehrwert für den Konsumenten durch die Freiheitsgrade der Personalisierung meistern.

Hochintegrative Ansätze

Hochintegrative Ansätze erfordern aktive Partizipations-möglichkeiten

Hochintegrative Ansätze erfordern von den Konsumenten eine stärkere Partizipation, wie zum Beispiel das Hochladen von selbst erstellten Videospots oder eigenen Fotos. Dies wurde bei der „Warsteiner Snow Show" oder bei der „Schönheit ist"-Aktion von Nivea umgesetzt. Das gemeinsame Erleben der Marke beim Vorbereiten und beim Dreh des Videos integriert die Konsumenten sehr stark und stärkt die emotionale Bindung zur Marke.

Von Konsumenten gestaltete Inhalte besitzen zudem für den Betrachter eine höhere Authentizität und Glaubwürdigkeit als professionell erstellte Werbung.

Die Steuerbarkeit hochintegrativer Ansätze variiert je nach Umsetzung der Maßnahmen. Werden von Konsumenten erstellte Inhalte zunächst überprüft und anschließend auf der Markenwebseite veröffentlicht, behält die Markenführung die Kontrolle über die Inhalte. Für diesen Weg entschied sich Burberry mit der „The Art of the Trench"-Aktion. Hier konnten Konsumenten ihr schönstes Foto mit einem Burberry-Trenchcoat für die eigens eingerichtete Webseite www.artofthetrench.com einreichen. Entscheidet man sich zur Wahrung der Authentizität für eine unkontrollierte Veröffentlichung, wie im Fall Nivea, riskiert man, dass irrelevante oder sogar markenschädliche Inhalte viral verbreitet werden.

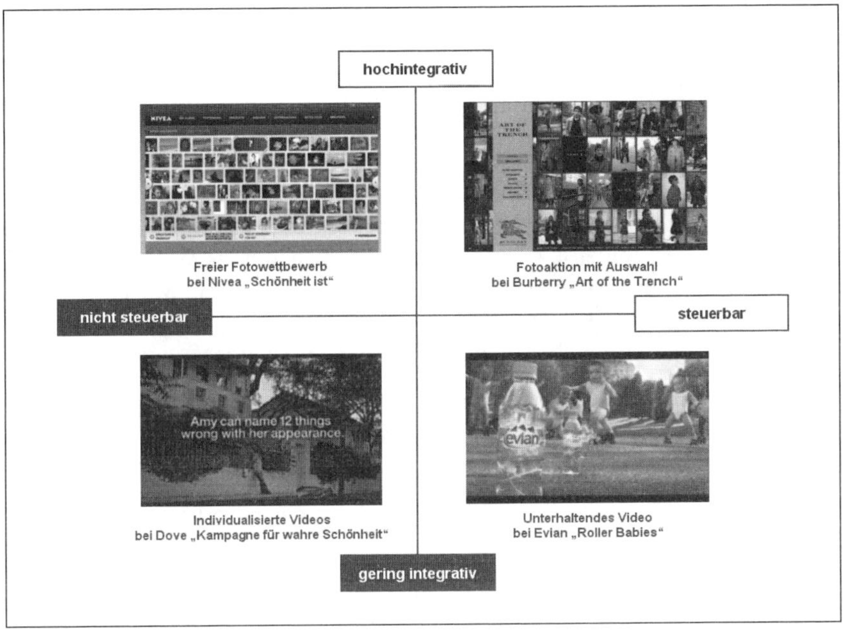

Abb. 1: Kundenintegration und Steuerbarkeit viraler Markenkommunikation [4]

Formate und Werbeträger viraler Botschaften

Konsumenten können über verschiedene Formate und Werbeträger angesprochen und zur Weiterleitung sowie Verbreitung unter Freunden und Bekannten angeregt werden.

Das populärste Format viraler Marken-kommunikation ist der Videospot

- **Videos:** Das populärste Format viraler Markenkommunikation ist der Videospot. Die in der Regel kurzen Spots (Länge < 1 Minute) werden meist über Media-Sharing-Portale beziehungsweise Videoplattformen wie YouTube, Clipfish, Vimeo oder MyVideo verbreitet. Konsumenten haben die Möglichkeit, die Videos per Link oder als Anhang via E-Mail oder direkt auf den Videoplattformen zu verbreiten. Zudem können Nutzer die Videos bewerten und Kommentare zu diesen hinterlassen. Des Weiteren können die Videos auf anderen Blogs, in Webseiten oder in Foren eingebunden werden. Als erfolgreichstes Beispiel in Deutschland gelten die Spots von K-fee, die millionenfach verbreitet wurden. Die Videoinhalte können von der Markenführung gesteuert werden, jedoch regen erfolgreiche Spots oftmals selbstgedrehte Parodien an, die gegebenenfalls der Marke schaden können.

Weitere Formate und Werbeträger viraler Botschaften

- **Spiele:** Insbesondere jüngere Konsumenten nutzen das Internet primär zur Unterhaltung. Über onlinebasierte Spiele kann man die Konsumenten auf unterhaltende Weise anregen, sich intensiver mit der Marke auseinanderzusetzen. Über extrinsische Anreize wie Preise für die Punktbesten kann man die Verbreitung weiter anregen. Beim Coke Zero Game wird der Slogan „Das Leben, so wie es sein soll“ spielerisch umgesetzt. Der Held muss es schaffen, drei Dates in drei Minuten erfolgreich zu gewinnen. Über Coke Zero Gadgets kann der Konsument das Unmögliche virtuell möglich machen.
- **Webseiten:** Virale Maßnahmen können auch auf der Markenwebseite oder eigens gestalteten Landing- oder Microsites durchgeführt werden. Über individualisierbare e-cards wie die Monk-e-mail von Careerbuilder.com können Nutzer sich gegenseitig eine Freude machen. Video- oder Foto-Wettbewerbe aktivieren die Fangemeinschaft der Marke und erhöhen die Authentizität, wie dies bei Burberry „Art of the Trench“ der Fall war.
- **Foren, Blogs, Social Networks und Communities:** Virale Botschaften können auch über unternehmenseigene oder unternehmensfremde Webseiten, Foren, Blogs, Social Networks oder Communities gestreut werden. Sowohl verbale, visuelle oder audiovisuelle Inhalte lassen sich dort einpflegen oder posten. Hierbei hat eine Marke die Chance, öffentlich oder verdeckt aufzutreten.

Die drei wesentlichen Kriterien für die Auswahl der Formate

Bei der **Auswahl der verwendeten Formate** für eine virale Kampagne sollten **drei wesentliche Kriterien** berücksichtigt werden, die nicht überschneidungsfrei sind [5]:

1. Wie gut ist ein Format geeignet, um die Bekanntheit einer Marke aufzubauen oder zu verstärken?
2. Wie gut passt das Format inhaltlich zur Identität und Positionierung der Marke?
3. Wie gut erreicht man mit dem Format die anvisierte Zielgruppe?

Prinzipiell ist eine Kombination der einzelnen Formate sowie eine Verknüpfung mit anderen Kommunikationsformen möglich. Beispiele hierfür sind klassische TV- oder Onlinewerbung, Events oder Guerilla-Marketing. (siehe hierzu ausführlich den Abschnitt „Zielorientierte Einbindung in das Marketing"). Darüber hinaus ist immer zu prüfen: Passt das Medium beziehungsweise der Werbeträger zur Marke und unterstützt es den Markenaufbau langfristig?

Ziele viraler Markenkommunikation

Virale Markenkommunikation ist kein Selbstzweck. Neben dem Erzielen einer großen Reichweite sollten insbesondere marken- und kampagnenbezogene Zielsetzungen anvisiert werden. In der Planungsphase sollte die Zielsetzung der Markenkommunikation klar definiert, der Beitrag viraler Maßnahmen zu diesem Ziel hinterfragt und Maßnahmen entsprechend ausgestaltet werden.

Erzielung und Ausbau von Markenbekanntheit

Ein Ziel ist der Ausbau der Markenbekanntheit

Insbesondere für junge Marken bietet virale Markenkommunikation eine kostengünstige Möglichkeit, die Markenbekanntheit in der relevanten Zielgruppe zu stärken. Durch die Auseinandersetzung mit einem Mehrwert stiftenden Inhalt prägt sich die Marke eher unbewusst ins Gedächtnis der Konsumenten ein. Das Modelabel KillaThrill unterstützte seinen Markteintritt ausschließlich über ein virales Video, in dem ein Stuntpilot trotz einem abgebrochenen Flügel perfekt landet. Die Diskussionen um die Echtheit des Spots führten zu einem Hype um das Video, den fiktiven Piloten, aber auch um die Marke selbst. Durch die enorme Verbreitung des Videos konnte die vorher völlig unbekannte Marke bei lifestyle-orientierten Onlinenutzern etabliert werden.

Aufbau eigenständiger Markenschemata

Ein Markenschema bündelt im Kopf des Konsumenten sein Wissen und seine Assoziationen zur Marke

Zentraler Zielaspekt der Markenkommunikation ist beim Konsumenten ein attraktives und eigenständiges Markenschema aufzubauen. Ein Markenschema bündelt im Kopf des Konsumenten sein Wissen und seine Assoziationen zur Marke. Was und wie viel Konsumenten über die Marke wissen, determiniert somit die Bekanntheit und Einstellung zur Marke [6]. Das Markenschema von BMW setzt sich somit zusammen aus Assoziationen wie „Freude am Fahren", Bildern wie die „BMW Niere" und Eigenschaften wie „sportlich", „dynamisch" oder „erfolgreich". Entsprechend der Ausgangssituation der Marke lassen sich verschiedene Zielkategorien durch virale Markenkommunikation verfolgen [7]:

- **Aufbau von Markenschemata:** Bei neuen und unbekannten Marken kann virale Markenkommunikation einen Beitrag zum Aufbau Markenschemata leisten. Insbesondere Marken mit jungen Zielgruppen können durch unterhaltende Inhalte oder kurzweilige Spiele im Internet Konsumenten für die Marke begeistern und attraktiv und differenziert in den Köpfen verankern. Der Koffein-Trink K-fee baute beim Produktlaunch fast ausschließlich auf eine Reihe von viralen Videos, die sehr unterhaltsam die Markenbotschaft „So wach warst du noch nie" vermittelte. Zum Aufbau von Markenschemata können virale Maßnahmen jedoch nur als ein Instrument im Orchester der Markenkommunikation fungieren. Zur Festigung von Markenerinnerung und -einstellung bedarf es einem Lernprozess beim Konsumenten, der über viele Markenkontaktpunkte holistisch unterstützt werden sollte.
- **Verstärkung von Markenschemata:** Hat eine Marke bereits ein attraktives Markenschema aufgebaut, liegt die erste Priorität darin, dieses Schema regelmäßig durch neue, aber dennoch positionierungskonforme Inhalte weiter zu festigen. Virale Markenkommunikation bietet hier die Möglichkeit, ausgewählte Assoziationen und Positionierungsdimensionen unterhaltend zu vertiefen. In der AXE-Gamekillers-Kampagne wird das Markenschema unter-

haltsam und zielgruppenkonform in eine Handlung transferiert, bei der der Held besonders cool bleiben muss, um das Herz eines Mädchens zu erobern.

- **Veränderung und Erweiterung von Markenschemata:** Durch eine strategische Neuausrichtung der Marke kann die Notwendigkeit entstehen, bestehende Markenschemata zu verändern. Um neue Zielgruppen besser adressieren zu können, müssten Markenschemata gegebenenfalls erweitert werden. Mit einer viralen „Crash-Recorder-Kampagne" versuchte die AXA Winterthur sich in der Zielgruppe der 18- bis 25-Jährigen als sympathische, kompetente und trendige Versicherung zu positionieren. Mit circa fünftausend Abschlüssen zeigte sich die Kampagne auch auf der Vertriebsseite sehr erfolgreich [8]. Bei dieser Zielsetzung ist jedoch darauf zu achten, dass durch die virale Markenkommunikation keine widersprüchlichen Botschaften zur Marke vermittelt werden. Eine Passung und ein „Andocken" an vorhandenes Markenwissen sollten möglich sein.

Neben den beschriebenen markenbezogenen Kernzielen bieten virale Maßnahmen die Möglichkeit, online Kundeninformationen zu gewinnen oder Vorwissen für andere Kommunikationsmaßnahmen aufzubauen.

Gewinnung von Kundeninformationen

Ein mögliches Ziel: Gewinnung von Kundeninformationen

Schafft man es, durch virale Maßnahmen, Interesse und Begeisterung bei der Zielgruppe zu wecken, bietet sich die Möglichkeit durch Kontaktformulare oder Abonnement-Dienste den Kontakt zum Konsumenten aufrecht zu erhalten. Darüber hinaus können weitere wertvolle Informationen gesammelt werden. Auf Videoplattformen können Videos von anderen Nutzern „abonniert" werden. Der YouTube-Kanal „Nike-Football" hat knapp 25.000 Abonnenten und kann seinen Fans exklusive Inhalte zur Verfügung stellen. Mini bietet seinen Fans auf seiner Webseite die Möglichkeit, ein T-Shirt im Mini-Style selbst zu gestalten und kann nebenbei die Kontaktinformationen für zukünftige Werbemaßnahmen nutzen.

Bestandteil von Crossmedia-Kampagnen

In medienübergreifenden, sogenannten crossmedialen Kampagnen eignen sich virale Maßnahmen dazu, als sogenannte „Teaser" Konsumenten für das Kampagnenthema im Vorfeld zu begeistern und weiteres Interesse zu wecken. So können Konsumenten gezielt zum nächsten Kontaktpunkt gelenkt werden. Insbesondere Webseiten bieten sich an, um das virale Thema aufzugreifen, das Informationsbedürfnis zu stillen und den Kontakt zum Konsumenten zu intensivieren. So bewarb Volkswagen zunächst über kurze Spots auf YouTube die Webseite www.thefuntheory.com. Hier konnten interessierte Internetnutzer an einem Videowettbewerb teilnehmen oder bereits hochgeladene Videos bewerten. Erst auf der Webseite gab sich Volkswagen als Sponsor der Aktion zu erkennen.

Mangel an professioneller Planung

Gründe für Fehlschläge viraler Kampagnen

Angespornt von viralen Erfolgsgeschichten wie Schlämmerblog, K-fee, AXE „Gamekillers" oder OTTO „Jeder braucht einen", versucht eine wachsende Zahl von Unternehmen virale Markenkommunikation zu nutzen. Den wenigen erfolgreichen Beispielen steht jedoch eine Vielzahl viraler Maßnahmen gegenüber, die ohne nennenswerte Verbreitung blieben oder sogar einen Imageschaden für die Marke nach sich zogen. Hauptursache der Fehlschläge ist eine zu geringe strategische Auseinandersetzung mit dem neuen Instrument.

In der Umsetzung orientiert man sich oft an Generalisierungen vergangener Erfolgskampagnen und setzt folglich auf sexuelle Anspielungen, Humor und Gewalt, um Konsumenten zur Verbreitung zu motivieren [9]. Darüber hinaus wird empfohlen, die Marke in den Hintergrund zu stellen beziehungsweise vollkommen zu entfernen, um den werblichen Hintergrund zu verschleiern. Nicht selten führt eine derartige Herangehensweise zu beträchtlichen Schäden für die Marke. So hatte das Studentennetzwerk StudiVZ seine redliche Mühe, eine Reihe von anstößigen kurzen Videos aus dem Netz zu entfernen, nachdem sie einen Sturm der Entrüstung ausgelöst hatten. Um zu verhindern, dass ein viraler Schnellschuss für die Marke nach hinten losgeht, sollen im Folgenden Handlungsempfehlungen für eine strukturierte und markenkonforme Gestaltung viraler Kampagnen gegeben werden.

Gestaltung markenkonformer viraler Kampagnen

Ausgangspunkt ist die Markenidentität und eine hieraus abgeleitete Positionierung

Das zentrale Ziel der Markenkommunikation ist es, an allen Kontaktpunkten mit einer Marke kontinuierlich die gleichen Inhalte und einheitliche Eindrücke zu vermitteln [10]. Entsprechend sind auch in der viralen Markenkommunikation die Besonderheiten der Marke und des Angebots herauszustellen. Diese müssen für die Kunden relevant sein, zur Marke passen und eine Abgrenzung von der Konkurrenz ermöglichen. Ausgangspunkte der Gestaltung viraler Kommunikationsmaßnahmen bilden hierzu eine genau definierte Markenidentität und eine hieraus abgeleitete Positionierung.

Botschaft sollte einen relevanten Mehrwert bieten

In einem zweiten Schritt bedarf es einer genauen Kenntnis der Motive, Präferenzen und Verhaltensweisen der anvisierten Zielgruppe im Internet. Die Wahl der Ausprägungsform sowie die inhaltliche Ausgestaltung sollten auf der Zusammenführung von Markenidentität und Präferenzen der Zielgruppe beruhen. Um Konsumenten zur Weiterleitung zu animieren, muss die Botschaft für Sender und Empfänger einen relevanten Mehrwert bieten. Zur weiteren Unterstützung der Verbreitung können sowohl Meinungsführer als auch andere Kommunikationsmaßnahmen als Multiplikatoren eingesetzt werden. Eine virale Kampagne sollte gezielt in dem Marketing-Mix eingebunden werden. Abschließend sollte die Verbreitung sichergestellt und kontrolliert werden, um den Erfolg nicht dem Zufall zu überlassen und möglichen Schaden durch Eigendynamik der viralen Kommunikation abzuwenden.

Markenidentität als Gestaltungsgrundlage

Während das Markenimage das Fremdbild einer Marke darstellt, ist die Markenidentität das Selbstbild einer Marke aus Sicht der Markenverantwortlichen eines Unternehmens. Die Markenidentität ist das Fundament der Markenführung und spielt zum Aufbau von Markenwissen und -schemata eine entscheidende Rolle.

Die Markenidentität bringt zum Ausdruck, wofür eine Marke stehen soll. Sie umfasst die essenziellen und wesensprägenden Merkmale einer Marke [11]. Diese setzen sich zusammen aus:

a) den Eigenschaften, die eine Marke aufweist,

b) dem funktionalen und emotionalen Nutzen, über die eine Marke verfügt,

c) den Tonalitäten, die beschreiben wie die Marke ist (zum Beispiel ist Apple jung, modern und innovativ, wohin gegen Lindt traditionell und ehrlich ist),

d) dem Markenbild, das den kommunikativen Auftritt der Marke mit allen Modalitäten umfasst und abschließend

e) die Markenkompetenz. Diese beinhaltet die zentralen Markencharakteristika wie Herkunft der Marke, Zeitdauer und Rolle im Markt aber auch zentrale Markenassets wie spezielle Produktionsverfahren oder Technologien [12].

Woraus sich die Markenidentität zusammensetzt

Die Markenidentität dient als Ausgangspunkt für die Markenpositionierung, die zum Ziel den Aufbau wirksamer Vorstellungsbilder sowie eigenständiger und relevanter Assoziationen hat. Hier gilt es, die Marke und ihr Angebot gegenüber der Konkurrenz abzugrenzen. Die Marke muss so herausgestellt werden, dass diese in den Augen der Zielgruppen als attraktiv wahrgenommen und gegenüber den Konkurrenzmarken vorgezogen wird. Je konkreter die Positionierung in der Kommunikation umgesetzt wird, desto klarer und stärker wird das Markenimage in den Köpfen der Konsumenten verankert [13]. Die Positionierung bedeutet die Fokussierung in der Kommunikation auf wenige relevante Merkmale, für die eine Marke stehen soll. Zum Beispiel ist die Uhrenmarke Fossil modisch und uramerikanisch im Vintage-Stil sowie design- und technikorientiert.

Markenidentität und Positionierung bilden somit die Grundlage für die Kommunikation. Die Kommunikation wird zum Gesicht einer Marke. Durch diese soll auf der einen Seite sichergestellt werden, dass die Marke bei den Zielgruppen bekannt wird oder die Bekanntheit über einen längeren Zeitraum gewährleistet bleibt. Auf der anderen Seite soll die Markenpositionierung wahrnehmbar, eigenständig und integriert vermittelt werden.

Zielgruppen identifizieren und anvisieren

Sowohl für Marken und Produkte als auch für deren Kommunikationsstrategien sind potenzielle Zielgruppen und Empfänger sorgfältig und präzise zu identifizieren – dies gilt auch für die virale Markenkommunikation. Grundlegend lassen sich die Zielgruppen durch ihre unterschiedlichen Bedürfnisse und Verhaltensweisen unter Berücksichtigung verschiedener situativer Einflussfaktoren (soziales Umfeld, Mediennutzungsgewohnheiten, Konsumverhalten und so weiter) differenzieren. Eine gründliche **Zielgruppenplanung** umfasst die Aufteilung des relevanten Marktes in einzelne Kundengruppen, die Beurteilung der Zielgruppenalternativen sowie die Festlegung der anzusprechenden Zielgruppen.

Die Viralkampagne „The Hero" der schwedischen Anstalt für Rundfunkgebühren erreichte weltweit in acht Wochen über vierzehn Millionen echte Einzelkontakte. Ein beachtlicher Erfolg – doch darunter viele nicht relevante Zielgruppen.

Abb. 2: Bildsequenz der interaktiven Viral Kampagne „The Hero" [14]

Im Rahmen der viralen Markenkommunikation ist vor allem das **Nutzungsverhalten im Internet** von zentraler Bedeutung. Hier stellt sich die **zentrale Frage**: Ist meine anvisierte Zielgruppe überhaupt im Internet aktiv? Falls ja, sind folgende **weitere Fragestellungen** zu beantworten: Welche Personengruppen nutzen welche Formate und welche Seiten im Internet zu welcher Zeit, in welchem Umfang und welcher Intensität? Handelt es sich um eine etablierte Marke, ist zudem zu prüfen: wie und wo wird über meine Marke kommuniziert? Gibt es vielleicht bestehende Fangruppen oder Communities und so weiter?

Bei der Zielgruppenplanung ist das Nutzungsverhalten im Internet von zentraler Bedeutung

Ziel sollte es sein, ein optimales Format beziehungsweise einen optimalen Medienmix für das Kommunikationsziel zur Erreichung der anvisierten Zielgruppen in bestimmten Situationen zu finden. Informationen über das **Mediennutzungsverhalten** bieten mittlerweile eine Reihe von Instituten und Forschungsdiensten in Deutschland an wie die Allensbacher Werbeforschung, ZAW, Statista.com oder der Forschungsdienst von ARD und ZDF. Darüber hinaus gibt es einfache Möglichkeiten der Marktforschung im Internet, die nachfolgend vorgestellt werden.

Nutzungsverhalten von Zielgruppen im Internet

In Deutschland ist bei allen Altersgruppen ein Zuwachs der Internetnutzung zu verzeichnen. Laut ZAW liegt die durchschnittliche Internetnutzung pro Person bei 138 Minuten am Tag mit einer steigenden Tendenz. Das Fernsehen mit 228 Minuten Nutzungsdauer am Tag pro Kopf wird somit durch ein zweites Leitmedium, das Internet, ergänzt [15].

Das Internet genießt vor allem bei **jungen Zielgruppen** eine hohe Beliebtheit. Fast jeder Jugendliche nutzt heute täglich Videoportale wie YouTube oder MyVideo [16]. YouTube nutzen mittlerweile über hundert Millionen Konsumenten weltweit. Jeden Monat werden die auf YouTube verfügbaren Videos circa 2,5 Milliarden Mal abgerufen. Darüber hinaus gewinnen Communities und Social Networks wie Facebook, MySpace oder StudiVZ ebenfalls zunehmend an Bedeutung. Facebook zählt mittlerweile über vierhundert Millionen aktive Nutzer, von denen sich etwa fünfzig Prozent jeden Tag dort einloggen [17].

Analyse der Zielgruppen und der Werbeträger

Zielgruppen finden und richtig ansprechen sind zwei Paar Schuhe. Für den Erfolg von viralen Kampagnen ist es daher wichtig, am Puls der Zeit im Internet sein. Hier gilt es zu klären: Wo hält sich meine Zielgruppe auf, wie kommuniziert sie, mit wem und über was? Was ist das Verhalten der Zielgruppe und welche Präferenzen hat sie? Welche Formate und Werbeträger lassen sich im Internet für meine virale Markenkommunikation sinnvoll nutzen? Der Fit zwischen Marke, Medium und der anvisierten Zielgruppe ist sowohl für den Aufbau, die Verstärkung oder die Veränderung von Markenschemata wichtig, als auch für den Imageaufbau.

Identifikation der relevanten Formate und Kanäle

Zur Identifikation der relevanten Formate und Kanäle kommt einer **strukturierten Beobachtung** des Verhaltens der Zielgruppe im Internet eine zentrale Rolle zu. Wichtig ist es, die richtige Sprache der Konsumenten zu sprechen. Durch Beobachtung von Nutzungs- und Interaktionsverhalten der anvisierten Zielgruppe sowie Foren und Blogeinträge über die eigene Marke lassen sich zunächst zentrale Erfahrungen zur Ansprache der Zielgruppe sammeln. Das Interaktionsverhalten der relevanten Zielgruppe lässt sich durch Einträge von Konsumenten in Blogs oder Foren sowie Klickraten auf Websites verhältnismäßig leicht erheben. Äußerungen über die eigene Marke können durch Suchmaschinen gefunden und mittels Software sortiert werden. Daraus lassen sich Assoziationsnetzwerke über die relevanten Inhalte für die Marke ableiten.

Durch eine aktive Interaktion mit Konsumenten, in eigenen Online-Communities oder moderierten Nutzerforen kann eine Marke auch aktiv Erkenntnisse über relevante Themen gewinnen, um diese für virale Kampagnen zu nutzen.

Die online erfassten Informationen über Marke und Zielgruppe sind um die Erkenntnisse der klassischen Offlinemarktforschung zu ergänzen.

Die Vorteile einer großen Nähe zur Onlinezielgruppe zeigt das Beispiel EA Sports. Nutzer wiesen in einem eigenen Spot auf einen Fehler im Spiel Tiger Woods PGA Tour 2008 hin – Tiger Woods konnte im Spiel über Wasser gehen und spielen. Zeitnah lancierte die Marke einen Spot mit Tiger Woods wie er in Persona auf einem See einen Ball abschlägt. Der humorvolle Umgang mit dem Programmierfehler traf den Nerv der Gamer-Community und brachte viele Sympathien.

Involvement der Zielgruppe berücksichtigen

Involvement beschreibt das Engagement, mit dem sich jemand einem Gegenstand oder einer Aktivität (zum Beispiel dem Inhalt einer Webseite) zuwendet. Involvement kann daher auch als Ich-Beteiligung umschrieben werden [18].

Je geringer das Involvement der Zielgruppe ist, umso mehr Wiederholungen und umso mehr Kontakte benötigt man zur Durchsetzung von Markenbotschaften. In der viralen Markenkommunikation ist das Involvement der Zielgruppe zum Zeitpunkt der Kommunikation entscheidend.

Involvement kann kognitiver und/oder emotionaler Natur sein

Das Involvement lässt sich in ein **kognitives und emotionales Involvement** unterteilen. Das kognitive Involvement beschreibt die gedankliche rationale Auseinandersetzung mit einem Sachverhalt. Das emotionale hingegen hängt eng mit den persönlichen Werten, Motiven und Einstellungen zusammen und beinhaltet die Gefühlsebene sowie Bedürfnisse [19]. Die zahlreichen erfolgreichen Viral-Beispiele zeigen, dass Marken vor allem dann Konsumenteninteraktion nutzen können, wenn sie die Kunden in hohem Maße emotional involvieren. Virale Markenkommunikation gestaltet sich für hochemotionale starke Marken leichter, da primär ein größeres Interesse an Botschaften der Marke besteht. Zudem ist eine Verbreitung innerhalb der bestehenden großen Fangemeinschaft leichter und schneller [20]. Bei hohem kognitiven Involvement suchen Konsumenten aktiv nach Informationen in Foren und Communities. Die Markenführung neigt jedoch dazu, das Involvement der eigenen Zielgruppe zu überschätzen. Interviews mit Konsumenten können hier zur Desillusionierung beitragen.

Markenkonforme Gestaltung viraler Botschaften

Die markenkonforme Gestaltung viraler Botschaften hat formale und inhaltliche Aspekte

Je konkreter und integrierter die Positionierung umgesetzt wird, desto stärker wird die Marke in den Köpfen der Konsumenten verankert, und umso klarer und stärker wird das Markenimage [21]. Eine Integration bei der Gestaltung viraler Botschaften oder Videospots kann durch Abstimmung und Vermittlung gleicher formaler und/oder inhaltlicher Eindrücke erreicht werden. Dies erleichtert die Erinnerung an die Kommunikation und verstärkt die Präferenzen für die Marke. Zudem wird eine Zersplitterung der Kommunikationswirkung durch verschiedene Inhalte in verschiedenen Kommunikationskanälen vermieden [22].

Die **formale Integration** erfolgt über CD-Maßnahmen (Corporate Design) sowie Wort-Bild-Zeichen (Logos). Diese erleichtern die Wiederkennung und helfen die Marke im Gedächtnis der Konsumenten zu verankern. Hierzu zeigen erste empirische Erkenntnisse und zahlreiche Praxiserfolge viraler Kommunikation, dass die oft verpönte präsente Verwendung der Marke oft keinen Einfluss auf die Absicht der Weiterleitung hat [23]. Vielmehr entscheidend ist der Inhalt der Werbebotschaft und das Involvement der Konsumenten.

Die **inhaltliche Integration** dient der Vermittlung der Positionierungsinhalte. Diese umfasst die verbalen und visuellen Eindrücke einer Marke, zum Beispiel durch die Kommunikation identischer Wortlaute oder gleicher Aussagen sowie Verwendung gleicher Bildinhalte oder des Schlüsselbildes der Marke [24]. Erste Studien konnten hierzu zeigen, dass Inhalte, die nicht zur Vorstellungswelt der Marke passen, insbesondere bei schwachen Marken zu einer Verwässerung der Marke führen. Die tief verfestigten Schemata starker Marken können bei unpassenden Inhalten eine Verwässerung verhindern. Kurzfristig können zur Marke unpassende Inhalte überraschen und sogar die Einstellung zur Marke verbessern. Allerdings schädigt ein langfristiger Einsatz nicht positionierungskonformer Inhalte in der viralen Markenkommunikation die Wahrnehmung starker Marken.

Wie stark die formale und die inhaltliche Integration in der viralen Botschaft zum Ausdruck kommen, ist abhängig von den Werbezielen, dem Image der Marke sowie dem Verhalten und dem Involvement der Zielgruppe. Um den Spagat zwischen markenadäquater und dennoch potenziell viraler Inhalte zu meistern, empfiehlt es sich, eine oder wenige Positionierungseigenschaften unterhaltend und zielgruppengerecht zu kommunizieren. K-fee konzentrierte sich in seinen viralen Spots lediglich auf „wach sein“ und hohe Wirksamkeit. Geschmack und weitere Imagedimensionen wurden hier außen vor gelassen.

Emotionalen und funktionalen Mehrwert schaffen

Mehrwert für die Konsumenten schaffen

Virale Markenkommunikation muss einen Mehrwert für die Konsumenten schaffen, damit diese bereit sind, die Botschaft weiterzuleiten. Provokative Inhalte, wie Gewalt, sexuelle Anspielungen oder Obszönitäten, die oftmals Bestandteile viraler Videos sind, reichen dabei nicht aus [25]. Botschaften, die einen unterhaltsamen (hedonischen) Mehrwert bei den Empfängern durch Auslösen von starken Emotionen wie Humor, Angst, Trauer oder Inspiration, werden vermehrt weitergeleitet. Erfolgsversprechend scheint inhaltlich die Gestaltung von sehr humorvollen Witzen, berührende traurige Geschichten oder begeisternde und inspirierende Kurzgeschichten [26].

Neben diesen emotionalen Werten entscheidet auch der funktionale (utilaristische) Nutzen beziehungsweise Wert einer viralen Botschaft über ihre aktive Weiterleitung und ihren Erfolg [27]. Funktionale Nutzen ergeben sich zum Beispiel durch kostenlose Angebote, freie Downloads, Pflegen persönlicher Kontakte, Aspekte des Verschenkens oder altruistische Motive [28].

Zentral bleibt aber der Apell, dass die gebotenen Inhalte zu den Werten der Marke passen müssen. Was bringt ein witziger und unterhaltsamer Spot oder eine vielfach beachtete Mail, wenn weder die Marke noch das Produkt den Betrachtern in Erinnerung bleibt. Schaden nimmt die Marke, wenn die Inhalte eher dazu führen, dass das Bild der Marke verwässert wird.

Die gebotenen Inhalte müssen zu den Werten der Marke passen

Milwaukee Power Tools gelang es durch unterhaltsame und witzige Spots den Markenwert „kraftvoll“ in kleinen Spots amüsant in Szene zu setzen. Dabei war der Erfolg der viralen Kampagne schier unbeabsichtigt. Mitarbeiter streuten die witzigen Spots unter das Volk – angeblich ohne Absprache mit dem Markenmanagement.

Abb. 3: Markenkonforme Inhalte bei Milwaukee Power Tools [29]

Checkliste viraler Markenkommunikation

Als Beurteilungsraster bietet sich für die Planung viraler Markenkommunikation eine Checkliste an, in der die zentralen Fragestellungen überprüft werden (siehe Abbildung 4).

Virale Aktionen vorab testen

Visuelle Botschaften wie virale Spots oder Videos lassen sich mittels eines Pretests wie zum Beispiel Expertenrunden unter den Marketingbeauftragen oder Interviews und Befragungen vorab einfach testen. Aufwendiger und kostenintensiver sind Werbemitteltests wie Eyetracking oder Aktivierungsstudien durch Messung der Elektrodermalen Aktivivtät (EDA) mittels beispielweise EKG (Elektrokardiogramm) und EEG (Elektroencephalogramm). Textbotschaften können durch einfache Befragung und Interviews vor der Freischaltung inhaltlich und auf das Verständnis hin überprüft werden.

Beurteilungsraster viraler Markenkommunikation	☑	☒
Entspricht die Zielsetzung den Fähigkeiten viraler Markenkommunikation?		
Ist die anvisierte Zielgruppe online aktiv?		
Entspricht der Integrationsgrad dem Markeninvolvement?		
Bieten die Inhalte einen emotionalen oder nützlichen Mehrwert?		
Werden eigenständige, markentypische Inhalte verwendet?		
Passen die viralen Inhalte zur Positionierung der Marke?		
Zahlen die Inhalte auf das Markenkonto ein?		
Ist die Virale Markenkommunikation inhaltlich und/oder formal in die bestehenden Kommunikationsmaßnahmen integriert		

Abb. 4: Checkliste zur Beurteilung viraler Markenkommunikation [30]

Strategische Verknüpfung mit anderen Kommunikationsmitteln ist notwendig

Zielorientierte Einbindung in das Marketing

In vielen Marketingabteilungen wird die virale Markenkommunikation noch als Versuchsobjekt betrachtet und von anderen Kommunikationsmaßnahmen isoliert. Um als Marke jedoch das volle Potenzial viraler Maßnahmen ausschöpfen zu können, bedarf es einer strategischen Verknüpfung mit anderen Kommunikationsmitteln [31]. Einerseits schafft man durch den zielgerichteten Einsatz der Kommunikationsinstrumente zusätzliche Kontaktpunkte mit der viralen Botschaft, welche dadurch eine schnellere und verstärkte Verbreitung erfährt. Andererseits bewirken die zusätzlichen Berührungspunkte eine wiederholte Auseinandersetzung mit der Botschaft, deren Effektivität hierdurch gesteigert wird.

Vielfach gelingt der Durchbruch viraler Markenkommunikation auch erst dann, wenn diese massenmedial unterstützt wird. Dies kann entweder durch eigene Werbung oder durch PR-Maßnahmen in Zeitschriften, Zeitungen, Hörfunk und Fernsehen erreicht werden.

Zusätzlich sollten dem Konsumenten im viralen Medium Internet weitere Anlaufstellen zur Verbreitung geboten werden. Darüber hinaus ist die erwähnte crossmediale Einbindung viraler Markenkommunikation in eine kanalübergreifende Kampagne denkbar, wie dies bei AXE Game Killers-Kampagne der Fall war.

Ein weiterer Aspekt der integrierten Verknüpfung viraler Markenkommunikation ist die zeitliche Perspektive. Hier gilt es im Wesentlichen zwei Szenarien zu unterscheiden. In Ersterem nutzt man Massenmedien online wie offline, um Vorwissen für ein Thema zu schaffen und es auf die Agenda der Konsumenten zu setzen. Virale Maßnahmen wie Webseiten, Videos oder Spiele können die besetzten Themen aufgreifen und wie im Beispiel AXE Game Killers auf einzelne Zielgruppen dekliniert unterhaltend umsetzen. Darüber hinaus tragen diese aktiv zur Verbreitung bei.

Hauptsächlich aufgrund der mangelnden Planbarkeit des Erfolgs viraler Markenkommunikation wird in der Praxis meist noch ein anderer Weg gewählt. Wie im Fall des Schlämmerblogs wird die virale Botschaft zunächst über wenige ausgewählte Foren und Konsumentenblogs gestreut. Die hohe Exklusivität des neuartigen viralen Inhalts motiviert viele Konsumenten diese zu verbreiten, da sie so ihre Reputation als Innovator und Meinungsführer pflegen können. Danach entscheidet sich, ob die virale Botschaft den Nerv der anvisierten Onlinegemeinschaft getroffen hat oder sich als Fehlschlag herausstellt. Erst nachdem der virale Inhalt den sogenannten „Tipping Point“, also die kritische Masse der Verbreitung, erreicht hat, sollten Marken weitere verknüpfte Aktivitäten initiieren.

Virale Inhalt müssen den sogenannten „Tipping Point“, also die kritische Masse der Verbreitung, erreichen

Die anschließenden Maßnahmen sollten sicherstellen, dass die breite Masse an Onlinenutzern von der viralen Botschaft infiziert wird. Situativ muss geprüft werden, ob sich die Inhalte zur Verbreitung in den klassischen Medien beziehungsweise sogar am Point-of-Sale eignen. So greift Evian das zentrale Motiv seines viralen Roller-Babies-Spots auf der Produktverpackung wieder auf und weist darauf hin, dass man den Spot auf der Markenwebseite betrachten kann.

Verbreitung sicherstellen und kontrollieren

Um die Verbreitung sicherzustellen und zu kontrollieren, bedarf es zum einen einer systematischen Vernetzung der Kampagne und zum anderen einer quantitativen und qualitativen Marktforschung. Hierdurch ist es möglich, Multiplikatoren für die virale Kampagne zu generieren.

Systematische Vernetzung und Verbreitung

Für die Verbreitung von viralen Botschaften bieten sich mehrere Kanäle an, die separat oder gemeinsam genutzt werden können.

Verschiedene Kanäle separat oder gemeinsam nutzen

- **Persönliche Netzwerke:** Die Marke hat die Möglichkeit, die Botschaft über die eigenen Mitarbeiter weiter zu verbreiten und zu streuen. Nachrichten von nahestehenden Personen wie engen Freunden, Bekannten oder der Familie werden schneller akzeptiert und eher weitergeleitet [32].
- **Social Networks und Communities:** Einträge und Nachrichten mit Verlinkungen zur viralen Botschaft sind hier essenziel. Die Marke kann verdeckt durch dritte oder aktiv und direkt auftreten.
- **Markeneigene Kanäle:** Die Marke kann ihre eigenen Webseiten und Accounts auf Social-Networkseiten und Media-Sharing-Plattformen wie **Facebook, MySpace** oder **Twitter** nutzen.

- **Ansprache von Meinungsführern und Networkern:** Bisheriger zentraler Weg von Word-of-Mouth-Marketingstrategien ist die Identifikation und Informierung der **Meinungsführer**. Dies sind Personen mit einem hohen Einfluss in ihrer sozialen Gruppe oder Personen, die über einen Sachverhalt immer recht gut informiert sind (zum Beispiel Technikaffine oder Trendsetter). Dieser traditionelle Gedanke muss allerdings ergänzt werden, da auch Nicht-Meinungsführer sich aktiv an Mundpropaganda beteiligen und über große **soziale Netzwerke** im Internet verfügen können [33]. Networker, die häufig das Internet nutzen und die viele Onlinekontakte haben, neigen vermehrt dazu, Botschaften weiterzuleiten [34]. Durch die Analyse von quantitativen und qualitativen Marktforschungsdaten aus dem Internet und von Social Networks lassen sich solche Personen identifizieren. Darüber hinaus sind die Seiten, die diese als Informationsquelle nutzen oder betreiben, relevant. Dies kann ein eigener Blog sein oder ein Forum, aber auch direkt unternehmenseigene Webseiten. Hier macht es Sinn, diese mit Informationen zu versorgen.
- **PR und Massenmedien:** Verbreitet sich die Nachricht schlecht oder ist bereits ein großer Hype über die virale Botschaft entstanden, sollte die Kampagne PR-seitig unterstützt werden. Dies ist über Pressemitteilungen, Berichterstattung in Massenmedien und Onlinenachrichtenseiten möglich.
- **Vernetzung von Webinhalten:** Verlinkungen zwischen verschiedenen Trägern der Botschaft wie Social Network-Accounts, Blogs, eigens eingerichtete Webseiten und Media-Sharing-Plattformen erhöhen die Trefferquoten der Suchmaschinen. Darüber hinaus werden mehrere Kontakt- und Interaktionsmöglichkeiten geschaffen. Gerade bei crossmedialen Kampagnen wird die Vernetzung immer wichtiger.

Die Botschaft sollte an mehreren Orten platziert und über mehrere Kanäle gestreut werden, so dass diese sich unabhängig voneinander verbreiten und einen großen Adressatenkreis infizieren kann. Wie präsent die Marke dabei ist, sollte unter Berücksichtigung von Markenbekanntheit, Markenimage, Involvement der Zielgruppe und dem Werbeziel entschieden werden.

Erfolge lassen sich durch quantitative und qualitative Methoden kontrollieren

Quantitative und qualitative Marktforschung

Die Erfolge, den Verlauf und die Verbreitung von viralen Kampagnen lassen sich **quantitativ** durch zwei Bereiche erheben und kontrollieren. Zum einen durch Kennzahlen wie die Clickrate des Videos, die Anzahl der Unique Visitors auf der Webseite oder der Media-Sharing-Plattform. Mittels Web-Controlling lassen sich exakte Daten zu Besuchen, Klickpfaden, Verweildauer, verwendeten Suchmaschinen und Suchwörtern sowie zur geografischen Herkunft und Systemausstattung von Webseitenbesuchern erfassen. Des Weiteren erhält man durch die Anzahl der Webseiten, Blogs und Foreneinträge, die über die Kampagne berichten oder per Link auf die Botschaft verweisen, Hinweise auf den Erfolg. Darüber hinaus lässt sich die Medienberichterstattung online und offline erfassen: wie viele Magazine, Zeitschriften, Nachrichtensender und Programme berichten im welchem Umfang über die virale Kampagne.

Qualitative Analysen sind durch inhaltsanalytische Auswertungen und Interpretationen der Äußerungen von Konsumenten (zum Beispiel in Foren, Blogs oder Communities) und Medien (Nachrichtenportale, Medienwebseiten) im Internet erfassbar. Zentral ist bei einer viralen Markenbotschaft zu prüfen: Werden durch die Kampagne die richtigen Inhalte vermittelt und von der Zielgruppe verstanden? Dies kann durch eine Soll-Ist-Analyse mittels Marktforschung erfolgen. Äußerungen und Meinungen mittels der Möglichkeiten des Web 2.0 lassen sich mittels Beobachtung und Partizipation der Marke im Internet recht einfach erheben und strukturell auswerten (siehe hierzu ebenfalls den Abschnitt „Zielgruppen identifizieren und anvisieren").

Durch Social Media Monitoring lässt sich das Internet nach relevanten Inhalten und Äußerungen durchsuchen

Durch **Social Media Monitoring** lässt sich das Internet nach relevanten Inhalten und Äußerungen durchsuchen. Gesammelte Daten lassen sich quantitativ mittels Zeitreihen auswerten. Dadurch können Hinweise über den Verlauf und die Häufigkeit der Äußerungen sowie den Verlauf einer viralen Kampagne gesammelt werden. Daneben kann eine qualitative inhaltsanalytische Auswertung und Bewertung der Kampagne über ausgewählte Inhalte und Äußerungen der Konsumenten und Medien erfolgen [35].

Die Ergebnisse der Onlinemarktforschung sind stets durch quantitative und qualitative Methoden der Offlinemarktforschung zu ergänzen.

Schädigender ungesteuerter Kommunikation (User Generated Content) muss aktiv entgegengewirkt werden

Ungesteuerter Kommunikation aktiv entgegenwirken

Selten hört man von gefloppten viralen Kampagnen – häufiger jedoch von Kampagnen, die einer Marke Schaden zufügen. Zum einen distanzieren sich in diesen Fällen Unternehmen von Spots, die ihrer Marke Schaden zufügen. Zum anderen ist man der kreativen Freiheit von Konsumenten durch User Generated Contents ausgeliefert. Inhalte, die von Konsumenten selbstständig gestaltet wurden, können einer Marke schaden, wie dies bei Dominos Pizza passierte. Domino´s Image war ruiniert, nachdem zwei Mitarbeiter Videos ihrer ekelerregenden Eskapaden bei der Zubereitung von Pizza ins Internet stellten.

Sinnvoll ist es in Fällen von unternehmensfremden Inhalten sich schnellstmöglich zu distanzieren und gegenzusteuern. Hierzu gehört ein aktives Krisenmanagement, das schnell und markenadäquat auf unterschiedliche Aktionen reagieren kann. Anfang 2010 sorgte bei Audi ein gefälschter Audi-Videospot über einen versuchten Selbstmord für Probleme. Audi reagierte schnell und aktiv auf diese ungesteuerte Kommunikation Dritter. Es gelang Audi, die Berichterstattung zum Positiven für sich zu wenden sowie die Spots aus dem Internet entfernen lassen.

Das Web 2.0 bietet viele Möglichkeiten für die Markenkommunikation. Die Gefahren machen allerdings klar, dass das Internet einer ständigen Kontrolle und Beobachtung bedarf – ganz egal, ob man mit seiner Marke aktiv im Internet vertreten ist oder nicht.

Literatur

[1] Dobele, A./Toleman, D./Beverland, M.: Controlled Infection! Spreading the brand message through viral marketing. – In: Business Horizons, 48, 2, S. 143-149, 2005.

[2] Chiu, H.-C./Hsieh, Y.-C./Kao, Y.-H., Monle, L.: The Determinants of Email Receivers' Disseminating Behaviors on the Internet. – In: Journal of Advertising Research, 47, 4, S. 524-534, 2007.

[3] Lindgreen, A./Vanhamme, J.: Viral Marketing: The Use of Surprise. – In: Clarke III., I., Flaherty, T. B. (Hrsg.): Advances in Electronic Marketing, Hershey et al.: Idea Group Publishing, S. S. 122-138, 2005.

[4] Eigene Darstellung, Bildquellen: Nivea: http://www.nivea.de/beauty_is; Dove: http://www.youtube.com/watch?v=XkFPN1WYi3E; Burberry: www.artofthetrench.com; Evian: http://www.youtube.com/watch?v=XQcVllWpwGs.

[5] Esch, F.-R./Krieger, K. H./Strödter, K.: Marken in Medien und Medien als Marken. – In: Gröppel-Klein, A.; Germelmann C. C. (Hrsg.): Medien im Marketing. Optionen der Unternehmenskommunikation, Wiesbaden: Gabler, S. 41-67, 2009.

[6] Esch, F.-R.: Strategie und Technik der Markenführung. – 6. Aufl., München: Vahlen, S. 66, 2010.

[7] Esch, F.-R./Krieger, K. H./Stenger, D.: Virale Markenkommunikation – Wirksame Interaktion statt „Trial and Error". – In: Marketing Review St. Gallen, 24. Jg., Heft 1, S. 11-15, 2009.

[8] Keller, M.: Virale Versicherungskampagne – Video Message Tool der AXA Winterthur. – In: Marketing Review St. Gallen, 24. Jg., Nr. 1, S. 39-42, 2009.

[9] Porter, L./Golan, G. J.: From Subservient Chickens to Brawny Men: A Comparison of Viral Advertising to Television Advertising. – In: Journal of Interactive Advertising, Vol. 6, No. 2, S. 30-38, 2006.

[10] Esch, F.-R.: Wirkung integrierter Kommunikation – ein verhaltenswissenschaftlicher Ansatz für die Werbung. – 4. Aufl., Wiesbaden: Gabler, 2006.

[11] Esch, F.-R.: Strategie und Technik der Markenführung. – 6. Aufl., München: Vahlen, S. 81, 2010.

[12] Esch, F.-R.: Strategie und Technik der Markenführung. – 6. Aufl., München: Vahlen, S. 101 ff., 2010.

[13] Esch, F.-R.: Strategie und Technik der Markenführung. – 6. Aufl., München: Vahlen, S. 157 ff., 2010.

[14] Bildquellen: http://en.tackfilm.se/.

[15] ZAW: Werbung in Deutschland 2009. – Verlag edition ZAW, 2009.

[16] van Eimeren, B./Frees, B.: Der Internetnutzer 2009 – multimedial und total vernetzt? – Ergebnisse der ARD/ZDF-Onlinestudie 2009, In: Mediaperspektiven, Heft 07/2009, S. 334-348, 2009.

[17] http://www.facebook.com/press/info.php?statistics, Stand: 24.04.2010.

[18] Kroeber-Riel, W./Esch, F.-R.: Strategie und Technik der Werbung. Verhaltenswissenschaftliche Ansätze. – 6. Auflage, Stuttgart u.a.: Kohlhammer, S. 143, 2004.

[19] Esch, F.-R.: Strategie und Technik der Markenführung. – 6. Aufl., München: Vahlen, S. 165, 2010.

[20] Esch, F.-R./Stenger, D.: Marken als Interaktionsobjekt – Wie sehr prägt der Kunde die Marke wirklich selbst mit? – In: Belz, C./Schögel, M./Arndt, O./Walter, V. (Hrsg.): Interaktives Marketing. Neue Wege zum Dialog mit Kunden. – Wiesbaden: Gabler, S. 287-306, 2008.

[21] Esch, F.-R.: Strategie und Technik der Markenführung. – 6. Aufl., München: Vahlen, S. 157 ff., 2010.

[22] Esch, F.-R.: Wirkung integrierter Kommunikation – ein verhaltenswissenschaftlicher Ansatz für die Werbung, 4. Aufl., Wiesbaden: Gabler, S. 27, 2006; Esch, F.-R.: Strategie und Technik der Markenführung, 6. Aufl., München: Vahlen, S. 295 ff., 2010.

[23] Mau, G./Schulz, S./Silberer G.: Determinanten des Weiterempfehlens im viralen Marketing. – In: transfer – Werbeforschung und Praxis, 2/2008, S. 18-30, 2008.

[24] Esch, F.-R.: Wirkung integrierter Kommunikation – ein verhaltenswissenschaftlicher Ansatz für die Werbung. – 4. Aufl., Wiesbaden: Gabler, S. 71 ff., 2006.

[25] Porter, L./Golan, G. J.: From Subservient Chickens to Brawny Men: A Comparison of Viral Advertising to Television Advertising. – In: Journal of Interactive Advertising, Vol. 6, No. 2, S. 30-38, 20006.

[26] Phelps, J. E./Lewis, R./Mobilio, L./Peryy, D./Raman, N.: Viral Marketing or Electronic Word-of-Mouth Advertising: Examining Consumer Responses and Motivations to Pass Along Email. – In: Journal of Advertising Research, Vol. 44, No. 4, S. 333-348, 2004.

[27] Chiu, H.-C./Hsieh, Y.-C./Kao, Y.-H., Monle, L.: The Determinants of Email Receivers' Disseminating Behaviors on the Internet. – In: Journal of Advertising Research, Vol. 47, No. 4, S. 524-534, 2007.

[28] Hennig-Thurau, T./Gwinner, K. P./Walsh, G./Gremler, D. D.: Electronic word-of-mouth via consumer opinion platforms:What motivates consumer to articulate themselfes on the Internet? – In: Journal of Interactive Marketing, Vol. 18, No. 1, S. 38-52, 2004.

[29] Bildquellen: http://www.youtube.com.

[30] Esch, F.-R./Krieger, K. H./Stenger, D.: Virale Markenkommunikation – Wirksame Interaktion statt „Trial and Error". – In: Marketing Review St. Gallen, 24. Jg., Heft 1, S. 11-15, 2009.

[31] Grunder, R.: Viral Marketing. – In: Wirtschaftswissenschaftliches Studium, 32. Jg., Heft 9, S. 539-541, 2003.

[32] Chiu, H.-C./Hsieh, Y.-C./Kao, Y.-H., Monle, L.: The Determinants of Email Receivers' Disseminating Behaviors on the Internet. – In: Journal of Advertising Research, Vol. 47, No. 4, S. 524-534, 2007.

[33] Cheung, M.-S./Anitsal, M. M./Anitsal, I.: Revisiting Word-of-Mouth Communications: A Cross-National Exploration. – In: Journal of Marketing Theory and Practice, Vol. 15, No. 3, Summer, S. 235-249, 2007.

[34] Sun, T./Youn, S./Wu, G./Kuntaraporn, M.: Online Word-of-Mouth (or Mouse): An Exploration of its Antecendents and Consequences. – In: Journal of Computer-Mediated Communication, Vol. 11, No. 4, S. 1104-1127, 2006.

[35] Schmeißer, D. R./Schneiderbauer, C.: Socialbility als Erfolgsfaktor digitaler Markenführung. – In: planung & analyse, Heft 1/2010, S. 33-37, 2010.

Esch, F.-R.: Strategie und Technik der Markenführung. – 6. Aufl., München: Vahlen, 2010.

Esch, F.-R./Krieger, K. H./Stenger, D.: Virale Markenkommunikation – Wirksame Interaktion statt „Trial and Error". – In: Marketing Review St. Gallen, 24. Jg., Heft 1, S. 11-15, 2009.

Kroeber-Riel, W./Esch, F.-R.: Strategie und Technik der Werbung. Verhaltenswissenschaftliche Ansätze. – 7. Auflage, Stuttgart u.a.: Kohlhammer, in Vorbereitung, 2010.

Chance Online-PR – zielgerichtet kommunizieren im Social Web

Ed Wohlfahrt

2

Über gute Beziehungen zu seinen Stakeholdern zu verfügen, ist für Unternehmen seit jeher eine wichtige Voraussetzung für Erfolg. Diese Beziehungen zu planen, aufzubauen und über die Strecke zu führen, ist Gegenstand professioneller Public Relations (PR).

In Zeiten der Link-Ökonomie muss professionelle PR in der Lage sein, auch online werthaltig und sinnstiftend zu kommunizieren

In Zeiten der **Link-Ökonomie** werden an Unternehmen und ihre Kommunikation neue Ansprüche gestellt. Einer davon könnte sinngemäß lauten, wie viel Nutzen das betreffende Unternehmen über seine Onlinekommunikation zu stiften in der Lage ist. Ein anderer könnte lauten, wie einfach erreichbar beziehungsweise ansprechbar ein Unternehmen ist oder wie gut es zuhören kann. Nur dann, wenn Unternehmen diesen neuen Anspruchshaltungen in ausreichender Form gerecht werden, steht ihnen ein immer knapper werdendes Gut namens Aufmerksamkeit zur Verfügung.

Die hier skizzierten Anspruchshaltungen bleiben auf die PR-Branche nicht ohne Wirkung. Sie findet neue Dialogpartner, Werkzeuge und Aufgabenstellungen vor, die gleichermaßen bedient werden wollen. Eine der wichtigsten Aufgaben professioneller PR lautet deshalb, dass sie heute in der Lage sein muss, auch online werthaltig und sinnstiftend zu kommunizieren.

Zum Begriff Online-PR

Der Begriff „Online-PR“ hat zweifellos Hochkonjunktur. Dies führte zu einer beträchtlichen Begriffsunschärfe. Heute werden dafür längst nicht mehr nur Begriffe wie „PR 2.0“ oder „Cluetrain PR“ synonym verwendet. Auch die Optimierung von Suchmaschinen, zu neudeutsch **Search Engine Optimization**, bekam in Form von „SEO PR“ kurzerhand ein Public Relations-Mäntelchen umgehängt [1].

Definition Online-PR

Der hier verwendete Begriff Online-PR zielt in eine andere Richtung. Er meint alle Bemühungen, die ein Unternehmen online im Rahmen des Aufbaues sowie der Pflege von Dialogbeziehungen zu bestehenden und latenten Zielgruppen unternehmen kann. Anders ausgedrückt, umfasst der Begriff die online stattfindenden Dialog- und Kommunikationsbeziehungen zwischen einem Unternehmen und seinen Teilöffentlichkeiten.

http://www.marketing-boerse.de/Experten/details/Ed-Wohlfahrt

Kommunikation in einem sich ändernden Setting

Es gibt heute kaum ein Unternehmen, kaum eine Marke oder einen Markenverantwortlichen, der am Thema Internet vorbeikommt. Im Zuge des Wandels des Mediums der vergangenen Jahre zum Mitmach-Web zeichnet sich derzeit eine Entwicklung weg von der Webseite hin zur Webpräsenz ab. Wie jedoch sieht diese Präsenz aus und was bedeutet die Notwendigkeit, im Web beziehungsweise Social Web präsent zu sein für die Kommunikation von Unternehmen?

Weg von der Webseite hin zur Webpräsenz

Der Tatsache, dass die Webseite eines Unternehmens heute längst nicht mehr der einzige Kanal ist, über den Stakeholder

- an das Unternehmen herantreten oder
- Informationen über dieses nachfragen,

bleibt für die Public Relations – im weiteren PR – dieser Unternehmen nicht ohne Wirkung.

Auch die Struktur der Dialogpartner hat sich gewandelt. Waren die wichtigsten, nicht selten alleinigen, Adressaten von PR früher in einigen Zeitungs-, Hörfunk- oder TV-Redaktionen angesiedelt und damit optimal greifbar, zeigt sich heute ein gänzlich anderes Bild.

Die steigende Bedeutung User generierter Inhalte

User Generated Content beeinflusst über den Umweg der Suchmaschinen immer stärker die öffentliche Wahrnehmung

Mehr und mehr Internetnutzer erheben auf den verschiedenen Kanälen des Mitmach-Internets ihre Stimme. Sie tauschen sich aus und sprechen Empfehlungen aus. Sie teilen Inhalte und – für PR-Treibende von besonderer Bedeutung – sie machen Meinung. In anderen Worten: Die neuen Stakeholder schaffen Inhalte mit hoher Glaubwürdigkeit, die wiederum anderen Internetnutzern als Entscheidungsgrundlage dienen. Darüber hinaus beeinflusst **User Generated Content** über den Umweg der Suchmaschinen immer stärker auch die öffentliche Wahrnehmung von Unternehmen.

Die Entwicklung des statischen Internets hin zum Mitmach-Web schreitet unaufhaltsam fort und zieht auch demografisch immer weitere Kreise. Aus diesem Grund ist die aktive Auseinandersetzung mit den Praktiken, Chancen und Möglichkeiten online stattfindender Unternehmenskommunikation unabdingbar. Dies insbesondere deshalb, weil Onlinegespräche über Unternehmen, Produkte und Marken ohnehin stattfinden. Egal ob das diskutierte Unternehmen, seine PR-Abteilung oder seine externen PR-Dienstleister dies nun wollen oder nicht, egal ob sie in der Lage sind, daran teilzunehmen oder nicht.

Return-of-Investment (ROI) neu denken

Die sich ändernden kommunikativen Rahmenbedingungen als Chance und nicht als Bedrohung sehen

Die über das Social Web stattfindenden Gespräche bieten Unternehmen vor allem aber auch enormes Potenzial. Firmen jeder Größe, die es verstehen, die sich ändernden kommunikativen Rahmenbedingungen weniger als Bedrohung denn als Chance zu sehen und aktiv zu nutzen, profitieren weit über den bloßen **Return-of-Investment** hinaus.

Sie dehnen ihren Einfluss, ihre Reputation und die Strahlkraft ihrer Marken auf die Ebene(n) des sozialen Internets aus. Im Zuge dessen sind insbesondere große Unternehmen sogar dazu in der Lage, sich über Jahre verlorenes Vertrauen [2] zurückzuholen und sich von einer bislang ungekannten, persönlichen, ja sogar authentischen Seite zu zeigen [3]. Vorausgesetzt natürlich, Online-PR wird nicht als weiteres Instrument des „Wir reden und ihr hört zu!" missverstanden.

Internetuser beanspruchen Deutungshoheit

Der Rahmen, in dem Unternehmen heute kommunizieren, befindet sich im Wandel. Dies nicht zuletzt durch die Entwicklung des statischen Internets hin zum Mitmach-Web und der damit einhergehenden **Autorenkultur** [4].

Wie mit den „neuen Unternehmenssprechern" im Social Web umzugehen ist

Auf Twitter, Facebook, in Meinungsforen oder Onlinetagebüchern melden sich immer häufiger Personen zu Wort, die ein Stück jener Deutungshoheit beanspruchen, die vormals ausschließlich bei den Unternehmen lag. Für die Online-PR bedeutet das Aufkommen dieser „neuen Unternehmenssprecher" mehrerlei.

Sie braucht das Bewusstsein für die Relevanz dieser Onlinegespräche. Sie benötigt einen genauen Überblick über die aktuelle Struktur der Stakeholder sowie über die Themen und virtuellen Orte, auf denen sie kommunizieren. Sie muss dazu in der Lage sein, mit diesen Anspruchsgruppen in einen aktiven und von gegenseitiger Wertschätzung geprägten Dialog einzutreten. Dieser Dialog impliziert das Bereitstellen von für die Anspruchsgruppe entsprechend relevanter Inhalte. Dies bedingt unter anderem, dass PR dazu in der Lage sein muss, die von Fall zu Fall unterschiedlichen Gepflogenheiten der Kommunikation entsprechend zu reflektieren.

Mangelndes Bewusstsein als Hemmschuh

In der Praxis zeigt sich häufig, dass das Wissen von Unternehmen über das eigene Standing, die eigene Reputation im Social Web, kaum über die erste Google-Seite hinaus reicht. Es gibt die eigene Homepage und möglicherweise sogar erste Schritte auf YouTube oder Flickr. Dennoch fällt man aus allen Wolken, wenn Bewertungen auf Produktseiten auftauchen oder ehemalige Mitarbeiter das Unternehmen als Arbeitgeber bewerten. Um ein solches Unternehmen an die online stattfindenden Gespräche heranzuführen und die Bedeutung dieser Inhalte näher zu bringen, braucht es einerseits Zeit, andererseits Überzeugungskraft.

Bewusstsein schaffen

Folgende Maßnahmen können Ihnen dabei helfen, bei Ihren Vorgesetzten oder Kunden mehr Bewusstsein zu erreichen:

Maßnahmenkatalog, um Bewusstsein zu schaffen

Benutzen Sie **Echtzeit-Suchmaschinen** wie Socialmention (http://www.socialmention.com), Twittersearch (http://search.twitter.com) oder zum Beispiel Topsy (http://topsy.com) um zu sehen, ob das eigene Unternehmen bereits thematisiert wurde. Solche Fundstücke helfen dabei, den Weg für eigene Maßnahmen zu ebnen.

Wenn Sie über einen Facebook-Account verfügen, können Sie unter http://www.facebook.com/ads/create/ einsehen, wie viele Personen sich auf Facebook für spezielle Themen oder Produkte interessieren.

Legen Sie dar, dass sich für Ihr Unternehmen wichtige Dialogpartner wie zum Beispiel Mitarbeiter, Lieferanten oder Journalisten aktiv auf Twitter bewegen oder sogar eigene Blogs betreiben.

Nicht selten sind ganze Verlage auf Twitter, Facebook oder Blogs aktiv. Häufig integrieren sie auf ihren Homepages RSS Feeds, Schlagwortwolken, Facebook-Schnittstellen oder Online-Videos. Ein weiterer Umstand, mit dem Sie auf die Notwendigkeit hinweisen können, sich mit diesen Tools aktiv auseinanderzusetzen.

Praxistipp

Negative Beispiele wie etwa „Unternehmen xy ist auf Facebook dieses oder jenes widerfahren, weil es Online-PR nicht ernst genommen hat“, bewirken bei Entscheidern oft noch größere Ressentiments. Auf Chancen machen Sie viel besser aufmerksam, indem Sie Fürsprecher ausfindig machen. Führen Sie etwa Personen an, die sich online positiv über Ihr Produkt äußern oder anderen Nutzern gegenüber konkrete Empfehlungen aussprechen.

Häufige Fehler – und wie man sie vermeidet

Den verschiedenen Kanälen des Social Web, sei es nun YouTube, Flickr, Twitter oder Facebook, ist gemeinsam, dass die Einrichtung von Accounts meist keinerlei Kosten verursacht. Viele Unternehmen überbieten sich deshalb im Eröffnen neuer Accounts und vergessen ganz darauf, diese auch entsprechend zu betreuen.

Eröffnete Accounts müssen betreut werden, denn sie führen auf Seiten der Nutzer zu Anspruchshaltungen

Die Folgen sind verwaiste YouTube-Kanäle oder Facebook-Seiten, die zwar noch immer aufgerufen werden können, auf denen sich das Unternehmen selbst jedoch nicht mehr zu Wort meldet. Unternehmen, die eine Vielzahl an Kanälen öffnen, diese jedoch kaum betreuen, vergessen einen weiteren Umstand: Jeder neu eröffnete Kommunikationskanal führt auf Seiten der Nutzer zu **Anspruchshaltungen**. Können diese nicht erfüllt werden, führt dies zu Frustration.

Ebenfalls häufig zu beobachten sind Unternehmen, die das Social Web als einen weiteren Kanal für die Verbreitung ihrer Werbebotschaften sehen. Da so kaum konkreter Nutzen gestiftet werden kann, verhallt dieses Geschrei, ohne dass jemand davon Notiz nimmt.

Praxistipps

Praxistipps für den Start

Starten Sie Ihr Social Media-Engagement nicht Hals über Kopf. Wenn Sie noch unsicher sind, hören Sie sich auf relevanten Foren, Blogs und Facebook-Seiten erst einmal in Ruhe um. Arbeiten Sie mit einer klaren Zielsetzung – mehr zu diesem Punkt im Abschnitt **„Social Media Strategy“**.

- Starten Sie Ihre Online-PR möglichst auf niedriger Flamme.
- Wählen Sie die für Ihr Unternehmen passende(n) Kommunikationsplattform (en) sorgsam aus.
- Begründen Sie am besten schriftlich, warum Sie beispielsweise Twitter im Rahmen Ihrer Strategie höher bewerten als Flickr.
- Um Gehör zu finden, müssen Sie sich erst das Vertrauen Ihrer Gesprächspartner verdienen.
- Gehen Sie nicht davon aus, über Ihre Social Media-Kommunikation kurzfristig Erfolg zu haben.
- Freuen Sie sich auch über kleinere Erfolge (Kommentare, eingehende Links, Re-Tweets, et cetera)

Online-PR richtig planen und umsetzen

Die professionelle Herangehensweise an das Thema Online-PR unterscheidet sich über weite Strecken kaum von der klassischen PR-Konzeptionspraxis [5]. Auch für die Umsetzung von Maßnahmen der Online-PR gilt es, vorab einige zentrale Fragen zu klären und diese am besten in schriftlicher Form festzuhalten.

Eine Social Media-Strategie erstellen

In der Praxis hat sich hierfür die Erstellung einer Social Media-Strategie bewährt. Sie definiert unter anderem die kommunikative Ausgangssituation, nennt Zielgruppen und Maßnahmen und legt last but not least fest, wann und nach welchen Kriterien die Erfolgsmessung erfolgt [6].

Die Social Media-Strategie

Die Erstellung einer schriftlichen Social Media-Strategie ist aus mehreren Gründen sinnvoll. Der wichtigste von ihnen lautet, dass sie dem Unternehmen beziehungsweise den handelnden Personen Sicherheit gibt. Zurufe und spontan auftretende Änderungswünsche sind damit ebenso vom Tisch wie die neue coole Plattform, die auch noch unbedingt ausprobiert werden muss. Nachfolgend werden einige zentrale Aspekte einer Social Media-Strategie herausgegriffen und mit Beispielen erklärt.

Klare Zielsetzungen

Zielsetzungen einer Online-PR

Die Zielsetzungen, die ein Unternehmen im Rahmen seiner Online-PR verfolgen kann, sind vielseitig. So kann eine Zielsetzung beispielsweise darin bestehen, wichtige Dialogpartner mit unternehmensrelevanten Inhalten zu erreichen. Eine andere Zielsetzung könnte etwa darin liegen, Konsumenten gegenüber die Bemühungen im Bereich Customer Care, Corporate Social Responsibility oder Umweltschutz zum Ausdruck zu bringen. Eine weitere Zielsetzung wäre es, sich gegenüber potentiellen Bewerbern als optimaler Arbeitgeber zu präsentieren.

Wie immer die über Social Media verfolgte Zielsetzung auch lauten mag, sie sollte klar definiert sein und in schriftlicher Form vorliegen. Beispielsweise könnte sie so lauten:

Beispielformulierung

„Als führendes Unternehmen der Bekleidungsbranche setzen wir Social Media dafür ein, über die Herkunft und Qualität unserer Produkte zu sprechen. Eine weitere zentrale Zielsetzung unserer Onlinekommunikation besteht darin, auf die Vorzüge fair gehandelter Produkte gegenüber Massenware aus Billiglohnländern hinzuweisen."

Erläuterung der eingeschlagenen Strategie

Neben der Zielsetzung kommt der Strategie entscheidende Bedeutung zu. Sie zeichnet in möglichst konkreter Form den Weg auf, über den die Zielsetzung erreicht werden kann. Die Kommunikationsstrategie eines international tätigen Beratungsunternehmens beispielsweise könnte lauten:

Beispielformulierung

„Über unser Social Media-Engagement auf Facebook suchen wir aktiv das Gespräch mit Studienabsolventen beziehungsweise mit Studierenden im letzten Studienabschnitt. Unsere Strategie liegt darin, gezielt die besten und engagiertesten Köpfe anzusprechen und zu Fans unserer Unternehmensseite zu machen. Abseits unserer eigenen Fanpage engagieren wir uns auf Facebook auch auf Absolventenseiten und den Seiten deutschsprachiger Universitäten und Fachhochschulen. Hier weisen wir auf die Chancen und Möglichkeiten einer internationalen Karriere im Rahmen unserer Unternehmensgruppe hin, leisten Hilfestellungen bei Fragen zur Karriereplanung, sprechen über unsere Trainee-Programme und positionieren unser Unternehmen als exklusive Adresse für die besten Köpfe."

Genaue Benennung der Dialogpartner

Die Adressaten der zu transportierenden Botschaften definieren

Unternehmen kommunizieren gemeinhin nicht im luftleeren Raum. Aus diesem Grund macht es Sinn, sich im Rahmen der Social Media-Strategie zu fragen, wer die Adressaten der zu transportierenden Botschaften sein sollen. Auch die Benennung der **Dialogpartner** kann nicht genau genug erfolgen. Einfach zu sagen, „wir wollen die Österreichische Bevölkerung zwischen 25 und 49 Jahren", ist für wertschöpfende Online-PR möglicherweise zu vage. Stattdessen könnte eine Klassifizierung der Dialogpartner so aussehen:

Beispielformulierung

„Wir streben in Wien, Niederösterreich, dem Burgenland und der Steiermark online Gespräche mit Frauen im Alter von 25 bis 49 Jahren an, die schon öfters versucht haben, mit dem Rauchen aufzuhören, es bislang aber noch nicht geschafft haben."

Mit einer solchen Herangehensweise wird sehr schnell klar, welche Onlinegespräche, welche Foren und Kanäle im Internet besonders relevant sind. Eine sehr detaillierte Definition der Dialogpartner leistet auch einen wichtigen Beitrag zum zielgerichteten Einsatz der **Ressourcen**. Nicht zu vergessen, vereinfacht sich durch die konkrete Benennung der Dialogpartner auch die Auswahl passender Inhalte.

Auswahl der Plattformen

Sind Zielsetzungen, Strategie und Dialogpartner sorgfältig definiert, sind wichtige Vorentscheidungen für die Wahl der Plattformen bereits gefallen

Die Auswahl der Plattformen ist wichtig, steht im Rahmen der Social Media-Strategie jedoch mit Sicherheit nicht an erster Stelle. Wurden zuvor Zielsetzungen, Strategie und Dialogpartner sorgfältig definiert, sind wichtige Vorentscheidungen für die Wahl der Plattformen bereits gefallen.

Praxistipp: Eine Social Media-Strategie kann beispielsweise die Nutzung mehrerer Plattformen vorsehen, von denen jedoch nicht allen gleich hohe Priorität eingeräumt wird. Eine solche Bewertung macht insofern Sinn, als dass man damit den Ressourceneinsatz besser steuern kann. Ein Beispiel: Die Social Media-Strategie der vergangenen olympischen Winterspiele in Vancouver sah die Nutzung des Microblogging Dienst Twitter vor. Diese Nutzung erfolgte jedoch so, dass man Followern primär nützliche Informationen zum Beispiel über An- und Abreise oder Kartenverkauf bereitstellte. Die aktive Auseinandersetzung mit der Twitter-Gemeinde oder etwa das Forcieren eigener **Hashtags** wurde hingegen nachrangig behandelt [7].

Erfolgsmessung

Zwecks Erfolgsmessung sind qualitative und quantitative Messgrößen zu definieren

Um zu erfahren, ob die Maßnahmen der Online-PR auch entsprechende Ergebnisse bringen, ist eine **Erfolgsmessung** unabdingbar. Um diese jedoch durchführen zu können, kommt der Festlegung qualitativer und quantitativer Messgrößen im Rahmen der Social Media-Strategie besondere Bedeutung zu.

Angesichts der mittels Online-PR verfolgten weichen Zielsetzungen wie etwa Aufbau von Vertrauen, Corporate Image oder Reputation, erscheint eine rein quantitative Messung wenig zielführend. Google Analytics http: //www.google.com/analytics, Feedburner http://feedburner.google.com oder die Statistikwerkzeuge von YouTube oder Facebook sind hilfreich, greifen in der qualitativen Bewertung jedoch zu kurz.

Für die qualitative Messung rücken unter anderem folgende Parameter ins Zentrum der Aufmerksamkeit: Der Verlauf von Onlinegesprächen vor dem Hintergrund gewählter Zielsetzungen wie etwa Wissenstransfer, Überzeugung,

Methoden der Erfolgsmessung

Verhaltensänderung. Hierbei ebenfalls von Bedeutung ist der Grad der aktiven Beteiligung der Nutzer sowie positive, neutrale oder negative Zuschreibungen zu Produkten und Marken [8].

Eine weitere, wenn auch zweifellos aufwendige Messmethode besteht darin, Referenzgruppen zu bilden und diese mittels standardisiertem Fragebogen zu untersuchen. Auf diese Weise lassen sich Einstellungsunterschiede oder Informationsniveaus zwischen Fans eines bestimmten Unternehmens auf Facebook und Nicht-Fans sowie andere qualitative Faktoren messen und miteinander vergleichen.

Anbieter von Social Media Monitoring-Diensten wie beispielsweise Radian6 oder Buzz Metrics bieten darüber hinaus so genannte Sentiment-Analysen an. Hierbei wird Social Media Content auf seine stimmungs- und gefühlsmäßige Färbung hin bewertet und daraus qualitative Aussagen abgeleitet.

Literatur

[1] Zur Abgrenzung zwischen den Begriffen „PR 2.0“ und „Web 2.0“ siehe auch: http://www.bransolis.com/2007/02/pr-20-is-not-web-20/ Blog von Brian Solis.

[2] Zur Bedeutung von Glaubwürdigkeit vergleiche: Ruisinger, D.: Glaubhaftigkeit wird immer wichtiger werden. – Ein E-Mail-Interview mir FroSTA-Vorstand Felix Ahlers über neue Formen der Unternehmenskommunikation, In: Ruisinger, D.: Online Relations. Leitfaden für moderne PR im Netz. – S. 242 - 244., Schöffer-Poeschel, 2007.

[3] Zum wichtigen Thema Authentizität siehe Pleil, T./ Rehn, D.: Authentizität im Social Web. Erwartungen der Community an die PR. Ausgewählte Befunde. – In: PR Magazin, S. 61 - 66., 2 / 2010.

[4] Rushkoff, D.: Die neue Renaissance. – S. 154, Riemann, 2006.

[5] Hansen, R./ Schmidt, S.: Konzeptionspraxis: Eine Einführung für PR- und Kommunikationsfachleute. – S. 36, Frankfurter Allgemeine Buch, 2009.

[6] Für weiterführende Informationen zur Online-PR-Planung siehe auch: Breakenridge, D.: PR 2.0. New Media, New Tools, New Audiences. – S. 244 - 257, FT Press, 2008.

[7] http://www.pbs.org/mediashift/2010/02/inside-the-social-media-strategy-of-the-winter-olympic-games043.html: Inside the Social Media Strategy of the Winter Olympic Games, Craig Siverman; Mediashift Blog.

[8] Zur Diskussion um die Relevanzkriterien von Social Media siehe auch: http://ag-sm.de/ Webseite der Arbeitsgemeinschaft Social Media.

WORD-OF-MOUTH-MARKETING IM WEB

3

INTRO

Mundpropaganda dank „Empowered Involvement": Martin Oetting erforschte im Rahmen seiner Dissertation, wie aktives Kommunikationsverhalten erklärt und angeregt werden kann. Er sieht im Social Web eine skalierbare und hocheffiziente Schnittstelle, um Kunden zum Mitmachen zu bewegen.

Social Media: Vom Hype zum strategischen Einsatz: Mirko Lange warnt davor, einfach einmal „Social Media zu machen". Er empfiehlt eine Fokussierung auf Inhalte und nicht auf Kanäle. Ein Unternehmen muss Social Media auch von innen durch seine Kommunikationskultur leben.

Empfehlungsmarketing. Das wahre Virale: Marc Pohlmann bläst ins gleiche Horn und relativiert den Nutzen von Viral Marketing als reiner Reichweitenbringer. Es geht darum, Gesprächsimpulse aufzunehmen und in die eigene Kommunikation zurückfließen zu lassen. Ernüchtert stellt er fest, dass viele konventionelle virale Aktionen scheitern.

eWOM: Planung und Steuerung von Kundenempfehlungen: Christian Holsing und Björn Schäfers schreiben über Online-Empfehlungen als Hilfe bei einer Kaufentscheidung. Nicht nur bei bestehendem Kaufwunsch wird die Produktwahl beeinflusst. Online-Empfehlungen spielen auch in der Phase der Bedürfnisweckung eine wichtige Rolle.

Active seeding: Der WOM-Papst Emanuel Rosen betont, wie wichtig es ist, nicht nur die reine Anzahl von Kommentaren, sondern auch deren Dispersion über verschiedene Netzwerke zu maximieren.

WOM-Kampagnen: David Eicher berichtet über erfolgreiche Word-of-Mouth-Plattformen. Bewährt haben sich selbst betriebene Webseiten. Das Social Web wird jedoch aktiv als Multiplikator genutzt. Er beschreibt auch den Fall eines noch nicht marktreifen Produkts, das dank der Community vor dem Marktstart überarbeitet wurde.

Viral Marketing in Facebook: Andreas Bersch erläutert konkret, wie sich das weltweit größte Empfehlungsnetzwerk für eine virale Verbreitung von Nachrichten nutzen lässt.

Empfehlungsmarketing mit Twitter: Stefan Berns liefert eine praxisnahe Anleitung für den Kurznachrichtendienst Twitter. Das Portal ist die größte öffentlich zugängliche Datenbank für Empfehlungen.

Bilder sagen mehr als 1.000 Worte. Und virale Videos? Felix Holzapfel demonstriert an konkreten Beispielen die Macht bewegter Bilder, wenn es um die Motivation zum Weiterleiten geht.

3 WORD-OF-MOUTH-MARKETING IM WEB

Mundpropaganda dank „Empowered Involvement"

Martin Oetting

3

Der folgende Beitrag stellt die Kurzzusammenfassung einer Doktorarbeit dar, die unter dem Titel „Ripple Effect" als englischsprachiges Buch im Gabler Verlag erschienen ist. Die Arbeit beantwortet die Frage, was man mit Twitter-Followern, Facebook-Fans und Bloglesern machen sollte.

Aus der Zielgruppe werden aktive Mitgestalter

Wer die aktuelle Diskussion im Marketing verfolgt, stellt fest, dass sich die Rolle der Kunden und Abnehmer ändert. Im Zentrum der Diskussion steht heute der Wandel vom passiven Käufer oder Nutzer hin zum aktiven Mitgestalter. Ein Wandel, der insbesondere im Bereich der Marketingkommunikation interessant ist, denn gerade hier verändern sich die Grundlagen.

Vom passiven Käufer oder Nutzer hin zum aktiven Mitgestalter

Früher wurde von einer eher anonymen und passiven Zielgruppe gesprochen, die über ein paar Eckdaten mittels entsprechender Werbemedien erreicht werden konnte (das nahm man jedenfalls an). Heute verhalten sich die Kunden in ihrem Mediennutzungsverhalten häufig „unplanbar". In ihrem Umfeld kommunizieren sie dafür als Mitgestalter extrem aktiv („Mundpropaganda" – online wie offline). Im Zentrum unserer Arbeit stand daher die Frage, wie aktives Kommunikationsverhalten erklärt werden kann, was ein Anbieter tun kann, um es anzuregen, und welche Rolle dabei die Mitwirkung spielt.

Mundpropaganda als Forschungsthema

Zahlreiche Studien haben in den letzten sechzig Jahren die Rolle und den Einfluss informeller Kommunikation zwischen Nachfragern untersucht. Klassische sehr einfache Konzepte der zweistufigen Kommunikation – von den Medien zu einem Meinungsführer, vom Meinungsführer weiter zum Rest der Bevölkerung – standen dabei ganz am Anfang (40er und 50er Jahre). In einer frühen Studie aus dem Jahr 1954 wurde außerdem schon gezeigt, wie sich Mundpropaganda („Word-of-Mouth", auch „WOM" abgekürzt) auf den Absatz eines Anbieters von Klimaanlagen auswirkt.

Dem Thema seitens des Massenmarketings jahrelang kaum Bedeutung zugemessen

Obwohl auch die Marketingpraxis dem Thema Mundpropaganda immer wieder Aufmerksamkeit widmete, wurde dem Thema seitens des Massenmarketings jahrelang kaum Bedeutung zugemessen. Letztlich nicht verwunderlich – die westlichen Konsumgesellschaften haben sich mit klassischer Werbung lange bestens entwickelt. Der Umgang mit dem eher „kleinteiligen" Thema

http://www.marketing-boerse.de/Experten/details/Martin-Oetting

Mundpropaganda erschien dagegen häufig weder erfolgversprechend noch betriebswirtschaftlich umsetzbar. Mittlerweile aber ändern sich die Vorzeichen, und es sind insbesondere jüngere Praxistrends, welche die aktuelle Diskussion bestimmen:

- **Informations- und Medienflut:** Während das mediale Angebot immer neue Höhepunkte erreicht, fühlen sich viele Mitglieder der ehemaligen Zielgruppen von der Medienvielfalt und Informationsflut immer mehr überlastet.

Internet und Social Web unterstützen digitale Mundpropaganda

- **Internet und Social Web:** Das Internet und seine Anwendungen, die der sozialen Vernetzung von Nutzern dienen („Web 2.0", „Social Media"), unterstützen digitale Mundpropaganda in idealer Art und Weise. Nachfrager werden in die Lage versetzt, Informationen und Kommunikationspartner gezielt auszuwählen. Und sie können vor allem auch selbst Meinungen über Anbieter, Marken oder Produkte multimedial zum Ausdruck bringen.

Zur Word of Mouth Marketing Association zählen über 400 Mitgliedsunternehmen

- **Bewusstseinswandel im Marketing:** Insbesondere in den USA, aber mittlerweile auch verstärkt in Deutschland, haben diese Entwicklungen dazu geführt, dass die Unternehmen dem Marketing-Thema WOM verstärkte Aufmerksamkeit widmen. Als Indiz dafür mag der Erfolg der Word-of-Mouth Marketing Association (WOMMA) herangezogen werden, welche nach Gründung im Jahr 2004 inzwischen über 400 Mitgliedsunternehmen zählt.

Vor diesem Hintergrund lautet die Forschungsfrage, die ganz am Anfang unserer Forschungsarbeit stand: Welche Möglichkeiten stehen einem Marketingpraktiker zur Verfügung, um bei Berücksichtigung der neuen Medien und der veränderten Kommunikationsgewohnheiten positive Mundpropaganda anzuregen – als ernstzunehmende Teilaufgabe des Marketing?

Involvement als Einflussfaktor für WOM

Je höher die Involviertheit, desto größer auch die Bereitschaft, mit anderen über eine Sache zu sprechen

Bei unserer Suche nach Ansatzpunkten für Unternehmen, aktiv positive WOM-Kommunikation anzuregen, nahm das Thema „Involvement" eine Schlüsselrolle ein. Die Frage also, wie viel Anteilnahme und Bereitschaft es zur Auseinandersetzung mit einer Sache beim Kunden oder Nutzer gibt. Bereits in frühen Forschungsarbeiten zum Thema Mundpropaganda wurde die Bedeutung von Involvement für die Mundpropaganda betont und später immer wieder bestätigt: je höher die Involviertheit, desto größer auch die Bereitschaft, mit anderen über eine Sache zu sprechen.

Darum wird dem Involvement unter anderem auch eine bedeutende Rolle für die Erklärung von Meinungsführerschaft zugemessen. Laut einer Studie aus dem Bereich Modemarketing ist das Produktinteresse einer Person (verknüpft mit dem Grad ihres sozialen Austauschs) maßgeblich für ihre Funktion als Meinungsführer. Wie aktiv kommunizierend sich jemand in seinen sozialen Zirkeln betätigt und dabei Einfluss ausübt, hängt also auch von der Tiefe der Auseinandersetzung mit dem jeweiligen Thema ab. Um Mundpropaganda stimulieren zu können, müsste man also das Involvement von Kunden oder Interessenten anheben.

Wie kann Involvement „stimuliert" werden?

Involvement ist der Grad, zu dem eine Person für sich persönlich eine Sache als relevant erachtet. Dadurch entsteht aber für unsere Fragestellung ein Problem: Involvement ist demnach eine sehr subjektive Angelegenheit, die zunächst nur schwer von außen – in einem Marketingprozess – beeinflusst werden kann. Ob mir eine Sache relevant erscheint oder nicht, liegt ja letztlich an mir selbst. Wie soll das Marketing also darauf Einfluss nehmen, um Mundpropaganda anzuregen?

Involvement nur schwer von außen zu beeinflussen

Die Marketingforschung jedenfalls hat lange Zeit das Thema Involvement als fest gegebene Größe hingenommen, die, im einzelnen Individuum verankert, eigentlich nicht veränderbar ist. Wenn wir aber die Bereitschaft zur Mundpropaganda dauerhaft anheben wollen, landen wir offenbar in einer Sackgasse. Denn die Involviertheit scheint ja im Marketingprozess gar nicht veränderbar zu sein, obwohl sie eine entscheidende Stellschraube für Mundpropaganda ist.

Es gibt jedoch einen Ausweg – im Bereich der Personalwirtschaft, also dort, wo es um Fragen der Mitarbeitermotivation und allgemein der Personalführung geht. Dort wird schon lange an der Fragestellung gearbeitet, wie die innere Auseinandersetzung von Menschen mit bestimmten Themen bewusst intensiviert werden kann. Die Schlagwörter in diesem Zuammenhang sind: **Mitbestimmung** der Mitarbeiter, **aktive Beteiligung**, oder auch: **„Empowerment"**.

Mitbestimmung der Mitarbeiter

„Empowerment", der Personalforschung entliehen

Empowerment: vier Schlüsselkomponenten
1. Bedeutung
2. Kompetenz
3. Selbstbestimmtheit
4. Einflussnahme

(Spreitzer, 1995)

Zwar findet der Begriff Empowerment auch in der Marketingforschung Anwendung, insgesamt gibt es aber bislang eher wenige Studien dazu. Anders sieht es im Bereich der Personal- und Führungsforschung aus. Zwar wird auch dort das Mitarbeiter-Empowerment häufig als neuartiges Konzept vorgestellt. Es gibt aber eine deutlich weiter zurückgehende Forschungstradition, die bis in die 30er Jahre des vergangenen Jahrhunderts zurückreicht. Anwendungsbereiche sind in der Regel Fragen der Motivation und Mitarbeitereffektivität.

Empowerment wird dabei als Gegenentwurf zu klassischen „Befehl und Gehorsam"-Strukturen in Organisationen angesehen. Damit ergibt sich bereits eine direkte Parallele zur derzeitigen Situation zwischen Kunden und Unternehmen im Marketing. Für den Anwendungsbereich der Personal- und Führungsforschung hat Spreitzer (1995) ein Modell zur Erklärung von Mitarbeiter-Empowerment vorgestellt. Sie versteht Empowerment als Ansatz zur intrinsischen Motivation und nennt vier Komponenten:

Sehe ich einen Sinn in meiner Tätigkeit?

1. die persönliche Beimessung von Bedeutung („Meaning") – mit anderen Worten: sehe ich einen Sinn in meiner Tätigkeit?
2. die Wahrnehmung von Kompetenz („Competence") – oder auch: habe ich den Eindruck, selbst überhaupt einen nützlichen Beitrag leisten zu können?
3. die Wahrnehmung von Selbstbestimmtheit („Self-determination") – anders gesagt: kann ich meinen Beitrag so leisten, wie es mir selbst passend erscheint?
4. die Wahrnehmung von Einflussnahme („Impact") – kann man meine Mitwirkung am Schluss auch am Endergebnis ablesen?

Bei der Personal- und Führungsforschung interessieren als Auswirkungen von Empowerment vor allem Themen wie Output, Ergebnisqualität, Produktivität, Arbeitsgeschwindigkeit oder Kreativität.

Indem wir Empowerment nun aber bewusst in den Kontext der Marketing-Kommunikation verpflanzen, schaffen wir die Möglichkeit, Empowerment als Strategie zur Anhebung von Involvement zu begreifen. Damit nehmen wir Einfluss auf die Größe, die uns interessiert: Mundpropaganda.

Konzept: Empowered Involvement (EmI)

Der Kern zur Erklärung von aktivem WOM-Verhalten ist bei uns daher das Konzept „Empowered Involvement", das unsere vorstehenden Überlegungen zur Involviertheit mit dem Empowerment-Modell von Spreitzer kombiniert.

Unsere Annahme für die weitere Forschung: Wenn ein Unternehmen erreicht, dass seine Nachfrager, Kunden oder Fans ganz subjektiv „Sinn" oder „Bedeutung" in einer Marketingmaßnahme sehen, dass sie sich „selbstbestimmt" daran beteiligen können, dass ihre eigene „Kompetenz" dabei gefragt ist, und dass sie dabei erleben, wie ihre „Einflussnahme" auch im Endergebnis sichtbar ist, so stimuliert dieses Vorgehen das Involvement – und damit Mundpropaganda. Den Zustand bezeichnen wir als Empowered Involvement (EmI).

Grafisch lässt sich unser Modell folgendermaßen darstellen:

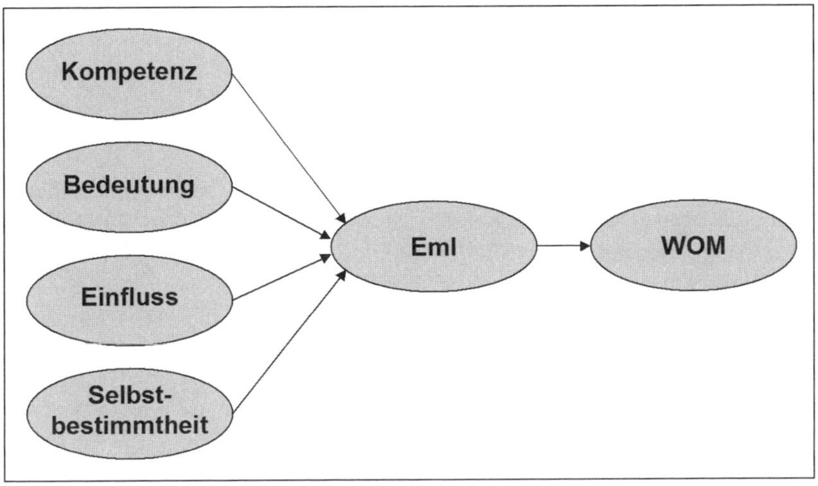

Abb. 1: Empowered Involvement

Empirische Überprüfung

Die experimentelle Überprüfung der beschriebenen Annahmen wurde in einem zweistufigen Prozess durchgeführt. In einem ersten Versuch wurden Studierende eingeladen, über zwei Werbemotive für ein neues Kaugummi abzustimmen. Partner in diesem Teil der Forschung war dabei die Firma Wrigley. Anschließend wurden sie nach ihrem Mundpropagandaverhalten gefragt und mit einer anderen Studierendengruppe verglichen, die an keiner Abstimmung teilgenommen hatte.

Über zwei Werbemotive für ein neues Kaugummi abstimmen

Dabei konnte festgestellt werden, dass bei dieser zunächst eher oberflächlichen Betrachtung rein äußerlich die vermuteten Effekte auftreten. Die abstimmende Gruppe hat signifikant mehr Mundpropaganda abgegeben als die unbeteiligte Vergleichsgruppe.

Kampagne Paybackblog
Die Details des Projektes zum Launch des Paybackblogs finden sich auf der entsprechenden Projektseite bei trnd:
http://paybackblog.trnd.com/projektinfos/

Das Blog, über das die Diskussion zum Launch des neuen Paybackblogs moderiert wurde, steht ebenfalls weiterhin online zur Verfügung:
http://paybackblog.trnd.com/

In der zweiten Studie wurde daraufhin eine sorgfältigere Messung der vier genannten Komponenten von EmI unternommen. Als Grundlage dafür diente ein Marketingprojekt der trnd AG – dem europäischen Word-of-Mouth-Marketingpionier – bei dem bereits ein EmI-Ansatz angewendet wurde:

Für den Anbieter Payback wurde mit 111 Teilnehmern in einem intensiven Onlinedialog gemeinsam die Ausrichtung und Gestaltung eines neuen Corporate Blogs bestimmt.

Diese Untergruppe der 111 Teilnehmer am Payback-Blog-Projekt konnte nun für eine Befragung herangezogen werden. Denn sie sollte sich laut unserer Annahmen deutlich von anderen trnd-Mitgliedern in Bezug auf ihr „Empowered Involvement" und ihr aktives Mundpropagandaverhalten unterscheiden.

Von 111 Personen erklärten sich 51 zur Teilnahme an unserer Studie bereit, die wir circa zwei Wochen nach dem Launch des Payback-Blogs durchgeführt haben. Verglichen wurde die Stichprobe mit 51 zufällig ausgewählten anderen trnd-Mitgliedern, die nicht am Payback-Blog-Projekt teilgenommen hatten. Die Auswertung wurde mittels Kausalanalyse (Strukturgleichungsmodell, PLS) durchgeführt.

Ergebnisse der Untersuchung

Die Untersuchung der erhobenen Daten hat sämtliche Hypothesen bestätigt (für eine ausführliche Dokumentation und alle Daten bitte die Buchveröffentlichung beachten). Es hat sich gezeigt, dass über die Stärkung der genannten vier Dimensionen – „Bedeutung", „Kompetenz", „Selbstbestimmtheit" und „Einflussnahme" – Mundpropaganda im Marketingprozess angeregt werden kann. Desweiteren wurde deutlich, dass die Empfehlungen, die aufgrund dieses Ansatzes entstehen, positiver sind, als die der nicht über EmI eingebundenen Teilnehmer.

Empfehlungen sind positiver

Um das Involvement anzuheben (und damit Mundpropaganda anzuregen), ist also die Arbeit mit Kundenmitwirkung ein passender Weg. Durch die aktive Beteiligung von Nachfragern am Marketing-Prozess entsteht zunächst gesteigertes Involvement. Daraus resultiert wiederum Mundpropaganda. Die Kunden werden in der Kommunikation nun nicht mehr allein als passive Empfänger betrachtet. Stattdessen werden sie in zweierlei Hinsicht aktiv: zum einen interagieren sie mit dem Unternehmen, zum anderen wirken sie auf ihr Umfeld ein.

Aktive Beteiligung von Nachfragern am Marketing-Prozess

EmI als Grundlage für eine Social Media-Strategie

Internetbasierte Kommunikationstechnologien, wie Blogs und andere Web 2.0-Anwendungen, sind dabei eine ideale Grundlage, um Empowered Involvement zu ermöglichen. Bevor es das Web gab, war es für große Unternehmen so gut wie unmöglich, auf effiziente Weise Empowered Involvement als Unternehmensstrategie im Marketing einzusetzen. Wie sollte man ohne Web in ganz Deutschland (oder weltweit) tausenden Kunden, Nutzern oder Interessenten die Möglichkeit bieten, sich aktiv einzubringen? Heute bieten Unternehmensblogs, trnd-Kampagnen oder Facebook-Fanseiten den Nutzern problemlose Möglichkeiten, über Kommentare selbst Vorschläge zu machen oder an Entscheidungen aktiv teil zu nehmen.

Inhalte der Kommunikation über ein Unternehmen, eine Marke, Produkte oder Dienstleistungen können von den Nachfragern entwickelt, vorgefiltert, ergänzt oder modifiziert werden. Erwartungen der Nachfrager und ihre Meinungen lassen sich sammeln und können in Entscheidungen des Unternehmens einfließen, die danach mittels Feedbackschleife als Ergebnisse an die Nutzer zurückgemeldet werden.

Wenn man die vier genannten Faktoren chronologisch ordnet, entsteht daraus eine Social Media Marketing-Strategie:

1. Inhaltliche Planung: „Meaning"
Am Anfang steht die Frage nach dem Sinn, den das Thema stiften soll. Die aktive Mitwirkung von Nutzern im Marketingprozess gelingt nur, wenn man ihnen ein Thema anbietet, das für sie auch eine weitergehende Bedeutung hat. Sie muss über das reine Verkaufsinteresse hinausgehen.

2. Auswahl der Teilnehmer: „Choice"
Ein entscheidender Punkt besteht darin, dass die EmI-Prozesse nur mit Menschen angewendet werden können, die sich aktiv dafür interessieren. Niemand kann, ohne gefragt zu werden, zum „Fan" eines Unternehmens auf Facebook gemacht werden. Niemand sollte unerwünschte Einladungen zu Marketingaktivitäten erhalten. Mitmachen soll nur, wer das von sich aus wünscht. Ein solches Vorgehen hat zudem den entscheidenden Vorteil, dass es die Menschen identifiziert, bei denen eine gewisse Grundinvolvierung bereits vorliegt, andernfalls hätten sie sich nicht von selbst gemeldet. Der Schlüssel liegt also darin, im Web offene Einladungen auszusprechen – an jene, deren Aufmerksamkeit man bereits hat.

Im Web offene Einladungen aussprechen

3. Motivation der Teilnehmer: Competence
Anschließend muss die Aktion so geplant werden, dass die Teilnehmer die Möglichkeit erhalten, ihre eigene Meinung abzugeben und auch wirklich gehört zu werden. Sie sollen erleben, dass sie wirklich für ihr Wissen und ihre Meinung gefragt sind.

Teilnehmer werden wirklich gehört

4. Feedbackschleife zum Abschluss: Impact
Die vierte Komponente betrifft die Wirksamkeit der Mitwirkung – letztlich bringt noch so viel aktive Auseinandersetzung wenig, solange die Teilnehmer nicht erleben, dass ihr Feedback wirklich eine Wirkung hat. Erst wenn das Unternehmen zeigt, dass es den Input aufnimmt und die Anregungen, die im Empowered Involvement-Prozess gesammelt werden, in der Marketingrealität umsetzt, wird die Motivation der Teilnehmer auf bestmögliche Weise gefördert. Man schafft Fans, die auf intensive Weise Anteil am Unternehmen und seinen Projekten nehmen.

Feedback hat wirklich eine Wirkung

Zusammenfassung der Ergebnisse und Ausblick

Zwei zentrale Schlussfolgerungen lassen sich aus der Arbeit ziehen:

1. Social Web ermöglicht Mundpropaganda-Marketing: Wer mit Empowered Involvement arbeiten möchte, der kann kaum anders, als das Instrumentarium des Social Webs zu verwenden. Über die verschiedene Interaktionsplattformen, die im Web zur Verfügung stehen, ist es heute in einzigartiger Weise möglich, die genannten Faktoren voll auszuspielen und damit die Kunden über EmI intensiv in den Marketingprozess einzubinden.

Social Web: eine skalierbare und hocheffiziente Schnittstelle, um Kunden einzuladen

Damit gibt unsere Studie Antwort auf die Frage, was das Social Web dem Marketing bietet: eine skalierbare und hocheffiziente Schnittstelle, um Kunden zur Mitwirkung einzuladen und Mundpropaganda im Marketingprozess anzuregen. Denn es wird klar, was mit Facebook-Freunden, Twitter-Followern und Bloglesern gemacht werden kann – man kann sie gemäß der genannten vier Faktoren am Marketingprozess beteiligen und so zu aktiven Partnern im Prozess machen. Durch ihre Mitwirkung können die sich danach in ganz besonderer Weise mit dem Unternehmen und seinen Zielen identifizieren. Diese Identifikation übersetzt sich in Mundpropaganda.

Daher auch der Titel des Buches „Ripple Effect“ – er entsteht, wenn ein Stein in einen See geworfen wird: sich ausbreitende Wellen. In genau derselben Weise sollte künftig die kommunikative Wirkung von Social Media-Anwendungen im Marketing verstanden werden. Ein Fan bei Facebook oder ein Blogleser ist immer ein potenzieller Ausgangspunkt für sich langsam aber stetig ausbreitende kommunikative Wellen. Wobei letztere sich gar nicht unbedingt im Netz verbreiten müssen – entscheidend ist das Web vor allem für die Interaktion zwischen Kunde und Unternehmen. Der Kunde selbst kommuniziert dann, wo er mag. Gern auch im Büro, am Stammtisch oder beim Sportverein.

2. Eine neue Sicht auf die Kunden: Der Gedanke geht weiter, er endet nicht bei der Mundpropaganda. Vielmehr zeigt er, in welcher grundlegenden Weise sich das Verhältnis zwischen Anbieter und Abnehmer auch und gerade im Consumer Marketing ändert. Um eine Lösung für eine Marketingproblemstellung zu finden, haben wir uns eines Instruments aus der **Mitarbeitermotivation** bedient. Das zeigt auch, dass das Marketing künftig seine Kunden nicht mehr als anonyme, passive Masse und Zielgruppe begreifen sollte.

Stattdessen sind sie ein Netzwerk aus Individuen, von denen sich manche als aktiv Mitwirkende – um nicht zu sagen: Mitarbeiter – im Marketingprozess betätigen können oder möchten. So erhält die Marketingkommunikation und damit letztlich die Betriebswirtschaft eine neue Aufgabe. Sie darf sich nicht mehr allein darauf beschränken, (massenmedial) möglichst jeden Kunden einzeln zu erreichen. Sie sollte künftig (bestimmte) Kunden, Interessenten, Fans und Beobachter als Partner, Mitwirkende und Teilhaber des gesamten betriebswirtschaftlichen Prozesses sehen, die motiviert und begeistert werden wollen und müssen. Denn sie sind ebenso einflussreich wie die eigenen Mitarbeiter.

Dies führt zu einer Öffnung nach außen, die eine viel durchlässigere Verbindung zwischen Unternehmensinnenwelt und der Umgebung ermöglicht. Diese wird von manchen modernen webbasierten Unternehmen (wie bei Zappos und Netflix in den USA, oder hierzulande bei der trnd AG) bereits heute gepflegt und gelebt.

Verbindung zwischen Unternehmens-innenwelt und der Umgebung

Wir stehen erst am Anfang einer Entwicklung, die das Marketing verändern wird. Heute entwickeln die meisten Unternehmen noch immer im geschlossenen Kämmerlein ein Produkt. Dann – wenn alles fertig ist und auf Halde liegt – wird es mit viel Werbedruck am Markt bekannt gemacht, in der Hoffnung, dass die Leute dann kaufen.

Auch wenn dieses Vorgehen heute noch ganz normal erscheint, wird es bald sehr anachronistisch anmuten. Das Marketing verändert sich dahingehend, dass wir künftig immer stärker auf **kollaborative Prozesse** setzen werden. An den unterschiedlichsten Stellen im Prozess werden die unterschiedlichsten Menschen(gruppen) auf unterschiedlich intensive Weise beteiligt – manche geheim, manche öffentlich. Mit dem Endergebnis, dass das Produkt dann, wenn es an den Markt kommt, bereits eine Fan- und Nutzergemeinde hat, die sich für die Verbreitung ins Zeug legt.

Literatur

Weitere Informationen, Videos und Downloads zum Buch: http://rippleeffect.trnd.com/

Spreitzer, Gretchen (1995), „Psychological Empowerment in the Workplace: Dimension, Measurement and Validation", Academy of Management Journal, 38 (5), 144265.

Social Media: Vom Hype zum strategischen Einsatz

3

Mirko Lange

„Sechzig Prozent der führenden deutschen Unternehmen nutzen Social Media." Liest man. Nur: Nutzen sie es wirklich? Oder haben sie einfach nur einen Twitter- respektive Facebook-Account? Oder einen Blog. Und einen YouTube-Account. In deutschen Unternehmen fehlt es fast vollständig an integrierten Social Media-Strategien. Das muss man sich doch mal überlegen: „Wenn Social Media die Antwort ist – was war noch mal die Frage?"

An Social Media scheiden sich weiterhin die Geister. Die einen sehen darin ein Heilsversprechen und eine **Revolution in der Kommunikation**: „Social Media wird alles verändern!" „Die Zukunft liegt in der Echtzeitkommunikation!" „Wer sich nicht auf Social Media einlässt, verliert seine Wettbewerbsfähigkeit!" Die anderen wiegeln ab: „Keine Reichweite!" „Viel zu aufwendig!" „Meine Kunden sind eh nicht auf Facebook & Co.!" Wie so oft liegen beide Parteien falsch: Social Media ist weder die Lösung, noch ist Social Media irrelevant. Aber was kann „Social Media" denn realistisch leisten?

Die Krux ist, dass es jeder kann – oder doch nicht?

Social Media zu „machen", ist so einfach

Die Krux ist: Social Media zu „machen", ist so einfach. Und das verführt. Man richtet sich einen Account ein und fängt erst einmal an. Alternativ beauftragt man (wahlweise) eine Werbe- oder Social Media-Agentur, die alles noch wirklich hübsch macht. Und wenn es dann nicht gut läuft, wenn man nach drei Monaten immer noch bei fünfzig Followern auf Twitter und 38 Fans auf Facebook sitzt, fängt man an, sich die Frage zu stellen, was man denn jetzt tun kann. Dann kommen im Allgemeinen die kategorischen Imperative des 21. Jahrhunderts wie „höre zu!", „führe Dialog!", „sei authentisch!", „finde spannende Themen!" oder „öffne dich!". Und verdutzt stellen die Verantwortlichen dann fest: „Das ist ja doch alles gar nicht so einfach!"

Schwierigkeiten, viel Aufwand, aber nicht den konkreten Nutzen sehen

Die Folge: Viele Unternehmen fangen mit Social Media überhaupt nicht erst an, weil sie nur Schwierigkeiten, viel Aufwand, aber nicht den konkreten Nutzen sehen. Belege durch amerikanische Studien und Beispiele? Kaum auf Deutschland übertragbar! Deutsche positive Cases? Fehlanzeige! Die Saftkelterei Walther? Ein Sonderfall! Lufthansa? Viel zu groß. Und überhaupt, was sind schon 25.000 Follower für jemanden, wie die Lufthansa?

http://www.marketing-boerse.de/Experten/details/Mirko-Lange

Die Frage nach „was bringt's mir?"

Dabei ist die Frage nach der **Wertschöpfung** von Social Media eigentlich nicht schwierig zu beantworten. Man darf nur nicht den Fehler begehen, zuerst eine Maßnahme zu ergreifen und dann irgendwann zu schauen, was es denn gebracht hat. Dazu ist die Welt zu kompliziert. Kausale Zusammenhänge lassen sich heute nicht mehr linear darstellen. Das Geheimnis der "Wertschöpfungs-orientierten Kommunikation" liegt darin, zuerst die Werte und die präzisen Ziele zu definieren und dann bei der Entwicklung und Steuerung der Maßnahmen genau diese Ziele im Auge zu haben. Je konkreter die Ziele sind (zum Beispiel: „vierzig Prozent aller definierten Schlüsselmedien folgen mir auf Twitter"), desto leichter kann man den Erfolg überprüfen. Vor allem kann man vorher klären, ob das angestrebte Ziel überhaupt als Wert wahrgenommen wird. Social Media wird dann erfolgreich, wenn man erkennt, was Social Media besser zu leisten im Stande ist, als andere Kommunikationsdisziplinen. Und wenn man diese Eigenschaften – im Zusammenspiel mit den anderen Maßnahmen – gezielt einsetzt, um die als wichtig erkannten Ziele zu erreichen.

„Ist doch klar, was man erreichen will", sagen Sie jetzt: „Jedes Unternehmen will seinen Absatz erhöhen!" Ja. Schon. Nur: Erstens sind die Zeiten, wo man einfach nur verkaufsfördernde Werbung schalten musste, um den Umsatz zu erhöhen, lange vorbei. Die Welt ist komplex geworden. Ob Menschen ein Produkt oder eine Dienstleistung kaufen, ist zu einer unüberschaubaren Gemengelage aus Reputation, Empfehlungen von Peer-Groups und persönlichen Erfahrungen geworden. Dazu kommt noch der Einfluss aus öffentlicher Meinung, Branding und individueller Wahrnehmung. Und mehr.

Überhaupt **verschiebt sich die Deutungshoheit**: Wo Unternehmen früher die Markenwerte selber definieren und kommunizieren konnten, bestimmt heute die Öffentlichkeit immer mehr die Wahrnehmung einer Marke. Und zweitens muss ein Unternehmen heute eine ganze Menge weiterer Ziele erreichen, die von Meinungen und Einstellungen anderer Menschen abhängig sind: gute Mitarbeiter bekommen, Finanzierungen sicherstellen, mit Aktivisten umgehen – nur um einige wenige zu nennen. Und: Social Media bedeutet eine sehr starke Vernetzung aller Faktoren: Auch wenn nicht alle – oder sogar nur ein paar – Kunden soziale Medien nutzen: im Zweifel tun es die Journalisten, deren Meinung in Social Media vorgeprägt wird, und die sich dann in den Veröffentlichungen wiederfindet – nur als Beispiel.

Öffentlichkeit bestimmt immer mehr die Wahrnehmung einer Marke

Was kann Social Media leisten?

Ein Grundfehler bei der Einführung von Social Media ist bereits, abstrakt von Social Media zu sprechen. Tatsächlich handelt es sich nicht um **ein einziges** Phänomen – sondern um viele verschiedene. Aus diesem Grund helfen auch die ganzen Imperative wie "führe Dialog!" oder „sei authentisch!" selten wirklich weiter: In allen Bereichen gelten unterschiedliche Regeln. Die wichtigste – und wohl auch banalste – Erkenntnis ist: Das Social Web existiert!

„Führe Dialog!" oder „Sei authentisch!" helfen selten wirklich weiter

Ungeschönt, oft kritisch, manchmal polemisch

Menschen reden öffentlich miteinander! Und sie sagen ganz klar ihre Meinung. Ungeschönt, oft kritisch, manchmal polemisch und häufig ohne große Rücksicht auf Etikette. Die Betonung liegt auf: Sie reden **öffentlich** miteinander. Weil Google alles sieht und nichts vergisst, tauchen diese Meinungen dann auch im Kontext anderer, gar nicht auf Social Media bezogener Verwendung des Internets auf. Und je mehr das semantische Web Gestalt annimmt, desto stärker wird der Effekt. Diesem Social Web ist es **völlig** egal, ob Sie als Unternehmen da präsent sind. Das gilt es zunächst einmal zu verstehen und zu akzeptieren.

Aktiv auf die Meinungsbildung Einfluss nehmen

Die Frage ist dann: Nehmen Sie an dem Gespräch teil, oder überlassen Sie die Meinungsbildung denen, die – je nachdem – zufällig gut oder zufällig schlecht über Sie und Ihre Themen sprechen? Der Witz von Social Media ist: **Wenn** es Sie interessiert, was die Menschen über Sie oder ihre Themen denken – hier lernen Sie es. Und Sie können aktiv auf die Meinungsbildung Einfluss nehmen. Allerdings funktioniert das in den meisten Fällen nach ganz anderen Prinzipien als die Meinungsbildung, wie wir sie bisher kannten.

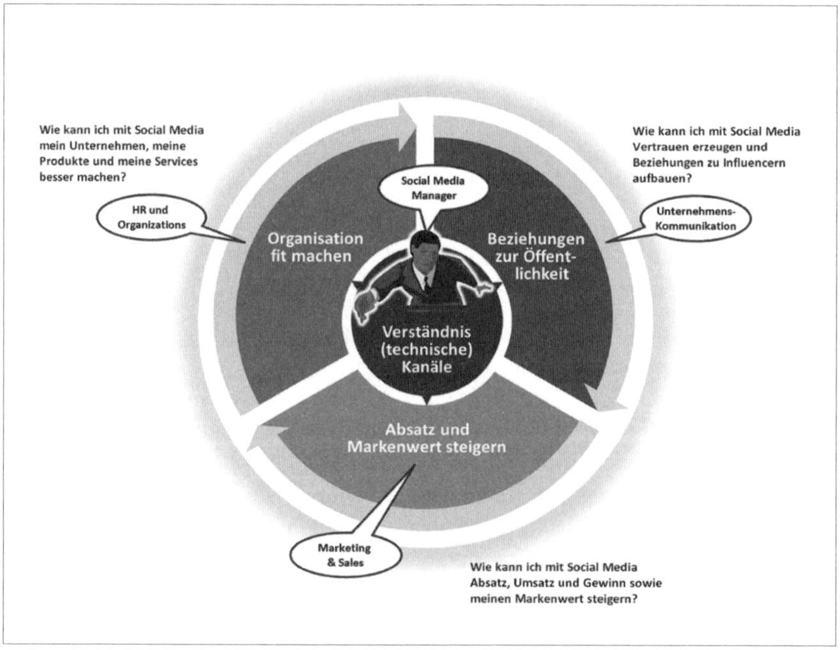

Abb. 1: Strategische Ziele von Social Media (Quelle: talk@about)

Strategische Felder

In unserer Beratungspraxis unterscheiden wir heute zwischen drei klaren strategischen Bereichen in Social Media: Social Media Culture, Social Media Relations und Social Media Marketing. Und in allen drei Bereichen sehen wir unterschiedliche Ziele, es herrschen andere Regeln, und alle drei Bereiche müssen sogar von unterschiedlichen Menschen beziehungsweise Abteilungen geführt werden. **Entscheidend sind die Inhalte**, nicht die Kanäle. Dazu kommt – so empfehlen wir – eine zentrale Funktion eines Social Media Managers (als Einzelfunktion oder sogar Abteilung), der unter anderem die technischen Plattformen betreut. Darüber hinaus übernimmt sie das zentrale Monitoring, koordiniert alle Aktivitäten und fungiert als interner Berater. Diese Funktion ist neu, sie gibt es bisher noch nicht. Sie ist deutlich mehr als ein „Community Manager". Der Social Media Manager soll aber nicht Gegenstand dieses Artikels sein – auch wenn er eine enorm wichtige Funktion übernehmen wird.

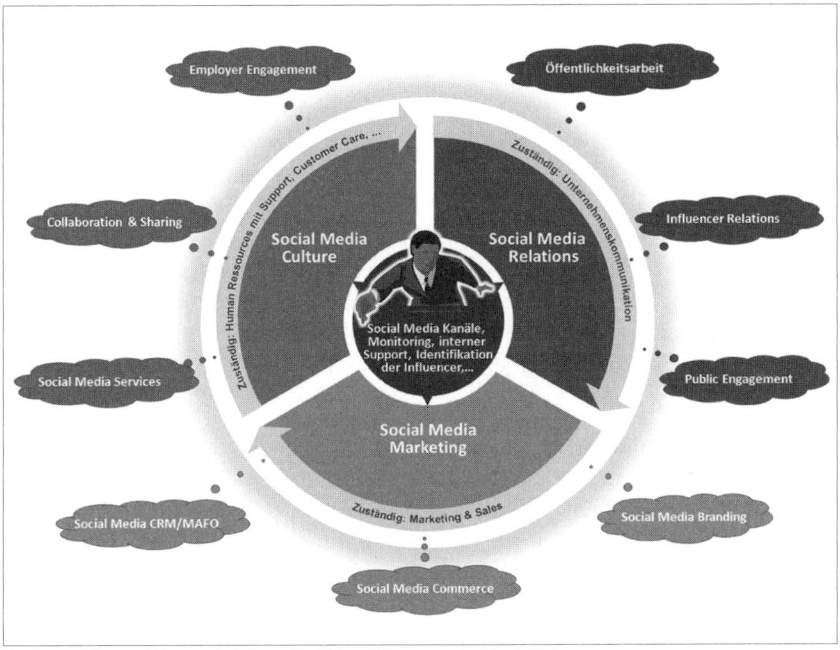

Abb. 2; Strategische Felder von Social Media (Quelle: talk@bout)

Social Media Culture

Ich war vor etwa einem halben Jahr auf einer Blogger-Konferenz in Minneapolis. Einer der Redner war Scott Monty, der „Chief Social Media Officer" von Ford. Er erzählte eine Anekdote über den amerikanischen Komiker Bill Cosby. Der hatte einen kokainabhängigen Freund, und Cosby fragte ihn: „What is so wonderful about cocaine?" Der Freund antwortete unumwunden: „Hey, it's so great because it intensifies your personality!" Und nach einem kurzen Zögern fragte Cosby verdutzt zurück: „But what, if you are an asshole?".

„What is so wonderful about cocaine?" „It's so great because it intensifies your personality!"

Social Media intensiviert die Persönlichkeit eines Unternehmens

Social Media ist das **Kokain der Kommunikationsbranche**, sagte Scott Monty und er trifft damit den Nagel auf den Kopf: Social Media intensiviert die Persönlichkeit eines Unternehmens! Man könnte es auch anders ausdrücken:

Früher hieß PR „Tue Gutes und rede darüber". Heute heißt es „Sei wirklich gut und lass Dir dabei zuschauen". In und durch Social Media wirkt das tatsächliche Sein deutlich mehr als das (so) tun (als ob).

One-Voice-Policy ist von gestern

Deswegen ist es unerlässlich, die eigene Kultur ungeschönt auf den Prüfstand zu stellen. Ein Unternehmen, das auf eine One-Voice-Policy besteht, das Wissen nicht teilen will und das kein Interesse an Transparenz hat, für das ist Social Media entweder keine Option oder der Einsatz wird überwiegend dünn bleiben. Auch „sei authentisch!" ist keine allgemeingültige Regel: Für ein „Asshole" ist eine in Social Media exponierte Authentizität selten zielführend. Natürlich können diese Unternehmen auch die Social Media-Kanäle nutzen, um ihre Botschaften zu verbreiten. Aber hier liegt auch eine Gefahr: Je präsenter ein Unternehmen in Social Media ist, desto leichter macht es sich auch angreifbar.

Social Media Culture ist der am stärksten wirksame Bereich von Social Media. Im Allgemeinen sind da auch nicht das Marketing oder die PR involviert. Social Media Culture ist Chefsache. Sie wollen Social Media für Kundenservices einsetzen? Dann sorgen Sie für eine unbedingte **Service-Orientierung** in Ihrem Unternehmen! Sie wollen Ihre Mitarbeiter als Evangelisten im Social Web aktivieren? Dann sorgen Sie dafür, dass Ihre Mitarbeiter tolle Sachen haben, über die sie berichten können! Sie wollen, dass sich Ihre Mitarbeiter vernetzen und so ihr Wissen vermehren? Dann sorgen Sie dafür, dass Sie eine Kultur haben, in der „Wissen teilen" ein Wert ist und niemand seine Kompetenzen verteidigen muss.

Authentizität und Transparenz innerhalb Ihrer Unternehmenskultur

Sie müssen dann „nur noch" das Spielfeld schaffen, auf dem sich dann Kunden, Mitarbeiter und andere Fans mitteilen dürfen. Hier ist Social Media definitiv eine Antwort, denn es gibt heute kein anderes Medium, über das Sie die Begeisterung ihrer Stakeholder transportieren können. Und hier stellt sich nicht mehr die Frage nach Authentizität und Transparenz im Social, denn die sind gewollte Konsequenzen innerhalb Ihrer Unternehmenskultur – auch außerhalb des Social Web. Im Grunde stellt sich nicht einmal die Frage nach „Social Media". Denn sobald Service, Wissensaustausch oder Anerkennung Teil Ihrer Kultur sind, werden Sie mit anderen Menschen im Austausch sein wollen, dann sind Sie interessiert an anderen Meinungen, dann wollen Sie lernen. All das bietet Social Media.

Social Media Relations

Als PR-Mensch sehe ich im Bereich „Social Media Relations" das zweite Kerngebiet von Social Media. Ziel ist, die **öffentliche Wahrnehmung** Ihres Unternehmens mit zu beeinflussen. Die wesentlichen Fragestellungen sind: Was kann ich tun, wenn Menschen schlecht über mich oder meine Themen reden? Wie bringe ich Menschen dazu, gut über mich und meine Themen zu reden? Und: Wie kann ich Beziehungen zu wichtigen Influencern aufbauen und sie nachhaltig für mich und meine Themen gewinnen? Natürlich ist eigentlich Ihr eigentliches

Verhalten die Basis dafür. Aber Sie können auch ohne eine "strategische Kultur" im Bereich Social Media Relations einiges erreichen.

Der Schlüssel sind **gute Beziehungen**. Und zwar zwischenmenschliche, also soziale, Beziehungen. Und die Kür ist, wenn Sie von Public Relations zu Public Engagement kommen, wenn sich die gute Beziehung auch durch Handlungen Ihrer Stakeholder ausdrückt.

Hierfür ist es unabdingbar, Vertrauen durch eine offene Kommunikation herzustellen, **persönliche Reputation** der Sprecher aufzubauen und sich für die potenziellen Fürsprecher voll einzusetzen. Das alles sind aber keine Fragen von Social Media. Das ist universell. Es gibt aber kaum ein anderes Medium – und schon gar kein Massenmedium – das so nahe an der echten Beziehung dran ist, wie Social Media. Sie können persönliche Kontakte skalieren! Und die aufgebauten Beziehungen wirken auch über die sozialen Medien hinaus: Denn die meisten Influencer, zum Beispiel Journalisten oder Analysten, haben auch außerhalb des Social Web Einfluss.

Beziehungen wirken auch über die sozialen Medien hinaus

Auch dann erübrigen sich viele weitere Fragen: „Menschlich auftreten" oder „persönlich kommunizieren" ist schlichtweg eine Konsequenz aus dem Ziel, „echte Beziehungen aufbauen". Es sei denn, Ihre PR-Spezialisten besitzen keine soziale Kompetenz. Dann sollten Sie sich aber generell fragen, ob diese richtig am Platz sind.

Anders als Social Media Culture lassen sich Social Media Relations abgegrenzter aufbauen. Denn die Kultur ist hier die individuelle Persönlichkeit des Unternehmenssprechers – oder dessen Vertreters bis hin zur Agentur. Auch hier wird die Wahrnehmung durch das tatsächliche Verhalten bestimmt. Nur kann ein einzelner Mensch deutlich besser und flexibler agieren als ein ganzes Unternehmen. Zudem geht es hier nicht mehr um ein wirkliches Massenphänomen.

Im Rahmen von Social Media Relations geht es vor allem um die **Beziehungen zu den Influencern**. Das mögen auch ein paar Hunderte oder sogar einige Tausend sein: Aber es sind nicht die Mengen notwendig wie im klassischen Marketing. Und auch das Vorgehen ist (relativ) leicht. Es gibt bereits viele gute Beispiele, wo sich einzelnen Personen sehr gut im Social Web positioniert haben, weil sie engagiert sind, Wissen teilen, sowie offen, direkt und persönlich kommunizieren. Diese Menschen bauen eine hohe Reputation auf, werden oft weiterempfohlen und können ihr positives Image auf das Unternehmen übertragen.

Menschen bauen eine hohe Reputation auf, werden oft weiterempfohlen

Die Disziplin „Social Media Relations" eignet sich in vielen Fällen auch als Light-Version von „Social Media Culture". Bis das Unternehmen und die Prozesse auf Social Media ausgerichtet sind, kann die PR-Abteilungen durchaus auch Fälle von Support und Services übernehmen. Und sie tut auch gut daran. Denn ein unzufriedener Kunde, der auf Twitter oder in einem Blog seinem Unmut Luft macht, wird schnell zu einem Problem der Öffentlichkeitsarbeit. Und so macht es Sinn, wenn sich die Unternehmenskommunikation dieser Kritiker annimmt, ihnen hilft und in direkten Dialog mit ihnen tritt. Langfristig kann das allerdings nicht funktionieren. Denn im Allgemeinen sind die PR-Leute zu teuer. Service und Support sind dagegen Bereiche, wo die Kosten üblicherweise in Cent-Beträgen gemessen werden.

Social Media Marketing

Für „Social Media Marketing" gibt es in der Praxis die wenigsten nachweisbar erfolgreichen Beispiele: Jedenfalls kenne ich kaum deutsche Beispiele, wo über Social Media direkt Umsatz generiert wird. Mir fällt hierzu nur Dell ein, die über Twitter direkt Produkte verkaufen und über „Dell Swarm" mit Hilfe sozialer Netzwerke **dynamische Einkaufsgemeinschaften** bilden. Aber darüber hinaus? Dünn. So langsam werden Shops in Facebook integriert, ja. Allerdings spielt ohne Frage das **„Social Media Branding"** eine zunehmende Rolle: Wenn es einem also gelingt, beeindruckende Brand Outposts im Social Web zu entwickeln, toll gemachte Plattformen, auf denen man Spaß haben kann und die visuell und technisch überzeugen.

Auch in den Bereichen Marktforschung und CRM (Customer-Relationship-Management) gibt es erste Versuche, die vielversprechend aussehen, die aber alle noch mit geringen Reichweiten im Social Web zu kämpfen haben. Ich bin auch ganz offen, dass ich persönlich bei „Social Media Marketing" noch skeptisch bin. Es gibt ein paar Branchen oder Themen, die sehr Social Media affin sind, wo sich das lohnt. Allgemein dürften aktuell die Bereiche „Kultur" und „Relations" in Deutschland deutlich erfolgreicher sein.

Fazit zur Strategie

Das Faszinierende an Social Media ist, dass alle drei Bereiche wie kaum in einer anderen Kommunikationsdisziplin voneinander abhängig sind. Marketingaktivitäten gehen ins Leere, wenn nicht auch Empfehlungen von anderen Nutzern kommen. Schlimmer noch: Wer nicht servicefreundlich ist („Social Media Culture"), wird sogar tendenziell aktiv angegriffen, wenn er zu aggressiv Verkaufsförderungsmaßnahmen in Social Media ergreift.

Toller Service kann dazu führen, dass Menschen sich begeistert äußern

Auf der anderen Seite kann ein toller Service dazu führen, dass Menschen sich begeistert äußern, was auch direkt zu Verkäufen führen kann. Und je stärker ein Unternehmen persönlich mit Meinungsführern spricht (**„Influencer Relations"**), desto größer wird das Interesse an einem Unternehmen, man will wissen, was sonst noch so dahinter steht. Wie in keinem anderen Medium ist in Social Media das „Teamplay" wichtig. In Social Media fließen alle Eindrücke zusammen.

Wem Social Media Culture ein zu heißes Eisen ist, für den kommt Social Media Relations in Betracht. Social Media Marketing hat die geringsten Anforderungen an das Sein.

Abb. 3: Sein und Schein

Ideal ist es, alle drei Bereiche konsequent anzugehen. Dann empfehlen wir, „von innen nach außen“ vorzugehen, also zuerst für eine entsprechende Kultur zu sorgen, dann die Beziehungen zu den Influencern aufzubauen und erst am Schluss wirklich in die Breite zu gehen.

Wenn für Sie das Thema „Kultur“ ein zu heißes Eisen ist, dann würden wir empfehlen, auf „Social Media Relations“ zu setzen. Das gilt zumindest dann, wenn Sie in keinem Commodity-Bereich tätig sind, wo kein Bedarf für Debatten oder große Meinungsäußerungen besteht. Und natürlich kann man auch „nur“ Social Media Marketing machen und die diversen Angebote annehmen, die viel „Buzz“ versprechen.

Leicht erntet man im Social Web auch Kritik

Wenn diese Aktionen allerdings nicht auf einer entsprechenden Kultur und guten Beziehungen fundieren, sollte man allerdings einkalkulieren, dass das nicht immer mit dem Buzz klappt. Leicht erntet man im Social Web auch Kritik. Wir empfehlen also, zumindest das Thema Social Media Relations mitzudenken, wenn man Marketing im Social Web betreibt – zumindest in Form von Krisenszenarien, das zeigt ja auch der Fall Nestlé sehr schön. Das kann im Zweifelsfall unangenehm werden. Wer aber „Social Media“ nicht als Kanal begreift, sondern als eine deutlich stärkere Kundenorientierung, für den wird Social Media sicher ein Erfolg. Nicht unbedingt wegen „Social Media“, aber definitiv wegen der Kundenorientierung.

Empfehlungsmarketing. Das wahre Virale. 3

Mark Pohlmann

Es gehört zu den Rätseln unserer aufgeklärten Welt, warum sich der Irrglaube hält, virales Marketing sei ein kostenloses Verbreitungsverfahren für lustige Werbevideos. „Virals" sind die digitale Märchenbox des Marketings. Ein Viral zaubert diesem Volksglauben nach aus dem Nichts ein Millionenpublikum herbei. Es macht den Absender schnell berühmt. „Wir machen jetzt auch mal was Virales!", schallt es der Agentur entgegen. Die lächelt gequält und ahnt, dass der Fehltritt zum Krachledernen näher ist als die Hall of Fame.

Seien wir ehrlich: Schon der Begriff ist eine Krankheit. In ihm lebt ein lethaler Geist. Viren sind Parasiten, die Krankheiten übertragen. Virales Marketing überfällt folgerichtig seine Opfer und nutzt dessen Wehrlosigkeit, um sich unkontrolliert auszubreiten. Andererseits: Vielleicht ist der Begriff so falsch nicht, denn er spiegelt das Wunschdenken derer, die über seinen Einsatz nachdenken.

Videos sind günstig, schnell konsumierbar und mit einem Klick weitergeleitet

Nichts gegen Videos. Online-Videos haben tolle Vorteile. Sie werden vergleichsweise günstig produziert, über YouTube & Co. kostenlos distribuiert, sie sind schnell konsumierbar und mit einem Klick weitergeleitet. Und wenn es so läuft wie jüngst beim „Old Spice Man", sind sie ein echter Hingucker und selbst ein Medienthema. Seitdem der ehemalige NFL-Star Isaiah Mustafa Videobotschaften an Promis wie Ashton Kutcher verschickt, explodieren auf YouTube auch die Downloads des klassischen TV-Spots. In einer Woche im Hochsommer 2010 erreichte das Hauptvideo zwölf Millionen Zuschauer. Insgesamt wurde der Old Spice Kanal in den letzten vier Jahren zweihundert Millionen Mal aufgerufen. Über neue Video-Botschaften und hunderte Nachahmervideos wird das Interesse ständig neu angeheizt.

Old Spice zeigt, was möglich ist. Andere tun sich schwerer. Die laut AdAge Video Charts im Juli 2010 wichtigsten Video-Virals nach Old Spice waren „Perfekt Length" von Gillette und „Life in a Day" von LG mit je 2,1 Millionen Abrufen in einer Woche. Der Spot „Es ist deine Zeit", mit dem Vodafone 2009 eine große Markenneupositionierung kommunizierte, wurde ganze 9.700 Mal auf YouTube angesehen. Nicht jedes Viral ist ein Erfolg.

Das mit fünfzig Millionen Abrufen meistgesehene Viral aller Zeiten sind rollschuhlaufende Babies in dem Evian Spot „Live Young". Fünzig Millionen Ansichten weltweit als Krone des viralen Marketings? Evian ist eine Weltmarke, eine gestandene Werbegröße, die im Fernsehen minütlich mehr Reichweite bucht als sie mit ihre tollen Virals zusammen erhält. Zum Vergleich: Ein Spot während des Super Bowl Finals wird in USA von einhundert Millionen Konsumenten gesehen. In fünfzehn Sekunden.

http://www.marketing-boerse.de/Experten/details/Mark-Pohlmann

Virale Spots sind lustig, aber sie dienen eben mehr der Reputation als dem wirklichen Reichweitenaufbau. Wozu also die Aufregung um ein paar gesparte Media-Dollar, wenn es doch um was ganz anderes geht? Hören wir einfach auf, in Videos zu denken. Und fangen wir jetzt damit an.

Videos dienen mehr der Reputation als dem wirklichen Reichweitenaufbau

Das Moorhuhn als Urahn

Wo kommt dieser **Alleskönner-Mythos** des Viralen her? Weil es funktioniert. Manchmal wenigstens. Einer der großen Ahnen stammt aus dem Jahr 1998. Damals war es noch kein Video, sondern ein Spiel. Johnnie Walker brachte das „Moorhuhn" in Umlauf. Das Konzept: Ein einfacher Shooter, in Sekunden installiert und in weniger als zwei Minuten gespielt, bringt ein bisschen Spaß in eine graue Arbeitswelt. So banal die Grundidee war, so stark veränderte es das Arbeitsverhalten deutscher Büroangestellter. Heute hilft das Moorhuhn zu begreifen, worauf es beim viralen Marketing ankommt.

Das Moorhuhn war ein Modernitäts-Symbol seiner Zeit. Es stand für die Schnelligkeit und Leichtigkeit des digitalen Mediums. Weil erst zehn Prozent der Bevölkerung online waren, gab es das Moorhuhn nicht zum Download, sondern nur von Promotion-Teams, die es mittels kleiner Saufspiele in Kneipen verteilten. Erst über den Umweg händisch verteilter CDs fand es in die Büros und wurde dort zu einem raren Gut, das man in der Kantine weitergab. Das war der eigentliche virale Moment: Wenn ein begeisterter Moorhuhn-Spieler eine Geschichte erzählen konnte (die, wie er gestern Abend mit seinen Freunden unterwegs war und einen Drink und ein Spiel spendiert bekam) und das Umfeld mit seiner Spielfreude ansteckte. Das Produkt war sekundär. Was zählte, war das Leuchten in den Augen des **Markenbotschafters**. Erst als sich viele Monate später der wahre Erfolg abzeichnete, ergänzte die Marketingabteilung die (damals noch kostspielige) Online-Distribution. Das erhöhte zwar die Reichweite, nahm dem Spiel aber den Reiz des Limitierten.

Der Reiz des Limitierten

Johnnie Walker hat damals ziemlich viel richtig gemacht. Der Whiskey-Hersteller hat kein Spiel in Umlauf gebracht, sondern ein Produkt limitiert, ein Erlebnis darum herum gebaut und Fans als Werbeträger engagiert. Das ist es, worum es geht: **Wenige Multiplikatoren bringen viel Druck**, wenn sie einmal hinter der Sache stehen. Sobald das Thema im Umlauf ist, gilt es die Schleusen für den Massenmarkt zu öffnen. Das war 1999 so, das ist heute so.

Das Ballerspiel verpasste dem Getränkeproduzenten tatsächlich ein partiell neues Image: Eines, das ihn jünger erscheinen ließ, wie Studien herausfanden, aber das schlussendlich weder den Abverkauf begünstigte noch so recht zur Marke passen wollte [1]. (Ganz anders übrigens der Spiele-Produzent Phenomedia, der den Rummel nutzte, um schnell an die Börse zu gehen und keine drei Jahre später, längst zum Penny Stock verkommen, insolvent ging. Aber das ist eine andere Geschichte). Wie auch immer. Der Mythos, moderne Medien für kostenlose Reichweite nutzen zu können, war geboren und hält sich bis heute.

Moorhuhn förderte weder den Abverkauf noch passte es so recht zur Marke

Vom Moorhuhn angestachelt, versuchten sich unter anderem Bifi, Mercedes-Benz, Deutsche Telekom und Dresdner Bank mit ähnlichen Spielen. Und scheiterten.

Und so funktioniert „es". Wirklich.

Virales Marketing basiert auf mehreren Faktoren. a) auf einem innovativen Produkt, b) der Fähigkeit, einer Zielgruppe einen klaren Mehrwert zu bieten, c) einer Vorzugsbehandlung von Multiplikatoren, d) einem mehrstufigen Distributionsverfahren und e) Geduld, den Dingen ihre Zeit zu geben. Sprich: gutes virales Marketing ist immer eine Mischung aus Qualität, Timing und Zufall.

1. Virales Marketing ist eine Kultur, kein Kanal.

Nicht um Reichweite sondern um Inhalte geht es

Glücklicherweise geht es bei sich selbst verbreitenden Mechanismen in Wahrheit nicht um Reichweite. Reichweite ist wichtig, keine Frage. Aber zuerst und vor allem geht es um Inhalte. Virales Marketing sichert die Gesprächsfähigkeit einer Marke oder eines Produktes und liefert den Impuls, damit Dritte den Faden aufnehmen und weiter verbreiten. Aufgabe des viralen Marketings ist also nicht, einen Kanal zu bedienen, sondern eine Gesprächskultur zu schaffen, die Kunden anspricht. Und zwar so, dass die Marke Teil der Erlebniswelt der Kunden wird. Das erfordert auch die Bereitschaft zum Kontrollverlust. Denn die Ideen, Themen und Werte muss die Marke zwar initial definieren. Was im Laufe des kontinuierlichen Wiedererzählens mit ihr passiert, ist dann nicht mehr im Einflussbereich des Absenders.

Bereitschaft zum Kontrollverlust

Ein Beispiel: Ein BMW-Fan mit dem Pseudonym „Machtpur" ist in unzähligen Autoforen aktiv. Hinter dem vordergründig martialischen Namen verbirgt sich ein wunderbares Akronym: „M" steht für Motorsport, „acht" bezeichnet die Zylinderzahl der M-Serie von BMW und „pur" steht für das daraus resultierende Erlebnis. Machtpur ist damit die Übersetzung des BMW-Claims "Freude am Fahren" – nur eben bereits adaptiert und interpretiert. Leider geht es BMW noch wie vielen anderen Marken. Sie sehen in der Interpretationsfreude eher eine Störung als einen Katalysator ihrer Botschaft. Eine Marke, die Gesprächsimpulse aufnimmt und in ihre Kommunikation zurückfließen lässt, legt die kulturelle Basis für funktionierendes Viralmarketing.

Gesprächsimpulse aufnehmen und in die Kommunikation zurückfließen lassen

2. Empfehlungsmarketing, das echte virale Marketing

Viral an sich ist wertlos, wenn der Botschafter nicht hinter der Botschaft steht. Die Empfehlung macht den Unterschied. Viral bedeutet, die **Zufriedenheit seiner Kunden** sichtbar zu machen, zufriedene Kunden zu aktiven Multiplikatoren zu konvertieren. Erst wenn Inhalt, positive Konnotation und Multiplikation zusammenkommen, entsteht der medienäquivalente Wert, um den sich der Aufwand lohnt.

Echtes virales Marketing ist deswegen Empfehlungsmarketing. Der Begriff enthält den entscheidenden Mehrwert: Die persönliche Identifikation des Multiplikators mit der Botschaft: "Die Marke beschäftigt mich." Ihr Produkt soll empfohlen werden. Eine persönliche Auseinandersetzung mit einer Marke impliziert nämlich etwas ganz Wesentliches, etwas, das der Klick auf ein Video nicht kann: Sobald ein Kunde über eine Marke spricht, hat sie dessen sozialen Status übernommen. Die Marke erhält einen Wert, der über das Produktmerkmal hinausgeht. Sie gehört zu seinem Besitzer und umgekehrt. Die Eigenschaften beider ergänzen sich.

Die Marke beschäftigt mich

Nun ist das alles weder neu noch besonders. Die Wahrheit über Virales Marketing ist, dass sie die Grundform jedes Marketings ist. Produkte sind Basis unseres Alltags, das Gespräch über sie allgegenwärtig. Ständig gleichen wir unsere Produkterfahrung mit denen anderer ab, geben Rat und suchen ihn. Eine Studie der Keller Fay Group besagt, dass alleine in Amerika täglich 3,5 Milliarden Gespräche geführt werden, in denen Produkte vorkommen. 3,5 Milliarden, das sind bei 300 Millionen Einwohnern für jeden elf Gespräche, vom Säugling bis zum Greis. 2,5 Milliarden Gespräche, die dem Empfehlungsmarketing zuzuordnen sind, werden ganz normal von Angesicht zu Angesicht geführt. 630 Millionen am Telefon, jedes zehnte online. Wir alle sind ständig und überall genau die **Markenvirenschleudern**, zu denen Brand Manager uns erst machen wollen.

Ständig gleichen wir unsere Produkterfahrung mit denen anderer ab

Die Aufgabe ist also nicht, uns zu Markenbotschaftern zu konvertieren, sondern unser **Engagement zu wecken**.

Das Marketing muss a) wahrnehmen, wer wie über welche Themen spricht, die in das eigene Agenda-Setting fallen. Es sollte b) die Energie der Meinungen aufnehmen und das Gesprächsbedürfnis zur eigenen Marke c) umlenken und d) in ihrem Sinne instrumentalisieren. Denn in letzter Konsequenz geht es bei viralem Marketing nur um das: Aus einem zufälligen Gespräch ein absichtliches zu machen.

3. Gespräche wahrnehmen und verstehen

Um zu wissen, welche Inhalte gesprächsfähig sein können, ist Monitoring die halbe Miete. Am effizientesten ist dieses online zu betreiben. Gespräche im Social Web sind für alle sofort auffindbar und interpretierbar. Zudem verfügen viele Plattformen über eine beachtliche Reichweite, so dass neben authentischen Einsichten auch die Relevanz gegeben ist. Wichtig ist zu erkennen, welche Motivation hinter der Gesprächsbereitschaft steckt. Ist es die Marke, die Funktionen des Produktes, sind es Sehnsüchte oder Nöte oder die schlichte Unzufriedenheit mit den Produkt?

Monitoring ist die halbe Miete

Motivieren die Funktionen des Produktes oder die schlichte Unzufriedenheit damit?

4. Community Team: Marke mit Antlitz

Besser ist ein Team, dessen Einzelmitglieder unter ihren Vornamen kommunizieren

Zum Hören und Verstehen kommt das Sprechen. Das Markenorgan kann eine dezidierte Einzelperson sein. Sie hat den Vorteil einer besseren Sichtbarkeit und höheren Identifikation, aber für die Marke den Nachteil einer zu großen Abhängigkeit. Verlässt der Kommunikator die Marke, ist die Lücke schlecht zu füllen. Besser ist ein Team, dessen Einzelmitglieder unter ihren Vornamen („Mark aus dem simyo Community Team") kommunizieren. Inhaltlich sollte sich dieses Community Team dort tummeln, wo die Marke im Gespräch ist. Im Moment empfiehlt sich die Präsenz in Foren, auf Twitter und Facebook: Jeder Dritte hat ein Produkt, eine Dienstleistung oder eine Marke über Facebook & Co. an Freunde weiterempfohlen. 32 Prozent der Twitter-Nutzer retweeten Inhalte, die von Unternehmen publiziert wurden.

Diese Kanäle lassen sich langfristig mit recht geringem Aufwand betreuen, auch der Kontakt zu Multiplikatoren und zur Zielgruppe selbst ist niedrigschwellig. Wer weder Kultur noch Personen hat, muss diese teuer zukaufen und inszenieren – wie Johnnie Walker es ja mit den Promotion-Trupps auch getan hat. Effizienter ist es, die Kommunikation unabhängig von einzelnen Kampagnen aufzubauen und dann, wenn man die Reichweite besitzt, dauerhaft zu aktivieren.

5. Kontinuität, Konsum & Konspiration

Pflege von Zielgruppen ist wie die Bräune nach dem Sommerurlaub

Auch das „wie" selbst ist recht einfach. Es basiert auf drei Ks: Kontinuität, Konsum und Konspiration. Mit der Loyalität von Zielgruppen ist es wie mit der Bräune nach dem Sommerurlaub: Je länger die Aufbauphase, umso länger hält sie sich. Der Konsum ist wörtlich zu nehmen: Eine Marke ist ein täglicher Gebrauchsartikel für Gespräche. Sie ist zur Unterhaltung und Inspiration ihrer Zielgruppe da. Diese Bringschuld gilt für jede Marke, und gute Marken schreiben sich diese Aufgabe gleich in ihre Gene. Leider geschieht dies noch viel zu selten, und dann wird die fehlende Kreativität umständlich von außen aufgesetzt.

Gemeinsam kämpfen beide für das Gute in der Welt

Einfacher wäre es, eine gewisse Lust und Leichtigkeit schon in das Markenkonzept einzubauen. Konspiration meint, gemeinsame Sache mit der Zielgruppe zu machen. Letztlich ist die Marke nur der **Übersetzer der Wünsche seiner Kunden**. Gemeinsam kämpfen beide für das Gute in der Welt! Genau hier setzt auch der Zugang zu den wichtigen Multiplikatoren an. Wer diese drei Ks berücksichtigt, kann mit hoher Wahrscheinlichkeit viele Sympathisanten aus seinem Kundenkreis kurzfristig begeistern und langfristig binden.

6. Multiplikatoren sind wie Journalisten. Nur anders.

Ohne die richtigen Multiplikatoren geht gar nichts. Sie schaffen Relevanz, Reputation und Reichweite. Um diese Ziele zu schaffen, muss die Marke konspirativ mit ihren Multiplikatoren umgehen. Der Kontakt zu ihnen muss deswegen von derselben professionellen Qualität geprägt sein wie zu

Journalisten – mit dem Unterschied, dass sie eben keine Professionals sind, sondern Enthusiasten. Multiplikatoren wollen von einer Sache überzeugt sein. Wenn sie es aber sind, sind sie umso engagierter.

Aber was sind das eigentlich: Multiplikatoren? Wir unterscheiden drei Kategorien: 1. Inhalte-Ersteller, 2. Meinungsführer und 3. Reichweitenbringer. Die erste Kategorie ist dann wichtig, wenn Partizipation wesentlicher Bestandteil einer Kampagne ist – beispielsweise, wenn es darum geht, Rezensionen zu schreiben, Bilder hochzuladen oder in einer anderen Art parajournalistisch mitzumachen. Konstruktiv gestaltet sich meist die **Zusammenarbeit mit Bloggern** oder aktiven Autoren aus Hobby und Fachforen, da hier die Lust am Schreiben mit einer fachlichen Expertise zusammentreffen. Der Kreis der Angesprochenen sollte unter einhundert bleiben, da nur so ein individueller Kontakt und ausreichende Selektion möglich sind. Die sind wiederum unabdingbar, denn gute Inhalte sind oft eine zwingende Voraussetzung, um die beiden anderen Multiplikatorengruppen überhaupt zu interessieren. Wenn es nicht um User Generated Content geht, dann wecken natürlich Prominente ebenso zuverlässig das öffentliche Interesse.

Multiplikatoren: 1. Inhalte-Ersteller 2. Meinungsführer 3. Reichweitenbringer

Richtige **Meinungsführer** sind leider rar gesät. Sie greifen Themen auf, kommentieren und ziehen andere in das Gespräch. Weil diese Gruppe um ihre Macht weiß, sind sie anspruchsvoll. Sie sind bekannt und umworben. Um sie zu motivieren, muss die Marke aus dem Mittelmaß viraler Kampagnen herausstechen. Dieser Personenkreis möchte nicht in den Ruch kommen, sich für billige Werbemittel vor den Karren spannen zu lassen. Gleichzeitig sind sie ein hervorragender Frühindikator: Wenn sie dabei sind, wird's auch ein Erfolg! Das gesamte Social Web in Deutschland zählt höchstens eintausend Personen zu diesem erlauchten Kreis. Heruntergebrochen auf einzelne Interessenbereiche werden dies wahrscheinlich nur ein bis zwei Dutzend mögliche Kontakte für eine Marke sein. Lernen Sie ihre Meinungsführer kennen. Und pflegen Sie sie.

Meinungsführer sind anspruchsvoll

Lernen Sie ihre Meinungsführer kennen

Bleiben noch die **Reichweitenführer**. Sie sind die Trüffelschweine, die täglich das Beste aus den Weiten des Webs ausgraben und ihren Lesern das Suchen ersparen. Zu jedem Thema gibt es vielleicht ein Dutzend dieser Reichweiten-aggregatoren. Zu dem Personenkreis zählen häufig Journalisten, Analysten und Investoren. Sie sind leicht zu finden, denn Twitter ist ihr Wohnzimmer und auch das eigene Blog gehört zu ihrer Grundausstattung.

7. Lieber die Welle reiten anstatt eigene zu machen

Kunden und Multiplikatoren sind ganz erstaunlich ignorant gegenüber werblichen Agenda-Setting-Initiatitven. Das ist auch ein Grund, warum konventionelle virale Aktionen in der Regel scheitern. Scheitern müssen. Wenn Sie einen Dating-Dienst mit verbraucherunfreundlichen Kündigungsklauseln betreiben, einen Burger-Brater mit pappigen Pommes oder eine Kosmetikfirma mit hautreizenden Produkten, so können Sie sicher sein, dass das eigene Agenda-Setting sich niemals gegen den Unmut der Kunden durchsetzen wird. Es ist

Konventionelle virale Aktionen scheitern in der Regel

Alles, was in der Tageszeitung steht

dann effizienter, die Themen der Kunden aufzunehmen, entweder Lösungen vorzustellen oder das Problem ironisch zu brechen. Mit Selbstironie haben Sie selbst die größten Widersacher auf ihrer Seite. Weitere virale Wellenmaschinen sind tagesaktuelle Themen. PR ist als Marketinginstrument vollkommen unterschätzt, aber das ist eine andere Geschichte.

8. Eigene Geschichten erzählen

Jeder kann solche Geschichten erzählen

Google Chrome möchte der schnellste Browser der Welt sein? Diese Krone beansprucht aber auch Opera für sich! Was tut Opera? Selbstverständlich spielt Opera David gegen Goliath. Das norwegische Unternehmen schlägt Google mit dessen eigenen Mitteln und erfindet Geschwindigkeitstests, in denen der eigene Browser schneller lädt, als eine Kartoffel aus einem Wurfgeschoss fliegt. Wie profitiert Lufthansa vom iPhone-Hype? Indem die Fluglinie ihre Twitter-Fans aufruft, Gray Powell zu finden – jenen armen Tropf, der nach ein paar Hefe-Weizen einen iPhone-Prototypen in einer Kneipe liegen ließ. Lufthansa wollte ihn nach München in einen Biergarten einladen. Der kleine Tweet wurde tausendfach weitergeleitet und von den Medien aufgenommen. Vodafone reanimiert o.tel.o als Mobilfunk-Billigmarke und bedrängt damit die bereits existenten Low-Cost-Provider? simyo begrüßt den Wettbewerber mit eigener Lichtwerbung auf dem Vodafone-Hochhaus in Düsseldorf. Sie wollen ihren Mitarbeitern etwas Wichtiges mitteilen? Laden Sie Ihre Kunden ein, über einen Live-Stream mit dabei zu sein und alles aus erster Hand zu erfahren! Jeder kann solche Geschichten erzählen, wenn er will. Es ist so einfach, originären, relevanten Inhalt zu schaffen, wenn man ein Gespür dafür hat, was die Welt da draußen sonst so interessiert.

9. Es ist nicht die Form, sondern der Inhalt, stupid!

Eine Marke muss authentisch sein

Das führt zum schwersten Teil der Aufgabe. Inhalte, die wirklich viral sein können, weil sich die Kunden hiermit identifizieren. Damit Absender, Inhalt und Adressat wirklich zusammenkommen, muss ein Mindestmaß an Authentizität gewährleistet werden. Leider wird mit dem Aufkommen des Social Web inflationär mit diesem Begriff umgegangen. „Eine Marke muss authentisch sein", ist eine banale Forderung. Mit Authentizität sind Eigenschaften gemeint, die der Märchenwelt entlehnt sein könnten: Produkte sollen gut sein und halten was sie versprechen. Sie sollen ehrlich mit dem Kunden umgehen, ihn wahrnehmen, respektieren, die Mitarbeiter ihm zuhören und seine Wünsche bedienen. Kurzum: So etwas Schönes gibt es nicht. Wie ein Liebhaber fordert der Kunde, dass er nicht betrogen wird. Hinter der Forderung nach Authentizität steckt der konkrete Wunsch nach wertigen Produkten und fairen Preisen.

Genau in diesem Dilemma bietet Empfehlungsmarketing das passende Ventil. Die Marke kann hier tatsächlich mit dem Kunden gemeinsame Sache machen. Ein Meister der Konspiration ist Dove. Wer nach der Unilever-Marke im Internet sucht, finde die Antwort auf Fragen, wie „warum Schönheit keine Frage von 90-60-90 ist". Seit über zehn Jahren schafft es der Hersteller, diese Pflegeserie im unteren Preissegment mit einer ganz einfachen Frage gesprächsbereit zu halten. In ihrem inszenierten Kampf gegen die Perfektion hat sie ein Instrumentarium ausgebreitet, das von einer eigenen Stiftung (gegen Magersucht) und übergewichtigen Models bis zu Aufklärungsvideos über die Beauty-Industrie reicht. Die ungeheure Energie, die über diese Inhalte von dieser Marke ausstrahlt, lebt von einer stillschweigenden Solidarisierung mit den Kunden: „Du bist nicht perfekt und niemand erwartet es von dir." Unilevers Inhalt ist die Identifikation mit den Problemen der Zielgruppe. Diese Energie vergeht nie.

Produkte im unteren Preissegment mit einer ganz einfachen Frage gesprächsbereit halten

Dieses Verfahren hat noch einen weiteren Vorteil: Es nimmt vorhandene Kräfte auf und lenkt sie um. Natürlich ist es beeindruckender und vor allem profitabler, wenn eine Marke sich ihr eigenes Segment schafft. Aber es bleibt die Ausnahme, dass eine Marke die Energie dazu hat. Dann ist es klüger darauf zu schauen, was für Sehnsüchte die eigenen Kunden haben, statt neue zu wecken. Nicht jede Marke kann Sehnsüchte wecken, nicht jede ist ein Apfel.

10. Der Rest ist Mathematik

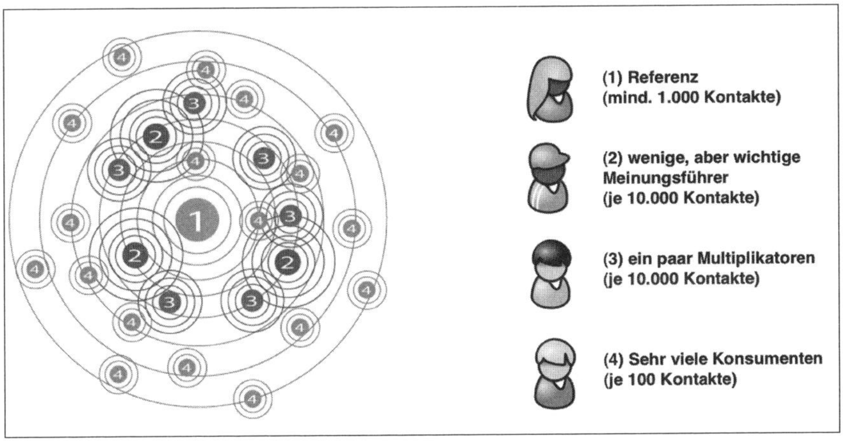

Abb. 1: Reichweiten-Arithmetik

Entscheidend für Planungsspiele ist, wie hoch die Empfehlerquote ist. Bei einer Quote von 100:1 gibt von einhundert Adressaten einer die Information weiter. So wird die Reichweite von Generation zu Generation verdoppelt. Schon ein Empfehler mehr pro hundert Kontakte verdreifacht die originäre Reichweite, und so weiter.

Wichtig ist, eine kritische Reichweite zu erlangen, die eine Kampagne braucht, um immer weiter empfohlen zu werden. Sie liegt unseren Erfahrungswerten nach bei zehntausend qualifzierten Kontakten. Klar ist, dass kreative oder Mehrwert-Kampagnen besser weiterempfohlen werden.

Kreative oder Mehrwert-Kampagnen werden besser weiterempfohlen

Viraler Faktor 1	0. Generation	1. Generation	2. Generation	Summe
Kunden	10.000	10.000	10.000	30.000
Referenzen	100	100.000	100.000	200.100
Meinungsführer	10	100.000	100.000	200.010
				430.110

Viraler Faktor 2	0. Generation	1. Generation	2. Generation	Summe
Kunden	10.000	20.000	40.000	70.000
Referenzen	100	200.000	400.000	600.100
Meinungsführer	10	200.000	400.000	600.010
				1.270.110

Abb. 2: Viralität der Empfehlungen

Im Ergebnis lassen sich durchaus relevante Reichweiten mit Empfehlungsmarketing erzielen. Jeder einzelne Kontakt bietet aber immer einen entscheidenden Vorteil gegenüber allen anderen Werbeformen: Er trägt die persönliche Überzeugung des Überbringers in sich. Es gibt sicher reichweitenstärkere Werbewege. Aber kaum wirksamere.

Literatur

[1] http://www.innovations-report.de/html/berichte/kommunikation_medien/bericht-20977.html

eWOM: Planung und Steuerung von Kundenempfehlungen

3

Christian Holsing, Björn Schäfers

Das Internet spielt im beruflichen und privaten Bereich mittlerweile eine feste Rolle und verdrängt zunehmend klassische Medien. Insbesondere Anwendungen des **Web 2.0** haben einen starken Zuwachs zu verzeichnen. Inhalte im Web 2.0 werden nicht mehr nur zentralisiert von Medienkonzernen erstellt und verbreitet, sondern auch von unabhängigen, vernetzten Personen. Das Erstellen und Teilen von eigenen Inhalten wird durch den Begriff **„User Generated Content"** gekennzeichnet. Die zentralen Charakteristika des Web 2.0 sind erhöhte Interaktivität, Dezentralität und Interoperabilität [1]. Typische Beispiele sind Blogs, soziale Netzwerke und Bild- und Videoportale. Die Gesamtheit der Dienste im Web 2.0 wird unter dem Begriff **„soziale Medien"** zusammengefasst.

Erstellen und Teilen von eigenen Inhalten

Eine Folge ist der zunehmende Austausch von Konsumenten über Unternehmen, Marken und Produkte. Die resultierenden nutzergenerierten Produktinformationen und -empfehlungen stellen eine Form von Mundwerbung beziehungsweise **Electronic Word-of-Mouth (eWOM)** dar. Die häufigste Form sind Ratings und Kommentare in Foren, Preisvergleichsdiensten oder Online-Shops. Zunehmend sind aber auch in den sozialen Medien entsprechende Empfehlungen zu finden.

Ratings und Kommentare in Foren, Preisvergleichsdiensten oder Online-Shops

Weltweit bringen Konsumenten den Empfehlungen von Bekannten (neunzig Prozent) und Online-Kundenbewertungen (siebzig Prozent) bei der Kaufentscheidung das höchste Vertrauen entgegen [2]. Somit stellen Empfehlungen und Bewertungen einen der zentralen Kauffaktoren dar. Unternehmen erkennen zunehmend den ökonomischen Wert von nutzergenerierten Empfehlungen. Vor diesem Hintergrund wird folgend die Wirkung von nutzergenerierten Empfehlungen auf das Kaufverhalten untersucht. Nach einer Einführung in eWOM werden Potenziale und Problembereiche analysiert und Möglichkeiten der Umsetzung und Steuerung von eWOM-Maßnahmen für Unternehmen aufgezeigt. Eine Illustration wird am Beispiel der Social Commerce-Plattform **smatch.com** gegeben.

Empfehlungen von Bekannten wird höchstes Vertrauen entgegen gebracht

Entwicklung und Wirkung von eWOM

Word-of-Mouth (WOM) ist schon seit mehreren Jahrzehnten ein fester Bestandteil des Marketing und ursprünglich auf die Theorie der interpersonellen Kommunikation zurückzuführen. WOM wird verstanden als die Kommunikation von Konsumenten untereinander, die sich auf den Besitz, die Nutzung oder Merkmale von Gütern und Dienstleistungen und/oder deren Verkäufer bezieht [3].

http://www.marketing-boerse.de/Experten/details/Christian-Holsing
http://www.marketing-boerse.de/Experten/details/Bjoern-Schaefers

Das günstigste und wirkungsvollste Marketinginstrument

Mundwerbung beziehungsweise WOM wird nicht selten als das günstigste und wirkungsvollste Marketinginstrument angesehen. Der Grund liegt darin, dass der Empfänger die Empfehlung des Senders als **uneigennützige und nicht-kommerzielle Nachricht** ansieht. Konsumenten stehen heutzutage einer Informations- und Werbeüberlastung gegenüber und zeigen zunehmend Resistenz gegen Werbemaßnahmen. Empfehlungen gewinnen aufgrund ihrer Einfachheit und Vertrauenswürdigkeit somit an Relevanz für das Marketing.

Das starke Wachstum der Internetnutzung lässt WOM eine steigende Bedeutung zukommen. Im digitalen Kontext wird von **eWOM** gesprochen, das sich in einigen Punkten vom traditionellen WOM unterscheidet. Ein wesentlicher Unterschied ist die **Möglichkeit der Archivierung**. Eine Empfehlung eines Konsumenten in einem Blog, sozialen Netzwerk oder Forum ist für eine theoretisch unbegrenzte Anzahl an Personen sichtbar und das zu einem beliebigen Zeitpunkt. Konsumenten können so gezielt nach Empfehlungen zu Unternehmen und Produkten suchen und diese in den Kaufentscheidungsprozess einbeziehen. Vor einem Kauf beabsichtigen Konsumenten hiermit beispielsweise, das Risiko eines Fehlkaufs zu minimieren und die Suchzeit zu verkürzen.

Empfehlungen in den Kaufentscheidungsprozess einbeziehen

Generell ist zwischen **negativem und positivem eWOM** zu unterscheiden. Eine positive Kundenempfehlung kommt zustande, wenn die tatsächliche Bedürfnisbefriedigung den Erwartungen des Kunden entspricht oder übersteigt, also eine **hohe Kundenzufriedenheit** vorliegt. Insbesondere bei sehr zufriedenen oder sehr unzufriedenen Kunden herrscht eine hohe Motivation zur Abgabe von Mundwerbung [4].

Unternehmen versuchen immer häufiger, Mundwerbung zu initiieren und für ihre Ziele einzusetzen. In diesem Fall wird von **eWOM-Marketing** gesprochen, das darauf abzielt, Konsumenten einen Grund zur Mundwerbung über die eigenen Produkte und Dienstleistungen zu geben und Funktionen zum einfachen Austausch bereitzustellen [5].

Nutzergenerierte Produktempfehlungen im Kaufprozess

Der Großteil der Internetnutzer stellt mittlerweile Produktrecherchen im Internet an. In der Anfangszeit des E-Commerce suchten Kunden meist auf direktem Wege renommierte Online-Shops auf. Mittlerweile werden vor einer Entscheidung für ein Produkt oft nutzergenerierte Empfehlungen und Bewertungen von Konsumenten, die ein Produkt gekauft oder genutzt haben, zu Rate gezogen. Dies erfolgt verstärkt auf Händler-unabhängigen Websites wie Infomediären, beispielsweise Preisvergleichsdiensten, oder in sozialen Netzwerken [6].

55 Prozent stellen Preisvergleiche an

Darüber hinaus stellen 55 Prozent der deutschen Konsumenten einen **Preisvergleich** im Rahmen der Produktrecherche im Internet an [7]. Die hierdurch zunehmende Transparenz verändert den Kaufprozess dahingehend, dass Konsumenten im ersten Schritt ein Produkt und erst dann einen Anbieter wählen.

Bei der **Anbieterwahl** spielen vor allem der Preis, die Lieferfähigkeit und die Reputation eine bedeutende Rolle.

Ein „klassischer" Kaufprozess umfasst oftmals die folgenden fünf Phasen: Problemerkennung, Informationssuche, Alternativenbewertung, Kaufentscheidung und Nachkaufphase [8]. Vor dem Hintergrund der Änderungen im Konsumentenverhalten ändert sich der Kaufprozess im Internet hin zu folgendem **konsumentengetriebenen Kaufprozess**:

Nach der Bedürfnisweckung wird zuerst ein Produkt ausgewählt. Im Rahmen der Produktauswahl verschafft sich der Konsument eine Produktübersicht und holt Informationen über den Preis und die Eigenschaften ein. Folgend findet eine Produktbewertung anhand verschiedener Kriterien statt. Hierbei spielen nutzergenerierte Empfehlungen eine zentrale Rolle. Anschließend kommt es zur Anbieterauswahl, wobei Bewertungen erneut ein wichtiger Entscheidungsfaktor sind. Durch gute Bewertungen und das dadurch gewonnene Vertrauen kann ein Onlinehändler eine hohe Reputation aufbauen und auch der Preisspirale entgegenwirken. Es folgt schließlich die Kaufentscheidung. In der Nachkaufphase berichten Konsumenten über ihre Erfahrungen und geben damit neue Impulse in ihrem sozialen Netzwerk.

Nutzergenerierte Empfehlungen spielen eine zentrale Rolle

Verschiebung von Empfehlungen in soziale Medien

Insbesondere die Bedürfnisweckung und die Nachkaufphase erfahren durch die zunehmende Partizipation von Konsumenten in sozialen Medien eine Änderung hin zu mehr Dynamik und Dezentralität. In jüngerer Vergangenheit ist insbesondere eine Verschiebung der Erstellung von nutzergenerierten Produktempfehlungen zu sozialen Netzwerken zu beobachten. Bisher wurde ein Großteil bei Onlinehändlern wie Amazon oder bei Infomediären abgegeben. Der Vorteil von sozialen Netzwerken liegt darin, dass dort nicht ausschließlich der Besitz, die Nutzung und die Bewertung von Produkten offengelegt werden. Hier werden zugleich über die Community-Penetration ganzheitliche, **individuelle „Fit"-Urteile** abgegeben.

Auf lange Sicht stellt sich also die Frage, ob herkömmliche Anlaufstellen wie Händler und Infomediäre im Wettbewerb um die Gunst der Nutzer mithalten können. Wenngleich der Konsument in sozialen Netzwerken meist keine konkrete Kaufabsicht hat, so erhält er hier jedoch neue Impulse und Empfehlungen durch die Personen in seinem Netzwerk (siehe Abbildung 1).

Neue Impulse und Empfehlungen durch Bekannte

Eine Bedürfnisweckung findet hier somit ständig statt. Verstärkt wird diese Entwicklung durch das Aufkommen von **Microblogging-Diensten** wie Twitter und community-basierten Social Commerce-Kanälen mit Erlebnis- und Spaßfaktor (zum Beispiel Empfehlungsdienste mit Community-Funktion). Diese Dienste erhöhen generell die Kaufbereitschaft und laden zum Verweilen ein. Beim **Social Commerce** stehen die zwischenmenschlichen Beziehungen und Interaktionen rund um eine Transaktion, zum Beispiel Produkt- und Händlerbewertungen, im Fokus. Sie ergänzen den E-Commerce somit um die

Kooperations- und Kommunikationsebene [10]. Die eigentliche Bedarfsdeckung findet, nicht selten nach der Nutzung von Vermittlern oder Social Commerce-Kanälen, in herkömmlichen Online-Shops statt.

In der Phase der Bedürfnisweckung das Interesse von Konsumenten auf das eigene Unternehmen lenken

Die Integration des eigenen Angebots in sozialen Medien beziehungsweise die Herstellung von entsprechenden Schnittstellen scheint also zukünftig ein zentraler Erfolgsfaktor zu sein. Auf diese Weise kann schon in der Phase der Bedürfnisweckung das Interesse von Konsumenten auf das eigene Unternehmen gelenkt werden.

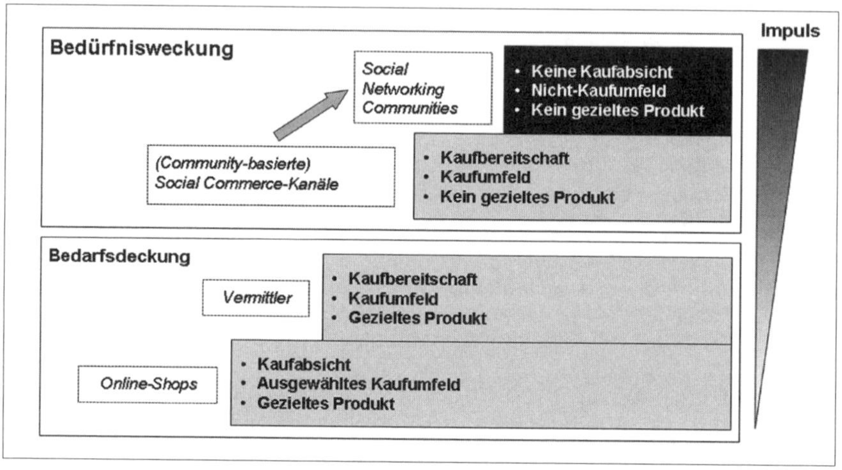

Abb. 1: Bedürfnisweckung und Bedarfsdeckung im Internet [9]

Strategien zur Implementierung von eWOM-Maßnahmen

Funktionen zum Meinungsaustausch bereitstellen

Unternehmen betreiben zunehmend eWOM-Marketing und verfolgen im Rahmen dessen das Ziel, Mundwerbung anzuregen und zu unterstützen. Hierzu können Konsumenten über das Unternehmen und Produkte informiert, Meinungsführer identifiziert oder Funktionen zum Meinungsaustausch bereitgestellt werden. Vor der Umsetzung von konkreten Maßnahmen sollte analysiert werden, in welcher Form, in welchen Umgebungen und zu welchem Zeitpunkt Meinungen, Empfehlungen und Bewertungen ausgetauscht werden. Zudem sollte eine Entscheidung in Abhängigkeit von der Zielgruppe und der angebotenen Sortimente getroffen werden. Unternehmen stehen zwei Strategien zur Implementierung von eWOM-Maßnahmen zur Verfügung:

1. Ergänzung und Erweiterung existierender Angebote

2. Nutzung von externen Kanälen

Zu 1.: Unternehmen können ihre bestehenden Angebote beispielsweise durch die Umsetzung der folgenden Möglichkeiten ergänzen oder erweitern:

- Integration von Funktionen zur Abgabe von Kommentaren, Bewertungen und Tags auf der Website oder im Online-Shop.
- Einrichten einer Weiterempfehlungsfunktion (Weiterempfehlungs-Button).
- Erweiterung des Online-Shops um ein Produkt-Wiki.
- Betreiben eines eigenen Blogs.
- Gründung einer eigenen Community.

Zu 2.: Die Nutzung externer Kanäle und Plattformen ist teilweise schneller und mit geringerem Rüstaufwand zu realisieren. Ein weiterer Vorteil liegt in der oftmals schon vorhandenen hohen Reichweite, jedoch ist die dortige Steuerung von Maßnahmen nicht selten mit Problemen verbunden. Folgende Möglichkeiten stehen unter anderem zur Verfügung:

Steuerung von Maßnahmen oft mit Problemen verbunden

- Partizipation an Preisvergleichsdiensten, um dort Bewertungen zu erlangen (Beispiel: billiger.de).
- Teilnahme an Aktivitäten und Anregung von Diskussionen in bestehenden Communities und Foren.
- Anregung zur Abgabe von Empfehlungen und Kommentaren auf Verbraucherportalen (Beispiel: ciao.de) und in Wikis (Beispiel: Productwiki.com).
- Kooperation mit themenspezifischen Blogs und/oder Micro-Blogs (Beispiel: Twitter).
- Einrichten eines Unternehmensprofils in Sozialen Netzwerken (Beispiel: Facebook, VZ-Netzwerke).
- Einrichten eines eigenen Videokanals oder Anregung zur Einstellung von nutzergenerierten Videos auf Videoportalen (Beispiel: YouTube).
- Partizipation an Social Commerce-Kanälen. Insbesondere Empfehlungsdienste mit Community-Funktion (Beispiel: smatch.com), um dort Bewertungen zu erhalten und in neuen Formen von Produktempfehlungen wie Listen oder Styles zu erscheinen.

Eine wesentliche Erfolgsvoraussetzung ist zudem ein **hoher Vernetzungsgrad mit Konsumenten**. Dies kann über soziale Netzwerke und/oder Social Commerce-Kanäle geschehen. Hierbei sollte gleichzeitig auch angestrebt werden, die Konsumenten untereinander zu vernetzen.

Einige Unternehmen bieten Konsumenten zudem **monetäre Anreize für die Erstellung von Empfehlungen**. Dies ist jedoch immer mit Vorsicht zu betrachten, da WOM per Definition nicht-kommerziell ausgerichtet ist und auf Freiwilligkeit basiert.

Vorsicht bei monetären Anreizen für die Erstellung von Empfehlungen

Unternehmen stehen oftmals vor der Problematik, wie mit falschen und extrem positiven oder negativen Empfehlungen umgegangen wird, da diese langfristig zu negativen Folgen führen können. Da Kunden durch die vielfältigen

Informationskanäle im Web 2.0 über einen schnellen Zugang zu Informationen verfügen, ist zudem eine faire und transparente Kommunikation wichtig. Darüber hinaus gestaltet sich die exakte Messung der eWOM-Aktivitäten als schwierig, da meist keine personenbezogenen Daten vorliegen und sich eWOM über mehrere Kanäle erstrecken kann.

Produktempfehlungen auf smatch.com

smatch.com fokussiert auf die Produktkategorien **Mode, Wohnen und Lifestyle**, also Produkte, bei denen meist eine impulsive oder extensive Form der Kaufentscheidung vorliegt. Das folgende Beispiel stellt die Nutzungsmöglichkeiten und die Wirkung von nutzergenerierten Produktempfehlungen im Rahmen des Kaufprozesses im Internet dar.

Ein Konsument sucht sein soziales Netzwerk, zum Beispiel **Facebook**, auf und sieht im Newsstream eines Freundes, dass dieser eine Mountainbike-Tour plant und sich zu diesem Zwecke eine neue Ausrüstung gekauft hat. Die komplette Ausrüstung hat der Freund in Form eines Styles in sein Nutzer-Profil auf Facebook integriert. Ein **Style** ist ein vom Nutzer zusammengestelltes Sortiment, in dem er Produkte kombinieren und so testen kann, was zusammen passt (beispielsweise eine Hose in Kombination mit T-Shirt, Jacke und Schuhen). Ein Style kann auch mit anderen Nutzern geteilt werden und so zur Inspiration beitragen. Der Konsument klickt nun auf den Style (Phase der Bedürfnisweckung) und gelangt auf smatch.com. Hier kann er weitere Produktdetails einsehen und die Suche eingrenzen.

Ein Style kann auch mit anderen Nutzern geteilt werden und so zur Inspiration beitragen

Weiterhin kann er sich durch Tipps seines Freundes auf dessen **smatch-Nutzerprofil** oder die Community inspirieren lassen. Dies kann zum Beispiel durch eine **Liste** mit Lieblingsprodukten geschehen. Die Abbildung 2 zeigt die Einstiegsseite in die Kategorie Mode. Neben den herkömmlichen Suchkriterien auf der linken Seite (hier Suche über Kategorie) sind auf der rechten Seite die Social Commerce-Funktionen, zum Beispiel Listen und Styles, zu finden.

Darüber hinaus kann der Konsument in der „Phase der Produktauswahl“ durch eine Suche über von anderen Nutzern vergebene Schlagworte (**„Tags”**) schnell zum gewünschten Suchergebnis gelangen. Nutzergenerierte Inhalte verringern hier also die Suchkosten, zum Beispiel im Vergleich mit einer Suchmaschine. Insbesondere wenn der Konsument nicht exakt weiß, was für ein Produkt er kaufen möchte, sind Social Commerce-Kanäle im Vorteil. Eine Suchanfrage bei einer Suchmaschine nach „Fahrradhose“ liefert als Ergebnis meist die großen Händler und Hersteller auf den vorderen Plätzen. Eine Suchanfrage auf einer Social Commerce-Plattform hingegen liefert eine breitere Auswahl und gleichzeitig Empfehlungen von anderen Konsumenten.

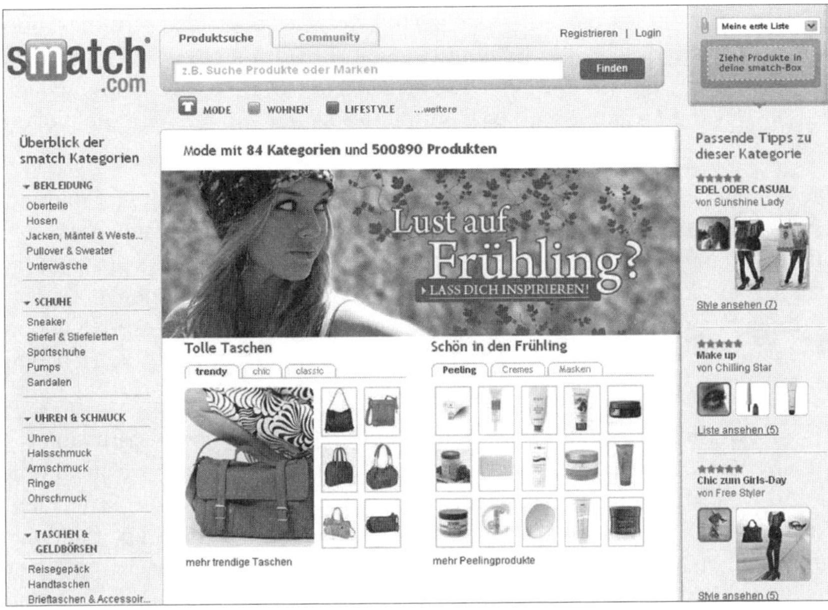

Abb. 2: Einstiegsseite der Kategorie Mode auf smatch.com

Nachdem der Konsument sein ‚Evoked Set', also die in Frage kommenden Produktalternativen, gebildet hat, kommt es zur „Produktbewertung". In dieser Phase kann der Konsument auf von anderen Nutzern vergebene Produktbewertungen in Form von **Produkt-Ratings** (Skala 1-5) zurückgreifen. Nun trifft der Konsument seine Kaufentscheidung und tätigt den Kauf der Fahrradhose in einem teilnehmenden Online-Shop, wo die tatsächliche Bedarfsdeckung stattfindet. Nutzergenerierte Shop-Bewertungen in Form von **Shop-Ratings** tragen hier zur Anbieterauswahl bei. In der Nachkaufphase bewertet der Konsument die Fahrradhose und erstellt beispielsweise eine Liste mit diesem Produkt. Ebenso kann er dieses Produkt in seinem Profil in einem sozialen Netzwerk platzieren. Somit gibt dieser Konsument anderen Nutzern einen Kaufimpuls und es kann erneut ein Kaufprozess angestoßen werden.

Nutzergenerierte Shop-Bewertungen

Fazit

Das Web 2.0, auch „Mitmach-Web" genannt, fördert den Austausch von Konsumenten über Unternehmen, Marken und Produkte im Internet. eWOM in Form von nutzergenerierten Produktinformationen und -empfehlungen nimmt somit zu und gewinnt aufgrund der hohen Vertrauenswürdigkeit bei Konsumenten zunehmend an ökonomischer Relevanz für Unternehmen.

Hohe Vertrauenswürdigkeit bei Konsumenten

Entscheidungsträgern im Marketing stehen im Rahmen des eWOM-Marketing zwei Strategien zur Förderung und Umsetzung zur Verfügung: Zum einen die Ergänzung und Erweiterung von eigenen, existierenden Angeboten und zum anderen die Nutzung von externen Kanälen.

Unternehmen können ihre bestehende Website oder den Online-Shop beispielsweise durch die Integration von Funktionen zur Abgabe von Kommentaren, Bewertungen und Tags ergänzen. Das Betreiben eines eigenen Blogs oder die Gründung einer Community stellen weitere Möglichkeiten dar.

Nutzung externer Kanäle und Plattformen ist teilweise schneller und mit geringerem Rüstaufwand zu realisieren

Die Nutzung externer Kanäle und Plattformen ist teilweise schneller und mit geringerem Rüstaufwand zu realisieren. Zudem können Unternehmen von der oftmals schon vorhandenen hohen Reichweite profitieren. Die Partizipation an Preisvergleichsdiensten und die Anregung von Diskussionen in Foren, Verbraucherportalen und sozialen Netzwerken zählen zu entsprechenden Maßnahmen. Darüber hinaus stellt die Kooperation mit nutzergetriebenen Social Commerce-Kanälen eine Option dar.

Insbesondere Nischenanbieter können von eWOM profitieren

Eine wesentliche Erfolgsvoraussetzung ist eine Analyse der Ist-Situation im Vorfeld. Vor der Umsetzung von Maßnahmen ist zu analysieren, in welcher Form und in welchen Kanälen entsprechende Empfehlungen ausgetauscht werden. Zudem sollte eine Entscheidung in Abhängigkeit von der Zielgruppe und der angebotenen Sortimente getroffen werden. Insbesondere Nischenanbieter mit einer klar definierten Zielgruppe und Anbieter von nicht-standardisierten Sortimenten können von eWOM profitieren.

Umgang mit negativen Empfehlungen sollte festgelegt werden

Die Steuerung von Maßnahmen im Rahmen des eWOM-Marketing ist jedoch nicht selten mit Problemen verbunden, da eWOM auf Freiwilligkeit und nicht-kommerziellen Anreizen beruht. Deshalb sollte auch der Umgang mit falschen und extrem positiven oder negativen Empfehlungen festgelegt werden. Zudem ist eine faire und transparente Kommunikation mit Kunden aufgrund der vielfältigen Informationskanäle im Web 2.0 und dem dadurch möglichen schnellen Zugang zu Informationen wichtig.

Während der Großteil an Unternehmen nutzergenerierte Empfehlungen bisher nicht für die eigenen Ziele genutzt hat, verankert eine zunehmende Anzahl eWOM im Rahmen der strategischen Ausrichtung. Entscheidungsträgern im Marketing ist deshalb zu empfehlen, Entwicklungen im Bereich des eWOM mit besonderem Augenmerk zu verfolgen. Hierbei sollten insbesondere die sozialen Medien, die durch eine hohe Dynamik gekennzeichnet sind, in den Fokus gerückt werden.

Literatur

[1] Hass, B./Walsh, G./Kilian, T.: Web 2.0 – Neue Perspektiven für Marketing und Medien. – S. 7, Springer, Berlin, 2008.

[2] Nielsen: Vertrauen in Werbung. – Abruf am 07.11.2009 unter: http://de.nielsen.com/site/documents/VertraueninWerbung_Presse_Deutschland.pdf.

[3] Westbrook, R. A.: Product/Consumption-Based Affective Responses and Post-Purchase Processes. – Journal of Marketing Research, Vol. 24, No. 3, S. 261, 1987.

[4] Godes, D./Mayzlin, D.: Using Online Conversations to Study Word-of-Mouth Communication. – Marketing Science, Vol. 23, No. 4, S. 545-560, 2004.

[5] WOMMA: Word of Mouth 101. – Word of Mouth Marketing Association, S. 2, Chicago, 2007.

[6] Peters, K./Albers, S./Asselmann, D./Schäfers, B.: eCommerce Revisited – The Impact of an Uncoupled Consumer Buying Process on Retailing. – Marketing-Zeitschrift für Forschung und Praxis, Heft Marketing JRM 2/2009, S. 85-104, 2009.

[7] ACTA Allensbacher Computer- und Technik-Analyse: Zentrale Trends der Internetnutzung in den Bereichen Information, Kommunikation und E-Commerce. – Institut Für Demoskopie Allensbach, 2009.

[8] Kotler, P./Keller, K. L./Bliemel, F.: Marketing-Management, 12., aktualisierte Auflage, Pearson, München, S. 296, 2007.

[9] Holsing, C./Schäfers, B.: Social Commerce vor dem Hintergrund des Multi-Channel-Retailing. – Erscheint in: Ahlert, D./Kenning, P./Olbrich, R./Schröder, H. (Hrsg.): Multichannel-Management, Jahrbuch Vertriebs- und Handelsmanagement 2009/2010, Deutscher Fachverlag, Frankfurt a. M., 2010.

[10] Richter, A./Koch, M./Krisch, J.: Social Commerce – Eine Analyse des Wandels im E-Commerce. – Technischer Bericht Nr. 2007-03, Fakultät für Informatik, Universität der Bundeswehr München, S. 5, 2007.

Active seeding

3

EMANUEL ROSEN

In 2001 Miramax hired the marketing expert Marc Schiller to build buzz for a movie called On the Line, starring 'N Sync's Lance Bass and Joey Fatone. When Miramax approached Schiller, his small New York agency, Electric Artists, already had a big success story under its belt: Christina Aguilera. To create buzz for Aguilera, Schiller and his team identified about 2,900 young people whom they believed were responsible for music buzz on the Internet. They approached this group for several months before Aguilera's first record came out. When it was released, the record opened at number one.

Schiller and his team wanted to repeat their success with On the Line. They identified the core group of enthusiasts they believed would talk about the movie and started a dialogue with these folks. "The word of mouth that we saw coming back to my team was off the radar," Schiller remembers. "We'd never seen anything like this—the passion was there. The word of mouth was there."

Everything looked rosy. Then the movie bombed.

"I shut the company down for two weeks," Schiller remembers. "I had to figure out what went wrong here."

How did a movie that got such positive initial response fail so miserably at the box office? To try to understand one possible explanation for this case, we should look at a study done by David Godes and Dina Mayzlin, who examined how buzz about TV shows relates to their success. Godes and Mayzlin obtained two sets of data. One was the Nielsen ratings of forty-one TV shows that premiered in the United States during the 1999-2000 season. The other set of data consisted of comments posted on 169 newsgroups about these TV shows. So, for example, they knew that Judging Amy, which premiered on CBS on September 19, 1999, was watched in 13.4 million homes, and they also knew that the words "Judging Amy" appeared 189 times in the subject lines of different postings during the period that they covered.

Their analysis revealed that once they controlled for the previous week's ratings, the volume of the discussion was not the best predictor of a show's success. "Simple counts are not sufficient," they wrote. Volume didn't matter as much as another measure: dispersion. This number measures the concentration of posts across different newsgroups. That is, dispersion is greater if the posts are evenly distributed across many different groups as opposed to being concentrated in a few groups. In other words, the fact that Law and Order: Special Victims Unit had posts in four different newsgroups in the week following its premiere was

http://www.marketing-boerse.de/Experten/details/Emanuel-Rosen

more important than the fact that it had a total volume of 201 posts in the same week.

Is it possible that this is what happened with On the Line? Looking back, Marc Schiller thinks that this is exactly what happened. "Word of mouth can become very insular," he says. Yes, a core group got excited about it. Excitement and passion are important when it comes to buzz, but the scope of that excitement and the passion may be at least as important.

Schiller didn't have access at the time to Godes and Mayzlin's paper, but his intuition told him that this is what went wrong. He reopened the agency after a couple of weeks. And he started to pay more attention to what he calls "breadth in the word of mouth."

What can marketers learn from this? One lesson is that measuring the dispersion of word of mouth can serve as a predictor of future success. Understanding that the buzz, as loud as it may have been, came from only one group of people could have given Schiller a hint that this would not be another Christina Aguilera. Perhaps the movie simply wasn't good enough.

It's also possible that the movie never got the chance it deserved, which brings me to the second lesson: There are things you can do to make sure buzz starts in multiple social clusters. While news about your product may spread effectively in some clusters, it may leap over to other clusters very slowly, if at all. Very few products spread like wildfire. Most products need help, and that's where seeding enters the picture.

What is seeding?

To accelerate the rate at which the word about a product spreads, smart companies seed their products at strategic points in many different clusters with something known as seed units. A seed unit is an actual product or a representative sampling from the product that you are trying to promote (a book, a computer, a software package), which you place in the hands of seed customers. The logistics vary: The seed unit can be offered at full price, at a discount, on a loan basis, or for free, as is often done with seeding on the Internet. You can use sampling programs, touring programs, or demo programs, but the principle is always the same: You give people in multiple clusters direct experience with the product in order to stimulate simultaneous discussion in multiple networks and accelerate the regular adoption process. Instead of waiting for the natural (but sometimes painfully slow) transfer of information from one cluster to the next, you take the initiative and ensure that this transfer occurs.

A good seeding campaign goes beyond mailing sample products to a small group of press contacts and the industry elite. Seeding a book should consist of more than sending proofs to a few dozen key buyers; the scale should be much greater. You may recall that Cold Mountain, for example, was sent to more than four thousand buyers, readers, authors, reviewers, and other influential people.

Numbers make a difference. One of the most successful book launches in recent history was the introduction of The Purpose-Driven Life, by Rick Warren. Four hundred thousand people participated in the initial launch of this book through churches and religious groups. People received the book (some churches gave it for free, others sold it at a discount), agreed to read one chapter each day for forty days, and participated in small discussion groups that met once a week. How was Warren able to put this together? Over the years he had built great relationships with pastors who'd read another one of his books (The Purpose-Driven Church), visited his Web site, and used various resources that he made available to them. When Warren invited those pastors to participate in his Forty Days of Purpose initiative, twelve hundred agreed, according to Greg Stielstra, who was senior marketing director at Zondervan and described the campaign in his book PyroMarketing.

Starting in October 2002, four hundred thousand people all over the country talked about The Purpose-Driven Life. It was discussed in twelve hundred churches every Sunday for six weeks, and it was analyzed in the small discussion groups.

Talk about a contagious product! A survey conducted some time after the book release revealed that 83 percent of those who bought the book were actively recommending it. Even more important, nearly 47 percent bought additional copies and gave them away as gifts. How many copies? Stielstra reports that 73 percent of those who gave it as a gift bought one to three copies, and 7 percent reported that they gave away more than ten copies each. The Purpose-Driven Life sold 20 million copies in its first two years.

What do you think would have happened if Rick Warren had started his efforts with twelve churches rather than with twelve hundred churches? It's impossible to tell for sure. With such strong inherent contagion, I suspect that the book would still have been a success. But I am sure that starting on such a large scale made a huge difference.

Tom Peters also attributes part of the success of his first book to an extensive seeding campaign. In 1980 Peters and his coauthor, Bob Waterman, put together a 125-page summary of what later became the classic management book In Search of Excellence. They gave it to just a few executives they knew, but very quickly these individuals started discussing what they had read with others. As word about the coming book started to spread, demand soared, and the authors decided to seed the market with 15,000 copies of this preliminary report. Their publisher was worried that Peters and Waterman were giving away too many. Edward Burlingame, who commissioned the book for Harper & Row, said that the company expected to sell around 60,000 copies in the first year, so the 15,000 copies represented 25 percent of that amount. But Peters believes that these copies were important in generating word of mouth and sales. "Within days of the book's launching, supportive reviews appeared, and the network of 15,000 (plus at least an equal number of photocopied knockoffs) hurried to buy the real thing, often in bulk for their subordinates," Peters recalls in Thriving on Chaos. In Search of Excellence sold 1.5 million copies in hardcover alone.

Because information can get stuck in clusters, seeding in many places is key. One of the most talked-about products in the mid-1990s was Windows 95, and seeding played an important role in that buzz. Microsoft sent out 450,000 copies before the product was actually released. By doing so, the company placed a copy of its new software at just one or two degrees of separation from any PC user. With 85 million PC owners around the world at the time and 450,000 advance copies of Windows 95 out, it is safe to assume that if a PC user didn't directly know someone who had an advance copy, at least he or she knew of someone who did.

How much seeding is enough?

Here's a little riddle: Which of the following two viral campaigns reached more people? The first campaign was for P&G's detergent Tide Coldwater; the other campaign surrounded Oxygen network's benefit for victims of Hurricane Katrina. The virality of each campaign can be measured by multiplying the likelihood that a person will forward the message by the average number of people they tell. The best-case scenario is when this number is over 1.0 and the buzz is self perpetuating. But this high a number is rare. The Katrina relief campaign from Oxygen got a very high rating, 0.769. The Tide campaign only got 0.041. Clearly the Katrina campaign was more viral. But the question is, which campaign reached more people?

The answer is the Tide campaign, because there was much more seeding at the onset. It began by exposing itself to 960,954 people. The Oxygen campaign was launched to only 7,064. So although it was more viral, it reached fewer people. Viral reach depends not only on how viral your idea is, but also on your starting point.

Duncan Watts, Jonah Peretti, and Michael Frumin, who reported these numbers, make the point that it is "extremely difficult, and perhaps impossible, to consistently create media that will spread virally from a small seed to millions of people." The alternative available to large companies is to start with massive seeding. That way, "the contagious process may require several steps to burn itself out, during which time a quite respectable number of additional people may have been reached." This is exactly what Microsoft did with the introduction of Windows 95. This is how The Purpose-Driven Life was launched. This is what Tom Peters and Bob Waterman did with the introduction of In Search of Excellence.

The seeding that took place in these cases was intense; most companies will find it difficult to create that kind of interest in their product. Still, seeding can be effective even if it's not executed on a grand scale. How much seeding is enough? "There's no magic formula," says Matthew Stradiotto, the cofounder of Matchstick, the Toronto-based word-of-mouth agency, which has executed many seeding campaigns since 2001. In one of its early campaigns for a shoe company it saw excellent results after giving a pair of shoes to each of twenty-five hand-picked women in several cities. Today Matchstick reaches out to at least one hundred people in each large city for each of its seeding efforts, and it tries to go higher when budgets allow. Its reach is much higher with online campaigns. BzzAgent, which is less selective in choosing who gets a seed unit, executes much larger campaigns, as illustrated by the Sonicare campaign which was given to 33,000 people in North America. People in the industry mention one percent of the audience as a desirable percentage, but obviously there is a wide range in seeding efforts.

One potential pitfall in seeding is redundancy. Seeding twenty units of your product in a large organization can mean different things, depending on the distribution of those units. If the twenty units are scattered in twenty different departments, you are probably making good use of these seed units. If all twenty units are clustered in one department, then you've spent a lot of money that could have been used more effectively. (Of course, if the visibility of that particular department is especially high, it may justify such concentrated seeding.)

Pay attention to dead networks

Seeding should be an ongoing effort. No matter how much care you provide, some seeds won't germinate, and as a result their corresponding networks will be inactive. I call those networks "dead networks." A dead network may indicate low activity, or it can suggest that a competing brand is successfully spreading in that network. To identify dead networks, you should use all the traditional sources of information used in marketing intelligence: sales data, marketing research, and your own observations. But instead of focusing on traditional measurements such as brand awareness and media exposure, concentrate on answering a single question: To what extent are people talking about my brand in a particular network?

Anecdotal data are very important in identifying dead networks. A sales rep can come back from a sporting event and report that biking fans in Seattle don't know about the new helmet you introduced to the market. Dead network. You come across a discussion on the Net that suggests that Ph.D. students prefer a product from a competitor of yours and don't even mention your product. Dead network. At one point, for example, our company noticed that medical librarians hardly ever discussed EndNote in their online discussion groups. There were lively discussions about EndNote among medical researchers and biology students, but the network of medical librarians was dead as far as EndNote was concerned. This was especially alarming since each one of these librarians was part of a local network that influenced what students and researchers were buying. We decided to distribute hundreds of seed units to medical libraries around the country. As a result, medical librarians started teaching courses on how to use EndNote, recommending the software enthusiastically to library patrons.

Our natural tendency as marketers is to pay attention to the networks that are "happening" and ignore those that are dead. In fact, the more successful a company is, the more likely it is to be flooded by messages from its existing networks, thereby failing to notice and seed the inactive ones. We pay attention to the networks that stimulate us, and it's hard to look beyond them. But you can expand your audience and your product sales far more rapidly by seeding inactive networks than by focusing all your efforts on active ones.

The four rules of a successful seeding campaign

Successful seeding is an active process. It goes well beyond the Field of Dreams cliché "If you build it, they will come." Rather than waiting passively for people to come to you, you must go out and plant seeds all around the forest. Here are a few guidelines:

1. Look beyond the usual suspects. Although seeding traditional channels is important, successful seeding efforts go beyond your normal channels, whether these are the media, the retailer, the dealership, or the department store. Think broadly. In the same way that you identify Zip Codes in which you don't have enough customers, you should be able to identify social circles, industry segments, or academic disciplines in which people aren't yet talking about your company, product, or service.

2. Put the product in their hands. Most often the seed has to be the product itself. In some cases, such as the sneak preview of In Search of Excellence, people may get excited just by getting a sample, but in general people need the entire experience to get truly engaged.

3. Reduce the price barrier. In some cases your analysis will show that you can afford to distribute these units for free; at other times a discount is the best you can do. But don't underestimate the price barrier for an unknown product: Make the product free to a seed customer if possible, or at least at as low in price as is feasible.

4. Listen for silence. When you hear silence from dead networks, your natural tendency will be to ignore them. Successful seeding requires spotting dead networks and reviving them.

Literatur

From: The Anatomy of Buzz Revisited: Real-life Lessons in Word-of-Mouth Marketing by Emanuel Rosen. Doubleday 2009.

WOM-Kampagnen

3

David Eicher

Wenn heutzutage ein Unternehmen ein neues Produkt einführen will, ist dies selbst mit großen Budgets nicht so einfach. Denn Konsumenten schalten bei klassischer Werbung immer häufiger ab oder um. Und, wenn man ehrlich ist, so stark unterscheiden sich die Produkte, selbst wenn sie neu sind, nicht von denen des Wettbewerbs. Selbst die renommierte Stiftung Warentest bewertete 75 Prozent der in den letzten Jahren geprüften Produkte gleich gut. Wie soll dann erst der nach Orientierung suchende Verbraucher eine Entscheidung für sich fällen können? Richtig: Er sucht im Internet und fragt dann noch einen Freund oder Bekannten, der ihm bei der Entscheidung mit seinem Expertenrat zur Seite stehen kann. So wie man das schon seit jeher getan hat, als es noch kein Internet gab.

Empfehlung ist die älteste, authentischste und ehrlichste Form der Anpreisung

Es ist ein absolut natürlicher Prozess, dass Menschen gern über Dinge sprechen, die ihnen gefallen beziehungsweise, dass Menschen ihre Begeisterung mit ihrem sozialen Umfeld teilen möchten. Voraussetzung für eine wirkungsvolle Empfehlung ist die eigene Produkt- und Markenerfahrung sowie ein gewisses **Vertrauensverhältnis zwischen den Gesprächspartnern**. Somit ist die Empfehlung die älteste, authentischste und ehrlichste Form der Anpreisung. Und die wirkungsvollste: Denn der hilfreiche Tipp eines guten Freundes zeigt erfahrungsgemäß mehr Wirkung als ein TV-Spot, eine Anzeigenkampagne oder andere unpersönliche Konsumentenansprachen.

Hierzu einige Zahlen. Die Studie „The Nielsen Global Online Consumer Survey" von 2009 [1] zeigt: Konsumenten vertrauen heute mehr auf Empfehlungen von Freunden und Bekannten (neunzig Prozent) und Online-Verbrauchermeinungen (siebzig Prozent) als auf klassische Werbeformen im Fernsehen (62 Prozent), Zeitung (61 Prozent) und Radio (55 Prozent). Mundpropaganda ist also äußerst effektiv und zugleich kostensparend, denn die Verbraucher kümmern sich selbst um die Verbreitung der Werbebotschaft.

P&G betreibt die Word-of-Mouth-Communities Vocalpoint.com und Tremor.com

Ein Unternehmen, welches Empfehlungsmarketing bereits seit 2001 konsequent als Teil des Marketing-Mix nutzt, ist Procter & Gamble. Der amerikanische Konzern führt eigene Word-of-Mouth-Communities (zum Beispiel die Frauencommunity Vocalpoint.com und das Netzwerk Tremor.com) und testet Empfehlungsmarketing regelmäßig in ausgewählten Testmärkten. Die Ergebnisse werden dann zum Beispiel mit den Verkaufszahlen der Testgebiete, in denen das Word-of-Mouth-Projekt nicht durchgeführt wurde, verglichen. Ein Beispiel: 2004 verglich Procter & Gamble in Zusammenarbeit mit der US-Agentur „bzzagent" Word-of-Mouth-unterstützte Testmärkte mit klassisch beworbenen Verkaufsgebieten. Das Ergebnis: Mit dem Einsatz von Word-of-

http://www.marketing-boerse.de/Experten/details/David-Eicher

Mouth erzielte das Unternehmen zehn bis dreißig Prozent mehr Umsatz bei gleichzeitiger Reduktion der TV-Werbung um 25 Prozent [2].

Social Media-Plattformen wie soziale Netzwerke und Blogs unterstützen die **virale Verbreitung**. So kann eine intelligente Verknüpfung des Empfehlungsmarketing-Projektes mit bestehenden Communities (wie Facebook) dazu beitragen, dass die Produktbotschaft in relativ kurzer Zeit einem großen Publikum bekannt gemacht wird. Um diesen Effekt zu erzielen, muss allerdings schon beim Rekrutieren der Projektteilnehmer auf ein paar Dinge geachtet werden: Sie sollten nicht nur viel Fachwissen besitzen und wichtige Funktionen bekleiden, sondern auch gut online verdrahtet sein und möglichst eigene Medienplattformen führen.

Genau hier setzt dieser Buchbeitrag an, mit dem ich einerseits verdeutliche, wie Empfehlungsmarketing-Projekte systematisch konzipiert werden; andererseits aber auch aufzeige, wie wichtig eine durchdachte Onlineanbindung ist, wenn es darum geht, spürbare Effekte im Markt zu erzielen.

Word-of-Mouth als Kampagnenbaustein

Das System eines Empfehlungsmarketing-Projektes ist so beschaffen, dass

- die richtigen Teilnehmer, also **potenzielle Multiplikatoren**, rekrutiert werden,
- viel Auseinandersetzung mit dem Produkt stattfindet, um möglichst viel authentisches Feedback zu erhalten, und
- die Produktbotschaft ins soziale Umfeld der Multiplikatoren getragen wird.

Viel Auseinandersetzung mit dem Produkt

Grundsätzlich ist ein Empfehlungsmarketing-Projekt in zwei Phasen gegliedert: die Rekrutierungsphase und die Projektphase.

Rekrutierungsphase

Sich honorarfrei im Rahmen eines Empfehlungsmarketing-Projektes engagieren

Die Rekrutierungsphase umfasst die Ansprache potenzieller Projektteilnehmer, die Auswahl geeigneter Multiplikatoren und die Ausstattung dieser mit **Produktmustern** und **Informationsmaterial**. Bevor ich jedoch näher auf die einzelnen Bausteine eingehe, noch ein Wort zu der Motivation, welche die Menschen treibt, sich grundsätzlich honorarfrei im Rahmen eines Empfehlungsmarketing-Projektes zu engagieren. Vereinfacht kann man sagen: Es geschieht aus Leidenschaft und aus niederen Beweggründen.

Aus Leidenschaft deshalb,

- weil sie überzeugte Fans der jeweiligen Marke sind,
- weil sie Spaß haben an gemeinsamen kreativen Entwicklungsprozessen

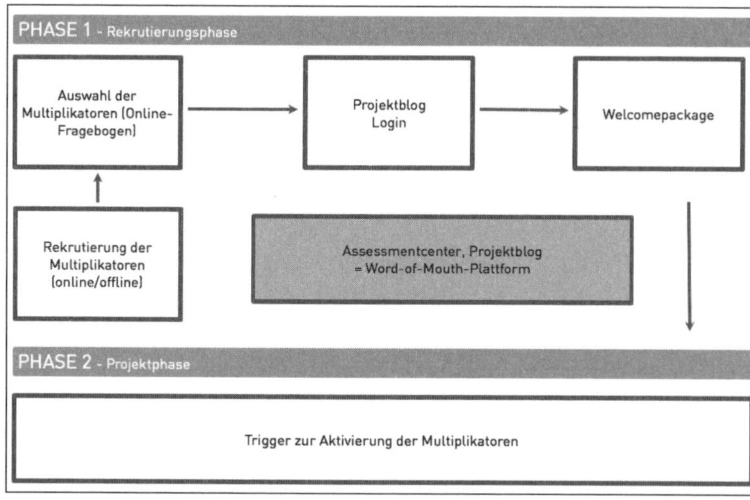

Abb. 1: Schematischer Ablauf eines klassischen Word-of-Mouth-Projekts

- und sich in ihrer Rolle als Meinungsmacher (Opinion Leader) bestätigt fühlen: Denn sie erhalten exklusive Informationen, können mit dem Unternehmen auf höchster Ebene kommunizieren und erfahren Dinge vor allen anderen, teilweise sogar vor den Medien.

Der Wunsch, bei einem bedeutenden Projekt mitzumachen

Hinzu kommt der Wunsch, bei einem bedeutenden Projekt mitzumachen und sich einbringen zu können (Partizipation). Das Gefühl, die Chance zu erhalten, Teile des Produktes mitzugestalten und so am Ende kein Massenprodukt zu erhalten, sondern eines, das den eigenen Vorstellungen entspricht, motiviert zusätzlich.

Wissen und Können zur Schau stellen

Aber auch niedere Beweggründe spielen bei der Motivation eine Rolle:

- Denn spätestens seit Formaten wie „Deutschland sucht den Superstar" wissen wir: Menschen lieben es, sich selbst beziehungsweise ihr Wissen und Können zur Schau zu stellen.
- Aber nicht nur das: Die Teilnehmer wissen durchaus, dass sie eine gewisse Kontrolle ausüben können, ja die Macht besitzen, einer (großen) Marke vor den Augen der Öffentlichkeit etwas zu sagen – auf Augenhöhe.
- Die Teilnehmer wissen: Sie sind in diesem Augenblick V.I.P.s und deshalb wollen sie auch so behandelt werden.
- Es ist auch nicht auszuschließen, dass sie den Wunsch hegen, etwas zu verdienen und von Folgeaufträgen träumen (auch wenn Ähnliches nicht kommuniziert wird).

Die Ansprache potenzieller Teilnehmer kann unterschiedlich ablaufen, je nachdem, ob das Unternehmen bereits Kontakte zu Verbrauchern unterhält (zum Beispiel eigener E-Mail-Verteiler) oder nicht. Wenn letzteres der Fall ist, erfolgt die Einladung zum Produkttest beispielsweise via Onlinewerbung (innerhalb zielgruppenaffiner Umfelder) oder auf redaktionellem Weg (Advertorials,

Blogger- oder Forenbeiträge). Selbstverständlich kann auch Newsletter-Marketing zur Rekrutierung eingesetzt werden.

Üblicherweise werden die Bewerber dann in ein **Online-Assessmentcenter** verlinkt. Dort werden unter den zahlreichen Aspiranten die relevanten Multiplikatoren ermittelt. Meist wird beim Bewerbungsverfahren auf einen klassischen Fragebogen zurückgegriffen, der den Grad der Affinität zum Testprodukt und die für die Kampagnenteilnahme essentiellen Punkte aufzeigt. Diese sind neben den demografischen Daten auch organisatorische Aspekte, wie zum Beispiel die zeitliche Verfügbarkeit des Teilnehmers. Faktoren, welche den Bewerber als Multiplikator qualifizieren, sind zum Beispiel: Online- und Produktaffinität sowie Konsumverhalten und Größe des Netzwerks. Durch die Antworten können wichtige Voraussetzungen, wie das Empfehlungspotential des Multiplikators oder das bereits bestehende Involvement offengelegt werden.

Unter den zahlreichen Aspiranten die relevanten Multiplikatoren ermitteln

Anschließend werden die ausgewählten Multiplikatoren über ihre Teilnahme am Projekt informiert und erhalten den Link und die Zugangsdaten der Word-of-Mouth-Plattform – in der Regel ein **Projektblog**. Mit den Login-Daten haben die Teilnehmer die Möglichkeit, sich ein eigenes Profil anzulegen und sich mit der Plattform vertraut zu machen. Das stärkt bereits vor Projektbeginn das Involvement.

In einem zweiten Aussand erhalten die Multiplikatoren ein sogenanntes Welcomepackage mit Produktmustern und weiteren Informationen (Projektfahrplan). Der Projektfahrplan skizziert den Multiplikatoren den exakten Ablauf des Projekts, gibt Anleitungen zur Word-of-Mouth-Plattform und Informationen rund um das Testprodukt. Weitere Elemente können sein: Rabattcoupons zum Verteilen an Freunde, Familie und Bekannte, Merchandise-Produkte oder auch Marktforschungsbögen (alles Bausteine, welche zu einer Verbreitung der Produktbotschaft im sozialen Umfeld der Multiplikatoren beitragen). Sobald alle Multiplikatoren ihr Welcomepackage erhalten haben, kann das Projekt starten.

Projektphase

Zu Beginn des Projekts rufen die Moderatoren, welche das Projekt begleiten, dazu auf, sich kurz vorzustellen und so die anderen Multiplikatoren sowie das Moderatorenteam kennen zu lernen. Das schafft Vertrauen, stärkt das Involvement und fördert das **Community-Gefühl**. Während der Projektphase berichten die Multiplikatoren auf der Word-of-Mouth-Plattform über ihre Erlebnisse und Erfahrungen mit dem Testprodukt. Hierbei nehmen die Moderatoren eine zentrale Rolle ein, indem sie Fragen beantworten und über unterschiedliche Aufgaben (Trigger) immer wieder neu zur Beschäftigung mit dem Produkt anregen. Solche Aufgaben können sein:

Multiplikatoren berichten über ihre Erlebnisse und Erfahrungen mit dem Testprodukt

- Fragen Sie Ihre Arbeitskollegen, was diese von der neuen Funktion halten!

- Laden Sie zwei Freunde zu sich nach Hause ein und testen Sie das Produkt gemeinsam!
- Oder das Verbreiten von Rabattcoupons: Dieser Trigger eignet sich dafür, die Empfehlung weiter voranzutreiben. Die Multiplikatoren können ihrer Familie, Freunden oder Bekannten eine Freude bereiten, indem sie ihnen Coupons für einen vergünstigten Einkauf des zu testenden Produkts schenken. In diesem Zuge berichten sie von ihren Erfahrungen und sprechen eine Kaufempfehlung aus.

Foto von Produkttests auf der Word-of-Mouth-Plattform posten

- Gewinnspiele: Erfahrungsgemäß ist die Teilnahme an Aufgaben innerhalb des Produkttests besonders groß, wenn Incentives ausgespielt werden. Beispielsweise werden die Multiplikatoren dazu aufgefordert, ein Foto ihres Produkttests auf der Word-of-Mouth-Plattform zu posten. Per User-Voting wird das meistgewählte Bild mit einem Preis prämiert.

Während der Projektphase sind die Moderatoren Hauptansprechpartner der Multiplikatoren. Sie pflegen einen sehr engen, persönlichen Kontakt und beantworten zeitnah aufkommende Fragen. Außerdem achten sie darauf, dass keine anstößigen und beleidigenden Beiträge und Kommentare veröffentlicht werden.

Eine Frage, die sich stellt, ist: Was, wenn die Multiplikatoren dem Produkt nicht positiv gegenüber stehen? Kann so ein Empfehlungsmarketing-Projekt nicht auch genau das Gegenteil bewirken: nämlich Negativpropaganda für die Marke beziehungsweise das neue Produkt? Und: Wenn unverhofft Kritik aufkommt, wie geht man dann damit um? Hierzu einige Anmerkungen:

Word-of-Mouth-Marketing ist furchtbar ehrlich

- Word-of-Mouth-Marketing ist kein Problemlöser, sondern furchtbar ehrlich – es macht (versteckte) Probleme sichtbar. Als Initiator eines Empfehlungsmarketing-Projektes sollte man deshalb überzeugt davon sein, dass das als Neuheit präsentierte Produkt wirklich Neues und Ungewöhnliches leistet. Die Multiplikatoren kennen sich mit der Materie aus, wissen sehr wohl zu unterscheiden, wann ein Produkt top oder eben doch nur flop ist. Und: Die Erwartung seitens der Projektteilnehmer ist groß! Sie gieren förmlich danach, das Neue, Innovative als Erste in der Hand zu halten. Insofern sollte sich jedes Unternehmen, welches auf Word-of-Mouth-Marketing setzt, im Klaren sein, dass es selbst auch eine Verantwortung besitzt: nämlich die, den Multiplikatoren wirklich ein spannendes, innovatives Produkt zur Verfügung zu stellen.

Offen über mögliche Schwachstellen des Produktes sprechen

- Natürlich muss man immer damit rechnen, dass Kritik aufkommt: Nur selten wird ein Produkt für alle Konsumenten gleichermaßen faszinierend sein. Sich auf eventuelle Einwände, Vorbehalte oder gar Nörgeleien einzustellen, ist Teil des Moderationsplanes – die Basis der Moderation. Mit ihm werden die Veröffentlichung einzelner Beiträge/Themenschwerpunkte/Trigger geplant. Wenn der Moderationsplan ausgearbeitet wird, sollte man auch darüber nachdenken und konkret formulieren, wie man aufkommender Kritik begegnen kann. Hierzu ist es nötig, im Vorfeld des Projektes mit dem Auftraggeber offen über mögliche Schwachstellen des Produktes zu sprechen.

- Versuchen Sie auf keinen Fall kritische Meinungen zu unterdrücken, indem Sie zum Beispiel negative Kommentare nicht veröffentlichen oder gar nachträglich löschen! Wenn das Produkt objektive Schwächen besitzt und diese zu berechtigter Kritik führen, muss man sich dieser stellen. Argumentativ! Allerdings muss man sich auch nicht beleidigen lassen. Heißt: Formulieren Sie für die Diskussion auf dem Projektblog eine **Netiquette**, die allen Projektteilnehmern aufzeigt, in welchem Rahmen die Diskussion stattfinden soll. Wer sich nicht daran hält, muss damit rechnen, aus dem Projekt ausgeschlossen zu werden.

Auf keinen Fall kritische Meinungen unterdrücken

- Kommt es also zu einer Diskussion, die eventuelle Schwachstellen des Produktes aufzeigt (zum Beispiel hoher Preis oder schlechte Performance), dann ist dies gar nicht schlimm – und erst recht kein „Kontrollverlust“. Seien Sie sich im Klaren darüber: Es gibt **keine Kontrolle über die Verbraucher**, Mundpropaganda läuft immer unkontrolliert ab! Aber, beim Word-of-Mouth-Marketing kommen Sie den Meinungsmachern näher, werden aktiver Teilnehmer des Dialogs und sehen nicht nur aus der Entfernung zu. Die Diskussion findet nicht irgendwo im Internet statt (wo sie sowieso aufpoppen würde!), sondern auf Ihrem Projektblog, wo Sie ihr mit sachlicher Argumentation begegnen können. Gerade ein Empfehlungsmarketing-Projekt ermöglicht den gezielten Dialog mit kritischen Verbrauchern!

Gezielter Dialog mit kritischen Verbrauchern

Ja, ich habe schon Projekte erlebt, da wäre es besser gewesen, diese mittendrin abzubrechen: Weil sich im Projektverlauf herausgestellt hat, dass das Produkt Schwächen besaß, die zeigten, dass es einfach nicht marktreif war. Der Auftraggeber verschwieg diese und wollte, weil die interne Planung schon sehr weit fortgeschritten war, unter allen Umständen den Launch fortführen und diesen mit Hilfe von Empfehlungsmarketing pushen. Offensichtlich bestand insgeheim der (absurde) Wunsch, durch ein positiv verlaufendes Multiplikatoren-Projekt eventuelle Schwachstellen des Produktes zu kaschieren. Die Schwächen führten jedoch zwangsläufig zu einer äußerst prekären Situation, weil seitens der Multiplikatoren Unmut über das in keinster Weise praxistaugliche Produkt aufkam. Aber auch dies konnte zumindest teilweise gemeistert werden. Schließlich konnten wir deutlich machen, dass das Testprodukt, welches den Multiplikatoren vor dem eigentlichen Marktlaunch zur Verfügung gestellt wurde, nach wie vor Optimierungsbedarf besaß. Und man froh war, mit der substanziellen Kritik der Multiplikatoren das Produkt weiter verbessern konnte.

Produkt war einfach noch nicht marktreif

Facebook: Der optimale Nährboden der Empfehlung

Wie ich bereits eingangs erwähnte, besteht ein grundsätzlicher Unterschied zwischen viralen Kampagnen und einem Empfehlungsmarketing-Projekt. Nichtsdestotrotz existiert natürlich der Wunsch, die im Rahmen des Word-of-Mouth-Projektes gewonnenen, qualitativ hochwertigen Feedbacks möglichst massenhaft zu verbreiten. Also nicht nur im direkten sozialen Umfeld des Multiplikators, sondern weit darüber hinaus. Dieser Sprung, vom überschaubaren Word-of-Mouth-Projekt zum automatisch ablaufenden

Schneeballsystem, war in der Vergangenheit nicht realisierbar. Erst mit dem weltweiten Durchbruch von Facebook, einem sozialen Onlinenetzwerk, welches virale Prozesse systemimmanent unterstützt, ist dies möglich. Deshalb will ich mich im folgenden Kapitel genau dieser Plattform näher widmen, um Ihnen zu zeigen, wie man Facebook nutzen kann, um Empfehlungsmarketing-Projekte in die Breite zu tragen.

Seit der Gründung 2004 hat sich Facebook zu einer der größten sozialen Communities entwickelt. Weltweit gibt es vierhundert Millionen aktive Mitglieder, darunter zehn Millionen in Deutschland (Stand: Juli 2010) [3]. Gefördert wird der Wachstumsprozess durch eine aktive Unterstützung der User beim Aufbau und der Vergrößerung der persönlichen Netzwerke. Im Durchschnitt hat jeder User 130 Freunde und fügt pro Monat acht weitere zu seinem Netzwerk hinzu, ist Mitglied in dreizehn Gruppen und verbringt etwa eine Stunde pro Tag auf der Plattform. Täglich werden über sechzig Millionen Statusmeldungen gepostet [4].

In den letzten Jahren wurde Facebook auch für Unternehmen immer bedeutender. Heute betreiben bereits über 1,5 Millionen Unternehmen weltweit eine eigene Facebook-Seite mit insgesamt über 5,3 Milliarden Usern – und täglich kommen zwanzig Millionen neue dazu. (Stand: April 2010). 27 Prozent sind bereits mit mindestens einem Unternehmen oder einer Marke verbunden [5]. Somit akzeptieren viele User Facebook-Seiten von Unternehmen als **relevanten Bestandteil ihres sozialen Netzwerks** und als Partner, die ihnen täglich spannenden Content bieten.

Einblicke in das Denken und Leben der User

Der große Erfolg von Facebook auf Unternehmensseite liegt in der konsequenten Plattform-Politik: Viele Services und Anwendungen lassen sich ohne großen finanziellen und zeitlichen Aufwand integrieren. Der direkte aber auch der indirekte Dialog über Umfragen und Quizzes bietet dem Unternehmen relevante Einblicke in das Denken und Leben der User. Dadurch wird Facebook zu einer Art Basismedium für Social Media-Aktivitäten.

Für das Marketing – und speziell das Empfehlungsmarketing – hat Facebook vor allem aufgrund einer Tatsache Relevanz: Es ersetzt nicht die realen sozialen Kontakte von Personen, sondern erweitert diese um eine interaktive Komponente. Studien besagen, dass Social Media User im Allgemeinen auch im realen Leben kontaktfreudiger sind, als ihre nicht vernetzten Freunde [6]. Das vergrößert die Reichweite einer Empfehlung immens.

Empfehlungsmarketing auf Facebook

Aktivitäten eines Mitglieds innerhalb seines Freundeskreises sichtbar

Facebook ist ein soziales Netzwerk, bei dem sich Freunde oder Arbeitskollegen online treffen und miteinander kommunizieren. Dies allein unterscheidet Facebook nicht von Seinesgleichen wie Xing, LinkedIn oder anderen Online Social Networks. Der wesentliche Unterschied ist technischer Natur: Denn Facebook basiert auf einer Technologie, welche alle Aktivitäten eines Mitglieds innerhalb seines Freundeskreises sichtbar macht. Egal ob dieses Mitglied den „Gefällt-mir"-Button klickt, irgendwo auf Facebook einen Kommentar schreibt, ein Bild hochlädt oder an einem Spiel teilnimmt: Jede Aktivität wird von allen Freunden wahrgenommen, weil sie auf deren sogenannter **Pinnwand** erscheint.

Die Pinnwand ist das Herzstück einer jeden Facebook-Seite und funktioniert wie ein „Newsfeed". Sie ist quasi die persönliche Startseite, auf welcher alle aktuellen Beiträge aus dem persönlichen Netzwerk erscheinen. Das sind zum Beispiel Nachrichten von Marken, die man abonniert hat oder eben Aktivitäten und Nachrichten seines Freundeskreises. Der Clou aus Marketingsicht ist, dass sämtliche Interaktionen eines Facebook-Users mit einer Marken- oder Produktseite auf den Pinnwänden des Freundeskreises erscheinen. Was üblicherweise zur Folge hat, dass

- die Freunde neugierig werden,
- selber auf die Marken-/Produktseite surfen,
- selber involviert werden und sich durch einen Klick auf den „Gefällt-mir"-Button mit der Seite verbinden, weil sie auch ähnliche Interessen wie ihre Freunde haben,
- und dann selber beginnen, mit der Marken- beziehungsweise der Produktseite zu interagieren – was wiederum in deren Freundeskreis sichtbar wird und womit sich der Ablauf mehrfach hintereinander wiederholt.

Der virale Verbreitungsmechanismus ist also systemimmanent! Das ist der große, aus Marketingsicht spannende Unterschied zu allen anderen Plattformen. Und: Als Werbender auf Facebook kann man diesen Prozess anstoßen: indem man Facebook-Mitglieder zur Interaktion animiert (weil diese ja, wie gesagt, auf den Pinnwänden des Freundeskreises sichtbar werden). Hierzu, und das ist ein weiterer wesentliche Vorteil, bietet Facebook ein ganzes Toolset kostenlos nutzbarer Applikationen an:

Viraler Verbreitungsmechanismus ist der große Unterschied zu allen anderen Plattformen

Unternehmen können zusätzlich externe Anwendungen (Applikationen, im Folgenden Apps genannt) integrieren. Diese können entweder selbst entwickelt werden oder man greift auf externe Anbieter zurück, wie beispielsweise Wildfire Interactive.

Seit Ende April 2010 bietet Facebook sogenannte Social Plugins an. Das sind vereinfacht gesagt Code-Schnipsel, welche ein Webseiten-Betreiber ohne großen Aufwand in seine eigene Webseite einbauen kann. Dadurch wird es möglich, die zuvor genannten Facebook-Tools (zum Beispiel Quizzes, Umfragen) auch in externe beziehungsweise eigene Seiten zu integrieren und virale Facebook-Effekte auch außerhalb der Plattform anzustoßen. Beispiel: Man integriert einfach den „Gefällt-mir"-Button auf der eigenen Webseite. Sicher werden dann viele der regelmäßigen Besucher diesen klicken, weil sie die Marke oder das Produkt mögen. Wenn diese User bereits Facebook-Mitglied sind, wird die Aktion wieder auf den Pinnwänden der Freunde verbreitet. Sind sie es noch nicht, wird ihnen im nächsten Schritt die Anmeldung ermöglicht. Dadurch

Virale Facebook-Effekte auch außerhalb der Plattform anstoßen

vergrößert sich einerseits das Netzwerk der Marke auf Facebook – aber natürlich auch der Mitgliederkreis von Facebook selbst.

Tool	Virale Verbreitung
Gefällt mir	Verbindet sich ein Facebook-User mit einer Facebook-Seite, so erscheint die Aktivität „Max Mustermann gefällt SEITENNAME" im Newsfeed der Kontakte und zieht weitere Personen aus dem Netzwerk an. Bewertet ein User auf der Pinnwand einer Facebook-Seite Posts mit „Gefällt mir", so wird der Hinweis „Max Mustermann gefällt ein Beitrag auf SEITENNAME's Pinnwand" auf der eigenen Pinnwand und im Newsfeed der Kontakte veröffentlicht.
Post	Postet ein User einen Beitrag, so erscheint dieser Post im Newsfeed seiner Kontakte. Durch den persönlichen Bezug des Users zum Post wird Neugierde geweckt.
Kommentar	Kommentiert ein User einen Beitrag auf der Pinnwand, so wird auf seiner eigenen Pinnwand der Hinweis „Max Mustermann hat einen Beitrag von NAME kommentiert" veröffentlicht. Dieser Eintrag ist für alle Kontakte des Users sichtbar.
Teilen	Jeder Beitrag auf der Facebook-Seite (zum Beispiel Bilder, Links, Videos) kann durch User geteilt werden. Der Beitrag wird dann auf der Pinnwand des Users veröffentlicht und ist im Newsfeed der Kontakte sichtbar.
Umfragen und Quizzes	Nimmt ein User an einer Umfrage oder einem Quizz teil, hat er abschließend die Möglichkeit, diese Aktivität in seinem Profil zu posten. Zusätzlich kann er den Hinweis auf das Quizz/die Umfrage per Facebook-Nachricht an seine Freunde weiterleiten.

Abb. 2: Facebook-Tools zur Unterstützung viraler Effekte

Social Plugins	Mechanik
Like Button	Website-User hat die Möglichkeit, Inhalte mit "Gefällt mir" zu bewerten. Diese Aktivität erscheint im Newsfeed seines persönlichen Facebook-Netzwerkes: "Max Mustermann gefällt BEITRAGSNAME auf SEITENNAME/URL".
Like Box	Website-Betreiber können ihre Facebook-Seite integrieren. In der Box erscheinen die neuesten Posts der Seite und die Nutzer, denen die Seite bereits gefällt. Zusätzlich hat der Website-User die Möglichkeit, auf "Gefällt mir" zu klicken und sich so mit der Facebook-Seite zu verbinden. Dies erscheint im Newsfeed seines persönlichen Facebook-Netzwerks: "Max Mustermann gefällt SEITENNAME."
Comments	Website-User hat die Möglichkeit, Inhalte zu kommentieren. Das Kommentar inklusive Link zur Website wird im Newsfeed seines persönlichen Facebook-Netzwerkes angezeigt.
Recommendations	Website-User erhält auf Website Empfehlungen von anderen Nutzern und Facebook-Freunden über Website-Inhalte. Diese Empfehlungen werden auch in den persönlichen Newsfeed des Users auf Facebook übertragen.
Activity Feed	Website-User kann Aktivitäten anderer Nutzer beziehungsweise seiner Facebook-Freunde auf der Website sehen.
Live Stream	Website-User kann Inhalte in Echtzeit teilen und kommentieren, beispielsweise im Rahmen einer Eventübertragung. Diese Aktivitäten (zum Beispiel Kommentare) werden auch im Newsfeed seines persönlichen Facebook-Netzwerkes angezeigt.
Login with Faces	Website-User hat die Möglichkeit, sich auf der Website über den Facebook-Account einzuloggen, ohne dabei ein umfangreiches Registrierungsformular auszufüllen. Zusätzlich wird ihm angezeigt, welche seiner Facebook-Freunde dies bereits getan haben.
Facepile	Website-User sieht Profilbilder seiner Facebook-Freunde, die auf der Website aktiv sind.

Abb. 3: Social Plugins zur Verbindung externer Websites mit Facebook-Umsetzung von Word-of-Mouth auf Facebook

Umsetzung von Word-of-Mouth auf Facebook

Erfolgreiche Kampagnen auf Facebook funktionieren nach einem einfachen Prinzip: Gib den Usern etwas, das sie begeistert, persönlich involviert oder ihr Ansehen erhöht und es wird sich rasch weiterverbreiten. Denn Empfehlungsmarketing-Projekte ermöglichen das Ausleben der Multiplikatoren-rolle innerhalb des persönlichen Netzwerks: Die Teilnehmer erhalten beispielsweise Produkte vor Markteinführung oder den Zugang zu exklusiven Informationen.

Grundsätzlich steht eine Empfehlungsmarketing-Kampagne mit Social Media-Baustein auf zwei Säulen: Der Word-of-Mouth-Plattform und dem Social Media-Kanal. Bei der Verlängerung der Empfehlungsmarketing-Kampagne über den Social Media-Kanal Facebook wird die Community als ergänzender Kommunikationsbaustein verstanden. Inhalte der Word-of-Mouth-Plattform werden über Facebook angeteasert aber nicht vollständig ausgeführt. Zum Beispiel bewerben Moderatoren ein Gewinnspiel auf Facebook, welches letztendlich jedoch auf der zentralen Word-of-Mouth-Plattform durchgeführt wird. Diese Vorgehensweise nutzt die Vorteile von Facebook, ohne das Involvement einzuschränken und Multiplikatoren von Informationen auszuschließen, die keinen Facebook-Account haben.

Inhalte der Word-of-Mouth-Plattform werden über Facebook angeteasert aber nicht vollständig ausgeführt

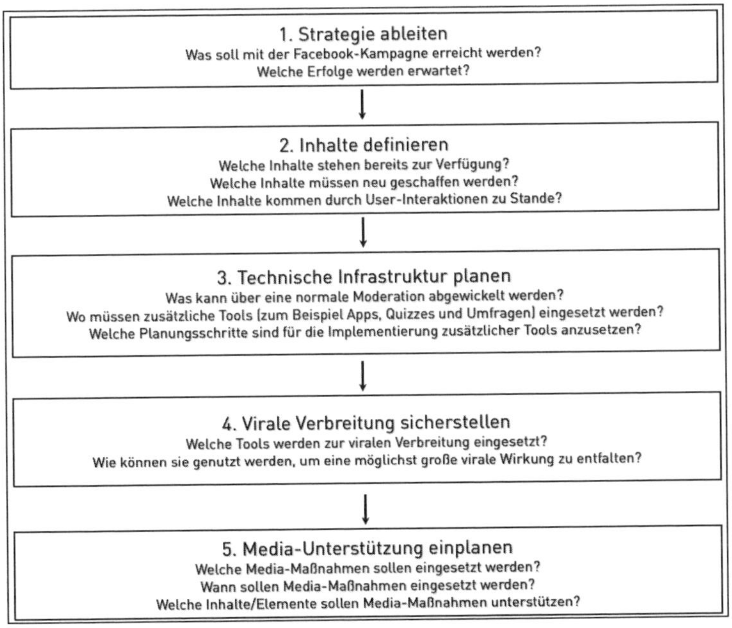

Abb. 4: Fünf Schritte zur erfolgreichen Word-of-Mouth-Kampagne innerhalb von Facebook

Wie die Umsetzung einer Online-Word-of-Mouth-Kampagne in der Praxis aussieht, soll an folgendem Beispiel gezeigt werden. Für den TV-Zweiteiler „Die Grenze“ von Sat.1 konzipierten und betreuten die webguerillas eine Word-of-Mouth-Kampagne mit Schwerpunkt auf Facebook.

„Die Grenze“ wurde vier Wochen lang vor Ausstrahlung über eine breit angelegte, crossmediale Kampagne beworben, um das Publikum auf den Film aufmerksam zu machen. Begleitend dazu war die Aufgabe, User über Social Media-Aktivitäten mit der Thematik des Films vertraut zu machen. Thema des Eventfilms ist die mögliche politische Abspaltung eines Bundeslands von Deutschland, in dessen Mittelpunkt die Frage „Was wäre, wenn ...?“ steht.

Microsite mit integriertem Blog diente als zentrale Word-of-Mouth-Plattform

Für das Projekt wurde eine Microsite mit integriertem Blog (www.die-grenze.de) entwickelt, die als zentrale Word-of-Mouth-Plattform diente sowie eine Facebook-Seite (www.facebook.com/DieGrenzeFilm) zur Verlängerung und Spiegelung der Trigger. Über die Schaltung von Facebook-Cost-Per-Click-Ads wurde eine kritische Masse an Usern generiert, um eine schnelle Verbreitung der Inhalte zu gewährleisten.

Abb. 5: Blog als Word-of-Mouth-Plattform

Die Moderation der Facebook-Seite wurde so mit der Moderation des Blogs abgestimmt, dass **Synergieeffekte** bestmöglich genutzt werden konnten. Es wurden möglichst provokante Moderationspunkte gewählt, wie beispielsweise die Frage „Wir haben Deutschland vereint, können wir es auch wieder teilen?" oder Teaser-Videos, um die Aufmerksamkeit der Facebook-User zu gewinnen. Diese beschäftigten sich mit der Fiktion einer Teilung Deutschlands, unterhielten sich in ihrem Bekanntenkreis – online und offline – darüber und empfahlen die Word-of-Mouth-Plattform oder Facebook-Seite weiter. Eine weitere Verknüpfung von Microsite und Facebook-Seite wurde durch Facebook-Quizzes erreicht: User konnten an Quizzes teilnehmen und erhielten dadurch exklusive Codes für Preview-Videos auf der Microsite. Die Teilnahme am Quiz wurde im Newsfeed der Freunde des Users veröffentlicht und sorgte zusätzlich für virale Verbreitung.

15,5 Millionen Kontakte erzielt

Insgesamt wurden mit der Kampagne 15,5 Millionen Kontakte erzielt, davon entfielen etwa 200.000 auf die zusätzliche virale Reichweite der Facebook-Seite. Mehr als 1.700 User beteiligten sich an der Diskussion auf Facebook und hinterließen knapp sechshundert Interaktionen. Auf dem Blog wurden circa siebenhundert Kommentare veröffentlicht, die sich oftmals sehr emotional mit dem Thema beschäftigten. Durch die starke Auseinandersetzung mit der Filmthematik auch auf privaten Blogs, wurden Microsite-Besucher und Facebook-User zu glaubwürdigen Multiplikatoren.

Microsite-Besucher und Facebook-User wurden zu glaubwürdigen Multiplikatoren

Bei „Die Grenze" handelte es sich um eine Teaserkampagne in Form eines Word-of-Mouth-Projekts. Wie Empfehlungsmarketing mit realen Produkten funktioniert, verdeutlichen folgende Beispiele.

How to do: Exemplarische Fallbeispiele

Empfehlungsmarketing basiert nicht immer auf Produkterfahrungen. Das Beispiel Bacardi Razz zeigt, wie das Markenimage in der Zielgruppe über den Marketingbaustein Word-of-Mouth gefestigt werden kann, ohne dabei auf einen Produkttest zurückzugreifen. Im Gegensatz dazu zeigt die Kampagne für Jacobs Krönung Latte Macchiato, wie ein klassisches Word-of-Mouth-Projekt abläuft.

Bacardi Razz

Für den Spirituosen- und Mixgetränkehersteller Bacardi entwickelte die Münchner Agentur webguerillas 2009 eine Kommunikationsstrategie zur Steigerung der Awareness und Bekanntheit der neuen Marke Bacardi Razz. Die Kampagne „Die perfekte Party" lief über zehn Monate und sollte das Image von Bacardi Razz als das In-Partygetränk festigen. Vier rekrutierte Tester besuchten an zwölf Wochenenden insgesamt 48 Partys in ganz Deutschland, die von ausgewählten Veranstaltern organisiert wurden. Dort sammelten sie Informationen über das Partyverhalten, wie beispielsweise: Welche Musik wurde gespielt, wie viele Gäste kamen und wie hoch war der Flirtfaktor? Die Werte wurden in einer Studie zusammengefasst und veröffentlicht. Eine zu gewinnende Special-Party beendete das Projekt.

Abb. 6: Facebook-Seite der Word-of-Mouth-Kampagne „Die Grenze"

Rekrutierung der Multiplikatoren

Interessierte konnten sich sowohl als Partytester als auch als Partyveranstalter und Special-Party-Gastgeber bewerben. Sie alle dienten dem Word-of-Mouth-Projekt als Multiplikatoren.

Die Rekrutierung der Partytester verlief über sechs Wochen und erfolgte in erster Linie über die zentrale Word-of-Mouth-Plattform www.razzidenz.de, im Folgenden Razzidenz genannt. Dort bewerteten User die insgesamt achthundert eingereichten Bewerbungen. Die sechs Bewerber mit den meisten Stimmen zogen ins Finale ein. Über die eigens für die Kampagne initiierte Facebook-Seite wurde ein weiterer Finalistenplatz verlost. Die übrigen drei Plätze wählte Bacardi aus. Im nächsten Schritt wurden die zehn Finalisten zu einem Casting eingeladen, bei dem sie durch verschiedene Prüfungen beweisen mussten, dass sie für den Job des Partytesters geeignet sind. Die vier Gewinner erhielten während ihrer dreimonatigen Tätigkeit als Partytester ein Gehalt von monatlich fünftausend Euro sowie eine einmalige Reisekostenpauschale.

Rekrutierung der Partytester verlief über die zentrale Word-of-Mouth-Plattform

Parallel zur Durchführung der Partys hatten Interessierte acht Wochen lang die Möglichkeit, sich als Veranstalter der Partys zu bewerben, die von den Testern besucht wurden. Dazu konnten sie auf der Razzidenz ihre Wunschparty eintragen: Datum, Gästeanzahl, Motto und Ablauf. Aus den siebzig Bewerbungen wurden 48 Partyveranstalter von Bacardi ausgewählt. Sie erhielten ein Partybudget in Höhe von fünfhundert Euro sowie ein Startkit mit Partyaccessoires wie zum Beispiel gebrandete T-Shirts, Gürtel, Schals und Cocktailgläser.

In einer dritten, sechs Wochen andauernden Bewerbungsrunde wurde der Gastgeber der Special-Party zum Ende des Projekts gesucht. Auch hier erfolgte die Bewerbung über die Razzidenz mit einer Beschreibung der gewünschten Party. Die Bewertung der 149 Bewerbungen erfolgte über ein **User-Voting**. Der Gewinner erhielt ein Partybudget von fünftausend Euro und ebenfalls ein Startkit.

Word-of-Mouth-Plattformen

Die für das Projekt entwickelte Website www.razzidenz.de diente als zentrale Word-of-Mouth-Plattform. Dort hatten User unter anderem die Möglichkeit, sich über die Kampagne und das Produkt zu informieren und auszutauschen oder ihre Bewerbung als Partytester, Partyveranstalter oder Special-Party-Gastgeber einzureichen. Zusätzlich berichteten die Partytester dort regelmäßig von ihren Eindrücken und Erlebnissen.

Unterstützend wurde eine Facebook-Seite sowie eine Brand Community auf MySpace als Social Media-Verlängerung eingerichtet. Auf der Facebook-Seite (www.myspace.com/razz.bacardi) erfolgten täglich Updates zu allen Neuigkeiten und Informationen rund um die Kampagne, um zusätzlich Awareness zu generieren. Außerdem wurden darüber alle Bewerbungsaufrufe unterstützt, auf die Berichte der Partytester verlinkt sowie mit Umfragen und Wettbewerben das Involvement gestärkt. Die Facebook-Profile der vier Partytester verliehen der Kampagne ein Gesicht und unterstützten das Community-Gefühl.

Profile der vier Partytester verliehen der Kampagne ein Gesicht

Die Brand Community auf MySpace (http://www.myspace.com/dieperfekteparty) spiegelte einige Inhalte der Razzidenz, war jedoch weniger interaktiv. Neben den Berichten der Partytester gab es dort Video- und Bildmaterial sowie Cocktailrezepte und weitere Informationen zur Kampagne. User konnten sich mit Bacardi Razz befreunden und Kommentare hinterlassen.

Abb. 7: Word-of-Mouth-Plattform von Bacardi Razz

Abb. 8: Facebook-Seite von „Die perfekte Party"

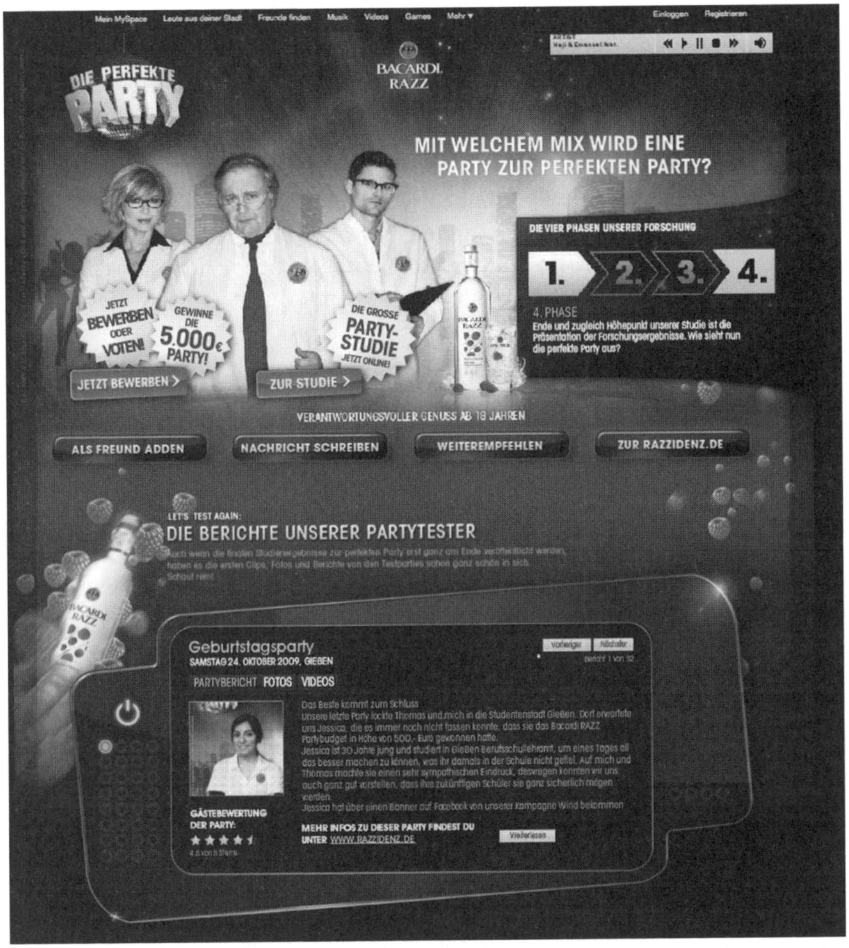

Abb. 9: MySpace-Community für „Die perfekte Party"

Ergänzende Marketinginstrumente

Das Word-of-Mouth-Projekt „Die perfekte Party" wurde durch weitere Marketinginstrumente ergänzt.

Word-of-Mouth-Projekt wurde durch weitere Marketinginstrumente ergänzt

- Kleinanzeigen: Kleinanzeigen mit dem Hinweis auf die Bewerbung als Partytester und Partyveranstalter wurden auf insgesamt circa 64 Online-Jobportalen sowie Online- und Offlinemedien geschaltet.
- Newsletter-Marketing: Zur Rekrutierung weiterer Word-of-Mouth-Teilnehmer wurden Newsletter an achttausend Bacardi-Newsletter-Empfänger sowie alle Mitglieder der Razzidenz verschickt.
- Display-Marketing: Zum Bewerben der Kampagne und Bekanntmachung des Traumjobs als Partytester und Partyveranstalter wurden auf MySpace.com und MTV.de Werbebanner geschaltet.

- Facebook-Ads: Es wurden drei unterschiedliche Facebook-Ads geschalten, um speziell die User auf Facebook zu animieren, sich als Partytester zu bewerben sowie um auf die gesamte Kampagne aufmerksam zu machen.
- Public Relations: Als begleitende PR-Maßnahmen wurden vier Pressemitteilungen zur Kampagne und den Studienergebnissen an Lifestyle- und Szenemedien versandt. Es konnten Veröffentlichungen in verschiedenen Magazinen erreicht werden, darunter Allgäu Live In, Partysan Berlin und Lifestyle News. Außerdem wurde das Thema für die Fachpresse aufbereitet: Die W&V berichtete im Rahmen des Titel-Themas „Generation Social Media“ über den Job des Partytesters.
- Medienkooperation: Zusammen mit MTV veranstaltete Bacardi die Special-Party. Alle Bewerber aus Berlin hatten die Chance auf eine Party mit der MTV-Moderatorin Palina.

Kampagne in Zahlen

Die zentrale Word-of-Mouth-Plattform Razzidenz erreichte im Laufe der Kampagne etwa 1,3 Millionen Page-Views. Die Facebook-Seite wuchs auf über dreitausend User und erhielt mehr als 75.000 Seitenaufrufe. Dreihundert Interaktionen verdeutlichen das hohe Involvement der User. Die Brand Community auf MySpace verzeichnete rund 97.000 Profilaufrufe, davon allein etwa 15.000 durch virale Verbreitung. 1.900 User befreundeten sich mit dem Profil von Bacardi Razz.

1.900 User befreundeten sich mit dem Profil

Dem Bewerbungsaufruf folgten 1.619 User, davon vierhundert als Reaktion auf Kleinanzeigenschaltung. Die wenigsten Bewerbungen fielen dabei auf den Job des Partyveranstalters. Das lässt darauf schließen, dass der Aufwand zur Ausrichtung der Party zu hoch war, als dass die Aussicht auf fünfhundert Euro und das Partypaket ein ausreichender Anreiz darstellte.

Die Kampagne „Bacardi Razz – Die perfekte Party“ fand im April 2010 mit der großen Special-Party in München ihren Abschluss. Mit knapp 1,5 Millionen erreichten Kontakten und viel positiver Resonanz war das Projekt sehr erfolgreich und zeigt, dass Word-of-Mouth auch ohne einen klassischen Produkttest funktioniert.

Jacobs Krönung Latte Macchiato

Zur Markteinführung des Jacobs Krönung Latte Macchiato wurden die webguerillas mit der Konzeption und Durchführung eines Word-of-Mouth-Projekts beauftragt. Die Aufgabe: Die Bekanntheit des neuen Jacobs Krönung Latte Macchiato in einer jüngeren Zielgruppe durch Mundpropaganda zu steigern und Reichweite zu generieren.

Die „Genuss-Tester“-Kampagne nutzte dabei das klassische Element der Produktprobe. Eintausend ausgewählte Genuss-Tester wurden mit Paketen des Jacobs Krönung Latte Macchiato ausgestattet. Sie berichteten während der zweiwöchigen Projektphase von ihren Erfahrungen und Erlebnissen mit dem Produkt.

Rekrutierung der Multiplikatoren

Potenzielle Projektteilnehmer wurden unter dem Motto „1.000 Genuss-Tester gesucht!“ angesprochen und zur Teilnahme eingeladen. Interessierte konnten sich auf der Word-of-Mouth-Plattform www.genusstester.com durch Beantwortung eines Fragebogens für die Projektteilnahme bewerben. Das Projektteam wählte aus den 23.000 Bewerbungen eintausend Genuss-Tester nach folgenden Kriterien aus: Onlineaffinität, Multiplikatorenpotenzial, Verfügbarkeit und Art der Kaffeemaschine.

Alle ausgewählten Tester erhielten ein umfangreiches Welcomepackage. Dieses beinhaltete neben dem Projektfahrplan ein Anschreiben, zwei Gläser mit Jacobs-Branding und drei Packungen des neuen Jacobs Krönung Latte Macchiato. Zusätzlich wurden zwanzig Rabattcoupons und fünfzehn Marktforschungsbögen zum Befragen von Freunden und Bekannten beigelegt. Der Projektfahrplan in Form eines Print-Folders skizzierte den ausgewählten Genuss-Testern den Projektablauf, gab Anleitungen zum Projektblog und weitere Informationen rund um Jacobs Krönung Latte Macchiato.

Word-of-Mouth-Plattformen

Die eigens für das Projekt eingerichtete Website www.genusstester.com diente als zentrale Word-of-Mouth-Plattform. Das integrierte Blog stand während der Projektphase im Mittelpunkt: Hier konnten sich die Multiplikatoren ein eigenes Profil einrichten und über ihre Erfahrungen berichten. Das Blog wurde durchgehend von drei Moderatoren betreut, so dass schnell auf Probleme und Fragestellungen der Projektteilnehmer eingegangen werden konnte.

Ersten Versuch mit Latte Macchiato in Fotos und Videos festhalten

Durch verschiedene Trigger, insgesamt 26, wurden die Multiplikatoren dazu motiviert, sich mit dem Produkt, der Marke sowie den anderen Teilnehmern auseinanderzusetzen und auch Dritte (Freunde, Bekannte) zu involvieren. Beispielsweise sollten die Genuss-Tester ihren ersten Versuch, einen Latte Macchiato zuzubereiten, in Fotos und Videos festhalten und auf dem Blog darüber berichten. Auf einer Deutschlandkarte konnten sie außerdem die Orte markieren, in denen sie schon einmal einen Jacobs Krönung Latte Macchiato getrunken hatten. Als kleines Highlight wurden den Testern exklusiv Vorabproben des zu diesem Zeitpunkt noch nicht erhältlichen Caramel Macchiato zugeschickt. Das stärkte das Insidergefühl und sorgte dafür, dass sie sich noch intensiver mit der Marke und dem Produkt beschäftigen und darüber berichteten.

Als Social Media-Verlängerung diente eine Facebook-Seite (http://www.facebook.com/LatteMacchiatoFans). Hier wurde zur Bewerbung aufgerufen, durch viele moderierte Aktionen Awareness geschaffen und dadurch Traffic für die Word-of-Mouth-Plattform erzeugt. Beispielsweise durch Quizzes, Fotowettbewerbe und Bildmaterial zum Onlineversand.

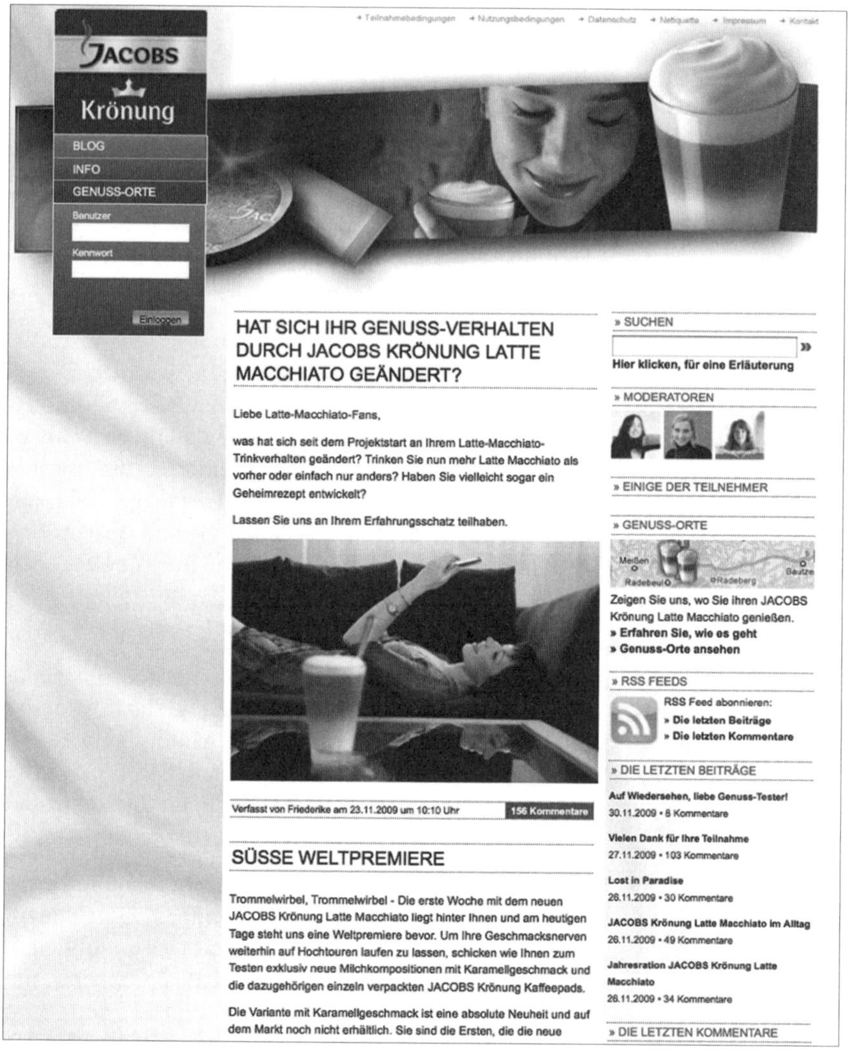

Abb. 10: Word-of-Mouth-Plattform des Genuss-Tester-Projekts

Ergänzende Marketinginstrumente

Um die Inhalte der Kampagne zusätzlich zu verbreiten, fanden folgende Marketinginstrumente Anwendung:

- Facebook-Ads: Werbeanzeigen auf Facebook animierten gezielt zur Teilnahme am Projekt und zum Verbinden mit der Facebook-Seite.
- Newsletter-Marketing: Während der Bewerbungsphase wurde an 100.000 User der Jacobs-Website „Bei uns zu Hause" (http://www.beiunszuhause.de) ein Newsletter mit dem Hinweis auf das Projekt und die Bewerbungsmöglichkeit als Genuss-Tester verschickt.

- Display-Marketing: Über Bannerwerbung auf verschiedenen Webseiten, darunter VIP.de, wetter.de, RTL.de und spielfilm.de wurde auf die Kampagne hingewiesen.
- Alternative PR: Gezielte Bloggeransprache führte dazu, dass in verschiedenen Blogs über Jacobs Krönung Latte Macchiato und das Projekt berichtet und zum Bewerben animiert wurde.

Abb. 11: Facebook-Seite des Jacobs Genuss-Tester-Projekts

Kampagne in Zahlen

Knapp vier Millionen Kontakte erreicht

Das Projekt war sehr erfolgreich. Insgesamt wurden knapp vier Millionen Kontakte erreicht. Die starke Aktivität auf dem Blog zeigt das hohe Involvement der Multiplikatoren: In der zweiwöchigen Projektphase wurden insgesamt 3.854 Kommentare und 641 hochgeladene Fotos gepostet. Außerhalb der Word-of-Mouth-Plattform wurden über 600.000 Besprechungen in Blogs, Foren und Social Communities wie StudiVZ.net, wer-kennt-wen.de und frauen.de angeregt. Über Facebook-Ads konnten zusätzlich 2,5 Millionen Page Impressions erreicht werden. Die Anzahl der User stieg kontinuierlich bis auf knapp tausend, die 544 Interaktionen generierten. Auch Offline wurden Empfehlungen ausgesprochen. Viele luden ihre Freunde zu Treffen mit Jacobs Krönung Latte Macchiato ein, um sie von dem Genuss zu überzeugen. Dadurch konnten weitere 57.000 Kontakte erreicht werden.

Abb. 12: Multiplikatoren bedanken sich für die Teilnahme am Jacobs Genuss-Tester-Projekt

Literatur

[1] http://blog.nielsen.com/nielsenwire/consumer/global-advertising-consumers-trust-real-friends-and-virtual-strangers-the-most: „Global Advertising: Consumers Trust Real Friends and Virtual Strangers the Most" von The Nielsen Company (Abruf am 20. April 2010).

[2] Coolidge, Alexander: Teens virtually perfect for P&G. In: Cincinatti Post, Februar 2004.

[3] http://www.spiegel.de/politik/deutschland/0,1518,687255,00.html: „Brief an Zuckerberg – Aigner zieht in den Kampf gegen Facebook" auf Spiegel Online (Abruf am 24.04.2010).

[4] http://www.facebook.com/press/info.php?statistics: Facebook-Statistiken (Abruf am 28.04.2010).

[5] http://www.innofact.de/fileadmin/user_upload/Pressemitteilungen/Pressemitteilung_02_02_10.pdf: „Markenfans auf facebook" – Studie der INNOFACT AG (Abruf am 20. April 2010).

[6] http://www.adweek.com/aw/content_display/news/digital/e3i2be1f9566e4c124dc0gf0929e268471e: „Social Media Users Really Are More Social" in Adweek (Abruf am 24.04.2010).

Altenberger, Philipp: Word-Of-Mouth-Marketing: Fakten, Theorie & Praxis. – 136 S., VDM Verlag Dr. Müller, 2010.

Gladwell, Malcolm: Tipping Point: Wie kleine Dinge Großes bewirken können. – 320 S., Goldmann, 2002.

Godau, Miriam/Ripanti, Marco: Online-Communities im Web 2.0: So funktionieren im Mitmachnetz Aufbau, Betrieb und Vermarktung. – 200 S., Businessvillage, 2010.

Kirby, Justin/Marsden, Paul (Hrsg): Connected Marketing: The Viral, Buzz and Word of Mouth Revolution. – 216 S., Butterworth Heinemann, 2007.

Langner, Sascha: Viral Marketing. – 244 S., Gabler, 2007.

Rogers, Everett M.: Diffusion of Innovations. – 512 S., Free Press, 2003.

Rosen, Emanuel: The Anatomy of Buzz. – 303 S., Doubleday, 2000.

Schüller, Anne M.: Zukunftstrend Empfehlungsmarketing. – 135 S., Businessvillage, 2008.

Weinberg, Tamar/Lange, Corina (Hrsg): Social Media Marketing: Strategien für Twitter, Facebook & Co. – 388 S., O'Reilly, 2010.

Viral Marketing in Facebook

3

Andreas Bersch

Unverzichtbares Instrument einer integrierten Markenführung

Es gibt in der globalen Gemeinschaft von über 400 Millionen Facebook-Nutzern keine relevante Marke mehr, über die nicht gesprochen wird. Das weltweit größte Netzwerk Facebook ist gleichzeitig auch das Netzwerk, das am meisten für das Marketing genutzt wird. Und spätestens seit Beginn des Jahres 2010 ist Facebook nun in Deutschland ein unverzichtbares Instrument im 360-Grad-Konzert einer integrierten Markenführung. Bei über 9,5 Millionen aktiven Nutzern (Unique) und einem breiten Zielgruppenmix zeichnet Facebook vor allem eine wesentlich höhere Interaktionsrate als andere Netzwerke oder klassische Onlinemedien aus.

Instrumentarien der Einwegkommunikation funktionieren nicht

Wer nicht hingeht, für den findet die Party auch ohne ihn statt. Die Marke wird besprochen, belächelt und beklatscht. Sie bekommt Komplimente und wird kritisiert. Für den Inhaber der Marke heißt das, in den Dialog über sich einzusteigen, sonst findet das Gespräch ohne ihn statt. Klassische Instrumentarien der Einwegkommunikation funktionieren hierbei nicht. Interaktion mit zielgruppenrelevantem Content, der schnell erfassbar ist und die soziale Relevanz der Marke stärkt, wird das Image einer Marke in die Zukunft tragen.

Social Web ist dabei kein Trend, sondern die Reaktion auf die rapide Verhaltensänderung der Konsumenten und Kunden. Diese werden Fans und Freunde von Marken und Unternehmen und haben sich um Marken wie Coca Cola und Starbucks auf Facebook mit jeweils schon mehr als zehn Millionen Fans gruppiert. Facebook stellt mit dem Instrument der Fanseite die Basis, um eine Marke im Social Web zu präsentieren und einen Dialog mit den Nutzern zu etablieren.

Die Fanseite im Überblick

Mit den Fans kommunizieren

Die Fanseite ermöglicht es den Facebook-Nutzern, sich mit einer Seite auf Facebook (zum Beispiel einer Marke oder einem Unternehmen) als Fan zu verbinden. Dies gibt dem Inhaber der Seite die Möglichkeit mit den Fans zu kommunizieren. So entsteht innerhalb von Facebook ein Dialog zwischen Marke/Unternehmen mit den Fans.

Im Frühjahr 2010 hat Facebook offiziell den Begriff „Fan“ und „Fanpage“ aufgegeben und durch den Begriff „Like“ („Gefällt mir“) ersetzt. Aus Vereinfachungsgründen wird in diesem Beitrag gleichwohl weiterhin der Begriff „Fan“ und „Fanseite“ verwendet.

http://www.marketing-boerse.de/Experten/details/Andreas-Bersch

Die Fanseite ist das „offizielle“ und vor allem etablierte Instrument für eine Marken- oder Unternehmenspräsenz auf Facebook und Ausgangslage für die Markenführung im weltweit führenden sozialen Netzwerk. Während es im Mutterland USA keine größere Marke mehr ohne Facebook-Auftritt gibt, beginnen die Unternehmen in Deutschland erst seit Kurzem auf breiter Basis auf Facebook aktiv zu werden. Es ist davon auszugehen, dass bereits Ende 2010 auch in Deutschland Facebook von allen größeren Unternehmen für das Marketing genutzt werden wird.

In den USA gibt es keine größere Marke mehr ohne Facebook-Auftritt

Abgrenzung zu Gruppen und Profilen

Die Facebook-Fanseite ist das wichtigste Instrument für das Marketing auf Facebook. Entscheidend dabei ist, dass Facebook die Fanseite explizit als Marketinginstrument definiert und technologisch für diesen Zweck ausbaut. Demgegenüber sind Profile und Gruppen für das Marketing weniger geeignet. Einschränkungen in Bezug auf die Profile ergeben sich vor allem aus den Facebook-Nutzungsbedingungen. Es ist davon abzuraten, Profile für das Marketing zu nutzen, da diese für den persönlichen Bereich vorgesehen sind.

Profile sind für den persönlichen Bereich vorgesehen

Gruppen wurden und werden partiell für das Marketing genutzt, haben aber im Vergleich zur Fanseite spezifische Nachteile. Insbesondere stellt Facebook für die Gruppen wichtige Tools wie das Fanbox-Widget (siehe unten) und in Zukunft die Open Graph API nicht bereit. Ferner werden die Kommunikationsmöglichkeiten ab 5.000 Mitglieder beschnitten.

	Gruppe	**Fanseite**
Vanity URL	Nein	Ja
Unterstützung von Anwendungen	Nein	Ja
Widgets	Nein	Ja
Nutzer-Statistiken	Nein	Ja
Targeting Updates	Nein	Ja
Gezielte Pinnwand-Beiträge	Nein	Ja
Aufnahme in Google-Index	Ja	Ja
Kommunikation mit Nutzern • Post in den Newsfeed • Update in die Inbox • Restriktionen	Mitglieder Ja (ohne Targeting) Nein Nur bis 5.000 Mitglieder	Fans Ja (mit Targeting) Ja (mit Targeting) Keine
Event-Mitteilungen an Inbox senden	Ja	Nein
Weitere Optionen	Mitgliedschaft kann an eine Einladung gekoppelt werden	

Umgekehrt haben Gruppen nur wenige Features, die die Fanseite nicht haben. Dazu gehört vor allem die Option, Mitglieder nur auf Einladung zuzulassen. Anbei ein Funktionsvergleich zwischen Fanseite und Gruppe zur Übersicht.

Funktionsbereiche:

Die Fanseite besteht aus der Pinnwand im Mittelteil (Wall), der linken Spalte und den oberhalb der Pinnwand über die Reiternavigation (Tabs) integrierten Anwendungen.

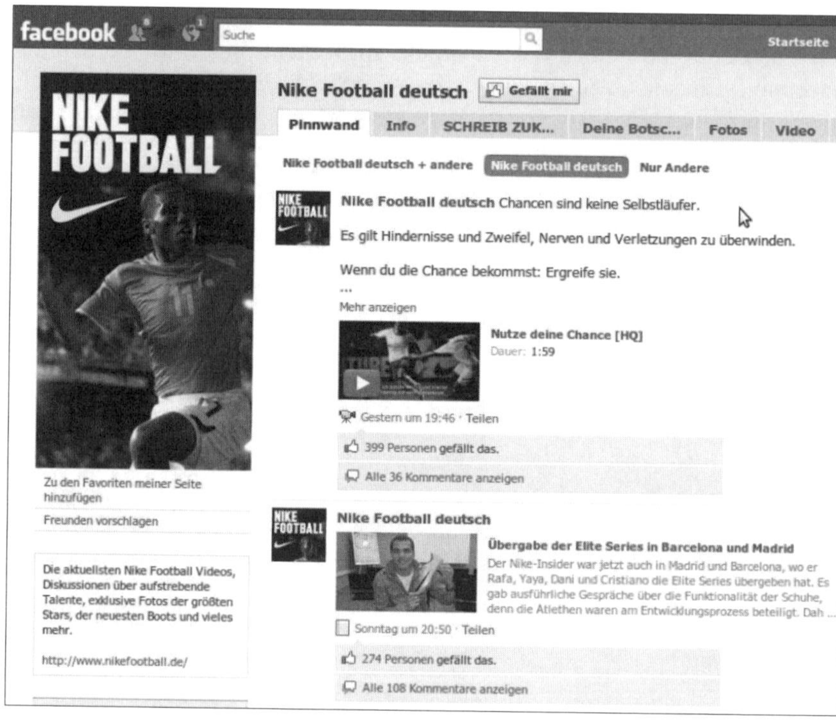

Abb. 1: Beispiel einer Facebook-Fanseite mit der Pinnwand (Wall) [1]

Die Pinnwand:

Pinnwand ist funktional vergleichbar mit dem Newsfeed

Die Pinnwand ist funktional vergleichbar mit dem Newsfeed im Nutzerprofil. Die Pinnwand ist das zentrale Element der Fanseite und listet in chronologischer Reihenfolge die Veröffentlichungen (Posts) der Seite auf sowie – nach Einstellung der Seite durch den Administrator – auch Posts und Kommentare von Fans.

Anwendungen:

Facebook stellt für Seiten eine Reihe von fertigen Anwendungen zur Verfügung, über die Funktionalitäten wie Bilder, Videos, Notizen (auch für RSS-Import geeignet), Diskussionen, Events und Rezensionen eingefügt werden können. Dazu gibt es noch den statischen Info-Reiter. Der derzeit noch vorhandene Reiter „Felder" (Boxes) wird in Kürze ersatzlos entfallen.

Linke Spalte:
Die linke Spalte enthält ganz oben das Profilbild der Seite sowie darunter ein statisches Inhaltsfeld, das mit Text und Links gefüllt werden kann. In einer Box darunter werden die Fans mit einigen Bildern angezeigt. Darunter werden aus den einzelnen Anwendungen, die der Seite zugefügt sind, Teaserboxen mit Inhalten ausgegeben. Enthält die Fanseite also etwa in der Anwendung „Bilder" Fotos, können diese über die Teaserbox in der linken Spalte angeteasert werden.

Kommunikation mit Fans

Zu den wichtigsten Optionen der Fanseite für das Marketing zählt die Möglichkeit, mit den verbundenen Fans zu kommunizieren. Die Fanseite hat zwei sogenannte One-to-Many-Kanäle zur Kommunikation mit den Fans:

Zwei sogenannte One-to-Many-Kanäle zur Kommunikation mit den Fans

- Post in den Newsfeed aller Fans;
- Senden einer Aktualisierung (Update) in die Inbox aller Fans.

Über beide Kanäle können also (vergleichbar mit einem E-Mail-Newsletter) alle Fans auf einmal erreicht werden.

a) Post in den Newsfeed

Achtzig bis neunzig Prozent der Nutzeraktivität erfolgt im Newsfeed. Der Newsfeed ist die breite Spalte auf der Startseite jedes Nutzers (vergleichbar mit der Pinnwand der Fanseite, aber in diesem Kontext nicht mit dieser zu verwechseln). Im Newsfeed erhält der Nutzer alle aktuellen Ereignisse in seinen Verbindungen gelistet. Dies können also Aktivitäten von (verbundenen) Nutzern (= Freunde), Fanseiten, Gruppen, Anwendungen oder Events sein. Die Fanseite kann in den Newsfeed aller Fans posten, das heißt eine Nachricht einstellen. Dies kann mit einem Bild, einem Video, einem Link oder einem Event verbunden werden.

Newsfeed zeigt alle aktuellen Ereignisse in Verbindungen

Abb. 2: Post einer Fanseite in den Newsfeed [1]

Es ist jedoch zu beachten, dass nicht jeder mit der Seite verbundene Fan garantiert diesen Post sieht. Durch zwei Faktoren kann die Anzeige – bezogen auf den einzelnen Nutzer – unterbunden sein: Der Post ist im **nutzerbezogenen Filter** des Newsfeeds hängen geblieben oder der Nutzer hat die Posts der jeweiligen Seite selbst verborgen.

Facebook filtert die voreingestellte Ansicht „Haupt-meldungen"

b) Der Newsfeed-Filter

Der Newsfeed jedes Facebook-Nutzers hat zwei Ansichten: Die voreingestellte Ansicht „Hauptmeldungen", die einen gefilterten Teil aller Aktivitäten enthält und die ungefilterte Ansicht „neueste Meldungen".

Abb. 3: Zweiteilung des Newsfeed [1]

Nur die Ansicht „Neueste Meldungen" listet alle Meldungen auf und dies streng chronologisch. Um dem Nutzer die Lesbarkeit zu erleichtern, filtert Facebook die voreingestellte Ansicht Hauptmeldungen. In Bezug auf die Posts von Seiten wendet Facebook dabei drei Kriterien an, die alle auf die Aktivität der Nutzer abstellen: Dabei werden aktiv genutzte Fanseiten gegenüber passiv genutzten bevorzugt. Die drei Filterkriterien sind.

Aktive Fanseiten interessieren mehr als passive

- auf welchen Fanseiten sind die Fans generell aktiv;
- auf welchen Fanseiten ist der jeweilige Nutzer (um dessen Newsfeed es geht) aktiv;
- auf welchen Fanseiten sind die Freunde des jeweiligen Nutzers aktiv.

Facebook geht bei dieser Filterung davon aus, dass den Nutzer aktive Fanseiten mehr interessieren als passive und bevorzugt diese. Daher ist eine der Haupt-aufgaben der Fanseite, die eigenen Fans zu einer **aktiven Nutzung** zu motivieren!

Fanseite verbergen

Neben jedem Post einer Seite hat der Nutzer die Option, Posts dieser Seite zu verbergen. Anschließend ist der Nutzer zwar numerisch gesehen noch Fan der Seite, aber von der Seite nicht mehr durch Posts in den Newsfeed zu erreichen.

Nicht mehr durch Posts in den Newsfeed zu erreichen

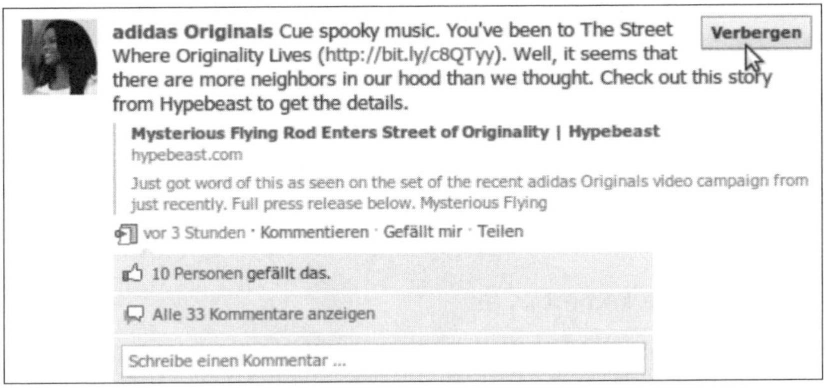

Abb. 4: Option Verbergen neben dem Post einer Seite [1]

Dies würde sich nur dann ändern, wenn der Nutzer aktiv in den Einstellungen seiner Seiten diesen Schritt rückgängig macht. Dies ist aber sehr unwahrscheinlich.

Warum verbergen Nutzer Seiten, bei denen sie selbst vorher Fan geworden sind? Die Antwort ist vor allem Spam: Publiziert eine Seite zu viele Nachrichten, die den einzelnen Nutzer nicht interessieren, wird er diese möglicherweise irgendwann verbergen. Der Inhaber der Seite muss daher aufpassen, nicht durch **zu viele Posts Fans zu verlieren.**

Durch zu viele Posts Fans verlieren

Fazit: Aus alledem wird deutlich, dass die Kommunikation mit den Fans eine Gratwanderung ist: Die Seite muss die Fans zur Aktivität motivieren, ohne sie durch Spam zu verlieren. Eine pauschale Handlungsempfehlung lässt sich hier naturgemäß nicht aussprechen; es ist vielmehr für die jeweilige Zielgruppe eine entsprechende Strategie zu entwickeln und unter kontinuierlicher Analyse der Nutzungsstatistiken der Seite umzusetzen.

c) Aktualisierungen veröffentlichen

Als zweiten Kommunikationskanal zu den Fans stellt Facebook dem Inhaber der Seite noch die Möglichkeit zu Verfügung, eine sogenannte Aktualisierung (Update) in einen Unterbereich des Postfaches (Inbox) zu publizieren.

Da der Nutzer die Inbox aber nur im Kontext seiner Nachrichten aufruft und dann auch noch in den Unterbereich „Aktualisierungen“ wechseln muss, ist dieser Kanal in der Praxis von weitaus geringerer Bedeutung als der Post in den Newsfeed.

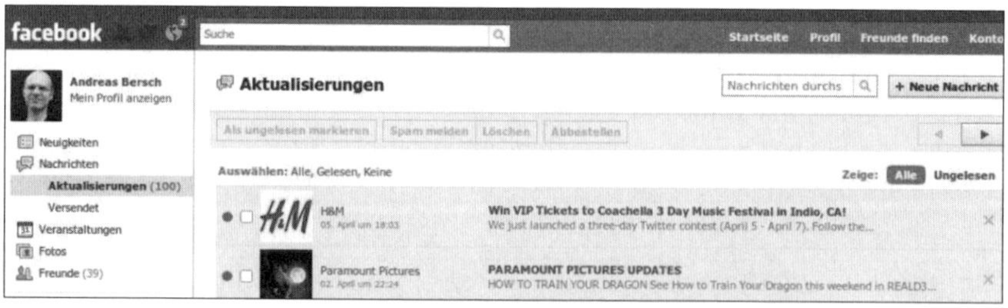

Abb. 5: Ansicht der Aktualisierungen im Postfach [1]

Von Vorteil ist allerdings, dass mit der Aktualisierung auch Fans erreicht werden, die die Posts in den Newsfeed durch die Funktion „Verbergen“ unterdrückt haben.

Auf die Inhalte kommt es an

Für die Aktivierung der Fans kommt es vor allem auf die richtigen Inhalte an. Jede Marke beziehungsweise jedes Unternehmen muss hierfür für sich die Frage beantworten: Welche Inhalte motivieren die Nutzer Fan zu werden und als Fan die Seite wiederholt und vor allem auch aktiv zu nutzen.

Eine übergreifende Handlungsempfehlung lässt sich an dieser Stelle naturgemäß nicht aussprechen; aber es lassen sich zumindest Kernaussagen dazu treffen, warum sich Nutzer im Social Web mit einer Marke „befreunden“. Im Vordergrund geht es den Nutzern um einen Mehrwert. Dieser kann in Form eines besonderen Erlebnisses bestehen (Spaß, Unterhaltung), einem Privileg (schnelle oder exklusive Informationen) oder einem materiellen Vorteil (zum Beispiel Sonderangebot oder Gewinnspiel).

Bei Facebook eingeloggt, um sich mit seinen Freunden zu verbinden

Bei der Entwicklung der Strategie für die Fanseite ist dabei vor allem auf den Kontext zu achten, in dem sich der Nutzer im Social Web bewegt: Er ist bei Facebook eingeloggt, um sich mit seinen Freunden zu verbinden und auszutauschen. Dies ist nicht mit der „normalen“ Internetnutzung zu verwechseln (zum Beispiel Suche, Recherche, Information).

Fans generieren

Mit dem Aufbau eines E-Mail-Verteilers vergleichbar

Die erste sowie die kontinuierliche Aufgabe des Seiteninhabers besteht darin, Fans für die Seite zu generieren und die Zahl der Fans auf Dauer zu vermehren. Von der Aufgabe kann dies mit dem Aufbau eines E-Mail-Verteilers verglichen werden, nur ist es innerhalb von Facebook einfacher.

Nach dem Anlegen der Fanseite wird der Inhaber/das Unternehmen zunächst eigene Freunde und Mitarbeiter auf die Fanseite hinweisen, um eine Grundbefüllung zu erreichen. Im Anschluss muss dann die Fanseite in die komplette Online- und Offlinekommunikation einbezogen werden. Für die

Offlinekommunikation ist zu beachten, dass für die Fanseite eine eigene Adresse (Vanity URL) festgelegt werden kann, also zum Beispiel www.facebook.com/meinemarke. Die URL kann über www.facebook.com/username beantragt werden, sobald die Seite 25 Fans hat. Bei der Festlegung des Namens sollten unbedingt bestehende Markenrechte Dritter sowie die Suche beachtet werden.

Die URL kann beantragt werden, sobald die Seite 25 Fans hat

In der Onlinekommunikation kann nicht nur auf die Fanseite verlinkt werden. Wesentlich erfolgreicher ist es, das von Facebook kostenfrei gestellte Fanbox Widget („Gefällt mir Feld") einzusetzen. Das Fanbox Widget ermöglicht es dem Nutzer, auf einer externen Webseite Fan einer Facebook-Seite zu werden, OHNE die Fanseite überhaupt besuchen zu müssen (one click).

Fanbox Widget bevorzugt Fans aus dem Freundeskreis des Nutzers

Abb. 6: Ansicht des Fanbox Widgets im blog www.facebookbiz.de

Je nach Einstellung zeigt das Fanbox Widget auf der externen Webseite die folgenden Inhalte an:

- Fans (Auswahl mit Bildern)
- Pinnwand (letzte Posts)
- Facebook-Logo

Den entscheidenden Button „Fan werden" zeigt das Widget immer an (beziehungsweise wenn der eingeloggte Nutzer schon Fan ist, einen entsprechenden Hinweis).

Abb. 7: Ansicht des Konfigurations-Menüs für das Fanbox Widgets im Bereich „Seite bearbeiten“ [1]

Die Konfiguration des Fanbox Widget erfolgt in den Seiteneinstellungen im Untermenü „Für meine Seite werben“ in der rechten Spalte, dort in deutsch als Fanfeld bezeichnet.

Nach der jederzeit in Echtzeit änderbaren Konfiguration wird der Code für die Einfügung dann auf der externen Webseite via iframe eingefügt. Größe und Format des iframe definieren naturgemäß die Größe des Fanbox Widgets auf der jeweiligen Seite.

Merke 1: Sofern ein Nutzer beim Besuch einer Seite parallel bei Facebook eingeloggt ist, werden in dem Fanbox Widget bevorzugt Fans aus dem Freundeskreis des Nutzers ausgegeben. Dadurch steigt die Aufmerksamkeit beim jeweiligen Nutzer und die Motivation, Fan der Seite zu werden.

Merke 2: Das Fanbox-Widget darf laut der allgemeinen Geschäftsbedingungen (AGB) von Facebook nicht in bezahlten Anzeigen eingesetzt werden.

Für Seiten werben

Je nach verfügbarem Budget sollte die Seite zusätzlich beworben werden, um eine Fanbasis aufzubauen. Vor allem in der Anfangsphase. Facebook stellt hierfür zwei Typen von Anzeigen zur Verfügung:

a) Self-Service-Ads

Die Self-Service-Ads werden in der rechten Spalte von Facebook ausgegeben, nicht aber auf der Startseite des Nutzers mit dem Newsfeed. Die Anzeigen erscheinen also etwa, wenn der Nutzer sich auf Seiten, Gruppen, Profilen, Anwendungen oder Events bewegt.

Abb. 8: Zwei Beispiele zu Self-Service-Ads [1]

Self-Service-Ads können ohne Mindestvolumen gebucht werden

Diese Self-Service-Ads sind für den „kleineren Geldbeutel" die richtige Wahl, weil sie ohne Mindestvolumen gebucht werden können. Die Einbuchung erfolgt über die Facebook-Anwendung „Seiten und Anzeigen", über die auch die Facebook-Seiten verwaltet werden. Die Anzeigen sind also nur einen Klick entfernt.

Die Bedienung ist recht einfach und erfolgt in drei Schritten über die Anwendung „Seiten & Anzeigen" (Mehr Infos unter www.facebook.com/ads).

Schritt 1: Anzeige anlegen
Wenn hier die Option „Für eine Seite werben" ausgewählt wird, erhält die Anzeige automatisch den Button „Gefällt mir". Ein Klick hierauf macht den Nutzer zum Fan, ohne dass er die Seite aufrufen muss. Anschließend werden Titel, Text und Bild angelegt sowie das Ziel der Anzeige.

Schritt 2: Zielgruppe definieren
Hier stellt Facebook umfangreiche Optionen für das Targeting der Anzeige zur Verfügung, die auf den von den Nutzern hinterlegten Daten basieren. Neben der regionalen Reichweite können zum Beispiel Targets nach Alter, Geschlecht gesetzt werden. Die jeweils zu erreichende Nutzerzahl wird rechts angezeigt. Diese Zahl bezieht sich auf die Zahl der eingeloggten Nutzer (Unique) innerhalb der letzten dreißig Tage.

Hervorzuheben sind die Filteroptionen in Bezug auf die Verbindungen der Seite. Die Anzeige kann in Bezug auf eigene Seiten so konfiguriert werden, dass sie nur Fans einer eigenen Seite, nur den Freunden von Fans einer eigenen Seite oder gerade nicht den Fans einer eigenen Seite angezeigt wird. Dies geht aber natürlich nur für eigene Seiten und nicht für solche der Konkurrenz.

Schritt 3: Budgetplanung
Im letzten Schritt wird die Reichweite der Kampagne über das Budget festgelegt. Die Steuerung erfolgt zunächst über die Festlegung eines Tagesbudgets und die Festlegung, ob die Anzeige nach CPC (also Cost-per-Click) oder CPM (Cost-per-mille-Adviews) abgerechnet werden soll. Im Regelfall ist hier die CPC-

Methode zu empfehlen. In diesem Fall ist ein Maximalgebot für einen Klick abzugeben. Die Auslieferung der Anzeige erfolgt nach einem auktionsähnlichen Mechanismus, das heißt je nach Nachfrage werden die Adviews den Anzeigen zugeteilt. Der eingegebene Maximalwert für einen Klick wird in der Regel nicht erreicht und es wird auch nur der Preis abgerechnet, der zur Ausgabe notwendig ist. Dies sind natürlich dynamische Werte je nach Anzeigenaufkommen.

In der Statistik werden Adviews und Klicks in Echtzeit ausgegeben und die Anzeige kann (und sollte) schon ein bis zwei Stunden nach Start überprüft und wenn notwendig feinjustiert werden.

Ausführliche Statistiken mit den Nutzerdaten (zum Beispiel Alter, Geschlecht, Wohnort) stellt Facebook einmal alle 24 Stunden um 0.00 Uhr nach USA Westküstenzeit zur Verfügung.

b) Homepage-Ads (Engagement-Ads)

Um eine Anzeige auf der Startseite und somit im Kontext des Newsfeed der Nutzer zu platzieren sind die Homepage-Ads die richtige Anzeigenform.

Abb. 9: Zwei Beispiele zu Homepage-Ads [1]

Homepage-Ads sind aber weniger flexibel als die Self-Service-Ads

Die Homepage-Ads sind aber weniger flexibel als die Self-Service-Ads, weil:

- das Mindestvolumen bei derzeit 5.000 EUR liegt
- die Anzeige nicht selbst, sondern über das Facebook Sales Team gebucht wird
- die Anzeige nur auf eine Facebook-Seite verlinken kann, nicht aber auf externe Ziele oder andere Ziele außerhalb von Facebook-Seiten.

Homepage Ads haben Vorteile vor allem in der Viralität, die die Anzeigen entfalten können

Neben der größeren Reichweite liegen die Vorteile der Homepage-Ads vor allem in der Viralität, die die Anzeigen entfalten können: Indem zur Anzeige sogenannte „Engagement Features" hinzugebucht werden, kann sich die Anzeige innerhalb von Facebook viral verbreiten: Diese Engagement Features sind zum Beispiel Video, Event oder Poll: In allen Fällen kann der Nutzer in der Anzeige selbst (!) eine Aktion durchführen (zum Beispiel Kommentar zum Video, zum Event oder Teilnahme an einer Umfrage). Und diese Aktion des Nutzers erscheint dann im Newsfeed seiner Freunde und zieht einen Teil dieser Freunde (ohne Kosten) auf die beworbene Seite.

Virale Effekte der Fanseite

Erhebliche Viralität löst zunächst das „Gefällt mir" aus. Wird ein Nutzer Fan einer Seite, so wird dies allen seinen Freunden im Newsfeed angezeigt. Daher ist es wichtig, der Seite einen attraktiven Namen zu geben.

Ist der Nutzer erst einmal Fan, ist die Viralität allerdings begrenzt; denn das Kommentieren von Inhalten (zum Beispiel wenn der Nutzer ein Bild oder ein Video kommentiert) wird nur bei den Freunden sichtbar, die bereits Fan der Seite sind. Lediglich über die Share-Funktionalität („Teilen") werden auch Freunde erreicht, die noch nicht Fan der Seite sind.

Kommentare nur bei den Freunden sichtbar, die bereits Fan der Seite sind

Zusätzliche virale Effekte lassen sich dann nur über Anwendungen erreichen, die in die Seite eingefügt werden, da die Anwendung einen Post in den Newsfeed der Freunde des Nutzers ermöglicht.

Statistiken

Facebook stellt für den Administrator der Fanseite eine zusammenfassende Statistik zur Verfügung. Aus den sogenannten Insights lässt sich (neben Alter, Geschlecht der Fans beispielsweise) vor allem die Entwicklung der Fanzahlen auf der Zeitachse sowie die Aktivität auswerten. Diese Angaben sind von großer Bedeutung für die Kommunikation mit den Fans; denn an dieser Stelle kann nachverfolgt werden, ob die Fans aktiv werden.

Ferner gibt die Statistik Auskunft über die Interaktionen (Beiträge, Kommentare, „Gefällt mir") der Fans auf der Seite. Dies ist zunächst eine Übersicht über die Zahl der Interaktionen in den letzten sieben Tagen, spezifiziert nach Alter, Geschlecht und lokalem Netzwerk der Fans.

Ergänzend kann in einem Diagramm zur Zahl der Interaktionen, die Zahl der Interaktionen je Beitrag, die Qualität der Beiträge sowie die Zahl der Rezensionen und Meinungen aufgerufen werden. Insgesamt ergibt sich so ein brauchbarer Überblick über die Aktivität der Fans, die ja vor allem in Bezug auf den Newsfeed-Filter von hoher Bedeutung ist.

Überblick über die Aktivität der Fans

Eine neue Darstellungsform der Statistik ist über www.facebook.com/insights aufrufbar.

Die Aktivität für einen **einzelnen Post** ist dabei natürlich die wichtigste Information; aber diese stellt Facebook derzeit über die „Post Analytics" nur Seiten mit mehr als 10.000 Fans zur Verfügung. Aber auch ohne die Post Analytics kann über den Aktivitätenindex auf der Zeitebene einigermaßen ausgewertet werden, welche Informationen bei den Fans positiv aufgenommen werden – und welche nicht.

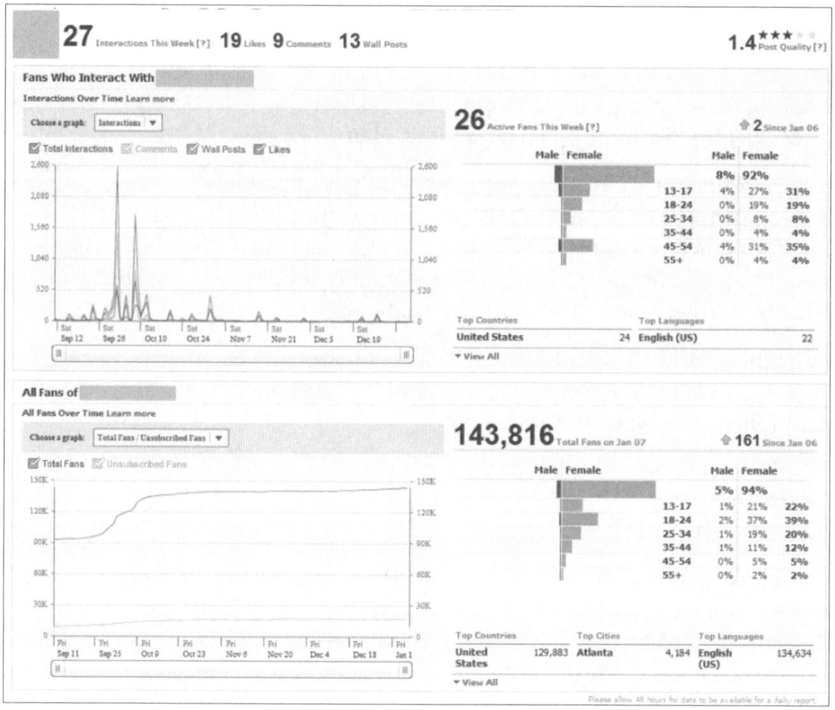

Abb. 10: Ansicht der Statistik (Facebook Insight) [1]

Suche

Suchmaschinenoptimierung ist in Grenzen auch für die Fanseite möglich. Suchkriterien sollten von Beginn an – und schon vor dem Start der Seite – definiert werden. Dies gilt vor allem für den Titel der Seite, der nicht mehr verändert werden kann. Zu unterscheiden ist nach der Suche in Facebook und über externe Suchmaschinen.

Titel sollte nach Möglichkeit das Keyword enthalten

Facebook baut die Suchergebnisse nach Seiten, Gruppen und so weiter auf. Für Seiten berücksichtigt Facebook dabei den Titel der Fanseite. Dieser sollte daher nach Möglichkeit das Keyword enthalten, nachdem die Nutzer suchen würden.

Im zweiten Schritt ist bei der Festlegung der Vanity-URL der Fanseite nach Möglichkeit darauf zu achten, dass diese ebenfalls das Keyword enthält.

Auch in Bezug auf externe Suchmaschinen ist die URL von Bedeutung, insbesondere für die Indexierung von Google. Google durchsucht aber auch die Inhalte der Fanseiten.

Google durchsucht vor allem die Startseite

Google hat heute schon über 500 Millionen Seiten auf Facebook indexiert, darunter die meisten Fanseiten. Google durchsucht dabei vor allem die Startseite mit der Pinnwand. Daher ist im nächsten Schritt die Infobox in der linken

Spalte mit den Keywords zu füllen. Hier sollten auch ausgehende Links gesetzt werden.

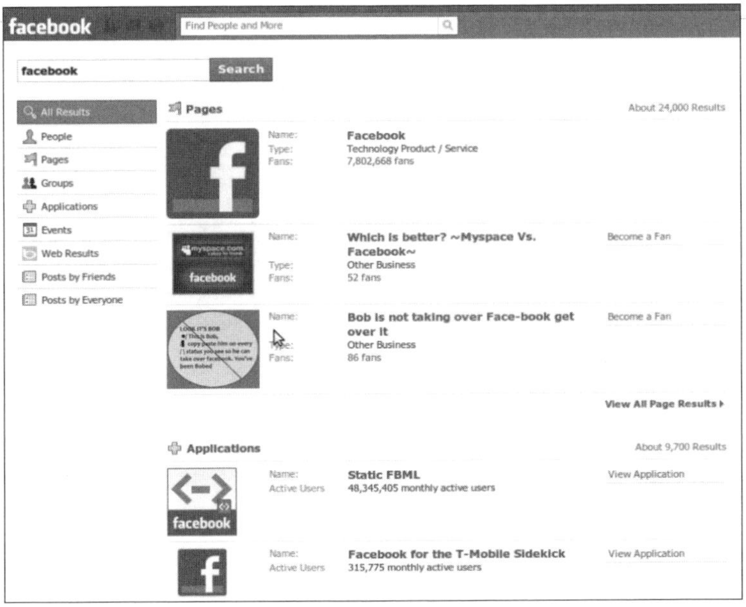

Abb. 11: Ausgabe der Suchergebnisse auf Facebook [1]

Wichtig für Google sind aber vor allem die auf die Fanseite verweisenden Links, die daher auf der eigenen Webseite und über andere Seiten (zum Beispiel Blogs) gesetzt werden sollten.

Schließlich durchsucht Google die Einträge auf der Pinnwand selbst! Daher ist bei der Kommunikation mit den Fans auch immer an Suchmaschinen zu denken.

Gewinnspiele auf Fanseiten

Gewinnspiele sind in jedem Fall eine gute Option, um Fans für eine Seite zu generieren. Aber es gilt einige Einschränkungen zu beachten, die sich aus den Facebook Promotion Guidelines (http://www.facebook.com/promotions_guidelines.php) ergeben:

Gewinnspiele nur auf Anwendungen zulässig, nicht aber auf Seiten

Nach den Facebook Promotion Guidelines sind Gewinnspiele nur auf Anwendungen zulässig, nicht aber auf Seiten. Es ist daher nicht zulässig, ein Gewinnspiel an Kommentare in der Pinnwand der Fanseite zu koppeln.

Auf der Pinnwand der Fanseite dürfen daher Gewinnspiele nur verlinkt werden.

Abb. 12: Gewinnspiel in einem Tab einer Fanseite [1]

Zusätzlich ist jedes Gewinnspiel von Facebook zu genehmigen. Die Genehmigung ist über das Sales Team von Facebook direkt einzuholen oder über das Kontaktformular (http://www.facebook.com/business/contact.php). Innerhalb einer Seite darf ein Gewinnspiel daher nur dann eingebunden werden, wenn eine Anwendung über einen Reiter (Tab) in die Seite integriert wird.

Der damit verbundene Aufwand kann sich aber lohnen, wenn das Gewinnspiel an die Aktion „Gefällt mir" gekoppelt wird. Dies ist nach den Promotion Guidelines explizit zulässig und technisch möglich; denn eine entsprechend programmierte Anwendung kann beim Nutzer abfragen, ob er Fan einer bestimmten Fanseite ist. Auf diesem Wege lässt sich etwa die Teilnahme an einem Gewinnspiel oder die Ausgabe eines Coupons daran koppeln, dass der Nutzer Fan ist.

Layout und Funktionen individuell gestalten

Gestaltungsmöglichkeit: keine Möglichkeiten eines individuellen Layouts

Die Vorteile der Fanseite liegen in der Summe der oben genannten Funktionen, die Facebook kostenfrei zur Verfügung stellt. Bei allen Vorteilen haben Seiten aber auch einige Nachteile. Vor allem in der Gestaltungsmöglichkeit geben die Seiten bis auf das Profilbild der Seite keine Möglichkeiten eines individuellen Layouts. Auch im Funktionsumfang bietet Facebook einen zwar breiten, anderseits aber abgeschlossenen Funktionsumfang durch die Facebook seitig gestellten Anwendungen (Fotos, Videos, Notizen, Diskussionen, Rezensionen, Events). Individuelle Funktionen und Datenbankanbindungen (zum Beispiel Nutzerbewertungen oder Shop-Funktionen) sind aber mit dem von Facebook gestelltem Funktionsumfang nicht möglich.

Anwendung überwindet die genannten Schwachpunkte der Fanseite

Beides lässt sich aber über die Facebook-API durch Anwendungen lösen. Und da die Anwendung über einen Reiter in die Seite integriert werden kann, überwindet die integrierte Anwendung die genannten Schwachpunkte der Fanseite: So werden neben dem individuellen Layout über die Anwendung auch individuelle Funktionen sowie ein eigenes Tracking der Nutzeraktivität möglich. Fertige Module (zum Beispiel für Couponing, Gewinnspiele, Landing-Tabs) und CMS für Anwendungen ermöglichen schnelle und kostengünstige Lösungen (siehe www.facebook.com/xihitDE).

a) Grundlagen der Anwendungen

Anders als die Fanseite liegt die Anwendung komplett auf dem Server des Entwickler/Betreibers. Über die Facebook-API wird die Anwendung in Facebook eingebunden.

Seitens des Layouts bestehen fast keine Restriktionen. Die Größe der Layoutfläche hängt von der gewählten Einbindung ab. Wird die Anwendung als Reiter in eine Fanseite eingebunden (Tab-Area) ist zu beachten, dass der Platz in Kürze (genaues Datum war bei Redaktion im März 2010 noch unbekannt) auf 520 Pixel in der Breite reduziert wird. Wird die Anwendung nicht in eine Fanseite integriert, dann beträgt der Platz auf der sogenannten Canvas-Page 750 Pixel in der Breite. Die Höhe ist in beiden Fällen nicht limitiert.

b) Funktionsumfang von Anwendungen

Über Facebook-API kann die Anwendung auf die Daten des Nutzers zugreifen

Über die Facebook-API kann die Anwendung auf die Daten des Nutzers zugreifen, wenn dieser dies einmalig erlaubt. Hierzu erhält der Nutzer einmalig eine Aufforderung, den Zugriff der Anwendung auf seine Daten zuzulassen:

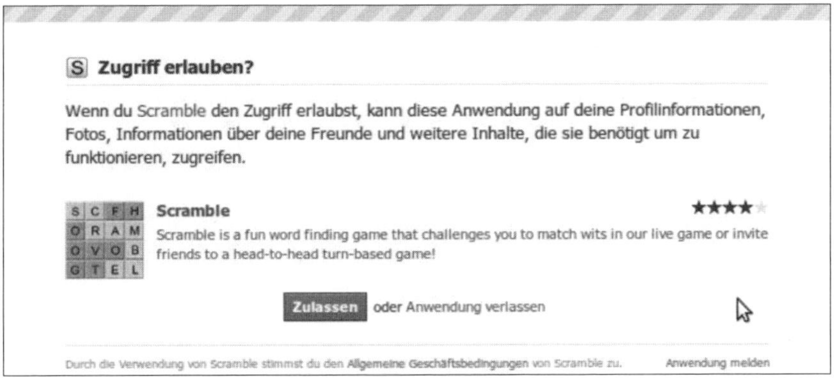

Abb. 13: Aufforderung an den Nutzer, den Zugriff einer Anwendung auf die Daten zu erlauben. [1]

Der Zugriff der Anwendung auf die Nutzerdaten löst eine ganze Reihe von Möglichkeiten für das Marketing auf Facebook aus. Insbesondere ermöglicht der Datenzugriff personalisierte Inhalte, die in Bezug auf die hinterlegten Daten des Nutzers konfiguriert werden können.

Beispiel Adidas: Die Anwendung YourArea von Adidas zeigt dem Nutzer auf sein Profil zugeschnittene Informationen an:
http://www.facebook.com/adidasoriginals

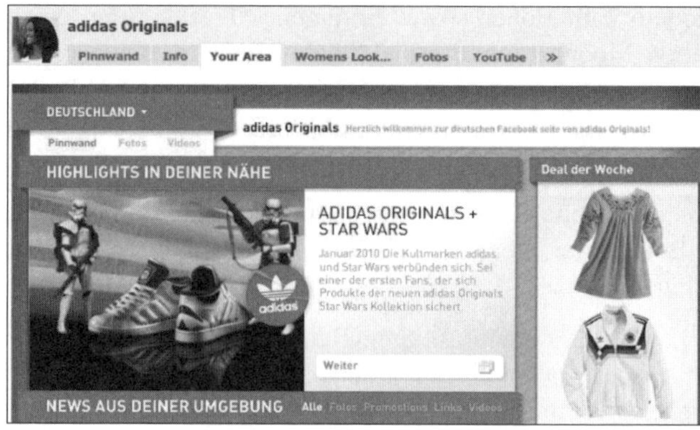

Abb. 14: Beispiel Adidas [1]

Vor allem aber wird so maßgeschneiderte Viralität ermöglicht; denn die Anwendung kann einen vom Nutzer ausgelösten Post in den Newsfeed der Freunde des Nutzers durchführen: Dies geschieht auf folgendem Weg: Der Nutzer führt in der Anwendung eine Handlung aus, zum Beispiel nimmt er an einer Umfrage teil:

In den Newsfeed aller Freunde des Nutzers

Southwest Airlines mit Voting:
Der Nutzer nimmt in der Seite an der Abstimmung über ein Reiseziel teil. Das Ergebnis postet die Anwendung in den Newsfeed aller Freunde des Nutzers, wenn dieser den Post auslöst.
http://www.facebook.com/Southwest

Abb. 15.1: Beispiel: Southwest Airlines [1]

Dabei fragt die Anwendung den Nutzer, ob er die Aktion auf seinem Profil und im Newsfeed seiner Freunde veröffentlichen möchte (das heißt dieser Schritt muss immer vom Nutzer ausgelöst werden und kann von der Anwendung nicht automatisiert werden!)

Muss immer vom Nutzer ausgelöst werden

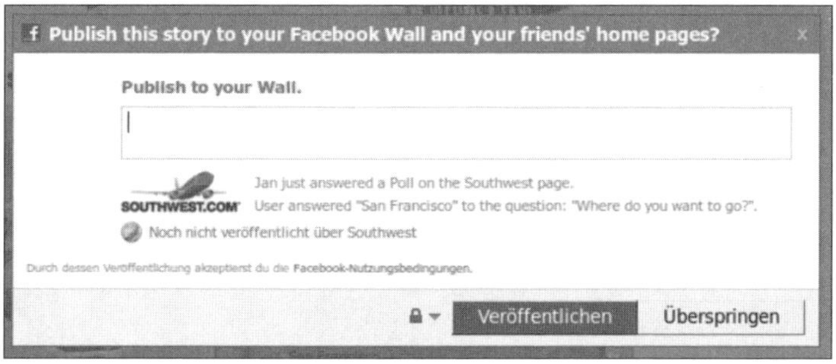

Abb. 15.2: Veröffentlichen [1]

Anschließend erscheint dieser Post im Newsfeed der Freunde des auslösenden Nutzers mit Bild, Text und dem sogenannten Actionlink, der die Freunde des Nutzers auf die Anwendung holt.

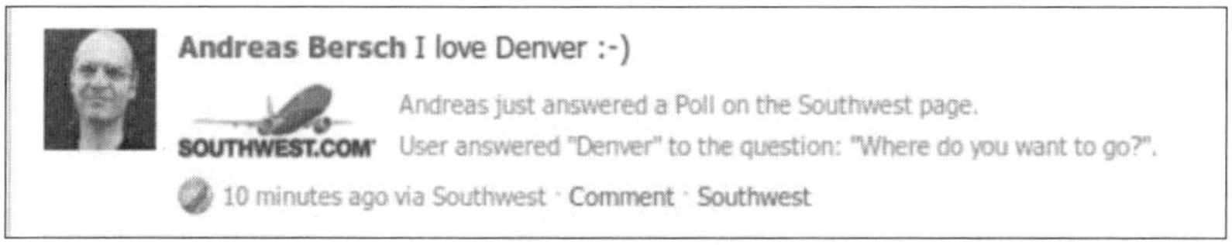

Abb. 15.3: Post [1]

Auf diesem Wege kann also in der Seite eine individuelle Aktion gestaltet werden, die sich über die Freunde des Nutzers viral verbreitet.

c) Tracking

Infolge der Zugriffsmöglichkeit auf die Nutzerdaten kann über die API die Nutzeraktivität auch sehr genau getrackt werden. So lassen sich Metriken erstellen, die die Nutzung nicht nur quantitativ darstellen (Seitenaufrufe, Interaktionen), sondern auch qualitativ. So lässt sich jeder Interaktion ein Nutzerprofil mit den hinterlegten Daten (zum Beispiel Alter, Geschlecht, Sprache, Wohnort, Bildung) zuordnen. Diese dürfen zwar nicht gespeichert werden, aber zu anonymisierten Statistiken zusammengestellt werden.

Fazit: Im Zweiklang von Seite und integrierter Anwendung lassen sich die Möglichkeiten auf Facebook ideal kombinieren. Daher setzen auch größere Unternehmen zunehmend auf die Kombination von Fanseite mit integrierter Anwendung, wie zum Beispiel Sony oder Smirnoff.

Abb. 16.1: Tracking innerhalb einer Anwendung über den Xihit PageManager (www.facebook.com/xihitDE).

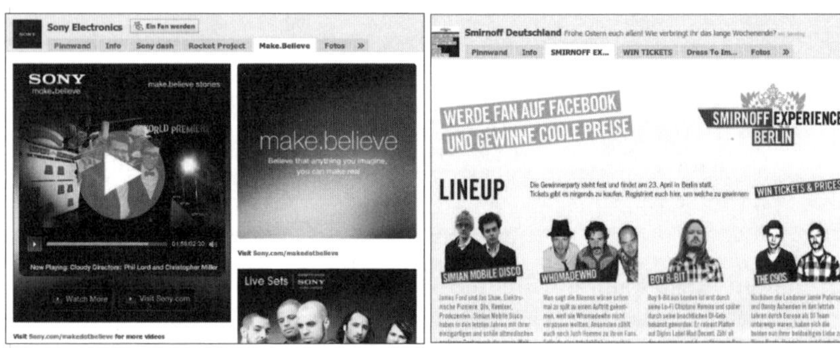

Abb. 16.2: http://www.facebook.com/sonyelectronics und http://www.facebook.com/SmirnoffDeutschland

d) Gegenüberstellung der Leistungsmerkmale

Der Vergleich von Fanseite und Anwendung macht deutlich, dass mit der Kombination von Fanseite und Anwendung optimale Ergebnisse erzielt werden können:

Denn bei allen Vorteilen der Fanseite (vor allem keine Kosten) hat die Fanseite doch drei wesentliche Nachteile, die sich aber mittels einer Anwendung überwinden lassen:

Layout: Ein individuelles Layout kann bei einer Fanseite nicht hergestellt werden;

Viralität: Die Fanseite als solche löst kaum Viralität aus; die lässt sich nur über entsprechend programmierte Anwendungen erreichen;

	Fanseite	**Anwendung**
Kommunikation	Mit Fans	Mit konnektierten Nutzern
One-to-Many	Newsfeed + Aktualisierung	Inbox + E-Mail
One-to-One	(Keine)	Vom Nutzer ausgelöst
Funktionalitäten	Pinnwand	Individuell gestaltbar
Layout	Nicht gestaltbar	Keine Einschränkungen
Tracking	Insight-Statistik	Individuelles Tracking
Kosten und Aufwand	Keine	Programmier-Aufwand + API-Pflegeaufwand

Tracking: Nur bei der Anwendung ermöglicht der Zugriff auf die Nutzerdaten eine detaillierte Analyse des Nutzerverhaltens.

Die Anwendung sollte über die Post an die Fans angeteasert werden: So erreichen Sie alle Fans, führen diese auf die Anwendung und können durch entsprechende virale Prozesse der Anwendung neue Fans gewinnen.

Fanseite mit integrierter Anwendung

Im Zweiklang von Fanseite und eingebundener Anwendung lassen sich daher die besten Ergebnisse erreichen, wobei immer ein schrittweises Vorgehen zu empfehlen ist. Die Fanseite kann auch ohne Anwendung wachsen und dann später durch eine Anwendung nachgerüstet werden.

Fanseite anlegen und verwalten

Jedes Nutzerkonto kann eine beliebige Zahl von Fanseiten anlegen. Das anlegende Konto ist automatisch Hauptadministrator der Fanseite, aber nicht automatisch Fan. Nach dem Anlegen können weitere Administratoren hinzugefügt werden. Auch andere Fans können zu Administratoren gemacht werden.

Hauptadministrator der Fanseite kann später nicht entfernt werden

Da der Hauptadministrator der Fanseite später nicht entfernt werden kann, ist es eventuell bei Fanseiten von Unternehmen nicht ratsam, einen Mitarbeiter mit seinem persönlichen Profil die Seite anlegen zu lassen. Denn wenn der Mitarbeiter das Unternehmen verlässt, kann er seine Rolle als Hauptadministrator nicht abtreten. Daher gibt es die Möglichkeit „corporate accounts“ anzulegen. Diese etwas versteckte Option wird sichtbar, wenn eine Seite im nicht angemeldeten Zustand eingerichtet wird. Dann erscheint der Hinweis auf die

„corporate accounts“. Allerdings haben die Corporate Accounts hinsichtlich der Verwaltung weniger Rechte. Daher ist nach dem Einrichten der Seite ein weiterer Administrator mit einem persönlichen Profil anzulegen, mit welchem dann die Seite einfacher zu administrieren ist.

Titel muss die Wörter enthalten, die mit der Suche gefunden werden sollen

Beim Anlegen der Fanseite und dem Festlegen des Namens der Seite (dieser kann nicht mehr geändert werden) ist unbedingt auf die Suche zu achten: Der Titel muss die Wörter enthalten, die mit der Suche gefunden werden sollen.

Nach dem Anlegen sind folgende Schritte vorzunehmen:

- Profilbild hochladen (möglichst vertikales Format, bis 200 B x 600 H Pixel);
- das Miniaturbild des Profilbildes justieren;
- Beschreibungstext in der linken Spalte ausfüllen (mit Keywords und Links);
- die Angaben im Bereich Info ausfüllen (mit Keywords und Links);
- die Reihenfolge der Anwendungen in den Reitern durch Verschieben anpassen;
- gegebenenfalls nicht gewünschte Anwendungen entfernen;
- gegebenenfalls die Startseite wechseln, Standard ist die Pinnwand;
- die Einstellungen vornehmen, wer auf der Seite posten respektive kommentieren darf;
- gegebenenfalls einen RSS-Content-Import (zum Beispiel aus Wordpress) einrichten;
- gegebenenfalls das Fanbox-Widget konfigurieren;
- Inhalte einstellen (zum Beispiel Bilder, Videos);
- den ersten Beitrag posten;
- Freunde und Kollegen einladen um 25 Fans zu erhalten;
- mit 25 Fans die eigene URL der Fanseite festlegen (www.facebook.com/username).

Rechtliche Aspekte

Beim Einrichten und Betrieb einer Fanseite sind sowohl die Facebook-Regularien als auch die nationalen Rechtsvorschriften zu beachten. Zu Letzteren sind vor allem die Vorschriften des Urheberrechts zu zählen, die beim Veröffentlichen von Inhalten zu beachten sind.

Vorschriften des Urheberrechts

Facebook AGB und Richtlinien

Die Facebook AGB finden sich unter www.facebook.com/terms.php. Für die Seiten sind insbesondere die folgenden Bestimmungen zu beachten:

- Seiten sind spezielle Profile, die nur zur Werbung für Unternehmen oder andere kommerzielle, politische sowie wohltätige Organisationen oder Anstrengungen (einschließlich gemeinnütziger Organisationen, politischer Kampagnen, Bands und bekannter Persönlichkeiten) verwendet werden dürfen.
- Du darfst eine Facebook-Seite nur verwalten, wenn du ein bevollmächtigter Vertreter des durch die Seite repräsentierten Gegenstandes bist.
- Seiten können Inhalte und Informationen nur mit der Einstellung „Alle" posten.
- Wenn du Inhalte und Informationen auf deiner Seite veröffentlichst, sind wir nicht dazu verpflichtet, diese an unsere Nutzer weiterzuleiten.
- Wenn du außerhalb unserer Seite ein Fanfeld verwendest, um für deine Seite zu werben, können andere Personen diese Funktion kopieren und an anderer Stelle verwenden.
- Es ist nicht gestattet, Fanfelder in Werbeanzeigen zu verwenden.
- Wenn du Nutzerinformationen auf deiner Seite sammelst, gilt Abschnitt 9 dieser Erklärung für dich.
- Solltest du Werbung auf deiner Seite verwenden, trifft Abschnitt 11 dieser Erklärung ebenfalls auf dich zu.

(Quelle: http://www.facebook.com/terms.php)

Impressumspflicht?

Ob für die Facebook-Fanseite eine Pflicht für ein Impressum besteht, ist umstritten. In jedem Fall sollte der Hausjurist oder Anwalt hierzu konsultiert werden. Falls eine Pflicht zum Impressum bejaht wird, so kann dieses auf dem Info-Tab oder die „About" Box der Seite mit einem Link auf Ihr Impressum eingefügt werden.

Link auf Ihr Impressum

Fazit & Handlungsempfehlungen

Wirkungsvolles Instrument, mit Ihren Fans zu kommunizieren

Die Fanseite ist das ideale Instrument, um Ihr Unternehmen, Ihre Marke oder Ihre Produkte auf Facebook ins Gespräch zu bringen. Facebook gibt Ihnen mit der Fanseite ein wirkungsvolles Instrument, mit Ihren Fans zu kommunizieren und zu interagieren; parallel werden die Fans auch untereinander über Sie sprechen. Dies ist für Sie eine Chance, keine Gefahr.

Mehrwert für den Nutzer auf Facebook schaffen

Die Fanseite auf Facebook ist sorgfältig zu planen. Die Fanseite ist nicht identisch mit einer Webseite, die den Nutzer eindimensional informiert. Die interaktive Kommunikation im Social Web folgt eigenen Regeln, die Sie bei Planung und Einrichtung der Fanseite beachten müssen. Die Fanseite muss auf einem Inhalte- wie Kommunikationskonzept basieren, welches idealerweise in Ihre übergreifende Social Media-Strategie eingebettet ist. Im Kern geht es darum, im Kontext Ihres Angebotes (Unternehmen, Marke, Produkte, Dienstleistungen) einen Mehrwert für den Nutzer auf Facebook zu schaffen. Der Mehrwert kann zum Beispiel aus exklusiven Informationen, Unterhaltung oder materiellen Vorteilen bestehen.

Der Aufbau der Fangemeinde erfolgt durch die konsequente Vernetzung Ihrer Fanseite mit Ihrem Marketing. Ergänzend sollten Sie die Nutzer etwa durch Gewinnspiele oder Coupons incentivieren, Fan zu werden und die eigenen Freunde einzuladen.

Auch der Betrieb der Fanseite erfordert den kontinuierlichen Einsatz von Ressourcen, vor allem von Zeit. Stellen Sie sicher, dass hierfür die organisatorischen Voraussetzungen vorliegen.

Auf längere Sicht werden Sie die Fanseite durch individuelles Layout und Funktionen ergänzen wollen und eine entsprechende Anwendung einbinden. Dieser Zweiklang von Fanseite und Anwendung ermöglicht es Ihnen, die Kommunikationswege zu den Fans einerseits (Post in den Newsfeed) wie der Fans untereinander (virale Verbreitung) optimal auszunutzen. Fertige Module (zum Beispiel für Couponing, Gewinnspiele, Landing-Tabs) und CMS für Anwendungen ermöglichen schnelle und kostengünstige Lösungen (siehe http://www.facebook.com/xihitDE).

Gehen Sie bei allem in Schritten vor und erschließen Sie sich das Potential von Facebook sukzessive. Gehen Sie dabei davon aus, dass Sie in 2011 Facebook bereits für eCommerce nutzen werden; denn im Social Commerce liegen weitere große Chancen.

Weitere Informationen zum Thema und aktuelle Trends laufend auf http://www.facebookbiz.de.

Literatur

[1] Quelle: www.facebook.com

Empfehlungsmarketing mit Twitter

3

Stefan Berns

Mittlerweile ist der Kurznachrichtendienst Twitter global eine feste Größe innerhalb der Social Media-Landschaft geworden. Er gehört mittlerweile für immer mehr Unternehmen in Deutschland und Europa zum festen Online-Marketing-Mix.

Twitter bringt Statusmitteilungen von maximal 140 Zeichen

Twitter hat mit seinen begrenzten Statusmitteilungen von maximal 140 Zeichen, den Beginn des Echtzeit-Internet eingeläutet. Trotz dieser Begrenzung eignet sich Twitter hervorragend um Viralität zu erzeugen. Durch die technischen Möglichkeiten ist es optimal, um damit „Word-of-Mouth-Marketing" zu betreiben.

Twitter ist nur der Anfang von einem Prozess eines neuen Zeitalters, einer nie dagewesenen Vernetzung und Digitalisierung unseres Lebens und unserer Wirtschaft. Das wurde ja bereits im Jahre 2009, in meinem Buch "Der Twitter-Faktor – Kommunikation auf den Punkt gebracht", deutlich.

Smartphone und iPads machen Echtzeitweb omnipräsent

Somit bedeutet der Twitter-Faktor auch, dass zukünftig alles mit allem kommuniziert und jeder mit jedem interagiert. Die digitale Welt wird zum Dorf, Entfernungen schmelzen auf dem Weg jedes Einzelnen zum nächsten Internetzugang. Und dieser Internetzugang steht uns durch die weitere explosionsartige Verbreitung von Smartphones und iPads zukünftig permanent zu Verfügung. Das Netz wird uns allgegenwärtig umgeben und begleiten.

Sie können Twitter optimal für viele Ziele nutzen und einsetzen! Ob es zur Expertenpositionierung ist oder um interessante Videos, Blogartikel oder Artikel auf Nachrichtenseiten einfach und schnell in Ihrem **Netzwerk** zu empfehlen. Was sind die Voraussetzungen, dass Sie oft und gerne empfohlen werden? Wie können Sie selbst interessante Twitter-User in Ihrem Netzwerk empfehlen? All das werden wir uns in den folgenden Abschnitten in der Praxis ansehen.

Voraussetzung für eine Empfehlung

Um überhaupt auf Twitter empfohlen zu werden, müssen Sie sicherstellen, dass Sie dazu die Grundlagen für einen erfolgreichen Twitter-Account gelegt haben. Ich nenne Sie die **„3 goldenen Regeln"**.

Regel 1 – Das Profil

Wie in allen anderen Social Networks ist auch hier unbedingt zu beachten, dass Sie ein ansprechendes und professionell gestaltetes Twitter-Profil haben. Ihr Twitter-Profil muss spannend sein und sollte zum Folgen motivieren und dem-

http://www.marketing-boerse.de/Experten/details/Stefan-Berns

jenigen, der Ihnen folgen möchte, sofort klar und deutlich vermitteln, was er bei Ihnen erwarten darf und für was Sie stehen.

Ihr Twitter-Hintergrund-Layout sollte in Ihrem Unternehmens-CI gestaltet sein, um so, von vornherein, Verwechselungen mit eventuellen Mitbewerbern zu vermeiden. Bei mittlerweile über 105 Millionen registrierten Twitter-Accounts ist dies ein wichtiges Kriterium.

Gleichzeit sollte Ihr Avatarbild ein Bild des Menschen zeigen, der diesen Twitter-Account bespielt und nicht unbedingt das Ihres Firmenlogos. Zusätzlich entscheidend ist, dass Sie Ihre Online-Bio optimal mit Ihren **Schlüsselwörtern**, also den Begriffen ausfüllen, die Ihre Person, Ihr Unternehmen, Ihre Produkte und Dienstleistungen ausmachen oder sogar einzigartig machen. Gerne tragen Sie hier auch Ihre USP`s, (Unique Selling Proposition), also Ihre Alleinstellungsmerkmale ein.

Regel 2 – Das eigene Twitter-Verhalten

Was ist mit Twitter-Verhalten gemeint? Es geht um die Art und Weise wie Sie Twitter für sich und Ihr Unternehmen nutzten. Twitter ist zu allererst ein Kommunikationskanal mit dem ich unmittelbar, also in Echtzeit, mit Menschen kommunizieren und mich austauschen kann.

Von 2,7 Millionen Usern nutzten nur zehn Prozent Twitter auch aktiv

In Deutschland nutzten von circa 2,7 Millionen Usern, nur circa zehn Prozent Twitter auch aktiv. Aktiv bedeutet, dass sie wenigsten alle drei Wochen selbst einen Tweet verschicken. Der weitaus größere Teil der Twitter-User konsumiert die Twitter-Nachrichten nur und liest mit. Sie twittern nicht aktiv und teilen ihr Wissen nicht mit anderen. Genau darin liegt die enorme Chance für Sie, sich von der Masse auf Twitter abzuheben. Twittern und interagieren Sie mit Ihrem Twitternetzwerk aktiv, und das in Echtzeit. Sie haben mit Twitter erstmalig einen direkten, **unmittelbaren Draht** zu Ihren Kunden, Interessenten, Geschäftspartnern und zu den Medien. Viele Unternehmen nutzen Twitter in Deutschland nur als weiteren Kanal, um ihre Werbebotschaften zu verbreiten. Solch ein Twitter-Account wird relativ schnell langweilig. Um von anderen Twitter-Usern empfohlen zu werden, ist es wichtig, dass Sie aktiv und dialogorientiert twittern. Und das, was Sie twittern, muss unbedingt mehrwertig und hilfreich für Ihr Netzwerk sein. Twitter eignet sich auch als zusätzlicher Kundendienst-Kanal, um schnell und unkompliziert Hilfe für Ihre Kunden zur Verfügung zu stellen.

Was Sie twittern, muss mehrwertig und hilfreich für Ihr Netzwerk sein

Was kann ich twittern?

- Branchen-News
- Informationen aus den einzelnen Fachabteilungen
- Neuigkeiten zu Messen und Events
- Informationen zu Gewinnspielen oder Ausschreibungen
- Informationen zu Produktneuentwicklungen
- Fragen zu neuen Services und Produkt-Eigenschaften stellen
- PR-Meldungen

- Hinweise zu neuen Blogposts
- Hinweise zu neuen Informationen im Social Media Newsroom
- Aktuelle Stellenangebote

Bitte seien Sie sich bei allem jedoch bewusst, dass das, was Sie twittern, öffentlich ist und durch Google unsterblich wird! Es wird sofort indexiert und kann durch Google dadurch immer wieder aufgefunden werden.

Regel 3 – Meine Vernetzung innerhalb der Social Media

Auch wenn es noch so banal und einfach klingt, wird es dennoch nicht von allen Unternehmen optimal genutzt und dennoch ist es ein ganz **entscheidender Faktor**, dass Ihr Twitter-Account empfohlen wird. Wenn Sie alle oben genannten Punkte berücksichtigt haben, geht es darum, Ihren Twitter-Account so bekannt wie nur möglich zu machen und diesen zu vernetzen. Dazu nutzen Sie bitte alle Ihnen zu Verfügung stehenden Möglichkeiten, sowohl offline wie auch online.

Twitter-Account überall bekannt machen

Checkliste Twitter-Account Bekanntmachung

Offline:

- ❑ Spezielle Twitter-Treffen, wie Barcamps oder den Twittwoch
- ❑ Printsachen wie zum Beispiel Visitenkarten, Plakate, Flyer
- ❑ Fahrzeugwerbung
- ❑ Bücher
- ❑ Expertenvorträge, Seminare, Workshops
- ❑ Messen & Kongresse

Online:

- ❑ Social Media-Profile wie zum Beispiel Facebook, Xing, LinkedIn
- ❑ Social Bookmarking-Dienste, wie http://mister-wong.de, http://delicious.com
- ❑ Twitter-Rankings, wie http://www.twitcharts.de/
- ❑ E-Mail-Newsletter
- ❑ Diskussionsforen, Blogbeiträge
- ❑ Kommentarfunktionen zum Beispiel in Blogs, Community-Gruppen, Facebook

Follower-Gewinnung

Es ist nicht wichtig, möglichst viele Follower zu haben, sondern möglichst viele aus Ihrer Zielgruppe! Wenn Sie die anderen zwei Regeln beachten, wird sich Ihre Anzahl natürlich selbst erhöhen, denn dann werden Sie automatisch empfohlen und Ihr Twitter-Account spricht sich herum und erzeugt somit die gewünschte Viralität.

Praxis

Das Retweeten

Schnelles und bequemes Weiterleiten und Empfehlen von Informationen

Eine der Kern-Funktionalitäten, die bis heute unter anderem zur großen Popularität von Twitter geführt hat, ist das schnelle und unkomplizierte Weiterleiten und Empfehlen von Informationen und Tweets, das sogenannte Retweeten. Mit keinem anderen Tool können Sie innerhalb der Social Media schneller Informationen viral verbreiten, als wie mit Twitter! Dies wird auch der Susan-Boyle-Effekt [1] genannt, benannt nach der Britains got Talent-Teilnehmerin im Jahre 2009, die durch die **Vernetzung und Viralität** von YouTube und Twitter, praktisch über Nacht, weltberühmt wurde. Dieser Effekt trifft immer dann ein, wenn es eine Information, ein Video oder ein Blogpost ist, der die beteiligten Menschen emotional stark anspricht oder berührt. Als weiteres Beispiel sei hier noch die Notwasserung Anfang Januar 2009 auf dem Hudsonriver oder der Tod von Michael Jackson zu erwähnen. Auch dieser verbreitete sich wie ein digitaler Tsunami im Web 2.0. Und diesen Effekt kann ich auch geschickt für das eigene Marketing einsetzen. Wie funktioniert retweeten nun in der Praxis?

Abb. 1: Tweet mit Retweet-Funktion

Die einfache Möglichkeit, den Retweet-Button zu drücken

Hier sehen Sie die einfache Möglichkeit, den Retweet-Button zu drücken, und somit diesen Tweet an Ihr komplettes Netzwerk weiterzuleiten.

Hier sehen Sie jetzt die Angaben nach dem retweeten.

Abb. 2: geretweeteter Tweet

Wie Sie sehen, können Sie Ihren **Retweet** jederzeit auch wieder rückgängig machen und widerrufen. Dass der Tweet von Ihnen retweetet wurde, sehen Sie wiederum an dem Symbol mit dem doppelten Pfeil.

Die Übersicht Ihrer Retweet-Aktivitäten sehen Sie jederzeit in der rechten Menüleiste unter dem Button „Retweets".

Die Übersicht unten zeigt Ihnen, was andere aus Ihrem Netzwerk für retweet-würdig hielten und weitergeleitet haben. Sie sehen auch, was selbst von Ihnen retweetet wurde. Der dritte Reiter zeigt Ihnen, wie oft Ihre Tweets von anderen empfohlen und retweetet wurden.

Abb. 3: Menü-Button Retweets

Wie oft wurden Ihre Tweets von anderen empfohlen und retweetet?

Praxistipp: Je höher Ihr **Vernetzungsfaktor**, je aktueller und relevanter die Nachricht für Ihre Follower ist, desto mehr wird sie in Ihrem Follower-Netzwerk verbreitet und empfohlen.

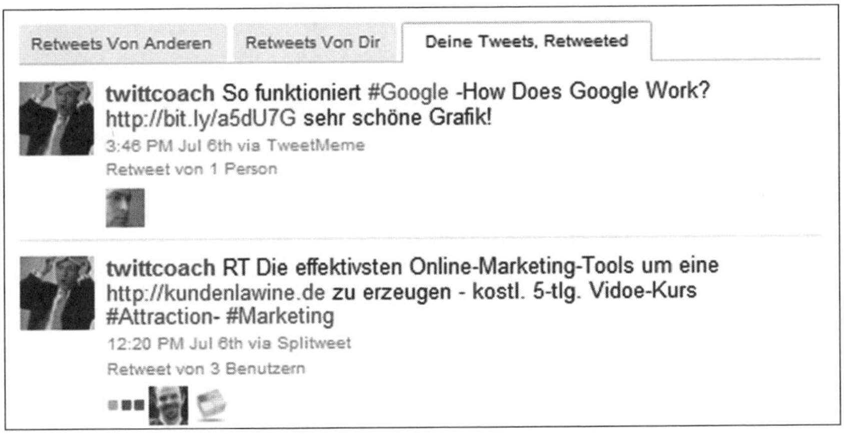

Abb. 4: Überblick der Retweets

Empfehlungen über die Twitter-Listen-Funktion

Seit dem Herbst 2009 steht auf Twitter ein weiterer, zusätzlicher **Mikrokosmos** innerhalb des Mikrokosmos „Twitter" zu Verfügung. Es ist die Listenfunktion, die Twitter ab diesem Zeitpunkt eingeführt hat. Die Listenfunktion hat mehrere Funktionen.

Sie ermöglicht es zum einen, schnell und unkompliziert, meine Follower und denen den ich folge, in eine Kategorie zu listen. Zum anderen bedeutet dieses Listen natürlich auch eine gewisse Art von Empfehlung, die ich dadurch als Twitter-User ausspreche. Sprich, ich packe damit meine Twitter-User in eine

Listen sind eine neue Art von Empfehlung

spezielle Schublade. Ich selbst sehe somit, wer mich wo, in welchen Listen, gelistet hat. Ich sehe somit auch, mit welchen Assoziationen mich die Twitter-User in Verbindung bringen.

Durch ein professionelles **Listen-Management** kann ich Listen zu speziellen **Nischenthemen** erstellen. Diesen können dann wiederum auch andere Interessierte folgen und diese Liste dann auch aktiv empfehlen.

Abb. 5: Menü-Button „Gelistet"

Hier sehen Sie, wie oft Sie gelistet wurden.

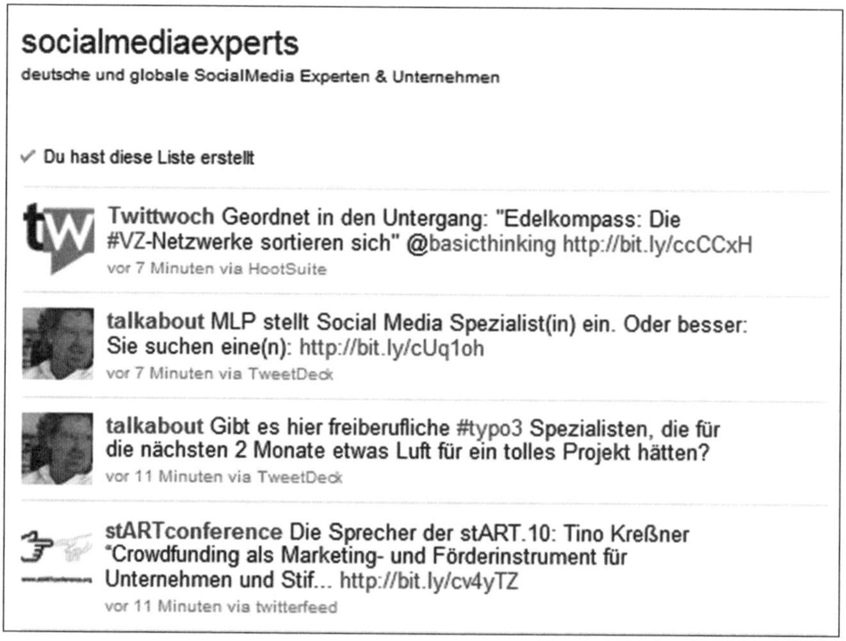

Abb. 6: Liste „socialmediaexperts"

Alle Twitter-Accounts von Social Media-Experten

Diese von mir angelegte Liste zeigt mir alle Twitter-Accounts und alle Tweets von Social Media-Experten an, die ich in dieser Liste angelegt hab. Ich sehe, wem ich in dieser Liste folge. Gleichzeitigt zeigt mir die Zahl der Listen-Follower, wie interessant diese Liste auch für andere ist und wie viele ihr wiederum folgen. Dieses Listen-Management kostet zwar einiges an Zeit, diese Zeit ist jedoch gut investierte Zeit, um die **Informationsflut** erfolgreich zu filtern und den Überblick zu behalten.

YouTube-Video-Empfehlungen

Immer mehr Webseiten sind mit Videos bestückt und selbst bei den heutigen Smartphones gehört eine Kamera mit Videofunktion zur Grundausstattung. Diese reichen heute oft schon aus, um ein kurzes Video aufzunehmen und dieses, selbst von unterwegs mobil auf YouTube oder eines der anderen Videoplattformen, hochzuladen. Videos können sehr schnell und effektiv Viralität erzeugen. Die Verbreitung und Empfehlung von Videos, zum Beispiel auf YouTube, ist mit drei Klicks schnell gemacht. Sie klicken dazu einfach auf den „Weiterleiten"-Button und schon öffnet sich ein Fenster und zeigt Ihnen an, mit welchen Netzwerken Sie dieses Video teilen können.

Einfach auf den „Weiterleiten"-Button klicken

Abb. 7: YouTube „Weiterleiten"-Button

Ein Klick auf „Weiterleiten" genügt. Dann wählen Sie kurz das entsprechende Netzwerk aus. In unserem Beispiel Twitter. Sofort öffnet sich auf Twitter das Texteingabefeld und YouTube schreibt Ihnen automatisch den entsprechenden Tweet mit Link zu dem Video. Sie müssen jetzt nur noch auf „Eintragen" drücken, schon geht es an ihr komplettes Twitter-Netzwerk und wird viral verbreitet.

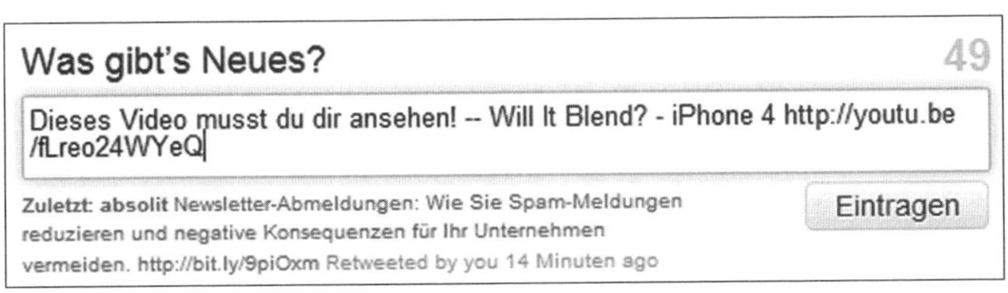

Abb. 8: Automatischer YouTube-Tweet

eBay Kleinanzeigen

Auch bei eBay Kleinanzeigen haben Sie mittlerweile die Möglichkeit eine Empfehlung, zum Beispiel bei Facebook, Twitter oder meinVZ, Ihrem Netzwerk zu empfehlen.

Abb. 9: eBay Kleinanzeigen Empfehlungsmöglichkeiten

Amazon-Artikel

Die gleiche Möglichkeit bietet Amazon auch bereits seit einiger Zeit den Partnern seines Partnerprogramms an. Diese können mit einem Klick interessante Produkte direkt auf Twitter empfehlen. Natürlich ist in dem automatisch gekürztem Link dann automatisch der entsprechende Affiliate-Link integriert.

Automatisch wird der Affiliate-Link integriert

Viele dieser automatisierten **Empfehlungsmöglichkeiten** können Sie bereits heute schon auf den unterschiedlichsten Webseiten und Diensten nutzen. Viele werden in Zukunft noch dazu kommen und es wird uns völlig selbstverständlich vorkommen, interessante Produkte, Ideen, Produkt- und Dienstleistungs-bewertungen, Blogbeiträge, Videos und vieles mehr, viral über Twitter und Co. zu verbreiten.

Empfehlen auf XING

Ganz aktuell (Juli 2010) gibt es ab sofort bei dem größten deutschen Business-Netzwerk Xing, nun auch die Möglichkeit in allen öffentlichen Gruppen interessante Artikel zu twittern und so an sein Twitter-Netzwerk zu empfehlen. Und dies mit nur einem Klick! Bisher stand diese Möglichkeit lediglich in den Rubriken „Events“ und „Jobs“ zur Verfügung.

Diese Option ist jedoch nur gegeben, wenn der Artikel nicht in einer geschlossenen Gruppe verfasst wurde. Es erfolgt auch kein automatisches Update an Ihren Twitter-Account, sondern Sie entscheiden selbst, wenn Sie Ihre Follower auf eine spannende Diskussion aufmerksam machen wollen.

Kollaboration und Vernetzung innerhalb des Web 2.0

Xing wird somit, Schritt-für-Schritt, immer mehr ein wenig offener und trägt somit der aktuellen Entwicklung, von Kollaboration und Vernetzung innerhalb des Web 2.0, Rechnung.

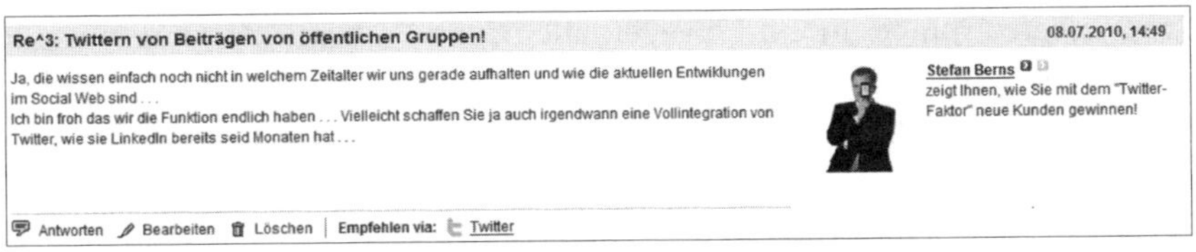

Abb. 10: Empfehlung auf Xing

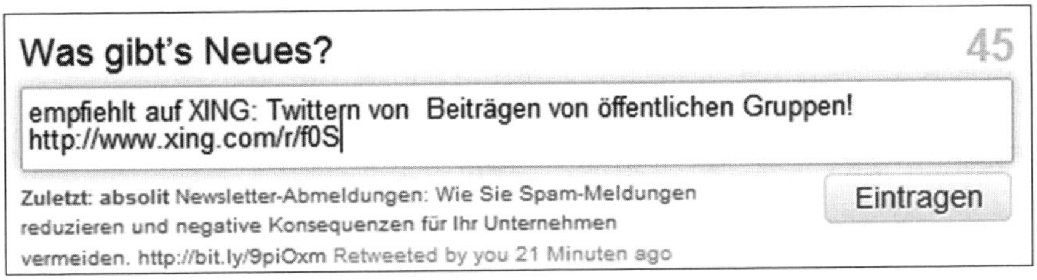

Abb. 11: Tweet zur Xing-Empfehlung auf Twitter

Follow-Friday

Wer sich regelmäßig auf Twitter bewegt, wird relativ schnell feststellen, dass immer wieder freitags etwas anders ist als sonst. Immer am Freitag findet der sogenannte Follow-Friday statt, auf Deutsch: **Follower-Empfehlungs-Freitag**. Das bedeutet einen Tweet nach dem anderen, mit keinem anderen Inhalt als verlinkten Twitter-Profilen.

Jeder kann an diesem Tag interessante Follower aus seinem Netzwerk empfehlen. Man kann so zum Beispiel Freunde promoten und empfehlen, die gerade erst auf Twitter gestartet sind und sie ein wenig beim Follower-Wachstum unterstützen.

Versehen mit dem Hashtag #FollowFriday oder #FF reihen Sie einfach diejenigen Twitter-Namen auf, die Sie empfehlen möchten. Viele legen sich gleichzeitig dazu auch noch eine entsprechende Liste an, in die sie dann die empfohlenen Follower abspeichern.

Topfollow-friday.com: Wer hat wen wie oft empfohlen

Eine weitere ganz neu gestartete Seite nennt sich http://www.topfollowfriday.com. Hier sehen Sie, wer wen wie oft empfohlen hat. Sie erkennen also auch, wer Ihre Lieblinge auf Twitter sind, die Sie selbst gerne empfehlen, oder wer eventuell auch für Sie interessant sein könnte, wenn er von anderen oft empfohlen wurde.

Mittlerweile haben sich auch unterschiedliche Konstellationen bei der Verwendung des FollowFriday herausgebildet. So gibt es eine Gruppe, die den FollowFriday wirklich nur in der Ursprungs-Idee betreibt. Das heißt, es werden in ein oder zwei Tweets lediglich die interessantesten User empfohlen und auch Begründungen dafür gegeben.

Eine andere Gruppe nimmt hingegen alle neuen Follower der vergangenen Woche mit auf oder diejenigen, die Sie retweetet haben. Manche empfehlen gar nur sich selbst und ihre vielfältigen Profile.

Wer bereits sehr viele Follower hat, kann schon mal den Überblick verlieren oder befürchtet vielleicht, jemanden zu vernachlässigen. Wir empfehlen in diesem Fall, jede Woche einen thematischen FollowFriday durchzuführen. So kann man in einer Woche nur private Twitter-User empfehlen, in der nächsten die besten Blogs, dann vielleicht die besten CEOs oder eben ein anderes Thema, das einem am Herzen liegt.

Empfehlungs-Tools von Drittanbietern

Teile es mit Deinen Netzwerken – ShareThis.com

Direkte Empfehlung für eine spezielle Webseite

Mit ShareThis.com haben Sie die Möglichkeit Ihre Erfahrungen und Ihr Wissen, was Sie in Ihren täglichen Webtouren sammeln, mit Ihren Netzwerken zu teilen und sie so daran Teil haben zu lassen. Es ermöglicht Ihnen somit auch, eine **direkte Empfehlung** für eine spezielle Webseite, einen speziellen Blogeintrag oder ein Video über den „ShareThis"-Button einfach und unkompliziert auszusprechen und weiter zugeben. Diesen „ShareThis"-Button laden Sie kostenfrei auf der Seite http: //sharethis.com runter. Er platziert sich dann optimal sichtbar, rechts oben, neben Ihrem Browserfenster. In der unteren Abbildung sehen Sie aktuelle sozialen Netzwerke und Plattformen, in denen Sie bereits heute Ihre Inhalte von anderen Webseiten über ShareThis.com teilen können.

Abb. 12: ShareThis Browser-Button-Liste

Vorteile von Wissensteilung mit Ihrem Netzwerk

Links zu anderen Webseiten, Blogs und Videos

Durch das Teilen und Empfehlen von relevanten Informationen zeigen Sie Ihre Kompetenz in Ihrem Fachbereich und Ihrer Nische. Gleichzeitig erweisen Sie Ihren Netzwerkpartnern einen kostenlosen Service. Sorgen Sie dafür, dass Ihre Follower auf Twitter, Facebook und Co. regelmäßig interessante und mehrwertige Informationen von Ihnen erhalten. Das können Links zu anderen Webseiten, Blogs und Videos sein. Sie sollten aber immer mehrwertig und spannend für Ihre Zielgruppe sein und zu Ihren Themen passen.

Twitter-User empfehlen Twitter-User – tweetranking.de

Das Prinzip auf Tweetranking.de ist einfach erklärt. Twitter-User empfehlen andere Twitter-User und können diese dann in Kategorien zuordnen, also eines oder mehrere Themen nennen, zu denen der Twitter-User Interessantes schreibt.

So entstehen nach Kategorien aufgeteilte **Ranglisten** empfohlener Twitter-User, sortiert nach der Zahl der Empfehlungen. Ein Twitter-User kann einen anderen Twitter-User in einer Kategorie nur einmal empfehlen. Weitere Empfehlungen des Twitter-Users in einer anderen Kategorie, sowie Eigenempfehlungen sind nicht möglich. Darüber hinaus lassen sich auch Tweetranking-Empfehlungen direkt auf Twitter.com aussprechen.

Ranglisten empfohlener Twitter-User

Der Tweet dazu lautet: @tweetranking @Nutzername #Kategorie

#Kategorie = Das Rautenzeichen vor der Kategorie ist ein sogenanntes Hashtag, was frei gewählt und von jedem Twitter-User eigenständig verwendet werden darf. Es dient zur Kategorisierung und Wiederauffindbarkeit von Tweets.

Zusätzlich werden die empfohlenen Twitter-User noch durch den sogenannten **Twitter Reputations Rank (TRR)** gelistet. Dieser dient als zweites, zusätzliches Bewertungsmaß für die Reputation eines Twitter-Users.

Dieser TRR hängt dabei von der Zahl der Empfehlungen ab, welche die Empfehler selbst zuvor bekommen haben. Je höher dieser ist, desto gewichtiger ist die Empfehlung, die der einzelne Twitter-User bekommen kann. Der TRR wird auf eine Skala zwischen eins und zehn normiert; zehn entspricht der höchsten erreichbaren Reputation in jeder Kategorie, eins der niedrigsten Reputation.

Dem Tweetranking-Nutzer bietet sich so die Möglichkeit, die Ranglisten nach der Zahl der Empfehlungen oder nach dem TRR sortieren lassen. Unterschieden wird zusätzlich noch nach dem **globalen TRR**, der sich aus allen Empfehlungen errechnet und immer unter dem Foto des Twitter-Users und im Profil angezeigt wird. Der **Kategorien-TRR** wird wiederum nur aus den Empfehlungen in der jeweiligen Kategorie errechnet. In beiden Fällen erhält der Twitter-User mit der höchsten Punktzahl den TRR = zehn; alle anderen entsprechend weniger.

Empfehlungen in der jeweiligen Kategorie

Literatur

[1] Berns,S./Henningsen D.: Der Twitter-Faktor – Kommunikation auf den Punkt gebracht. – 308 S., BussinessVillage, 2010.

Hünnekens, W.: Die Ich-Sender: Das Social Media-Prinzip – Twitter, Facebook & Communities erfolgreich einsetzen. – 160 S., BussinessVillage, 2010.

Qualman, E.: Socialnomics – Wie Social Media Wirtschaft und Gesellschaft verändern. – 246 S., Mitp-Verlag, 2009.

Bilder sagen mehr als 1.000 Worte. Und virale Videos?

Felix Holzapfel

3

Wie man es auch dreht und wendet. Bisher gibt es oftmals keinerlei Möglichkeit eine Geschichte emotionaler zu transportieren als via bewegter Bilder. Das Gleiche gilt auch für Werbebotschaften. Sei es in Form eines TV-Spots, eines Web-Videos oder eben eines "Virals". Die **gleichzeitige Ansprache unterschiedlicher Sinne** aufseiten des Betrachters führt zu einer bestmöglichen Verankerung der Inhalte. Und das gilt auch im Bereich Word-Of-Mouth oder Virales Marketing.

Ein weiterer Faktor für den Erfolg von bewegten Bildern: **Der Mensch ist faul!** Vor die Wahl gestellt, ob er einen Text lieber liest oder ein Video betrachtet, das die gleiche Botschaft vermittelt, tendieren viele zu dem zweiten, weil einfacheren Weg.

Der beste Weg eine Geschichte zu erzählen, ist in Form bewegter Bilder

Im Falle eines viralen Videos kommen also mehrere Dinge zusammen. Einerseits liebt der Mensch Geschichten. Insbesondere jene, die ihn auf irgendeine Art berühren, da sie ungewöhnlich, lustig, süß, schockierend oder Ähnliches sind. Dabei handelt es sich um Grundmuster, welche bereits funktionierten, als wir noch in Höhlen gehaust haben. Und auch zu dieser Zeit kam bereits ein weiterer Faktor zum Tragen: Eine gute Geschichte benötigt immer jemand, der sie erzählt. Und derjenige, der die besten Geschichten erzählt, hatte bereits in der Höhle den angenehmsten Platz und eine herausragende Stellung innerhalb des sozialen Gefüges. Daran hat sich bis heute nichts geändert. **Geschichten sind eine Art soziale Währung.** Wobei der beste Weg diese Geschichten zu erzählen in Form bewegter Bilder ist. Und genau das machen sich virale Videos geschickt zu nutze.

Im Rahmen dieses Beitrags gehe ich auf verschiedene Praxisbeispiele ein und schildere damit die Anforderungen und Erfolgsfaktoren gelungener Kampagnen. Davor möchten ich jedoch zuerst noch auf eine Entwicklung hinweisen, die auch im Bereich viraler Videos von entscheidender Bedeutung ist.

(R)Evolution des Informationsflusses

Die für uns relevanten Inhalte finden ihren Weg nahezu selbstständig zu uns

Egal, ob es sich nun um eine Revolution oder „nur" eine Evolution handelt. Eines ist Fakt: Mit Plattformen wie Facebook, Twitter und YouTube hat das Social Web den **Fluss von Informationen entscheidend verändert**. Wir müssen Informationen immer weniger selber aktiv suchen. Die für uns relevanten Inhalte finden ihren Weg nahezu selbstständig zu uns. Wie das? Durch die **Aktionen unseres Netzwerkes**. Dabei verlieren die Ergebnisse der führenden Suchmaschinen zusehends an Bedeutung. Im Gegenzug wird es immer relevanter, was mein eigenes Netzwerk sagt und tut. Im Folgenden versuchen wir kurz Schritt für Schritt den neuartigen Fluss von Informationen und dessen verschiedenen Ebenen aufzuzeigen. Und das geht eigentlich am einfachsten mit dem zentralen Thema dieses Kapitels: Man erhält ein lustiges Video von einem Freund.

Verbreitung lustiger Videos im Web 1.0

In der „Pre-YouTube-Zeit" wurden Videos in der Regel wie folgt versendet: Ein Nutzer verfasste eine E-Mail mit einem kurzen Text à la „Hallo zusammen, hier ein superlustiges Video..." und fügte das Video als Datei-Anhang bei. Anschließend wählte er (aktiv) einen oder mehrere Empfänger aus seinem Adressbuch aus. Nach dem Klicken des Senden-Buttons quälte sich die E-Mail inklusive des in der Regel von der Dateigröße recht umfangreichen Anhangs durch das Modem des Absenders und anschließend dann durch das Modem des Empfängers. Ja, einige mögen sich nicht mehr daran erinnern, aber dies war bei vielen Nutzern noch vor der Verbreitung des Breitbandnetzes in Form von DSL.

In der „Pre-YouTube-Zeit" wurden Videos in der Regel per E-Mail versendet

> **Wichtig:** Der Nutzer musste das Video AKTIV als Anhang beifügen und AKTIV einen AUSGEWÄHLTEN Kreis an Empfängern definieren.

Und dann kam nicht Polly sondern YouTube

Anfang 2005 ging das Videoportal YouTube online. Das vereinfachte die Verbreitung von Videos erheblich. Denn sie mussten nicht länger als Datei-Anhang per E-Mail versendet werden, sondern wurden fortan auf YouTube hochgeladen und konnten dort von jedermann betrachtet werden. Von da an verbreiteten sich Videos erheblich einfacher. Wobei der wesentliche Unterschied darin bestand, dass der Nutzer kein Video in Form eines Anhangs, sondern einfach den Link zu dem Video auf YouTube in seine Mail einfügte. Der Rest blieb weitestgehend wie gehabt.

> **Wichtig:** Der Nutzer musste den Link zu dem Video AKTIV in seine Nachricht einfügen und AKTIV einen AUSGEWÄHLTEN Kreis an Empfängern definieren.

Vergiss die E-Mail und die Empfänger

Im Social Web hat sich dieser Fluss nun entscheidend verändert. Ein Nutzer muss keine E-Mail mehr versenden. Auch muss er keinen Kreis ausgewählter Empfänger definieren. Er klickt einfach auf einen kleinen Icon und teilt das Video mit seinem GESAMTEN Netzwerk. Anstelle des Icons kann er alternativ auch einen Button in seinem Browser betätigen der „Share on Facebook" heißt. **Ein einfacher Klick reicht aus**, um einen Inhalt „PASSIV" mit dem GESAMTEN persönlichen Netzwerk zu teilen. Wobei das, anders als bei E-Mails, in der Regel nicht als SPAM, sondern als wertvoller Beitrag aus dem

Ein einfacher Klick reicht aus, um einen Inhalt mit dem persönlichen Netzwerk zu teilen

Freundeskreis empfunden wird. Daher sprechen wir in diesem Umfeld von einer **„passiven Viralität"**.

> **Wichtig:** keine AKTIVE Auswahl der Empfänger, kein AKTIVES Verfassen einer E-Mail, kein AKTIVES Anfügen eines Dateianhangs. Ein Klick reicht aus, um einen Inhalt „PASSIV" mit dem GESAMTEN persönlichen Netzwerk zu teilen.

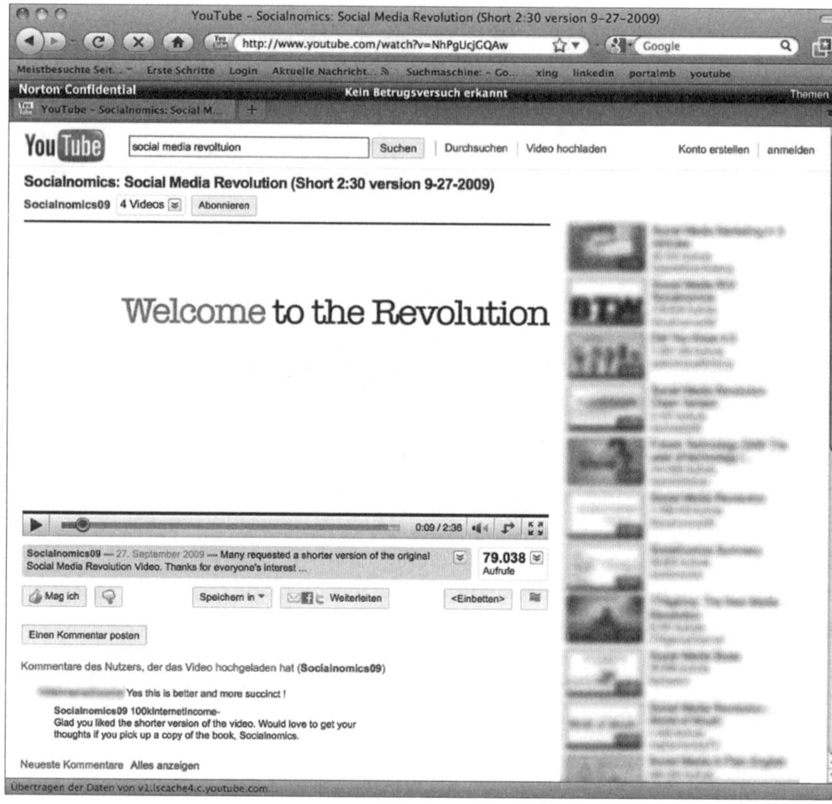

Abb. 1: Screenshot YouTube, Video „Social Media Revolution"

Ein einziger Klick auf „MySpace, Facebook oder Digg" oder den fest im Browser integrierten „Share on Facebook"-Button reicht aus, um die Nachricht mit dem gesamten persönlichen Netzwerk zu teilen.

Mithilfe dieses automatisch erscheinenden Eingabefensters kann optional eine Nachricht zu dem Content verfasst werden. Diese erscheint auf dem persönlichen Profil und wird damit mit dem gesamten persönlichen Netzwerk geteilt.

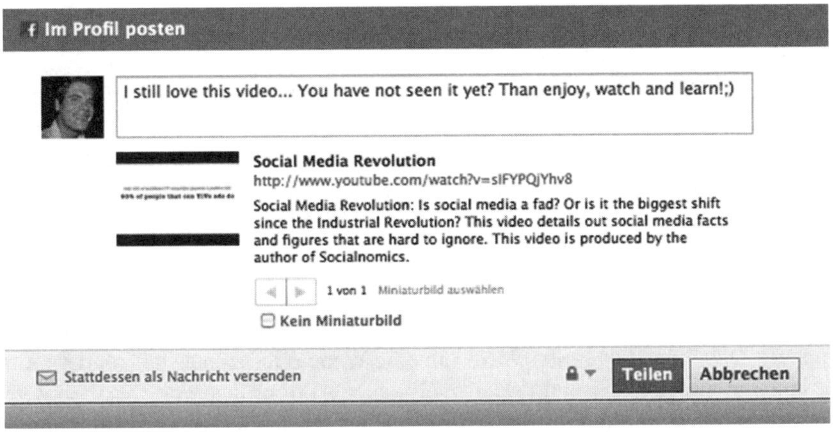

Abb. 2: Funktion „Facebook Share“, welche auf Knopfdruck ermöglicht, sämtliche Inhalte mit dem eigenen persönlichen Netzwerk zu teilen.

Die Mauer IST weg!

Dieses Verfahren findet allerdings nicht nur bei Videos statt, sondern bei jeglichem Content. Denn die „Share on Facebook“-Funktion erlaubt es, wirklich alles mit dem persönlichen Netzwerk zu teilen. Seien es Fotos, Hyperlinks, Spiele, et cetera. Dabei ist es irrelevant, ob es von einer Website beziehungsweise dem Anbieter des Contents gewünscht und sogar eine entsprechende Funktion integriert ist. Denn der Facebook-Nutzer kann die erforderliche Funktion fest in seinem Browser verdrahten. Alternativ kann er aber auch einfach den Link eines beliebigen Inhalts aus der Adresszeile seines Browsers kopieren und als Statusmeldung auf Facebook & Co. veröffentlichen. Auf diese Weise teilt er den Content mit seinem gesamten Netzwerk. So oder so. **Unternehmen sind in dieser Welt nahezu machtlos.** Sie können nicht länger kontrollieren, wer welche Information mit wem teilt. Sie können es höchstens fördern, indem sie entsprechende Funktionen direkt in ihre Website integrieren und mit entsprechenden Call-To-Action-Aufrufen verknüpfen. Aber sie können es nicht länger verhindern.

„Share on Facebook“-Funktion erlaubt es, wirklich alles mit dem persönlichen Netzwerk zu teilen

> **Wichtig:** Unternehmen verlieren zusehends die Kontrolle, welche Inhalte Nutzer auf welchem Weg mit anderen Nutzern teilen. Sie können also nicht mehr verhindern, dass sich Informationen verbreiten, sondern dies lediglich fördern, indem sie entsprechende Funktionen in ihre Präsenz im Web integrieren.

Beispiele – Virale Videos zum Anfassen

Nach all der Theorie wird es nun höchste Zeit einige Beispiele aus der Praxis aufzuzeigen. Eine Aufteilung erfolgt in zwei Bereiche: „Klassische virale Videos“ und „Interaktive virale Videos“.

Klassische virale Videos

Hierbei handelt es sich um Filme, welche nach unserer Definition nach klassischen Mustern funktionieren. Der Nutzer erhält eine Botschaft in Form eines viralen Videos, betrachtet diese und verteilt sie anschließend an sein persönliches Netzwerk. Dabei steht das Video weitestgehend für sich alleine und verweist in der Regel auf eine Website oder Kampagnen-Microsite.

Beispiel 1: Stillfree.com – Tagging Airforce One

Die Geschichte dieses Videos ist relativ schnell erzählt. Man sieht aus der Handycam-Perspektive, wie sich ein Graffiti-Künstler dem Objekt der Begierde nähert. Dabei handelt es sich nicht um eine Wand oder einen Zug, sondern um einen Luftwaffenstützpunkt. Das Ziel seiner Aktion: das wohl bestbehütete Verkehrsmittel der Welt – die Airforce One. Nachdem einige Wachmänner vorbeigefahren sind, setzt er sich über diverse Absperrungen und Zäune hinweg. Anschließend rennt er über das Rollfeld auf die Maschine des Präsidenten der Vereinigten Staaten zu, welche zu dieser Zeit noch von Präsident George W. Bush genutzt wurde. Dort angekommen taggt er eine Nachricht an die Turbine des Flugzeugs: Still Free.

Dieses Video löste in mehrerlei Hinsicht eine recht **kontroverse Diskussion** aus. Einerseits hatte die Botschaft zu dieser Zeit einen klaren politischen und symbolträchtigen Charakter. Egal, wie sich die USA auch in ihrem Krieg gegen den Terror verhalten, wir sind immer noch frei. Das sorgt für ordentlich polarisierenden Gesprächsstoff. Andererseits kommt der Mystery und „Was für Teufelskerle, das ist ja einfach unglaublich"-Faktor zum Tragen. Man fragte sich, wie schaffen es ein paar Graffiti-Freaks in einen Hochsicherheitstrakt einzudringen, ihre Nachricht auf der Turbine der Airforce One zu platzieren und all das auch noch zu filmen.

Graffiti-Freaks in einen Hochsicherheitstrakt

Die Antwort: gar nicht. Denn es ist niemals passiert. Also zumindest nicht an der Airforce One. Denn bei dem Flugzeug in dem Video handelt es sich um eine ganz gewöhnliche Maschine, die extra für diesen Film wie die Airforce One lackiert wurde. Außerdem stand das Flugzeug auch nicht auf einer Militärbasis, sondern auf einem abgelegenen Flughafen, wo man die Szene inklusive sämtlicher Schauspieler in aller Ruhe abdrehen konnte.

Nicht nur die Produktion, sondern auch die **Verknüpfung mit der dahinter stehenden Marke** wurde in diesem Viral äußerst elegant gelöst. Dabei handelt es sich um das Mode Label „Marc Ecko". Sprich, hier besteht ein enger Bezug zwischen Handlung (Graffiti) und Produkt (Streetware).

Abb. 3: Screenshot der Website www.stillfree.com. Hier erhalten die Nutzer Hintergrundinfos, weiterführende Inhalte und ganz nebenbei wird eine elegante Brücke zu der Marke hinter der Aktion geschlagen.

Wichtig: Das Geniale an diesem Video ist die enge Verknüpfung von der Geschichte mit der Botschaft hinter dem Film. Die Adresse Stillfree.com wird nicht nur durchgehend im Video eingeblendet, sondern ist auch zentrales Element der eigentlichen Story. Somit ist die Kernbotschaft fest im Bewusstsein des Zuschauers verankert und er weiß stets, was er nach Betrachten des Videos zu tun hat. Besuche die Website Stillfree.com. Selbst wenn er die Geschichte anderen Menschen erzählt, wird der **„stille Post Faktor“** vermieden und auch diese hören „Still Free“.

Beispiel 2: Willitblend.com – iPhone Härtetest

Hersteller von Mixern zerkleinert alles

Bei Blendtec handelt es sich um den Hersteller von Mixern (in Englisch „Blender“). Um zu veranschaulichen, dass die Geräte wirklich gut funktionieren und tatsächlich alles zerkleinern, hat sich das Unternehmen überlegt, die unmöglichsten Dinge in den Mixer zu stecken und die Frage zu stellen „Will it blend?“. All dies wird dann auf Video aufgenommen und auf YouTube veröffentlicht. Auf der Microsite www.willitblend.com finden die Nutzer verschiedene Informationen zu den Videos und Produkten.

An sich bereits eine sehr gute Idee. Der Durchbruch kam jedoch mit einem ganz bestimmten Video. Zum Launch des iPhones wartete die ganze Welt sehnsüchtig auf Informationen zu dem neuen Heilsbringer aller mobilen Endgeräte. Erste

Fotos oder sogar Videos des neuen Zaubertelefons zählten über Wochen zu den begehrtesten Inhalten im World Wide Web. Und genau zu dieser Zeit kam Blendtec auf die geniale Idee, das iPhone in seinen Mixer zu stecken, zu fragen „Will it blend?" und den Startknopf des Geräts zu bedienen. Innerhalb weniger Sekunden zerfiel das begehrteste Stück Technik der Welt zu einem Haufen Staub. Und fast genauso schnell avancierte das Video zu einem der meist betrachteten Filme auf YouTube.

Hier galt einmal wieder die alte Faustregel: **Zur richtigen Zeit, am richtigen Ort, die richtige Geschichte erzählen.**

Auch die Views der sonstigen von Blendtec eingestellten Videos stiegen

Außerdem ein interessanter Nebeneffekt: Durch dieses extrem erfolgreiche Video stiegen auch die Views der sonstigen bisher von Blendtec eingestellten Videos. Dieses Phänomen kennt man auch von Bestseller-Autoren. Sobald ein Buch einschlägt, steigen auch die Verkaufszahlen der bisher weniger beachteten Werke des Autors. Der gleiche Mechanismus greift auch bei viralen Videos.

Abb. 4: Screenshot des Videos „Will it blend? – iPhone" auf YouTube

> **Wichtig:** Man mag dazu stehen, wie man will, doch Menschen lieben es, wenn etwas kaputt geht. Umso wertvoller, seltener, umso besser. Und genau diesen Faktor bedient dieses Viral nahezu in Perfektion. Das Ergebnis: das Video erzielte Millionen von Aufrufen. Und noch viel wichtiger: mithilfe dieses günstig produzierten Spots verfünffachte Blendtec seinen Umsatz [1].

Interaktive virale Videos

Bereits seit geraumer Zeit erfreut sich eine neue Art von viralen Videos großer Beliebtheit. Hierbei verwandelt sich der Nutzer ganz im Sinne des Social Web **vom passiven Betrachter hin zum aktiven Mitgestalter** des Videos. Nicht eine „anonyme Person", sondern der User selbst spielt die Hauptrolle. Dabei bietet die Nutzung neuer technischer Schnittstellen, wie zum Beispiel Facebook Connect, vollkommen neue Möglichkeiten, um den Nutzern nicht nur interaktive, sondern auch überraschende Erlebnisse zu liefern. Teilweise werden diese sogar direkt mit dem eigenen Netzwerk verwoben, was die Wahrscheinlichkeit der Weiterleitung einer viralen Werbebotschaft natürlich zusätzlich erhöht.

Beispiel 1: Skittles – Share or Taste

Der Süßwaren-Hersteller Skittles hat bereits mit diversen Aktionen im Social Web für Furore gesorgt. Nicht umsonst zählt das Unternehmen beispielsweise auf Facebook zu den erfolgreichsten Anbietern – weltweit. Daher ist es nicht wirklich verwunderlich, dass Skittles auch im Bereich „Interaktive virale Videos" zu den Vorreitern zählt.

Im Mittelpunkt der Kampagne steht die Microsite www.shareskittles.com mit dem Titel „Share The Rainbow, Taste The Rainbow". Dabei können Nutzer im ersten Schritt auswählen, ob sie den Regenbogen in Form von Skittles lieber teilen oder lieber schmecken wollen.

Jeder, der den Regenbogen lieber teilen mag, wird dazu aufgerufen, ein Video zu drehen, in dem er Skittles, egal wie, zu seiner linken aus dem Bild befördert. Wobei dieses Video ganz einfach mit der Webcam des eigenen Rechners aufgenommen werden kann, um die technische Eintrittsbarriere möglichst niedrig zu halten.

Jene Nutzer, welche den Rainbow lieber „tasten", sprich schmecken wollen, werden dazu animiert, die Skittles von ihrem rechten Bildrand in das Video hereinzuführen und dann zu essen.

Diese YouTube-Videos werden anschließend miteinander kombiniert. Zuerst läuft ein Video von einem Nutzer, bei dem die Skittles auf der einen Seite aus dem Video herausfliegen. Dann folgt ein Video von einem anderen Nutzer, bei dem die Skittles auf der passenden Seite hereinfliegen – quasi so, als ob der andere Nutzer aus seinem Video sie dort hineingeworfen hat – und der Nutzer isst die Skittles.

Endlose Videoschleife mit Filmen unterschiedlicher Nutzer

Somit entsteht eine endlose Videoschleife mit Filmen unterschiedlicher Nutzer, die quasi miteinander verschmelzen.

Natürlich wird diese Aktion auch auf einem extra Reiter **in die Facebook-Seite integriert**. Und man kann die Inhalte der Microsite auf Facebook, MySpace oder Twitter **mit dem eigenen Kontaktnetzwerk teilen**.

Abb. 5: Screenshot der Website www.shareskittles.com. Hier entsteht aus den Videos der Nutzer eine Endlos-Schleife, bei dem sich die Teilnehmer scheinbar gegenseitig mit Skittles füttern.

Wichtig: Man nehme eine ungewöhnliche Idee und kombiniere sie mit technischer Finesse. Das Ergebnis: eine ungewöhnliche virale Kampagne, bei der Videos zwar eine zentrale, aber nicht die einzige Zutat des Erfolgsrezepts darstellen. Hinzu kommt eine geschickte Verknüpfung mit diversen weiteren Plattformen im Social Web, wie Facebook, MySpace und Twitter.

Beispiel 2: Discovery Channel – Shark Attack

Bei diesem Viral werden die technischen Möglichkeiten des weltweit führenden Social Networks Facebook elegant mit einer **packenden Geschichte** kombiniert.

Auf einer Microsite des Discovery Channel finden Nutzer verschiedene Filme. Daneben erscheint ein Icon mit der Aufschrift „My Story". Dahinter verbirgt sich eine Anwendung, bei der man dazu aufgerufen wird, einen Facebook Connect Button anzuklicken, um der Anwendung Zugriff auf die eigenen **persönlichen Informationen** bei diesem Social Network zu gewähren.

Film, bei dem man selber von einem Hai angegriffen und getötet wird

Das Resultat: ein Film, bei dem man selber von einem Hai angegriffen und getötet wird. Dies wird in einer Nachrichtensendung verkündet. Auf dem Bildschirm erscheint der eigene Name, Aussagen verschiedener Freunde zur verstorbenen Person, diverse Fotos zum Beispiel vom letzten Urlaub, und vieles mehr. **Sprich die Applikation verknüpft statische Inhalte in Form vorgefertigter Videosequenzen mit dynamischen Content** wie dem Namen,

Freunden, Fotos und Profilinformationen des Nutzers auf Facebook. Somit entsteht ein nicht nur überraschendes, sondern auch beeindruckendes Video.

Ziel der Anwendung war das Thema Haie zum **Gesprächsstoff** zu machen, um damit **Aufmerksamkeit** für die „Shark Week" zu schaffen, in welcher der Sender verschiedene Filme und Dokumentationen in diesem Bereich ausstrahlte. Neben dem Video gab es hierbei noch zahlreiche andere Inhalte, wie eine Discovery iPhone App, ein Quiz, einen speziellen Shark Shop und vieles mehr.

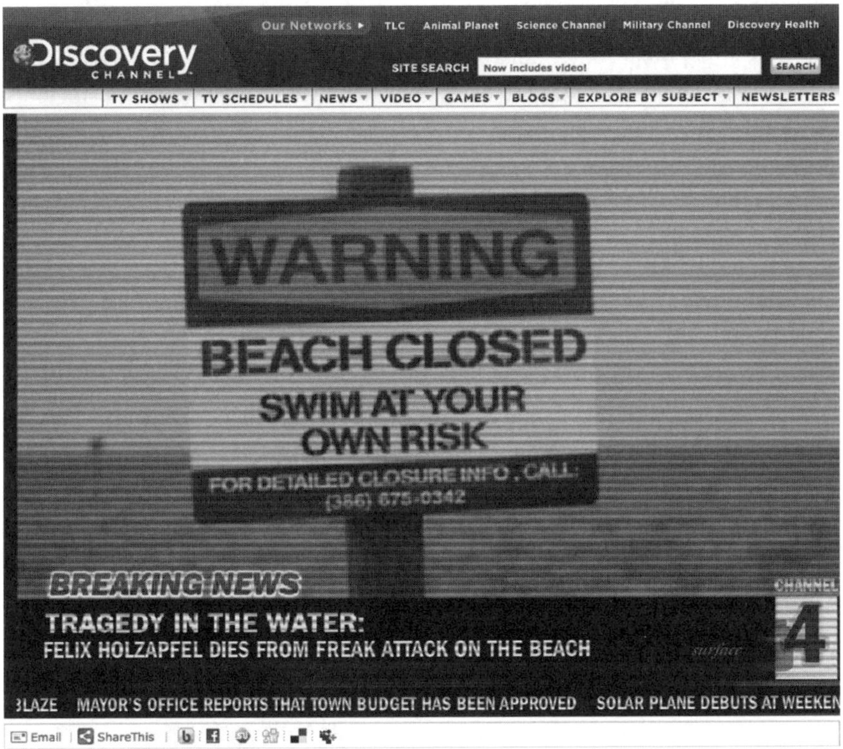

Abb. 6: Screenshot der Website http://dsc.discovery.com/sharks/frenzied-waters/. Via Facebook Connect wird das Video mit persönlichen Informationen aus dem eigenen Profil und Einbindung der Freunde auf der Plattform erweitert.

Wichtig: Auch bei diesem Video gilt, dass die Grundlage des Erfolgs in einer geschickten Verknüpfung unterschiedlichster Bausteine besteht. Dabei wird nicht nur der Nutzer, sondern auch sein Netzwerk auf Facebook Teil des viralen Videos.

Fazit – Die gesunde Mischung macht's

Die Zeiten, in den es ausgereicht hat, ein lustiges Video auf YouTube online zu stellen, sind vorbei

Virale Videos sind nach wie vor ein sehr guter Baustein im Marketing-Mix. Doch die Herausforderung eines durchschlagenden Erfolges wird auch in diesem Bereich immer größer. Die Zeiten, in den es ausgereicht hat, ein lustiges Video auf YouTube online zu stellen, um massenweise Views zu erzielen, sind längst vorbei. Dieses Vorgehen gleicht heute einer Art **Marketing-Lotterie**. Kleiner Einsatz, aber minimale Gewinnchancen.

Erfolgreiche Marketiers hingegen erkennen, dass hier **integrierte Kampagnen** gefragt sind. Dabei steht ein Viral Video nicht mehr alleine im Mittelpunkt, sondern bildet zwar einen wichtigen, aber eben nicht den einzigen Baustein einer Kampagne. Vielmehr wird das Video in eine gesamte Kampagne mit einer übergeordneten Idee eingebettet. Inklusive begleitender Media, Kampagnen-Microsite, klaren Call-To-Action-Funktionen, interaktiven Mehrwerten für die Nutzer und einem Zusammenspiel mit verschiedenen Plattformen im Social Web. Dabei fungiert das Viral als Container für eine Botschaft, die weit über das Video hinausgeht.

Und das sowohl im inhaltlichen als auch im räumlichen Sinne. Denn virale Videos sind längst nicht mehr auf den Bildschirm eines Computers beschränkt. Auch hier wird die Nutzung aufgrund von Smartphones wie iPhone & Co. immer mobiler. Die virale Werbebotschaft ist also direkt in der Hosentasche und damit immer verfügbar. Kaum ein Telefon, dass über keine vorinstallierte Applikation verfügt, mit deren Hilfe ich diese mit einem simplen Knopfklick mit meinem gesamten Freundeskreis auf dem Social Network meiner Wahl teilen kann. In unserer heutigen **extrem vernetzten Welt** kann man also durchaus sagen: Viral here, Viral there, Viral really everywhere.

Literatur

[1] http://mashable.com/2007/09/27/blendtec-sales/

Holzapfel, Felix: facebook – marketing unter freunden: Dialog statt plumpe Werbung. – 248 S., Businessvillage Verlag, 2010. Weitere Informationen unter www.facebook.com/fbmarketingbuch.

ONLINE-EMPFEHLUNGEN UND BEWERTUNGEN

4

INTRO

Empfehlungen in Online-Communities: Thorsten Hahn konstatiert nüchtern, dass bei schlechten Produkten die Aquisekosten steigen. Der Grund: fehlende Empfehlungen.

Bewertungen als Grundlage für Empfehlungen: Dirk Maass weiß, wovon er spricht, denn er betreibt selbst ein Bewertungsportal. Er betont, wie wichtig es ist, die Beziehung zwischen Bewerter und bewertetem Unternehmen zu prüfen.

Bewertungsportale für die Kundengewinnung nutzen: Marcel Schreyer beschreibt die heute bereits existierenden Bewertungsportale. Und er betont, wie wichtig es für Unternehmen ist, zufriedene Kunden aktiv aufzufordern, diese Portale zu nutzen.

Empfehlungen durch Anreize verstärken: Thomas Kilian erläutert, warum man oft lange warten kann, bis Empfehlungen kommen. Er stellt ein Portal vor, das Bewertungen belohnt.

„Gefällt mir" als Empfehlungsstandard: Marco Ripanti geht auf den nächsten Schritt digitaler Empfehlungen ein: Wie Bewertungen systematisch gesammelt werden und nach Reputation des Multiplikators gewichtet werden.

Weiterempfehlfunktionen in E-Mail und Web: René Kulka zeigt, wie einfach es ist, einen „Gefällt mir"-Knopf in eigene Webseiten einzubauen. Auch für Twitter, Xing und vier weitere Portale erläutert er die Vorgehensweise.

Mensch und Algorithmus – Relevanzmessung im Netz: Holger Schmidt analysiert die Relevanz von Empfehlungen im Web. Er beschreibt damit den wichtigsten Aspekt des WOM: Die Suche nach einem Algorithmus, der in Echtzeit relevante Kommentare identifiziert.

Rechtliche Aspekte von Tell-a-Friend und SWYN-Marketing: Martin Schirmbacher geht auf die Frage ein, inwieweit elektronische Empfehlungen als unzumutbare Belästigung zu sehen sind. In einigen Fällen ist dies so. Er erklärt differenziert die Grenzen solcher Direktnachrichten.

4 ONLINE-EMPFEHLUNGEN UND BEWERTUNGEN

Empfehlungen in Online-Communities

Thorsten Hahn

4

Der Aufwand, welcher für die Gewinnung eines Neukunden betrieben werden muss, ist fünf- bis zehnmal so groß wie jener, der für das Halten eines Bestandskunden betrieben werden muss, so die Zahlen, die uns durch mehr oder weniger wissenschaftlichen Studien vermittelt werden. Die unterschiedlichen Werte sind dabei den unterschiedlichen Branchen und Produkten geschuldet und durchaus erklärbar. **Neukundenakquise** ist also in der Regel teuer und aufwendig. Dennoch kenne ich kaum ein Unternehmen, welches es sich leisten kann, diese Formel in den Vordergrund einer Kundenstrategie zu stellen und in Zukunft alle Energie in die Bestandspflege zu stecken. Jedes Unternehmen braucht auch Neukunden, denn gegen Tod und Umzug gibt es kein Gegenmittel.

Es gibt jedoch deutlich elegantere und preisgünstigere Verfahren, um Neukunden zu gewinnen, als per Kaltakquise mit einer gedruckten Spamlawine im echten Postkasten der Verbraucher oder skriptablesenden Call-Center-Agenten, die im Auftrag ihrer Majestät Lotterielose, Zeitschriften-Abos oder Termine beim freundlichen Rentenberater unter das genervte Volk bringen sollen. Eine dieser alternativen Methoden, die je nach eingeschlagener Strategie auch mal völlig ohne Akquisekosten auskommt: **Das Empfehlungsgeschäft**.

Multi-Level-Marketing versus „Word-of-Mouth-Marketing"

Wobei hier an dieser Stelle nicht vom „Vertriebssystem" Empfehlungsmarketing im Rahmen von Multi-Level-Marketing-Netzwerken die Rede ist. Zum Beispiel Netzwerke, deren Mitglieder sich jede Woche um 07:00 Uhr zum Frühstücksrapport treffen, um den anderen Teilnehmern in 60-Sekunden-Präsentationen zu zeigen, wie viele Dienstleistungen sie von den anderen Mitgliedern unter das Volk gebracht haben. Am Schluss gibt es Auszeichnungen, Preise und – dafür ist man ja gekommen – ein Frühstück. Wenn Sie gezwungen werden, den Elektroinstallateur aus Ihrem Chapter zu empfehlen, den Sie bisher zweimal sechzig Sekunden erlebt haben, aber nicht den Installateur, der Ihnen seit Jahren bei dieser Art von Dingen zur Hand geht, dann ist das in jedem Fall Akquise und doch weit entfernt vom „Word-of-Mouth-Marketing". Aber nicht, dass Sie mich nun falsch verstehen. Ich habe nichts gegen diese Form der Akquise für alle, die gerne früh aufstehen, gesellig frühstücken möchten und gerne für andere akquirieren.

Empfehlungen sind wertlos, wenn sie erzwungen werden

Ach, Sie akquirieren gerne? Mit Erfolg? Warum brauchen Sie dann ein solches Netzwerk? Wenn Ihre Bücher doch voll sind, dann haben Sie ja sowieso

http://www.marketing-boerse.de/Experten/details/Thorsten-Hahn

Empfehlungen sind vertrauenswürdig, wenn sie von Kunden zu einem Produkt oder einer Dienstleistung online veröffentlicht wurden

keine Zeit, Woche für Woche diesen Berg an Zusatzaufträgen abzuarbeiten. Empfehlungen geben wir **freiwillig** und das ist auch gut so, denn neunzig Prozent der Befragten einer Nielsen-Studie gaben an, dass sie den Empfehlungen von Menschen trauen, die sie gut kennen. Soweit nichts Erstaunliches werden Sie sagen, aber siebzig Prozent gaben im April 2009 an, dass sie auch Empfehlungen **vertrauen**, die Kunden zu einem Produkt oder einer Dienstleistung online veröffentlicht haben.

Begeistern müssen Sie Ihre Kunden schon

Zugegeben, ganz so einfach ist es nicht, einen Kunden über eine Empfehlung zu gewinnen. Denn ein Kunde empfiehlt nur Produkte und Dienstleistungen, wenn er von diesen überzeugt oder begeistert ist. Dies zu erreichen, mag für Unternehmen mit Aufwand und Anstrengung verbunden sein. Gut so. Strengen Sie sich an, Ihre Kunden zu begeistern, dann ersparen Sie sich teure und zusätzliche Maßnahmen zur kalten Neukundenakquise. **Qualität** in Produkt und Dienstleistung müssen Sie so oder so erbringen, der dabei entstehende Aufwand ist nicht der Akquise zuzurechnen. Bei schlechter Qualität Ihrer Produkte steigen aber in jedem Fall die Akquisekosten, weil der Kundenschwund dramatisch höher ausfällt.

Bei schlechter Qualität Ihrer Produkte steigen die Akquisekosten

Jeder von uns empfiehlt in seinem Umfeld beinahe regelmäßig Leistungen und Produkte, von denen er überzeugt ist. Und das ist ja auch gut so, denn diejenigen, denen wir diese Empfehlungen aussprechen, erwarten genau das von uns. Es senkt deren Risiko, eine ungenügende Leistung einzukaufen. Vor allem dann, wenn wir schon einige Zeit eine bestimmte Dienstleistung in Anspruch nehmen oder ein Produkt in Gebrauch haben. In diesem Fall haben diese Personen einen Wissensvorsprung. Sie wissen über die Qualität eines gekauften Produktes auch noch nach einigen Wochen des Gebrauchs und können einem Neukunden diese wertvolle Information frei Haus liefern.

Noch besser ist die Information über das Verhalten eines Anbieters im Fall einer **Reklamation**. Sie als Kunde können beinahe alle Informationen zu einem Produkt in Erfahrung bringen. Ein letzter offener Punkt sind Probefahren oder technische Dokumentationen, die nur gedruckt vorliegen. Ebenso das Verhalten eines Unternehmens im Reklamationsfall wird Ihnen im Regelfall unbekannt bleiben. Ich nenne es gerne das letzte Gap in der Informationsbeschaffung. Klar, am liebsten gibt es diesen Reklamationsfall nicht, aber wenn doch, dann doch hoffentlich mit einem Happy End, also einem kulanten Unternehmen, welches mal ein Auge zudrückt, wenn die Garantie gerade fünf Tage abgelaufen ist. Auch solche Informationen kommen am ehesten von Menschen, die ein Unternehmen aus Kundensicht bereits kennen und leider einen solchen Fall erleben mussten. Doch wenn die Reklamation zu einem guten Ende gefunden hat, so könnte diese Information einen Kauf positiv beeinflussen.

Wenn die Reklamation zu einem guten Ende gefunden hat, so kann diese Information einen Kauf positiv beeinflussen

Meist ist die ausgesprochene Empfehlung ein Gefallen, ein bedingungsloser Gefallen, **ohne Vertriebsziel oder Provisionsanspruch**. Daher fallen für das

Unternehmen auch keine Akquisekosten an. Dennoch gibt es ein strategisches Problem bei der Neukundengewinnung durch Empfehlungsgeschäft. Nur weil ein Kunde, der von einem Bankberater sehr gut beraten wurde und dieses Erlebnis am gleichen Abend in einer größeren Runde beim Grillen zum Besten gibt, rennen die Zuhörer nicht am nächsten Morgen um exakt 09:00 Uhr in die Bankfiliale und betteln den Berater um einen Termin an. Oft haben wir gar keinen konkreten Bedarf. Im Fall einer Bankempfehlung wird es wohl so sein, dass jeder bereits ein Konto hat, da hilft auch der allgemeine Trend zum Zweitkonto nicht weiter. Das Ergebnis: Die meisten Empfehlungen verpuffen erfolglos, ein Hoffnungskeim bleibt, dass bei aufkeimendem Bedarf die Erinnerung an die Empfehlung wieder wach wird und der Empfehlungsnehmer jetzt zum Kunden wird.

Feedback über Ihre Dienstleistungen, Empfehlungen zu Ihren Produkten gibt es also tagtäglich ohne dass Sie etwas dafür tun müssen, als einfach nur gut zu sein und Ihre Kunden zu begeistern. Das **Steuern** von Empfehlungsgeschäften ist da schon etwas schwieriger. Und bitte, nicht Empfehlung mit Erpressung verwechseln. Ich hatte bereits zweimal das Erlebnis, dass mir ein Verkäufer gegenüber gesessen hat und mir anbot, dass sich sein Honorar für die geniale Beratung auf bis zu Null Euro reduzieren ließe, wenn ich ihm zehn Adressen von Freunden, Arbeitskollegen und Verwandten aufschreibe (nebst Telefonnummer und E-Mail-Adresse). Zum einen war zu Beginn der Beratung kein mahnfähiges Honorar vereinbart worden, zum anderen war die Beratung alles andere als genial. Die Überschrift zu dem DIN A4-Bogen, den er mir leichthändig rüber reichte, lautete „Empfehlungsliste“, ich nenne so etwas eher „Erpressungsliste“. Was nicht bedeutet, dass ich nicht ein Fan bin, nach einer wirklich guten Beratung auch mal konkret nach einer Empfehlung zu fragen. Bei richtig guter Leistung kommt da sogar die ein oder andere Kontaktadresse an die Oberfläche. Die **Zauberformel** zur guten Empfehlungen ist die **Freiwilligkeit**! Eine Empfehlung muss der Leistung geschuldet sein, die ich als Kunde erlebe und darf nicht mit der Brechstange eingefordert werden.

Das Steuern des Empfehlungsgeschäftes ist schwierig

Empfehlungen – Sie müssen es nur zulassen

Doch bei aller Schwierigkeit, einen Empfehlungsprozess konkret zu steuern, gibt es mit dem Web 2.0 einen Lichtstreif am Horizont. Wenn Sie Ihre Produkte im Web sogar in einem Online-Shop anbieten, brauchen Sie Empfehlungen nur zulassen. Und was sich ganz banal anhört, beinahe selbstverständlich, ist für viele Old-Economy-Firmen immer noch eine Hürde. Den Vertriebskanal Internet haben die meisten schon entdeckt, aber die Möglichkeiten schöpfen viele noch nicht aus. „User Generatet Content“ ist die Bezeichnung für all die Kommentare, die Internetnutzer im Web hinterlassen. Und genau diesen Content scheuen immer noch einige Unternehmen. „Verboten werden“ müsste es, dass Patienten und Kunden einfach so ohne fachlichen Hintergrund irgendwelchen Quatsch ins Netz stellen, sagte mir mal ein Unternehmer. Doch, wenn Sie die Kommentare

Um den Empfehlungsprozess zu steuern, ist das Web 2.0 ein Lichtstreif am Horizont

Wenn Sie Kommentare nicht direkt auf Ihrer Seite zulassen, werden Ihre Kunden andere Foren und Bewertungsplattformen aufsuchen

nicht direkt auf Ihrer Seite zulassen, werden Ihre Kunden halt andere Foren und Bewertungsplattformen aufsuchen und stellen dort ihre Kommentare ab.

Das Web macht es möglich und sichtbar

Die meisten Bewertungen kommen von zufriedenen Kunden

Bei Communities denken wir oft direkt an die großen sozialen Netzwerke, wie Facebook mit seinen über vierhundert Millionen Mitgliedern, StudiVZ oder Xing. Eine Community kann man aber zunächst als eine Sammlung von Gleichgesinnten definieren. Zum Beispiel Weintrinker. So eine Sammlung von Gleichgesinnten kommt dann auf einem Portal wie www.tvino.de zusammen und der ein oder andere kauft dort seinen Wein, trinkt und bewertet genau diesen Wein. Nur weil er die Chance dazu hat. Und die meisten Bewertungen kommen von zufriedenen Kunden, denn die machen sich gerne die Mühe einer Bewertung. Für Fans ist es im Grunde gar keine Mühe. Bei Tvino bietet man Kunden und Weintrinkern die Chance, Weine zu bewerten. Das ist nicht auf allen Portalen so, wo eine Community zusammen kommt.

Der Schaden ist nicht wieder gut zu machen

Immer noch gibt es in vielen Unternehmen die **Angst vor negativen Bewertungen**, also lässt man die Chance erst gar nicht zu. Doch was ist bei einem riesigen Weinsortiment so schlimm, wenn da mal ein Wein bei dem einen oder anderen Weinliebhaber nicht so gut ankommt. Nichts! So wird man wohl auch beim Hanseatisches Wein- und Sekt-Kontor gedacht haben. Denn die positiven Effekte der Kundenbewertungen liegen auf der Seite derjenigen Firma, die ihre Produkte im Netz bewerten lässt. Wie bereits oben erwähnt, kaufen siebzig Prozent der User im Netz auch Dinge, wenn sie von Fremden bewertet wurden. Im Zweifel für den Angeklagten bedeutet hier, dass die User demjenigen vertrauen, der eine Bewertung veröffentlicht. Sie gehen davon aus, dass dieser User kein Fake-User ist, nicht lügt und auch nicht vom Unternehmen dafür bezahlt wurde. Übrigens: Was hier selbstverständlich klingt, ist eben nicht immer selbstverständlich. Einige „neutrale“ Blogger sind in der Internetgemeinde bereits dafür abgestraft worden, dass sie sich für gekaufte aber versteckte Werbebotschaften haben vor den Karren spannen lassen. Und es soll immer noch Unternehmen geben, die einen Kunden vortäuschen und so Bewertungen im Netz manipulieren. Meist solange, bis es dann doch herauskommt. Der Schaden, der dadurch entsteht, ist nicht wieder gut zu machen. Das Risiko haben Sie als Unternehmer aber in der Hand, denn Sie entscheiden, ob Sie zu solchen Methoden greifen.

Diese hier vorgestellte Version von Empfehlungen in Communities ist die preiswerteste aller Kunden- und Neukundengewinnungsmaßnahmen, denn Sie brauchen dafür keine Provision zahlen und keine Sachprämien verschicken. Ihre hoffentlich zufriedenen Kunden empfehlen und bewerten Ihre Produkte nämlich weniger, weil sie Ihnen einen Gefallen tun wollen, sondern den anderen Kunden im Netz. Vielleicht immer in der Hoffnung, auch mal von einer anderen Bewertung profitieren zu können.

Eine weitere preiswerte Möglichkeit für die Verbreitung von Produktempfehlungen sind technische Schnittstellen zu anderen Plattformen wie Facebook oder Twitter. Bieten Sie auf Ihrer Produktseite nicht nur die Möglichkeit, die Produkte direkt zu bewerten, sondern auch die Bewertung und Information über das Produkt auf anderen Kanälen bekannt zu machen. Ein **Button** zu Facebook oder Twitter und der User empfiehlt das Produkt nicht nur den Besuchern Ihrer Webseite, sondern auch gleich all seinen „Followern“ und Freunden bei Twitter und Facebook. Suchen Sie bei YouTube mal das Video zum Thema „Virales Marketing im Todesstern Stuttgart“. Neben der Tatsache, dass dieses Video genial gemacht ist, sollten Sie sich die Zahl der Abrufe ansehen. 3,3 Millionen Abrufe, die nicht dadurch zustande gekommen sind, dass der Macher des Videos 3,3 Millionen Kontakte gebeten hat, sich dieses Video anzusehen. Wenn sich Ihre Kunden um die Verbreitung Ihrer Produkte und Dienstleistungen kümmern, brauchen Sie im Grunde keinen Account bei Twitter und müssen nicht selbst tagtäglich dafür sorgen, dass Sie die Zahl der Follower in den vierstelligen Bereich treiben. Wenn das Video, die Geschichte, das Angebot gut ist, dann erfahren 1.956 Follower Ihres Kunden von der Sache, von den 1.956 Followern werden ein paar die Botschaft weitertragen und so weiter und so weiter.

Man braucht keinen Account bei Twitter

Ohne großen Aufwand können Sie die **Werkzeuge** des Web 2.0 und die damit einhergehenden Möglichkeiten zu Verbreitung nutzen. Sie müssen die Werkzeuge dafür nur auf Ihrer eigenen Webseite zulassen. Facebook liefert Ihnen mit dem „Like-Button“ eine einfache Möglichkeit, eine Brücke zwischen Ihren Produkten, Ihrer Webseite, in die enorme Reichweite von Facebook zu schlagen. Auch hier brauchen Sie keinen eigenen Account bei Facebook, keine Fanseite, Sie müssen den Usern nur die Möglichkeit geben, direkt auf Ihrer Webseite, zu dokumentieren, dass man Sie „mag“. Und schon verbreitet sich die Botschaft bei Facebook. Bei einem derzeitigen Wachstum von dreißig Millionen Usern pro Monat gibt es da genügend Reichweite für Empfehlungen an Neukunden.

Auch bei Facebook brauchen Sie keinen eigenen Account

Empfehlungen steuern

Neben der Möglichkeit, einfach nur gut zu sein und auf die Empfehlungen zu warten und diese dann im Web zuzulassen, können Sie natürlich auch selber aktiv werden. Sie können witzige Videos produzieren, die mit Ihren Dienstleistungen, Ihrer Webseite in Verbindung gebracht werden können, Sie können Geschenke für Empfehlungen verteilen, Preisausschreiben veröffentlichen. Die Liste lässt sich unendlich fortsetzen, alles im Grunde nichts Neues. Neu sind die Möglichkeiten zu **Verbreitung**, die ich oben erwähnt habe. Wenn das, was Sie zu sagen haben, bei den Usern ankommt, haben Sie die Chance, dass sich die Botschaft von ganz alleine verbreitet.

Selber sichtbar werden

Die nächste Disziplin ist die eigene Präsenz bei Xing, Facebook, Twitter und Co.. Dell hat es vorgezogen, einen Outlet-Shop bei Twitter einzurichten und nicht auf der grünen Wiese. Ergebnis 1.500.000 Follower und im Jahr 2009 über drei Millionen Dollar Umsatz. Gerne wird bei diesem Beispiel gesagt, dass der Twitter-Account für Dell völlig kostenlos war. Das mag in der Tat stimmen, aber lassen Sie sich in diesem Fall nicht blenden. Einen Account bekommen Sie, ohne dafür einen Cent zu bezahlen, aber 1,5 Millionen Mitglieder folgen Ihnen nur, wenn Sie ein paar Mitarbeiter abstellen, die diesen Account auch mit Leben füllen. Also geschenkt werden Ihnen drei Millionen Umsatz nicht. Und dennoch geht die Rechnung und das personelle Investment aus der Sicht von Dell auf.

Mitarbeiter abstellen, die diesen Account auch mit Leben füllen

Es lohnt sich also in jedem Fall, eine **Social Media-Strategie** im Unternehmen wenigstens zu prüfen. Passen Produkte und Dienstleistungen zum Verbreitungskanal „Communities“, dann können Sie mit der passenden Strategie auch dort für Sichtbarkeit und Umsatz sorgen.

Passen den anderen Usern die Botschaften, die Sie über Twitter verbreiten in den Kram, werden Sie weiter verbreitet oder wie das bei Twitter heißt „retweeted“. Finden die Mitglieder bei Facebook Ihr Unternehmen gut und Ihren Auftritt spannend, bekunden sie dies, indem sie dort Fan werden. Nehmen Sie ein Unternehmen wie Adidas: das Unternehmen hat es bei Facebook mit seiner Fanseite für „Adidas Football“ auf über 1,4 Millionen Fans gebracht. Dies bedeutet nichts anderes, als dass 1,4 Millionen Facebook-User dem Unternehmen die Möglichkeit geben, sie mit Infos, Preisausschreiben und Produktneuigkeiten zu versorgen. Alles in einer Zeit, in der wir „Bitte keine Werbung“-Aufkleber auf unsere Briefkästen kleben und mit drei Meter-Abstand um Flyer-Verteiler in Fußgängerzonen einen Bogen machen. Aber wenn wir selber entscheiden können, welche Infos wir haben möchten, und diese auch noch pfiffig aufbereitet sind, dann outen wir uns gerne als Fan von dem ein oder anderen Unternehmen.

Wenn wir selber entscheiden können, outen wir uns gerne als Fan

Bewertungen als Grundlage für Empfehlungen

4

Dirk Maass

Wer bei Google „Bewertungen“ als Suchbegriff eingibt, bekommt fast sechzig Millionen Treffer. Schon der Blick auf wenige Trefferlistenseiten lässt ahnen, welche enorme Bedeutung Bewertungen im Internet gewonnen haben. Beschränkte sich das Thema einst auf Restaurants oder Hotels, so hat es heute fast alle Wirtschafts- und Lebensbereiche erreicht. Wie ist diese Entwicklung zu erklären und zu deuten?

Reiz von Bewertungen

Bewertungen sind populär für den Bewerter, weil er soziale Bedeutung gewinnt. Er empfindet Macht, die Meinungen und die daraus resultierenden Entscheidungen anderer zu beeinflussen. Bewertungen verleihen ihren Autoren einen Expertennimbus, ja nähren gelegentlich auch den Dünkel als Meinungsführer. Es erklärt, warum für viele Bewerter eine Löschung von Bewertungen – obgleich sachlich begründet – einer Abrede ihres Urteilsvermögens gleich kommt. Unsere redaktionelle Praxis belegt eindrucksvoll, wie emotional es dann werden kann.

Bewertungen verleihen ihren Autoren Expertennimbus

Bewertungen sind populär für den Bewerteten, weil er – positive, authentische Bewertungen vorausgesetzt – sich äußerst wirkungsvoll von Mitbewerbern abheben und somit auffallen kann. Für sein Produkt- oder Leistungsversprechen verbürgen sich die Bewerter als unabhängige Instanz. Eine Instanz, die ein **hohes Maß an Glaub- und Vertrauenswürdigkeit** genießt, wie Untersuchungen immer wieder bestätigen (Abbildung 1). Es sind also nicht nur die Bewertungsergebnisse an sich, sondern auch Quelle und Urheber, die auf den Bewerteten abstrahlen und mehr Kredit bringen, als jede andere konventionelle Marketingmaßnahme (Abbildung 2).

Mehr Wirkung als jede andere konventionelle Marketingmaßnahme

Bewertungen sind populär für Entscheider, da sie bei der Entscheidungsfindung helfen. Sie belegen, in welchem Maße das Produkt- oder Leistungsversprechen tatsächlich gehalten und zur subjektiven Zufriedenheit geführt hat. So erleichtern sie bei überbordender Angebotsvielfalt die Selektion. Bewertungen sind für Entscheider aber auch eine Versicherung, auf die er verweisen kann, falls sich Zweifel oder negative Erfahrungen einstellen sollten. Gute Bewertungen sind gute Referenzen.

Bewertungen sind für Entscheider eine Versicherung

http://www.marketing-boerse.de/Experten/details/Dirk-Maass

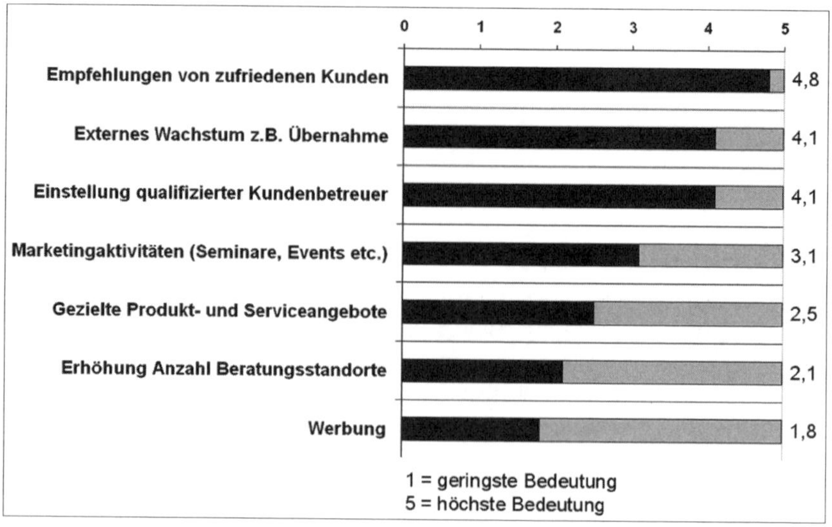

Abb. 1: Bedeutung verschiedener Maßnahmen zur Neukundengewinnung

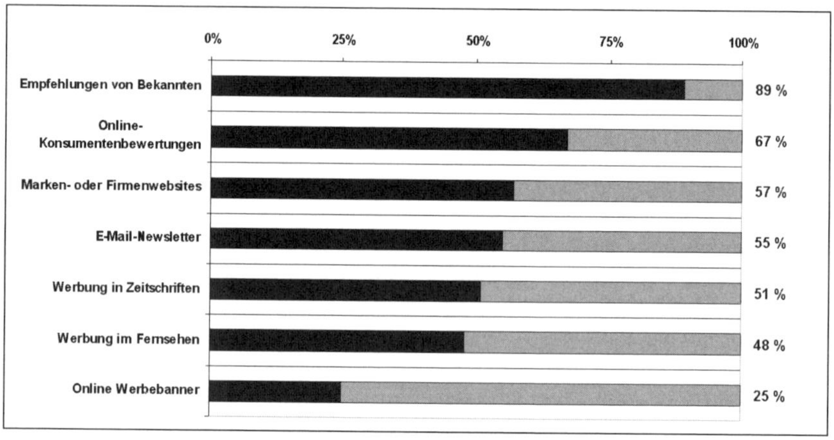

Abb. 2: Vertrauen in Werbeformen in Deutschland

Bewertungen sind notwendig, weil sie Bedürfnisse befriedigen. Zum Beispiel das Bedürfnis nach Sicherheit: Unser Portal listet über 140 Softwareanbieter von Warenwirtschaftslösungen (Enterprise Resource Planning, ERP). IT-Leiter können bestätigen, dass die Auswahl, Lizenzierung und Implementierung einer ERP-Lösung komplex und langwierig ist. In vielen Fällen gestaltet sich vor allem die Implementierung wie eine Operation am offenen Herzen. Gelegentliche Herzstillstände eingeschlossen. Unternehmen treffen solche Komplikationen ins Mark. Umso dringlicher ist es, die meist langjährige Bindung an einen ERP-Anbieter in allen Aspekten zu prüfen und sich die Erfahrungen anderer Kunden beziehungsweise Anwender anzuhören. Gute Bewertungen runden das Bild wesentlich ab und helfen, kritische Aspekte wie zum Beispiel Softwarefehler oder verzögerte Service-Releases in den Lizenzverhandlungen anzusprechen. Bewertungen geben **Entscheidungssicherheit**.

Bewertungen befriedigen das Bedürfnis nach Orientierung: Auf Benchpark sind über sechshundert Werbeagenturen gelistet. Mehr als zehntausend soll es im deutschsprachigen Raum geben. Welche soll es sein? Eine ausgesprochen kreative oder eher eine, die mit einer reibungslosen Abwicklung glänzt? Brauchen Sie eine, die sich mit Finanzdienstleistungen auskennt? Ein Anruf bei Agenturen hilft wenig weiter. Im Zweifelsfalle ist unisono zu hören, dass sie alle sehr kreativ sind, alle eine ausgezeichnete Abwicklung haben und irgendwann irgendwie schon mal ein Projekt für Finanzdienstleistungen hatten. Auch Rankings nach Umsätzen oder Kreativauszeichnungen helfen wenig weiter. Umsätze belegen, dass die Agentur für sich gut wirtschaftet, Kreativauszeichnungen bekommen nur die, die sich bewerben und die hohen Gebühren berappen. Aber kein Dritter kennt die Agenturen genauer, als ihre Kunden. Bewertungen eben dieser Kunden zeichnen ein reales, mitunter auch nüchterneres Bild. Wer sich daran orientiert, erspart sich und der Agentur die Enttäuschung nach den Flitterwochen.

Probleme von Bewertungen

Bewertungen spiegeln auch Gefühle wieder: Unsere Redakteure sind angehalten, bei zum Beispiel ungewöhnlich negativen Bewertungen grundsätzlich bei den Bewertern nachzufassen. Gelegentlich erfahren sie dabei von heftigen Auseinandersetzungen mit dem bewerteten Unternehmen. Mancher Bewerter ist da versucht, mit verbalen Keulenschlägen in Bewertungsportalen sein Gemüt zu kühlen. Es versteht sich, dass wir solche Bewertungen ablehnen. Nicht zuletzt, um nicht noch Öl ins Feuer zu gießen. Hieran wird ein Problem und eine verständliche Angst vor Bewertungen begreiflich: Bewertungen sind stets auch **Ausdruck von Emotionen**. Und die können so heftig ausschlagen, dass ein ausgewogenes Urteilsvermögen in Frage gestellt werden muss. Im Gegensatz zu Tests nach wissenschaftlich-technisch überprüfbaren Testkriterien und -läufen sind Bewertungen immer subjektiv, persönlich. Das ist zum einen ihr Reiz, aber zugleich auch eine Beschränkung, die wir im Weiteren im Auge behalten werden.

Mit verbalen Keulenschlägen in Bewertungsportalen das Gemüt kühlen

Bewertungen widersetzen sich Kontrolle. Die Gesellschaft für Konsumforschung (GfK) hat jüngst festgestellt, dass die meisten Unternehmen dem Bewertetwerden mit gemischten bis ohnmächtigen Gefühlen entgegensehen. Denn sie sind es seit jeher gewohnt, mit ihren loyalen Kommunikationsdienstleistern zu entscheiden, was wie wann wo an wen kommuniziert wird. Doch diese totale und zugegebenermaßen angenehme Kontrolle erodiert seit einigen Jahren. Das sogenannte Social Web mit Blogs und Communties, mit Social Media Diensten wie Twitter und Facebook beraubt Unternehmen immer mehr ihrer Kommunikationshoheit und zwingt ihnen deren **Demokratisierung** auf. Bewertungsportale sind ein Teil des Social Webs und somit dieser Entwicklung. Verständlich, dass sie noch argwöhnisch beäugt werden.

Das Social Web beraubt Unternehmen immer mehr ihrer Kommunikationshoheit

Bewertungen können manipuliert werden. Das ist das häufigste Argument, das wir hören. Darauf lässt sich entgegnen, dass jegliche Marketingkommunikation manipuliert ist – nämlich ganz nach den Absichten der Unternehmen. Das, was sie dort billigen (man denke nur an Testimonials), erheben sie bei Bewertungen zum Vorwurf? Ungeachtet einer solchen Doppelmoral lässt sich dieser Vorwurf nur vor dem Hintergrund der nachgewiesenen hohen Glaubwürdigkeit, die Bewertungen genießen, ernsthaft diskutieren. Hieraus erwächst in der Tat die berechtigte Forderung, dass Bewertungen mit besonderer Sorgfalt gesammelt, unabhängig geprüft und nach statistisch vertretbaren Grundsätzen veröffentlicht werden müssen. Im Weiteren werden wir mit einer Checkliste erkennen, was seriöse Bewertungsportale ausmacht.

Unterschiede bei Bewertungen

Bewertungen gibt es nach drei Prinzipien:

- von Privat über Privat (C2C, zum Beispiel als Teil von eBay, Lehrerbewertungen),
- von Privat über Unternehmen/Produkte (C2B, zum Beispiel Produkt-, Arbeitgeber-, Ärztebewertungen) und
- von Unternehmen über Unternehmen (B2B, zum Beispiel Benchpark).

Je nach Prinzip stellen sich Datenschutz, Persönlichkeitsrechte, AGB, Informations- und Auskunftspflichten sehr unterschiedlich dar.

Nachfolgend konzentrieren wir uns auf die C2B- und B2B-Portale. Denn es gilt: Je weniger Privatpersonen an einem Bewertungsportal zugelassen sind, desto schlichter und klarer stellt sich die Lage dar. Die Anforderungen an den Datenschutz bei Bewertungen von und über Privatpersonen sind hierzulande hoch.

Abwägen zwischen Persönlichkeitsrechten und dem Recht auf freie Meinungsäußerung

Ebenso sind die **Persönlichkeitsrechte** einer bewerteten Privatperson relativ stark und daher immer wieder Gegenstand höchstrichterlicher Entscheidungen, zum Beispiel bei Lehrern und Professoren. Allerdings neigte die jüngere Rechtsprechung in der Abwägung zwischen Persönlichkeitsrechten und dem Recht auf freie Meinungsäußerung eher zur Stärkung des letzteren. Ob sich diese Linie fortsetzt, wird schlussendlich einmal das Verfassungsgericht und der Europäische Gerichtshof zu entscheiden haben.

Hingegen müssen Unternehmen, das heißt juristische Personen, bei **Datenschutz** und Persönlichkeitsrechten deutliche Abschläge hinnehmen, solange Bewertungen nicht einzelne Mitarbeiter, also Privatpersonen, betreffen. Zwar genießt auch ein Unternehmen die Schutzwürdigkeit seiner Persönlichkeit, sie ist aber in vielen Fällen nachrangig. So kennt der Gesetzgeber im Gegensatz zu Privatpersonen für Unternehmen kein pauschales Auskunftsrecht über abgespeicherte Daten, also auch nicht zu Bewertungen.

In jedem Falle gilt bei Bewertungen, dass Schmähkritik, Beleidigungen und üble Nachrede tabu sind und jederzeit rechtlich geahndet werden können. Da es Portalbetreiber hier ungern zu Unterlassungsansprüchen oder gar Schadenersatzforderungen kommen lassen, ist eine vorherige Prüfung und gegebenenfalls textliche Korrektur von Bewertungen unerlässlich und heutzutage bei seriösen Betreibern die Regel.

Prüfung und gegebenenfalls textliche Korrektur von Bewertungen ist unerlässlich

Bewertungen mit Tatsachenbehauptungen können für Portalbetreiber ebenfalls unangenehm werden. Im Rahmen der sogenannten Mitstörerhaftung muss schon vom Portalbetreiber der Wahrheitsbeweis erbracht werden können – wozu dieser in der Regel nicht der Lage ist. Daher sind solche Bewertungen von der Freischaltung ausgeschlossen.

Checkliste für Bewertungsportale

Angesichts der hohen Glaubwürdigkeit, die Bewertungen genießen, sollte anzunehmen sein, dass Betreiber eines Bewertungsportals besondere Sorgfalt bei der Annahme und Verarbeitung walten lassen. Dem ist leider nicht immer so.

❑ Ausschluss von zweifelhaften Teilnehmern

Die Glaubwürdigkeit einer Bewertung korreliert unmittelbar mit dem Bewerter, ihrem Verfasser. Ist seine Identität bekannt, eindeutig und vertrauenswürdig, so sind es seine Bewertungen auch. Bewertungen von unbekannten oder zumindest nicht eindeutig ermittelbaren Absendern sollte die Freischaltung verweigert werden. Dazu gehören Freemailer-Adressen wie zum Beispiel von Yahoo, GMX oder Web.de. Wer hinter solchen E-Mail-Adressen tatsächlich steckt, bleibt ungefähr. Auch schließen wir bei Benchpark Vertriebspartner aus, die beispielsweise eine ERP-Software bewerten, für die sie Partner sind. Das macht einfach keinen Sinn und die Bewertungen sind nicht sonderlich überraschend.

❑ Prüfung eingehender Bewertungen

Anschließend sollte der Portalbetreiber die Beziehung zwischen Bewerter und bewertetem Unternehmen prüfen. Ist sie echt, sind die Angaben plausibel? Bei Benchpark beschränken wir uns nicht ohne Grund auf solche Branchen, in denen diese Prüfung relativ leicht fällt. Ein Werbetreibender, der seine Werbeagentur bewertet, findet sich in der Regel auf der Agenturwebsite in der Kundenliste. Bei PR-Agenturen schauen wir, ob Google wenigstens eine Pressemeldung zu dem Kunden kennt. Weitere Verfahren haben wir entwickelt, die uns vor Freischaltung ein gutes Gefühl geben. Es gibt aber Branchen, in denen solche Prüfungen versagen und die **Echtheit einer Beziehung** im Dunkeln bleibt. Es ist mir bis heute schleierhaft, wie zum Beispiel Ärzte und Arbeitgeber gewissenhaft bewertet werden sollen. Was aber Kollegen nicht abhält, solche Portale zu betreiben.

Die Beziehung zwischen Bewerter und bewertetem Unternehmen prüfen

Hat eine Bewertung diese Prüfschritte passiert und konnten eventuelle Fragen mit dem Bewerter geklärt werden, so sollte auch eine inhaltliche Prüfung geleistet werden. Nicht nur im eigenen Interesse wegen der Mitstörerhaftung, sondern auch um den Bewerter vor sich selbst zu schützen. Er überblickt in der Regel die Konsequenzen einer unbedarften Äußerung oder Formulierung (zum Beispiel Schmähkritik) nicht. Hier sollte der Bewerter quasi Schutzbefohlener des Portalbetreibers sein und zur Abwehr von möglichen Unterlassungsansprüchen sofort eingreifen.

❏ Anonymisierung

Bewertungen fallen angesichts einer namentlichen Veröffentlichung anders, das heißt positiver aus, als bei anonymisierter Veröffentlichung

Grundsätzlich sollten Bewerter für den Portalbetreiber jederzeit identifizierbar sein (siehe Prüfung oben), ihre Bewertungen sollten aber mit Freischaltung und Veröffentlichung unbedingt anonymisiert werden. Über eine Ausnahme von diesem Prinzip sollte allein der Bewerter entscheiden. Warum? Die Praxis zeigt, dass Bewertungen angesichts einer namentlichen Veröffentlichung anders, das heißt positiver ausfallen, als bei anonymisierter Veröffentlichung. Bewerter fürchten – zu Recht – bei namentlicher Bewertung von dem bewerteten Unternehmen zur Rede gestellt zu werden. Das möchte niemand wirklich. Und letztlich verleidet es den Bewertern eine ehrliche Aussage. Geschönte, marketingtauglich aufgehübschte und polierte „Kundenstatements" gehören in das Ressort PR, nicht aber auf ein unabhängiges Bewertungsportal.

❏ Statistische Qualität

Zeitlich abnehmende Gewichtung von Bewertungen bis hin zu Amnestie

Es hat mich sehr verwundert, als auf Nachfrage bei einem bekannten großen Bewertungsportal eingeräumt wurde, dass es alte wie neue Bewertungen im statistischen Mittelwert gleichermaßen gewichtet. Das erscheint wenig fair. Wie soll so ein bewertetes Unternehmen rechnerisch Bewertungen bezüglich eventueller „Jugendsünden" hinter sich lassen können? Das Mindeste ist eine zeitlich **abnehmende Gewichtung von Bewertungen**, idealerweise so wie bei Benchpark in Verbindung mit einer „Amnestie" nach zum Beispiel drei Jahren. Alle älteren Bewertungen spielen für den Mittelwert keine Rolle mehr.

Mindestens fünf Bewertungen zur Berechnung von Mittelwerten

Nicht minder erstaunlich sind Portale, die bereits aus einer einzigen Bewertung einen rankingrelevanten Mittelwert ermitteln und Unternehmen auf dieser Basis vergleichen lassen. Das grenzt statistisch betrachtet an groben Unfug bis vorsätzliche Täuschung. Unter unseren Teilnehmern herrscht Konsens, dass mindestens fünf Bewertungen zu einem Unternehmen zur Berechnung von Mittelwerten notwendig sind. Und dabei werden wiederholte Bewertungen der selben Teilnehmer nur einmal berücksichtigt. Solche Finessen machen Benchpark mitunter an manchen Stellen etwas kompliziert, aber diese Mühe hebt die **Datenqualität**.

❏ Darstellung

Von einem Gericht wurde Benchpark einst belehrt, dass Bewertungsportale für eine Darstellung der Bewertungen zu sorgen hätten, die auch unbedarfte Zeitgenossen vor Fehlinterpretationen bewahrt. Es hätte sicher einigen Portalbetreibern die Schweißperlen auf die Stirn getrieben, wenn daraus ein rechtskräftiges Urteil geworden wäre. Aber aus Sicht bewerteter Unternehmen ist dieser Hinweis richtig und wichtig. Was nützen die besten Bewertungen, wenn eine verkorkste Präsentation zu Missverständnissen bei den Portalbesuchern führt. Wenn Bewertungssiegel so genutzt – besser: missbraucht – werden, dass wettbewerbsrechtlicher Irreführung Tür und Tor geöffnet werden? Man kann es nicht genug betonen: Gerade weil Bewertungen hohe Glaubwürdigkeit genießen, muss die Verwendung kontrolliert und Missbrauch sanktioniert werden.

❑ Schlichtung

Es gehört zu den heiklen Aufgaben eines Portalbetreibers, auf beanstandete Bewertung zu reagieren. Sind sie rechtlich wirklich bedenklich, muss er reagieren. In allen anderen Fällen sollte er reagieren, da es die Fairness gegenüber der ansonsten „wehrlosen" Partei gebietet und die allgemeine Zustimmung nachhaltig verbessert. Die beste Lösung ist ein Schlichtungsverfahren, wo man den Bewerter zum Überdenken seiner Bewertung einlädt. Eventuelle Korrekturen sollten nicht als Zensurversuch missverstanden werden. Oftmals gelingt bei einem zweiten Bewertungsversuch ein objektiveres Bild, mit dem beide Seiten leben können.

Sollten Korrekturen ausscheiden, wird es für alle Seiten schwierig. Das Dilemma besteht darin, dass das bewertete Unternehmen zwar nun eine Löschung anstrengen könnte, sie aber letztlich auf es selbst zurückfällt, da eine Löschung im Internet immer vor Öffentlichkeit vonstatten geht. Das Unternehmen, aber auch der Portalbetreiber könnten sich dem **Zensurvorwurf** ausgesetzt sehen. Im schlimmsten Falle könnte je nach AGB das Portal deswegen auch belangt werden, denn die inhaltlichen Rechte einer Bewertung liegen beim Bewerter. Und ob der die offenkundige Beschneidung seiner Meinungsfreiheit und die Verweigerung der Veröffentlichung nicht als Vertragsbruch verstehen muss, bleibt dahingestellt. Nota bene: Auch Bewertungen sind ein Rechtsgeschäft mit Pflichten und Rechten für alle Parteien.

Die inhaltlichen Rechte einer Bewertung liegen beim Bewerter

Bei Benchpark halten wir es pragmatisch: Wir löschen Bewertungen nur mit einer kurzen Nachricht an den Bewerter. Wie sich das Unternehmen bei ihm und anderen Beobachtern dieses Vorgangs des Zensurvorwurfs erwehren will, ist dann sein Problem. In fast allen Fällen hat das bewertete Unternehmen den Wunsch auf Löschung dann zurückgezogen und begriffen, dass solche Ansinnen im Social Web nach hinten losgehen. In den wenigen Fällen, wo sich ein Unternehmen nicht einsichtig zeigte, wurde es von Benchpark unter Löschung aller Bewertungen dauerhaft ausgeschlossen. Die Bewerter wussten sich zu solchen Vorgängen stets die richtigen Gedanken zu machen...

❑ Unabhängigkeit

Es sollte stutzig machen, wenn auf einem Bewertungsportal Werbebanner bewerteter Unternehmen prangen. Inwieweit kann hier noch eine Unabhängigkeit – sagen wir es unverblümt: Unbestechlichkeit – des Betreibers vermutet werden? Es sollte auch zu denken geben, wenn unter den Betreibern oder gerne auch in einem sogenannten „Beirat" Vertreter der bewerteten Unternehmen sind. Aus gutem Grund betrachtet das Wettbewerbsrecht es als unlauter, dass sich bewertete Unternehmen und Betreiber in Personalunion Informationen verschaffen, die sie anderweitig über Wettbewerber nicht bekommen würden. Unabhängigkeit ist höchstes Gebot in jederlei Hinsicht.

Fazit

Es wird den geneigten Leser nicht sonderlich überraschen, dass der Autor dieser Zeilen als Betreiber eines Bewertungsportals mehr Chancen als Risiken sieht. Ich vertrete die Chancen aber umso entschiedener, weil wir uns mit Benchpark selbst, öffentlich und jederzeit einsehbar der Bewertung und dem Vergleich auf unserem eigenen Portal stellen. Darunter sind auch – gottlob wenige – kritische Meinungen, die uns aber umso glaubwürdiger machen. Benchpark stellt sich ohne Zensur kritischen Kunden und hält das gut aus. Letztlich verstehen wir Kritik immer als wertvollen Hinweis, dass wir uns noch verbessern können. Und wir schätzen Kunden, die sich zur Bewertung etwas Zeit nehmen, als die wertvollsten Kunden. Sie leiden, fiebern, eifern und hoffen mit uns. Eine Bewertung ist Ausdruck dieser Loyalität, die wir mit Dank quittieren.

Nicht mehr Bewertungsportal, sondern Empfehlungsportal

Wir sind überzeugt vom „wert", der in dem Wort „Bewertungen" steckt. Und wir haben von unseren Teilnehmern gelernt, dass eine Bewertung kein Selbstzweck sein darf. Als wir uns daher nicht mehr als Bewertungsportal, sondern als Empfehlungsportal zu titulieren begannen, horchten viele Skeptiker auf. Und es fand viel Beifall, als wir begannen, die Bewertungen zu einem Teil einer Unternehmensempfehlung zu erklären. Sich nur bewerten lassen, möchten bis heute nur wenige, sich aber empfehlen lassen, möchten alle. Dass eine Empfehlung wertende Aspekte braucht, ist begreiflich. Unter dem Verständnis von Empfehlung und letztlich **Empfehlungsmarketing** wird die Bewertung ins rechte Licht gerückt. Die Chancen werden nun greifbar: Empfehlungen stellen im Geschäftsleben das größte Kapital dar. Dieses Kapital zu managen, pflegen und einzusetzen, erlöst Unternehmen aus der eingangs beschriebenen Ohnmacht, in der sie mit dem Social Web feststecken.

Literatur

Gesellschaft für Konsumforschung (GfK): Bewertungen im Internet – wie kritikfähig ist Deutschlands Mittelstand?, 2010.

Roland Berger Strategy Consultants GmbH: Vergleich der Bedeutung verschiedener Maßnahmen für die Neukundengewinnung, 2006.

The Nielsen Company (Germany) GmbH: Persönliche Empfehlung genießt höchstes Vertrauen, 2009.

Bewertungsportale für die Kundengewinnung nutzen

4

Marcel Schreyer

„Weiterempfehlungen sind die beste Werbung." Das hören Sie wahrscheinlich von jedem Unternehmer, den Sie fragen. Und Sie werden es in diesem Buch schon dutzende Male gelesen haben. Zweifelsohne, es gibt nichts Besseres, als wenn zufriedene Kunden von sich aus Empfehlungen aussprechen. Wenn sie Freunden und Bekannten von Ihrem Unternehmen oder Ihren Produkten begeistert erzählen. Das ist vertrauenswürdiger und günstiger als jede Werbemaßnahme.

Nur von unzufriedenen Kunden und Wettbewerbern genutzt?

Bewertungsportale im Internet sind dagegen eher die ungeliebten Stiefkinder der Weiterempfehlung. Diesen Eindruck bekomme ich jedenfalls, wenn ich die Meinungen vieler Unternehmen dazu höre. Den Bewertungsportalen haftet das **Vorurteil** an, dass sie nur von unzufriedenen Kunden oder sogar Wettbewerbern genutzt werden, um das Unternehmen anzuschwärzen. Dieses Vorurteil trifft zumindest zu, solange Sie nichts unternehmen, um diese Situation zu ändern. Wer den Dingen seinen Lauf lässt und Trends ignoriert, darf sich wohl kaum wundern, wenn sie sich entgegen den eigenen Interessen entwickeln.

Fakt ist jedenfalls, dass Bewertungen im Internet gelesen werden und hohe **Glaubwürdigkeit** besitzen. Laut einer Studie der GfK und der telegate AG suchen die Deutschen 600 Millionen Mal pro Jahr im Internet nach Unternehmen und Dienstleistungen [1]. Oftmals beziehen sie dabei Bewertungsportale in ihre Recherche mit ein. Sieben von zehn Menschen stufen Online-Bewertungen als vertrauenswürdig ein, wie eine Nielsen-Studie ergab. Nur Empfehlungen von Bekannten genießen noch höheres Ansehen [2].

Bewertungsportale können das Empfehlungsmarketing bereichern

Ganz so unwichtig sind Bewertungsportale also nicht, zumindest nicht für potenzielle Kunden. Wer den Wert von Empfehlungen erkannt hat, kommt nicht umhin, sich einmal ernsthaft mit der Frage zu befassen, ob und wie Online-Bewertungsportale das Empfehlungsmarketing bereichern können.

Die Grenzen der persönlichen Weiterempfehlung

Ihre Kunden empfehlen Sie persönlich immer und überall weiter? Klasse! Nicht wenige Kleinst- und Kleinbetriebe können von solchen Weiterempfehlungen gut leben. Sobald ein Unternehmen weiter wächst, die Auftragsbücher laufend nachgefüllt werden müssen, die Kundenzahlen steigen, reichen diese Empfehlungen nicht mehr aus. Ganz ehrlich, 99,9 Prozent der mittelständischen Unternehmen kommen nicht umhin, mit Werbung oder klassischem Vertrieb neue Kunden zu gewinnen.

http://www.marketing-boerse.de/Experten/details/Marcel-Schreyer

Natürliche Grenzen der persönlichen Weiterempfehlung

Dabei müsste man doch vermuten können, dass in einer durchweg zufriedenen Kundschaft ausreichend Potenzial steckt, um durch Weiterempfehlungen für einen stetigen Zustrom an neuen Kunden zu sorgen. Dass dem meist nicht so ist, liegt an den natürlichen Grenzen der persönlichen Weiterempfehlung. Die Grenzen sind unter anderem durch diese Faktoren bestimmt:

- **Die kritische Masse:** Da nur x Prozent aller Menschen Ihr Angebot benötigen, muss eine Vielzahl mehr an Empfehlungen ausgesprochen werden, um neue Kunden zu generieren. Dass diese kritische Masse an Empfehlungen nicht erreicht wird, kann daran liegen, dass Sie zu wenige Kunden haben. Oder die Anzahl und Intensität der Kontakte (Verwandte, Freunde, Kollegen, et cetera) Ihrer Kunden ist zu gering.

- **Die Art Ihres Angebots:** Wenn Ihre Leistungen eher selten oder nur von einer speziellen Zielgruppe benötigt werden, ist es eher unwahrscheinlich, dass eine Empfehlung an den „Richtigen“ gerät. Ein Beispiel: Der frisch gebackene Besitzer eines Wintergartens wird wahrscheinlich stolz allen Bekannten davon erzählen und Gäste in den neuen Wintergarten einladen. Doch wie wahrscheinlich ist es, dass einer dieser Bekannten in absehbarer Zeit die Anschaffung eines Wintergartens plant?

- **Der Unterhaltungswert Ihres Angebots:** Sie können hundert Prozent zufriedene Kunden haben und trotzdem keine Weiterempfehlungen erhalten. Das kann daher kommen, dass Ihr Angebot als Gesprächsthema einfach nichts hermacht (vielleicht sogar unerfreulich, peinlich ist) oder zu alltäglich ist. Da Sie nichts Außergewöhnliches bieten und Ihren Kunden „nur“ soliden Service bieten, gehen Sie in der Alltagsroutine Ihrer Kunden einfach unter.

Die beschriebenen Faktoren können dazu führen, dass nicht genügend Empfehlungen für Ihr Unternehmen ausgesprochen werden oder dass die Empfehlungen wirkungslos verpuffen. Das riesige Potenzial Ihrer zufriedenen Kundschaft bleibt ungenutzt.

Bewertungsportale: Empfehlungen auf Abruf

Mit Online-Bewertungsportalen schnell eine große Zahl an Weiterempfehlungen erreichen

Bewertungsportale im Internet helfen Ihnen, dieses ungenutzte Potenzial zu heben. Sie sind eine geeignete Ergänzung in Ihrer Marketingstrategie, um die Zahl und Wirksamkeit Ihrer Weiterempfehlungen zu erhöhen. Mit Online-Bewertungsportalen können Sie…

- relativ schnell eine große Zahl an Weiterempfehlungen erreichen.
- Weiterempfehlungen **zeit- und ortsabhängig** verfügbar machen.
- Weiterempfehlungen zielgenau an potenzielle Kunden richten.
- den Überblick über Ihre zufriedenen Kunden (oder Ihre unzufriedenen Kunden) behalten und Ihren Erfolg im Empfehlungsmarketing messen.

Damit Sie zunächst eine grobe Vorstellung von der **Wirkungsweise** der Bewertungsportale bekommen, möchte ich zwei reale Situationen demonstrieren:

Erste Situation: Kunde A googelt nach einem Rechtsanwalt in seiner Stadt, der ihm in einer Angelegenheit helfen soll. Auf der ersten Seite der Suchergebnisse taucht das Profil eines Rechtsanwalts auf einem Bewertungsportal auf. Kunde A klickt das Profil an. Das Profil ist informativ und zahlreiche positive Bewertungen machen Eindruck. Kunde A hat ein gutes Gefühl und ruft beim Rechtsanwalt an, um einen persönlichen Termin zu vereinbaren.

Zweite Situation: Kunde B sucht in einem Branchenbuch nach einem Elektroinstallateur für sein Eigentumshaus. Oder er hat von Bekannten einige Hinweise bekommen. Leider hat Kunde B schon viele leidvolle Erfahrungen mit Handwerkern gemacht. Doch es bleibt ja nichts anderes übrig, er ruft beim Elektroinstallateur an und lässt sich ein Angebot erstellen. Mit dem Angebot kommt ein Hinweis auf zahlreiche positive Kundenmeinungen. Über die Webseite des Elektrobetriebs kommt Kunde B auf ein Bewertungsportal. Nachdem er die Meinungen durchgelesen hat, ist er überzeugt, einen zuverlässigen Anbieter gefunden zu haben.

Zentrale Sammelstelle für Weiterempfehlungen

Sie sehen, mit Bewertungsportalen erreichen Sie nicht nur Interessenten, die direkt über das Internet nach Ihnen suchen. Machen Sie Bewertungsportale zu Ihrer **zentralen Sammelstelle** für Weiterempfehlungen und sorgen Sie dafür, dass alle Welt von Ihren positiven Bewertungen erfährt! Doch… oh weh… Sie sind noch auf gar keinem Bewertungsportal vertreten, haben noch gar keine Bewertungen? Macht nichts. Ich zeige Ihnen in diesem Beitrag Schritt für Schritt, wie Sie Bewertungsportale für sich nutzen können. Sie brauchen dafür keine besonderen technischen Kenntnisse und können sofort loslegen. Die beiden Portale, auf die ich näher eingehe, sind Qype und KennstDuEinen?. Diese beiden sind relativ bekannte Vertreter der zahlreich vorhandenen Bewertungsportale. Ich stelle Ihnen beide Portale zunächst kurz vor.

Branchen: Gastronomie, Einkaufen, Dienstleistungen, Freizeit

Qype ist das führende Empfehlungsportal und Städtemagazin in Deutschland mit über 15 Millionen Nutzern pro Monat (Ende 2009) [3]. Die Nutzer bewerten dort Unternehmen, unter anderem aus den Bereichen Gastronomie, Einkaufen, Dienstleistungen, Freizeit, Wellness. Alle Inhalte werden von den Nutzern erstellt und geändert. Außerdem können sich die Nutzer untereinander austauschen, in Gruppen diskutieren, Empfehlungen aussprechen oder sich zu Veranstaltungen verabreden. Qype hat den Charakter einer Community. Unternehmen können eine Profilseite für sich erstellen und sich bewerten lassen. Sie können auch Gutscheine erstellen, eigene Events veröffentlichen und weitere Online-Marketing-Angebote innerhalb von Qype nutzen (teilweise kostenpflichtig).

KennstDuEinen? bewertet nur Dienstleister

KennstDuEinen? ist noch ein paar Nummern kleiner und unbekannter, hat aber ein sehr durchdachtes Konzept. Das Portal beschränkt sich rein auf die Bewertung von Dienstleistern und versucht, persönliche Weiterempfehlungen möglichst realitätsnah abzubilden. Auch KennstDuEinen? bietet vielfältige Marketingmöglichkeiten für Unternehmen. Bei kostenloser Nutzung ist der Funktionsumfang aber sehr eingeschränkt. Community-Funktionen, wie Gruppen, gibt es keine. Einzig und allein die Empfehlung steht im Mittelpunkt.

Bei beiden Portalen beginnt Ihr Empfehlungsmarketing damit, dass Sie eine Profilseite für Ihr Unternehmen erstellen. Dann können Sie sich von möglichst vielen Kunden bewerten lassen und über diese Empfehlungen neue Kunden gewinnen. Die grundlegende Vorgehensweise ist bei den beiden Portalen gleich. Daher zeige ich Ihnen der Übersicht halber ausführlich, wie Sie Qype nutzen und stelle anschließend bei KennstDuEinen? nur dessen besondere Angebote heraus. (Das soll keine Wertung darstellen. Beide Portale haben wie auch andere Mitbewerber ihre Vor- und Nachteile.)

Macht über das eigene Firmenprofil übernehmen

Übrigens müssen Sie Ihr Profil auf diesen Portalen nicht selbst anlegen. Jeder Nutzer kann Ihre Firmendaten eingeben und eine Bewertung zu Ihnen schreiben. Dagegen können Sie auch nichts tun. Da Sie aber Ihr Empfehlungsmarketing selbst in die Hand nehmen und steuern wollen, sollten Sie die Macht über Ihr Firmenprofil übernehmen, es selbst pflegen und aktualisieren.

Abb. 1: Qype Übersichtsseite für die Stadt Hamburg

Erstellen Sie Ihr Unternehmensprofil bei Qype

Gehen Sie auf http://qype.com und klicken Sie ganz oben auf „Geschäftsinhaber? GRATIS eintragen!“ und danach auf den Button „Jetzt gratis eintragen“. Geben

Sie zuerst Ihre Daten ein, um sich persönlich zu registrieren. Danach geben Sie den Namen und den Ort Ihres Geschäfts ein. Ist Ihr Geschäft noch nicht in der Qype-Datenbank vorhanden, können Sie es neu anlegen und Ihre geschäftlichen Daten eingeben. Wurde Ihr Geschäft bereits von einem anderen Benutzer eingetragen, können Sie nun „Besitzer“ dieses Geschäfts werden.

Wurde Ihr Geschäft bereits von einem anderen Benutzer eingetragen?

Nach erfolgreicher Registrierung werden Sie in Ihren persönlichen Bereich weitergeleitet, wo Sie weitere Angaben zu Ihrem Geschäft machen können. Vervollständigen Sie unter dem Tab **Geschäftsangaben** unbedingt gewissenhaft Ihre Kontaktdaten, Detailangaben und Öffnungszeiten.

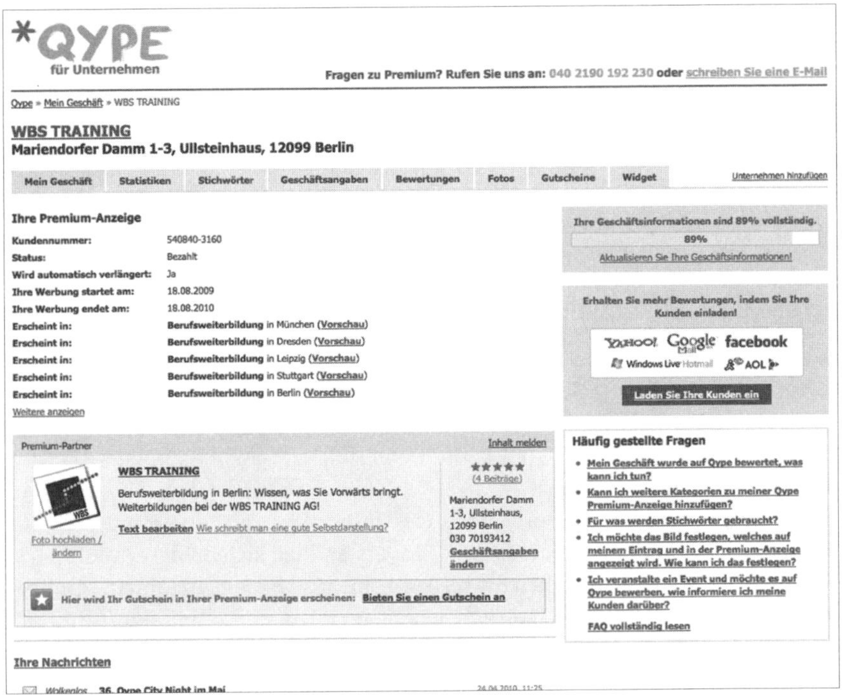

Abb. 2: Bereich „Mein Geschäft“: Hier verwalten Sie Ihr Unternehmensprofil in Qype

Laden Sie wenn möglich ein Foto hoch

Laden Sie wenn möglich ein **Foto** hoch, entweder von Ihren Geschäftsräumen, Ihren Produkten oder Ihnen selbst. Bei einem Restaurant interessiert die Menschen wahrscheinlich, wie Ihr Gastraum aussieht. Bei einem Rechtsanwalt ist eher die Person interessant. Verwenden Sie auf jeden Fall ein hochwertiges, repräsentatives Bild! Ein verwackelter Schnappschuss wirkt eher abschreckend als einladend. Über den Tab „Fotos“ können Sie später auch weitere Bilder für Ihr Profil hochladen.

Geben Sie eine knackige, aussagekräftige **Beschreibung** zu Ihrem Geschäft ein. Wenn Sie noch keinen passenden Text parat haben (zum Beispiel von Ihrer Webseite) ist es sinnvoll, dass Sie sich hierfür etwas Zeit nehmen. Ein guter Text macht Lust auf mehr, und das wollen Sie ja bewirken. Vergessen Sie auch nicht, die E-Mail-Adresse für den Kundenkontakt einzugeben. Nichts wäre schlimmer, wenn die Anfrage eines potenziellen Kunden im Nirwana landet statt in Ihrem Postfach.

Ihr Geschäftsprofil ist nun vollständig. Sie haben Ihren eigenen „Platz" angelegt, wie es im Qype-Jargon heißt. Jeder Internetnutzer kann nun Ihren Platz über Suchmaschinen oder andere Wege finden und bewerten. (Um Ihr Profil anzuschauen, klicken Sie im Bereich „Mein Geschäft" auf Ihren Firmennamen.) Vergessen Sie nicht, Ihr Unternehmensprofil zu aktualisieren, beispielsweise wenn sich Ihre Öffnungszeiten ändern.

Checkliste: Unternehmensprofil

- ❑ Sind alle Adress- und Kontaktdaten korrekt?
- ❑ Sind der Beschreibungstext und das Foto ansprechend und repräsentativ?
- ❑ Haben Sie alle wichtigen Detailinformationen eingegeben?

So erhalten Sie Bewertungen bei Qype

Wer sich nicht aktiv darum kümmert, bekommt keine Bewertungen

Je mehr Kunden Sie haben und je web-affiner Ihre Kunden sind, desto einfacher haben Sie es. Angesagte Szenelokale mit jungem Publikum sind ein Selbstläufer auf Qype. Der erwähnte Elektroinstallationsbetrieb mit überschaubarer Kundschaft dagegen wird wohl keine Bewertungen bekommen, wenn er sich nicht aktiv darum kümmert. Im Empfehlungsmarketing gilt die Regel: Wer weiterempfohlen werden will, der muss **darum bitten**. Die Bitte um eine persönliche Empfehlung gehört wie selbstverständlich zu jedem – erfolgreichen – Kundengespräch. Wen sollten Sie also um eine Bewertung auf „Ihrem" Online-Bewertungsportal bitten? Natürlich jeden Ihrer Kunden! Zumindest die, mit denen Sie es sich nicht komplett verscherzt haben.

Eine Bewertung auf Qype funktioniert folgendermaßen: Ihre Kunden besuchen Ihr Unternehmensprofil, welches sie entweder über die Suchfunktion oder über die direkte Eingabe der Adresse gefunden haben. Ihr Kunde klickt auf den Button „Beitrag schreiben" rechts neben den Unternehmensdaten. Nun kann er in einer vierstufigen Skala Ihr Preisniveau angeben sowie mit ein bis fünf Sternchen eine allgemeine Bewertung Ihres Unternehmens/Ihrer Leistungen vornehmen. (Sie sehen diese **Bewertungsmöglichkeiten** in Ihrem Profil nicht, wenn Sie als Geschäftsinhaber angemeldet sind!)

Zusätzlich zur Bewertung kann der Kunde seine Bewertung frei kommentieren

Zusätzlich zur Bewertung kann Ihr Kunde seine Bewertung frei kommentieren und passende Stichworte, so genannte Tags, zu Ihrem Unternehmen eintragen. Die Bewertung jedes Benutzers geht in die allgemeine Bewertung Ihres Unternehmens ein und wird über die Sternchen-Skala ganz oben in Ihrem Profil angezeigt.

Wie bitten Sie nun Ihre bisherigen und zukünftigen Kunden, Sie auf diese Weise zu bewerten und zu empfehlen? Wenn Sie persönlichen **Kontakt zu Ihren Kunden** haben, beispielsweise in einem Ladengeschäft, bitten Sie auch persönlich um eine Bewertung. Geben Sie einen Flyer mit, auf dem der Link zu Ihrem Qype-Profil und eine kurze Anleitung gedruckt ist. (Qype stellt Ihnen hierfür Material zur Verfügung.) Verschicken Sie Rechnungen per Post, bietet sich ein Hinweis auf der Rechnung oder einen Beileger im Briefkuvert an. Wickeln Sie Ihre Verkäufe hauptsächlich über E-Mail ab, senden Sie jedem Käufer nach zwei Wochen eine E-Mail zu. Entsprechende Software erledigt das automatisch für Sie.

Flyer mit dem Link zum Qype-Profil verteilen

Wollen Sie Ihre bisherigen zufriedenen Kunden für eine Empfehlung aktivieren, nutzen Sie die gleichen Wege. Machen Sie einen Rundruf oder versenden Sie ein postalisches Mailing. Haben Sie eine sehr große Kundendatenbank, ist es am günstigsten, ein E-Mailing an alle zu verschicken. Qype bietet hierzu eine hilfreiche Funktion an, wenn Sie keine eigene **Newsletter-Software** besitzen. Im Bereich „Mein Geschäft“ unter dem Tab „Bewertungen“ können Sie eine Liste mit E-Mail-Adressen hochladen und an alle diese Empfänger einen individuellen Text verschicken. Nutzen Sie dafür aber nur solche E-Mail-Adressen, deren Besitzer mit der Nutzung ausdrücklich einverstanden sind. Sehr schlecht wäre, wenn einige Empfänger ihrem Ärger über den „Spam“ gleich in Ihrem Qype-Profil Luft machen würden.

Liste mit E-Mail-Adressen hochladen und einen individuellen Text verschicken

Ob Sie alle Bewerter anschließend mit einer Kleinigkeit belohnen wollen, hängt von den Umständen ab. Ein kleines Geschenk könnte Ihre Kunden motivieren, bei der Bewertung ihren richtigen Namen anzugeben. Empfehlungen von einem „echten“ Menschen wirken natürlich ganz anders als von einem anonymen.

Auf keinen Fall sollten Sie den Eindruck erwecken, dass Sie sich positive Bewertungen erkaufen wollen. Lassen Sie auf jeden Fall Raum für ehrliche, sachliche **Kritik**. Selbst wenn diese nachher die ganze Welt lesen kann. Gelegentliche Kritik erhöht übrigens die Glaubwürdigkeit Ihrer Bewertungen. Oder werden Sie nicht misstrauisch, wenn Sie über ein Unternehmen nur seitenlange Lobeshymnen lesen würden? Jedes Unternehmen macht Fehler. Nehmen Sie die Kritik Ihrer Kunden als Motivation, sich weiter zu verbessern.

Gelegentliche Kritik erhöht die Glaubwürdigkeit Ihrer Bewertungen

Qype bietet die Möglichkeit, Bewertungen anderer Nutzer zu kommentieren. Unter jeder Bewertung finden Sie dafür einen Button „Kommentieren“. Reagieren Sie damit auf Kritik, entschuldigen Sie sich oder merken Sie an, dass ein bestimmter Fehler zwischenzeitlich ausgebügelt wurde. So können alle sehen, dass Sie Ihre Kunden ernst nehmen und alles für deren Zufriedenheit tun.

Reagieren Sie auf Kritik

Vielleicht müssen Sie bei Ihren Kunden erst Überzeugungsarbeit leisten. Vor allem dann, wenn Ihre Kundschaft im Umgang mit dem Internet nicht so geübt ist. Geben oder schicken Sie Ihren Kunden doch einen kleinen Leitfaden mit: „So bewerten Sie uns“. Sie dürfen sich dazu gerne von diesem Beitrag inspirieren lassen. Bereiten Sie die Aktionen, mit der Sie um Bewertungen bitten, auf jeden Fall sorgfältig vor und beziehen Sie alle wichtigen Faktoren mit ein. Schließlich soll dies Ihr Start ins erfolgreiche Empfehlungsmarketing mit Bewertungsportalen sein!

Checkliste: Bewertungen erhalten

- ❑ Wann und wie bitten Sie Ihre Kunden am besten um eine Bewertung?
- ❑ Haben Sie alle zufriedenen Kunden um eine Bewertung gebeten, entweder persönlich, per Post oder per E-Mail?
- ❑ Wie können Sie Ihren Kunden die Bewertung so leicht wie möglich machen?
- ❑ Überprüfen Sie die Bewertungen regelmäßig und reagieren Sie auf Kritik?

Gewinnen Sie mit Ihren Bewertungen neue Kunden

Die positivste Bewertung bringt nichts, wenn sie niemand liest. Genauso wie eine persönliche Empfehlung, die zur falschen Zeit an die „falsche" Person ausgesprochen wird. Sorgen Sie also dafür, dass möglichst viele potenzielle Kunden Ihr Profil bei Qype anschauen. Teilweise finden Nutzer von alleine dorthin, wenn sie über **Google** nach lokalen Unternehmen suchen. Qype ist teilweise in den Google-Ergebnisseiten recht weit oben, so dass Sie darüber kostenlose Profil-Besucher bekommen. Da Qype einen großen Bekanntheitsgrad hat, suchen viele Menschen direkt im Portal, um Unternehmen oder Angebote zu finden. Nutzer können sich auf Qype auch gegenseitig Unternehmen empfehlen und ihre Kontakte über neue Bewertungen informieren. So ist innerhalb von Qype eine aktive Community entstanden, die von alleine für Mundpropaganda sorgt.

Mobile Nutzung der Bewertungsplattformen nimmt zu

Immer wichtiger wird auch die **mobile Nutzung** der Bewertungsplattform. Qype bietet einen so genannten standortbasierten Dienst (engl.: Location Based Service) namens „Qype Radar" an. Wenn Nutzer unterwegs ein Restaurant oder einen Fachhändler finden wollen, zeigt ihnen „Qype Radar" abhängig von ihrem aktuellen Standort Plätze in der näheren Umgebung an. So kann aus einem Nutzer des Bewertungsportals innerhalb von Minuten ein zahlender Kunde werden! Und sagen Sie jetzt bitte nicht, dieses neumodische Zeugs wäre nichts für Sie und funktionierte bei Ihnen nicht! Standortbasierte mobile Dienste erfreuen sich immer größerer Beliebtheit und sind heute schon für viele Menschen ganz alltäglich. Die eingangs erwähnte GfK-Studie hat ergeben, dass jeder Zehnte ein mobiles Gerät für die Internetsuche nach lokalen Unternehmen nutzt.

Qype bietet die Möglichkeit, Gutscheine zu erstellen

Um aus Besuchern möglichst schnell Kunden zu machen, bietet Ihnen Qype die Möglichkeit, **Gutscheine** zu erstellen. Gehen Sie dafür in den Bereich „Mein Geschäft" und dort auf den Tab „Gutscheine". Füllen Sie die Textfelder aus und speichern Sie den Gutschein. Nun können alle Nutzer Ihren

Gutschein ausdrucken, als Grafik auf dem Handy speichern oder per E-Mail weiterversenden – wieder kostenlose Mundpropaganda für Sie. Überlegen Sie sich einen attraktiven Rabatt oder ein Extra, das Kunden in ihr Geschäft lockt. Probieren Sie ruhig verschiedene Aktionen aus und testen Sie, welche Gutscheine am besten ankommen.

Abb. 3: Anzeige eines Gutscheins mit Qype Radar über ein Mobiltelefon

Wenn Sie mehr Kunden auf diese Art gewinnen möchten, sind die Premium-Leistungen von Qype für Sie interessant. Für durchschnittlich fünfzig Euro pro Monat (Kosten werden individuell berechnet) wird Ihr Unternehmenseintrag oben in den Qype-Suchergebnissen platziert und hervorgehoben, ebenso Ihre Gutscheine. Sie erhalten detaillierte Statistiken über die Besuchszahlen Ihres Profils. Und Sie können fünfzig Stichwörter angeben, unter denen Sie bei Google gerne besser gefunden werden möchten.

Je internetaffiner Ihre Zielgruppe, desto mehr Menschen finden ihr Profil

Je internetaffiner Ihre Zielgruppe ist und je häufiger Ihr Angebot gebraucht wird, desto mehr Menschen werden über diese Wege zu Ihrem Profil finden. Wenn Sie Küchenschreiner, Rechtsanwalt oder Computerspezialist sind, werden wahrscheinlich keine Menschenmassen täglich nach Ihnen suchen. Hier kommt es statt auf Masse mehr auf Klasse an. Sie müssen nicht möglichst viele Besucher auf Ihr Bewertungsprofil locken, sondern genau die, die Ihre Leistung gerade nachfragen. Hierzu müssen Sie selbst aktiv werden. (Dies ist natürlich immer von Vorteil!)

Zahlreiche positive, detaillierte Kundenmeinungen sind ein schlagkräftiges Argument

Kunden können heute permanent aus einer Vielzahl an Angeboten wählen. Sie tun alles dafür, dass sich Kunden für Sie anstatt für Ihre Mitbewerber entscheiden. Zahlreiche positive, detaillierte Kundenmeinungen sind ein schlagkräftiges Argument. Ergo: Egal, mit wem Sie in Kontakt kommen, Sie sollten niemanden an Ihrem Bewertungsprofil vorbeilassen. Sowohl die Menschen, die Sie über das Internet finden, als auch die, mit denen Sie über Telefon, Brief oder persönlich kommunizieren. Wie machen Sie potenzielle Kunden auf Ihre Bewertungen aufmerksam?

- Auf Ihrer **Webseite**. Qype bietet hierfür so genannte Widgets an. Das sind Grafiken, die immer Ihre aktuelle Durchschnittsbewertung (die Sternchen) anzeigen und auf Ihr Qype-Profil verlinken. Im Bereich „Mein Geschäft" unter dem Tab „Widgets" können Sie aus drei Formaten auswählen. Kopieren Sie einfach den dort angezeigten Code in Ihre Webseite. Natürlich können Sie den Hinweis in Ihrer Webseite auf Qype auch anders lösen.
- In Ihrer regelmäßigen Kommunikation. Weisen Sie in Ihrem Newsletter, Blog oder Kundenmagazin auf Ihre Bewertungen hin. Führen Sie neue positive Kundenmeinungen im Originalton an. (Fragen Sie die betreffenden Kunden vorher um Erlaubnis.) Verbreiten Sie neue Bewertungen auch über Ihren Twitter- oder Facebook-Account.
- In Ihren **Werbemaßnahmen**. Nutzen Sie Kundenmeinungen in Werbebriefen oder in Werbeanzeigen, auf Postern, in Radiospots. Eine echte Empfehlung eines Kunden wirkt zehnmal mehr als ein noch so flotter Werbespruch. Also warum nutzen Sie Ihre Bewertungen nicht in der Werbung?
- In Ihren Angeboten. Verweisen Sie in Ihren Angeboten auf Ihr Bewertungsprofil und legen Sie ein Blatt mit einer Auswahl an positiven Kommentaren bei.
- In Broschüren, auf Visitenkarten und so weiter.

Machen Sie es potenziellen Kunden so einfach wie möglich, Ihre Bewertungen zu finden

Ein Tipp: Der direkte Link zu Ihrem Unternehmensprofil bei Qype ist lang und schlecht zu merken. Geben Sie in Printmedien daher besser die Adresse Ihrer Webseite an und platzieren Sie dort prominent einen Hinweis auf Ihr Profil. Machen Sie es potenziellen Kunden so einfach wie möglich, Ihre Bewertungen zu finden.

Empfehlungen sind weitaus glaubwürdiger als jede Werbemaßnahme von Unternehmen. Versuchen Sie daher immer zuerst, die Möglichkeiten des Empfehlungsmarketings auszureizen, bevor Sie weitere Maßnahmen planen. Behalten Sie bei allen – auch klassischen – Werbemaßnahmen das Ziel im Sinn, Ihr Empfehlungsmarketing zu fördern. Bauen Sie in alle Werbemaßnahmen mindestens eine Komponente des Empfehlungsmarketings ein, zum Beispiel wenn Sie Kundenmeinungen in Ihren Werbeanzeigen abdrucken. Dadurch vervielfacht sich die Wirkung Ihrer Werbung – und es kostet Sie keinen Cent mehr.

Bewertungsportal für Dienstleister: KennstDuEinen?

Neben dem Marktführer Qype sticht unter den zahlreichen Bewertungsportalen noch das Angebot KennstDuEinen? (http://kennstdueinen.de) heraus. KennstDuEinen? bietet ein spezielles, auf Dienstleister zugeschnittenes Konzept an. Dienstleistungen sind für Kunden – im Vergleich zu materiellen Produkten – immer mit einem hohen Risiko verbunden. Die Qualität einer Dienstleistung kann erst in vollem Umfang beurteilt werden, wenn sie erbracht ist. Dann ist es aber meist zu spät. Deshalb sind Referenzen und Weiterempfehlungen im Dienstleistungsbereich noch wichtiger als anderswo: Es geht um Vertrauen. Das Konzept von KennstDuEinen? zielt darauf ab, die Vertrauenswürdigkeit persönlicher Empfehlungen möglichst verlustfrei ins Internet zu übertragen.

Dienstleistungen sind für Kunden mit einem hohen Risiko verbunden

So können Kunden auf KennstDuEinen? keine anonymen **Bewertungen** abgeben, mindestens Initialen und Ort sind immer aufgeführt. Die Bewertungsmöglichkeiten sind wesentlich detaillierter. Neben dem Gesamteindruck lassen sich auch Preis, Leistungs- und Betreuungsqualität sowie Termintreue in einer Skala von eins bis fünf bewerten. Aus den einzelnen Faktoren wird dann die Gesamtbewertung im Schulnotensystem errechnet. Haben Sie mindestens drei positive Bewertungen erhalten, können Sie das „Gold-Wert-Siegel" auf Ihrer Webseite einbinden.

„Gold-Wert-Siegel" auf Ihrer Webseite einbinden

Eine ausführliche Anleitung, wie Sie Ihr Unternehmensprofil bei KennstDuEinen? anlegen und alle Funktionen nutzen, ist an dieser Stelle nicht notwendig. Wenn Sie KennstDuEinen? für Ihr Empfehlungsmarketing nutzen möchten, sollten Sie auf jeden Fall das **Premium-Paket** für jährlich sechshundert Euro buchen. Dafür bekommen Sie einiges geboten und der Kundenservice berät Sie ausführlich beziehungsweise übernimmt einen Großteil der Arbeit für Sie. Ihre Vorteile als Premium-Kunde sind:

- KennstDuEinen? bringt Sie bei Google nach vorne, im besten Fall sind Sie dreimal auf der ersten Google-Seite gelistet: In den natürlichen Ergebnissen, in den Google-Maps-Ergebnissen und bei den Adwords-Anzeigen. (So zum Beispiel, wenn Sie nach „maler frankfurt" googeln.) Für die Klicks auf Ihre Adwords-Anzeigen zahlen Sie extra, 150 Euro Startguthaben sind im ersten Jahr inklusive.
- Sie erhalten ein ausführliches Unternehmensprofil mit Link auf Ihre Webseite. Die Texte schreibt KennstDuEinen? für Sie.
- Sie können ein Widget auf Ihrer Webseite einbinden, das automatisch die neuesten Kundenbewertungen auflistet. Die Gestaltung des Widgets ist frei an Ihre Webseite anpassbar.

Widget auf Ihrer Webseite einbinden, das automatisch die neuesten Kundenbewertungen auflistet

- KennstDuEinen? stellt Ihnen **Bewertungskarten** zur Verfügung, die Sie an Ihre Kunden weitergeben. Ihre Kunden schreiben ihre Meinung auf die Karten und senden sie portofrei an KennstDuEinen?. Dort werden die Bewertungen ins System eingegeben. Die Erfahrungen von KennstDuEinen? zeigen, dass Kunden viel eher bereit sind, ihre Meinung mit Stift und Papier kundzutun als diese online in ein Formular einzugeben.

So nimmt KennstDuEinen? Ihnen bereits viel Arbeit ab und unterstützt Sie permanent beim Empfehlungsmarketing. Das entbindet Sie jedoch keinesfalls von der Verpflichtung, sich selbst aktiv zu kümmern und das Empfehlungsmarketing in Ihrem Unternehmen zur Chefsache zu machen.

Checkliste: Durch Bewertungen neue Kunden gewinnen

- ❑ Finden alle Besucher Ihrer Webseite leicht zu Ihren Bewertungen?
- ❑ Weisen Sie alle potenziellen Kunden auf Ihr Bewertungsprofil hin, egal auf welchem Wege sie mit Ihnen in Kontakt kommen?
- ❑ Nutzen Sie die Empfehlungen Ihrer Kunden in allen Bereichen Ihrer Unternehmenskommunikation, in der Werbung, im Vertrieb?

Exkurs: Wenn Ihr guter Ruf geschädigt wird

Angst, dass enttäuschte Kunden ihren Frust öffentlich loswerden

Viele Unternehmen schrecken davor zurück, Bewertungsportale für sich zu nutzen. Zu groß ist die Angst, dass enttäuschte Kunden ihren Frust öffentlich loswerden. Oder dass sogar Mitbewerber solche Portale für eine Rufmordkampagne nutzen, indem sie gefälschte negative Kommentare platzieren. Diese Angst ist menschlich nachvollziehbar, doch unbegründet. Erstens gibt es Rufmordkampagnen nicht erst, seit es das Internet gibt. Zweitens können Sie durch Ignoranz nichts bewirken; jeder Nutzer kann seine Meinung ohne Ihre Erlaubnis auf Bewertungsportalen loswerden. Ob Sie davon Kenntnis nehmen wollen oder nicht, spielt keine Rolle. Und drittens ist die Wahrscheinlichkeit verschwindend gering, dass Sie selbst Opfer von **Verleumdungen** oder Rufmordkampagne werden. (Wenn Sie es nicht gerade provozieren.)

Doch sollte jemand tatsächlich ein Bewertungsportal nutzen, um Ihren Ruf zu schädigen, sehen Sie es positiv: Sie erfahren umgehend von diesem Angriff und können sofort etwas dagegen unternehmen! Welche Fälle könnten eintreten? Es gibt drei Möglichkeiten:

1. Ein Bewerter stellt Tatsachenbehauptungen auf, die nicht stimmen oder die er nicht beweisen kann. (Beispiel: „Dort gibt es nur ungelerntes Personal." Korrekt wäre aber: „Das Personal dort machte auf mich keinen kompetenten Eindruck."

2. Ein Bewerter bleibt bei der Wahrheit, wird aber beleidigend und greift Personen auf unsachgemäße Art an. (Beispiel: „Der Verkäufer benahm sich wie ein A****loch." Korrekt wäre aber: „Der Verkäufer war sehr unfreundlich zu mir.")

3. Ein Bewerter gibt eine formal völlig korrekte, negative Bewertung ab, die aber nur ausgedacht ist, um Ihrem Ruf zu schaden.

Natürlich können Sie in solchen Fällen schnurstracks zum Rechtsanwalt marschieren, viel Zeit und Geld investieren, um Ihren Ruf auf dem Rechtsweg reinzuwaschen. Allerdings wäre das meist mit Kanonen auf Spatzen geschossen. Die Bewertungsportale leben davon, dass Unternehmen „korrekt" bewertet werden und haben ein großes Interesse daran, verleumderische oder rufschädigende Bewertungen zu verhindern. Deshalb bieten sie eine Reihe unbürokratischer Wege an, sich gegen Rufschädigung zu wehren.

Bei Qype finden Sie unter jeder Bewertung den Link „Bedenklicher Inhalt?". Jeder Nutzer (auch Sie selbst) kann diese Funktion verwenden, um eine Bewertung, die ihm merkwürdig erscheint, zu melden und überprüfen zu lassen. Diese **Selbstregulierung** innerhalb der Community funktioniert sehr gut. 99,9 Prozent der Nutzer sind an wahrheitsgemäßen Bewertungen interessiert und tragen ihren Teil dazu bei, Qype „sauber zu halten". Trifft Fall 1 oder 2 auf eine Bewertung zu, nimmt Qype mit dem Nutzer Kontakt auf und bittet ihn, seine Bewertung zu korrigieren. Oft stellt sich heraus, dass eine Äußerung keine böse Absicht war. Manchmal kochen einfach die Emotionen hoch oder der Nutzer wusste sich nicht anders auszudrücken. Reagiert der Bewerter allerdings nicht, löscht Qype die betreffende Bewertung.

Selbstregulierung innerhalb der Community funktioniert sehr gut

Reagiert der Bewerter nicht, löscht Qype die betreffende Bewertung

Im 3. Fall wird es etwas schwieriger, da rein rechtlich gegen eine solche Bewertung keine Handhabe besteht. Wenn Sie Qype versichern, dass der Bewerter auf keinen Fall ein Kunde von Ihnen sein kann, wird Qype diesen Fall subjektiv abwägen. Meist erkennt Qype sehr schnell, wenn es sich bei negativen Bewertungen um Rufschädigung durch einen Mitbewerber handelt. Nehmen wir an, mehrere relativ neu registrierte Nutzer bewerten Sie innerhalb eines kurzen Zeitraums negativ. Diese Nutzer haben aber noch fast keine anderen Unternehmen bewertet. (Die Zahl der Bewertungen ist bei jedem Nutzer sichtbar.) In diesem Fall liegt die Vermutung nahe, dass die Nutzer und die Bewertungen nur von Ihrem Mitbewerber erfunden wurden.

Sicherlich ist es möglich, eine Verleumdungskampagne wirklich gut zu tarnen. Aber wer tut sich diesen Aufwand an? Wenn überhaupt, dann nur Unternehmen, die mit den Bewertungsportalen nichts Besseres anzufangen wissen. Ob diese Unternehmen das nötige Knowhow für eine ausgefeilte Kampagne gegen Sie haben, wage ich zu bezweifeln. Doch nehmen wir trotzdem einmal an, Sie bekommen eine erfundene, negative Kritik, vielleicht von einem persönlich enttäuschten Kunden. Sie können nichts dagegen tun, da es keinerlei Beweise gibt. Was machen Sie nun?

Reagieren Sie offensiv und öffentlich: Schreiben Sie einen Kommentar zur Bewertung. Sagen Sie, dass Sie sich beim besten Willen nicht an den Kunden erinnern können. Bitten Sie den Bewerter, sich zu melden, damit die Angelegenheit aus der Welt geschafft werden kann. Zusätzlich können Sie dem Bewerter auch direkt eine Nachricht über Qype senden. Selbst wenn er sich nicht meldet und seine Bewertung stehenbleibt: Mit Ihrer Reaktion haben Sie den schwarzen Peter an ihn zurückgegeben, Ihr Ruf wird von der Aktion keinen Schaden davontragen.

Auch bei KennstDuEinen? kann jeder über den Button „Fragwürdig" Bewertungen melden. KennstDuEinen? deaktiviert gemeldete Bewertungen sofort vorläufig, selbst wenn die Klärung noch etwas dauern sollte. Auch KennstDuEinen? nimmt Kontakt mit den Bewertern auf und löscht gegebenenfalls unzulässige Bewertungen. Das Kommentieren von Bewertungen ist bei KennstDuEinen? aber nicht möglich.

Konflikte und Missverständnisse entstehen in allen Bereichen des Lebens. Sie machen sich nicht angreifbarer, nur weil Sie Bewertungsportale im Internet aktiv nutzen. Hier gelten die gleichen **Gesetze und Regeln** wie anderswo. (Den „rechtsfreien Raum Internet", den Kritiker so oft erwähnen, gibt es in Deutschland nicht.) Wer schnell und besonnen reagiert, kann die meisten Konflikte auf dem kurzen Dienstweg aus der Welt schaffen.

Niemals gegen berechtigte negative Kritik vorgehen

Eine Warnung möchte ich Ihnen aber noch mitgeben: Nutzen Sie die beschriebenen Mittel niemals, um gegen berechtigte negative Kritik vorzugehen. Dadurch würden Sie sich nur Ihr eigenes Grab schaufeln und Ihre Glaubwürdigkeit auf Jahre hinaus verspielen. Wenn ein Kunde zu Recht sauer ist, gibt es nur eine richtige Reaktion: Den Fehler zugeben und es beim nächsten Mal besser machen.

Das Wichtigste zum Schluss: Legen Sie los!

Bewertungsportale sind ein hervorragendes Werkzeug, um Ihr Empfehlungsmarketing **systematisch** und effizient aufzubauen. Je mehr positive Bewertungen Sie erhalten, desto mehr Kunden werden Sie darüber gewinnen. Diese Neukunden bringen Ihnen wieder mehr Bewertungen. Ich habe Ihnen auf den letzten Seiten beschrieben, wie Sie vorgehen können. Ich habe Ihnen erklärt, dass Sie keine Angst haben brauchen. Jetzt müssen Sie nur loslegen und Ihre eigene Erfolgsspirale im Empfehlungsmarketing in Gang bringen.

Aktuelle Liste mit Bewertungsportalen auf http://comma5.de

Sie müssen dafür nicht unbedingt Qype oder KennstDuEinen? nutzen. Es gibt viele weitere Bewertungsportale, die verschiedene Schwerpunkte setzen oder sich auf bestimmte Branchen konzentrieren. Zum Beispiel auf die Hotellerie, auf Ärzte oder die Finanzbranche. Eine aktuelle Liste mit Bewertungsportalen stelle ich Ihnen auf meiner Webseite http://comma5.de [4] kostenlos zum Download bereit.

Wenn Sie sich für ein Portal entschieden haben, lassen Sie die anderen aber bitte nicht ganz außer Acht. Wie bereits erwähnt, können Nutzer auf den meisten Portalen ohne Ihre Erlaubnis Bewertungen über Sie schreiben. Prüfen Sie daher regelmäßig, ob Sie auf anderen Bewertungsportalen bewertet wurden. Finden Sie positive Bewertungen, dann versuchen Sie, diese auf „Ihr" Portal umzuleiten. Finden Sie negative Bewertungen – berechtigt oder unberechtigt –, kümmern Sie sich wie beschrieben darum.

Meine Anleitung zum Aufbau eines Empfehlungsmarketingsystems funktioniert, von Details abgesehen, mit allen Bewertungsportalen ähnlich. Pflegen Sie Ihr

Profil, bitten Sie alle Ihre Kunden um Bewertungen und sorgen Sie dafür, dass potenzielle Neukunden von diesen Empfehlungen erfahren. Und strengen Sie sich gleichzeitig an, immer attraktiver und damit **empfehlenswerter** für Ihre Kunden zu werden.

Empfehlenswerter für die Kunden werden

„Das Internet vergisst nichts!" So heißt es oft, wenn vor den Gefahren des Internets gewarnt wird. Für Ihr Empfehlungsmarketing ist das jedoch die größte Chance, die Sie sich denken können. Lassen Sie diese Chance bitte nicht ungenutzt!

Literatur

[1] http://telegate.com/htm/de/Unternehmen/Lokale_Suche_in_Deutschland.htm: Pressemitteilung der telegate AG.

[2] http://blog.nielsen.com/nielsenwire/consumer/global-advertising-consumers-trust-real-friends-and-virtual-strangers-the-most/: Blog-Artikel von nielsenwire.

[3] http://de.blog.qype.com/2009/09/18/15-millionen-unique-users: Blog-Artikel von Qype.

[4] http://comma5.de/empfehlungsmarketing/bewertungsportale.html: Webseite der marketing-agentur comma5.

Empfehlungen durch Anreize verstärken

Thomas Kilian

4

Mund-zu-Mund-Propaganda ist ein sehr altes Phänomen. Es hilft Menschen bereits seit Jahrtausenden zu einer größeren Bekanntheit und damit zum Erfolg. Das Internet greift als Kopie der realen Welt natürlich immer wieder auf dieses Vorbild zurück. So wie Sie Ihren Freunden erzählen, bei welchem Friseur Sie sich die Haare schneiden lassen oder welche PC-Werkstatt Sie besonders kompetent und seriös berät, so verhält es sich auch online.

Eine Suche bei Google zeigt, wie viele Websites auf „Maus-zu-Maus-Propaganda" setzen: Die Eingabe des Suchbegriffs „Seite weiterempfehlen" spuckt fast fünf Millionen Treffer aus. Und dabei sind noch längst nicht alle Formulierungen berücksichtigt (etwa „Empfehlen Sie die Seite weiter"). **Empfehlungsseiten** haben sich im Internet längst etabliert. Sie geben den Nutzern die Möglichkeit, ihre Freunde, Bekannte und Geschäftspartner darüber zu informieren, auf welch interessante Website sie gestoßen sind.

Zufriedene Kunden sorgen dadurch für Aufmerksamkeit, dass sie ihren Freunden und Kollegen von ihrem positiven Erlebnis bei Ihnen erzählen. Dabei spielt es keine Rolle, ob Sie nun einen Online-Shop besitzen oder Ihr Unternehmen im Internet bekannt machen möchten. Mit einer „Tell-a-Friend"-Funktion bieten Sie Ihren Fürsprechern die Möglichkeit, direkt von Ihrer Website aus eine Nachricht an einen oder mehrere Bekannte zu versenden. Meine Frau macht das immer mit interessanten Immobilien-Angeboten oder wenn sie ein passendes Ferienhaus im Internet gefunden hat. Sie sehen: Die **Weiterempfehlung** ist ein wichtiges Instrument im Online-Marketing.

Die Weiterempfehlung ist ein wichtiges Instrument im Online-Marketing

Denn anders als in der realen Welt merken sich die Nutzer Ihrer Website häufig nicht, wo sie sich nun gerade „durchgeklickt" haben. Dafür ist die Bedienung der verschiedenen Internetseiten viel zu dynamisch. Schnell hat der User etwas Hilfreiches gefunden oder erledigt, was er bei Ihnen wollte, und ist schon auf und davon zur nächsten (verlinkten) Website. Warum bieten Sie Ihren Kunden also nicht die Chance, die **Flüchtigkeit der positiven Erfahrung** auf Ihrer Internetseite mit einer kurzen Nachricht an Freunde und Bekannte festzuhalten?

Interessanterweise reicht manchem Zeitgenossen auch der „Weiterempfehlen"-Button nicht aus, um auf Ihre Website hinzuweisen. Bei meiner Recherche zu diesem Beitrag habe ich mich gefragt, wieso das so ist. Schließlich müsste doch jeder **voller Begeisterung** ein ums andere Mal von seinen positiven Erfahrungen erzählen. Mir geht das so mit dem Onlineportal fejo.dk. Das dänisch-deutsche Unternehmen präsentiert auf seiner Plattform die Ferienhäuser zahlreicher Anbieter. Dabei gelingt es fejo.dk, die Suche nach einem passenden Ferienhaus

http://www.marketing-boerse.de/Experten/details/Thomas-Kilian

stark zu vereinfachen und zugleich die vielen verschiedenen Möglichkeiten zu berücksichtigen, nach denen Kunden suchen könnten.

Müssten wir uns durch die Websites zahlloser Anbieter wühlen, bei denen die Häuser sehr unterschiedlich dargestellt sind, würde uns schnell die Lust vergehen. Bei fejo.dk gibt es neben der tollen Vergleichbarkeit und einheitlichen Form der Präsentation aber noch einen weiteren Vorteil: Hier kosten die Ferienhäuser nie mehr als bei den Anbietern selbst; eine Preisgarantie, die wir in Form einer unkomplizierten und schnellen Rückerstattung auch schon mal in Anspruch genommen haben.

Preisgarantie in Form einer unkomplizierten und schnellen Rückerstattung

Sie merken, dass wir gerne nach Dänemark fahren und dass ich fejo.dk als virtuelles Reisebüro aus ganzem Herzen weiterempfehle. Wäre doch schön, wenn dies immer so klappen würde, oder?

Ich bin davon überzeugt, dass wir Menschen grundsätzlich dazu neigen, uns eine Freude zu machen und uns gegenseitig zu helfen. Leider sind wir jedoch oft misstrauisch geworden. Aus diesem Grunde beschäftigen wir uns heute damit, wie sich **mit den richtigen Anreizen** Menschen dazu bewegen lassen, Empfehlungen auszusprechen.

Anreize fürs Empfehlungsgeschäft

Die Idee, eine Empfehlung zu belohnen, ist nicht neu

Die Idee, eine Empfehlung zu belohnen, ist nicht neu. Vor allem im Zeitschriftenhandel werden für den Abschluss von Abonnements immer wieder Prämien gezahlt, entweder in Form eines Gutscheins oder durch die Auswahl eines Sachpreises. Dabei spielt es (fast) keine Rolle, ob ich das Abonnement selbst abschließe und mich mit einer Uhr, einem Regenschirm oder einem Einkaufsgutschein belohne oder einen anderen Leser werbe. Selbst beim Friseur meines Vertrauens kann ich geworbene Kunden in ein Gutscheinheft eintragen lassen und bekomme dafür den nächsten Haarschnitt gratis.

Die Welt des sogenannten „Couponings“ erfreut sich anscheinend immer noch großer Beliebtheit. Seit den 1950er Jahren wird dieses Marketinginstrument in Form von Rabattmarken vor allem in den USA sehr stark eingesetzt. Durch die wachsende Verbreitung des Internets entwickelte sich in den vergangenen Jahren neben dem papierbasierten Coupon der digitale Gutschein zum Download oder per E-Mail-Versand. **Seit 2001 ist Couponing** durch den Wegfall des Rabattgesetzes auch in Deutschland offiziell erlaubt. Zwar hat diese Vermarktung noch längst nicht den Stellenwert wie in den USA erlangt, aber es wird für die Zukunft auch hierzulande mit einem starken Anstieg der Anzahl eingelöster Coupons gerechnet. Grundsätzlich lässt sich das Couponing in sieben verschiedene Arten unterteilen [1]:

- **Info-Coupon:** Gutschein für den Erhalt von Informationen.
- **Bundling-Coupon:** Kostenlose Zugabe eines Produkts oder einer Dienstleistung zum Kauf („Buy one, get one free.“).

- **Rabatt-Coupon:** Es wird ein Preisnachlass gewährt.
- **Treue-Coupon:** Belohnung für eine Kundenbeziehung beziehungsweise einen Kauf in Form einer virtuellen Währung oder Bargeld.
- **Online-Coupon:** Gutscheincode zur Einlösung bei einer Bestellung im Online-Shop.
- **Check-out-Couponing:** Individuelle Ausgabe von Coupons am Kassensystem.
- **Mobile Couponing:** Mobiles Abrufen von Coupons über das Handy.

Treue-Coupon belohnt eine Bestellung oder eine neue Kundenbeziehung

Uns interessiert hier natürlich insbesondere der **Treue-Coupon**, der eine Bestellung oder eine neue Kundenbeziehung belohnt. Dabei ist es unerheblich, ob ich selbst diesen Kauf tätige oder einen Bekannten weiterempfehle. Für meine Treue erhalte ich ein Geschenk oder einen geldwerten Vorteil.

Mit Affiliate Marketing erfolgreiche Vermittlung durch Provisionen vergüten

Auch die Onlinewelt hat sich das bezahlte Empfehlungsmarketing natürlich längst zu Nutze gemacht. In Form von **Affiliate Marketing** vergüten zahlreiche Portale, Versandhändler und Verlage eine erfolgreiche Vermittlung durch Provisionen. Der Produktanbieter stellt hierbei seine Werbemittel (in der Regel Onlinebanner verschiedener Größen) zur Verfügung, die der Affiliate Partner auf seiner Website veröffentlichen kann. Über einen Provisionscode in der Linkadresse erkennt der Shop-Betreiber, wenn Verkäufe über diesen Vermittler erzielt wurden. Einige Systeme bezahlen pro Klick auf ein Werbebanner, die meisten jedoch erst bei Anmeldung des Neukunden im Online-Shop („Lead") oder als Erfolgsprämie für den Verkauf („Sale"). Onlinegutscheine, Keyword-Advertising oder E-Mail-Marketing funktionieren nach dem gleichen Prinzip. Affiliate Programme nutzen dabei den Wunsch zahlreicher Webmaster, sich über Provisionen ein (zum Teil recht lukratives) Einkommen zu verdienen.

Doch kommen wir zurück zu der Frage, wieso eine solche Belohnung überhaupt notwendig ist. Schließlich müsste die Begeisterung über ein Produkt oder einen tollen Service doch ausreichen, um eine Empfehlung auszusprechen. Sicherlich lässt sich über die Frage, wieso Menschen zur Weiterempfehlung eine Prämie oder einen Anreiz brauchen, ins Grübeln kommen. Allerdings muss man Menschen heutzutage in vielen Bereichen proaktiv begegnen. Das geht nur zum Teil über positive Kauferfahrungen, da wir heute einfach zu vielen anderen Einflüssen ausgesetzt sind. Wer eine tolle Prämie auslobt, hält den begeisterten Kunden auf der Website oder im Online-Shop und löst einen Impuls aus, sich auch wirklich die Zeit zu nehmen, eine Empfehlung auszusprechen. Eine Prämie aktiviert Empfehlungen.

Tell-a-Friend-Funktionen nicht ausreichend

Tell-a-Friend-Funktionen sind also nicht ausreichend und bis auf wenige Ausnahmen auch nicht besonders erfolgreich, um **nachhaltige Weiterempfehlungen** auszusprechen. Aus diesem Grunde hat sich im März 2009 die Online-Empfehlungsplattform „Tellja – einfach weitersagen ..." gegründet, deren Funktionsweise ich gleich vorstellen werde.

Doch lassen Sie uns gemeinsam noch einen Blick auf einige Zahlen werfen, die im Jahr 2005 von Marketingpartner im Rahmen der Studie „Sales Results in Marketing und Vertrieb" veröffentlicht wurden [2].

- 75 Prozent der Verbraucher in Deutschland vertrauen generell Freunden und Bekannten bei der Produktauswahl.
- Mehr als neunzig Prozent haben Freunde und Bekannte bereits aktiv um Rat gefragt.
- Ein Drittel macht dies regelmäßig vor Kaufentscheidungen.
- Sechzig bis achtzig Prozent der Bestandskunden sind empfehlungsbereit.
- Fünfzehn Prozent lassen sich zu einer Empfehlung animieren (bei 100.000 Kunden sind das in etwa 15.000 Empfehlungen).

Genau diese Verhältnisse machen sich Tellja und andere Weiterempfehlungs-Systeme wie etwa die US-amerikanischen Anbieter Baazarvoice und Social Twist zu Nutze. **Kunden wissen exakt**, wer in ihrem Freundeskreis etwas sucht und was er oder sie genau braucht. Darüber hinaus tauschen sich Freunde über solche Themen aus. Wenn Sie sich selbst einmal fragen, wer von Ihren Freunden zurzeit nach einem Ferienhaus sucht, ein neues Fahrrad anschaffen möchte oder nach Geschenken für die Kinder sucht – Sie könnten sicher einige Empfehlungen aussprechen, wenn Sie gerade über das Passende gestolpert sind.

Kunden wissen, wer in ihrem Freundeskreis etwas sucht

Offline funktionieren solche Prämiensysteme zumeist als **Gutscheinlösungen**, etwa in Form eines Reisegutscheins, eines Einkaufs- oder Gourmetgutscheins. Ich denke da außerdem an Quersubventionierungen (Restaurantgutscheine auf der Rückseite des Kino-Tickets) oder an Vergünstigungen, wenn ich noch jemanden zur Veranstaltung mitbringe. In der Praxis lässt sich diese **doppelseitige Belohnung** recht häufig feststellen: Nicht nur der Empfehler erhält eine attraktive Prämie, auch der Empfohlene kann bei seiner Bestellung sparen. Dies bietet dem Neukunden einen unmittelbaren Mehrwert und der Vermittler wird nicht nur für die tolle Empfehlung gelobt, sondern auch für die Möglichkeit, ein Schnäppchen zu machen.

Der Empfehler enthält eine Prämie und der Empfohlene kann sparen

Tellja nutzt dieses Prinzip: Betreiber von Online-Shops können über ein spezielles Widget (ein Online-Tool, das sich ohne größeren Programmieraufwand im Shop integrieren lässt) für aktive Empfehlungen sorgen. Dafür definieren sie eine Reihe von Prämien, die jemand für eine erfolgreiche Vermittlung bekommt. Wenn der Empfohlene einen Kauf tätigt, bekommt der Vermittler diese Prämie zugeschickt.

Bei meiner ADAC-Mitgliedschaft lief das ganz ähnlich. Hier konnte sich ein Freund von mir dann zwischen einer Taschenlampe, einem Reiserucksack oder einem Werkzeug-Set entscheiden. Wie beim Prämienservice des ADAC bietet das Tellja-Widget aber auch die Möglichkeit, die Prämie dem neu geworbenen Kunden zukommen zu lassen, anstatt sie selbst einzustreichen.

Wie beim Prämienservice des ADAC

Infobox: Schritte zur Nutzung von Tellja

1. Als Online-Shop müssen Sie sich zunächst bei Tellja anmelden.

2. Nun können Sie die erste Empfehlungskampagne erstellen: Wählen Sie Produkte aus Ihrem Sortiment oder aus den von Tellja bereit gestellten Prämien als geeignete Belohnungen für Ihre Empfehler aus. Speichern Sie die Kampagne ab (alternativ übernimmt das Tellja-Team dies für den Kunden).

3. Beim Einloggen haben Sie zwei Zeilen HTML-Code erhalten. Den einen Code mit dem Tellja-Symbol binden Sie in Ihrem Shop ein – damit wird das Tellja Widget aktiviert.

4. Den zweiten Code (ein Messpixel) bauen Sie auf Ihrer Kaufbestätigungsseite ein. Damit kann Tellja überprüfen, ob eine Empfehlung erfolgreich war und für Sie die Kampagne monitoren.

5. Ab diesem Zeitpunkt können Sie über das Tellja Portal weitere Kampagnen und Prämien anlegen, das Kundenverhalten evaluieren, Produkte und Prämien optimieren und Kampagnenziele überprüfen.

6. Für individuelle Wünsche treten Sie direkt mit Tellja in Kontakt.

Nach eigenen Angaben lassen sich durch hochwertige und sinnvolle Prämien **Konversionsraten** (Verhältnis von Empfehlungen zu Neukunden) von bis zu dreißig Prozent generieren. Bei den 15.000 Empfehlungen aus 100.000 Kunden (siehe Statistiken weiter oben) wären das immerhin etwa 5.000 aktive Neukunden. Solche Verhältnisse sind mit herkömmlichen Methoden nur schwerlich zu erreichen, vergleichen wir diese Form der Akquisition einmal mit Bannerwerbung oder Onlineanzeigen. Darüber hinaus generiert Empfehlungsmarketing in der Regel treuere Bestandskunden (wer jemanden aktiv empfiehlt, wechselt den Anbieter oder die Marke nicht so schnell) und zugleich auch treuere Neukunden.

Empfehlungssystem Tellja – einfach weitersagen

Mit Tellja kann ich meinen Freunden Produkte online empfehlen. Und wenn meine Freunde kaufen, bekomme ich eine Prämie. Es gibt kaum Bereiche, in denen diese Art von Empfehlungsmarketing nicht funktioniert: Von A wie Apotheke bis Z wie Zoomärkte. Vom Einsatz abraten würde Tellja nur, wenn Kunden kein gutes Produkt oder ein Qualitätsproblem haben.

Damit sich die Nutzung von Tellja wirklich lohnt, sollte ein Online-Shop schon wirklich relevanten Traffic auf der Seite haben. Allerdings lässt sich keine unmittelbare Basisgröße angeben, da viel von der Zielgruppe und dem Angebot abhängt. Nischenanbieter mit sehr hochwertigen und innovativen Gütern können über attraktive Prämien ebenfalls zu qualifizierten Neukunden kommen, auch wenn diese zahlenmäßig hinter den Top-Shops zurückliegen.

Das Preismodell bei Tellja ist mehrschichtig. Die Basis bildet ein **performance-orientierter Ansatz**: Tellja erhält neben einer monatlichen Grundgebühr eine Provision bei einer erfolgreichen Empfehlung, das heißt, wenn ein Online-Shop über das Prämienwidget einen neuen Kunden gewinnt, der eine erste Bestellung auslöst. Die Provision orientiert sich am Prämienwert und liegt damit bei hochwertigen Produkten in der Regel höher als bei Massenartikeln. Darüber hinaus bietet Tellja auch eine White Label-Lösung an und gestaltet neben dem Widget alle Komponenten passend zum Corporate Design des Kunden. Hierfür fällt eine zusätzliche einmalige Installationsgebühr an.

Das Preismodell ist performance-orientiert

Größtes Ziel für Tellja ist es, aus einfachen Empfehlern **Mehrfachempfehler** zu machen. Die Gründe hierfür liegen auf der Hand: Durch den performance-orientierten Ansatz hat das Start-up ein hohes Eigeninteresse, Markenbotschafter zu gewinnen. Eine zweite Empfehlung verdoppelt den Umsatz. Insofern liegt es nahe, dass Tellja hoch performante Systeme entwickelt, die dafür sorgen, dass Empfehler mehrfach aktiv werden. Sei es mit modernstem Data-Mining (automatischer Mustererkennung in größeren Datenbeständen) oder einfach durch geschickte Kommunikation. Das ist gut für Tellja und gut für den Kunden, schließlich steigt dadurch auch der Umsatz im Online-Shop.

Unterschiede zu anderen Empfehlungsplattformen

Online-Plattformen für Empfehlungen und Meinungsbekundungen gibt es im Internet wie Sand am Meer. Neben den allgemeinen Portalen für Kaufempfehlungen und Testberichte wie Ciao.de, dooyoo.de, yopi.de und test.de finden sich zahlreiche Bewertungssysteme für unterschiedliche Branchen:

Zahlreiche Bewertungssysteme für unterschiedliche Branchen

- **Reisen:** Holidaycheck.de, zoover.de, myhotel.de
- **Ärzte:** DocInsider.de, jamenda.de, imedo.de
- **Schulen/Unis:** SpickMich.de, SchulRadar.de, meinProf.de
- **Restaurants:** Qype.de, Restaurant-Kritik.de
- **Sonstige:** Kununu.de (Arbeitgeber), Kennstdueinen.de (Dienstleister), cuge.org (Websites)

Alle diese Plattformen bieten die Möglichkeit, eine Meinung zu hinterlassen. In den meisten Fällen müssen sich die Nutzer dafür einmalig registrieren und können dann sofort mit ihrer Bewertung loslegen. Aus Sicht der Verbraucher machen diese Systeme vielleicht Sinn, für das Empfehlungsgeschäft und den Aufbau einer positiven Reputation sind sie eher ungeeignet. Schließlich sind es zumeist eher passive Empfehlungen, die hier abgegeben werden.

Doch es gibt auch verständliche Gründe dafür: Wann macht sich ein User die Arbeit, eine Empfehlung auszusprechen, ohne aktiviert worden zu sein? Genau! Wenn er sich mal richtig geärgert hat. Überprüfen Sie einmal die wenigen reinen Produktbewertungen in Bezug auf die positiven und die negativen Anteile. Passive Empfehlungen sorgen für tendenziell schlechtere Empfehlungen.

Wenn die Unternehmen wirklich so ein Verhältnis von überwiegend negativen Bewertungen hätten, wie dort teilweise abgebildet, würde es viele Firmen gar nicht mehr geben.

Ein Empfehlungssystem wie Tellja **holt die Leute proaktiv an den positiven Marken- und Produkterlebnis-Bereichen ab**. Gewissermaßen direkt am „Point of Sale". Das führt zu einer realistischen Abbildung der Geschäftsprozesse und zu positiven Empfehlungen. Es macht aus Kunden Markenbotschafter. Über den Prämienanreiz funktioniert gerade die positive Empfehlung, schließlich würde niemand eine Empfehlung aussprechen und gleichzeitig das Produkt schmähen.

Dahlia Preziosa, die Deutschlandchefin des Online-Bewertungsportals Qype wendet sich gegen solche Vorbehalte. In einem Interview für den Wirtschaftsbericht 04/2010 der Volksbanken & Raiffeisenbanken antwortet sie auf die Frage, ob ein Unternehmen nicht Gefahr läuft, sich in einem Bewertungsportal freiwillig an den Pranger zu stellen: „Unternehmen stehen in der Öffentlichkeit, ob sie wollen oder nicht. Die Bewertungen der Kunden findet man auf Qype. Schließlich verbreiten sich positive wie negative Meinungen über das World Wide Web besonders schnell. Lob, aber auch die Kritik der Kunden können einem Unternehmer helfen. Wir helfen den Betrieben beispielsweise, richtig auf Beschwerden zu reagieren. Man kann via Qype einen Dialog mit dem Kunden aufbauen. Niemandem ist geholfen, wenn auf Kritik gar nicht oder beleidigt reagiert wird."

Wie das geht zeigt das Beispiel eines Hamburger Restaurants. Ein Gast hatte bei Qype seinem Ärger schriftlich Luft gemacht. Die Chefin des Restaurants schrieb ihm eine Mail über Qype und bat um eine zweite Chance für den ersten Eindruck. Mit Erfolg: Der Gast ergänzte seinen Beitrag auf der Internetseite und lobte die besondere Art des kundenorientierten Services. Hier zeigt sich, dass die richtige Reaktion auf eine Beschwerde schon Wunder wirken kann.

Wer negative Kritik einfach im Raum stehen lässt oder mit spitzen Bemerkungen reagiert, verliert nicht nur den verärgerten Kunden, sondern viele weitere Interessenten, die auf diesen Beitrag aufmerksam werden. Gerade deshalb sind **Anreize zur aktiven und positiven Weiterempfehlung** so wichtig. Immerhin kommen statistisch sieben negative Feedbacks auf ein positives Lob. Wenn Sie die Bewertungsplattformen im Blick behalten und im Sinne Ihrer Kunden zeitnah und professionell reagieren, können Sie negativen Kritiken schnell den Wind aus den Segeln nehmen und in positive Reputation umwandeln. Dazu gehört unter anderem auch, Fehler beim Namen zu nennen und konkrete Verbesserungen durchzuführen.

Fehler anerkennen und konkrete Verbesserungen durchführen

Auf ungerechtfertigte Bewertungen oder Kommentare unterhalb der Gürtellinie reagiert die Community in den meisten Fällen ohnehin recht schnell. Vielfach rücken andere Gäste oder Kunden den schlechten Eindruck wieder gerade. Virtuelle Online-Plattformen wie Qype verhalten sich an dieser Stelle wie reale Netzwerke, sofern sie über eine **genügend große Mitgliederschaft** verfügen. Bei Qype gibt es inzwischen rund drei Millionen Einträge in der Datenbank und mehr als 1,3 Millionen Kundenbewertungen und Kommentare. Insofern bietet das Portal eine ausreichende Nutzergemeinde, um korrigierend zu wirken.

Ein Eintrag auf Qype und anderen Bewertungsportalen erhöht die Mundpropaganda und ermöglicht Unternehmen, ihre Zielgruppe noch genauer zu erreichen, ohne große Streuverluste in Kauf nehmen zu müssen. Auch mittelständische und kleine Unternehmen können über lokale Grenzen hinaus aktiv werden – ohne große Eintrittsbarrieren in den Markt. Und sie betreiben über die Bewertungen und Meinungen der Nutzer Marktforschung, ohne dafür teure Studien in Auftrag geben zu müssen. Es war noch nie so einfach, mit Kunden in Kontakt zu treten. Und wenn diese gehört werden, danken sie es dem Unternehmen mit Anerkennung.

Community von besonders aktiven Empfehlern

Erwähnenswert als Werkzeuge digitaler Weiterempfehlung sind sicherlich ebenfalls Twitter und Facebook. Auch bei Tellja wird es eine Integration dieser Social Media-Dienste geben. Darüber hinaus baut das Unternehmen ein Power-Empfehler-Portal auf, eine Community von hoch empfehlungsaffinen Menschen. Meist sind dies sehr aktive Shopper und im Freundeskreis akzeptierte Ansprechpartner für Marken und Produkte (First Adopter). Damit erreicht Tellja, mit einer für seine Kunden sehr hochwertigen Zielgruppe aktiv zu kommunizieren. Sicherlich eine gute Idee, um noch mehr aktive Empfehlungen zu generieren.

Literatur

[1] Quelle: http://de.wikipedia.org/wiki/Couponing

[2] Sales Results in Marketing und Vertrieb – Peer-to-Peer-Konzepte (http://www.marketingpartner.de/wissen/studien/studien-archiv/2005)

Viralisiert von Mund zu Mund und Maus zu Maus

4

Marco Ripanti

Längst kennt jeder die englische Bezeichnung Word-of-Mouth (WOM) und schon einige Zeit schraubt die Marketing-Welt an der Mund-zu-Mund-Propaganda, weil sie es online viralisieren will. Empfehlungen sollen nämlich kein Zufall mehr sein. Früher wurden Empfehlungen eher zufällig am Stammtisch oder im Supermarkt ausgetauscht. Heute geht es viel schneller zur Sache. **Meinungen werden aktiv eingeholt und auch bereitwillig abgegeben.**

Positive Empfehlung auf Facebook, in Twitter und in LinkedIn

Die Spezies der WOM-Marketer beschäftigen sich mit der Steuerung dieser Empfehlungen. Am schnellsten geht das online. Internetnutzer klicken und bekunden damit ihre Zufriedenheit mit einem bestimmten Produkt. Alle Freunde lesen diese vermeintlich positive Empfehlung auf Facebook, in Twitter und in LinkedIn. Ein Traum für WOM-Marketer: Ein Klick und die positive Botschaft verbreitet sich in einem Nu. Es drängt sich die Frage auf, wie und ob schnell auch immer gut sein kann.

Die Maus macht WOM und dann?

Der Klick ist nur der erste Schritt in der Kette der Reaktionen

Wer in der marketingBÖRSE mit der Maus auf „Gefällt-mir" klickt, um einen Fachartikel zu kommentieren, erscheint mit dieser Meinungsäußerung direkt bei den aktuellen Nachrichten auf Facebook und als Kurznachricht auf Twitter. **Wer klickt, macht WOM in den großen sozialen Netzwerken.** Der Klick ist nur der erste Schritt in der Kette der Reaktionen.

Der zweite Schritt ist die Perzeption des Empfängers. Hier gilt online wie offline: **Nur authentische und unabhängige Empfehlungen sind wertvolle Empfehlungen.** Der Vater, der seine Tochter für einen Job empfiehlt, ist weniger glaubwürdig als die Professorin, die ihre Abschlussarbeit betreut hat. Die Steuerung der Glaubwürdigkeit des WOM-Mausklicks ist eine konzeptionelle Aufgabe für Marketer.

Die schwierigste Aufgabe ist der dritte Schritt in der Reaktionskette, nämlich die Auswertung und Evaluation.

Wieso funktioniert WOM?

Der Drang, sich möglichst vielen anderen mitteilen zu wollen

Das Management der Weiterempfehlungen funktioniert wegen des angeborenen, menschlichen Mitteilungsbedürfnisses. Der Drang, sich möglichst vielen anderen mitteilen zu wollen, wurde in den 90er Jahren als „Me, too! – Internetkulturphänomen" bekannt. Wie leicht es allen fällt, sich mit nur einem

Klick einer Meinung anzuschließen, zeigen aktuelle Zahlen. Täglich klicken 65 Millionen Facebook-Nutzer auf Gefällt-mir.

Täglich klicken 65 Millionen Facebook-Nutzer auf Gefällt-mir

Erst eingebaut, sind solche **Gefällt-mir-Schaltflächen für Betreiber eine Goldgrube**. Denn sie sorgen für fast siebzig Prozent zusätzlichen Traffic. Die zusätzlichen Besucher kommen von Facebook, denn dort erscheint die Meinungsäußerung. Bereits im Februar hat die Empfehlung über Facebook anzahlmäßig die Empfehlungen per Mail überholt. Und das war zwei Monate vor Einführung der Facebook-Gefällt-mir-Schaltfläche.

Beispiele für WOM-Tweets

Die richtige Urlaubsreise suchen, bedeutet oft die Qual der Wahl. Gerade richtig erscheint da die Kurznachricht der Kollegin aus Österreich auf Twitter „Ich empfehle Sonne, Strand und Schlemmen im Hotel Zleep Balerup! Jetzt über folgenden Shortlink Skandinavienurlaub günstig buchen.“ Komisch, sie fährt doch erst nächste Woche in Urlaub. War sie vielleicht schon mal im Zleep Balerup oder ist der **Tweet ein Kuhhandel**? Bekommt die Kollegin vielleicht eine Barfüllung gratis aufs Zimmer, wenn ich über ihren Link buche?

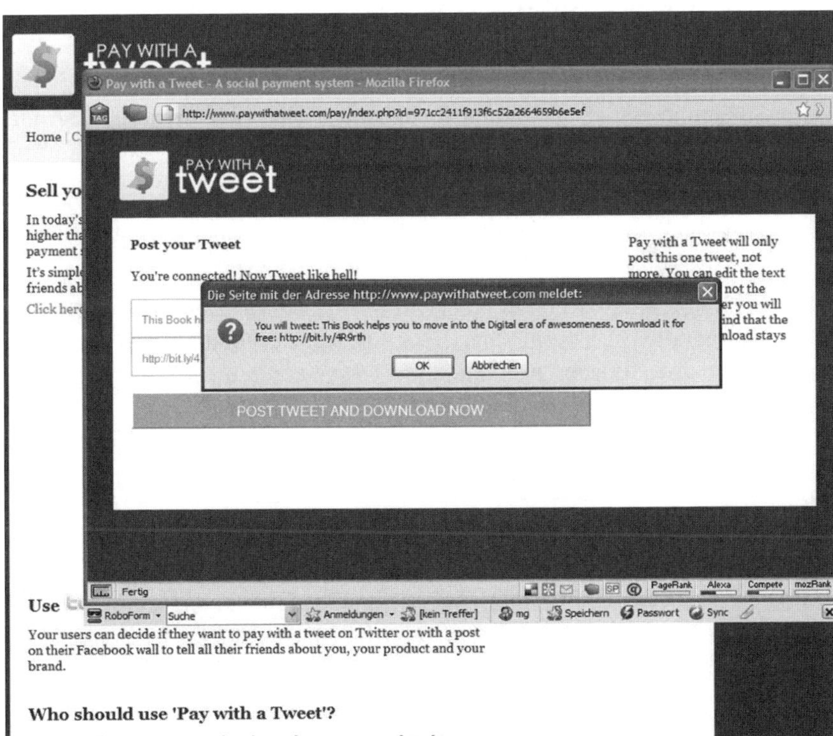

Abb. 1: Kauf über Pay with a Tweet mit vorgegebenem Text

Persönliche Empfehlungen und Technik sind für viele Kritiker eine Dissonanz. Stimmt die zeitliche Koordination nicht, stößt die positive Empfehlung auf Misstrauen.

Die kreativen Köpfe Leif Abraham and Christian Behrendt haben das Projekt **pay with a Tweet** gestartet. Sie haben das Buch „für alle, die in die Faszination der digitalen Ära eintauchen möchten" geschrieben und garantiert eine unschlagbar hohe Verbreitung des eBooks über das Internet erreicht. Sie haben nämlich das eBook für einen Tweet gratis angeboten. Massenweise Internetnutzer haben folglich das Buch empfohlen bevor sie es gelesen haben. Der Text der Empfehlung war für Twitter oder Facebook schon formuliert und brauchte nur gesendet werden.

Für einen Tweet ein eBook gratis anbieten

Für den Vertrieb ihres Buches setzen die beiden Autoren ein hervorragendes **Anreizsystem zur Steigerung des Bekanntheitsgrades** ein. Ein interessantes Buch kann nämlich auch gut vor der eigenen Lektüre empfohlen werden, da jedes Buch ein eigenes Image durch bereits erhaltene Kritiken haben kann.

Steuerung des WOM in drei Schritten

Drei Empfehlungsstufen

Die **Kommunikationsschritte sollten auf drei Empfehlungsstufen** herunter gebrochen werden. Beispielsweise könnten die Empfehlungen wie folgt lauten:

Die erste Empfehlung: Dein Freund Torsten interessiert sich für diese Reise oder dieses Buch. Interessiert dich das auch? Dann klicke folgenden Link.

Die zweite Empfehlung: Dein Freund Torsten hat diese Reise gebucht / dieses Buch gekauft. Willst du auch diese Reise buchen / das Buch kaufen? Dann klicke hier.

Die dritte Empfehlung: Deinem Freund Torsten hat die Reise/das Buch gefallen oder nicht gefallen. Du kennst das Buch? Hat es dir gefallen oder nicht? Du warst auch da wo Torsten war? Hat es dir gefallen oder nicht?

Beispiele für die Empfehlungsstufen

Je nach Produkt können ganz unterschiedliche Stufen die ausschlaggebenden Empfehlungen beinhalten.

Wer sieht, dass die neue große Liebe sich für Skandinavienreisen interessiert – sich also noch auf der ersten Stufe befindet – wird vielleicht ein romantisches Candle-Light-Dinner in Kopenhagen buchen. Die Empfehlung war auf der ersten Stufe bereits erfolgreich und hat geldwerten Umsatz generiert.

Prinzip der Knappheit und Exklusivität

Beim neuen iPhone ist die zweite Stufe die wichtigste. Hier herrscht das Tchibo-Prinzip der Knappheit und Exklusivität. Viele denken: „das iPhone muss und will ich auch haben". Die Empfehlung war also wegen des menschlichen **Drangs**

nach Konformität auf der zweiten Stufe erfolgreich und hat auch den Absatz gesteigert.

Auf der dritten Stufe wird es für Marketingleute richtig interessant und auch ungemütlich. Was tun, wenn einem Kunden die Reise nicht gefallen hat und er sie nicht weiter empfiehlt? Einerseits ist die negative Kritik wichtig für das Qualitätsmanagement und andererseits kann sie potenzielle Neukunden und auch die Bestandskunden umstimmen. Hier muss reagiert werden und zwar individuell und so wie es zum jeweiligen Unternehmen passt. Eine Entschädigung darf nicht als Schweigegeld missverstanden werden und soll kein Gespräch mit dem Veranstalter ersetzen.

Was tun, wenn einem Kunden etwas nicht gefallen hat und er nicht weiter empfiehlt?

Hat einem Kunden der Urlaub hingegen gut gefallen, dann empfiehlt er gern seine Reise wieder und freut sich sogar über kleine Belohnungen. Der zufriedene Kunde freut sich bestimmt über einen Gutschein für einen Kaffee, der unzufriedene Kunde empfindet die Tasse Kaffee als Frechheit und löst den Gutschein wahrscheinlich gar nicht erst ein. Hier ist also Fingerspitzengefühl gefragt.

Fingerspitzengefühl gefragt

Übrigens bezahlen zufriedene Leser der Tageszeitung taz über den Flatr-Button freiwillig für als gut empfundene Artikel. Schlummern hier neue Einnahmequellen für Verlagshäuser?

Fingerspitzengefühl und Technik geschickt kombiniert, kann die richtige Zauberformel für gutes Empfehlungsmanagement sein. Der große Vertrauensbonus des Word-of-Mouth muss nur noch technisch übertragen und weit verbreitet werden.

Wieviel Wert ist ein WOM?

Moderne Betreiber von Online-Shops bieten die Weiterempfehlung ihrer Produkte per Klick an. Der Aufwand ist minimal und schnell sind hohe Klickzahlen erreicht, die oft auch neben einem Produkt nachzulesen sind.

Beispielsweise empfiehlt nur eine Person den Südafrikanischen Hartenberg Rotwein im Straffan Weinshop während fünfhundert Personen eine Mondlandschaft aus der Lego-Serie Star-Wars empfehlen. Vielleicht empfehlen die fünfhundert Personen nur das Spielzeug, weil es sie an alte Zeiten erinnert und die Empfehlung findet kaum Beachtung und erzielt keinen Umsatz. Die eine Empfehlung für den Rotwein landet aber womöglich im Weinportal Weinfreund und findet so die erwünschte Beachtung unter den Weintrinkern und zieht Einkäufe nach sich.

Empfehlung zieht Einkäufe nach sich

Der Wert eines WOM-Links muss also am Produkt und an der Reichweite des Multiplikators gemessen werden. Hier zählt **Anzahl und Qualität der Kontakte der Multiplikatoren**. Qualitative Auswertungen kosten Zeit und liefern hochwertige Ergebnisse, die beispielsweise für ein Anreizsystem genutzt werden könnten. Verbreiten sich die **WOM-Links viral, ist der Wert am größten**.

Qualität der Kontakte der Multiplikatoren

Anreizsystem für ein großes Kontaktnetzwerk

Gute oder auch viele Kontakte machen sich also künftig vielleicht bezahlt. Vorbei sind die Zeiten in denen Power-Networkern unterstellt wurde, sie sammelten sinnlos Kontakte. **Viele Kontakte zu haben, könnte nämlich bald eine neue Währung sein.** Wer viele Kontakte hat und etwas empfiehlt, wird sicherlich besser belohnt als jemand mit nur dreißig Kontakten. Und wer nur dreißig Kontakte hat, hat einen Anreiz sein Netzwerk auszubauen. Es ist noch viel zu tun auf dem WOM-Markt.

WOM-Marketer müssen Hausaufgaben machen

Was passiert eigentlich bei einer Weiterempfehlung genau? Wo liest die Zielgruppe, die sich für mein Buch, meine Reise oder meinen Rotwein interessiert? Die großen und wichtigen Sozialen Netzwerke Facebook, Twitter, LinkedIn und Google Buzz passen immer und haben die größte Reichweite. Weiterempfohlen wird heute über Facebook, per E-Mail und via Twitter.

Weiterempfohlen wird heute über Facebook, per E-Mail und via Twitter

WOM-Marketer müssen sich klar machen **wo und wer ist meine Zielgruppe im Internet**. Die Zielgruppe, also die potenziellen Kunden und die Bestandskunden, sollen an eine Marke oder ein Produkt gebunden werden und möglichst oft glaubhafte, positive Empfehlungen in ihrer Internetumgebung einfach vorfinden oder abrufen können. Wer hier richtig entscheidet, kann hervorragende Kundenbindungen durch virales WOM-Marketing bewirken.

Literatur

Abraham, L./Behrendt, C.: Oh my god what happened and what should I do. – Innovative Thunder, 2010.

O`Neill, Nick: How To Attract 3,000 Fans In 30 Days, The Ultimate Facebook Pages Guide. – New Media School, 2010.

Heidi Perry: Influence Data > Sharing Data. – 2. März 2010,Weblog Share This http://blog.sharethis.com/2010/03/02/influence-data-sharing-data/

http://en.wikipedia.org/wiki/Me_Too!: Wikipediaeintrag zum Me Too!

http://www.facebookbiz.de/artikel/65-mio-mal-gefaellt-mir-auf-facebook-jeden-tag

http://www.facebookbiz.de/artikel/ecommerce-setzt-auf-facebooks-like-button

Weiterempfehlfunktionen in E-Mail und Web

4

René Kulka

Weiterempfehlfunktionen in E-Mails und im World Wide Web (WWW) an sich sind nichts Neues, sondern werden bereits lange genutzt, um Mund-zu-Mund-Werbung anzuregen. Es dürfte kaum eine kosteneffizientere Möglichkeit geben, die **Werbereichweite** in der Zielgruppe zu erhöhen, als über einen einfachen, aber effektiven „Sag es einem Freund weiter"-Link im Newsletter oder auf der Webseite.

Persönliche Mund-zu-Mund-Werbung steigert aber nicht nur die Reichweite, sondern auch die **Werbewirksamkeit**. Botschaften, die den Empfänger über vertrauensvolle Empfehlungen von Bekannten erreichen, werden sehr positiv wahrgenommen und genießen eine besonders hohe Glaubwürdigkeit. Viel höher als diejenige, die der Werbetreibende durch eine aktive Ansprache selbst erreichen kann. Denn der möchte in der Wahrnehmung der Empfänger stets nur eins: Profit. Vor diesem Hintergrund ist jede Empfehlung als besonders wertvoll zu betrachten.

Empfehlungen von Bekannten genießen eine besonders hohe Glaubwürdigkeit

Mit dem enormen Zulauf der **sozialen Netzwerke** erleben nun auch Weiterempfehlfunktionen einen neuen Aufschwung. Mehr und mehr Webseitenbetreiber und E-Mail-Marketer versuchen, Empfehlungen mit einem „Weitersagen" oder „Teilen"-Knopf gezielt auch hierüber anzuregen. Aus gutem Grund: Klassischerweise richtete sich eine Weiterempfehlung per E-Mail „nur" an einen oder wenige Freunde. In den sozialen Netzwerken, wie Twitter oder Facebook, kann der Tipp per Knopfdruck ganze Kontaktgeflechte erreichen und sich dort **rasend schnell viral ausbreiten**. Wie Sie sich diese und andere Möglichkeiten von Weiterempfehlfunktionen in Ihren E-Mails und auf der Webseite praktisch sofort zunutze machen können, und was es dabei zu beachten gilt, erfahren Sie in den folgenden Abschnitten.

Klassisch: Die „Tell-A-Friend"-Funktion

Weiterempfehlfunktion in Newslettern: Tell-A-Friend

Der klassische Fall der Weiterempfehlfunktion in Newslettern und im Web ist der „Freunden weitersagen"-Knopf, der auch als Tell-A-Friend, Mailingpoint, Forward-To-A-Friend oder kurz „FTAF" bezeichnet wird. Der typische Ablauf gestaltet sich wie folgt: Bei einem Produkt auf der Webseite oder im Fußbereich des Newsletters findet der Nutzer einen **„Weitersagen"-Knopf**, der beim Mausklick zunächst eine neue Seite im Webbrowser öffnet. Hier gibt der Nutzer die E-Mail-Adressen der Empfänger für seinen Tipp in ein Onlineformular ein. Beim Klick auf „Absenden" erhalten alle angeführten Adressaten sodann eine

http://www.marketing-boerse.de/Experten/details/Rene-Kulka

E-Mail, in der der Gegenstand der Weiterempfehlung, also zum Beispiel ein Link zum Produkt oder der weitergeleitete Newsletter, angeführt wird.

Die Vorzüge einer Tell-A-Friend-Funktion liegen auf der Hand. Sie ist augenscheinlich relativ **einfach zu realisieren**. Denn neben einem passenden Onlineformular wird lediglich die technische Möglichkeit des E-Mail-Versands benötigt. Und mit der **E-Mail** fußt der Tell-A-Friend-Mechanismus zugleich auf der beliebtesten Anwendung zum Teilen interessanter Internetfundstücke. Denn eine überragende Mehrheit der Internetnutzer leitet – auch in Zeiten des Social Web – Inhalte wie gehabt am liebsten per E-Mail an Freunde und Familie weiter [1].

Ferner werden E-Mail-Weiterleitungen mittels Tell-A-Friend **messbar**. Ganz im Unterschied zur Standard-Weiterleitung zum Beispiel über Outlook, Thunderbird oder GMX, die vom Werbetreibenden nicht direkt erfasst und ausgewertet werden kann. Die Anzahl der Weiterleitungen einzelner Produkte oder E-Mail-Kampagnen kann somit als Kennziffer in Erfolgsauswertungen einfließen oder als Informationsquelle für Marktforschungsdaten dienen. Schließlich kann durch Tell-A-Friend auch sichergestellt werden, dass das Layout eines Newsletters beim Weiterleiten nicht durch das E-Mail-Programm verändert wird. So bleibt die gewünschte Newsletterdarstellung auch beim Adressaten der Weiterempfehlung gewährleistet.

Rechtswidrige Werbung ohne vorherige Einwilligung des Adressaten?

Diesen Vorteilen stehen allerdings einige **rechtliche Fallstricke** entgegen. Tell-A-Friend-Funktionen waren in der Vergangenheit häufig Gegenstand rechtlicher Auseinandersetzungen. Ein Knackpunkt hierbei war stets die Frage, ob es sich bei der Empfehlungs-E-Mail um rechtswidrige Werbung ohne vorherige Einwilligung des Adressaten handele. Folgende sechs Tipps sollten daher unbedingt bei Tell-A-Friend berücksichtigt werden, um das rechtliche Risiko zu minimieren:

- Das Onlineformular sollte mit geeigneten Maßnahmen, wie zum Beispiel ein CAPTCHA, gegen Angriffe durch Hacker oder Missbrauch durch andere mutwillige Dritte abgesichert werden.
- Die Empfehlungs-E-Mail sollte nur den Tipp an sich beinhalten und keine weitere werbliche Äußerung.
- Auf Anreize für Empfehlungen, wie Geschenke oder Rabatte, sollte verzichtet werden.

Absender der Empfehlungs-E-Mail muss der Werbetreibende sein

- Der Absender der Empfehlungs-E-Mail muss der Werbetreibende sein.
- Der Empfehler sollte idealerweise ein Häkchen setzen müssen, um zu bestätigen, dass er dem oder den Adressaten die E-Mail zusenden darf.
- In der Empfehlungs-E-Mail sollte klar hervorgehoben werden, dass die E-Mail im Auftrag eines Dritten versandt wurde.

Der Turbo: Empfehlungen per Social Web

Das Social Web umfasst ein Sammelsurium an Tools – angefangen von Foren, über Weblogs und Bookmarking-Dienste, bis hin zu spezialisierten Content- oder Social Networks. Davon verzeichneten besonders einige der Netzwerke in den letzten Jahren einen beispiellosen Nutzerzuwachs. Da die Möglichkeit, Texte, Bilder und Videos mit anderen Nutzern zu **teilen**, **Kernbestandteil der Social Networks** ist, kann das Empfehlungsmarketing vom Boom stark profitieren. Der Empfehlungsmechanismus wird im Web allgemein als „Share"- oder „Teilen"-Funktion und im E-Mail-Marketing als Share-With-Your-Network, „SWYN" oder auch Share-To-Social bezeichnet.

Share-With-Your-Network: SWYN

In der Praxis wird dem Nutzer die Weiterempfehlfunktion per Social Web – analog zum „Weiterempfehlen"-Knopf bei Tell-A-Friend – meist durch die bekannten **Social Network-Symbole** angeboten. Bekannt sind etwa das hellblaue „t" für Twitter.com, das weiße „F" auf dunkelblauem Grund für Facebook.com und so weiter. Das jeweilige Symbol wird einfach passend verlinkt (siehe nächster Abschnitt) und in unmittelbarer Nähe des zu teilenden Inhalts platziert. Empfohlen werden können alle denkbaren Inhalte: ein **Produkt**, ein **Video**, ein **Bild**, ein einzelner **Newsletterartikel**, der gesamte **Newsletter** oder Ähnliches. Bedingung ist lediglich, dass der Inhalt über eine Internetadresse abrufbar ist. Klickt der Nutzer auf eines dieser präparierten Netzwerksymbole, öffnet sich zunächst ein Dialogfenster. Hierüber kann dann typischerweise der gewählte Inhalt mit einer persönlichen Notiz im eigenen Netzwerkprofil veröffentlicht und so an die Kontakte empfohlen werden.

Gegenüber Tell-A-Friend besitzt die Teilen-Funktion wesentliche Vorteile. Während Tell-A-Friend grob auf die Empfehlung von ganzen Newslettern abzielt, können über die Teilen-Funktion **feingranularer** auch einzelne Artikel oder Elemente empfohlen werden. Daneben birgt die Share-Funktion **kein rechtliches Risiko** wie Tell-A-Friend. Denn die Weiterempfehlung erscheint hierbei als Veröffentlichung im persönlichen Netzwerkprofil des Nutzers, dessen Nachrichten und Tipps von den Kontakten ja aktiv abonniert wurden.

Share-Funktion birgt kein rechtliches Risiko wie Tell-A-Friend

Die Teilen-Funktion besticht dadurch, dass Inhalte im Social Web, das ja auf Austausch von Tipps ausgelegt ist, starke **virale Verbreitungspotenziale** besitzen. Denn interessanter Content wird einfach per Mausklick mehrfach weiterempfohlen. Folgendes Beispiel soll diesen Effekt verdeutlichen: Bei einem Newsletterversand an 50.000 Abonnenten und einer Teilen-Rate von einem Prozent werden fünfhundert Newsletterartikel auf der ersten Stufe im Social Web veröffentlicht. Bei durchschnittlich einhundert „Freunden" entspricht dies bereits einer zusätzlichen Reichweite von fünfhundert mal einhundert Kontakten auf der ersten Empfehlungsstufe. Von diesen 50.000 zusätzlichen Kontakten empfiehlt ebenfalls wieder ein Prozent respektive fünfhundert den Artikel weiter. So werden 50.000 weitere Kontakte auf der zweiten Empfehlungsstufe erreicht und so weiter. Über die Weiterempfehlfunktion im Social Web kann die Reichweite bei minimalem Aufwand also potenziell deutlich erhöht werden.

Einbindung einer Teilen-Funktion noch einfacher

Die **Einbindung** einer Teilen-Funktion gestaltet sich dabei **noch einfacher**, als die eines Tell-A-Friend-Mechanismus. Denn statt erst eine Mailingpoint-Funktion programmieren zu müssen, braucht lediglich an die passende Stelle auf der Webseite oder im Newsletter ein kleiner Code-Schnipsel eingefügt zu werden. Die meisten Netzwerke bieten hierzu einen vorgefertigten Quelltext zum Kopieren und Einfügen an. Eine Websuche nach dem Netzwerknamen mit dem Schlüsselwort „share" führt in der Regel zur entsprechenden Seite. Allerdings ist zu beachten, dass der Quelltext meist mit Javascript ausgeliefert wird und in dieser Form nicht ohne Weiteres in E-Mails eingesetzt werden kann. Denn nahezu alle E-Mail-Programme unterbinden Javascript, sodass der Empfehlungsmechanismus bei den Newsletteradressaten nicht funktionieren würde.

Social Sharing in E-Mails und Web ermöglichen

Weiterempfehlfunktionen für das Social Web sehr einfach realisierbar

In Ergänzung zur klassischen Tell-A-Friend-Funktion ist die Einbindung von Weiterempfehlfunktionen für das Social Web vor dem Hintergrund der vielen Vorteile mehr als sinnvoll. Die Umsetzung ist sehr einfach über **spezielle Hyperlinks** in **E-Mails und auf Webseiten** realisierbar. Die Links können manuell mit der unten stehenden Dokumentation (Stand: April 2010) zusammengestellt, oder auch mit Werkzeugen, wie bit.ly/SWYNme, per Mausklick erzeugt werden.

Abb. 1: Tell-A-Friend und Social Sharing komplementär im Newsletter einsetzen (Quelle: optivo.de)

In den Hyperlinks werden durch Parameter der zu empfehlende Artikel und optional weitere Informationen hierzu übergeben. In der Regel verwenden die Schnittstellen einen oder mehrere der folgenden Übergabevariablen, die für eine reibungslose Verarbeitung alle URL-kodiert vorliegen sollten:

- [URL] enthält die Internetadresse des Artikels
- [TITEL] enthält eine kurze Überschrift

- [BESCHREIBUNG] enthält einen Anreißer
- [QUELLE] enthält den Autor des Artikels

Facebook.com

Facebook ist das größte soziale Netzwerk weltweit. Es vernetzt sowohl private als auch geschäftliche Kontakte. Um es Ihren Newsletterabonnenten oder Websitebesuchern zu ermöglichen, Inhalte über das Facebook-Profil zu empfehlen, nutzen Sie folgende Hyperlinkform [2]:

Inhalte über das Facebook-Profil empfehlen

http://www.facebook.com/share.php?u=[URL]

[URL] muss durch die Adresse der Webseite ersetzt werden. Klickt der Nutzer auf den Link, loggt er sich zunächst bei Facebook ein. Sodann erhält er die Vorschau des Beitrags, die bei Bestätigung auf seiner öffentlichen Pinnwand erscheint oder als Privatnachricht an ausgewählte Kontakte versandt wird. Die Vorschau führt zum einen den Titel des Tipps an, der automatisiert aus dem <title>-Tag der angegebenen Webseite ausgelesen wird. Zum anderen kann eine Auswahl möglicher Vorschaubilder und eine Kurzbeschreibung dargestellt werden, die aus dem description-<meta>-Tag von [URL] ermittelt wird. Durch die Einbindung von Spezial-Tags auf der Webseite können auch Multimediainhalte, wie Audio- oder Videodaten, geteilt werden [3].

LinkedIn.com

LinkedIn ist ein international verbreitetes Netzwerk für Geschäftskontakte. Für die Empfehlfunktion nutzen Sie folgende Hyperlinkform [4]:

http://www.linkedin.com/shareArticle?mini=true&url=[URL]&title=[TITEL]
&summary=[BESCHREIBUNG]

[URL] muss die Internetadresse der zu teilenden Webseite enthalten. [TITEL] und der Teaser in [BESCHREIBUNG] sind freiwillige Angaben, die gemäß der Schnittstellenbeschreibung bis zu 200 beziehungsweise 256 Zeichen umfassen können. Nach dem Klick auf den Link und erfolgtem Log-in erhält der Nutzer eine Vorschau seiner Empfehlung. Sodann kann der Tipp per Mausklick an ausgewählte persönliche Kontakte oder an LinkedIn-Gruppen weitergeleitet oder in den Updates veröffentlicht werden. Sofern der Nutzer sein Twitter-Konto mit LinkedIn integriert hat, kann der Tipp zugleich auch auch auf Twitter publiziert werden.

Titel und Teaser können bis zu 200/ 256 Zeichen umfassen

MySpace.com

MySpace ist ein soziales Netzwerk mit Künstlerschwerpunkt, das international ebenfalls eine hohe Verbreitung genießt. Für eine Empfehlfunktion versehen

Sie Ihre Newsletterartikel oder Webseiten mit Hyperlinks der folgenden Form [5]:

http://www.myspace.com/index.cfm?fuseaction=postto&u=[URL]&t=[TITEL]&c=[BESCHREIBUNG]

Nachdem der Nutzer auf den MySpace-Weiterempfehlenlink geklickt hat, muss er sich gegebenenfalls mit seinen Zugangsdaten authentifizieren. Sodann erhält er eine Vorschau seiner Empfehlung, bei der [BESCHREIBUNG] und [TITEL] noch angepasst werden können. Der Nutzer hat hier ebenso die Gelegenheit, einen Kommentar zu verfassen und ein Vorschaubild auszuwählen, sofern die Schnittstelle eines oder mehrere Bilder von der Webseite erfassen konnte.

Durch Multimedia-Tags auch Videos zum Teilen anbieten

MySpace wertet zusätzlich weitere Angaben aus, die über spezielle Tags durch die Webseite unter [URL] übermittelt werden. Zum Beispiel kann mit dem Tag <link rel="image_src" href="…"> im Quelltext die Internetadresse eines Bildes spezifiziert werden, das in der Vorschau des Tipps angezeigt wird. Durch Multimedia-Tags ist es ferner auch möglich, Videos zum Teilen anzubieten [6].

Twitter.com

Interessante Tweeds werden vielfach zitiert und verbreiten sich so sehr schnell viral

Twitter verzeichnete jüngst einen kometenhaften Aufstieg. Mitglieder veröffentlichen („tweeten") im Netzwerk Textmitteilungen mit maximal 140 Zeichen („Tweets"). Interessante Tweets werden vielfach zitiert („Retweet", „RT") und können sich so sehr schnell viral verbreiten. Damit Ihre Nutzer Inhalte einfach tweeten können, nutzen Sie folgende Hyperlinkform:

http://twitter.com/home?status=[BESCHREIBUNG]

Der Parameter [BESCHREIBUNG] wird ersetzt durch eine höchstens 140 Zeichen lange Kurznachricht, die dem Nutzer zur Veröffentlichung angeboten wird. Diese sollte den zu empfehlenden Artikel anteasern und einen Link dorthin enthalten. Klickt der Nutzer auf Ihren Empfehlenlink, loggt er sich zunächst ein. Hiernach erhält er eine Vorschau des Tweets, den er gegebenenfalls bearbeiten und sodann durch Klick auf „Tweet" in seinem Twitter-Kanal veröffentlichen und somit seinen „Followern" empfehlen kann.

StudiVZ.net, schülerVZ.net, meinVZ.net

Die VZ-Netzwerke studiVZ, schülerVZ und meinVZ sind im deutschsprachigen Raum sehr verbreitet. Um es Ihren Nutzern zu ermöglichen, auch hierüber Inhalte zu empfehlen, nutzen Sie folgende Hyperlinkstruktur:

http://www.studivz.net/Suggest/Selection/?u=[URL]&desc=[BESCHREIBUNG]&prov=[QUELLE]

[URL] enthält mit der Internetadresse des Tipps, [BESCHREIBUNG] die Betreffzeile für die Nachricht. [QUELLE] muss zwar mit Inhalt gefüllt werden, hat allerdings keine praktische Relevanz. Nachdem der Nutzer auf den Link geklickt hat, wählt er zunächst eines der drei Verzeichnisse aus und loggt sich sodann mit seinen Zugangsdaten ein. Anschließend werden die Kontakte aus dem Freundeskreis selektiert, an die das „Fundstück“ empfohlen wird. Die Adressaten erhalten dann zum einen eine E-Mail-Benachrichtigung, zum anderen einen Hinweis unter der Rubrik „Zeiger“ auf der individuellen VZ-Startseite.

Adressaten erhalten eine E-Mail-Benachrichtigung

Google Buzz

Google Buzz ergänzt seit Anfang 2010 den E-Mail-Dienst Googlemail um Twitter- und Facebook-ähnliche Funktionalitäten. Um Ihren Nutzern über diesen Dienst eine Empfehlfunktion anzubieten, nutzen Sie die folgende Hyperlinkstruktur [7]:

http://www.google.com/buzz/post?message=[BESCHREIBUNG]&url=[URL]&imageurl=[BILD]

Alle drei Parameter sind freiwillige Angaben. [BESCHREIBUNG] kann einen Text-Vorschlag enthalten, [URL] die Internetadresse des Artikels und [BILD] gegebenenfalls die Internetadresse eines Teaser-Bildes zum Artikel, das mit dem Beitrag veröffentlicht wird. Klickt der Nutzer auf Ihren Buzz-Link, kann er alle drei Vorschläge zunächst noch anpassen. Per „Veröffentlichen“-Knopf wird der Beitrag sodann an die „Mitleser“ des Nutzers empfohlen.

Xing

Ende Juni 2010 zog das in Deutschland stark frequentierte Businessnetzwerk Xing mit einer Teilenfunktion nach. Die Hyperlinkstruktur, die Sie auch in Newslettern problemlos verwenden können, lautet [8]:

https://www.xing.com/app/user?op=share;url= [URL];title= [TITEL];provider= [QUELLE]

[URL] ist die einzige Pflichtangabe. [TITEL] ersetzen Sie gegebenenfalls durch eine kurze Beschreibung des zu teilenden Beitrags. [QUELLE] bezeichnet entsprechend den Autor oder Fundort. Beim Klick auf den Link und anschließender Bestätigung erscheint eine Mitteilung beim Xing-Mitglied unter „Neues aus meinem Netzwerk”.

Literatur

[1] http://bit.ly/sherpa_share: Exzerpt des 2010 Email Marketing Benchmark Report von MarketingSherpa, S. 15.

[2] http://bit.ly/fb_1: Facebook Share-Widget.

[3] http://bit.ly/fb_2: Facebook Developers – Spezifikation der Multimedia-Tags.

[4] http://bit.ly/linkedin_1: LinkedIn Schnittstellendokumentation.

[5] http://bit.ly/myspace_1: MySpace Developers – Spezifikation der GET-Schnittstelle.

[6] http://bit.ly/myspace_2: MySpace Developers – Spezifikation spezieller Tags.

[7] http://bit.ly/buzz_1: Google Buzz Schnittstellendokumentation.

[8] http://bit.ly/xing_1: Endlich Newsletter auch via Xing teilen (SWYN).

Mensch und Algorithmus – Relevanzmessung im Netz

4

Holger Schmidt

Auf Twitter und Facebook werden täglich mehr als hundert Millionen Tweets oder Statusmeldungen produziert. Aus dieser Masse die wichtigen Informationen herauszufiltern, ist eine Herkulesaufgabe. Nun ist ein Wettlauf um die Relevanz im sozialen Internet entbrannt.

Wettlauf um die Relevanz im sozialen Internet

Auf **Twitter** werden 55 Millionen Kurznachrichten produziert – am Tag. Auf **Facebook** sind es sogar mehr als sechzig Millionen Statusmeldungen. Dazu kommen noch Blogbeiträge und hunderttausende Videos, die von den mehr als eine Milliarde Internetnutzern in aller Welt jeden Tag ins Netz gestellt werden. Die Flut der von den Nutzern erzeugten Inhalte wird täglich größer – und damit das Problem, die wirklich relevanten Inhalte zu finden. An dem Problem hat sich sogar **Google** bisher die Zähne ausgebissen. „Das Sortieren der Inhalte aus den sozialen Medien ist eine unserer größten Herausforderungen", sagte Google-Chef Eric Schmidt [1].

Das Sortieren der Inhalte aus den sozialen Medien ist eine der größten Herausforderungen

Konkret geht es darum, die **Relevanz** dieser Inhalte zu messen, zu bewerten und in eine Reihenfolge zu bringen. Relevanz ist dabei meist persönlich zu nehmen: Welcher Inhalt für einen Nutzer wichtig ist, hängt von Faktoren wie seinen Interessen, der Zeit und seinem Aufenthaltsort ab. Beispiel Twitter: Der Kurznachrichtendienst liefert wie keine andere Internetseite Informationen in **Echtzeit**. Etwa jeder fünfte Tweet enthält einen Link auf einen Medieninhalt.

Die Zahl der Follower sagt nichts aus

Einfluss und Popularität eines Twitter-Nutzers haben nur wenig mit der Zahl seiner Follower zu tun. Wird als Kriterium des Einflusses eines Twitterers die Zahl der Weiterleitungen (Retweets) seiner 140-Zeichen-Botschaften herangezogen, dann liegen nicht mehr Prominente wie Ashton Kutcher oder Britney Spears vorne. Stattdessen schaffen es Nachrichtenmedien wie CNN und die New York Times oder bekannte Blogs wie Mashable oder Techcrunch auf die vorderen Plätze.

Einfluss und Popularität eines Twitter-Nutzers haben nur wenig mit der Zahl seiner Follower zu tun

Zu diesem Ergebnis kommt eine wissenschaftliche Studie [2] am südkoreanischen Technologiezentrum Kaist. Die Wissenschaftler haben über mehrere Monate hinweg alle Kurznachrichten auf Twitter und das Verhältnis der Twitterer untereinander untersucht. 85 Prozent der in großem Stil weitergeleiteten Tweets waren Nachrichten. Die Hälfte aller Retweets fand innerhalb einer Stunde statt; 75 Prozent innerhalb eines Tages. Nutzer leiteten in der Regel nur Nachrichten bestimmter Twitterer weiter, zu denen sie Vertrauen haben. Einmal weitergeleitet, pflanzte sich der Tweet meist sehr schnell weiter fort. Die Zahl der erreichten Menschen auf Twitter hatte jedoch nichts mit der Followerzahl des Ursprungstwitterers zu tun.

Dennoch sind mehr als neunzig Prozent der Nutzer „höchstens um vier Ecken" miteinander verbunden, was in sozialen Netzwerken ein sehr geringer Wert ist. „Unsere Resultate bestätigen die Rolle von Twitter als Medium für Nachrichten", folgern die Wissenschaftler. Ihrer Ansicht nach erfüllt Twitter weit weniger die Eigenschaften eines sozialen Netzwerkes als andere Seiten. Denn nur 22 Prozent der Nutzer folgen sich gegenseitig; entsprechend legen 78 Prozent keinen Wert auf Reziprozität. Nur Menschen mit weniger als eintausend Followern befinden sich geografisch in der Nähe ihrer Freunde; bei Menschen mit mehr Followern spielte der Ort keine Rolle mehr.

Menschen bestimmen die Relevanz

Wer aber nur wissen möchte, welche Rockband gerade im Park nebenan ein Konzert gibt, wird fündig. Dafür genügt es meist, den Namen des Parks in die Twitter-Suche einzugeben. Der Name der Band wird mit einiger Sicherheit in den angezeigten Tweets der Konzertbesucher erscheinen. Diese Information ist in diesem Fall relevant (beantwortet also die Frage des Nutzers), weil sie in Echtzeit kommt, was in großem Stil nur im Social Web zustande kommen kann.

Top Tweets ist ein neuer Algorithmus, der Tweets identifiziert

In diesem Beispiel war es leicht, Relevanz über den Ort zu generieren. Aber gerade auf Twitter mit seinen 55 Millionen Tweets am Tag ist das Herausfiltern relevanter Inhalte eine große Herausforderung, an der viele Unternehmen arbeiten. Auch Twitter selbst. Das Unternehmen hat den Dienst @TopTweets entwickelt. „Top Tweets ist ein neuer Algorithmus, der Tweets identifiziert, die das Interesse unserer Nutzer gefunden haben", sagte der Twitter-Chefwissenschaftler Adbur Chowdhury dem Informationsdienst Search Engine Land [3]. „Der **Algorithmus** schaut auf alle Arten von menschlichen Interaktionen mit Tweets wie das Retweeten oder als Favorit markieren, um die Tweets mit der größten nicht erwartbaren Geschwindigkeit zu identifizieren", sagte Chowdhury.

Der Punkt ist die Formulierung „nicht erwartbare Geschwindigkeit". Denn jeder Twitterer erzeugt ein erwartbares Niveau an Aufmerksamkeit. Ashton Kutcher (@aplusk) mit rund fünf Millionen Followern oder Sascha Lobo (@saschalobo) in Deutschland mit mehr als 35.000 Followern generieren sicher stetig Resonanz auf ihre Tweets. Aber nach dem Willen von Twitter sollen eben nicht nur die Tweets der Promis auf @TopTweets auftauchen. „Wir wollen Tweets von allen Nutzern herausheben und nicht die Twitterer mit vielen Followern bevorzugen", sagte Chowdbury. Noch scheint @TopTweets aber nicht die wirklich relevanten Ergebnisse zu liefern, denn der Account hat bisher nur rund 50.000 Follower.

Der Google-Ansatz

Auch Google versucht sich daran, in seiner **Echtzeitsuche** möglichst relevante Ergebnisse zu liefern. Dort werden Echtzeitinformationen von Twitter, Facebook, MySpace, Friendfeed und weitere Webinhalte erfasst und nach Relevanz sortiert. Die Relevanz wird ebenfalls anhand des Beziehungsgeflechts auf Twitter ermittelt. Nach Angaben von Marissa Mayer, die bei Google für die Entwicklung der Suchmaschine verantwortlich ist, berücksichtigt der Sortieralgorithmus unter anderem, wie häufig ein Tweet weitergeleitet oder beantwortet wurde. Auch die Zahl der hochqualifizierten/populären Follower eines Nutzers ist ein wichtiges Kriterium.

Relevanz wird anhand des Beziehungsgeflechts auf Twitter ermittelt

Google hat dazu das PageRank-System, das den Ursprung seiner Suchmaschine darstellt, auf Twitter angewendet. **PageRank** bedeutet, dass die Zahl der Links, die auf eine Seite verweisen, entscheidend für die Reputation einer Seite ist. Je mehr Links die verlinkenden Seiten selber zuvor erhalten haben, desto höher ist der Reputationseffekt. Übertragen auf Twitter bedeutet das PageRank-Prinzip, dass das Folgen eines Twitterers wie ein Link bewertet wird. „Beides sind Formen von Empfehlungen“, sagte Amit Singhal, der für die Echtzeitsuche zuständige Softwareingenieur bei Google, der Fachzeitschrift „Technology Review“. Haben die Follower eines Twitterers selber viele Follower, erhält dieser Twitterer eine hohe **Reputation** im Google-System – unabhängig davon, wie viele Follower er tatsächlich hat. „Das ist definitiv mehr als ein Popularitätswettbewerb“, sagte Singhal. Tweets dieser Menschen mit hoher Reputation werden dann bevorzugt in die Google-Echtzeitsuche integriert. „In den Augen von Google kreiert die Anwendung des PageRank für Social Media einen menschlichen Algorithmus oder PeopleRank, der als Messgröße für die Autorität eines Menschen im Social Web dient“, sagte Brian Solis [4] von der Medienagentur Futureworks.

Je mehr Links desto höher ist der Reputationseffekt

Messgröße für die Autorität eines Menschen im Social Web

Das Filtern der Inhalte ist die große Aufgabe

Neben Google und anderen Suchmaschinen versuchen auch viele Start-Ups, Ordnung und **Autorität** in die sozialen Medien zu bringen. So zum Beispiel das Unternehmen My6sense, das die **Inhalte filtert**, die ein Nutzer verbreitet oder liest. Nach und nach soll die Anwendung dabei lernen, welche Inhalte den Nutzer besonders interessieren. Noch steckt das System aber in den Anfängen; am Markt hat es sich noch nicht durchgesetzt.

Auch Risikokapitalgeber suchen nach einer Lösung für das Problem. Jüngster Hoffnungsträger ist das junge kalifornische Unternehmen Klout.com, das gerade immerhin 1,5 Millionen Dollar von Investoren zur Verfügung gestellt bekommen hat. Mit Hilfe von **Ranking-Algorithmen** und semantischen Verfahren versucht das Unternehmen, einflussreiche Menschen auf Twitter zu identifizieren und wer von wem beeinflusst wird. Das Ergebnis ist der „Klout Score“, der als Wert zwischen 1 und 100 den Maßstab für den Einfluss auf Twitter anzeigen soll.

Einflussreiche Menschen auf Twitter identifizieren

Spitzenreiter in der Liste der einflussreichsten Twitterer in Deutschland ist danach der Twitter-Account @smashingmag mit einem Score-Wert von 81, gefolgt von @frauenfuss (73), @HerrTutorial (73), @Piratenpartei und @DerWesten (66). Die Twitterer haben allerdings wenig gemeinsam: Hinter Smashingmag verbirgt sich der Chefredakteur eines Designmagazins und Frauenfuss ist eine Künstlerin, die ihre Follower malt. HerrTutorial twittert vornehmlich über Videos, während die Piratenpartei über Netzpolitik und DerWesten als Nachrichtenmedium agiert. Das Problem, Relevanz nach Themen zu ordnen, löst auch Klout nicht.

Tweetranking: Empfehlen schafft Reputation

Reputation ist umso höher, je mehr Empfehlungen die eigenen Empfehler schon bekommen haben

Einen anderen Ansatz hat das Start-Up Tweetranking gewählt. Dort empfehlen sich Twitterer gegenseitig in Themenfeldern. Entstanden ist daraus ein Verzeichnis der deutschen Twittersphäre, sortiert nach der Reputation der Twitterer. Diese Reputation, normiert auf Werte zwischen 1 (niedrig) und 10 (hoch), ist umso höher, je mehr **Empfehlungen** die eigenen Empfehler schon bekommen haben. Im nächsten Schritt könnten die Tweets der Twitterer in das System hereingeholt werden. Mit Hilfe der Reputation und ihrer Zuordnung in inhaltlichen Kategorien ließen sich dann in Echtzeit die relevanten Inhalte herausfiltern.

„Right Time" statt „Real Time"?

Doch ob Echtzeit schon die Königsdisziplin im Internet bedeutet, ist umstritten. „Das ‚Right-Time-Internet' bringt in einigen Fällen mehr Wert als das ‚Echtzeit-Web'. Echtzeitdaten sind nur interessant, wenn ich aktuell nach Informationen schaue. Es gibt aber keinen Dienst heute, der die Informationen liefert, wenn man sie wirklich braucht. Wenn Ihre Firma das kann – ich bringe mein Scheckbuch mit", sagte der amerikanische Risikokapitalgeber David Pakman jüngst auf der Twitter-Entwicklerkonferenz Chirp [5].

Literatur

[1] http://www.readwriteweb.com/archives/google_web_in_five_years.php

[2] http://an.kaist.ac.kr/traces/WWW2010.html

[3] http://searchengineland.com/twitter-how-our-new-top-tweets-works-39115

[4] http://www.briansolis.com/2010/02/the-human-algorithm-how-google-ranks-tweets-in-real-time-search/

[5] http://www.briansolis.com/2010/02/the-human-algorithm-how-google-ranks-tweets-in-real-time-search/

Rechtliche Aspekte von Tell-a-Friend und SWYN-Marketing 4

Martin Schirmbacher

Grundlagen

Bekanntlich bedarf die Werbung per E-Mail genauso wie die Direktansprache per Telefax oder SMS in Deutschland grundsätzlich der Einwilligung des Empfängers. § 7 Abs. 2 Nr. 3 des Gesetzes gegen den unlauteren Wettbewerb (UWG) ist die zentrale gesetzliche Vorschrift. Darin heißt es, dass eine – wettbewerbswidrige – unzumutbare Belästigung anzunehmen sei,

> „bei Werbung unter Verwendung … elektronischer Post, ohne dass eine vorherige ausdrückliche Einwilligung des Adressaten vorliegt“ .

Klar ist damit, dass, wer per E-Mail werben möchte, eine ausdrückliche **Einwilligung des Empfängers** benötigt. Dabei macht es keinen Unterschied, ob der Empfänger ein Verbraucher ist oder es sich um B2B (Business to Business)-Marketing handelt.

Es gibt viele Arten, eine rechtssichere Einwilligung zu erhalten [1]. Unabhängig von der konkreten Form der Einholung der Einwilligung ist es ratsam, ein **Double-Opt-In-Verfahren** einzusetzen, um die E-Mail-Adresse zu verifizieren. So können nicht nur Missbrauch verhindert, sondern auch Irrtümer etwa bei der Angabe der E-Mail-Adresse ausgeschlossen werden.

Anwendung auf Tell-a-Friend-Funktionen

Was hat das alles nun mit Tell-a-Friend zu tun? Auch Tell-a-Friend kann unter das Spam-Verbot fallen: Nach der oben zitierten gesetzlichen Vorschrift ist nur erforderlich, dass es sich um mittels elektronischer Post versandte Werbung handelt.

§ 7 UWG verbietet generell die Werbung per elektronischer Post, wenn eine Einwilligung nicht vorliegt. Unter **elektronischer Post** sind nicht nur E-Mails zu verstehen, die von einer E-Mail-Adresse an eine andere E-Mail-Adresse gesandt werden. Elektronische Post ist vielmehr allgemein jede Form der elektronischen Kommunikation, bei der eine Nachricht in eine Art Postfach des Empfängers übermittelt wird. Elektronische Post in diesem Sinne ist daher auch, wenn bei LinkedIn, XING oder Twitter Direktnachrichten generiert und verschickt werden. Auch elektronische Nachrichten, die über eine Tell-a-Friend-Funktion initiiert werden, gelten als elektronische Post im Sinne des Gesetzes.

Direkt-nachrichten bei LinkedIn, XING oder Twitter sind auch elektronische Post nach §7 UWG

http://www.marketing-boerse.de/Experten/details/Martin-Schirmbacher

Spannender ist da schon die Frage, ob es sich bei der Tell-a-Friend-E-Mail um **Werbung** handelt. Der Werbebegriff wird denkbar weit verstanden. Werbung ist

> „**jede** Äußerung bei der Ausübung eines Handels, Gewerbes, Handwerks oder Freien Berufs mit dem Ziel, den Absatz von Waren oder die Erbringung von Dienstleistungen zu **fördern**."

Letztlich ist jede Äußerung, die mittelbar oder unmittelbar der Absatzförderung dient, Werbung. Nahezu jede geschäftliche Maßnahme eines Unternehmens muss daher als Werbung qualifiziert werden.

Versendet ein Unternehmen also E-Mails an Dritte, die auf einzelne Produkte oder Websites hinweisen, handelt es sich dabei im Regelfall um Werbung, so dass grundsätzlich eine Einwilligung erforderlich ist.

Werbung stammt dann nicht von dem Unternehmen, wenn der „mailto:-Befehl" verwendet wird

Keine Werbung des Unternehmens ist es dagegen, wenn ein interessierter Kunde die entsprechende E-Mail selbst formuliert und – über seinen eigenen E-Mail-Client – an einen Bekannten übersendet. In diesem Falle mag es sich bei dem Inhalt der E-Mail durchaus um Werbung FÜR das Unternehmen handeln, diese Werbung stammt dann aber nicht VON dem Unternehmen, so dass ein Verstoß gegen § 7 UWG nicht vorliegt. Dies lässt sich etwa erreichen, wenn der **„mailto:-Befehl"** verwendet wird. Auch hier hat es das Unternehmen in der Hand, eine Betreffzeile und auch einen werbenden Text vorzuformulieren. Das Verfahren funktioniert natürlich nur, wenn der Empfehlende einen E-Mail-Client verwendet.

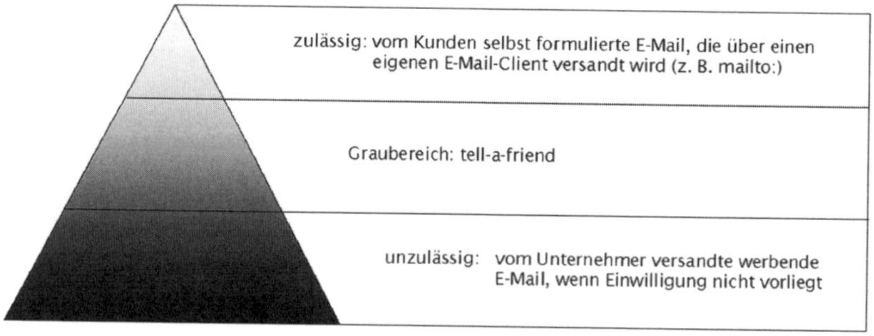

Abb. 1: Zulässige und unzulässige Werbung

In diesem Spannungsfeld bewegt sich, wer auf seiner Website eine Tell-a-Friend-Funktion anbietet. Ähnliche Fragen stellen sich bei dem B2C-Versand von E-Cards, die Werbung für den Betreiber enthalten, und Onlinemagazinen, die den Artikelversand an Dritte anbieten.

Gerichtsurteile zu Tell-a-Friend

Zur Zulässigkeit der E-Mail-Werbung hat es in Deutschland seit Ende der 90er Jahre eine Vielzahl von Gerichtsentscheidungen gegeben. Allein der Bundesgerichtshof hat inzwischen ein halbes Dutzend Fälle entschieden, in denen es um die Werbung per E-Mail ging. Der Spezialbereich des Empfehlungsmarketing per E-Mail war dagegen noch nicht Gegenstand einer Entscheidung des obersten deutschen Zivilgerichts.

Landgericht Nürnberg: Tell-a-Friend verboten

Doch auch die Tell-a-Friend-Funktion war bereits mehrfach Gegenstand gerichtlicher Entscheidungen. Schon im Jahr 2004 hat das Landgericht Nürnberg entschieden, dass es wettbewerbswidrig sei, auf der eigenen Internetseite Besucher dazu aufzufordern, eine persönliche Nachricht per E-Mail an einen Bekannten mit einer Produktempfehlung des Anbieters zu versenden [2].

OLG Nürnberg: Tell-a-Friend mit zusätzlicher Werbung verboten

Das Oberlandesgericht Nürnberg hat das in einer viel beachteten Entscheidung ein wenig differenzierter gesehen (Urteil vom 25.10.2005, Aktenzeichen 3 U 1084/05): Das OLG hielt es für unzulässiges Direktmarketing, wenn Nichtkunden auf bestimmte Produkte per E-Mail aufmerksam gemacht werden können und zugleich zusätzliche Werbung für das Unternehmen an die versandte E-Mail angehängt wird.

Betroffene Beklagte war das Quelle-Versandhaus, das Website-Nutzern die Möglichkeit gab, „Produktempfehlungen" an beliebige E-Mail-Adressen zu versenden. An den eigentlichen Inhalt der E-Mail wurden jeweils Hinweise auf einen „großen Sonderverkauf" mit besonderen Rabatten angehängt. Unzulässig war also nicht die Versendung von E-Mails auf Empfehlung von Nutzern als solche, sondern die **Einbindung zusätzlicher Werbung**. Die Revision zum BGH brachte keinen Erkenntnisgewinn, weil sich das oberste deutsche Zivilgericht nur mit prozessualen Fragen beschäftigte. Eine inhaltliche Auseinandersetzung fand nicht statt.

Unzulässig war nicht die Versendung von E-Mails auf Empfehlung von Nutzern als solche

Aus der Entscheidung des fränkischen Obergerichts kann man schlussfolgern, dass gegen Tell-a-Friend jedenfalls dann nichts einzuwenden ist, wenn keine weitere Werbung für das betreffende Unternehmen beigefügt ist.

Gegen Tell-a-Friend dann nichts einzuwenden, wenn keine Werbung beigefügt ist

Berliner Gerichte: Tell-a-Friend bei Incentives verboten

In der Folgezeit war es um Tell-a-Friend lange Zeit ruhig. Gerichtsurteile wurden nicht bekannt. Mitte 2009 haben zwei Entscheidungen Berliner Gerichte für neue Diskussionen gesorgt.

Mit Urteil vom 22.5.2009 hat das Amtsgericht Berlin-Mitte entschieden, dass Empfehlungs-E-Mails als Spam anzusehen sein können (AG Berlin-Mitte, Aktenzeichen 15 C 1006/09). Im konkreten Fall hatte ein Shopping-Club seinen registrierten Mitgliedern eine Tell-a-Friend-Funktion angeboten. Wurde dort eine E-Mail-Adresse eingetragen und auf „Absenden" gedrückt, erhielt der Empfänger eine E-Mail mit folgendem vorformulierten Text:

> „Herzlich willkommen. Du wurdest von ... (Nachname und E-Mail-Adresse) zu … Deutschlands Nummer 1 Shopping-Club eingeladen. Um bei täglich wechselnden Aktionen dabei zu sein und bis zu 70 % bei Mode- und Lifestyle-Produkten zu sparen, musst Du Dich lediglich unter folgendem Link registrieren…".

Der Werbetext war also von dem Unternehmen vorformuliert und aus der Sicht des Shopping-Clubs geschrieben. Die Versendung erfolgte im Namen des Shopping-Clubs. Das Gericht hat festgestellt, dass die E-Mail werbenden Charakter hat. Dazu sei es nicht erforderlich, dass ein konkretes Produkt oder ein Sonderangebot beworben werde. Wenn auf den Shopping-Club als solchen hingewiesen wird, genüge dies. Dies gelte umso mehr, als sich der Shopping-Club in den E-Mails als „Deutschlands Nummer 1 Shopping-Club" bezeichnet und „mit bis zu 70 % günstigeren Preisen bei Mode- und Lifestyle-Produkten" geworben habe.

Bei der „Einladungs-E-Mail" handelte es sich um Werbung

Die Berufung, die der Shopping-Club bei dem Landgericht Berlin eingelegt hatte, blieb ohne Erfolg. Das Landgericht hat in einem Hinweisbeschluss deutlich gemacht, dass es sich bei der „Einladungs-E-Mail" ohne Zweifel um Werbung handele, auch wenn diese als „persönliche Nachricht" deklariert worden sei (Landgericht Berlin vom 18.8.2009, Aktenzeichen 15 S 8/09). Auch das Landgericht stellt bei seiner Begründung darauf ab, dass die bestehenden Mitglieder durch die Möglichkeit, **Prämien und wertvolle Gewinne** zu erlangen, besonders zur Eingabe von weiteren Adressen animiert worden seien. Zudem enthalte der Text der Einladungs-E-Mail bereits Werbung für das Unternehmen.

Positive und negative Kriterien

Die Gerichte stehen der Tell-a-Friend-Funktion also skeptisch gegenüber. Allerdings lässt sich eine Reihe von Kriterien identifizieren, die für die negative Einschätzung verantwortlich sind. Andere Möglichkeiten führen eher zu einer positiven Bewertung.

Wer auf eine Tell-a-Friend-Funktion auf seiner Website nicht verzichten möchte, kann Abmahnrisiken durch Einhaltung einiger Punkte verringern:

Dos bei Tell-a-Friend

Absender-E-Mail-Adresse sollte die des Empfehlenden sein

- Die E-Mail sollte dem Empfänger als E-Mail des Empfehlenden erscheinen.
- Wenn möglich, sollte auch die Absender-E-Mail-Adresse die des Empfehlenden sein.
- Im Idealfall wird mit „mailto:" gearbeitet.

- Der Empfehlende sollte den Werbetext selbst formulieren und jedenfalls Änderungen vornehmen können.

Werbetext selbst formulieren

- Der Inhalt eines vorformulierten Textes sollte sich auf die Mitteilung über die Existenz der Website beschränken.

Dont's bei Tell-a-Friend

E-Mail darf sich nicht als Werbetext des Website-Betreibers darstellen

- Der Text der E-Mail darf sich nicht als Werbetext des Website-Betreibers darstellen.
- Der Text sollte nicht aus Sicht des Unternehmens geschrieben sein.
- Weitere Werbung für das Unternehmen sollte unterbleiben.
- Zusätzliche Incentives für die Einladenden, möglichst viele weitere E-Mail-Adressen einzugeben, sollte es nicht geben.
- Der massenhafte Versand von E-Mails sollte technisch ausgeschlossen sein.

Selbst wenn diese Voraussetzungen eingehalten werden, ist nicht vollständig geklärt, ob die Rechtsprechung den Spam-Vorwurf als ausgeräumt ansehen würde. Bei Tell-a-Friend nicht in den Griff zu bekommen, ist die Problematik mit Tippfehlern und Irrtümern in der E-Mail-Adresse. Verschreibt sich der Empfehlende und ist diese versehentlich eingegebene E-Mail-Adresse existent, ist denkbar, dass Gerichte eine Werbung ohne Einwilligung annehmen würden.

Tell-a-Friend bleibt daher eine wackelige Angelegenheit.

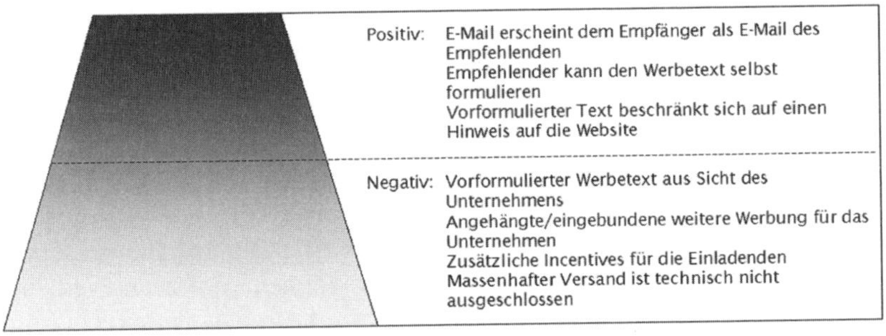

Abb. 2: Dos and Dont's bei Tell-a-Friend

Wer bisher gute Erfahrungen mit der Empfehlungsfunktion gemacht hat und die beschriebenen Positiv-Merkmale berücksichtigt, muss sich von der bisherigen Rechtsprechung nicht schrecken lassen.

Datenschutz: Löschen nach Gebrauch

Ein häufig übersehener Aspekt bei dem Einsatz von Tell-a-Friend ist der Datenschutz. Die Verarbeitung personenbezogener Daten setzt eine gesetzliche Gestattung oder eine Einwilligung voraus.

E-Mail-Adressen können **personenbezogene Daten** sein. Das gilt vor allem, wenn sie den Klarnamen des Adressinhabers enthalten. Daher bedarf die Speicherung und Verwendung der Daten gegebenenfalls einer datenschutzrechtlichen Rechtfertigung. Hier mag man in der Verwendung der von dem Nutzer preisgegebenen E-Mail-Adresse des Dritten noch eine Rechtfertigung für den Versand sehen.

Eine darüber hinausgehende Verwendung der E-Mail-Adresse für geschäftliche Zwecke ist dagegen nicht mehr gerechtfertigt. Die E-Mail-Adresse darf also nicht etwa für weitere Mailings verwendet werden.

Schon die Speicherung der Daten für gewisse Dauer nach Versand der E-Mail ist rechtlich zweifelhaft. Dies lässt sich allenfalls mit der Absicherung gegen Missbrauchsfälle rechtfertigen. Gegebenenfalls müsste man argumentieren, dass jeder Versandvorgang für eine gewisse Dauer gespeichert wird, um etwaige Ansprüche gegen den Empfehlenden geltend machen zu können.

Das Telemediengesetz sieht zudem die Belehrung des Nutzers darüber vor, was mit seinen Daten geschieht. Eine ordnungsgemäße Tell-a-Friend-Funktion sollte daher auch eine Datenschutzerklärung beinhalten. Hier genügt es, wenn diese unmittelbar bei der Funktion verlinkt ist.

Tell-a-Friend und Datenschutz

- Keine Verwendung der generierten Adressen
- Speicherung allenfalls zur Missbrauchsvermeidung
- Verlinkung einer Datenschutzerklärung

Empfehlende in die Verantwortung nehmen!

E-Mail-Werbung ohne die Einwilligung des Empfängers kann auf zwei Arten zu einem Rechtsfall werden: Zum einen können Verbraucherverbände, Wettbewerbsvereine oder Konkurrenten **Abmahnungen** aussprechen und gegebenenfalls auf Unterlassung klagen. Denkbar ist zum anderen, dass sich die Empfänger der E-Mails beschweren und sogar vor Gericht ziehen. In diesem Fall hat der Empfehlende offenbar die E-Mail-Adresse eines Dritten eingetragen, der mit dem Versand nicht einverstanden war.

Hier ist immerhin denkbar, den betreffenden Nutzer in die Verantwortung zu nehmen. Ist der Nutzer namentlich bekannt, etwa weil er Kunde des Unternehmens ist, können eventuelle Schäden auf den Nutzer abgewälzt werden.

Nutzer bei Verwendung der Tell-a-Friend-Funktion belehren

Dies setzt voraus, dass die Nutzer bei Verwendung der Tell-a-Friend-Funktion darüber belehrt worden sind, nur E-Mail-Adressen einzutragen, deren Inhaber mit dem Versand einverstanden sind. Außerdem muss in den AGB, denen der Nutzer zuvor zugestimmt hat, eine Klausel enthalten sein, wonach der Nutzer jedweden Schaden zu ersetzen hat, der aus dem Missbrauch der Tell-a-Friend-Funktion entsteht. Solche **Freistellungsklauseln** sind in Portal-AGB üblich, beziehen sich aber oft auf rechtliche Probleme bei dem Upload von Inhalten (zum Beispiel Urheberrechtsverletzungen). Soll die Freistellung auch für die Nutzung der Empfehlungsfunktion gelten, sollte das ausdrücklich geregelt werden. Praktikabel ist die Verwendung von AGB meist nur, wenn der Nutzer ohnehin eine vertragliche Beziehung zu dem Unternehmen hat.

Selbst wenn ein Rechtsanspruch auf Ersatz des Schadens besteht, mag es dann noch eine PR-Frage sein, ob der Schaden bei dem Kunden tatsächlich beigetrieben wird.

SWYN-Marketing

Bei Tell-a-Friend führt die Handlung eines Besuchers der Website dazu, dass ein Dritter eine werbende E-Mail erhält. Share-With-Your-Network erleichtert dagegen lediglich die Möglichkeit des Website-Besuchers, seinen Kontakten in sozialen Netzwerken von der betreffenden Website zu berichten.

Zusätzliche Aktion des Website-Besuchers erforderlich

Die SWYN-Funktionen sind dabei jeweils so aufgebaut, dass eine zusätzliche Aktion des Website-Besuchers erforderlich ist, um die entsprechende Nachricht in seinem sozialen Netzwerk zu posten.

E-Mails oder sonstige „elektronische Post" werden dabei nicht versendet. Vielmehr kann der Dritte die Empfehlung des Website-Besuchers erst sehen, wenn er selbst Mitglied bei dem sozialen Netzwerk ist oder die entsprechende Seite des Website-Besuchers anklickt.

Hier stellt sich der Hinweis auf die Website des Unternehmens also **nicht als Werbung des Unternehmens** selbst dar. Vielmehr ist die SWYN-Funktion lediglich eine vereinfachte Möglichkeit des Users, auf die Website des Unternehmens hinzuweisen. Das Unternehmen bekommt von dem Dritten keinerlei Informationen, weder die E-Mail-Adresse noch seinen Namen.

Nachricht des Nutzers, nicht Werbung des Unternehmens

Bei Twitter wird die Empfehlung in der Timeline der Follower angezeigt. Der Tweet erscheint dort als Nachricht des Nutzers, nicht als Werbung des Unternehmens. Ähnlich verhält es sich bei Facebook, wo die Werbung bei den Freunden des Empfehlenden eingeblendet wird.

Die bisher bekannten SWYN-Funktionen sind daher unter rechtlichen Gerichtspunkten nicht zu beanstanden.

Anzumerken ist allenfalls, dass die jeweilige – vorformulierte – Beschreibung natürlich den üblichen rechtlichen Maßstäben genügen muss und etwa nicht irreführen darf.

Die aktuelle Diskussion um den „Gefällt-mir"-Button bei Facebook zeigt, dass datenschutzrechtliche Bedenken bestehen können. Oberstes Gebot ist hier, überhaupt zu wissen, welche Daten durch Einbindung fremden Codes in die Website erhoben und weitergegeben werden. Werden personenbezogene Daten ohne Einwilligung erhoben, ist die Verwendung rechtswidrig.

Incentivierung des Word-of-Mouth

Vereinzelt wird versucht, die Zahl der Empfehlungen durch Website-Besucher dadurch zu steigern, dass dem Empfehlenden zusätzliche Incentives gewährt werden. Diese Vorgehensweise ist dem Grunde nach unabhängig von der Form der Weiterempfehlung, per E-Mail, SWYN oder klassisch Word-of-Mouth mit Weitergabe von Gutscheincodes.

Auch bei dem Anreiz selbst sind der Phantasie keine Grenzen gesetzt. Von konkreter Vergütung pro geworbenem Neukunden beziehungsweise Lead zu kostenlosen Mitgliedschaften, Gutscheinen oder anderen Incentives ist alles denkbar.

Rechtlich ist ein derartiges Vorgehen unter zwei Gesichtspunkten problematisch.

a) Schleichwerbung

Verpackung von Werbung als objektive Information ist nicht erlaubt

Seit jeher gilt das Verbot von Schleichwerbung. Die Verpackung von Werbung als objektive Information ist nicht erlaubt. Das gilt natürlich nicht nur für die herkömmliche Print-Presse, sondern auch im Web. Der Grundsatz der Trennung von redaktionellen und werbenden Inhalten umreißt das Verbot, eine vermeintlich objektive Journalistenmeinung zu kaufen und damit für eine positive Berichterstattung zu sorgen. Dieses so genannte Schleichwerbeverbot findet seine gesetzliche Verankerung in mehreren Normen:

- dem Verbot, den Werbecharakter von geschäftlichen Handlungen zu verschleiern (§ 4 Nr. 3 UWG),
- dem Verbot der als Informationen getarnten unternehmerfinanzierten Werbung (Anhang zu § 3 Abs. 3 UWG) sowie
- dem Gebot, kommerzielle Kommunikation erkennbar als solche darzustellen (§ 6 Abs. 1 Nr. 1 TMG).

Das Verbot wird vor allem bei redaktionellen Inhalten greifen. Auf rein private Mitteilungen sind die Vorschriften nicht unmittelbar gerichtet. Allerdings ist auch hier denkbar, dass Gerichte einen Verstoß gegen das Verbot der Schleichwerbung sehen, wenn Weiterempfehlungen, die ja in der Regel positiv sein werden, gezielt **gekauft** werden. Hier stellt sich die positive Empfehlung des Website-Nutzers dann als kommerzielle Kommunikation des Unternehmens dar, die im Internet der Kennzeichnung bedarf.

Eine gezielte Entlohnung von Weiterempfehlungen dürfte jedenfalls dann gegen das Schleichwerbeverbot verstoßen, wenn anzunehmen ist, dass der Nutzer die Weiterempfehlung nur aufgrund der Incentivierung ausspricht. Dies gilt umso mehr, wenn für denjenigen, der die Empfehlung erhält, objektiv nicht erkennbar ist, dass der Empfehlende für die Botschaft vergütet wurde. Muss der Empfänger der Nachricht den Eindruck haben, der Empfehlende habe die Empfehlung aus freien Stücken und nach seiner eigenen Überzeugung ausgesprochen, liegt ein Verstoß gegen das Schleichwerbeverbot nahe.

b) Laienwerbung

Problematisch kann eine Vergütung von Weiterempfehlungen auch unter dem als Verbot der Laienwerbung bekannt gewordenen Schlagwort des Wettbewerbsrechts sein. Unter Laienwerbung ist dabei der Einsatz von Privatleuten als Kundenwerber gegen Gewährung einer Werbeprämie zu verstehen.

Laienwerbung ist der Einsatz von Privatleuten als Kundenwerber

Dabei geht der Laienwerber typischerweise so vor, dass er zum Beispiel Verwandte, Freunde, Bekannte oder Kollegen anspricht und sie, sei es mit, sei es ohne Offenbarung seines Interesses an der Werbeprämie, als Kunden des Unternehmens zu gewinnen sucht.

Der Einsatz von Laien zur Verkaufsförderung ist grundsätzlich wettbewerbsrechtlich in Ordnung. Unlauter kann die Laienwerbung aber werden, wenn der Laie zu Werbemethoden greift, die dem werbenden Unternehmen verboten wären. Versendet der Laie also massenhaft Spam und wird er dazu von dem Unternehmer geradezu aufgefordert, kann sich eine Haftung auch des Unternehmens ergeben. Problematisch ist es, wenn das System darauf angelegt ist, dass der Laienwerber seine persönlichen Beziehungen bewusst als Hebel zur Kundengewinnung einsetzt. Auch darin kann eine Unlauterkeit liegen. Auch eine im Vergleich zur Leistung des Werbers sehr wertvolle Prämie kann zur Unlauterkeit führen.

Versendet der Laie massenhaft Spam, kann sich eine Haftung auch des Unternehmens ergeben

Allgemeine Aussagen lassen sich hier kaum treffen. Letztlich kommt es auf den Einzelfall an, ob eine Wettbewerbswidrigkeit – etwa wegen eines sehr hohen Prämienanreizes – vorliegt. Entscheidend ist eine Gesamtbetrachtung des Systems der Kundengewinnung.

Fazit

- Tell-a-Friend ist rechtlich problematisch. Unproblematisch zulässig ist nur die Verwendung des „mailto:-Befehls". Wer diesen nicht verwenden möchte, sollte eine Reihe von Hinweisen beachten.
- Aus Gründen des Datenschutzes sollten die generierten E-Mail-Adressen nach Versand der E-Mail schnell gelöscht werden. Außerdem bedarf es einer Datenschutzerklärung.
- Das SWYN-Marketing begegnet derzeit keinen rechtlichen Bedenken.
- Wer Weiterempfehlungen gezielt vergüten möchte, sollte vorab genau prüfen, ob dabei gegen das Schleichwerbeverbot verstoßen wird oder sich das Konstrukt aus anderen Gründen als wettbewerbswidrig darstellt.

Literatur

[1] vgl. dazu Schirmbacher, Leitfaden E-Mail-Marketing 2.0. – In: Torsten Schwarz (Hrsg.), S. 431 ff., 2009.

[2] Beschluss vom 4.3.2004, Aktenzeichen: 4 HKO 2056/04.

Schirmbacher, M.: Anmerkung zu LG Berlin zu Tell-a-Friend. – In: Zeitschrift GRUR-Prax, S. 207, 2010.

Schirmbacher, M.: UWG 2008 – Auswirkungen auf den E-Commerce. – In: Zeitschrift Kommunikation und Recht, S. 433, 2009.

Gerichtsentscheidungen

Landgericht Berlin vom 18.8.2009, Az. 15 S 8/09, Zeitschrift Kommunikation und Recht, S. 823, 2009.

Amtsgericht Berlin-Mitte vom 22.5.2009, Az. 15 C 1006/09, Zeitschrift Verbraucher und Recht, S. 77, 2010.

Oberlandesgericht Nürnberg vom 25.10.2005, Az. 3 U 1084/05, Zeitschrift Computer und Recht, S. 196, 2006.

Landgericht Nürnberg vom 4.3.2004, Az: 4 HKO 2056/04, Zeitschrift Computer und Recht. – S. 702, 2004.

DIE PRAKTISCHE UMSETZUNG IM OFFLINE-WOM

5

INTRO

Wer Mundpropaganda will, muss Erzählstoff bieten. Thomas Patalas schlägt dazu eine Methode mit einem martialisch klingenden Namen vor: Guerilla-Marketing. Anhand von Beispielen zeigt er, dass dies nicht nur etwas für die ganz Großen, sondern auch für kleine und mittelständische Unternehmen ist. Die passende Idee dazu, so sein Ansatz, ist bereits in den Unternehmen vorhanden, eben „inside". Man muss sie nur noch entdecken.

PR als Magnet: Wie man die Anziehungskraft für Kunden erhöht: Richtig gemacht, so zeigen Elita Wiegand und Christian Maria Fischer, lassen sich durch eine stringente Presse- und Öffentlichkeitsarbeit starke Beziehungen aufbauen – zu Journalisten und auch zu Empfehlungsgebern und bestehenden Kunden. Anhand einer Vielzahl von realen Beispielen verdeutlichen sie, wie kreative, außergewöhnliche und mutige Aktionen interessanten Gesprächsstoff bieten. Und das wiederum kann am Ende für jede Menge positive Mundpropaganda sorgen. Machen Sie sich also zum Stadtgespräch, zum „Talk of the town".

Referenzen – der Zaubertrank des Marketings: Referenzen sind „Everybodys Darling". Wer in Marketing, Verkauf und Kommunikation mit Referenzen agiert, lobt sich nicht länger selbst, sondern wird von seinen Kunden gelobt. Advocating nennt man das auch. Was im B2C Mundpropaganda heißt, das wird im B2B vornehmlich als Referenz oder Testimonial bezeichnet. Zwischen Kaufleuten ist beides schon lange eine wichtige Grundlage für Kaufentscheidungen. Und beides wird in Zukunft – wir hörten es schon an vielen Stellen in diesem Buch – noch sehr viel wichtiger sein. Harry Weiland schildert ausführlich, was zu tun ist, um wirkungsvolle Referenzen zu erhalten und wie man erfolgreiches Referenzmarketing macht.

Die Empfehlungsfrage im Verkaufsgespräch: Empfehlungen und Referenzen sind insbesondere im klassischen Vertrieb sehr hilfreich. Am Anfang und am Ende eines jeden Verkaufsgesprächs sollte deshalb eine Empfehlung stehen. Anne M. Schüller zeigt, wie man durch geschickte Fragestellungen Kaufinteressenten und Kunden zu ergiebigen Empfehlungsgebern macht. Denn schließlich gilt: Mit einer guten Empfehlung als Türöffner wird das Verkaufen ganz leicht.

Guerilla-Marketing inside – zwischen MacGyver und Sokrates

5

Thomas Patalas

Sie möchten Ihre Kunden zu Empfehlern machen? Dann sollten Sie sich zunächst Ihren Kunden empfehlen. Und das nicht nur mit einer guten Produktqualität und auch nicht nur mit einer guten Dienstleistung, sondern darüber hinaus mit einer **besonderen Form der Kundenkommunikation**. Diese Kommunikation erreicht die Aufmerksamkeit des Kunden, seine Neugierde und – vor allem – die Bereitschaft, sich auf einen Dialog mit Ihnen einzulassen. Drei Dinge auf einmal also, das könnte Sie jetzt an das Überraschungsei-Segment erinnern. Zumindest ist es genauso erfolgreich, allerdings mit einem sowohl ungewöhnlichen als auch irreführenden Begriff: Guerilla-Marketing. Nun könnten wir uns an dieser Stelle trefflich über Für und Wider des Begriffs unterhalten, führt uns aber nicht weiter.

Es gibt ihn nun mal und mit dem, was sich damit verbindet, bauen Sie sich nicht nur eine Standleitung zu Ihren (potenziellen) Kunden, sondern Sie geben ihm damit mehrere Dinge an die Hand, die es ihm ermöglichen, über Sie zu sprechen, oder noch direkter: Sie zu empfehlen. Aber alles der Reihe nach. Neben unserem Titelschlagwort finden Sie in der Überschrift zwei Protagonisten, die auf dem ersten und auch auf den zweiten, dritten, vierten Blick rein gar nichts miteinander zu tun haben: MacGyver und Sokrates. Tatsächlich liefern uns die Beiden aber genau das Rüstzeug, um die für Sie jeweils genau passende **Guerilla-Marketing-Idee** zu liefern. Bevor es nun zu einem Krampf in Ihren hochgezogenen Augenbrauen kommt, steigen wir einfach ins Thema ein.

Über die Suche nach der richtigen Idee

Guerilla-Aktionen sollten nicht kopiert werden

Wenn Sie sich bereits mit dem Thema Guerilla-Marketing beschäftigt haben, werden Ihnen sicherlich einige Beispiele dazu gefallen haben. Vielleicht waren sogar Aktionen darunter, die Sie am liebsten sofort nachgemacht hätten. Da Sie aber wissen, dass man gute Guerilla-Marketing-Aktionen nicht einfach kopieren sollte, trat vielleicht auch bei Ihnen an die Stelle des amüsierten Recherchierens irgendwann ein überfragtes Resignieren, weil Ihnen das Instrument Guerilla-Marketing eigentlich sehr zusagt, Ihnen aber partout keine zündende Idee kommen will.

Doch bevor Ihnen das Marketing-Teufelchen ins Ohr flüstert, dass man die guten Ideen nur ein bisschen abwandeln und auf die eigenen Verhältnisse anpassen müsste, dann würde schon keiner merken, dass sie eigentlich schon mal gelaufen sind, würde ich Ihnen am liebsten an dieser Stelle laut zurufen: „Verzagen Sie nicht! Auch Sie können eine originelle Guerilla-Marketing-Kampagne

http://www.marketing-boerse.de/Experten/details/Thomas-Patalas

entwickeln – denn eigentlich sitzen Sie schon drauf!“ Doch wäre mir diese alttestamentarische Gebärde dann doch etwas zu theatralisch und außerdem könnten Sie die Bildsprache am Satzende zu wörtlich nehmen. Bleiben wir also bei der Schriftform, da können weniger Missverständnisse entstehen und davon gibt es bei Guerilla-Marketing-Erläuterungen schon genug.

Dass Sie bereits auf der Guerilla-Marketing-Idee sitzen, ist gar nicht so verkehrt. Und genau an dieser Stelle kommt **MacGyver** ins Spiel, ein TV-Serienheld der achtziger Jahre. Der Höhepunkt einer jeden Folge bestand darin, dass MacGyver irgendwo eingesperrt wurde, wahlweise in einen Keller, ein Schlossverlies, in einen Kofferraum eines Autos oder was es sonst noch so an abschließbaren Räumlichkeiten gibt. Um sich daraus zu befreien, folgte MacGyver einem Schema, das sich analog auf das Entwickeln einer Guerilla-Marketing-Kampagne übertragen lässt:

Das MacGyver-Schema

Das MacGyver-Schema als Basis für Guerilla-Aktionen

Welche Ressourcen stehen Ihnen für die Kampagnen-Entwicklung zur Verfügung? So wie MacGyver Ausschau hält nach Utensilien, Werkzeugen oder einfach nur nützlichen Dingen, die ihm die Flucht ermöglichen sollen, genau so erforschen Sie Ihr Unternehmen nach Ressourcen, die für die Entwicklung einer Guerilla-Marketing-Aktion essentiell sein können. Beispielsweise hat MacGyver ein Streichholzbriefchen in der Hosentasche, borgt sich von seiner attraktiven Mitgefangenen (heißt häufig Chrystal) eine Haarnadel, in der Ecke steht dann noch eine halbleere Autobatterie und aus diesen Dingen bastelt MacGyver im Handumdrehen ein kurzwellentaugliches Funkgerät, um Hilfe zu rufen. Da sich wahrscheinlich keine Chrystal an Ihrer Seite befindet und Sie auch nicht um Hilfe rufen müssen (zumindest jetzt noch nicht), orientieren Sie sich an anderen Ressourcen. Welche Art von Ressourcen das sein könnten, zeige ich Ihnen anhand eines Beispiels:

Beispiel: Hausbesetzer der etwas anderen Art oder: Männer müssen draußen bleiben

Die Heizungs- und Sanitärbranche ist eine reine Männerdomäne. Kernige Burschen in blauen Strampelanzügen bewegen mit wuchtigen Maulschlüsseln Schrauben in der Größe von Autoreifen, installieren komplexe Heizungssysteme und verkaufen – quasi nebenbei – innovative Badlösungen. Natürlich an Männer. Falsch. Steckt aber immer noch als Grundkonstante in den Köpfen mancher Zeitgenossen. Und genau dieses **Klischee** war die entscheidende **Ressource** für eine Veranstaltung in den Ausstellungsräumen eines Heizungs- und Sanitärbetriebes. „Ladies-Night“ lautet der Name für eine Veranstaltung von Frauen für Frauen, die eine Garantie auf einen absolut männerfreien Abend gibt.

Guerilla-Aktion „Ladies-Night“ in einem Heizungs- und Sanitärbetrieb

Dabei stellen ungefähr dreißig Ausstellerinnen ihre Waren in den Ausstellungsnischen aus, also genau in den Nischen, in denen sich auch Bad-Beispiele und Heizungssysteme befinden. Somit kommt die Produktbotschaft auch nicht zu kurz, ein Fehler, der sich häufig in sogenannten Guerilla-Marketing-Aktionen wiederfindet. Dann steht nur das Witzige, das Originelle im Vordergrund und die Aktion verkommt so zum Kirmesspektakel, zur reinen Unterhaltungsvariante. Da Sie aber als Unternehmer und nicht als Entertainer agieren sollen, darf **die Botschaft**, die Sie mit Ihrer Kampagne übermitteln wollen, nicht zur Randnotiz verkommen. So auch in diesem Beispiel, da die Besucherinnen über das Angebot der jeweiligen „Ladies-Night"-Ausstellerin indirekt das eigentliche Produkt vorgestellt bekommen. Denn, um mit einem weiteren Klischee aufzuräumen: Wer trifft denn eigentlich die Kaufentscheidung, insbesondere wenn es um ein neues Bad geht? Kleine Hilfestellung: es ist nicht der Mann.

Abb. 1: Beispiel Ladies_Night

Das Klischee „Heizung/Sanitär = Männerdomäne" hat jedenfalls für die entsprechende Aufmerksamkeit in den Medien, aber auch bei den Besucherinnen geführt. Die Medien berichten über die Veranstaltung, ohne dass gleichzeitig teurer Anzeigenplatz gebucht werden muss. Und den Frauen gefällt scheinbar auch die Idee, Männer aus ihrem angestammten Territorium zu vertreiben und sich dabei hervorragend zu amüsieren.

Auf diese Weise startete die Veranstaltung, die übrigens an einem Dienstagabend stattfindet, direkt beim ersten Mal mit über dreihundert Besucherinnen. In 2010 fand bereits die dritte „Ladies_Night" statt, ohne dass ein Rückgang der Besucherinnenzahlen festgestellt werden musste.

Fassen wir die wesentlichen **Ressourcen** zusammen:

1. Klischee „Heizung / Sanitär = Männerdomäne"
2. Kundinnen
3. Räumlichkeiten „Bad- und Heizungsausstellung = Veranstaltungsfläche"
4. Ausstellerinnen aus der Region
5. Medienkontakte

Ressourcen erkennen

Ressourcen dieser Art gilt es für Sie zu erkennen. Natürlich ist das keine einfache Aufgabe, denn das heißt gleichzeitig sich frei zu machen von Betriebsblindheit, den alltäglichen Tunnelblick zu erweitern und die eigene **Unternehmenssituation zu reflektieren**. Wenn Sie das können, beglückwünsche ich Sie dazu, ich kann es nämlich nicht. Wenn in unserer Agentur eigene Marketingkampagnen entwickelt werden sollen, laden wir Geschäftsfreunde, Netzwerkpartner oder auch Lieferanten zum gemeinsamen Brainstorming ein. Sie bringen einen sehr hilfreichen Blick „von außen" auf unsere Agentur mit, der uns unsere latenten Ressourcen leichter identifizieren lässt. Genau das würde ich Ihnen auch empfehlen, sozusagen als die kostengünstigere Alternative für professionelle Beratungsleistungen: Binden Sie unbedingt Externe in den Entwicklungsprozess

Ihrer Guerilla-Marketing-Kampagne mit ein. Gleichzeitig sollten Sie auch intern **unterschiedliche Blickwinkel** auf Ihr Unternehmen nutzen, indem Sie Vertreter möglichst aller Abteilungen beteiligen.

Auflistung möglicher externer und interner Ressourcen

In der folgenden Tabelle habe ich mal eine Auflistung von möglichen externen und internen Ressourcen vorgenommen, ohne den Anspruch auf Vollständigkeit zu erheben. Mit dieser Tabelle sollte Ihnen jedoch der Einstieg in die Ressourcenfindung leichter fallen.

Interne Ressourcen	Externe Ressourcen
• Firmenhistorie	• Lokale Bräuche, Bedürfnisse, Sitten, Gewohnheiten
• Firmensitz, Adresse	• Lokale Traditionen
• Klischees, die mit Produkt/ Darstellung verbunden sind	• Lokale Symbolik
• Räumlichkeiten (Ausstellung, Seminarräume, Kellerbar ...)	• Mode
• Anwendungsbereiche Ihrer Produkte/Dienstleistungen	• Sprache: Dialekt, Hochsprache, Umgangssprache
• Ihre Kunden	• Lokale Produkte
• Medienkontakte	• Politik, Sport, Kultur, Gesellschaft
• Kontakte zu Prominenten (Schauspieler, Sportler, Politiker, TV-Stars)	• Medien
• Mitarbeiter: ihre Hobbies, Beziehungen, Kultur- beziehungsweise Freizeit- aktivitäten, besondere Leistungen, Biografie	
• Marketing: bisherige Kommunikationsmaßnahmen	

Allein mit der Tabelle können Sie jetzt möglicherweise noch nicht viel anfangen, dafür sind die Begriffe zu abstrakt und allgemein. Dennoch deutet die Übersicht bereits an, dass **unternehmensspezifische Ressourcen** für eine erfolgreiche Guerilla-Marketing-Kampagne tatsächlich latent vorhanden sind und von Ihnen nur noch freigelegt werden müssen. Um daraus nicht nur die zu Ihnen passenden

Ressourcen, sondern insbesondere die Guerilla-Marketing-Tauglichen zu finden, wenden wir uns nun dem zweiten Protagonisten zu, nämlich **Sokrates**.

Mein Name ist Sokrates und ich weiß von nichts

Das Sokratische Gespräch kann helfen, die Ressourcen für Guerilla-Marketing-Kampagnen freizulegen

Was hat Sokrates in einem Aufsatz über Guerilla-Marketing zu suchen? Er würde jetzt wahrscheinlich sagen, „Ich weiß es nicht" und mir im anschließenden Dialog zu der Erkenntnis verhelfen, dass ich es eigentlich auch nicht weiß. Um es nicht soweit kommen zu lassen, fragen wir ihn also lieber nicht. Vielmehr richten wir unser Augenmerk darauf, wie das sogenannte **Sokratische Gespräch** uns dabei helfen kann, die wesentlichen Ressourcen für eine Guerilla-Marketing-Kampagne freizulegen. Gelernte Philosophen sowie professionelle Ethiker und Moralisten mögen mir nachsehen, dass ich mich bei der Adaption der sokratischen Lehre an das Guerilla-Marketing auf einige wenige, dafür sehr praxistaugliche Merkmale konzentriere.

Versetzen wir uns dafür gemeinsam in die allseits bekannte Situation, dass wir uns im firmeneigenen Konferenzraum treffen, um Ideen und Ziele einer Guerilla-Marketing-Kampagne zu entwickeln. Anwesend sind der Geschäftsführer, der Vertriebsleiter, der Marketingleiter, der Personalchef, diverse andere Abteilungsleiter, MacGyver und Sokrates. Sie und ich dürfen auch dabei sein, haben aber nur eine beobachtende Rolle. Der Geschäftsführer eröffnet die Sitzung: „Meine Damen und Herren, ich darf Sie herzlich begrüßen und auch gleich zur Sache kommen: Unser Marketingleiter möchte eine Guerilla-Marketing-Kampagne durchführen und hat diesen gemeinsamen Termin vorgeschlagen, um in einem größeren Kreis entsprechende Ideen zu sammeln.

Wie im Guerilla-Marketing üblich, dürfen wir jetzt alle mal so richtig losspinnen, um mal was ganz Verrücktes zu entwickeln. Also, wer fängt an?" Sehen Sie vor Ihrem geistigen Auge wie er erwartungsvoll lächelnd in die Runde blickt? Sicher wissen Sie auch aus eigener Erfahrung, was als Nächstes passiert? Genau. Nichts. Als das Schweigen zu betreten wird, meldet sich Sokrates mit einem leichten Hüsteln zu Wort: „Äh, entschuldigen Sie meine Unwissenheit, aber was genau wollen wir mit der Kampagne erreichen?" Der Vertriebsleiter verdreht die Augen und poltert sofort los: „Na, was wohl? Natürlich, dass wir anschließend mehr verkaufen." „Nicht so voreilig", fällt ihm der Marketingleiter ins Wort, „eigentlich steht diesmal die Kundenbindung im Vordergrund.

Die Fluktuationsrate in diesem Bereich ist in den letzten neun Monaten so hoch wie noch nie in unserer Firmengeschichte gestiegen. Früher waren unsere Kunden viel treuer, heute gilt das alles nichts mehr. Sobald ein Wettbewerber günstiger ist, springen die schon ab." „Dann ist doch alles klar", meint der Geschäftsführer, „dann hauen wir in der Guerilla-Marketing-Kampagne mal voll auf den Preis. Dann kann die Konkurrenz eben sehen, wo sie bleibt." Sokrates schüttelt den Kopf: „Seit wann hängt die Kundenbindung denn vom Preis ab? Können nicht ganz andere Faktoren zur Abwanderung geführt haben?" Der Personalchef nickt zustimmend. „Wir hatten früher viel mehr Fachkräfte, die sich sowohl um den Service als auch um das Beschwerdemanagement gekümmert haben." Das Lächeln des Geschäftsführers ist nun endgültig verschwunden. „Das war früher, mein Lieber, heute sehen die Zeiten anders aus. Das können Sie sich gerne mal vom Aufsichtsrat erklären lassen." „Was genau ist heute anders?", hakt Sokrates nach. „Die Kunden sind heute aufgeklärter. Sie haben ganz andere Möglichkeiten sich zu informieren. Allein durch das Internet. Und damit sind sie auch automatisch kritischer.", erklärt der Vertreter der IT-Abteilung. „So kommen wir nicht weiter", meldet sich MacGyver zu Wort, „wir haben nach wie vor sehr viel Potenzial, das wir einfach nur abrufen müssen. Ich hab da mal was vorbereitet." „Streber!", zischte jemand. MacGyver ließ sich nicht beirren. „Wir sind das Unternehmen mit der längsten Tradition in dieser Gegend.

Beispiel: Wie das Gerüst einer Guerilla-Aktion entsteht

Ganze Generationen von Familien haben hier Arbeit gefunden und unsere Produkte haben die Region bekannt gemacht. Die Leute waren stolz darauf, bei uns zu arbeiten und daher war es für sie selbstverständlich, die Produkte nicht nur zu kaufen, sondern auch zu empfehlen." „Waren es nur die Produkte, die die Leute begeisterten?" fragte Sokrates. „Nein", antwortete der Geschäftsführer, „mein Großvater sprach immer von der besonderen Gemeinschaft, die diese Verbundenheit auslöste. Ob Unternehmensleitung, Kunden, Mitarbeiter oder Lieferanten, sie alle standen in einem ständigen Austausch. Da gab es keine Kommunikationsbarrieren. Er meinte, dieses gute Miteinander gäbe es nur in dieser Region. Hier würden die Menschen offen und ehrlich zueinander sein, quasi das Herz auf der Zunge tragen." Sokrates lächelte.

Wenige Wochen später startete die **Marketingkampagne** „Wir tragen das Herz auf der Zunge":

Baustein 1
Fotowettbewerb zum Thema „Wir tragen das Herz auf der Zunge"

Baustein 2
Guerilla-Marketing-Aktion in der Fußgängerzone. Es wurden Schoko-Herzen an Passanten verteilt, die sich diese auf die Zunge legten. Dabei wurden sie fotografiert, die Fotos auf die Kampagnen-Website gestellt.

Baustein 3
Durchführung von Lesungen in öffentlichen Verkehrsmitteln zum Thema „Wir tragen das Herz auf der Zunge". Bekannte Dichter, Kabarettisten, Politiker aber auch Amateur-Schriftsteller, Schüler, Hausfrauen waren eingeladen, ihre Werke in der S-Bahn, im Bus, im Regionalexpress vorzulesen, vorzutragen, vorzusingen, vorzuspielen.

Baustein 4
Die Ergebnisse aller Bausteine wurden gesammelt, fotodokumentiert und in einem Bildband zusammengefasst. Dieser Bildband wird an Kunden und Besucher bei Unternehmensführungen verteilt.

Zugegeben, der **Dialog** war natürlich idealtypisch formuliert. Aber haben Sie nicht das eine oder andere wieder erkannt? Wie häufig gehen wir in unserem beruflichen Alltag von falschen Postulaten und Prämissen aus. Und weil sie so herrlich die Arbeit erleichtern, stellen wir sie so gut wie nie in Frage. Daher halte ich es durchaus für sinnvoll, sich auf das Sokratische Gespräch zu besinnen, das uns befreien soll von falschen Grundannahmen oder auch von zu bloßen Worthülsen degenerierten Begriffen, die unreflektiert gebraucht werden. Wenn Sie zu den Zuschauern eines bestimmten Sportkanals gehören, kennen Sie auch die sonntagmorgendliche Gesprächsrunde zum aktuellen Fußballbundesliga-Spieltag. Dort werden solche Worthülsen – und der Fußball kennt viele davon – mit jeweils einem Euro ins Phrasenschwein bestraft. Sokrates hätte seine Freude daran gehabt.

Er führte stattdessen Gespräche mit selbsternannten Experten, die er dabei als ebenso unwissend wie er sich darstellte, entlarvte. Dabei hielt er auch seine Mitmenschen dazu an, **ihr eigenes Verhalten zu reflektieren**. Auch wieder etwas, was zum Leitsatz des heutigen Marketing gehören sollte: „Tun wir die richtigen Dinge und tun wir sie richtig?" Stets kritisch das eigene Marketinghandeln hinterfragen, dabei zum Kern des Wesentlichen vorstoßen und gleichzeitig durch Irritation und Verwirrung zu neuen Handlungsoptionen gelangen. Das gibt uns Sokrates mit, bei der Entwicklung unserer Guerilla-Marketing-Ideen.

Viele Guerilla-taugliche Ideen gibt es bereits im Unternehmen

Egal in welcher Branche Sie sich befinden, unabhängig von der Unternehmensgröße und vom Adressatenkreis, diese **Ideen**, die Sie suchen, gibt es bereits in Ihrem Unternehmen. Es wäre jetzt vermessen zu behaupten, erst seit es Guerilla-Marketing gibt, würden diese – häufig ungewöhnlichen, originellen – Ideen auch tatsächlich umgesetzt. Dennoch habe ich den Eindruck, dass sich manche Unternehmen, gar manche Branchen seitdem erstmalig mit außergewöhnlichen Marketingkampagnen beschäftigen. Beispielsweise wäre da die Verlagsbranche, eine normalerweise sehr tradierte, auf standardisierte Marketingmaßnahmen beschränkte Branche. Eine ihrer Ur-Aufgaben lautet „Geschichten erzählen". Diese Geschichten landen dann in gedruckter, mittlerweile auch in hörbarer Form beim Konsumenten. Das war immer die übliche, bewährte Form: Ein Erzähler (aktiv) übermittelt mündlich oder schriftlich eine Geschichte an Leser beziehungsweise Zuhörer (passiv).

Guerilla-Aktionen sind oft spielerisch und erzählen Geschichten

Das Fernsehen, als perfekter Geschichtenerzähler, lieferte uns Kindern nicht nur amüsante Stunden vor dem Bildschirm, sondern gleichzeitig auch das Drehbuch für uns Cowboys, Indianer, Ritter, Piraten oder Burgfräulein – je nach Präferenz. Spielerisch haben wir auf Spielplätzen, im Wald oder im Freibad die Serien und Filme verarbeitet und fühlten uns dabei unseren Helden noch stärker verbunden. Wir haben uns mit ihnen identifiziert und hielten sie damit gleichzeitig nicht nur in unserem Gedächtnis, sondern auch im Gespräch. Für unsere Ressourcen-Theorie bedeutet dies, dass sowohl das spielerische Moment als auch das Gemeinschaftserlebnis aufgegriffen werden können für eine Guerilla-Marketing-Idee. Der Droemer-Verlag hat genau diese **Spiel-Idee** aufgegriffen und damit nicht nur seine Leser verblüfft. Große Titel wie „Der Spiegel", aber auch die ARD berichteten über diese Kampagne, umso bemerkenswerter, da Auflösung und Hintergrund der Kampagne noch gar nicht bekannt waren. Aber ich greife schon wieder vor. Denn angefangen hatte alles mit einer Pizza:

Beispiel „**Alternate Reality Game** – Schnitzeljagd für Erwachsene“

Alternate Reality Game als Guerilla-Aktion am Beispiel des Buchs „Das Kind"

Stellen Sie sich vor, eines Abends klingelt es an Ihrer Tür. Ein Bote überreicht Ihnen eine Pizza, die Sie gar nicht bestellt haben. Vorsichtig öffnen Sie die den Karton und entdecken darin einen USB-Stick. Sie wundern sich, aber da Sie gerne Krimis lesen, ist Ihre Neugier sofort geweckt. Sie überprüfen den Stick nach Viren, stecken ihn in den PC und finden darauf einen mysteriösen Videoclip. Verwackelte Aufnahme zeigen das Innere eines Aufzugs, die Fahrt geht abwärts, in den -11 Stock. Für einen kurzen Augenblick erscheint eine Internetadresse: www.push11.com.

Nachdem sich der erste Schreck gelegt hatte, machten die Empfänger der USB-Sticks, bedrängt von vielen Fragen, genau das, was man heute eben tut, wenn man Antworten sucht: Googeln. Wie sich zeigte, gab es eine kleine Gruppe von Auserwählten, die alle eine seltsame Sendung erhalten hatten. Und sie diskutierte bereits in einem **Forum** über das Rätsel. Gemeinsam hefteten sich die Spieler an die Fersen des Unbekannten und stießen schon bald auf das Tagebuch eines kleinen Jungen. Bei diesem Jungen handelte es sich um niemand anders als „Das Kind“, den Protagonisten aus dem neuen Buch von Sebastian Fitzek.

Die Geschichte von Simon Sachs, dem kleinen, zehnjährigen Jungen, der glaubt, schon einmal als Serienmörder auf der Welt gewesen zu sein, hatte begonnen. Im Verlauf der Handlung konnten die Spieler Simons Tagebuch lesen, mit ihm chatten und ihm E-Mails schreiben; sie haben unter anderem seinen obskuren Psychologen, Dr. Tiefensee kennengelernt (http://www.wer-war-ich.org) und waren Zeuge einer Rückführung, sie konnten einen „echten“ Tatort aufsuchen und live miterleben, wie die Polizei die Spuren sicherte, sie haben mitten in der Nacht persönlich mit dem Serienmörder telefoniert und sie wurden beim großen Finale an einem finsteren Berliner Teufelssee, beim Versuch einen weiteren Mord zu verhindern, entführt. Kurz gesagt, sie konnten in die Geschichte des Romans eintauchen, lange bevor der **Roman** erschienen ist. Nach etlichen Rätseln, die online als auch in der realen Welt gelöst werden mussten, finden sich die Mitspieler in einem Fahrstuhl wieder. Der bringt sie in den elften Stock und lässt sie vor einem schwarzen Tunnel heraus, dessen Ausgang sie finden müssen. Als sie auch das geschafft haben, erwartet sie bereits der Bestseller-Autor Sebastian Fitzek und erklärt ihnen, dass das Spiel, das sie seit vier Wochen durchlaufen, auf seinem neuen Psychothriller „Das Kind“ basiert.

Die Fans, Mitspieler und Multiplikatoren sollten zunächst nicht wissen, wer der Absender beziehungsweise Initiator des **Alternate Reality Game** ist. Diese Spielform findet häufig zunächst im Internet statt und lässt dann allmählich die Grenzen zur realen Welt verschwinden. Die Teilnehmer müssen Rätsel lösen, die man nur gemeinsam in einer Gruppe bewältigen kann. Erst nach und nach deutet sich an, wer oder was sich hinter dem Spiel verbirgt. Auch in diesem Beispiel blieben zunächst Buch, Autor und Verlag im Verborgenen. Die eingesetzten Medien und die Überbringer der Botschaft kommen unverhofft und lassen nur schwerlich Rückschlüsse auf den Urheber zu: ominöse Visitenkarten, memory-sticks, DVDs, Pizzadienste, Videotheken, Kinosäle und ausgewählte

Buchhandlungen, wo ebenfalls Aufgaben zu lösen waren und die Teilnehmer auch dabei gefilmt wurden.

Das Spiel begann Wochen vor dem Erscheinungstermin des Buches und gewann dabei hundert aktive Mitspieler. Weiterhin verfolgten jeden Tag über 250 weitere Mitleser das Geschehen auf zehn tagesaktuellen **Foren und Blogs mit permanenter Berichterstattung**. Allerdings war das Spiel auch so interessant und aufwendig gestaltet, dass es ständig etwas zu berichten gab.

Allein die letzten Szenen involvierten reale Polizeibeamte mit den entsprechenden Fahrzeugen. Dabei geriet der Spielleiter auch ganz schön ins Schwitzen, denn es kamen mehr Mitspieler als erwartet, deshalb mussten kurzfristig zusätzliche Polizeifahrzeuge angefordert werden. Jedenfalls wurden die Teilnehmer mehr als nur gut unterhalten, dass sie auch darüber berichten konnten. Sie fanden sich stellenweise so glaubwürdig eingebunden, dass die Grenzen zwischen Fiktion und Realität komplett verwischten. Auf dem folgenden Foto sieht man, wie gerade ein Sarg aus einem Gebäude getragen wird, während ein Kripo-Beamter in der entsprechenden Tatort-Kluft die Szenerie beleuchtet.

Vorgehen und Ergebnisse der Aktion

Über fünfzig weitere Websites haben das Spiel aufgegriffen und vorgestellt, was letztlich auch zu einer umfassenden Berichterstattung in den Medien führte. Doch das kommerzielle Ziel war ebenso beeindruckend: Zum Erscheinungstermin führte Amazon den Titel bereits auf Platz zehn und mit über 40.000 verkauften Exemplare landete er in der Spiegel-Bestsellerliste.

Andere **Marketingkampagnen** hat es nicht gegeben, man wollte sich einzig auf dieses Spiel konzentrieren und außerdem zu **Evaluationszwecken** auch die Wirksamkeit dieser Marketingform testen. Außerdem versprach man sich von diesem Spiel, dass Interessierte außerhalb des klassischen Lesermilieus angesprochen und aktiviert werden. Allein die elf Ausgangsspieler wurden nicht einfach nur zufällig ausgewählt. Im Gegenteil. Mittels einer beeindruckenden Software und Google konnten Personen ausgewählt werden, die sowohl als spiele-affin anzusehen waren, die in der **Bloggerszene** zu Hause waren und über eine große Menge an Internetkontakten verfügten. Das funktioniert ja bereits im kleineren Maße bei bestimmten Internetseiten, die nicht nur die gesuchte Person aufführen, sondern auch Personen aus ihrem direkten Umfeld. Jedenfalls hat die Software alles richtig gemacht und mit diesen elf Personen gleichzeitig die richtigen Multiplikatoren gefunden, die das Spiel in kurzer Zeit bekanntmachen und in die Medien bringen konnten.

Die fünf Phasen eines Alternate Reality Games

1. Mitspieler identifizieren
2. Mitspieler involvieren
3. Mitspieler untereinander vernetzen
4. Mitspieler eigene Inhalte erstellen lassen
5. Mitspieler „sanft navigieren“

Abb. 2. Foto aus dem Spiel Alternate Reality Game

Wichtig ist, dass es für neue Spieler sogenannte Rabbit Holes gibt, die es ihnen ermöglicht, auch später in das Geschehen einzusteigen und mitzuspielen.

Die richtige Guerilla-Marketing-Kampagne passt nur zu Ihnen

Guerilla-Marketing inside

So, da wären wir. Irgendjemand hat mal gesagt, jeder bekommt das Marketing, das er verdient. Nachdem, was wir bisher erarbeitet haben, ist das nicht ganz richtig. Denn von bekommen kann ja jetzt keine Rede mehr sein. Es ist längst da und dank MacGyver und Sokrates wissen wir jetzt auch, wie es freizulegen ist. Ähnlich wie beim Goldschürfen muss man schon ein bisschen Geduld mitbringen, aber über kurz oder lang finden Sie dann Ihr Nugget, um die richtige **Guerilla-Marketing-Kampagne** auf den Weg zu bringen. „Was ist denn die richtige?" könnten Sie jetzt – zu Recht – fragen. Naja, mein Vater meinte früher dazu, das würde ich merken, wenn sie vor mir steht. Das war allerdings in einem anderen Zusammenhang. Doch sind die Wege, die zur Antwort führen ähnlich: Die richtige Guerilla-Marketing-Kampagne passt nur zu Ihnen. Ausschließlich. Ja, es existieren Kampagnen, die in abgewandelter Form auch für Ihr Unternehmen durchgeführt werden können. Das geht dann aber auch mit anderen Unternehmen. Da bleibt das Einzigartige auf der Strecke, sie werden dann wieder genauso beliebig wie tradierte Werbemaßnahmen. Aber genau das wollen Sie ja nicht mehr, denn Sie möchten sich mit Guerilla-Marketing-Maßnahmen ins Gespräch bringen, die Aufmerksamkeit Ihrer Kunden gewinnen und sie in den Mittelpunkt ihrer Kommunikationsmaßnahmen stellen.

Das gelingt Ihnen nur mit einer einzigartigen Strategie, die aufbaut auf einzigartigen, weil nur zu Ihnen gehörenden **Ressourcen**. Damit drücken Sie Ihren Kunden zusätzlich Ihre Wertschätzung aus, Sie teilen ihm über diese besondere Form der Guerilla-Marketing-**Kommunikation** mit: „Diese

Kampagne habe ich speziell für Dich mit meinen eigenen Ressourcen entwickelt, Sie soll Dir gefallen und sie soll Dich unterhalten. Wenn mir das gelungen ist, sprich' drüber!" Und er wird darüber sprechen. „Guerilla-Marketing inside" ist also kein weiteres Schlagwort, sondern beschreibt die Methode, um die jeweils individuelle Guerilla-Marketing-**Idee** zu identifizieren. Und ähnlich wie auf vielen Computern ein Prozessor-Produzent mit einem Aufkleber eben diesen Prozessor inside verspricht, können Sie sich ein neues Schild an den Eingang zur Marketing-Abteilung nageln: Guerilla-Marketing inside. Seien Sie daher mehr als misstrauisch, wenn Ihnen jemand eine ganz besondere Guerilla-Marketing-Idee verkaufen will. Denn eigentlich…eigentlich haben Sie die doch schon längst.

„Guerilla-Marketing inside" beschreibt die Methode, die jeweils individuelle Guerilla-Marketing-Idee zu identifizieren

Literatur

Niehaus, M./Wisniewski, R.: Management by Sokrates – Was die Philosophie der Wirtschaft zu bieten hat. – 247 S., Cornelsen, 2009.

Martin, G.: Sokrates. – 158 S., Rowohlt, 17. Auflage, 1992.

Patalas, T.: Guerilla Marketing – Ideen schlagen Budget. – 184 S., Cornelsen, 2006.

Schüller, A.: Zukunftstrend Empfehlungsmarketing – Der beste Umsatzbeschleuniger aller Zeiten. – 135 S., Business Village, 2. Auflage, 2008.

Schulte, Th.: Guerilla Marketing für Unternehmertypen – Das Kompendium. – 174 S., Verlag Wissenschaft & Praxis, 3. Auflage, 2007.

Links zum Alternate Reality Game „Push11":

http://www.youtube.com/watch?v=ojJFnoa8HIS: Der Clip auf dem USB-Stick.

http://zimmer217.livejournal.com/9368.html: Weblog des kleinen Simon alias Horatio.

http://wer-war-ich.org: Website des Reinkarnationsforschers Dr. Johann Tiefensee.

http://www.iphpbb.com/board/fs-53892909nx106152.html: Theorien, Spekulationen, Gerüchte rund um die Geschichte.

http://www.spiegel.de/netzwelt/games/: Schnitzeljagd zwischen den Welten.

http://www.polylog.tv/videothek/videocast/9951: Alternate Reality Games – die Werbung von Morgen?

PR als Magnet: Wie man die Anziehungskraft für Kunden erhöht

5

Elita Wiegand, Christian Maria Fischer

PR kann Mundpropaganda zu Ihren Gunsten bewirken

Immer noch verwechseln viele Unternehmer Public Relations (PR) mit Pressearbeit. Dabei kann PR so viel mehr leisten. Mit PR können Sie Mundpropaganda zu Ihren Gunsten auslösen und starke Beziehungen nicht nur zu Journalisten, sondern auch zu Empfehlungsgebern und bestehenden Kunden aufbauen.

Seien Sie einzigartig

Die beste Basis: Einzigartig sein

Wenn Sie weiterempfohlen werden wollen, müssen Sie zunächst einmal empfehlenswerte und einzigartige Spitzenleistungen bieten, damit Sie Kunden gewinnen, die von Ihnen begeistert sind. Dazu sollten Sie die folgenden Fragen beantworten können: Warum soll ein Kunde sich für mich entscheiden und nicht für den Mitbewerber? Was bieten Sie Ihren Kunden exklusiv an? Was unterscheidet Sie von den Mitbewerbern? Wie wählen Sie Ihre Zielgruppe aus? Überlegen Sie dabei nicht, was Sie von wem bekommen können, sondern was Sie wem bieten und wessen Probleme Sie lösen können.

Einzigartigkeit können Sie neben dem Leistungsangebot aber auch durch PR aufbauen, wie die vielen nachfolgenden Beispiele in diesem Beitrag zeigen.

Anziehungskraft durch nützlichen Service aufbauen

Guter Service kann Mundpropaganda auslösen

So können Sie sich über außergewöhnliche Dienstleistungen abheben. Gerade das Thema Service spielt im Rahmen des Empfehlungsmarketings eine große Rolle und hilft Ihnen, eine starke Anziehungskraft aufzubauen. Mit Service gewinnen Sie loyale Kunden und können sich zudem von den Mitbewerbern unterscheiden.

So hält ein Münsteraner Herrenausstatter für seine Kunden eine nützliche Serviceidee parat. Wer in der Stadt ohne die Last seiner Einkäufe bummeln möchte, dem bietet das Fachgeschäft ganz nach Wunsch einen Zustell- oder Aufbewahrungsservice für sämtliche Einkäufe an. Wenn die Handwerker eines Heizungs- und Sanitärbetriebes aus Kürten bei Köln beim Kunden klingeln, bringen sie morgens auch gleich frische Brötchen und Croissants mit. Im nordrhein-westfälischen Havixbeck bietet eine Pizzeria eine Speisekarte in Blindenschrift an. Außerdem liefert die Pizzeria Menschen mit Behinderung ihre Gerichte frei Haus. **Ein Bekleidungsunternehmen aus Hamburg grenzt sich unter anderem von seinen Mitbewerbern ab, indem es Geschäftsleute**

http://www.marketing-boerse.de/Experten/details/Elita-Wiegand
http://www.marketing-boerse.de/Experten/details/Christian-Maria-Fischer

neue Kollektionen am Arbeitsplatz vorstellt. Vor dem ersten Besuch erhalten die professionellen Einkleider telefonisch Wünsche bezüglich Stoff, Design, Farben und so weiter.

Und zum Service gehört auch eine Farb- und Stilberatung. **Und wer die Studios eines Gardinen-Anbieters in Burgstädt bei Chemnitz nicht besuchen kann, der bestellt einfach deren Dekomobil.** Wie in den Studios der Firma können sich die Kunden Produkte aus der kompletten Kollektion bei dieser Gelegenheit garantiert passend zu ihrer Einrichtung aussuchen. Der Service wird kostenlos und auch außerhalb der Öffnungszeiten angeboten.

Eine Bonner Apotheke liefert ihren Kunden die Medikamente kostenlos per Fahrradkurier. Bestellungen, die bis 18 Uhr eingehen, werden noch am selben Tag innerhalb Bonns zugestellt (sofern der pharmazeutische Großhandel die Arznei liefern kann). Auf Wunsch holt der Fahrradkurier das Rezept bei den Kunden zu Hause oder beim Arzt ab. Der Bonner General-Anzeiger berichtete.

Sprechen Sie mit Ihren Kunden und finden Sie heraus, welche Wünsche sie haben und wie Sie ihnen nicht nur das Leben, sondern auch den Zugang zu Ihrem Leistungsangebot erleichtern können. Zudem sorgen all diese Serviceideen nicht nur für loyale Kunden, sondern auch für positive Mundpropaganda. Die Menschen berichten gerne von Dingen, die ungewöhnlich sind, die sie selber erlebt haben und die sie begeistert haben. Sie wollen ihre Erlebnisse teilen. Das kennt jeder von uns. Kunden, die nur bekommen was sie erwarten, werden nicht weiter über das Unternehmen sprechen oder es weiterempfehlen.

So lösen Sie mit PR Mundpropaganda aus

Mundpropaganda ist glaubwürdige und kostenlose Werbung für Ihr Unternehmen. Das einfachste Mittel, um Mundpropaganda auszulösen lautet: Seien Sie ungewöhnlich und weichen Sie von der Norm ab. Ihr Ziel sollte es sein, positive Mundpropaganda zu Ihren Gunsten auszulösen, Ihr Unternehmen und Ihre Leistungsangebote ins Gespräch zu bringen und Weiterempfehlungen zu generieren. Damit ein Kunde einer Empfehlung traut, müssen verschiedene Bedingungen erfüllt sein. Für den Empfänger spielt der Überträger der Empfehlung eine wesentliche Rolle. Er fragt sich: Meint der Empfehlungsgeber es gut mit mir? Und weiß dieser auch, wovon er spricht, und hat er ähnliche Ansprüche wie ich? So kann es sein, dass man dem Nachbar in einer bestimmten Empfehlung eher traut als dem Ehepartner.

Die wichtigen Meinungsführer und Multiplikatoren identifizieren

Um effektives Empfehlungsmarketing zu betreiben, müssen Sie die wichtigen **Meinungsführer** und **Multiplikatoren** identifizieren und Beziehungen zu diesen aufbauen. Beispielsweise verschickte ein kanadischer Hersteller sein mobiles Kommunikationsgerät kostenlos an zweihundert amerikanische Top-Manager. Die Marketingaktion ging auf, denn die Top-Manager waren glaubwürdige Weiterempfehler mit vielen Kontakten.

Auf den Punkt gebracht: Man löst Mundpropaganda aus, indem man Erwartungen übertrifft. Das heißt, Sie sollten wissen, was der potentielle Kunde von Ihnen erwartet. Wenn man beispielsweise zum Friseur geht, erwartet man, dass man den gewünschten Haarschnitt bekommt. Wenn der Friseur Ihnen dann anbietet, dass eine Servicekraft Ihre Einkäufe während des Haarschnitts erledigt, werden Sie verblüfft sein und später diese angenehme Erfahrung mit anderen teilen wollen. Alles was ungewöhnlich ist, bietet Stoff für die Mundpropaganda und hilft Ihnen zudem sich von den Mitbewerbern abzugrenzen.

Ungewöhnliche Werbeaktionen

Was ungewöhnlich ist, bietet jede Menge Stoff für Mundpropaganda

Neben nützlichen und originellen Serviceideen können Sie mit ungewöhnlichen Werbeaktionen Mundpropaganda auslösen und für einen WOW-Effekt sorgen. So verlieh in den Herbstferien ein Fachgeschäft für Modelltechnik aus Münster Modellboote kostenlos an Kinder, die das örtliche Freizeitbad besuchten. Dort konnten die kleinen Gäste die Boote nach Herzenslust und auf Wunsch mit Anleitung ausprobieren. Die Idee sprach sich schnell herum, die Westfälischen Nachrichten berichteten über die Werbeaktion und das Fachgeschäft konnte neue Kunden ansprechen. Oder ein Hamburger Fitnessstudio bot vier Wochen lang jeden Samstag zwischen 13 und 14 Uhr im örtlichen Stadtpark einen Tai-Chi-Kurs kostenlos und ohne Voranmeldung an. Auch diese Aktion sorgte für Gesprächsstoff, positive Schlagzeilen und neue Kunden. Eine Bäckerei aus dem hessischen Eschwege stellte im Rahmen eins Gewinnspiels ein mit einem Zahlenschloss gesichertes Fahrrad vor ihrem Geschäft auf. Wer es gewinnen wollte, musste das Zahlenschloss mit der richtigen Zahlenkombination öffnen. Der erste Versuch war kostenlos, jeder weitere kostete einen Euro. Der Erlös sollte für einen guten Zweck sein, Insgesamt kamen während des Aktionszeitraums 450 Euro zusammen. Da niemand das Schloss knacken konnte, wurde der neue Fahrradbesitzer schließlich durch den Bürgermeister der Stadt ausgelost.

Ein Bamberger Friseurmeister sorgte für Aufsehen, als er durch Billigfriseure in seiner Nachbarschaft unter einen starken Wettbewerbsdruck geriet. Da er den Preiskrieg nicht mitmachen wollte, hing er Werbeplakate in sein Schaufenster, auf denen unter anderem zu lesen war: „Vermurkst? Wir bringen Ihren Haarschnitt wieder in Form!“. Die preisgünstige Werbeidee verbesserte den Umsatz des Frisörs trotz der günstigeren Konkurrenz. So sorgte der Friseur durch Qualität für Anziehungskraft. Doch anstatt über Maßnahmen nachzudenken, die die Anziehungskraft eines Unternehmens erhöhen, neigen viele Unternehmen schlichtweg dazu ihre Preise zu senken. Doch durch Niedrigpreisstrategien geraten viele Unternehmen in eine Abwärtsspirale und machen sich nur das eigene Geschäft und den Markt kaputt.

Aufmerksamkeit durch Guerilla-Marketing

Für eine Versicherung gegen Steinschlag-Schäden wurde geworben, indem man ein Düsseldorfer Wartehäuschen so gestalten ließ, dass es aussah als ob es von einem Meteoriten getroffen wurde. Abgesichert wurde das angeblich getroffene Wartehäuschen von einem rot-weißen Bauzaun. Die Installation wirkte so real, dass Hunderte von aufgeregten Passanten bei der Firma, die das Häuschen aufstellte, anriefen. Sogar die Medien berichteten von dieser Guerilla-Aktion. Ein Hamburger Innenarchitekt gestaltete einige Haltestellen in Hamburg für eine Woche mit Möbeln und Accessoires in gemütliche „Wohnstuben" um. Auch diese Aktion sprach sich schnell herum und der Innenarchitekt gewann neue Kunden. Eine Jeansfirma ließ im Rahmen eines Festivals des TV-Senders MTV Hosen von einem Zeppelin abwerfen. Dabei konnten die Besucher die Anzahl der Abwürfe per SMS beeinflussen. Die aufgefangenen Hosen konnten dann gegen passende eingetauscht werden. All diese Maßnahmen sorgten für positive Mundpropaganda.

Originelle Preisaktionen

Ungewöhnliche Preisaktionen bieten Gesprächsstoff

Ein Düsseldorfer Zoo wurde zum Thema unter Vätern und Müttern, als dieser einen Teddybärtag veranstaltete. An diesem Tag durften alle Kinder bis zwölf Jahre, die ihren Teddy mitbrachten, den Zoo kostenlos besuchen. Diese ungewöhnliche Werbeaktion wurde unter anderem von der Rheinischen Post angekündigt. Ein Marburger Friseursalon hatte zunächst Probleme, Kunden zu gewinnen. Als die Inhaberin einen Freundinnentag veranstaltete, war das Geschäft voll ausgelastet. Beim Freundinnentag können Kundinnen ihre Freundin mitbringen, die dann nur den halben Preis bezahlt. Zusätzlich wurde an diesem Tag ein Vorher-Nachher-Fotoshooting veranstaltet.

Ein Küchenstudio bot allen, die zur Geschäftseröffnung als Koch verkleidet kamen, ein bestimmtes Produkt zu einem Sonderpreis an. Am Tag der Eröffnung war das Küchenstudio voll ausgelastet. Geburtstagskinder, die mit fünf Freunden zum Festessen in einen Michendorfer Gasthof kommen, zahlen nichts für ihr Essen und ihre Getränke. Man muss lediglich vorreservieren und seinen Ausweis mitbringen. In anderen Einrichtungen, wie zum Beispiel vielen Freizeitparks, zahlen Geburtstagskinder keinen Eintritt (bringen dafür aber meist viele zahlende Freunde, Verwandte und Bekannte mit). Bei einem Düsseldorfer Bäcker braucht der letzte Kunde am Abend nichts zu bezahlen. Nach Angaben des Bäckers sorgt sein kleines Kunden-Geschenk für große Mundpropaganda im Viertel. Diese Beispiele zeigen, dass man nicht unbedingt einfach nur schnöde Rabattaktionen durchführen muss, um potentielle Kunden anzulocken.

Nutzen Sie einen Aufhänger für Ihre PR-Aktionen

Ein weiterer sehr einfacher Trick, um Mundpropaganda auszulösen, besteht darin, sich mit PR-Maßnahmen an ein Thema zu heften, über das gerade sowieso

Aufhänger für Presseaktionen

gesprochen wird. So nutzte eine Düsseldorfer Werbeagentur den Skandal um die Schleichwerbung bei den öffentlich-rechtlichen Rundfunkanstalten als Aufhänger, um Interessierten einen Vortrag zum Thema Product Placement anzubieten. Der Termin sorgte für Gesprächsstoff. Ein Hamburger Bäcker backt zu Ehren der Fußballmannschaft St. Pauli ein Brot, weil diese in die erste Bundesliga aufgestiegen ist. Würde der Bäcker einfach so ein neues Brot kreieren, dann wäre das kein interessanter Gesprächsstoff.

Aufhänger für Pressearbeit

- ❑ Neue Dienstleistung, neues Produkt oder Projekt
- ❑ Ungewöhnliche Geschichte: Kuriosität, Lustiges, Quergedachtes
- ❑ Eröffnung des Unternehmens
- ❑ Jubiläum
- ❑ Tag der offenen Tür
- ❑ Auszeichnung, Award, Ehrung
- ❑ Prominenz
- ❑ Messebeteiligung
- ❑ Ungewöhnlicher Service
- ❑ Sponsoring, gute Tat, Spende
- ❑ Lesung, Ausstellung, Event
- ❑ Innovation
- ❑ Buch, CD, E-Book, App
- ❑ Bilanzvorstellung

Mit Nachrichten für Mundpropaganda sorgen

Wie Sie zum Stadtgespräch werden

Ein anderer Weg für Gesprächsstoff zu sorgen ist der, dass Sie interessante Nachrichten zu bieten haben. Diese bieten nicht nur Gesprächsstoff, sondern lassen sich auch für die Arbeit mit der Presse einsetzen. Als 2008 die weltweite Finanzkrise ausbrach, reagierte ein Münchener Wirt sofort mit einer neuen Speisenkarte, für „arme Bankvorstände". Es gab Gerichte wie Schweinshaxe mit Knödel für 5,99 Euro. Das Angebot galt bis Ende 2008. Es berichteten nicht nur verschiedene Medien wie der WDR oder die TAZ. Der Wirt selbst löste auch jede Menge Mundpropaganda aus, sodass er seit der Einführung der neuen Speisekarte rund dreihundert Gerichte mehr verkaufte. Ein Bestatter meldete einer Boulevardzeitung, dass er eine Dichterlesung zwischen den Särgen plante und kam damit auf die Titelseite. Die ungewöhnliche Veranstaltung wurde aber auch gleichzeitig zum Stadtgespräch. Und ein Wirt aus Schöppingen gab jedem, der mit einem Pferd in seine Gaststätte einkehrt, ein Freibier aus. Die Idee entwickelte sich zum Renner und sorgte für entsprechenden Gesprächsstoff und die Lokalzeitung berichtete.

Bleiben Sie im ständigen Dialog mit Ihren Kunden

Grundsätzlich sollten Sie immer mit Ihren Kunden einen Dialog führen. Wenn Sie die Interessen, Bedürfnisse und Probleme Ihrer Kunden kennen, dann können

Sie von diesem Wissen geeignete PR-Maßnahmen ableiten. Ein Kfz-Meister aus Wentorf bei Hamburg beispielsweise lädt Auto- und Motorradfreunde jeden letzten Sonntag im Monat zum Oldtimertag mit Kaffee und Kuchen ein. Im Gespräch mit den Kunden und der Kunden untereinander erfährt er, welche Probleme er lösen und welche Wünsche er erfüllen sollte. So kommt der Betrieb auf gute Ideen, um starke Beziehungen zu seinen Kunden aufzubauen und zu pflegen, um deren Loyalität zu gewinnen. Und loyale Kunden sind zu meist auch die besten Empfehlungsgeber. Dabei sollten Sie die Wünsche der Kunden möglichst in einer Kundendatenbank festhalten. Das ist ein Aufwand, der sich bezahlt macht.

Beziehen Sie Ihre Kunden ein

Kunden aktiv einbinden

Es gibt zahlreiche Möglichkeiten, Ihre Kunden einzubeziehen. Dies beginnt am besten schon bei Ihrem Leistungsangebot. So können Brautpaare in einem Düsseldorfer Atelier sich ihre Eheringe selber anfertigen. Für die Paare bleibt das gemeinsame Erlebnis unvergesslich und es sorgt für Mundpropaganda. Oder Sie beziehen Ihre Kunden in die Werbung mit ein. Einem Optiker aus dem münsterländischen Raesfeld waren die gestylten Models auf Hochglanzpapier einfach zu anonym. Daher machte er kurzerhand seine Kunden zu Werbestars, indem er in seinem Schaufenster mit deren Portraits warb. Außerdem wurden die Raesfelder Gesichter in einem 16-seitigen Werbeprospekt abgebildet. Die Werbeidee des Optikers wurde zum Gesprächsthema in der Stadt.

Bieten Sie Ihren Kunden eine Heimat

Bieten Sie Ihren Kunden eine Plattform oder regelmäßige Events an, bei denen diese sich mit anderen Kunden treffen und austauschen können. Seit einigen Jahren veranstaltet eine Fachhandlung für Hunde- und Katzenbedarf im kalifornischen Santa Monica regelmäßig ein geselliges Beisammensein für Hunde und ihre alleinstehenden Besitzer. Es werden Cracks, Dips und guter Wein serviert, man tauscht sich aus und verabredet sich für gemeinsame Spaziergänge. Von Anfang an erfreute sich der Treff größter Beliebtheit.

Engagieren Sie sich im Bereich Wohltätigkeit

Engagieren Sie sich sozial, gesellschaftlich oder kulturell

Engagieren Sie sich sozial, gesellschaftlich oder kulturell. So stellt ein Friseur aus Esslingen am Neckar alljährlich vor dem 1. Advent einen Weihnachtsbaum mit Wunschbriefen in seinem Salon auf. Im Rahmen der Aktion können Kinder mit einem schwierigen sozialen Hintergrund ihre Wünsche bis zu einer Höhe von dreißig Euro auf einen Wunschzettel malen, der dann an den Weihnachtsbaum gehängt wird. Die Kunden des Friseurs können die Briefe aus freien Stücken abnehmen, um den Kindern eine Freude zu machen. Bleiben Briefe hängen, stehen entweder ein Pate oder der Friseur für die Erfüllung der Wünsche ein. Die

Kunden sind von der Aktion angetan und freuen sich, auf eine so sympathische Art und Weise Kindern helfen zu können.

Schenken Sie Ihren Kunden einzigartige Erlebnisse

Über einzigartige Erlebnisse wird gerne gesprochen

Kunden, denen Sie einzigartige Erlebnisse bieten, werden nicht nur emotional an Ihr Unternehmen gebunden, sondern sind auch gute Empfehlungsgeber, da sie ihre Erlebnisse mit anderen teilen wollen. So macht der Inhaber eines einfachen Gemüseladens sein Geschäft zum sozialen und kulturellen Treffpunkt in Münster. Der Unternehmer bietet seinen Kunden nicht nur gesunde Lebensmittel, er organisiert auch kulturelle Events in seinem Laden. So veranstaltete er eine Bodypainting-Schau in seinem Schaufenster. Es gibt eine Gemüsebühne auf der ein Dichter-Wettstreit ausgetragen wird oder auf der Musiker auch mal spontan für ein vegetarisches Gericht auftreten. Oder ein Friseur aus Immenstadt im Allgäu organisierte zusammen mit einem Reisebüro Kundenfahrten zur Modemetropole Mailand. Neben Shopping und Besichtigungen stehen Fotoshootings im Mittelpunkt der Reise, an denen regelmäßig die Kunden des Friseurs teilnehmen.

Suchen Sie sich Verbündete

Kooperationspartner können Mundpropaganda verstärken

Immer mehr Unternehmen erkennen, dass sie mit Kooperationspartnern ihre Marketingkosten senken können. Zudem hat der gemeinsame Auftritt eine stärkere Anziehungskraft und die kooperierenden Unternehmen können von dem Image des jeweiligen Partners profitieren. So veranstaltet ein Teeladen aus dem münsterländischen Ochtrup gemeinsam mit dem ortsansässigen Musikschulzweckverband seit einigen Jahren zum Frühlings- und Herbstbeginn Teekonzerte. Im Rahmen der Veranstaltung wird musiziert, und das Teefachgeschäft bietet den Gästen die neuesten Teekreationen an. Die gemeinsame Veranstaltung ist zum einen sehr beliebt und zum anderen liefert sie Stoff für Mundpropaganda.

In Düsseldorf findet regelmäßig die Tour d'Atelier statt, bei der sich rund vierzig Mode-, Schmuck- und Accessoire-Designer zusammenschließen um ihre Ateliers für die Besucher zu öffnen. Unterstützt wird das Ereignis mit einem kostenlosen Shuttle-Service. Zum Auftakt präsentieren die Designer ihre Kollektionen bei einer Modenschau. Viele der Ateliers sind Ein-Mann-Betriebe, die versteckt in Nebenstraßen oder Hinterhöfen liegen und durch die Tour auf sich aufmerksam machen können.

Verschiedene Firmen aus dem nordrhein-westfälischen Ibbenbüren veranstalteten gemeinsam für rund eintausend Zuschauer ein Modeevent unter dem Motto „Fashion and Dance" in einer Großraumdisko. An dem Event beteiligten sich ein Autohaus, ein Friseur, eine Parfümerie, ein Schuhhaus, ein Herrenausstatter, ein Modehaus, ein Juwelier und ein Sportfachgeschäft. Für ein einzelnes oder einige wenige Unternehmen wären die Kosten einer solch großen Veranstaltung zu hoch. Insgesamt sechzehn Handwerks- und Gewerbebetriebe sowie ein Sportverein, ein Kindergarten und ein Imker aus dem bayerischen Schwabbruck sowie Fischer aus Bruck organisierten gemeinsam an einem Sonntag einen Tag der offenen Tür, der sich größter Beliebtheit erfreute.

Nutzen Sie eine Kundendatenbank

Stammkunden pflegen, damit sie empfehlen

Belassen Sie es nicht dabei, die Kundendaten nur zu verwalten. Nutzen Sie die Daten, sofern Ihre Kunden damit einverstanden sind. So können Sie Ihre Kunden beispielsweise über neue Aktionen, Veranstaltungen und Angebote informieren. Als Stammkunde eines Unternehmens wollen Sie doch sicher auch, dass Sie interessante Informationen zuerst erhalten und nicht erst durch die Medien oder einen Werbeprospekt. Außerdem könnten Sie in dieser Datenbank bestimmte Wünsche und Präferenzen ihrer Kunden eingeben, um auf diese in Zukunft besser eingehen zu können. Eine bundesweite Hotelkette macht es vor. Deren Gäste können sich sicher sein, dass ihre individuellen Wünsche automatisch erfüllt werden. Dazu gibt der Gast seine Wünsche nur einmal bei der ersten Reservierung an. Dank dieses Services werden die bereits registrierten Wünsche bei kommenden Besuchen in einem der Hotels der Gruppe automatisch erfüllt. So kann sich der Gast darauf verlassen, beim nächsten Besuch unaufgefordert seine Allergiebettwäsche oder seinen ISDN-Anschluss zu bekommen.

Heißen Sie Beschwerden willkommen

Eine gute Reklamationsbearbeitung kann Mundpropaganda auslösen

Nutzen Sie Beschwerden, um Ihr Leistungsangebot, Ihre Produkte und Ihre PR zu verbessern. Fakt ist, dass viele Kunden sich gar nicht erst persönlich bei Ihnen beschweren, sondern negative Mundpropaganda auslösen und sich einfach für den Mitbewerber entscheiden. Wenn sich Kunden schon an Sie wenden, dann gehen Sie auf die Beschwerden ein. Überlegen Sie, wie Sie unzufriedene Kunden zufrieden stellen, wie Sie sie entschädigen können oder welche Alternativen Sie ihnen bieten können. Wenn ein Kunde merkt, dass er ernst genommen wird und seine Beschwerde wirklich etwas ändert, ist es wahrscheinlich, dass er positive Mundpropaganda auslöst und sich näher zu Ihrem Unternehmen hingezogen fühlt als zuvor.

Literatur

Fischer, Christian: PR im Mittelstand, 91 Seiten, eBook. http://www.pr-kampagnen.de/PR_im_Mittelstand.pdf.

Fischer, Christian: Macht Schlagzeilen! 1.000 PR-Ideen, um Kunden und Journalisten für Ihr Unternehmen zu gewinnen. – Gabal, April 2009.

Referenzen – der Zaubertrank des Marketings

Harry Weiland

5

Die Referenz ist Everybodys Darling

Referenzen haben einen großen Vorteil: Jeder mag sie, jeder will sie. Die Referenz ist Everybodys Darling. Laut Duden ist eine Referenz eine "von einer Vertrauensperson gegebene Auskunft, die man als Empfehlung vorweisen kann". Genau das macht Referenzen so sexy. Wer in Marketing, Verkauf und Kommunikation mit Referenzen agiert, lobt sich nicht länger selbst, sondern wird von seinem Kunden gelobt. Im besten Fall konkret und anhand eines realen Projekts. Das ist **gegenständlich**, das ist **nachvollziehbar**, das ist **glaubwürdig**. Das ist Marketing, das funktioniert.

Mit Referenzen lässt man andere für sich werben

Wer mit Referenzen agiert, muss nicht mehr für sich selbst sprechen, sondern lässt andere für sich werben. Eigenlob stinkt schließlich – besonders in Vertrieb und Marketing. Referenzmarketing ist kein in die Zukunft gerichtetes Versprechen (herkömmliches Marketing), sondern die konkrete Story über einen realen Erfolg in der Vergangenheit. Vertrieb, Marketing und Kommunikation mit Hilfe von Referenzen ist das geschickte Spiel über die Bande. Mit einem klaren Ergebnis: Es ist ehrlich, authentisch, glaubwürdig und damit vor allem wirksam.

Im folgenden Beitrag erfahren Praktiker aus Marketing und Verkauf

- warum Referenzmarketing alle Anforderungen an modernes Marketing erfüllt,
- welche Formen Referenzmarketing haben kann,
- wie und warum Referenzmarketing wirkt,
- wie man erfolgreiches Referenzmarketing macht.

Die Krise des klassischen Marketings

Klassischer Werbung fehlt zunehmend die Glaubwürdigkeit

Machen wir uns nichts vor. Das Marketing, wie wir es bislang kannten, steckt in einer tiefen Krise. Das größte Problem: **fehlende Glaubwürdigkeit**. Hochglanz-Marketing mit bunten Bildchen, inhaltsleeren und schwelgenden Texten (Bla-Bla-Marketing) und leeren Produktversprechen wird kaum mehr ernst genommen. Jahrzehntelang produzierte Oberflächlichkeit rächt sich mittlerweile. Das klassische Marketing – in B2B und B2C – transportiert kaum mehr Inhalte und Botschaften, die von kritischen Interessenten ernst genommen werden. Manche Unternehmen haben das bereits erkannt und steuern dagegen, in dem sie wieder über Inhalte ihrer Produkte sprechen. Das Advertorial etwa, eine Anzeige im Stil eines redaktionellen Berichts, war noch nie so beliebt wie heute. Es ist eine richtige Antwort auf das Verlangen der Konsumenten nach Information.

http://www.marketing-boerse.de/Experten/details/Harry-Weiland

Werkzeuge werden stumpf

Die Krise der Anzeigenwerbung ist nicht nur eine Folge der Finanzkrise, es ist eine **strukturelle Krise**. Klassische Printanzeigen haben einen zu geringen Nutzen. Das merken immer mehr Werbekunden. Werbeträger sind heute glücklicherweise gezwungen, die Effektivität ihrer Medialeistungen unter Beweis zu stellen. Das Ergebnis wird ihnen nicht gefallen. Die Werbetreibenden werden ein Jahrhundert nach Henry Fords Spruch endlich erfahren, welche Hälfte des Geldes sie aus dem Fenster werfen.

Wege zum Kunden versiegen

Die Medienkrise hat ihre Folgen. Jahrzehntelange tradierte Kommunikationskanäle zum Kunden – etwa Fachzeitschriften – versiegen. Viele Fachzeitschriften sind in den vergangenen Jahrzehnten zu willfährigen Verlautbarungspublikationen ihrer Branche geworden. Werbung wird schamlos als Redaktion veröffentlicht, es fehlt an Relevanz, der Leser findet nichts mehr, was ihn interessiert, die Wirkung der Blätter sinkt weiter und führt auf lange Sicht zu ihrem Ableben. In vielen europäischen Ländern gibt es schon gar keine Fachzeitschriften mehr.

Fazit: Das Nice-to-have-Marketing der vergangenen Jahrzehnte ist tot. Marketiers müssen zu Recht mehr denn je den **Return-on-Invest** jeder Maßnahme nachweisen. Marketing wird an seinem Vertriebserfolg gemessen und das ist gut so. Was nicht wirkt, wird künftig unterlassen.

Neue Hürden im Vertrieb

Die jüngsten Datenschutznovellen zeigen, in welche Richtung es geht. Die Kalt-Akquise als klassisches Tool der Neukundengewinnung hat es zunehmend schwer. Schon das unaufgeforderte Versenden einer E-Mail an einen Interessenten ist nicht legal. Es ist davon auszugehen, dass die **Restriktionen** in diesem Bereich weiter steigen.

Neue Wege zum Kunden entstehen

Das Internet verändert die Kommunikationskanäle zwischen Werbendem und Kunden

Wo etwas stirbt, entsteht in der Regel Neues. Dieses Naturgesetz trifft auch für Marketing und Vertrieb zu. Das Internet verändert die Kommunikationskanäle zwischen Werbendem und Kunden. Auf Kommunikationsplattformen von heute kann man sich aber nicht mit den Instrumenten von gestern bewegen. Schon heute werden sehr viele B2B-Kaufentscheidungen mit einer simplen Abfrage bei einer Suchmaschine eingeleitet. Social Media spielt auch eine gewisse Rolle bei B2B-Kaufentscheidungen. Die Verlage versuchen mit neuen Lead-Generierungs-Plattformen neue Geschäftsfelder zu entwickeln. Und neue Medienformate wie Videos, Webcasts oder Audio-Files ziehen auch in die B2B-Kundenkommunikation ein. Das alles sind optimale Voraussetzungen für das Marketing mit Referenzen. Warum? Weil Referenzen idealer Content für diese Formate sind.

Potenzielle Kunden wollen Referenzen

Interessenten wünschen Referenzen. Referenzrubriken gehören zu den meistgeklickten Bereichen auf Unternehmenswebsites. In immer mehr Ausschreibungen werden Referenzen verlangt, die Frage nach Referenzen taucht in **Einkaufsentscheidungsprozessen** immer früher auf.

Mit Referenzberichten wird die Kommunikation innerhalb der Peer-Group gefördert

Referenzberichte sind begehrter Content

Leserumfragen von Corporate Publishing-Anbietern zeigen, dass die Leser beispielsweise von Kundenmagazinen großen Wert auf Informationen legen, die nicht vom absendenden Unternehmen direkt stammen. **Case Studies, Praxis-Storys und Anwenderberichte** stehen auf der Wunschliste der Leser obenan. Der Fachmann X möchte wissen, wie Fachmann Y seine Probleme löst, er will daraus lernen. Mit Referenzberichten fördern Unternehmen die Kommunikation innerhalb ihrer Peer-Group.

Referenzen setzen Word-of-Mouth um

Es wird an vielen Stellen in diesem Buch beschrieben: Konsumenten ziehen die Empfehlung eines anderen Konsumenten der Empfehlung eines Werbetreibenden vor. Referenzmarketing ist darum die Konkretisierung von Word-of-Mouth. Referenzmarketing dokumentiert die Zufriedenheit des bestehenden Kunden und bereitet sie medial auf – als Zitat, als Referenzbericht oder als Kunden-Erfolgs-Video. Wer **Mundpropaganda** nicht dem Zufall überlassen will, findet im Referenzmarketing ein Instrument, es umzusetzen, zu planen und zu steuern.

Die Kraft des Beispiels

Produkte und Dienstleistungen suchen sich immer kleinere Nischen. Produktwelten werden zunehmend komplizierter, denkt man nur mal an die Informationstechnologie. Zeitgleich wächst der Informations-Overkill – die mediale Aufmerksamkeit bei den Interessenten sinkt. Unternehmen stehen darum vor der Herausforderung, den Nutzen ihres Produktes in sehr kurzen Aufmerksamkeits-Slots zu kommunizieren. Und wie erklärt man etwas Kompliziertes am einfachsten? Mit einem Beispiel. Referenzmarketing nutzt die Kraft des Beispiels, weil es Produktversprechen an einem konkreten Projekt fest macht. Es hilft, Komplexes einfach darzustellen.

Referenzmarketing ist Customer Engagement in Reinform

Customer Engagement

Die Zeiten, da bestehende Kunden maximal als Datenbankeinträge und Rechnungsempfänger herhalten, sind vorbei. Moderne Unternehmen interagieren mit ihren bestehende Kunden, unter anderem um ihr Produkt zu verbessern und um **Upselling-Potenziale** zu nutzen. Referenzmarketing ist **Customer Engagement** in Reinform. Wer Referenzen nominiert, pflegt und managt, kümmert sich um seine bestehenden Kunden. Das ist Kundenpflege und in der Regel sind die Kosten für Referenzmaßnahmen mit diesen kundenbindenden Maßnahmen schon gedeckt.

Die Referenz als Identifikationsanker

Wie beschreiben wir Unternehmen? Woran erinnern wir uns, wenn wir an Unternehmen denken? Wie identifizieren wir Unternehmen? In erster Linie mit ihren Produkten aber gleich danach mit ihren Kunden. Wenn wir Unternehmen beschreiben, helfen wir uns schnell mit der Formulierung „Die arbeiten für...“. Die Referenz hilft uns, das Unternehmen besser zu begreifen. Hat der Referenzgeber eine bekannte **Marke** mit positiver Strahlkraft, leiten wir diese Stärke auf seinen Lieferanten ab. Die Ausstrahlung mancher Referenzkunden ist so groß, dass Unternehmen bereit sind, für diese Referenzgeber umsonst zu arbeiten.

Die Strahlkraft passender Referenzkunden ist groß

Fazit: Marketing, Sales und Kommunikation mit Referenzen erfüllt gleich eine ganze Reihe von aktuellen Anforderungen an ein modernes Kommunikationsinstrumentarium.

Wie sieht Referenzmarketing aus?

Vorgehensweise im Referenzmarketing

Für das Marketing mit Referenzen gibt es verschiedene Darstellungsmöglichkeiten – jeweils mit unterschiedlicher Intensität.

- **Nennung von Kundennamen und Darstellung von Kundenlogos.** Das ist der Anfang allen Referenzmarketings. Es ist allerdings keine glaubwürdige Darstellung, weil sie von vielen Unternehmen inflationär (und irregulär) genutzt wird (**„Logo-Friedhof“**). Und weil die Kundennamen meist mit keinerlei Hinweisen auf die Taten beim Referenzkunden versehen sind. Besser ist es also, die Nennung von Kundennamen mit Projekthinweisen zu versehen. Was wurde wann und wie mit welchem Ergebnis getan?
- **Kundenzitate nennen.** Das ist besser als eine reine Logo-Landschaft, weil das Kundenprojekt eine konkrete Aussage bekommt. Die Steigerung: Das Zitat mit dem Foto des Zitatgebers ergänzen. So wird das Projekt mit einem Menschen, den man vielleicht sogar kennt, verbunden und damit glaubwürdiger.
- **Referenzberichte und Case Studies mit Kunden.** Das ist die goldene Mitte, weil diese Instrumente bei geringem Aufwand sehr hohen Nutzen garantieren. Bei der Produktion von Case Studies muss man sich dabei längst nicht mehr auf Druckwerke beschränken, sondern kann alle medialen Register ziehen: Über **Podcasts** über **Soundslides** (vertonte und animierte Bildfolgen) bis hin zu **Video-Case Studies**.
- **Werbung mit Referenzen.** Statt mit Produkteigenschaften zu werben, wirbt man mit bestehenden glücklichen Kunden. Zu empfehlen ist dabei, dass die Kunden nicht nur banal gezeigt werden, sondern dass sie positive Inhalte über Ihr Produkt verkünden. Und das möglichst konkret und mit voller Namensnennung und nicht im Stile von 60er-Jahre-Werbung: „Rita H. aus L.“. Noch besser ist es, wenn die Anzeigenmotive auf Hintergrundinformationen verlinken, die weitergehende Informationen bereithalten.

- **Kunden-Referate.** Der Auftritt von Kunden, also von Referenzgebern auf Veranstaltungen. Das können eigene **Veranstaltungen** als auch neutrale **Fach-Foren** sein. Der Kunde stellt dort auf einer fachlichen Ebene sein gemeinsames Projekt mit dem referenzierten Unternehmen vor. Das Unternehmen tritt gemeinsam mit dem Kunden auf oder wird nur erwähnt – auf jeden Fall bleibt es im Hintergrund. Die Bühne gehört dem Kunden.

- **Kunden-Foren.** Die aufwendigere Form des Customer Engagements. Das Unternehmen etabliert mit seinem Kunden eine Community mit entsprechende medialer Infrastruktur (Website, Mailings et cetera) und eventuellen realen Treffen und Veranstaltungen. Interessenten bekommen die Möglichkeit, an diesen Veranstaltungen teil zu nehmen und bekommen so Kontakt zu Referenzgebern.

- **Referenztelefonate.** Der Referenzgeber gibt sein Einverständnis, dass sich Interessenten bei ihm telefonisch melden können.

- **Referenzbesuche.** Referenzgeber gibt sein Einverständnis, dass Interessenten ihn besuchen dürfen. Das ist die Königsdisziplin des Referenzmarketings und aus Sicht des Referenzgebers mit Aufwand verbunden.

Wichtig: Es muss authentisch sein

Nichts darf erfunden werden

Egal für welche Umsetzungs-Variante man sich entscheidet, eines ist dabei wichtig: Die Kommunikation mit Referenzen muss echt, sprich **authentisch** sein. Es funktioniert nicht, Zitate zu erfinden - weil man das merkt. Es funktioniert nicht, etwa in Anzeigen Models als Referenzgeber und Werbeträger zu positionieren, weil man das merkt. Und es macht keinen Sinn, etwa Case Studies ohne O-Töne des Kunden zu verfassen – weil das Endprodukt unglaubwürdig ist und damit nicht wirkt.

Marketiers müssen ihre Einstellung ändern

Referenzmarketing braucht die Bereitschaft zur Authentizität. Und es verlangt nach einer weiteren fundamentalen Einstellungsänderung auf Seiten der Marketiers: sie steuern den Prozess, sie mögen auch die Inhalte im Griff wahren, aber das Wort hat der Kunde. Es ist sein Spiel. Dazu gehört, dass man auch damit leben muss, wenn der Kunde nicht alles in rosige Farben taucht.

Lernkurven, Verbesserungsprozesse und Irrwege gehören zu jeder Success Story dazu. Wer sie – von einer überkommenen alles-muss-toll-sein-Marketing-Denke gesteuert – ausblendet, nimmt dem Instrument das wichtigste, nämlich die Glaubwürdigkeit. Marketiers müssen beim Referenzmarketing umdenken, sie müssen loslassen. Ein Teil der Regie übernimmt der Kunde.

B2C oder B2B – beides geht

Referenzmarketing ist nicht nur ein Thema für B2B. In den USA erzählen etwa Versicherungen und Autohersteller Kundenerfolgsgeschichten. Die bloße Nennung von Referenzen macht in allen Branchen und für alle Unternehmensgrößen Sinn. Vom Handwerker um die Ecke bis hin zum

Großunternehmen. Nur für Case Studies und Referenzberichte braucht es eine Voraussetzung: Das Produkt oder die Dienstleistung muss eine gewisse Komplexität haben, damit auch eine Geschichte erzählt werden kann.

Referenzmarketing funktioniert im B2C und im B2B

Es braucht den „happy customer"

Es klingt banal, ist es aber nicht. Man muss ein erfolgreiches Produkt und ein erfolgreiches Projekt haben. Die Erfahrung von casestudies.biz zeigt, dass so manches Unternehmen im Gegensatz zu seinem Kunden eine ganz andere Wahrnehmung von einem Projekt hat. Mit einem unglücklichen Kunden lässt sich keine Erfolgsgeschichte erzählen.

Das gesamte Unternehmen muss es wollen

Der Vertrieb ist der Motor des Referenzmarketing

Referenzmarketing funktioniert nicht nur im Marketing. Wer Referenzmarketing machen will, ist auf die Zusammenarbeit in seinem ganzen Unternehmen angewiesen. Der Vertrieb etwa, muss die Vorteile des Reference Selling verstanden haben, denn er hat in der Regel den Kontakt zum Kunden, er nominiert die Referenzen. Wenn der Vertrieb nicht mitzieht, ist Referenzmarketing zum Scheitern verurteilt. Es ist daher auch Aufgabe des Marketings, wo notwendig, den Vertrieb zu motivieren.

Das funktioniert noch besser, wenn es auch Management-Unterstützung gibt. Das Marketing muss darum auch das Management hinter sich wissen. Fehlende Kooperationsbereitschaft beim Vertrieb ist übrigens nicht die Regel. Meist ist der Vertrieb der Motor des Referenzmarketings, weil er den Zaubertrank in seinem Aktenköfferchen sehr schätzt. Einige Unternehmen haben außerdem in den Zielvereinbarungen mit ihren Vertrieblern die regelmäßige Nominierung von Referenzen vereinbart. Nominiert der Verkäufer also Success Stories, verdient er mehr Geld.

Systematik statt Prinzip Zufall

Referenzmarketing braucht eine Systematik

Referenzmarketing verdient es, als Instrument fest in den Sales- und Marketingprozess eines Unternehmens etabliert zu werden. Es macht wenig Sinn, nach dem Zufallsprinzip mal eine Case Study zu machen, wenn ein Kunde gerade ein Lob geäußert hat. Wer Referenzmarketing ernst nehmen will, muss in seinem Unternehmen einen Prozess etablieren, der dafür sorgt, dass jeder Verkaufsprozess mit einer passenden Referenz unterstützt wird. Das bedeutet, dass die Größe des Referenzgebers zum Interessenten passen muss, die Branche stimmt und es keine Unverträglichkeiten, etwa mit einem Wettbewerber, gibt. Das Referenzmarketing garantiert, dass der Vertrieb in jeder Situation Zugriff auf die passende Munition hat. Und die Waffenkammer sollte immer gut gefüllt sein.

Konkret bedeutet das, dass das Referenzmarketing in klare Verantwortung gelegt wird. Größere Unternehmen haben **Customer Reference Manager**, die den Fluss von Referenzen im Unternehmen organisieren. Für die Sales-Mannschaft haben diese eine wichtige Unterstützungsfunktion.

Case Studies – ein Multifunktionstool

Gelungene Kundenprojekte können als Case Study präsentiert werden

Case Studies sind eine klassische Form des Referenzmarketings. Gelungene Kundenprojekte werden entweder in schriftlicher Form oder mit einem kurzen Video dokumentiert. Die Case Study hat ihren Charme: Der Aufwand auf Kundenseite ist auf ein Interview beschränkt, heraus kommt in der Regel ein bebilderter Zweiseiter mit einer Projektbeschreibung, dem Kundenlogo und einem Bild des Referenzgebers. Das Praktische an einer Case Study: es gibt für sie sehr viele Verwendungsmöglichkeiten. Und das ohne zeitliche Begrenzung: Eine **Case Study** kann so lange genutzt werden, solange es der Referenzkunde erlaubt.

Und vor allem: Die Kosten sind begrenzt. Der Inhalt einer Case Study muss nur einmal produziert werden und kann dann in allen Varianten und Nutzungsformen über Jahre hinweg an vielen Orten im Unternehmen verwendet werden. Das macht das Instrument besonders effektiv.

Die Einsatzmöglichkeiten von Case Studies:

Im Vertrieb

Über die Einsatzmöglichkeiten von Case Studies im Vertrieb

Die Case Study als Flyer im Vertrieb ist die geläufigste Verwendungsform. Case Studies können nahezu an allen Stellen des Verkaufsprozesses eingesetzt werden.

- Als Köder für die **Lead-Generierung**: Viele Interessenten stoßen über Projekte und über die Marke Ihres Referenzgebers auf Ihr Unternehmen als Anbieter.
- Zur Festigung eines Leads: Nach einer ersten Kunden-Kontaktaufnahme ist die Case Study ein guter Content, um den Kontakt mit weiteren Informationen anzufüttern.
- Als Ergänzung von Angebotsunterlagen – auch in **Ausschreibungen**: Auf den Interessenten zugeschnittene Case Studies werten Angebotsunterlagen auf. Es gibt Unternehmen, die für Ausschreibungen einen schnellen Case Study-Produktionsprozess etabliert haben, der für eilige Ausschreibungen die jeweils passende Case Study liefert.
- Als Joker im **Anbieter-Reduktionsprozess**: Case Studies können an dieser Stelle dazu dienen, die Zahl der Anbieter weiter zu reduzieren. Der Referenzbesuch als großzügige Offerte kann helfen, in einer Ausschreibung in der letzten Runde den entscheidenden Punkt zu landen.
- Case Studies dienen der **Kundenbindung**: Ein Aspekt jeder Referenzmaßnahme wird oft unterschätzt. Sie bindet den Referenzgeber, sprich den Kunden an das Unternehmen. Der Kunde bekommt eine kostenlose, leicht konsumierbare Dokumentation seines Projektes. Die kann er verwenden, um beispielsweise intern für sein Projekt zu werben und etwa bei seinen Vorgesetzten, ihre Position als Dienstleister zu erklären. Allein diese Binnenwirkung einer Case Study kann mit Blick auf drohende Auftragsverluste oder weitere Upselling-Möglichkeiten ihr Geld wert sein.

Im Marketing

Case Studies sind idealer Content für das Marketing, weil sie auch hier an vielen Stellen verwendbar sind.

Über die Einsatzmöglichkeiten von Case Studies im Marketing

- Auf der **Unternehmenswebsite**: Case Studies füllen Referenzrubriken mit Leben, machen Logo-Friedhöfe glaubwürdig und dokumentieren das Leistungsspektrum des Unternehmens besser als Texte aus der Wir-Perspektive.

- Dabei muss es nicht bei der klassischen Bild-Text-Darstellung bleiben. casestudies.biz hat beispielsweise gemeinsam mit der marketing solutions direkt GmbH mit dem Produkt **„Case Study 2.0"** eine Darstellungsform entwickelt, mit der die multimedialen Möglichkeiten der Webdarstellung ausgeschöpft werden. Case Studys werden mit Bildergalerien, Videos, Abstimmungstools und Kontaktformularen ergänzt und führen den Interessenten auch zur Interaktion und damit zur Conversion.

Beispiel: Die Darstellung von Kunden-Erfolgsgeschichten für die Firma P.E.R Flucht- und Rettungsleitsysteme GmbH. Das Unternehmen aus Ahrensburg (www.per-gmbh.de) bereitet seine Kundenprojekte multimedial auf. Die Case Studies werden sowohl in der Offline- als auch in der Online-Kommunikation genutzt, und sie dienen gleichzeitig als zentraler Inhalt für den Unternehmens-Newsletter. Katrin Alsen, Marketing-Managerin P.E.R. GmbH: „Die Case Study 2.0 bietet uns wertvolle Inhalte für Marketing und Vertrieb. Dank der zahlreichen Einsatzmöglichkeiten erreichen wir so mit geringem Aufwand eine enorme Wirkung."

- Case Studies sind idealer Content für multimediale Darstellungsformen im Web: Eine Flash-Animation oder ein YouTube-Video – man kann dort auch ein schickes Imagevideo zeigen – eine Case Study transportiert aber mehr Inhalte und ist verkaufsstärker. Warum lässt man in einem Webcast nicht einen Kunden zu Wort kommen, statt den Produktmanager sein hinlänglich bekanntes Sprüchlein aufsagen zu lassen?

Beispiel: Der Reisekosten-Software-Anbieter HRworks hat zunächst eine Print-Case Study mit einem Kunden gemacht und das Fallbeispiel in einer Fachzeitschrift veröffentlicht. Danach hat man eine Video-Case Study mit dem Kunden produziert und nutzt den Drei-Minuten-Film nun intensiv. Melanie Heinemann, Marketingmanagerin, HRworks GmbH: „Eine Video-Case Study mit einem zufriedenen Kunden, ist ein wertvolles Marketing- und Vertriebsinstrument, da sie glaubwürdiger als ein Marketingvideo ist. Der Kunde berichtet über seine Erfahrungen und macht das Produkt damit vertrauenswürdig und greifbar. Video ist auch in der B2B-Kommunikation ein zunehmend wichtiges Kommunikationsformat. Gerade komplexe Produkte und Sachverhalte lassen sich mit bewegten Bildern interessant aufbereiten. HRworks nutzt mit gutem Erfolg Video-Case Studys in Vertrieb und Marketing – und dort auf allen zur Verfügung stehenden Kanälen" [2], [3], [4].

Abb. 1: Kunden-Erfolgsgeschichten als Case Study multimedial aufbereitet: „Wertvolle Inhalte für Marketing und Vertrieb" [1]

- Auf Messen und Veranstaltungen: Case Studies sind idealer Köder. Die fremden Marken und die Projekte wecken das Interesse möglicher Kunden.

Der Einsatz von Fallstudien am Beispiel von i:FAO

Beispiel: Die Strategie von i:FAO aus Frankfurt am Main. Der Hersteller einer E-Procurement Plattform für Geschäftsreisen hat beschlossen, weitgehend auf klassische Werbung zu verzichten und stattdessen die Kommunikation innerhalb der Peer-Group mit Fallstudien zu fördern. Heute kommuniziert i:FAO dreißig Fallstudien über den Einsatz des Produktes „cytric" beim Kunden. Die Fallstudien wurden auf einer Kunden-Konferenz vorgestellt und sie haben einen Neujahrsempfang umrahmt. Eine CD mit allen Case Studies in zwei Sprachen ist Bestandteil der Imagebroschüre, die Case Studies stehen auf der Produkt-Website www.cytric.de und sie werden Ausschreibungsunterlagen beigelegt. Louis Arnitz, Vorstandsvorsitzender der i:FAO Aktiengesellschaft: „Unsere Case Studies haben Ratgebercharakter und helfen potenziellen Kunden konkret. Der Leser erkennt sich mit seinen Problemen wieder. Das ist Information statt Reklame."

Abb. 2: i:FAO-Marketing mit 30 Kunden-Fallstudien: „Unsere Case Studies helfen potenziellen Kunden konkret" [4], [5]

E-Mail-Marketing: Eine Case Study wertet jeden Newsletter auf und liefert einen guten Kontrast zur sonstigen Nabelschau an dieser Stelle.

Case Studies liefern wichtige Stichworte für das Suchwort-marketing

- Suchwortmarketing und **Suchwortoptimierung.** Immer mehr B2B-Kaufentscheidungen werden mit simplen Suchabfragen in Suchmaschinen eingeleitet. Case Studies liefern die wichtigen Stichworte nach denen Interessenten suchen, sie sind der Beginn eines idealen Kommunikationsweges: Der Interessent stößt zuerst auf die neutrale Case Study, lernt die Vorteile des Produkts kennen und kontaktiert dann den Urheber des Erfolgs.

- Klassische Werbung. Case Studies können auch ein klassisches Anzeigenmotiv ersetzen. Ein Kunde von casestudies.biz etwa bucht in Magazinen normalen Anzeigenplatz und füllt ihn mit einer Case Study. Vorteile: Geringere Einkaufskosten und ein Vielfaches an Glaubwürdigkeit gegenüber einer normalen Anzeige.

Case Studies sind idealer Content für die Medien

Kommunikation und Öffentlichkeitsarbeit

- Case Studies sind idealer Content für **Pressemitteilungen**, weil sie konkrete Inhalte liefern und die Leistung ihres Unternehmens auch gegenüber Redakteuren gegenständlich macht.
- Case Studies können 1:1 als Inhalt für **Kundenzeitschriften** verwendet werden. Fast alle Kundenzeitschriften der großen IT-Unternehmen beispielsweise, erhalten derlei Anwenderberichte.
- Fachartikel: Viele Redaktionen drucken gerne **Anwenderberichte**. Bedingung: sie müssen journalistisch verfasst und werbefrei sein – was leider keine Selbstverständlichkeit ist. Ein Anwenderbericht in einer – angesehenen – Fachzeitschrift kann von hohem Wert sein. Beispiel ADP Employer Services: Das Unternehmen casestudies.biz wurde 1:1 in einer für ADP wichtigen Fachzeitschrift gedruckt. Nicht weil die Fachzeitschrift Werbung veröffentlicht, sondern weil der Beitrag wertvolle Information über das Projekt aus Kundensicht liefert. Und weil die Case Study den journalistischen Anforderungen der Zeitschrift entsprochen hat [6].

Praktische Tipps – so macht man Referenzmarketing richtig

Praktische Tipps für ein wirkungsvolles Referenzmarketing

- Holen Sie sich früh das **Referenz-Einverständnis** Ihrer Kunden, am besten bereits während den Vertragsverhandlungen. Sichern Sie sich alle Verwendungsformen der Referenz, sonst müssen Sie bei jeder Flyer-Produktion eine neue Genehmigung einholen.
- Informieren Sie Ihren Kunden ausführlich, was Sie mit ihm als Referenz vorhaben. So sichern Sie sich seine Kooperation.
- Etablieren Sie einen **Case Study-Produktionsprozess**, der schnell und professionell abläuft.
- Überlassen Sie das Schreiben/Filmen Profis, die das gelernt haben (siehe Abschnitt „Make or buy").
- Nutzen Sie die vielen Verwendungsmöglichkeiten von Referenzmaterial.
- Machen Sie hausintern Werbung für die Referenzen, veröffentlichen Sie unter Umständen eine **Erfolgsgeschichte** über Ihr Referenzmarketing.
- Überwachen und messen Sie den Erfolg Ihrer Referenzaktionen.
- Nutzen Sie gegebenenfalls Software zur Referenzmaterial-Verwaltung [7].

Make or buy?

Wer Referenzmarketing etablieren will, steht schnell vor der Frage, wie das am besten zu realisieren ist. Obwohl es sich um eine Querschnittsfunktion mit starker Sales-Komponente handelt, ist das Instrumentarium in der Regel im Marketing beheimatet.

Vorreiter in der Thematik, etwa große IT-Unternehmen mit Sitz in den USA, haben dabei große Teile der Referenzproduktion an externe **Dienstleister** ausgelagert. Diese wickeln das gesamte Referenzmanagement extern ab. Sie sind so in die Prozesse des Unternehmens etabliert, dass Bestellungen neuer Referenzen direkt bei ihnen aufschlagen und der gesamte Referenzproduktionsprozess extern stattfindet. Referenzmanagement-Programme, die als Software-as-a-Service ausgeliefert werden, ermöglichen das Management aller Referenzen. Also die Nominierung, die Suche, das automatische Publizieren auf Microsites und vor allem das Tracking des Kundenverhaltens mit Blick auf den ROI dieses Marketinginstruments.

Gründe für das Auslagern des Referenzmanagements an externe Dienstleister

Der Blick von außen führt zum besseren Ergebnis

Die Auslagerung des gesamten Referenzmanagements an externe Dienstleister ist das Programm für Fortgeschrittene, die externe Produktion von Case Studies jedoch eine Maßnahme, die sich auch für Einsteiger empfiehlt. Die Gründe:

- Viele Unternehmen, die Referenzberichte und Case Studies selber machen, scheitern an dieser Aufgabe. Niemand fühlt sich wirklich dafür zuständig, die Projekte stocken oft. Auch die Ergebnisse sind nicht überzeugend, weil sie die **Binnensicht** wiedergeben und sprachlich das Verkäufer- oder Beraterdeutsch nicht verlassen.
- Externe stellen die besseren Fragen. Nur wer unbedarft an ein Thema herangeht, stellt die Fragen, die auch ein potenzieller Kunde stellen würde.
- Externe drängen auf **Zitate und Fakten**, sprich Zahlen. Zitate sind für eine Kundenerfolgsgeschichte unerlässlich. Und ein Interessent will Fakten erfahren. Das wird bei selbstgemachten Case Studies oft vernachlässigt, weil das der bequemere Weg ist.
- Case Studies sind ein Spezialformat, das bei Case Study-Spezialisten am besten aufgehoben ist. Schnelle Produktion, journalistisches Layout und Freigaben ohne Amputationen – das können Externe besser.

Journalismus statt Standard-Format

In Deutschland sind geschätzt neunzig Prozent aller Case Studies nach der abgedroschenen Struktur „Aufgabe-Lösung-Ergebnis" aufgebaut. Man muss sich unbedingt von diesem traditionellen Aufbau lösen und **journalistische** Texte produzieren. Projekte müssen wie eine spannende Story aus Stern oder Manager-Magazin erzählt werden, denn journalistische Texte überzeugen. Case Studies sind kein Marketing, sie sind eine journalistische Darstellungsform im Einsatz des Marketings. Nur werbefreie, glaubwürdige und lebhafte Texte funktionieren.

Case Studies erfordern journalistisch aufbereitete Texte

Beispiel:

Do's und Dont's am Beispiel HRS/MAN

Das Thema lautet:
Der MAN-Konzern nutzt das Hotelreservierungssystem HRS für die Buchung aller Hotelübernachtungen.

Eine gewöhnliche Standard-Case Study würde in etwa so beginnen:

Headline: „Große Erfolge mit HRS" – (werblich, durchsichtig, langweilig, abweisend)

Vorspann: Den gäbe es nicht, weil in der Regel die leserbindende Kraft eines Vorspanns nicht erkannt wird.

Haupttext: „MAN ist ein international aktiver Konzern mit 55 000 Mitarbeitern und 15,5 Milliarden Euro Umsatz." Dann würde der Wikipedia-Eintrag über MAN folgen und irgendwann würde man mal erfahren, was HRS für MAN erreicht und – wenn es gut läuft – mit welchem Ergebnis. Zitate gäbe es nicht.

Eine gute Case Study hingegen funktioniert so:

Dachzeile: „MAN" – (darum geht es)

Headline: „Hotelbuchung unter der Lupe" – (Das ist anregend, das ist inhaltlich, es geht um „Transparenz" – die wünscht sich in der Zielgruppe jeder.)

Vorspann: „Für MAN ist die Onlinebuchung von Hotels mit HRS die Voraussetzung für eine Kostensenkungs-Offensive im Hotelbereich. Der Konzern mit einem Übernachtungsvolumen von jährlich sieben Millionen Euro will künftig achtzig Prozent aller Hotels online mit HRS buchen. Vertragsverhandlungen mit Häusern führt der Maschinen-Konzern mittlerweile immer seltener."
(Eine Zusammenfassung, nicht werblich, neugierig machend.)

Haupttext: „Wir stellen den Eigeneinkauf von Hotels gerade ein." Für Herbert Zitzen, Travel-Manager der MAN, ergibt es keinen Sinn, mit Hotels eigene Raten auszuhandeln, wenn ihm sein Hotelprovider „in 85 Prozent aller Fälle" günstigere Raten liefere. „Die Preise von HRS sind sehr attraktiv, die können wir auch als Großabnehmer kaum mehr unterbieten", sagt Herbert Zitzen. Die Zahl der Häuser, mit denen die MAN eigene Preise aushandele, sei in den vergangenen Jahren darum „deutlich zurückgegangen". (Lebhaft, die Hauptperson [Kunde] ist sofort im Spiel, [radikale] Inhalte werden transportiert und machen neugierig) [8].

Fazit: Referenzen helfen verkaufen

Referenzen helfen verkaufen

Zusammenfassend: Referenzmarketing ist wichtig, weil es der Kunde will und weil es allen aktuellen Anforderungen modernen Marketings entspricht. Vor allem aber auch, weil man mit den Werkzeugen des Referenzmarketings virtuos und gleichzeitig auf den Klaviaturen von Sales, Marketing und Kommunikation spielen kann. Mit einem klaren Ziel: Ihr Unternehmen soll besser verkaufen.

Literatur

[1] Link zu den Fallstudien von PER http://www.per-gmbh.de/de/fallstudien/

[2] Hier die Video-Case Study von HRworks http://www.youtube.com/watch?v=1tmBIFD7RVY

[3] Hier Beispiele für Video-Case Studies http://casestudies.jimdo.com/video-case-study/

[4] siehe auch: Case Study über das Case Study-Marketing von i:FAO http://casestudies.jimdo.com/nutzen/case-study-%C3%BCber-case-studies//

[5] 30 Case Studies für cytric http://www.cytric.de/cytricCase/

[6] siehe auch: 25 Möglichkeiten für den Einsatz von Case Studies http://www.storiesthatsellguide.com/download/25-Ways-Build-Trust-and-Sales.pdf

[7] siehe auch: Das Handbuch zum Start eines Referenzkundenprogramms http://customerreferencehandbook.com/

[8] siehe auch: 15 Tipps für bessere Case Studies http://casestudies.jimdo.com/ratgeber-shop.

Allgemeine Links zum Thema

http://casestudies.jimdo.com/2009/11/05/referenzmarketing-aber-strategisch/
Strategisches Referenzmarketing I, salesBUSINESS 6, 2009.

http://casestudies.jimdo.com/2009/11/27/referenzmarketing-strategisch/
Strategisches Referenzmarketing II, salesBUSINESS 7, 2009.

http://www.neukunden-podcast.de/folge-009-mit-case-studies-neue-kunden-gewinnen/
Podcast über die Neukundengewinnung mit Referenzen bei neukunden-podcast.de 7/2009.

http://www.storiesthatsellguide.com/stories-that-sell/sample-chapter/
Kostenloses Kapitel aus dem Buch von Casey Hibbard: „Stories that sell".

http://www.bitkom.org/de/themen/54842_46677.aspx
White Paper des Branchenverbandes Bitkom zum Thema.

Die Empfehlungsfrage im Verkaufsgespräch

5

Anne M. Schüller

Am Anfang und am Ende eines jeden Verkaufsgesprächs sollte eine Empfehlung stehen

Am Anfang und am Ende eines jeden Verkaufsgesprächs sollte eine Empfehlung stehen. Doch selbst wenn ein Kunde äußert zufrieden ist, wird er nicht automatisch daran denken, für Sie als Fürsprecher tätig zu sein. Da heißt es, ihn ein wenig zu „impfen". Dies geschieht am besten in der Form, dass Sie **Kunden und Kontakte um Empfehlungsadressen bitten**. Das kann im Rahmen eines persönlichen Gesprächs und auch am Telefon erfolgen.

Die Empfehlungsfrage richtig stellen

Ziel eines jeden Verkaufsgesprächs sollte es sein, dieses so gut zu führen, dass der Kunde am Ende bereit ist, Empfehlungen auszusprechen – sogar dann, wenn er selbst nichts erworben hat. So können Sie, wenn das Gespräch in einer angenehmen Grundstimmung verlaufen ist, mehr oder weniger beiläufig vor dem Abschied noch nach Empfehlungsadressen fragen. Am besten **versehen Sie Ihren Wunsch mit einer Begründung**, beispielsweise wie folgt:

Passende Formulierungen für Empfehlungsfragen vorbereiten

- „Ich möchte expandieren. Wen kennen Sie denn, der sich möglicherweise für unser Angebot ebenfalls interessierten könnte? Würden Sie dabei an jemanden aus Ihrem Kollegenkreis denken, oder kämen eher Leute aus Ihrem Bekanntenkreis in Betracht?"

Dabei ist es ratsam, sich gut **vorzubereiten**, um nicht im entscheidenden Moment ins Stottern zu kommen. Fragen Sie zum Beispiel,

- für wen im Unternehmen beziehungsweise im Bekanntenkreis die Sache noch in Frage kommt,
- welche weiteren Interessenten in der Gegend es gibt, für die das Angebot passen könnte,
- wie der Kunde, wäre er an Ihrer Stelle, das Empfehlungsgeschäft entwickeln würde.

Offene Alternativfragen sind besser als geschlossene Fragen

Offene Fragen („Für wen könnte es denn noch interessant sein, ein solches Gespräch zu führen?") sind hierbei zielführender als geschlossene Fragen („Kennen Sie eventuell noch jemanden, ...). Wenn nämlich das Verkaufsgespräch anstrengend war, ist die Gefahr groß, dass unser Hirn sich nach einer geschlossenen Frage mit einem „Nein" verabschiedet und in den Energiesparmodus herunterfährt. **Offene Fragen** hingegen, möglichst mit Alternativen versehen, aktivieren das Oberstübchen des Gesprächspartners und bringen es zum Nachdenken.

http://www.marketing-boerse.de/Experten/details/Anne-Schueller

Hier gleich noch eine **Formulierung**, die der Vertriebsexperte Klaus-J. Fink empfiehlt „Inwiefern und für welche der Geschäftspartner, die Sie kennen, käme denn unser … außerdem noch in Frage? Käme da jemand aus Ihrer Branche oder eher jemand aus einer anderen Branche in Betracht?“

Sog statt Druck erzeugen

Nach Details fragen, die für das weitere Vorgehen nützlich sind

Wenn sich Ihr Gesprächspartner nun kooperativ zeigt, **fragen Sie nach Details**, die Ihnen beim weiteren Vorgehen nützlich sein können, etwa wie folgt: „Wenn Sie nun an meiner Stelle wären, was müsste ich bei der Kontaktaufnahme beziehungsweise beim ersten Gespräch beachten? Und wann ist wohl der beste Anrufzeitpunkt?“

Haben Sie mehrere Adressen erhalten, fragen Sie so: „Wen sollte ich aus Ihrer Sicht denn am ehesten kontaktieren? Und aus welchem Grund?“ Die Qualität einer Adresse steigt mit jeder Zusatzinformation, die Sie nun erhalten.

Wichtig bei all dem: Vermeiden Sie Druck! Wer sich unter Druck gesetzt fühlt, beginnt schnell zu mauern. **Sog ist besser als Druck.** Der Kunde muss Sie respektive Ihr Angebot unbedingt empfehlen wollen. Dann ist die Frage nach Adressen ganz leicht. Das allerdings nur unter zwei Bedingungen: Sie müssen fachlich top und auch sympathisch sein. Denn Unsympathen helfen wir nicht.

Über schwache und starke Empfehlungen

Es gibt starke und schwache Empfehlungen

Wenn es um Empfehlungsadressen geht, unterscheiden wir zwischen starken und schwachen Empfehlungen:

- **Die schwache Empfehlung**
Bei der schwachen Empfehlung erhalten Sie Hinweise und Namen, übernehmen das Kontaktieren jedoch selbst, indem Sie sich auf den Empfehlungsgeber berufen dürfen – oder auch nicht. Wenn Sie seinen Namen nennen dürfen, erwähnen Sie den Empfehler im Gespräch mit dem potentiellen Kunden möglichst mehrmals. Und ganz wichtig: Sprechen Sie immer wertschätzend über ihn. Wenn Ihr Empfehlungsgeber hingegen nicht will, dass sein Name genannt wird, halten Sie sich unbedingt daran. Alles andere käme einem Vertrauensmissbrauch gleich. Verzichten Sie notfalls auf den Termin und das Geschäft. Das bestehende Kundenverhältnis geht vor.

- **Die starke Empfehlung**
Bei der starken Empfehlung kontaktiert der Empfehler die Zielperson von sich aus und schafft die Brücke zu Ihnen. Diese Art der Empfehlung ist weitaus ergiebiger und sollte daher, wenn irgend möglich, angesteuert werden. Fragen Sie den Kunden ganz einfach, ob er womöglich gleich in Ihrem Beisein anrufen kann beziehungsweise wann er meint, dazu zu kommen. Bleiben Sie in jedem Fall am Ball. Empfehlungsadressen dürfen nie „auf Halde“ liegen oder vergessen werden, dazu sind sie viel zu wertvoll.

Empfohlenes Geschäft ist quasi schon vorverkauft

Denn empfohlenes Geschäft ist quasi schon vorverkauft. Dies führt bei dem, der die Empfehlung erhalten hat, zu einer positiveren Wahrnehmung, zu einer höheren Gesprächsbereitschaft, zu kürzeren Gesprächen, zu einer geringeren Preissensibilität, zu höherwertigen Käufen, zu zügigen Entscheidungen und zu einem loyaleren Geschäftsgebaren. Schnell auch **zu neuem Empfehlungsgeschäft**.

Nur Mut: Menschen helfen gern

Die Angst vor dem Nein überwinden

Weniger erfolgreichen Verkäufern fehlt oft der Mut, die Empfehlungsfrage zu stellen. Und das aus einem einzigen Grund: Aus **Angst vor dem Nein des Kunden**. Sie fürchten eine Beschädigung ihres Ego oder eine emotionale Zurückweisung. Ablehnung kann, wie jeder am eigenen Leib schon gespürt hat, eine sehr unangenehme Erfahrung sein. So versuchen wir, dies zu vermeiden. Wir erfinden tausend Gründe, warum es gerade heute oder bei diesem Kunden nicht möglich war, nach Adressen zu fragen. Nur, um einem Nein aus dem Weg zu gehen. Dabei gilt: Nicht gefragt ist auch ein Nein.

Und keine Sorge: **In aller Regel helfen Menschen** gern, denn wir wollen liebenswürdig wirken und fühlen uns gut dabei. Manche geben gerne ein paar Tipps, weil sie sich hierdurch wichtig vorkommen. Andere wiederum haben von Natur aus ein hohes Mitteilungsbedürfnis. Und viele Menschen können einfach nicht nein sagen, wenn man sie um einen Gefallen bittet.

Zu berücksichtigen ist allerdings, dass es auch Menschen gibt, die grundsätzliche **Vorbehalte** haben, Hinweise oder Kontaktdaten weiterzugeben. Vielleicht hat Ihr Gesprächspartner schlechte Erfahrungen gemacht. Oder er kennt jemanden, dem das passiert ist. Oder er erachtet Ihr Angebot nicht als empfehlenswert. Oder Sie sind ihm unsympathisch. Oder Sie haben einen kommunikativen Fehler begangen. Oder er „gönnt“ Sie den anderen nicht. Oder er möchte nicht, dass andere von seinem Kauf erfahren. In all diesen Fällen gilt: Drängen Sie nicht!

Nicht vergessen: Der Dank für eine Empfehlung

Eins noch zum Schluss: Sagen Sie dem Kunden unbedingt, was aus seinen Empfehlungen geworden ist. Und **bedanken Sie sich**, wenn es zu einem Abschluss kam: unverzüglich, überschwänglich und möglichst persönlich – am besten verbunden mit einem kleinen (ideellen oder geldwerten) Geschenk. Denn Menschen verstärken Verhalten, für das sie Aufmerksamkeit, Anerkennung und eine Belohnung erhalten.

Literatur

Schüller, Anne M.: Der beste Weg zu neuen Kunden. Die 25 wertvollsten Erfolgsrezepte für ein gezieltes Empfehlungsmarketing. – Hörbuch, Breuer & Wardin, 2010.

Schüller Anne M.: Zukunftstrend Empfehlungsmarketing. – Business Village, Göttingen, 4. Auflage 2009.

REPUTATIONS-CONTROLLING IM WOM

6

INTRO

Im Internet kommt alles raus: Tim Cole nimmt sich eines Themas an, über das nicht gerne geredet wird: Wie gehen Empfehlungsnetzwerke mit schwarzen Schafen um? Was ist, wenn jemand schlechte Qualität liefert oder unehrlich ist?

Personal Branding und Reputation Management: Klaus Eck verrät, wie sich das Web nutzen lässt, um die eigene Reputation zu verbessern. Den Rat „Tue Gutes und rede darüber“ füllt er mit konkreten Tipps zur Umsetzung.

Negative Mundpropaganda durch Beschwerden: Der Tod vieler Kundenbeziehungen und mancher Unternehmen? Andreas Schöler hat zusammengetragen, wie und warum sie entsteht und was sie offline und online bewirkt. Sein „Gegengift“: ein systematisches Beobachten, Reagieren, Kanalisieren und Verhindern.

Social Media Monitoring: Stefan Oßwald erläutert, welche Plattformen im Social Web wie beobachtet werden können. Der große Vorteil digitaler Kommentare besteht ja gerade in der Tatsache, dass sie oft mit relativ wenig Aufwand auffindbar sind.

6

REPUTATIONSCONTROLLING IM WOM

Im Internet kommt alles raus

6

Tim Cole

Empfehlungsnetzwerke dienen eigentlich dazu, neue Geschäftskontakte zu knüpfen. Sie funktionieren aber genauso gut umgekehrt, nämlich als Frühwarnsystem.

Das Wort „linken" hat in den letzten Jahren eine seltsame Metamorphose durchgemacht. Früher beschrieb es ein zutiefst unehrenhaftes Verhalten, im Sinne von „jemanden übers Ohr hauen." Doch dann kam Google und erklärte das Linken, also das gegenseitige Setzen von Hyperlinks, zum Maß aller Dinge im Suchmaschinen-Ranking: Je häufiger jemand auf meine Website verlinkt, desto weiter oben stehe ich, wenn jemand meinen Namen eingibt. Ein ganzer Industriezweig, nämlich die Suchmaschinen-Optimierer, leben im Grund davon, die Leute zu linken und wir empfinden das als durchaus positiv.

Mit Tausenden von potenziellen Kunden oder Partnern verlinkt

Wir treten auch fleißig irgendwelchen sozialen Netzwerken bei, weil wir dadurch auf einen Schlag mit Tausenden von potenziellen Kunden oder Partnern verlinkt sind und per Mausklick mit ihnen Kontakt aufnehmen können. **„Empfehlungsnetzwerke"** nennen sich denn auch die großen Business Networks wie Xing oder LinkedIn, und irgendwie gehen alle offenbar davon aus, dass sich dort nur Ehrenmänner tummeln. Obwohl wir doch eigentlich alle ganz genau wissen, dass dort, wo viele sich versammeln, mit Sicherheit auch ein paar Stinkstiefel dabei sein müssen, weil das in der Natur des Menschen liegt. Und das Internet soll da anders sein? Wohl kaum.

Nehmen wir zum Beispiel Ralf H. (Name vom Autor geändert). Er ist ein netter junger Mann, sogar ein Berufskollege. Er hat sich irgendwann selbständig gemacht und eine Agentur gegründet, die Konferenzen zum Thema Web 2.0 und Empfehlungsmarketing organisierte. Nur gingen die Geschäfte offenbar schlecht, und als ein großer Kunde eine Rechnung nicht bezahlte, war Ralf H. plötzlich pleite.

Mahnungen kamen zurück mit dem Vermerk „Empfänger unbekannt verzogen"

Leider schuldete er mir selbst noch Geld. Wir hatten einen Vertrag, weil ich als Moderator auf einer seiner Konferenzen aufgetreten war. Auch diese Rechnung wurde nie bezahlt, woher auch? Und der junge Herr H. tat das, was viele Schuldner tun: Er antwortete nicht mehr auf meine Mails, das Telefon blieb stumm und Mahnungen kamen zurück mit dem Vermerk „Empfänger unbekannt verzogen". Es war ja nicht sehr viel Geld, aber ein paar Tausender waren es schon. Dafür muss eine alte Frau lange stricken, und so begann ich, mich über Ralf H. zu ärgern.

Herr H. hat wohl gehofft, er könne mir entkommen. Aber da hat er die Rechnung ohne das Internet gemacht. Als ich nämlich irgendwann bei Xing nach „Ralf H."

http://www.marketing-boerse.de/Experten/details/Tim-Cole

suchte, fand ich sein Profil mit Foto und allen möglichen Angaben, aus denen hervorging, dass er ein Ehrenmann sei, mit dem man doch bitteschön Geschäfte machen solle. Von seiner Pleite stand da nichts, auch nichts von unbezahlten Rechnungen. Ist ja klar: Wer sich selbst in einem solchen Business-Netzwerk darstellt, versucht sich in ein möglich gutes Licht zu stellen.

Prinzip der Gegenseitigkeit: Empfiehlst du mich, empfehle ich dich

Solche Netzwerke funktionieren nach dem schönen **Prinzip der Gegenseitigkeit**: Empfiehlst du mich, empfehle ich dich. Und am Ende haben dann alle etwas davon. Das setzt aber voraus, dass sich wirklich nur Leute dort präsentieren, die empfehlenswert sind. Und was ist mit den faulen Äpfeln?

Ralf H. und ich sind über Xing mit einer Menge Menschen verbunden, die einen sehr honorigen Eindruck machen. Einige von ihnen haben auch schon Geschäfte mit Herrn H. gemacht, und wenn er in Zukunft wieder welche machen will, dann wird er vermutlich auf diese Kontakte angewiesen sein.

Das wird aber für ihn nicht mehr ganz so einfach sein, denn ich habe mir die Mühe gemacht, unsere gemeinsamen Bekannten alle anzuschreiben. Nein, ich habe ihn nicht als einen Betrüger oder Gauner beschimpft. Ich habe nur ganz harmlos nachgefragt: „Weiß eigentlich jemand, wo der junge Herr H. abgeblieben ist? Er schuldet mir nämlich leider noch Geld."

Ein paar Klicks haben genügt, um den Ruf nachhaltig zu ruinieren

Ein paar Mausklicks haben also genügt, um seinen Ruf nachhaltig zu ruinieren. Gut, er ist ja selber schuld. Hätte er mich damals angerufen und gesagt: „Mensch, Cole, tut mir leid, aber ich habe Pech gehabt und ich kann Ihre Rechnung nicht bezahlen", dann wäre ich wahrscheinlich der Letzte gewesen, der ihn ins Messer hätte laufen lassen. Ich hätte vermutlich mit den Zähnen geknirscht und die Rechnung ausgebucht. Das Leben geht weiter, und irgendwann hätte er die Sache ja vielleicht wieder gut machen können, wenn er wieder auf die Füße gekommen wäre. Ich war aber sauer, weil er einfach abgetaucht ist, und so habe ich auch keine Gewissensbisse gehabt, andere vor ihm zu warnen.

Andere vor schwarzen Schafen warnen

Was dann aber geschah, hat mich doch ziemlich überrascht. Meine kleine Aktion bei Xing hat nämlich eine zum Teil recht heftige Diskussion darüber ausgelöst, ob es denn statthaft sei, in einem solchen Empfehlungsnetzwerk auch eine negative Empfehlung abzugeben. Einer, den ich angeschrieben hatte, war sogar recht wütend, weil ich angeblich Xing als **„Fahndungsinstrument"** missbraucht hätte. Andere meinten, sowas „gehöre nicht hierher". Andere gaben mir Recht: Sie bedankten sich sogar ausdrücklich und meinten, es sei die Pflicht jedes Xing-Mitglieds, andere vor schwarzen Schafen zu warnen.

Aus den meisten Zeilen ging aber eine Art Unwohlsein hervor. Die meisten hatten keine Lust, sich in so eine Sache hereinziehen zu lassen. Ich sollte das doch lieber mit Herrn H. direkt ausmachen. Aber wie, wenn ich doch nicht wusste, wo er abgeblieben ist?

Ich bin übrigens kurz darauf in einem anderen so genannten **„Kompetenznetzwerk"** wieder über Herrn H. gestolpert. Er hatte sich viel Mühe gemacht, dort eine ausführliche Beschreibung von sich und seiner Firma zu hinterlassen in der Hoffnung, dass jemand das liest und ihm dann einen Auftrag gibt. Daraus wird wohl leider auch nichts mehr, denn ich habe die Betreiber dieses Netzwerks gleich angemailt und ihnen von meinem Problem berichtet. Ein paar Stunden später war der schöne Eintrag von Herrn H. bereits gelöscht. Der Netzbetreiber hat sich sogar schriftlich bei mir bedankt. „Wir sind auf solchen Rückfluss angewiesen, damit wir unsere legitimen Partner und Kunden vor Betrügern schützen können."

Legitime Partner und Kunden vor Betrügern schützen

Die Frage ist also legitim: Liegt der Sinn und Zweck eines „Empfehlungsnetzwerks" wie Xing oder LinkedIn auch darin, ein **Alarmsystem** zu sein, um anständige Mitglieder zu schützen? Würden solche Plattformen ausschließlich der positiven Selbstdarstellung dienen, wäre das ja schließlich unehrlich, vielleicht sogar unmoralisch. Andererseits ist schnell die Grenze zum Denunziantentum überschritten.

Schufa und Creditreform

Gerade deshalb finde ich, dass wir diese Grenzen ausloten und uns auf Spielregeln einigen sollten, so wie wir es in der „richtigen" Welt tun. Schufa und Creditreform gelten nicht als Petzer, sondern als legitime **Anbieter von Informationen zum Schutz von Gläubigern**. Sie kassieren dafür viel Geld. Xing kann eine ähnliche Funktion gratis erfüllen, wenn sie sich (auch) als eine Schutzgemeinschaft versteht. Zumal sie sehr viel wirkungsvoller sein kann.

Beim Ratinggespräch der Banken

Man kann diesen Gedanken sogar weiterspinnen. Was, wenn es möglich wäre, die bislang fein säuberlich getrennten Reputationen, die wir bereits in verschiedenen Netzwerken besitzen (zum Beispiel die eBay-Bewertung) zu einer umfassenden „digitalen Identität" zu konsolidieren? Es würde sich eine Art Gesamtreputation ergeben, eine Art digitales Leumundszeugnis. Handverkäufer und Autohändler könnten einen solchen „eRuf" durchaus bei der Bonitätsprüfung heranziehen. Es könnte beim Ratinggespräch der Banken eine Rolle spielen, die jeder Kreditnehmer im Rahmen von Basel II einmal im Jahr über sich ergehen lassen muss.

„Ist der Ruf erst ruiniert, lebt sich's gänzlich ungeniert", reimte einst der Dichterfürst Wilhelm Busch. Das heißt, eigentlich war es wohl Bertold Brecht. Vielleicht aber auch der Leipziger Kabarettist Werner Kroll. So ganz genau weiß man nicht, wer es gesagt hat. Das ist irgendwie auch typisch fürs Internet, wo auch so manche Behauptung fortlebt, obwohl keiner mehr recht weiß, woher sie stammt, geschweige denn wie man sie wieder korrigieren soll.

Denunzianten-Portale

Das ist schlimm genug für den Privatmenschen, der seinen guten Ruf zunehmend von Denunzianten-Portalen wie „rottenneighbor.com" bedroht sieht. Dort darf jeder, der will, ungeprüft über seine Nachbarn herziehen, nach dem Motto: „Maier vom Hinterhaus schlägt seine Frau regelmäßig mit nassen Handtüchern, damit es keine Striemen gibt". Auch in Deutschland besorgen längst Websites wie „nachbarVZ.eu" oder „mietbewertung.com" das schmutzige Geschäft mit dem **Rufmord per Mausklick**. Gegenwehr ist zwecklos, der Rechtsweg ausgeschlossen, und so bleibt dem so Verunglimpften letztlich nichts übrig, als mit den Zähnen zu knirschen und weiter zu leben.

Firmen haben da schon andere Möglichkeiten, den guten Namen im Internet zu verteidigen. Schließlich bieten sich ja inzwischen jede Menge Agenturen und Experten an, die – gegen gutes Geld – so genanntes „Reputations-Management" für Unternehmen betreiben, die von ihren Kunden oder Konkurrenten online kritisiert oder beschimpft werden, zu Unrecht oder auch zu Recht.

Die neue Macht des Kunden im Internet

Grund sind die vielen **„Meinungsportale"**, die in den letzten Jahren entstanden sind und wo sich jeder über jeden auslassen darf. Wer sich über vermeintlich schlechten Service oder mindere Produktqualität ärgert, surft hinüber zu „ciao.de" oder „dooyoo.de" und macht sich erst mal Luft. Der nächste Kunde überlegt, ob er bei dieser Firma bestellen soll, sieht den virtuellen Brandbrief und kauft woanders ein. Die neue Macht des Kunden im Internet – nirgends wird sie deutlicher sichtbar als hier.

Das Schlimmste aber ist: Die meisten Unternehmer wissen gar nicht, welchen Ruf sie online genießen – und es ist ihnen offenbar auch egal, sonst würden sie sich darum kümmern. Das Allermindeste wäre, dass man als Chef oder Produktverantwortlicher ein- oder zweimal die Woche den eigenen Firmennamen bei Google eingibt und nachschaut, was so über einen so geredet wird.

Ihr guter Ruf im Internet: Meinungsportale und Bewertungs-Websites durchkämmen

Noch besser wäre es, Profis wie Sören Mohr von „reputation-control.de" ran zu lassen. Der sitzt in Kiel und bietet, wie er sagt, „ein innovatives Frühwarnsystem" für Unternehmen, die sicher sein wollen, dass ihr guter Ruf im Internet nicht scheibchenweise ruiniert wird. Mohr und seine Leute haben eine Software geschrieben, die alle wesentlichen Meinungsportale und Bewertungs-Websites durchkämmt und die Fundstellen in einem Berichtsformular zusammenführt. Die Treffer werden analysiert, die Negativmeldungen nach Relevanz gewichtet und gefiltert („Nörgler", „berechtigte Kritik", „rufschädlich").

Aber was dann? Mohr setzt auf „kreative Handlungskonzepte" und auf „Feedback-Management". Er meint wohl: Reden wir mit den Leuten und versuchen, sie zu beruhigen und zur Rücknahme der schlechten Bewertung zu überreden." Klassisches **Beschwerdemanagement** also.

Wenn jemand im Internet massiv Rufmord betreibt

Viel radikaler ist sein Kollege Mikkel deMib Svendsen (www.demib.com), ein junger Däne, der behauptet, „creative search engine marketing" zu betreiben. Wie kreativ er ist, hat er einmal auf der SMX demonstriert, einer Konferenz zum Thema Suchmaschinenoptimierung in München. Er wurde von einem Zuhörer gefragt, was man denn als großer, internationaler Markenanbieter tun könne, wenn jemand im Internet massiv Rufmord gegen ihn betreibt. Mikkel hatte eine ganze Reihe etwas fragwürdiger Tipps auf Lager, zum Beispiel diesen: „Engagieren Sie einen guten Hacker, der seine Website runternimmt. Oder schicken Sie ihm gleich die Russenmafia ins Haus." Auf empörte Einwürfe hin reagierte Mikkel lapidar: „Ist zwar illegal, aber Sie müssen schließlich selbst wissen, was Sie tun, um Ihren guten Namen zu verteidigen..."

Früher hätte man ein solches Verhalten schlicht als „link" bezeichnet. Aber inzwischen müssen wir uns wohl einen neuen Begriff dafür einfallen lassen. Eines ist jedoch klar: Im Internet kommt alles irgendwann mal heraus. Was sofort Erinnerungen weckt an alte John Wayne-Filme, in denen der Sherrif dem Bösewicht mit knurriger Stimme die markigen Worte zu raunzt: „You can run, but you can't hide" – „du kannst versuchen zu fliehen, aber du kannst dich nicht verstecken."

Personal Branding und Reputation Management

6

Klaus Eck

Haben Sie sich schon einmal selbst gegoogelt? Falls ja, sind Sie nicht etwa ein Ego-Googler, der seinem Narzissmus frönt, sondern kümmern sich bewusst und zu Recht um Ihre öffentliche Wahrnehmung. Das kann für Selbstständige geschäftsentscheidend und für Angestellte ein Karrierekiller sein.

Manchmal ist der Weg vom überragenden Sieger zum Verlierer kurz und schmerzhaft, besonders dann, wenn die Fallhöhe olympisch ist. Das widerfuhr beispielsweise Anfang Februar 2009 dem erfolgreichsten Olympioniken aller Zeiten: Michael Phelps, der noch im Jahr 2008 Everybody's Darling war, weil er bei den Olympischen Spielen 2004 und 2008 insgesamt vierzehn Goldmedaillen gewonnen und auch sonst eine gute Figur gemacht hatte. Doch dann wurde Anfang Februar 2009 ein vermeintlich privates Onlinefoto in der britischen Boulevardzeitung „News of the World" veröffentlicht, auf dem Phelps beim Marihuana-Konsum erwischt worden ist. Die Nachricht mit Wasserpfeife sorgte für enormen öffentlichen Wirbel in den Medien. Aufgrund dieses Vorfalls wurde der Schwimmer für einige Monate von Wettkämpfen suspendiert und verlor einen Sponsor, weil er damit das Image des Schwimmsports untergraben würde. Das sind die ganz normalen Spielregeln des Boulevards und wenig überraschend.

Ein privates Foto genügt, um die Reputation anzukratzen

Ein privates Foto genügte, um seinen Starruhm verwehen zu lassen und seine Reputation zumindest anzukratzen. Dem verheirateten U2-Sänger Bono passierte Ähnliches. Er wurde engumschlungen mit zwei jungen Frauen in Bikinis fotografiert. Dummerweise hat eine seiner Partybekanntschaften – die 19-jährige Andrea Feick – ein eher lockeres Verständnis von Privatsphäre. Sie stellte die Fotos frei zugänglich in ihr Facebook-Profil und teilte sie so mit allen Mitgliedern des New York-Netzwerks.

Das kann inzwischen jedermann passieren

Heutzutage sind wir alle Michael Phelps oder Bono: Im Gegensatz zu diesen Prominenten sind wir es jedoch in der Regel nicht gewohnt, so sehr im Scheinwerferlicht der öffentlichen Aufmerksamkeit zu stehen und ganz auf unsere **Privatsphäre** zu verzichten. Mit so etwas rechnet niemand. Dennoch sollten Sie sich künftig daran gewöhnen. Jedes Fehlverhalten wird sich in Ihrer persönlichen **Onlinereputation** widerspiegeln und Einfluss auf Ihre **Selbstvermarktung** haben. Wenn Sie Michael Phelps googeln, stoßen Sie sofort auf sein soziales Fehlverhalten, bei dem er erwischt und vorgeführt worden ist. Das kann inzwischen jedermann passieren. Deshalb ist es an der Zeit über Gegenstrategien nachzudenken.

Wie sollen ein Michael Phelps oder auch Sie damit umgehen, wenn das Kind in den (digitalen) Brunnen gefallen ist und viele daraus ihre Neugierde befriedigen?

Je länger das negative Issue zurückliegt, desto seltener wird die Öffentlichkeit auf den kritisierten Vorgang stoßen und ihn vielleicht sogar wieder vergessen.

Doch durch **Social Media** ist nicht nur das Privatleben von Prominenten zugänglich, sondern unter Umständen auch Ihres, wenn Sie sich im Web auf irgendeine Art und Weise betätigen. Deshalb sollten Sie zumindest die Meinungen Ihrer Kunden zur Kenntnis nehmen und möglichst sogar Teil des Dialogs werden, damit sie überhaupt noch Einfluss auf die **Mundpropaganda** nehmen und nicht nur zuschauen können.

Das Privatleben ist zugänglich, wenn Sie sich im Web betätigen

Das richtige Verhalten in einer Krisensituation ist für ein Personal Brand entscheidend. Schweigen, das falsche Kommunizieren oder gar Lügen, führt dazu, dass andere über einen sprechen und dadurch immer mehr Meinungen online auffindbar sind.

Doch zum Glück können Sie sich auch sehr gut als Person online zu Ihren Gunsten inszenieren.

Inszenieren Sie sich zu Ihren Gunsten

Abschied von der Anonymität

Vor rund zehn Jahren haben sich die meisten Onliner noch anonym im Netz bewegt. Das ist heute völlig anders. Wer als Selbständiger oder Angestellter Karriere machen will, geht bewusst mit seinem echten Namen ins Internet, um sich selbst zu präsentieren. Besonders häufig wird hierzu das Social Network **Xing** genutzt. Dort stellen die Mitglieder ganz selbstverständlich ihren kompletten Lebenslauf, ihr Bild und ihre Referenzen ins Web. Meistens findet man das Onlineprofil eines Nutzers nach einer einfachen Namenssuche auf Google. In der Regel wird es bereits unter den ersten Suchtreffern angezeigt. Das stellt für jeden eine große Chance dar, der sich darüber selbst vermarkten will. Arbeiternehmer erhalten auf der Karriereplattform Jobanfragen, Freiberufler gewinnen darüber Aufträge.

Kompletter Lebenslauf, Bild und Referenzen

Anonymität ist in Social Media-Zeiten immer weniger en vogue. Viel lieber stellen wir unsere Fotos auf Flickr, die Videos auf YouTube, twittern, bloggen oder tauschen uns in sozialen Netzwerken wie Facebook untereinander aus. Ein Pseudonym wäre hierbei nur hinderlich. Selbstverständlich darf jedermann nach wie vor anonym im Netz unterwegs sein, dann muss er allerdings auch ohne die Vorteile des Personal Brandings auskommen. Schließlich kann ein Auftraggeber nur mit realen Personen zusammenarbeiten.

Im Internet sind Sie darauf angewiesen, dass andere Ihre Website finden, sich mit Ihnen in einem Netzwerk verbinden. Hierbei geht es darum, mit möglichst wenig Aufwand möglichst viel zu erreichen. Wenn niemand Ihre Onlineaktivitäten wahrnimmt, müssen Sie gezielt Ihr Netzwerk ausbauen und sich besser inhaltlich positionieren. Womit wollen Sie wahrgenommen werden? Wofür stehen Sie? Was haben Sie Ihren Kunden oder Arbeitgebern zu bieten? Letztlich sollten Sie sich als Marke (Personal Brand) verstehen und die **Beziehung** zu Ihren potentiellen Kunden online ausbauen.

Mit möglichst wenig Aufwand möglichst viel erreichen

Wer möglichst schnell im Netz populär werden will, der kann dieses nach den Spielregeln des Boulevards sogar schaffen. Eine gute und somit nachhaltige **Online Reputation** (Ihr digitaler Ruf) entsteht allerdings nicht wirklich über Nacht, sondern bedarf sorgfältiger Planung und langsamer Entwicklung. Schließlich geht es hierbei immer auch um den Aufbau von Vertrauen. Es genügt nicht, sich digital aufzuhübschen und eine perfekte digitale Fassade aufzubauen, alle negativen Artikel und unvorteilhaften Bilder aus dem Netz zu verbannen (zumal dieses kaum möglich ist).

Es genügt nicht, negative Artikel und unvorteilhafte Bilder aus dem Netz zu verbannen

Stattdessen sollten Sie sich eine persönliche **Strategie** überlegen, wie Sie Ihre Marke online und offline vorteilhaft in Szene setzen können. Das hat wenig mit Narzissmus zu tun, selbst wenn dieser nicht störend sein dürfte. Und es geht keinesfalls darum, sich als perfekter Saubermann zu inszenieren, der keine Schwächen mehr hat. Das ist eher ein Missverständnis, dem viele immer wieder unterliegen.

Die zehn Personal Branding-Regeln

Das Personal Branding unterstützt natürlich die beruflichen Chancen des Einzelnen. Deshalb lohnt es sich, die Regeln des Selbstmarketings kennenzulernen und für sich gezielt einzusetzen.

Falls Sie eine starke **Personenmarke** aufbauen wollen, sollten Sie auf die folgenden zehn Personal Branding-Regeln achten:

Ressourcen:

Bevor Sie ein wahrnehmbarer Personal Brand werden, müssen Sie viel Zeit und Leidenschaft investieren, sich selbst findbar zu machen. Das setzt ein großes Durchhaltevermögen voraus. Nicht jeder nimmt sich die Zeit dafür, in Social Networks aktiv zu sein, schreibt Blogartikel oder Bücher, um seine Expertise zu unterstreichen oder twittert jeden Tag. Je stärker Ihre Online- wie Offlineaktivitäten sichtbar werden, desto mehr Relevanz können Sie mit Ihren Themen entfalten und letztlich auch **Agenda Setting** in eigener Sache betreiben. Es erfordert eine gewisse Hartnäckigkeit, nicht bei ausbleibendem sofortigem Erfolg wieder auszusteigen. Je mehr Sie in Ihr Personal Branding investieren, desto eher werden Sie mit dieser Strategie auch Erfolg haben.

Nicht jeder twittert jeden Tag

Mit Begeisterung:

Erst wenn Sie sich selbst davon überzeugt haben, dass Sie den richtigen Weg im Job gehen und für ihre Profession mit Leidenschaft eintreten, können Sie damit auch andere begeistern. Warum sollte jemand Ihnen etwas glauben, wenn Sie selbst daran zweifeln? Deshalb beschreiben Sie auf allen Kanälen (Facebook, Xing, Twitter, Blogs et cetera), was Sie gerne tun und wofür Sie stehen (wollen). Hierbei sind Emotionen durchaus erwünscht.

Selbstbewusst:

Je besser Sie Ihre persönlichen Talente einschätzen können, desto leichter tun Sie sich auch bei Ihrer Selbstdarstellung online. Zunächst sollten Sie sich immer fragen, für welche Themen Sie persönlich stehen wollen. Wie würden Sie sich selbst taggen/verschlagworten? Falls Sie damit wenig anfangen können, dann googeln Sie sich doch einfach jetzt. Eine einfache Recherche zeigt Ihnen, wie Dritte Sie wahrnehmen und was diese eventuell bereits über Sie online publiziert haben. Überlegen Sie sich Keywords für Ihre Personenmarke und nutzen Sie diese konsequent für Ihr Personal Branding, damit jeder Kunde erkennen kann, wofür Sie stehen. Der digitale Bauchladen ist in der Selbstvermarktung keine Lösung. Ganz im Gegenteil. Die Fülle der unendlichen Möglichkeiten schränkt die Wahrnehmung ein. Manchmal genügt ein einziger Tag.

Keywords für Ihr Personal Branding

Persönlichkeit:

Inwiefern unterscheiden Sie sich als Mensch von Ihren vermeintlichen Wettbewerbern? Wie einmalig ist Ihre Personenmarke, Ihr Personal USP? Jeder Mensch legt Wert auf seine Identität und möchte von anderen unterschieden werden können, ein Gesicht haben, das aus der Masse herausragt und nicht in der Unauffälligkeit untergeht. Deshalb trauen Sie sich ruhig und schreiben Sie auf **Twitter** oder in einem **Blog** ab und zu auch über etwas Banales oder ein persönliches Erlebnis. Wenn dieses Ihren Charakter verdeutlicht und Ihnen dabei hilft, sich von anderen zu unterscheiden, ist es erst einmal wünschenswert. Personal Brands müssen auftreten und zeigen, wie und wer sie sind, ansonsten werden sie ignoriert.

Respekt:

Ein Personal Brand werden Sie nicht dadurch, dass Sie versuchen, andere mit Ihren Inhalten zu kopieren oder diese negativ zu begleiten. Mimikry schützt uns vielleicht, aber verdeckt eine Marke eher. Denn Personal Brands leben vom Einzigartigen, dem eigenen, persönlichen Zugang zu einem Thema. Je mehr Sie sich an andere Personenmarken anlehnen und diese kritisieren, desto weniger fallen Sie selbst positiv auf. Warum sollten Sie das tausendste Blog zum selben Thema aufmachen, wenn andere Dinge möglich wären. Schwächen Sie sich nicht selbst, sondern suchen Sie Ihre Stärken. Kopisten und Krakeeler mag kaum jemand wirklich.

Nachhaltigkeit:

Wenn Sie jedes Jahr oder sogar jeden Monat einem neuen Thema hinterher hecheln (Hypes kommen und gehen), mögen Sie innovativ wirken, doch einem konsistenten **Markenaufbau** dient das nicht. Zu Ihrer Onlinemarke gehören Bilderwelten, Texte, Videos und Networks. Nutzen Sie all diese Kommunikationsinstrumente konsequent, indem Sie sich jeweils auf identische Weise einbringen. Wenn man Sie nicht als Mitglied auf Facebook und Xing identifizieren kann – oder an zwei verschiedene Personen denkt, sollten Sie beides vereinheitlichen.

Zu Ihrer Onlinemarke gehören Bilderwelten, Texte, Videos und Networks

Namensidentität:

Verzichten Sie lieber auf Pseudonyme und verschiedene Rollen, die eher den Betrachter verwirren. Sie müssen als Personal Brand in Ihrem Hauptbusiness immer erkennbar sein. Auf privater – nicht digitaler Ebene – können Sie andere Rollen leichter anonym leben. Im Web kommt irgendwann alles raus – weil Sie mit der Zeit das Bedürfnis verspüren, zu Ihren unterschiedlichen Identitäten zu stehen und Freundschaften zerbrechen. Bei der Regierungsbildung in den USA mussten alle Bewerber für Regierungsposten in der Obama-Administration ihre Pseudonyme offenlegen.

Expertenstatus:

Schreiben und reden Sie möglichst nur über Dinge, von denen Sie etwas verstehen, ansonsten werden Sie sehr schnell als plappernder Scharlatan entlarvt und müssen mit unliebsamen Folgen leben. Den Status eines **Experten** kann man in so einem Fall nur zeitweise aufrechterhalten. Außerdem lebt es sich unbeschwerter, wenn Sie Ihr persönliches Thema gefunden haben und mit Leidenschaft darüber sprechen.

Meinung:

Haben Sie keine Scheu davor, für etwas einzustehen und Ihre Meinung deutlich zu sagen. Seien Sie mutig und vermeiden Sie die langweilige Neutralität oder Passivität. Es macht viel mehr Spaß, sich an Ihnen zu reiben, wenn Sie eine klare Botschaft haben. Mit Ihren Ansichten können Sie anderen Orientierung geben und erzielen Aufmerksamkeit. Meinungsmacher/**Influencer** werden gefragt. Die anderen hören nur zu. Sie entscheiden ganz persönlich, zu welcher Gruppe Sie gehören wollen.

Meinungsmacher und Influencer werden gefragt

Perspektive:

Am wichtigsten ist auch beim Personal Branding eine Idee, die Sie damit verbinden. Was wollen Sie in der Selbstvermarktung erreichen? Ist sie nur Selbstzweck – und wenig erfüllend oder haben Sie klare Zukunftsvorstellungen, vielleicht sogar Träume? Wer wollen Sie in fünf Jahren sein und für welche Themen verantwortlich sein? Verstehen Sie sich doch einfach als Unternehmer in eigener Sache, als eine ganz andere ICH-AG und seien Sie ein „Brand called you“.

Aktives Online-Reputationsmanagement

Die Zahl der Dienste, die unter **„Social Media“** zusammengefasst werden können, ist unüberschaubar, weil jeden Tag neue soziale Services entstehen und weltweit ihre Nutzer finden. Dazu zählen unter anderem Anbieter wie das Microblogging-Tool Twitter, der Social Bookmarking-Dienst Mister Wong, die Netzwerke Xing und Facebook, das Fotoportal Flickr, die Videoplattform YouTube und viele andere mehr.

Mit Social Media sind alle Online-Tools und Plattformen gemeint, die es uns erlauben, unsere Meinungen und Erfahrungen im Web mit anderen Menschen auszutauschen. Falls Sie gerade erst die Web 2.0-Welt kennenlernen, werden Sie sicherlich fragen, ob es überhaupt Sinn macht, die vielfältigen Dienste alle zu nutzen, zumal es doch einiges an Zeit beansprucht. Worin liegt der Nutzen, in den zahlreichen Social Networks eigene **Profile** anzulegen, dort viele Kontakte zu sammeln und überall digitale Spuren zu hinterlassen?

Am besten betrachten Sie alle Accounts, die Sie online selbst einrichten, als Ihre direkten Verbündeten. Sie können mit Hilfe der Profile unmittelbar Einfluss nehmen, Ihre Onlinedarstellung schärfen und Ihre Webpräsenz steuern. Erst durch den gemeinsamen Einsatz der Social Media-Tools können Sie eine starke digitale Identität ausbilden, online in Ihrem Sinne Themen prägen und sich vor Angriffen Dritter effektiv schützen.

Aus dem eigenen Netzwerk eine Reputationsmaschine machen

In den Social Networks stellen Sie Ihren Personal Brand vor und verweisen auf Ihre Onlineaktivitäten. Wenn Sie geschickt agieren und immer wieder **Querverweise** nutzen, wird aus Ihrem Netzwerk eine **Reputationsmaschine**, bei der Sie stets im Mittelpunkt stehen und geschäftlich davon unmittelbar profitieren.

Toptreffer in den Suchmaschinen

Nebenbei sorgen die meisten der Social Media-Dienste dafür, dass Ihr Name als Toptreffer in den **Suchmaschinen** sofort unter den richtigen Keywords gefunden wird. Dazu müssen Sie nicht einmal permanent überall aktiv sein. Manchmal genügt es bereits, sich den eigenen Account zu sichern und auf das eigene Blog oder die Website mit aktuellen Inhalten zu verweisen.

Tipps zur namentlichen Auffindbarkeit

1. Überprüfen Sie alle Suchtreffer zu Ihrem Personal Brand und entwickeln eine kleine Social Media-Strategie, um sich erfolgreicher online zu vermarkten.

2. Legen Sie dazu möglichst unter Ihrem vollen realen Namen eine Website an. Idealerweise sollten Sie eine Top-Level-Domain mit der Endung.de oder.com wählen. Falls diese nicht mehr frei sein sollten, eignen sich einige weitere Domains wie .net, .name, .biz oder .eu ebenfalls. Manchmal genügt es sogar schon, bei der Schreibweise einen Bindestrich (klaus-eck.de) zu verwenden, damit Sie noch eine freie Webadresse nutzen können.

3. Falls alle infrage kommenden Domain-Adressen vergeben sind, sollten Sie über Abkürzungen (keck.de oder k-eck.de) nachdenken und diese nutzen.

4. Wenn Sie einen mittleren Namen aktiv nutzen sollten, ist es eine Überlegung wert, diesen ebenfalls in der Webadresse einzusetzen (klaus-august-eck.de).

5. Führen Sie unter Ihrem Namen bereits ein Blog, haben Sie zahlreiche Möglichkeiten, Ihren Namen in der Domain zu verwenden. Einige denkbare Beispiele für Peter Meier: das-peter-meier-blog.de, petermeierblog.de, petermeier.blogg.de, petermeier.typepad.com und viele andere mehr.

6. Idealerweise werden Sie Mitglied bei einem Social Network wie Xing oder Facebook und legen dort ein Profil von sich an. Das ist in den meisten Fällen kostenlos, wirkt sich aber dennoch sofort positiv auf Ihre Suchmaschinenergebnisse aus.

7. Falls die genannten Maßnahmen noch nicht ausreichen sollten oder aus anderen Gründen nicht infrage kommen, können Sie zumindest noch Google AdWords schalten, die direkt auf Ihre Website führen.

Relevanz der Online-Profile

Wenn Sie in einem Social Network wie Xing oder Facebook Mitglied werden wollen, können Sie dort jeweils ein Profil anlegen. Nach Ihrer Registrierung werden Sie immer nach Ihren persönlichen und beruflichen Daten gefragt und erhalten die Möglichkeit, Ihren gesamten Lebenslauf samt Kontaktdaten online zu stellen. Idealerweise fügen Sie Ihrem Profil auch viele Referenzen hinzu und erläutern Ihre Talente, die Sie als Personal Brand spannend machen.

Stellen Sie sich hierbei vor, dass Sie zu einem wichtigen Gespräch mit Geschäftspartnern hinzugebeten werden. Als Erstes stellt sich jeder in der Runde mit wenigen Sätzen vor, damit der andere weiß, mit wem er es zu tun hat. Viel Zeit haben Sie in der Regel dafür nicht, denn wenn Sie das Treffen mit einer langen Selbstdarstellung blockieren, hinterlassen Sie einen schlechten Eindruck. Es empfiehlt sich immer, mit wenigen Worten auf den Punkt zu kommen. Nicht viel anders sieht es im Web aus. Auch dort haben Sie kaum mehr Zeit als für einen **Elevator Pitch** – die Zeit, die Sie benötigen, mit dem Aufzug einige Stockwerke hochzufahren. Deshalb sollten Sie sich immer in Ihrem Social Media-Profil kurz und präzise so darstellen, dass jeder Betrachter Ihres Profils sofort erkennen kann, wofür Sie inhaltlich und formal stehen.

Kaum mehr Zeit als für einen Elevator-Pitch

Viele Menschen scheuen davor zurück, zu viel von sich in einem Netzwerk preiszugeben. Dabei ist es für Ihren Erfolg essenziell, einen guten ersten Eindruck zu vermitteln. In einem Bruchteil von Sekunden entscheiden die neuen Besucher Ihres Profils, ob Sie Interesse an einem Kontakt haben oder nicht. Dafür ist neben aussagekräftigen Daten ein gutes Foto im Web entscheidend. Schließlich wollen Sie einen positiven ersten Eindruck vermitteln. Daran sollte Sie deshalb keineswegs sparen.

Einen positiven ersten Eindruck vermitteln

Falls Sie bereits in einem Social Network Mitglied sind, sollten Sie sich fragen, an welchen Onlinekontakt Sie sich am besten erinnern? Was unterscheidet denjenigen positiv von anderen? Wie wollen Sie wahrgenommen werden?

Tipps für den Aufbau von Social Media-Profilen

1. Melden Sie sich bei den für Sie wichtigsten Social Networks (Xing, Facebook, MySpace, Twitter, Flickr, Mister Wong, YouTube et cetera) an und sichern

Sie sich dort Ihren Namen, damit niemand dort Ihren digitalen Ruf ruinieren kann.

2. Wenn Sie Mitglied in einem Social Network werden, entscheiden allein Sie, welche Inhalte in Ihrem Online-Profil zu finden sind. Denn nach der Registrierung können Sie alle Angaben zu Ihrer Person selbst vornehmen und gegebenenfalls sogar einzelne Profilpunkte auslassen, sollten diese Ihnen zu weit gehen. Bei Xing können Sie darüber hinaus eine eigene Homepage unter „Über mich" hinzufügen. Dort sollten Sie ausführlich erläutern, wie Sie arbeiten und wofür Sie stehen.

3. Behalten Sie den Überblick über Ihre eigenen Social Media-Profile, indem Sie alle in einer tabellarischen Übersicht aufführen oder auf einer Website verlinken. Idealerweise verlinken Sie von jedem Ihre Online-Profile auf alle anderen.

Weiterleitung Ihrer Webadresse auf ein Xing-Profil

4. Falls Sie einige Webdomains auf Ihrem Namen führen, aber selbst keine Website inhaltlich pflegen, sollten Sie über eine Weiterleitung Ihrer Webadresse auf ein Xing-Profil nachdenken. Dadurch erhalten Besucher Ihre wichtigsten Informationen zu Ihrer Person auf einen Blick.

5. Machen Sie sich die Registrierung so einfach wie möglich, indem Sie immer identische Bilder und Profilinhalte verwenden. Wenn Sie auf Ihre persönlichen Angaben schnell zugreifen können, sparen Sie viel Zeit beim Anlegen und der Pflege neuer Profile.

6. Sobald Sie Mitglied in einem Social Network geworden sind, sollten Sie überprüfen, wer von Ihren Kontakten dort bereits aktiv ist, und zu denjenigen erneut eine Verbindung herstellen.

7. Am besten überprüfen Sie halbjährlich Ihre bisherigen Social Media-Aktivitäten.

Facebook Vanity-URL

Bei der Wahl Ihres Facebook-Online-Profils sollten Sie genau überlegen, mit welchem Namen Sie in der Öffentlichkeit erscheinen wollen. Nachträglich ist eine Änderung Ihrer Facebook Vanity URL nicht mehr möglich. Das gilt auch für Tippfehler. Aus diesem Grunde sollten Sie genau auf Ihre Namenseingabe achten.

Selbst wenn Sie sich nicht so sehr um Ihre Online-Reputation kümmern wollen, empfiehlt sich die Einrichtung eines Klarnamens auf Facebook. Schließlich wird Ihre persönliche URL dadurch leichter von Ihren Kontakten gefunden.

Oftmals wird hierbei vergessen, dass jeder selbst auf Facebook wie auch in vielen anderen Social Networks entscheiden kann, welche Inhalte des eigenen Accounts öffentlich und welche privat sind. Die bisherigen Einstellungen zur **Privatsphäre** werden einfach übernommen. Beim persönlichen Online-Reputation Management kommt es hierbei darauf an, das Profil allen Suchenden sichtbar zu machen. Es bleibt jedem Mitglied vorbehalten, Einschränkungen vorzunehmen.

Neben den Facebook-Usernamen ist es auch möglich, Facebook-Seiten mit Klarnamen zu versehen. Das ist für Markennamen von großer Bedeutung, weil das die Sichtbarkeit in der Google-Welt erheblich verbessert.

Warum sich eine Facebook-URL lohnt

1. Eine kurze Facebook-Adresse mit Ihrem Namen lässt sich leichter merken.

2. Sie werden als Personal Brand mit Ihrem Facebook-Account schneller gefunden, weil Google auf die Unique URL besser anspricht und niemand nach Ihren kryptischen Zeichen, sondern nach Ihrem Namen sucht. Im Google Ranking wird Ihr Facebook-Profil sehr gut gelistet werden.

3. Facebook-Mitglieder können schneller Ihr Profil finden, Sie als Kontakt hinzufügen oder einfach Ihren Namen eingeben.

4. Wenn Sie sich nicht Ihren Namen sichern, können dieses andere – Ihre Namensvetter – tun. Das macht es schwieriger sich zu unterscheiden und die eigene digitale Identität zu schützen.

5. Sie können auf Facebook viele Ihrer persönlichen Inhalte via Twitter aggregieren und an einer Stelle sichtbar machen.

Selbst entscheiden, was in der digitalen Öffentlichkeit steht

6. In den Privacy-Einstellungen können Sie selbst entscheiden, was von Ihnen in der digitalen Öffentlichkeit steht.

7. Mit wenig Aufwand nehmen Sie Einfluss auf Ihr persönliches **Google Ranking** und haben mitunter sogar eine Chance, damit unter den ersten zehn Suchtreffern zu stehen. Das hängt allerdings von Ihrem digitalen Umfeld ab.

8. Kosten entstehen Ihnen erst einmal keine, aber es kostet natürlich Zeit, einen Facebook-Account zu pflegen. Das reine Anlegen eines Personal Brand-Account auf Facebook ist zuwenig. Sie müssen ihn auch mit aktuellem Content versehen und Ihre digitalen (echten) Kontakte in dem Social Network pflegen. Ansonsten schaden Sie eher Ihrer Online-Reputation.

Facebook ist kein privates Vergnügen mehr, wenn Sie Ihren Account öffentlich zugänglich machen. Wer darüber auch mit seinem beruflichen Netzwerk kommuniziert, nutzt es bereits für das **Reputationsmanagement** und die Entwicklung seines Personal Brandings.

140-Zeichen Personal Branding

140 Zeichen, mehr hat ein Twitter-Nutzer nicht zur Verfügung, um die digitale Öffentlichkeit zu erreichen. Das klingt nach arg reduzierten Möglichkeiten, doch für viele Erst-Nutzer besteht allein darin schon die große Herausforderung. Wie soll man sich sinnvoll auf so einer Plattform mit anderen Menschen austauschen und sich selbst vermarkten, wenn die Sätze nur aus wenigen Wörtern bestehen

können? Wenigstens lautet die Twitter-Sinn-Frage längst nicht mehr, wie in den Anfangszeiten von 2006 noch: „Was tust Du gerade?" Eine Hauptmeldung ist es jedenfalls nicht mehr, wenn jemand schreibt: „Ich trinke Kaffee."

Twittern ist vielmehr als bloßes „Zwitschern", wie der Name zunächst nahelegt. Mit dem sinnlosen Gebrabbel Dritter will niemand seine Zeit verschwenden, es sei denn, es ist wenigstens unterhaltsam. In der Frühphase des Dienstes ist viel über den Alltag getwittert worden und damit starten auch heute noch viele Neu-Twitterer. Profis und Unternehmen hingegen nutzen Twitter für sich anders, um sich und ihre Marken ins Gespräch zu bringen. Sie betreiben aktives **Personal Branding**.

In der Frühphase ist viel über den Alltag getwittert worden

Auf der Microblogging-Plattform sprechen Menschen über ihre Gefühle, tauschen sich kurz über neue Produkte wie das iPad aus oder folgen den Link-Anregungen ihrer Kontakte. Dadurch können sich Marken und Unternehmen transparenter machen und ihre **Kundenkommunikation** verbessern. In einer Krisensituation können sie sogar in **Echtzeit** auf Kundenbeschwerden antworten. Mit jedem Update entsteht sogar etwas mehr Nähe zum Kunden. Schließlich ist es leicht möglich, auf einen Twitterer mit einem @-Reply zu reagieren. Zudem verbringt man sehr schnell viel Zeit mit dem Lesen von Tweets.

Marken und Unternehmen werden transparenter

In allen Zeitungen und Zeitschriften werden die Leser immer wieder mit Twitterbegriffen konfrontiert. Doch eine wirkliche Orientierung bieten nur wenige Artikel. Bis vor kurzem war es für jeden Neu-Twitterer daher schwer, sich über interessante Twitterer und Tweets selbst zu informieren. Dazu musste man sich erst das richtige Wissen ergoogeln oder Twitter-Bücher lesen. Doch seit kurzem gibt es auf Twitter selbst eine adäquate Ansprache der Anfänger: Jeder Neuankömmling kann bereits ohne Registrierung „herausfinden, was gerade passiert, überall auf der Welt" und nachschauen, „wer auch noch hier ist". Der Twitter-Relaunch von Anfang 2010 erleichtert den Zugang zum Microblogging-Portal erheblich. Bislang war es für viele Besucher der Twitter.com Website doch sehr kryptisch. Nach einer ersten Anmeldung auf Twitter wussten viele Neu-Twitterer noch nicht, was sie mit ihren 140 Zeichen nun tatsächlich anfangen sollten.

Von dieser Entwicklung profitieren als erstes die Aktiven, die Corporate und Personal Brands, weil ihren Marken schneller vertraut wird. Schließlich ahnt man als Leser, was einen jeweils erwartet. Die Folgen sind somit überschaubar und mitunter mehr als lesenswert.

15 Twitter-Tipps für das Personal Branding:

1. **Twitter-Namen** sind entscheidend für die Online-Reputation. Deshalb sollten Sie bei der Wahl Ihres Twitter-Profils überlegen, mit welcher Marke Sie im Web gefunden und identifiziert werden wollen. Hierbei profitieren Sie als Person vom Personal Branding, stehen aber dadurch auch stärker persönlich in der Öffentlichkeit. Denn lesen kann jeder Ihre Twitter-Meldungen, es sei denn, Sie wollen dieses nicht. Alternativ können Sie jedoch auch unter Ihrer Unternehmensmarke twittern und als einer der Twitterer in der Bio genannt

werden. In jedem Falle empfiehlt es sich, den eigenen Namen zu sichern. Es ist ohnehin kostenlos. Ansonsten können andere in Ihrem Namen twittern. Das führt mitunter zur Verwirrung und könnte Ihnen sogar schaden.

2. **Twitter-Fotos** verschaffen einen ersten Eindruck und sollten daher zu Ihnen passen. Aus diesem Grunde sollten Sie als Person oder Marke klar erkennbar sein und auf hochwertige Fotos/Logos setzen. Denken Sie daran, dass das Bild oder der Avatar bei jedem Ihrer Tweets öffentlich präsent ist.

3. **Twitter-Hintergründe** sind essentiell, weil Sie Ihnen und Ihrer Marke mehr Raum für eine visuelle Selbstdarstellung bieten. Darin können Sie die twitternden Personen vorstellen und außerdem auf Ihre Kontaktdaten verweisen.

4. **Twitter-Texte** entsprechen Ihrer Marke. Ohne Konzept wirken auch 140-Zeichen-Texte schnell konfus, deshalb sollten Sie genau wissen, worüber und wann Sie was veröffentlichen. Außerdem sollten die Texte Ihre Leser informieren und/oder unterhalten – letztlich relevant sein. Ansonsten dürften Sie schnell Ihre Follower/Leser wieder verlieren.

Follower sind nicht alles

5. **Follower** sind nicht alles. Es ist zwar wunderbar, viele Leser auf Twitter zu haben. Doch entscheidend ist, wer Ihre Tweets tatsächlich liest und darauf in irgendeiner Art und Weise reagiert. Es müssen nicht immer Interaktionen sein. Mitunter freut man sich eher darüber, dass daraus eine Journalistenanfrage, ein Beratungsauftrag oder eine andere Reaktion erfolgt, die für einen selbst viel relevanter ist. Letztlich geht es um eine relevante Reichweite, mit der Sie Ihre Ziele erfüllen.

6. **Nachhaltigkeit** ist für Ihre Leser wichtig. Wenn Sie nur selten einen Tweet verfassen, werden Sie kaum wahrgenommen und dürfen sich nicht gerade als Echtzeitkommunikator bezeichnen. Nur wer regelmäßig twittert, bleibt in der Aufmerksamkeit.

7. **Twitter-Listen** bieten Ihnen einen guten Einstieg in die Twitterwelt. Darüber finden Sie schnell erste lesenswerte Twitterer. Außerdem deutet die Zahl der Listeneinträge, die immer oben rechts auf dem Twitter-Profil zu finden ist, auf die Branchenrelevanz eines Twitterers hin.

8. **Twitter-Suchen** ermöglichen es ebenfalls, einen ersten Überblick über relevante Twitterer zu erhalten. Deshalb nutzen Sie am besten die Twitter-Search oder Twazzup, indem Sie Ihre Interessensgebiete als Suchbegriffe eingeben. Auf diese Weise finden Sie spannende Twitterer.

9. Medienquellen gibt es auf Twitter viele. Darüber können sehr schnell Informationen zur Ihren Interessensgebieten herausfinden.

Tweets kopieren und als Retweet erneut versenden

10. Originär müssen Ihre Tweets nicht sein. So gerne wir alle Haikus lesen, empfiehlt es sich, andere Quellen zu nutzen, Tweets zu kopieren und als Retweet erneut zu versenden. Allerdings sollten Sie dabei immer die jeweilige Quelle nennen.

11. Twitter-Leser haben unterschiedliche Interessen. Überlegen Sie sich zunächst, wen Sie auf welche Art und Weise erreichen wollen.

12. **Interaktion** ist Trumpf. Beantworten Sie die Fragen anderer Twitterer, wenn das zu Ihren Zielen und Themen passt. Zeigen Sie, dass Sie ein Mensch sind und offen kommunizieren können.

13. Zeitmanagement ist ein großes Thema für Twitterer. Sie können sich schnell verlieren beim Twittern. In der Regel benötigen Sie für den professionellen Twitter-Betrieb eine Stunde am Tag. Schließlich lesen, recherchieren Sie nach Themen und verfassen Tweets.

Eine Stunde am Tag für den professionellen Twitter-Betrieb

14. Verlinken Sie möglichst häufig Ihre Inhalte, damit die Leser noch über einen Satz hinaus einen Mehrwert erhalten.

15. Lesen Sie nicht jeden Tweet! Das würde Sie wahnsinnig machen. Je mehr Twitterer Sie abonniert haben, desto schneller wird es zu viel der Information. Deshalb sollten Sie sich eine eigene Leseliste aufbauen mit den für Sie relevanten Twitterern. Doch alle anderen Twitterer sollten Sie selektiv wahrnehmen.

Falls Sie einen kleinen Eindruck nach Ihrer Twitter-Anmeldung gewinnen wollen, können Sie sich gerne in unserer überschaubaren Twitter-Lernen-Liste auf Twitter anmelden oder uns via http://twitter.com/eckommunikation oder http://twitter.com/Klauseck folgen. Auf diese Weise erhalten Sie sicherlich erste Eindrücke vom Twittern und gewinnen darüber hinaus einige spannende Twitter-Erkenntnisse.

Das Social Media Management

Je aktiver Sie einen Social Media-Kanal nutzen, je mehr Zeit Sie investieren, desto mehr Aufmerksamkeit erhalten Sie dort für Ihren **Personal Brand**. Niemand möchte sich die immer gleichen Profilinformationen ansehen, deshalb müssen Sie gute Anreize bieten, um Ihre Kontakte immer wieder anzulocken. Wenn Sie in dem Portal bereits eine gewisse Bekanntheit erreicht haben, können Sie Ihren Aufwand wieder zurücknehmen. Denn bekannte Personenmarken wirken sehr oft auf andere attraktiv, sodass Sie selbst nicht mehr unbedingt aktiv andere einladen müssen.

Social Networking basiert darauf, dass Sie anderen etwas geben, aber im Gegenzug keine direkte Leistung erwarten

Das erfolgreiche Social Networking basiert darauf, dass Sie anderen etwas geben, aber im Gegenzug keine direkte Leistung erwarten. Deshalb sollten Sie auf keinen Fall jemandem eine Kontaktanfrage zusenden, um etwas „verkaufen" zu wollen. Viel besser ist es, jemanden weiterzuempfehlen, sich für den Besuch auf dem eigenen Profil zu bedanken (Xing) oder einen Link-Tipp zu geben.

Um zu zeigen, welche Social Media-Profile Sie aktiv nutzen, können Sie diese gut in Ihr Blog einbinden. Durch die Onlinegespräche erfahren Sie sehr viel über neue Trends und Entwicklungen in Ihrem Business und können Ihre Beziehungen intensivieren, indem Sie Ihre Bereitschaft zum **Dialog** zeigen. Hierbei geht es nicht darum, einseitig Nutzen aus einem Netzwerk zu ziehen, sondern sich selbst zu beteiligen. Deshalb sollten Sie als guter Social Media-Nutzer bereit sein, Ihre Erfahrungen und Ihr Know-how altruistisch den anderen Community-Mitgliedern zur Verfügung zu stellen. Diese Selbstlosigkeit macht sich auf andere Weise in der Steigerung Ihres **Markenwerts** wieder bezahlt.

Durch Ihre Beteiligung an einem Social Network bauen Sie Vertrauen auf

Durch Ihre Beteiligung an einem Social Network bauen Sie **Vertrauen** auf. Wenn Sie anderen helfen, online gute Branchenartikel zu finden oder ein tolles Fachbuch empfehlen, wird das von Ihrer Community durchaus registriert und mit Dankbarkeit aufgenommen. Das merken Sie sehr schnell an dem Feedback, das Sie daraufhin erhalten.

Tipps für die Selbstvermarktung im Social Web

1. Überraschen Sie Ihr Gegenüber in realen und Onlinegesprächen, damit andere Sie in Erinnerung behalten und über Sie sprechen können. Idealerweise besetzen Sie dazu eine thematische Nische und fokussieren sich, um sich von anderen inhaltlich zu differenzieren.

2. Reden und schreiben Sie über Ihre Mission, damit andere wissen, was Sie machen und es weitererzählen können, ohne andere damit zu nerven. Auf diese Weise können Sie mit Ihrer Botschaft viral werden.

3. Knüpfen Sie ein Beziehungsnetz, indem Sie Ihre Kontakte aktiv in Ihre Social Networks einladen und regelmäßig an realen Events teilnehmen.

4. Halten Sie den Kontakt, indem Sie via Onlinekommunikation immer wieder neue Kommunikationsanlässe schaffen, die Ihnen Aufmerksamkeit schenken, ohne andere zu nerven.

Investieren Sie viel Zeit für das Social Networking

5. Investieren Sie viel Zeit für das Social Networking und lassen Sie andere von Ihren Kontakten profitieren. Der Zeitaufwand rechnet sich schnell wieder.

6. Lassen Sie andere mitmachen, indem Sie diese regelmäßig um Rat bitten oder einen Vorgang bewerten lassen.

7. Seien Sie überall präsent, wenn es sich um Ihr Thema dreht. Nehmen Sie dazu an Branchentreffen und Fachtagungen regelmäßig teil.

Literatur

Eck, K.: Transparent und glaubwürdig. Das optimale Online Reputation Management für Unternehmen. – 368 S., Redline Verlag, 2010.

Eck, K: Karrierefalle Internet – Managen Sie ihre Online-Reputation, bevor andere es tun! – 264 S., Hanser Verlag, 2008.

Meerman Scott, D: Die neuen Regeln für Marketing und PR im Web 2.0 – Wie Sie im Social Web News Releases, Blogs, Podcasting und Virales Marketing nutzen, um Ihre Kunden zu erreichen. – 320 S., Mitp, 2009.

Weinberg, T: Social Media Marketing: Strategien für Twitter, Facebook und Co. – 388 S., O'Reilly, 2010.

Negative Mundpropaganda durch Beschwerden

Andreas Schöler

6

Negative Mundpropaganda oder „negative Word-of-Mouth-Kommunikation" (NWOM) ist eine sperrige Bezeichnung für das, was viele Kunden täglich tun, wenn sie enttäuscht sind: Schimpfen, Wehklagen oder Jammern über ein Unternehmen, Abraten von einem Dienstleister oder gemeinsam leidvolle Erfahrungen austauschen, die wir mit dem Service eines Anbieters gemacht haben. NWOM ist dabei oftmals nichts anderes als **Beschwerdeverhalten** von Kunden [1], die in diesem Fall auch als Kritiker [2] bezeichnet werden. In den allermeisten Fällen steht damit Unzufriedenheit hinter NWOM, das heißt Kundenenttäuschung, da die Leistung oder der Service des Unternehmens die Kundenerwartungen nicht erfüllt hat. Fälle, in denen negative Mundpropaganda nicht aus Unzufriedenheit, sondern aus schadhafter Absicht betrieben wird, werden hier nicht betrachtet.

Negative Mundpropaganda (NWOM) entsteht meist aus Enttäuschung

Motive für negative Mundpropaganda

Die Motive für negative Mundpropaganda können unterschiedlich sein. Ein zentrales Motiv ist es, andere Personen vor einem Unternehmen und seinen mangelhaften Leistungen zu warnen oder auf kritikwürdiges Verhalten aufmerksam zu machen [3]. Daneben hat NWOM eine wichtige **Ventilfunktion**. Bei Freunden und Kollegen über schlechten Service „Dampf abzulassen" verschafft uns Katharsis. Damit bauen wir den Druck, den Ärger ab, der durch die enttäuschten Erwartungen – die Unzufriedenheit und vielleicht auch Frustration – bei uns entstanden ist.

Negative Mundpropaganda hat Ventilfunktion – und manchmal auch mit Selbstdarstellung zu tun

NWOM kann aber auch zur Selbstdarstellung oder als Gesprächsanlass im sozialen Umfeld dienen. Auf der Suche nach einem Gesprächsthema bieten die jüngsten negativen Erlebnisse mit einem Verkehrs- oder Telekommunikationsanbieter immer einen gelungenen Einstieg in einen Small-Talk. Psychologen haben darüber hinaus festgestellt, dass NWOM auch gerne dazu genutzt wird, anderen den Eindruck zu vermitteln, dass man besonders bewandert in einem bestimmten Bereich ist. NWOM dient dann als ein **Signal der Überlegenheit**: „Ich kenne mich besonders gut aus auf diesem Gebiet und meine ganz persönlichen hohen Ansprüche werden von diesem Anbieter nicht erfüllt".

Negative Mundpropaganda ist Beschwerdeverhalten

NWOM gehört zu den täglichen Gesprächen – nichts ist so interessant wie schlechte Nachrichten – auch in der persönlichen Interaktion. Die Bedeutung

http://www.marketing-boerse.de/Experten/details/Andreas-Schoeler

von NWOM ist sowohl hinsichtlich Umfang als auch Wirkung nicht zu unterschätzen. Wohl bekannt und nachgewiesen ist, dass negative Erlebnisse in hohem Maße gegenüber Freunden, Familie und Kollegen kommuniziert werden – fast von der Hälfte aller unzufriedenen Kunden [4]. Weiterhin werden schlechte Erfahrungen fast doppelt so häufig (bis elf Mal) wie positive Erlebnisse (bis sechs Mal) weitergegeben [5].

Die zerstörerische Wirkung negativer Mundpropaganda kann beachtlich sein

Die Wirkung von NWOM ist beachtlich. Gerade Freunde und Kollegen nehmen wir als sehr glaubwürdig wahr. Ihrem Urteil vertrauen wir als Kunden mehr als jeder anbieterseitigen Marketingkommunikation. Im Auswahl- und Vergleichsprozess von Anbietern vermittelt es uns Orientierung und reduziert so die Unsicherheit, die wir bei einem Kauf verspüren. Im Freundeskreis, im Gespräch, aber auch im Internet kann NWOM zu einem **„Beschwerde-Domino-Effekt“** führen. Äußert eine Person ihre Unzufriedenheit mit einem Anbieter, solidarisieren sich andere Betroffene mit ihren Erlebnissen und Erzählungen. Erinnerungen werden wachgerufen oder neue Unzufriedenheit entsteht, über die man sich vorher noch gar nicht bewusst war [6].

Es gibt privat und öffentlich ausgesprochene negative Mundpropaganda

Zwei Formen von NWOM als Beschwerdeverhalten können unterschieden werden:

Private Beschwerden: NWOM findet im persönlichen Kreis statt, im eigenen privaten Umfeld, das heißt bei der Gartenfeier oder im Sportverein. Private Beschwerden können sich dabei an eine Person richten oder an mehrere Beteiligte einer Unterhaltung.

Öffentliche Beschwerden: Bei öffentlichen Beschwerden nutzt eine Person das Internet oder klassische Massenmedien für ihre negative Mundpropaganda und erreicht ein extrem breites Publikum.

Öffentliche Beschwerden werden von klassischen Medien unterstützt, die in negativen Kundenerlebnissen interessante Inhalte sehen oder einen verbraucherschutzorientierten Fokus haben [7]. So veröffentlichen einige Magazine Unzufriedenheitsäußerungen von Kunden als Leserbriefe oder analysieren gar einzelne Beschwerdefälle.

Einige Medien versprechen dabei eine Unterstützung bei der Durchsetzung von Ansprüchen gegenüber einem Anbieter (zum Beispiel das Verbrauchermagazin WISO im ZDF). Aber auch findige Autoren haben den unterhaltenden und auflagentreibenden Wert von Kundenbeschwerden erkannt, sammeln diese und veröffentlichen sie in teilweise unternehmensbezogenen Büchern mit entsprechenden Titeln. Ein Beispiel hierfür ist die Buchreihe von Claus-Petter Hutter et al: „Das Posthasser-Buch“, „Das Telekomhasser-Buch“, „Das Bahnhasser-Buch“ – alle Knaur Verlag).

Am schwersten wiegt die Bedeutung, die öffentliche Beschwerden im Internet erlangen [8], denn: „in der Web-2.0-Welt kommt alles raus“ [9], so dass von „word-of-mouth“, **„electronic-word-of-mouth“** [10], [11] beziehungsweise „published word of mouth“ [12] gesprochen wird. NWOM nimmt im Web kontinuierlich stark zu und zeichnet sich durch eine hohe, nicht mehr steuerbare Dynamik aus.

Kunden haben verschiedene Möglichkeiten, ihre negativen Erfahrungen im Internet zu kommunizieren. So ermöglicht es das Internet verärgerten Konsumenten, auf einer eigenen Website oder im eigenen Blog negative Konsumerlebnisse weltweit ohne große Kosten zu kommunizieren. Auch kann man sich in Foren mit Kunden mit ähnlichen Erfahrungen austauschen. Ein kommerzielles Interesse steht hinter solchen Websites in der Regel nicht. Vielmehr sind sie durch den Willen geprägt, Ansprüche gegenüber Unternehmen durchzusetzen oder deren Verhalten öffentlich zu kritisieren [13]. Derartige Websites werden auch als „Complaint Sites“ bezeichnet. Eskaliert die Kritik, kann drastischer von **„Hate Sites“** oder „Boycott Sites“ gesprochen werden. Darüber hinaus nutzen enttäuschte Kunden soziale Netzwerke (beispielsweise Facebook) oder/und Mikroblogplattformen (zum Beispiel Twitter) zur Veröffentlichung ihrer Kritik.

Im Internet findet negative Mundpropaganda vor allem auf Meinungsportalen, „Hate Sites“ oder „Boycott Sites“ statt

Darüber hinaus bieten zahlreiche virtuelle Meinungsplattformen Konsumenten eine Möglichkeit, sich zu konsumrelevanten Sachverhalten zu äußern beziehungsweise Berichte anderer User zu lesen [14], [11]. Derartige virtuelle **Meinungsplattformen** (beispielsweise Ciao.com oder dooyoo.de) werden von dritten Unternehmen eingerichtet und umfassen eine Vielzahl von sowohl positiven als auch negativen Erfahrungsberichten zu Produkten. Im Zentrum dieses Geschäftsmodells stehen Erlöse aus Werbung, die thematisch an die Erfahrungsberichte und Nutzerprofile angepasst wird und Einnahmen aus Marktforschungsdienstleistungen für Unternehmen.

Im Vergleich zu Frankreich, Italien, Großbritannien und Spanien geben deutsche Nutzer deutlich mehr (positive und negative) Erfahrungsberichte ab [15]. Kundenbeschwerden im Internet werden gelegentlich als Kundenrache verstanden. Dies und auch der Begriff „Hate Site“ legt nahe, derartige Unzufriedenheitsartikulationen als „Customer Retaliation“ und damit als aggressives, schädigendes Verhalten zu verstehen [3]. Studien weisen jedoch darauf hin, dass bei auf Meinungsplattformen artikulierten Beschwerden dieses Motiv nur in geringem Maße ausschlaggebender Faktor ist. Vielmehr stehen **altruistische Motive** im Vordergrund wie das Bedürfnis, andere Kunden vor einem Unternehmen und dessen Leistungen zu warnen [11].

NWOM als private und öffentliche Beschwerden können natürlich parallel zu klassischen Beschwerde/Reklamationen auftreten, die direkt gegenüber einem Unternehmen kommuniziert werden. Besonders wahrscheinlich ist NWOM, wenn die Beschwerde direkt gegenüber dem Unternehmen erfolglos war und keine Abhilfe beschert hat [16].

Negative Mundpropaganda ist ein Imagerisiko

Die Gefahr hinter NWOM ist die hohe **Glaubwürdigkeit**, die mit ihr verbunden sein kann. Die authentische Schilderung persönlicher Erfahrung erfolgt in aller

Regel ohne ökonomisches Eigeninteresse und hat damit eine deutlich größere Wirkung beim Empfänger als die Marketingkommunikation des Unternehmens [17], [1].

Öffentliche negative Mundpropaganda hat ein hohes Gefährdungspotenzial für Image und Umsatz

NWOM beinhaltet damit immer ein hohes Gefährdungspotenzial für Image und Erfolg. War bei privaten Beschwerden dieses Gefährdungspotenzial auf das soziale Umfeld begrenzt, können öffentliche Beschwerden im Internet eine extrem breite Wirkung entfalten. Im Internet werden vorher nur schwer zu beobachtende private Beschwerden als öffentliche Beschwerden sichtbar und bleiben dauerhaft im Netz verfügbar. Diese Tatsache wird auch als „referability of WOM information" bezeichnet [12]. Beschwerden im Internet können gerade aufgrund dieser Tatsache in einer **Eskalation** der Kritik münden [1]. Personen mit ähnlichen negativen Erfahrungen können einfach und schnell miteinander in Kontakt treten, sich gegenseitig verlinken, über Unternehmen diskutieren. Dadurch können sie sich gegenseitig in ihrer Unzufriedenheit so verstärken, dass es zu einer Spirale des Ärgers gegenüber einem Unternehmen kommt. Der „Beschwerde-Domino-Effekt" ist daher gerade im Internet besonders ausgeprägt.

Das Ende dieser Spirale muss dabei nicht unbedingt mehr viel mit der tatsächlichen Ursache der ursprünglichen Unzufriedenheit zu tun haben. Besonders problematisch werden kritische Diskussionen im Internet zu den Leistungen eines Unternehmens dann, wenn sich auch **Mitarbeiter** daran beteiligen. Immer wieder ist zu sehen, dass diese die Standpunkte der Kunden unterstützen und Einblicke in schlechte interne Führungs- oder Prozesspraxis geben [1]. Auf der anderen Seite ist auch zu beobachten, dass Mitarbeiter – gut gemeint – versuchen ihr Unternehmen zu verteidigen oder sich erklären und dabei jedoch argumentativ unterliegen.

Aus Unternehmenssicht ist negative Mundkommunikation ein erheblicher **Risikofaktor**, da sie Kauf- und Wiederkaufentscheidungen beeinflusst und somit als PR-Gau eine Imagekrise auslösen kann. Kritiker entziehen Unternehmen Lebensenergie [2] und schädigen den Markenwert eines Unternehmens [18]. Insofern ist ein bewusster und systematischer Ansatz im Umgang mit negativer Mundpropaganda gefragt.

Vier Säulen des Umgangs mit negativer Mundkommunikation

Im Umgang mit negativer Mundpropaganda geht es um „Beobachten", „Reagieren", „Kanalisieren" und „Verhindern"

NWOM ist eine Herausforderung für Unternehmen. Verhindern lässt sie sich nicht, ebenso wenig wie Fehler, die passieren, wenn Menschen zusammenarbeiten. Es stehen jedoch Instrumente zur Verfügung, die es ermöglichen, die Gefahren NWOM zu begrenzen und ihren Wert für das Unternehmen zu nutzen.

Vier Säulen zum Umgang mit der Herausforderung NWOM lassen sich zeichnen. Eher **reaktiven** Charakter haben dabei „Beobachten" und „Reagieren". Ihr Fokus liegt primär auf dem Umgang mit bestehender NWOM. Von tendenziell **aktiver** Natur sind „Kanalisieren" und „Verhindern". Sie versuchen NWOM zu reduzieren.

Vier Säulen zum Umgang mit negativer Mundpropaganda		
Beobachten	Online und Offline-Suche nach negativer Mundpropaganda.	**Reaktion**
Reagieren	Konkrete Reaktion auf negative Mundpropaganda durch gezielte Intervention oder das bewusste Unterlassen von Reaktion.	
Kanalisieren	Präventive Beschwerdestimulierung, das heißt die Einrichtung und Kommunikation von Wegen, auf denen Kunden ihre Enttäuschung und ihren Frust direkt gegenüber dem Unternehmen artikulieren können.	**Aktion**
Verhindern	Schnittstelle zum Qualitätsmanagement; Nutzung der Erkenntnisse aus negativer Mundpropaganda zur Vermeidung von Kundenfrust und Enttäuschung.	

Abb. 1: Vier Säulen zum Umgang mit negativer Mundpropaganda (Quelle: eigene Abbildung)

Beobachten von negativer Mundpropaganda

Im Fokus der Beobachtung steht für ein Unternehmen das reaktive Sammeln von Informationen zu den Inhalten bestehender negativer Mundkommunikation im Markt. Private Beschwerden sind für Unternehmen in der Regel unzugänglich. Erfassbar sind jedoch öffentliche Beschwerden, die in zugänglichen Medien artikuliert werden.

Die Einbeziehung dieser Kommunikationen ist zentraler Bestandteil der **Umweltbeobachtung** von Unternehmen [19]. Eine zielgerichtete Beobachtung dieser Medien ermöglicht Unternehmen, diese Beschwerden und ihren Informationsgehalt zu sichern. Dieses Monitoring besteht aus zwei Teilschritten. Zunächst bedarf es einer Bestandsaufnahme beziehungsweise der Identifizierung der Quellen (Print-Medien, Internet, TV), in denen unternehmensrelevante Kritik öffentlich artikuliert wird oder werden könnte. Das regelmäßige Monitoring dieser Quellen stellt dann die Hauptaufgabe dar, für welches zeitliche Beobachtungsintervalle festgelegt werden müssen. Zu beachten ist, dass bei zu großen zeitlichen Abständen die Aktualität der Beschwerden abnimmt.

Beschwerdemonitoring findet im Internet und in klassischen Medien statt

Es kann zwischen einem Beschwerdemonitoring im Internet und in klassischen Medien unterschieden werden. Das **Internet** ist eine wichtige Quelle zur Beschaffung von Beschwerden und sollte daher kontinuierlich beobachtet werden, um dort verfügbare kritische Kundenartikulationen für ein Unternehmen zugänglich zu machen. Skepsis bezüglich der Inhalte von Beschwerden aus dem Internet kann entgegengetreten werden. So wurden im Automobilbereich Informationen aus traditionellen Kundenbefragungen und aus Meinungsplattformen verglichen. Es wurde dabei festgestellt, dass beide Inhalte gleichermaßen erkenntnisreich und aussagekräftig für Unternehmen sind [20]. Für ein Beschwerdemonitoring im Internet bestehen mit der manuell ungerichteten, manuell gerichteten sowie der automatisierten Suche verschiedene Möglichkeiten [21] [22].

Bei einem **manuell ungerichteten Beschwerdemonitoring** werden bestimmte Suchbegriffe wie Firmenname oder Produktname in verschiedene Internetsuchmaschinen (beispielsweise Google) eingegeben, um Äußerungen zum Unternehmen zu finden. Nachteile dieser manuellen Suche sind, dass zum einen gängige Internetsuchmaschinen nur einen Teil der Internetseiten abdecken und zum anderen diese Suche sehr zeitaufwendig und personalintensiv sein kann [22].

Bei der **manuell gerichteten Suche** werden selektierte Online-Foren, Newsgroups oder Meinungsportale und „Hate Sites" direkt auf kritische Kundenartikulationen hin untersucht. Voraussetzung ist, dass vorab entsprechende Internetseiten und Foren auch bekannt sind. Eine alleinige manuell gerichtete Suche ist jedoch nicht zu empfehlen, da hier der Dynamik des Internets nicht Rechnung getragen wird und so neue Seiten übersehen oder nur mit Zeitverzögerung integriert werden.

Im Internet können „Automated Internet Monitoring Services" genutzt werden

Bei einer **automatisierten Suche** werden „Automated Internet Monitoring Services" genutzt, die eine kontinuierliche Beobachtung von zahlreichen Quellen nach unternehmensrelevanten Inhalten im Internet ermöglichen. Spezialisierte Dienstleister ermöglichen dabei neben einer Integration der gängigen Suchmaschinen auch eine Suche in Blogs, Communities, Bewertungsportalen, Online-Publikationen und in den Internetangeboten von Zeitungen, Magazinen und Fernsehstationen. Die automatisierte Suche filtert neue Inhalte, priorisiert Fundstellen nach verschiedenen Gewichtungskriterien, ermöglicht Zeitreihenanalysen und ermöglicht ein aktuelles Reporting. Zusätzlich unterstützen unterschiedliche Dienstleister den Aufbau eines Frühwarnsystems, über das neue Themenfelder noch während ihrer Entstehung und Themenkarrieren an das Unternehmen kommuniziert werden.

Beschwerdeartige Äußerungen von Kunden finden sich auch in den klassischen Print- und TV-Medien. Aus diesem Grund empfiehlt sich auch hier eine regelmäßige Beobachtung von relevanten Quellen, die aus Kundensicht für die Artikulation einer Beschwerde geeignet sind. Im Printbereich kommen vor allem verbraucherpolitisch orientierte Publikationen in Frage, in denen Kundenbeschwerden in Form von Leserbriefen veröffentlicht werden (beispielsweise Finanztest oder Ökotest). Ähnliches gilt für TV-Sendungen (unter anderem WISO, Plusminus, ZDF Ratgeber).

Das Beschwerdemonitoring kann als eine eigene Aufgabe einer Abteilung Beschwerdemanagement oder Qualitätsmanagement betrachtet werden. Es muss jedoch nicht dort verankert sein, sondern kann als Aufgabe im Bereich Öffentlichkeitsarbeit, Marketing, Marktforschung oder auch in einem Social Media-Team [23] verortet sein. In diesen Fällen bedarf es der Schnittstellenschaffung zwischen diesem Bereich und dem Beschwerdemanagement, um die dort gesammelten indirekt-öffentlichen Beschwerden in die Auswertung zu integrieren [24].

Reagieren auf negative Mundkommunikation

Die unmittelbare Reaktion auf negative Mundkommunikation ist bei privaten Beschwerden nur dann möglich, wenn zugleich eine Beschwerde an das Unternehmen direkt gerichtet wird. Dies ist eine originäre Aufgabe des **Beschwerdemanagements** (umfassend [1]). Im Unternehmen muss Klarheit über folgende Punkte herrschen:

Es muss festgelegt werden, wer wie auf welche Beschwerdefälle reagiert

- Was als Beschwerde zu verstehen ist.
- An welchen Stellen Beschwerden entgegengenommen werden.
- An welchen Stellen Beschwerden bearbeitet werden.
- Wie schnell welche Reaktion gegenüber dem Kunden erfolgen soll.
- Welche Wiedergutmachung eingesetzt werden soll.

Bei direkten Reaktionen auf öffentliche Beschwerden ist zu entscheiden, ob eine Reaktion erfolgen soll oder nicht. Bei Beschwerden, die in den klassischen Print- oder TV-Medien publiziert werden, ist die **Öffentlichkeitsarbeit** gefragt. Maßgabe ist hierbei schnell, verbindlich und maßnahmenorientiert zu kommunizieren. Keine blinden Rechtfertigungen, keine Schuldzuweisungen an den Kunden – beides kann nur missverstanden werden. Der Ausdruck des Bedauerns für Kundenärger ist dabei immer angebracht und stellt keine Schuldanerkennung dar.

Bei Beschwerden im Internet – in Foren und Blogs – ist es sinnvoll alles zu tun, um eine Eskalation zu vermeiden. Werden unternehmensseitige Antworten geschrieben, sollte immer erkenntlich sein, dass der Absender ein Unternehmensvertreter ist, um einen verdeckten Manipulationsverdacht von kritischen Diskussionen zu verhindern.

Auch hier sollte immer ein Ausdruck des **Bedauerns** kommuniziert sowie das direkte Dialogangebot zu Problemlösung angeboten werden. Kann der Meinungsführer der Diskussion identifiziert werden, so kann es auch sinnvoll sein, diesen nicht-öffentlich versuchen anzusprechen, um eine Klärung und das direkte Gespräch zu suchen. Unter Umständen kann auch darüber nachgedacht werden, diese Meinungsführer für ein unternehmenseigenes Panel zu gewinnen und ihre „kritische Energie" direkt in geleiteten online/offline-Diskussionsrunden zu verwenden.

Bei Kritik in Blogs und über Twitter kann eine dankende **Rückbestätigung** des „Empfangs" der öffentlichen Beschwerde durch das Unternehmen eine gelungene Reaktion sein. In dieser Form hat beispielsweise der amerikanische TV-Kabelbetreiber comcast auf einen Blogeintrag eines Kunden mit Kritik zu Werbeeinblendungen im elektronischen Programm-Guide reagiert. Der Kunde erhielt nach vier Stunden eine E-Mail von comcast mit dem Hinweis, dass sein Feedback in die Entwicklung zukünftiger Leistungen aufgenommen würde [25]. Natürlich ist beim Verfassen von derartigen privaten Antworten zu bedenken, dass der Adressat die Antwort im Netz veröffentlichen kann.

Profis für die schriftliche, telefonische oder direkte Reaktion auf Kundenkritik befinden sich oft in den Servicebereichen des Unternehmens. Insofern erscheint es sinnvoll, deren Kompetenz auch bei der Reaktion auf öffentliche Beschwerden im Internet zu nutzen.

Eskalierte negative Mundpropaganda benötigt einen Krisenkommunikationsplan

Hat negative Mundpropaganda bereits zu einer PR-Krise durch eine gefährlich große Verbreitung im Internet geführt, sind andere Maßnahmen notwendig. In diesem Fall ist eine aktive **Krisenkommunikation** zur Kriseneindämmung und Krisenentschärfung notwendig. Der Weg kann aktive Medienarbeit sein, eine schnelle Kommunikation mit hoher Transparenz zum kritisierten Aspekt als vertrauensbildende Maßnahme, sowie klare Zeichen des Bedauerns und zur Übernahme der Verantwortung.

Die Säule „Reagieren" umfasst auch das Aufstellen von **Richtlinien** für die eigenen Mitarbeiter für die Beteiligung und Nicht-Beteiligung an unternehmensbezogenen Diskussionen im Internet [1]. Gelungene Richtlinien nennen positive Beispiele sowie die Folgen unangemessener Reaktionen. Zudem formulieren sie Regeln, wie zum Beispiel:

- Mitarbeiter müssen die Verantwortung für ihre Beiträge übernehmen und klar darstellen, wenn sie ihre eigene Meinung statt der des Unternehmen formulieren.
- Beiträge dürfen nicht anonym sein und müssen immer sachlichen Charakter haben [23].

Kanalisierung

NWOM ist kein Schreckgespenst, dem Unternehmen hilflos ausgeliefert sind. Ein wesentlicher Ansatzpunkt für das erfolgreiche Management von NWOM ist die Kanalisierung der Unzufriedenheit in das eigene Unternehmen hinein. Dazu gehört es, Kunden Wege aufzuzeigen, auf denen Unzufriedenheit, Frustration und negative Erlebnisse ins Unternehmen gelangen können. Transparent sollte dargestellt werden, welche Ansprechpartner im Unternehmen bei Unzufriedenheit erreicht werden können, dass Rückmeldungen geschätzt werden und wie mit ihnen umgegangen wird. Diese aktive Aufforderung an Kunden, sich mit ihrer Unzufriedenheit an einen Anbieter zu wenden, wird auch **Beschwerdestimulierung** genannt. Ihre große Chance liegt darin, NWOM zu reduzieren, dass heißt teilweise zu vermeiden, indem

Beschwerdestimulierung kann die Folgen negativer Mundpropaganda eindämmen

- ein Unternehmen selbst ein Ventil für Unzufriedenheit bietet,
- Offenheit für Kundenprobleme und Unzufriedenheit signalisiert wird,
- aktiv Abhilfe bei Problemen angeboten wird,
- Unzufriedenheit an besonders geschulte Mitarbeiter geleitet wird, die in emotional schwierigen Kundensituationen verbindlich, lösungsorientiert und empathisch reagieren,
- Hintergründe von Unzufriedenheit systematisch erfasst werden können, um mit Verbesserungsmaßnahmen darauf zu reagieren (siehe „Verhinderung").

Die Beschwerdestimulierung ist zu Recht einer der klassischen Aufgabenbausteine des Beschwerdemanagements. Studien zeigen, dass bis zu neunzig Prozent der unzufriedenen Kunden sich nicht direkt beim Anbieter beschweren [26]. Zwei Formen können unterschieden werden: die passive Beschwerdestimulierung und die aktive Beschwerdestimulierung.

Passive Beschwerdestimulierung schafft die notwenige Infrastruktur

Im Rahmen der **passiven Beschwerdestimulierung** wird vom Unternehmen die Infrastruktur geschaffen, die es Kunden ermöglicht, sich einfach und bequem zu beschweren. Weiterhin wird sichergestellt, dass Beschwerden von jedem Kontaktpunkt aus weitergeleitet und bearbeitet werden. Diese passiven beschwerdestimulierenden Maßnahmen sind ein Angebot an Kunden, die dieses bei Unzufriedenheit aufgreifen können.

Vier Aufgaben der passiven Beschwerdestimulierung lassen sich unterscheiden [1]:

1. Ausgangspunkt der Beschwerdestimulierung ist die Analyse der bestehenden **Beschwerdewege**. Hier ist zu klären, an welche Adressaten und an welchen Kontaktpunkte Kunden in welcher Form (mündlich, schriftlich, elektronisch) ihre Beschwerden tatsächlich kommunizieren oder kommunizieren können (Beschwerdepunkte).

2. Im nächsten Schritt bedarf es anhand der Aufstellung der Beschwerdepunkte der **Entscheidung**, welche spezifischen Beschwerdewege forciert werden sollen (zum Beispiel über ein zentrales Servicecenter oder die Website).

3. Bei der Einrichtung der Beschwerdewege sind ausreichende **Kapazitäten** zur Annahme und Bearbeitung von Beschwerden bereitzustellen. Mitarbeiter, Prozesse und die IT müssen bestmöglich vorbereitet sein.

4. Erst wenn das Rückgrat der Beschwerdebearbeitung steht, erfolgt die **Kommunikation** der Beschwerdewege gegenüber Kunden. Diese Beschwerdewege sind Meinungskarten, Hinweise in Kundenzeitschriften, auf Rechnungen und Kassenbons, am Produkt oder am POS. Dadurch wird signalisiert, dass Beschwerden im Unternehmen willkommen sind [1], [27], [28]. Auch Kundenkontaktmitarbeiter sind in die Stimulierung mit einzubeziehen. Sie müssen Offenheit für Beschwerden signalisieren, Kunden auf Beschwerdemöglichkeiten hinweisen und diesen das Gefühl vermitteln, dass deren Feedback willkommen ist.

Gerade bei Stimulierungsmaßnahmen im Internet ist eine Abschätzung der erforderlichen Ressourcen zur Beschwerdebearbeitung im Vorfeld gelegentlich schwierig. Eine Lösung hierfür ist es, den Hinweis zur Beschwerdestimulierung (beispielsweise einen Link zu einem Beschwerdeformular) schrittweise von einer unauffälligen an eine prominentere Stelle der Website zu setzen. In der Folge muss nach jeder Veränderung der Zuwachs an Beschwerden analysiert werden, um den Ressourcenbedarf anzupassen.

Eine weitere Möglichkeit der passiven Stimulierung ist das Einrichten eines unternehmenseigenen Meinungsforums für Kunden auf der Website des Unternehmens. In der Praxis finden sich hierzu bereits zahlreiche Beispiele. So können Kunden des Telekommunikationsdiscounters Congstar im firmeneigenen Internet-Supportforum unter „Lob, Kritik, Anregungen" entsprechende Themen posten. Diese werden von Congstar bearbeitet und mit entsprechenden Bearbeitungsvermerken „in Klärung" und „gelöst" versehen. Ein eigenes Meinungsforum hilft Unzufriedenheit zu kanalisieren – entsprechende personelle Ressourcen müssen zur Beobachtung und Bearbeitung jedoch vorhanden sein.

Im Rahmen der **aktiven Beschwerdestimulierung** werden Kunden gezielt und aktiv nach ihrem offenen Feedback gefragt. Insofern kann von einem „Beschwerde-Fishing" gesprochen werden. Freilich ist dabei noch eine gewisse Kundeninitiative notwendig, denn schließlich müssen sich Kunden immer zur Artikulation entscheiden. Die aktive Beschwerdestimulierung umfasst zwei Teilformen. Hierzu gehören die befragungsorientierte aktive Beschwerdestimulierung sowie die anlassorientierte aktive Beschwerdestimulierung.

Aktive Beschwerdestimulierung bittet Kunden gezielt um offenes Feedback

Im Rahmen der **befragungsorientierten** aktiven Beschwerdestimulierung werden bei Kundenbefragungen Informationen über erlebte Probleme erhoben. Grundsätzlich stehen ihr unterschiedliche Instrumente der Marktforschung zur Verfügung. So können Beschwerden durch offene Fragen („Hatten Sie in den letzten zwölf Monaten Anlass zur Unzufriedenheit mit XY AG?", wenn „Ja": „Bitte schildern Sie kurz den Anlass Ihrer Unzufriedenheit.") in Kundenzufriedenheitsbefragungen oder Einzelinterviews stimuliert werden.

Die **anlassorientierte** aktive Beschwerdestimulierung ist direkt in Kundenbetreuungsprozesse integriert. Hier werden zu bestimmten Anlässen individuelle Kunden – persönlich oder schriftlich – um ihr Feedback gebeten. Dafür bieten sich beispielsweise bestimmte Anlässe in der Geschäftsbeziehung an, wie zum Beispiel Jubiläen, Neukundenkontakte, aber auch abfallende Umsätze oder Kündigungen. Letzteres stellt einen Sonderfall dar, in dem Kunden nach den Gründen der Auflösung der Geschäftsbeziehung befragt werden [29] [30]. Die erfassten Beschwerden besitzen hier besondere Bedeutung, da sie eine deutliche Relevanzbewertung in Form der Kundenabwanderung zeigen.

Die im Rahmen der aktiven Stimulierung erfassten Beschwerden müssen in den direkten und indirekten Beschwerdemanagementprozess integriert werden. In vielen Unternehmen fehlt heute noch diese Brücke. Es gibt jedoch auch Ausnahmen. So fragt eine Großbank in ihren Kundenzufriedenheitsanalysen nach Unzufriedenheitserlebnissen sowie nach einem diesbezüglichen Kontaktwunsch und Kontaktdaten. Hier „gefischte" Beschwerden werden in Form von „Customer-Alerts" in das zentrale Beschwerdemanagement geleitet und dort bearbeitet. Dies ist ein gelungenes Beispiel für die nahtlose (und wichtige) Zusammenarbeit von Marktforschung und Beschwerdemanagement.

Der Widerstand, tatsächlich Beschwerden zu stimulieren, ist in vielen Unternehmen hoch. Hierfür gibt es zwei hauptsächliche Ursachen:

Gründe für den Widerstand gegen aktive Beschwerdestimulierung

1. Beschwerden werden immer noch negativ betrachtet, da die Suche nach dem Sünder im Unternehmen im Vordergrund steht und nicht die Stabilisierung der Kundenbeziehung.

2. Die Beschwerdezahl wird als Steuerungsgröße im Unternehmen verwendet und es gilt die Devise: je weniger Beschwerden, desto besser weil unauffällig. Stimulierung versucht jedoch die Zahl der Beschwerden zu maximieren und läuft damit gegen bestehende Kennzahlen.

Beschwerdestimulierung ist ein Versprechen gegenüber Kunden, mit Beschwerden in höchstem Maße kundenorientiert umzugehen. Fehlen die entsprechenden personellen, prozessualen oder systemseitigen Kapazitäten, dieses Versprechen einzulösen, ist ein NWOM-GAU nahezu vorprogrammiert. NWOM wird in diesem Fall nicht verhindert, sondern bestehende Unzufriedenheit potenziert – verbunden mit allen negativen Effekten.

Nur wenn Unternehmen Ursachen und die Probleme hinter NWOM aus der Beobachtung und Kanalisierung kennen, kann NWOM ursächlich verhindert werden.

Verhinderung

Die Verhinderung von NWOM versucht Unzufriedenheitserlebnisse zu reduzieren, die zu ihrer Entstehungen führen. Damit ist diese Säule des Umgangs mit NWOM eine klassische Aufgabe des **Qualitätsmanagements** im Unternehmen.

Unzufriedenheitsinformationen müssen adäquat ausgewertet werden

Im Vordergrund steht zunächst die regelmäßige Auswertung der Informationen, die aus oder über die NWOM bekannt sind. Im besten Fall wurden alle Unzufriedenheitsursachen bereits in einer Datenbank erfasst. Ist dies nicht der Fall, so bietet es sich an, die bestehenden Informationsquellen im Unternehmen „anzuzapfen“, die über Unzufriedenheitsinformationen verfügen. Oftmals sind dies eine ganze Menge: aus der Marktforschung die Marktstudie, aus dem Customer Care die Kundenzufriedenheitsbefragung, aus dem Beschwerdemanagement die aktuellen Beschwerdefälle und von der externen Agentur die Ergebnisse zum letzten Blog- und Foren-Monitoring. Die große Chance liegt darin, diese Informationsinseln zu verknüpfen. Letztendlich sind alle Informationsbrocken kleine Mosaiksteine, die zusammengetragen **„das eine Kundenerlebnisbild“** geben und gerade im Zusammenspiel die wesentlichen Problemfelder hinter Unzufriedenheit preisgeben können.

Die analytische Auseinandersetzung mit Unzufriedenheitsinformationen reicht alleine natürlich nicht aus. Gefragt ist in der Folge Entscheidungsbereitschaft und -fähigkeit, die zentralen Ursachen zu benennen und zu bearbeiten. Das bedeutet, dass entsprechende Projektmanagementkompetenz, Verbesserungsprozesse – auch gegen eingefahrene Alltagspraxis – umgesetzt werden müssen. Widerstände sind dabei normal und zu erwarten. Hilfreich, diese Widerstände zu überwinden, sind die folgenden Instrumente:

Wie Hemmnisse gegen Beschwerdestimulierung abgebaut werden können

- **Nutzung von O-Tönen aus Kundenschreiben**, Telefonaufzeichnungen oder Internetpostings, um den Kundenärger für das Unternehmen transparent zu machen.
- Darstellung, wie über einzelne Probleme im Internet diskutiert wird und welche Kreise derartige Diskussionen ziehen können.
- **Kostenorientierte Argumentation**. Auch wenn negative ökomische Effekte von NWOM nur schwer geschätzt werden können, können Bearbeitungskosten für Beschwerden beziehungsweise die Zahl der Abwanderungen zur Begründung herangezogen werden.
- **Erfolge feiern!** Interne Kommunikation, wie die Unzufriedenheit zu konkreten Problemen (beispielsweise die Erreichbarkeit des Call-Centers) nach Verbesserungsmaßnahmen zurückgegangen ist. Genutzt werden können hierfür Beschwerdezahlen, Lobschreiben der Kunden oder Ergebnisse der Kundenzufriedenheitsbefragungen.

Wer übernimmt die vier Aufgaben Beobachten, Reagieren, Kanalisieren und Verhindern im Unternehmen? Eine pauschale Empfehlung ist kaum möglich. Die Entscheidung über die **Gesamtverantwortung** des Managements von negativer Mundkommunikation sollte vor dem Hintergrund der bestehenden Bereiche und Kompetenzen getroffen werden. Sofern es eine Abteilung Customer Care oder Beschwerdemanagement gibt, kann über eine dortige Koordinationsfunktion nachgedacht werden, da die Nähe zum Tagesgeschäft sehr hoch ist. Zudem liegen hier zentrale Kompetenzen, die auf der Ebene der Interaktion für eine gute Reaktion gegenüber Kunden und auf der Ebene der ursachenorientierten Analyse für eine Interpretation von Unzufriedenheit wichtig sind.

Beschwerdemanagement ist eine Daueraufgabe

Es bleibt abschließend festzustellen, dass NWOM niemals ein Projekt sondern immer eine Daueraufgabe sein wird. Eine systematische Auseinandersetzung für selbstverstandene kundenorientierte Unternehmen ist ein Muss. Unprofessioneller Umgang mit unzufriedenen Kunden ist ein echtes **Imagerisiko**. Wird dieses Risiko „schlagend“, so sind die Dynamik und die Folgen kaum absehbar – insbesondere im Internet. Ein aktuelles Beispiel hierfür findet sich bei YouTube. Hier veröffentlichte der Musiker Jim Caroll 2009 ein Musikvideo, in dem er sein sehr negatives Erlebnis mit einer amerikanischen Fluglinie verarbeitete. Das Musikvideo „United breaks guitars“ wurde zum Zeitpunkt dieses Aufsatzes über acht Millionen Mal angeklickt. Umfangreiche Berichterstattung im amerikanischen Fernsehen war die Folge. Ein Paradebeispiel für NWOM – Sie finden es unter http://www.youtube.com/watch?v=5YGc4zOqozo.

Literatur

[1] Stauss, B./Seidel, W.: Beschwerdemanagement. Unzufriedene Kunden als profitable Zielgruppe. – 4. Auflage, München u.a., 2007.

[2] Reichheld, F./Seidensticker, F.-J.: Die ultimative Frage. – München/Wien, 2006.

[3] Huefner, J. C./Hunt, H. K.: Consumer Retaliation as a Response to Dissatisfaction. – In: Journal of Consumer Satisfaction, Dissatisfaction and Complaining Behavior, 13. Jg., Nr. 1, S. 61-82, 2000.

[4] Singh, J.: A Typology of Consumer Dissatisfaction Response Styles. – In: Journal of Retailing, 66. Jg., Nr. 1, S. 57-99, 1990.

[5] Hart, C. W. L./Heskett, J. L./Sasser, W. E.: The Profitable Art of Service Recovery. – In: Harvard Business Journal, 68. Jg., Nr. 4, S. 148-156, 1990.

[6] Kowalski, R. M.: Complaints and Complaining: Function, Antecendents and Consequences. – In: Psychological Bulletin, 119. Jg., Nr. 2, S. 179-196, 1996.

[7] Volkov, M.: Successful Relationship Marketing: Understanding the Importance of Complaints in a Consumer-Oriented Paradigm. – In: Problems and Perspectives in Management, 2. Jg., Nr. 1, S. 113-123, 2004.

[8] Barefoot, J. A. S.: Trash-Talk and Treasure in Consumer Complaints. – In: ABA Banking Journal, 92. Jg., Nr. 4, S. 25-70, 2000.

[9] Schüller, A. M.: Kunden auf der Flucht? Wie sie loyale Kunden gewinnen und halten. – Zürich, 2010.

[10] Hennig-Thurau, T.: „Word-of-Mouse": Warum Kunden anderen Kunden im Internet zuhören. – In: Jahrbuch der Absatz- und Verbraucherforschung, 50. Jg., Nr. 1, S. 52-75, 2004.

[11] Hennig-Thurau, T./Hansen, U.: Kundenartikulationen im Internet. – In: Die Betriebswirtschaft, 61. Jg., Nr. 5, S. 560-580, 2001.

[12] Schindler, R. M./Bickart, B.: Published „Word-of-Mouth": referable, Consumer-Generated Informationen on the Internet. – Elektronisch veröffentlicht unter der URL http://elab.vanderbilt.edu/elib/paperdetails.cfm?PaperID=193, Zugriff am 10.10.03, 2002.

[13] Goldwag, W.: Complaint Sites Can Focus Firms on Issues to Fix. – In: Marketing, o. Jg., o. Nr., S. 16, 2002.

[14] Ramaswami, S./Varghese, S. A.: Reading the "Voice" of the Customer: A Content Analysis of Consumer Reviews. – Research Paper Series, Singapore Management University, School of Business, Singapore, 2003.

[15] Mayer-Kuckuk, F.: Warentest für jedermann. – In: Süddeutsche Zeitung, S. 21., Nr. 20. vom 26. Januar 2005.

[16] Boote, J.: Towards a Comprehensive Taxonomy and Model of Consumer Complaining Behaviour. – In: Journal of Consumer Satisfaction, Dissatisfaction and Complaining Behavior, 11 Jg., S. 140-151, 1998.

[17] Kroeber-Riel, W./Weinberg, P.: Konsumentenverhalten. – Wiesbaden, 2009.

[18] Ng, S./Hill, S.R.: The Impact of Negative Word-of-Mouth in Web 2.0 on Brand Equity. – In: Proceedings of the 2009 ANZMAC Annual Conference, elektronisch veröffentlicht unter der URL: http://www.duplication.net.au/ANZMAC09/papers/ANZMAC2009-207.pdf, Zugriff am 10.01.2010, 2009.

[19] Pleil, T.: Online-Monitoring: Kommunizieren setzt Zuhören voraus. – In: Brauckmann, P. (Hrsg.) Web-Monitoring, Konstanz, S. 11-20, 2010.

[20] Chen, Y./Fay, S./Wang, Q.: Marketing Implications of Online Consumer Reviews. – Elektronisch veröffentlicht unter http://plaza.ufl.edu/faysa/review.pdf, Zugriff am 10.05.2004, 2003.

[21] Schmidt, O. S.: Internet Monitoring in Nordamerika. – Elektronisch veröffentlicht unter http://www.krisennavigator.de/akfo44-d.htm, Zugriff am 12.01.2004, 2003.

[22] Kassel, A.: PR Guide to Internet Monitoring and Clipping – Strategies and Tactics for Reputation Management. – Elektronisch veröffentlicht unter http:// www.frugalmarketing.com/dtb/cyberwhitepaper.shtml, Zugriff am 16.09.2004, 2000.

[23] Kane, C.K./Fichman, R.G./Gallaugher, J./Glaser, J.: Öffentlichkeitsarbeit 2.0. – In: Harvard Business Manager, März 2010, S. 96-103, 2010.

[24] Stauss, B.: Using new media for customer interaction: a challenge for relationship marketing. – In: Hennig-Thurau, T./Hansen, U. (Hrsg.): Relationship Marketing, Berlin u.a., S. 233-253, 2000.

[25] Nelles, D.: comcast- State of the Art Beschwerdemanagement. – Elektronisch veröffentlicht unter der URL: http://www.ethority.de/weblog/2008/07/30/comcast-state-of-the-art-beschwerdemanagement/, Zugriff am 23.06.2009, 2008.

[26] Servicebarometer AG: Beschwerdequoten 2008. – Elektronisch veröffentlicht unter der URL: http://www.servicebarometer.com/artikel/download/sm_07.pdf, Zugriff am 15.02.2010, 2008.

[27] Sampson, S. E.: Ramifications of Monitoring Service Quality Through Passively Solicted Customer Feedback. – In: Decision Science, 27. Jg., Nr. 4, S. 601-622, 1996.

[28] Riemer, M.: Beschwerdemanagement. – Hannover, 1986.

[29] Schöler, A.: Kundenrückgewinnungsmanagement. – In: Hippner, H./Wilde, K. D. (Hrsg.): Grundlagen des CRM. – 2. Auflage, Wiesbaden, S. 605-631, 2006.

[30] Schüller, A. M.: Come back! Wie Sie verlorene Kunden zurückgewinnen. – 3. Auflage, Zürich, 2009.

Social Media Monitoring

Stefan Oßwald

6

„Märkte sind Gespräche". Mit dieser ersten These des Cluetrain Manifests aus dem Jahr 1999 wird verdeutlicht, wie das Internet das Wirtschaften und die Kommunikation von Unternehmen verändert. Die Zeiten, in denen man die Meinung und Einstellung von Menschen durch übermäßige Werbung und großangelegte Marketingmaßnahmen primär beeinflussen konnte, sind vorbei.

Die Zeiten, in denen man die Einstellung von Menschen durch übermäßige Werbung beeinflussen konnte, sind vorbei

Das Web 2.0 oder auch Social Web bietet heutzutage einfachste Möglichkeiten, sich weltweit mitzuteilen und auszutauschen. Sei es in Form von Weblogs, in denen man die Möglichkeit hat, tagebuchartig seine Gedanken, Meinungen und Erfahrungen der Internetbevölkerung mitzuteilen oder in Foren, in denen verschiedenste Sachverhalte diskutiert werden. Auf Produktbewertungsplattformen wie www.ciao.de oder www.dooyoo.de tauschen sich tausende Menschen zu den unterschiedlichsten Artikeln aus. Auch auf Microbloggingdiensten wie www.twitter.com empfehlen sich Menschen jeden Tag Produkte und kommunizieren ihre Meinungen zu Unternehmen sowie Dienstleistungen.

Dass sich Menschen im Social Web zu nahezu jedem Thema äußern und ihre Erfahrungen und Meinungen zu Unternehmen oder Produkt teilen, hat für die Unternehmenskommunikation und PR einen großen Vorteil: „Unternehmen können jetzt direkt mit ihren Märkten kommunizieren"[1]. Um mit den Märkten, dieser Vielzahl an Gesprächen, die online stattfinden, kommunizieren zu können, muss man ihnen vorerst zuhören. Auf ein gründliches Monitoring sollten Unternehmen daher nicht verzichten, egal wie intensiv und in welchem Umfang sie an den Gesprächen teilnehmen.

Social Web bietet für Unternehmenskommunikation und PR große Vorteile

Was ist Social Media Monitoring?

Social Media Monitoring ist die Beobachtung sowie Analyse von Gesprächen und der daraus resultierenden Meinungsbildung im Social Web. Hierbei liegt der Focus vor allem auf Blogs, sozialen Netzwerken, Microblogs und Plattformen, die es Nutzern ermöglichen, auf einfachstem Weg Inhalte online zu stellen. Dabei kann nicht nur die Einstellung zu Marken oder Produkten beobachtet werden, sondern auch ganze Themenblöcke. Mit Social Media Monitoring lassen sich weiterhin Trends eruieren und Plattformen sowie Influencer identifizieren.

Durch Analyse von Gesprächen und der daraus resultierenden Meinungsbildung Influencer identifizieren

http://www.marketing-boerse.de/Experten/details/Stefan-Osswald

Kennzahlen

Beim Social Media Monitoring erhält man eine Vielzahl an Ergebnissen, die sich in folgende wesentliche Kennzahlen aufgliedern lassen:

- **Mentions:** Anzahl von Einträgen zu Marken, Produkten oder den jeweiligen Unternehmen, die zuvor als Keywords festgelegt wurden.
- **Sentiment:** Anzahl positiver, neutraler und negativer Mentions.
- **Reach:** Anzahl der potenziellen Sichtkontakte eines Eintrags.
- **Share of Voice:** Anteil der Mentions im Vergleich zum Gesamtmarkt.
- **Influencer:** Personen, die für ein Unternehmen/Marke wichtige Multiplikatoren und Fürsprecher sind.
- **Demografische Daten:** Informationen, die Aufschluss über Geschlecht, Standort, Alter, Sprache sowie Bildung geben und anhand der Daten von Profilen in Social Networks gewonnen werden.
- **Zusätzliche Keywords:** Automatisch identifizierte Keywords, da diese zum Beispiel sehr häufig in Verbindung mit den Mentions auftauchen.

Social Media Monitoring im Einsatz

Es macht keinen Sinn, einfach einen Monitoring-Dienstleister zu beauftragen oder verschiedenste Tools mit Keywords zu befüllen, ohne sich im Klaren darüber zu sein, welches Ziel man damit verfolgt. Oft hört man in Vorträgen zum Thema Social Media, dass Unternehmen zuhören sollen, was im Netz über die Marke geredet wird. Doch warum man zuhört, zuhören will und zuhören soll, muss jedes Unternehmen für sich selbst entscheiden. Dabei bieten sich unterschiedliche Möglichkeiten an:

Relevante Plattformen und wichtige Influencer identifizieren

Social Media-Basisanalyse: Bevor man als Unternehmen im Social Web aktiv wird, sollte eine Social Media-Basisanalyse durchgeführt werden. Hierbei werden relevante Plattformen, die wichtigen Influencer und natürlich auch die passenden Themen für die eigene Social Media-Strategie identifiziert. Sollte man diese Strategie noch nicht haben, so dient diese Analyse möglicherweise als zusätzlicher Indikator für ebendiese.

Kampagnenanalyse: Ist das eigene Unternehmen bereits im Social Web unterwegs und gibt es möglicherweise schon Social Media-Marketingmaßnahmen, sollten die Ergebnisse auch analysiert werden. Wie und wo wird auf die Kampagne oder die Marketingmaßnahme reagiert, wer reagiert auf diese und warum? Mit den gewonnenen Erkenntnissen kann das Unternehmen die bisherige Social Media-Strategie weiter optimieren.

Customer-Relationship-Management: Das Social Web ist geradezu prädestiniert für den Kundendienst, denn hier können sich Unternehmen und Kunde/Nutzer auf Augenhöhe begegnen. Ein Social Media Monitoring hilft dem Unternehmen dabei, die Probleme von Kunden oder ihre Reaktionen auf bestimmte Produkte zu erfassen. Dadurch lassen sich diese auch innerhalb kürzester Zeit bearbeiten.

Krisenmonitoring: Durch ein kontinuierliches Social Media Monitoring lassen sich drohende Krisen und mögliche kritische Themen zeitnah identifizieren, was eine schnelle Reaktion und eventuelle Abwehr erleichtert. Gerade wichtige Multiplikatoren, die möglicherweise negativ eingestellt sind, sollten ständig beobachtet und ihre Reichweite nicht aus den Augen gelassen werden.

Kostengünstige Marktforschung

Marktforschung: Auch ohne aktive Social Media-Strategie kann man seinen Kunden im Social Web zuhören und so kostengünstige Marktforschung in der Zielgruppe betreiben. Wenn man die Wünsche und Bedürfnisse dieser im Web kennt, kann man seine Produkte oder Dienstleistungen optimieren. Auch Mitbewerber und Trends der jeweiligen Branche lassen sich durch Social Media Monitoring beobachten und ermöglichen somit eine Anpassung der eigenen Strategie.

Auswahl der Tools

Fällt die Entscheidung, ob und aus welchem Grund man ein Social Media Monitoring aufsetzen möchte, hat man die Qual der Wahl bei der Auswahl der Instrumente. Unzählige kostenfreie Tools stehen zur Verfügung, eignen sich aber meistens nur für das Monitoring einzelner Keywords. Auch eine Vielzahl von professionellen Anbietern hat sich bereits auf dem Markt etabliert, diese haben aber unterschiedlichste Funktionen und Preismodelle. Die Intensität des Monitorings und die dafür vorhandenen personellen Ressourcen sind ebenfalls wichtige Indikatoren für die Wahl der richtigen Tools. Im Folgenden soll sowohl eine „Hausmacherlösung" als auch eine Profilösung vorgestellt werden.

Google – Netvibes – Yahoo Pipes und Co.

Wie bereits erwähnt, gibt es eine Vielzahl kostenloser Tools, die für das Monitoring einzelner Keywords in bestimmten Kanälen des Social Web geeignet sind. Das Problem ist jedoch, dass viele Tools zusätzlichen Arbeits- und Zeitaufwand mit sich bringen. Zusätzlich wäre eine übersichtliche und einheitliche Ansicht der Ergebnisse von Vorteil. Daher bietet sich eine Kombination aus diversen Monitoring Tools, Yahoo Pipes und Netvibes an.

Für das Monitoring Tools nutzen, die Ergebnisse als RSS-Feed ausweisen

Für das Monitoring sollten Tools genutzt werden, die die Ergebnisse als RSS-Feed ausweisen. Somit lassen sich diese in einem von Yahoo angebotenen Tool namens Yahoo Pipes zusammenfassen, filtern und sortieren. Folgende Tools sind deshalb zu empfehlen:

Google News: Dieses Tool aus dem Hause Google [2] ermöglicht die Suche nach Schlagworten in Newsportalen.

Google Blogsuche: Wie der Name schon sagt, lassen sich mit der Google Blogsuche [3] Weblogs nach einzelnen Begriffen durchsuchen. Die Ergebnisse können hierbei sowohl nach Relevanz als auch nach Datum sortiert werden.

Icerocket: Diese englischsprachige Blog-Suchmaschine [4] ist eine gute Ergänzung zu dem Angebot von Google. Weiterhin können mit diesem Tool MySpace und Twitter beobachtet werden. Auch hier werden die Treffer als RSS-Feed ausgegeben.

Twitter Search: Die twittereigene Suchfunktion [5] bietet neben der Ausgabe der Treffer als RSS-Feed die Option, die gefundenen Tweets auf verschiedene Sprachen einzugrenzen.

Mit **Yahoo Pipes** [6] können die unterschiedlichen RSS-Feeds zusammengeführt werden. Durch einfache Verknüpfungen werden unterschiedliche Filter hinzugefügt. So kann man die Suchtreffer nach Sprache sortieren, bestimmte Keywords ausschließen oder innerhalb eines bestimmten Zeitabschnitts suchen. Am Ende gibt Pipes den Master-RSS-Feed aus, den man anschließend für sein Dashboard nutzen kann.

Um unterschiedliche Suchtreffer und gegebenenfalls mehrere Master-RSS-Feeds auf einer Oberfläche zu sammeln, bietet sich **Netvibes** [7] an. Ursprünglich ist dieses Tool dazu gedacht, sich eine individuelle Startseite für den Webbrowser zu erstellen. Dazu stellt Netvibes seinen Nutzern verschiedene Widgets zur Verfügung. Für das Social Media Monitoring Dashboard ist vor allem das RSS-Feed Widget interessant. Über dieses lassen sich die RSS-Feeds aus Yahoo Pipes auf einer Seite abbilden.

Nachteil ist das nicht vorhandene Reporting

Der Nachteil dieser „Hausmacherlösung" ist das nicht vorhandene Reporting. Suchergebnisse werden nicht gespeichert und auch eine grafische Aufbereitung der Ergebnisse findet nicht statt. Somit ist man gezwungen, das Dashboard regelmäßig aufzurufen. Aufgrund der nicht vorhandenen Kosten (abgesehen von der Arbeitszeit) ist diese Lösung jedoch gerade für die Unternehmen geeignet, die noch relativ am Anfang ihrer Social Media-Aktivitäten stehen.

Professionelle Dienstleister

Neben den eigenen Marken auch wichtige Mitbewerber, Marktthemen sowie strategische Themen in das Monitoring aufnehmen

Mittlerweile hat sich eine Vielzahl von Anbietern auf das professionelle Monitoring des Social Webs spezialisiert. Diese crawlen mit meist eigens entwickelter Technologie umfangreiche Quellen im Social Web und ermöglichen eine umfassende Verwaltung von komplexen Keyword-Kombinationen. So ist es zum Beispiel möglich, neben den eigenen Marken auch wichtige Mitbewerber, Marktthemen sowie strategische Themen in das Monitoring aufzunehmen. Dabei werden nicht nur Blogs und Twitter durchsucht, sondern auch offene Social Networks, Foren, Onlinemedien, Content-Communities wie YouTube oder Flickr und Wikipedia. Weiterhin ermöglichen diese Tools eine Eingrenzung der Suchtreffer nach Sprachen und Ländern, geben demografische Informationen und identifizieren wichtige Influencer. Die Suchtreffer werden zudem über einen langen Zeitraum gespeichert und lassen sich chronologisch ordnen.

Dass die professionellen Social Media Monitoring-Lösungen oft selbst den Großteil der Analyse der Suchtreffer und das Reporting übernehmen, ist ein weiterer großer Vorteil und rechtfertigt in der Regel auch die teilweise hohen Kosten. Je nach Strategie, Manpower und Engagement des Unternehmens im Social Web, sind diese möglicherweise ohne Alternative.

Radian6 [8] ist eines der am häufigsten genutzten professionellen Social Media Monitoring-Tools. In einem einfachen Setup können Keywords in verschiedenster Art und Weise eingegrenzt und miteinander kombiniert werden. Diese lassen sich zusätzlich gruppieren, was zum Beispiel gerade bei unterschiedlichen Marken sehr von Vorteil ist. In Radian6 kann der Nutzer sich verschiedenste Dashboards einrichten, auf denen er sich Applikationen und Widgets zusammenstellt. Zwar müssen pro Widget die Keywords einzeln erfasst werden, die Tiefe der Analyse spricht jedoch für den zusätzlichen Aufwand.

Verschiedene Dashboards einrichten

So lässt sich zum Beispiel ein separates Widget anlegen, in dem nur die Erwähnungen der Marke oder des Unternehmens auf Twitter aufgeführt werden. Neben einer quantitativen lässt sich auch relativ einfach eine grobe qualitative Analyse der Suchtreffer durchführen. Radian6 listet nämlich nicht nur die Suchtreffer auf, sondern gibt zusätzliche Informationen zur Anzahl der Follower des jeweiligen Twitterati, der Anzahl seiner Tweets und wie vielen er selber folgt. Auch die Entwicklung dieser Werte über die letzten Monate stellt Radian6 grafisch dar. Bei gefundenen Blogeinträgen zu den vorher definierten Keywords gibt das Tool Informationen zu der Anzahl von Kommentaren und Trackbacks auf diesen Beitrag.

Informationen zur Anzahl der Follower des jeweiligen Twitterati

Weiterhin bietet Radian6 die Option, Alert-Mails zu abonnieren. Hier kann der Nutzer festlegen, wann er via Mail über bestimmte Suchtreffer informiert werden will. So kann man sich zum Beispiel ein aussagekräftiges, tägliches Reporting zuschicken lassen und bekommt so einen regelmäßigen Überblick zu den aktuellen Geschehnissen.

Social Media Monitoring – und nun?

„It doesn't matter which social media monitoring service you use. None of them do what you want them to do. They're good at doing part of the job, but not all of it." [9]

Mit dieser Aussage bringt Jason Falls die Schwäche aller Social Media Monitoring-Lösungen auf den Punkt – was geschieht mit den erhobenen Daten und was nützen die gefundenen Suchtreffer? Die wirklich qualitative Analyse der Suchtreffer kann keines der Tools durchführen. Handlungsempfehlungen kann auch nur jemand aussprechen, der das nötige Know-how mitbringt, um die Suchtreffer mit der Social Media-Strategie abzugleichen und diese gegebenenfalls anzupassen. Falls ein Unternehmen keinen solchen Social Media-

Aufwand, Nutzen und Kosten sollten im Verhältnis stehen

Manager hat, sollte gegebenenfalls eine Agentur mit Social Media-Kompetenz mit dem Monitoring beauftragt werden. Schlussendlich sollten aber Aufwand, Nutzen und Kosten in einem adäquaten Verhältnis stehen.

Literatur

[1] http://www.cluetrain.de
[2] http://news.google.de
[3] http://blogsearch.google.de
[4] http://www.icerocket.com
[5] http://search.twitter.com
[6] http://pipes.yahoo.com
[7] http://www.netvibes.com
[8] http://radian6.com
[9] http://www.socialmediaexplorer.com/2010/04/02/where-social-media-monitoring-services-fail.

DIE IMPLEMENTIERUNG DES WOM

7

INTRO

Die neue Empfehlungsgesellschaft – Torsten Schwarz beschreibt, wie Unternehmen das Social Web nutzen können, um ihren guten Ruf zu erhalten und zu verbessern. Er erläutert die Funktionen zum Weiterempfehlen und wie sie eingesetzt werden. Die Bedeutung spezialisierter Bewertungsportale wächst rasant. Inzwischen gibt es spezialisierte Suchmaschinen, die systematisch Bewertungen erfassen, aggregieren und auswerten. Von diesem Trend profitieren Unternehmen, die auf Qualität setzen. Wenn die in Werbeversprechungen geweckten Erwartungen nicht erfüllt werden, rächt sich das in negativen Bewertungen. Wer schlechte Qualität bietet, hat somit höhere Akquisekosten.

Die neuen Momente der Wahrheit: WOM im Kontaktpunkt-Management: Anne M. Schüller erläutert, wie sich ein wirkungsvolles Mundpropaganda- und Empfehlungsmarketing in das Kundenkontaktpunkt-Management (Customer Touchpoint Management) integrieren lässt. Dieses besteht aus vier Schritten. Ausgehend von einer Ist-Analyse gelangt man über eine Sollstrategie zur Planung und Umsetzung von solchen Aktivitäten, die eine gezielte Mundpropaganda bewirken und ein aktives Empfehlen systematisch in Gang setzen sollen. Ein entsprechendes Controlling schließt den Prozess ab – und läutet gleichzeitig eine Optimierungsrunde ein.

Die neue Empfehlungsgesellschaft 7

Torsten Schwarz

Die meisten Dinge wurden in diesem Buch bereits gesagt. Dieses abschließende Kapitel zu Empfehlungen im Social Web soll lediglich die wichtigsten Punkte noch einmal zusammenfassen. Außerdem bietet es noch einmal in kompakter Form eine Auswahl konkreter Anleitungen zur Umsetzung der Maßnahmen.

Wer genau ist im Social Web aktiv?

Das Social Web ist verlockend einfach zu bedienen. Daher nutzen es nicht nur Unternehmen sondern auch Privatpersonen. Beide haben die gleichen Möglichkeiten, Informationen zu verbreiten. Die **Höhe des Werbebudgets** spielt keine Rolle mehr. Entscheidend sind die Inhalte. Einzelpersonen haben sogar oft eine höhere Reichweite als große Konzerne.

Die Höhe des Werbebudgets spielt keine Rolle mehr

Ohne Social Media Policy geht gar nichts

In diesem Buch war sowohl von Personen als auch von Unternehmen die Rede. Die Grenzen verschwimmen, wenn eine große Fluggesellschaft mit den gleichen **Redaktionstools** arbeitet wie eine Privatperson, die das als Hobby betreibt. Oder wenn eine PR-Verantwortliche eines Telekommunikationsdienstleisters mit ihrem persönlichen Profil eine höhere Reichweite erzielt, als die offiziellen Kanäle des Unternehmens. Zappos ist im Social Web nicht nur deshalb erfolgreich, weil es eine gute Marketingabteilung gibt, sondern weil der Chef selbst und die meisten Mitarbeiter ebenfalls in Facebook und Twitter aktiv sind. Dies kann und soll nicht von hiesigen Unternehmen eins zu eins kopiert werden.

Der Chef und die meisten Mitarbeiter sind in Facebook und Twitter aktiv

Viel wichtiger ist es, klare Regeln aufzustellen, wie sich Unternehmensmitarbeiter im Social Web bewegen dürfen. Wer seinen Mitarbeitern den **Facebook-Zugang** sperrt, geht anders an das Thema heran als eine Firma, die ihre Mitarbeiter dazu auffordert, im Social Web aktiv zu werden. Entscheidend ist, dass Angestellte wissen, was erwünscht ist und wo die Grenzen liegen. Und dass niemand dazu gezwungen wird, etwas zu tun, das nicht seinem Wesen entspricht. Warum? Weil im Web alles herauskommt, was nicht echt ist.

Im Web kommt alles heraus, was nicht echt ist

Authentizität ist der Schlüssel zum Erfolg im Social Web. Wenn der Leiter einer Spar-Filiale begeistert bloggt (**Shopblogger.de**), ist das echt und macht die Marke sympathisch. Wenn sein Kollege von Aldi, Lidl oder Schlecker das während der Arbeitszeit machen würde, hielten es die meisten wohl für eine PR-Aktion. Ganz anders kann das im Social Web aussehen. Hier muss nicht aufwendig ein langer Blogbeitrag fehlerfrei geschrieben werden. Stattdessen genügt eine **140-Zeichen-Nachricht** in Twitter. Nicht einmal ein Computer ist

http://www.marketing-boerse.de/Experten/details/Torsten-Schwarz

nötig, da die Nachricht auch als SMS abgeschickt werden kann. Automatisch erscheint sie dann im eigenen Twitterprofil.

Konzern oder Kleinstunternehmen

Die kleinen Schnellen profitierten

Vieles am aktuellen Social Web-Hype ist vergleichbar mit der Zeit ab 1994. Zuerst profitierten die kleinen Schnellen. Die Kuckucksuhrenhersteller im Schwarzwald bastelten mit wenig Aufwand eine HTML-Seite mit Bildern und ein paar Texten. Per E-Mail konnte bestellt werden. Plötzlich wurde ohne Werbeausgaben **weltweit verkauft**. Dann kamen die Großunternehmen und haben Standards für professionelle Webseiten gesetzt.

Als die meisten Unternehmen um die Jahrtausendwende den **Agenturen** viel Geld für eine grafisch aufgepeppte Homepage hingeblättert haben, konnten die wenigsten die Frage beantworten, warum sie das tun. Als es dann endlich soweit war, dass das Internet zur größten Neukunden-Gewinnungsmaschine wurde, waren diese Seiten oft wertlos. Weil sie von **Suchmaschinen** nicht gefunden wurden.

Heute lässt sich mit **wenigen Mausklicks** bei Jimdo eine professionell aussehende Homepage zaubern, für deren Summe an Funktionen jede Agentur viele Tausend Euro kalkulieren müsste. Beim Social Web ist das anders: Von Anfang an war es möglich, **ohne Budget sofort** loszulegen. Eine Twitter- oder Facebook-Seite einzurichten, dauert maximal fünf Minuten.

Erheblicher Zeitaufwand zur Pflege der Inhalte

Ganz anders sieht es jedoch bei der Pflege der Inhalte aus. Hier ist der Zeitaufwand erheblich und kann nicht mal eben mit links gemacht werden. Das Dilemma in großen Unternehmen: Was wenig kostet, bekommt auch weniger Personal zugewiesen. Wer die Homepage „macht", kann auch noch einen Newsletter betreuen. Na und da liegt es doch nahe, auch noch ein wenig im Social Web aktiv zu werden, oder? Wer hier kein Konzept hat, sondern einfach nur dabei sein will, scheitert. Klare Ziele müssen her.

Ziele setzen

Der Internetauftritt ist aus Sicht vieler Unternehmen ein Flop, weil der Nutzen nicht präzise definiert wird. Und weil oft keine klare Ausrichtung an den Zielen erfolgt:

Ist die Homepage ein **Vertriebskanal** und soll sie Produkte verkaufen?

Ist die Homepage nur Pflichtprogramm, um ein positives **Image** zu vermitteln?

Ist die Homepage ein wichtiger Weg, Kontakt zu potenziellen **Neukunden** herzustellen?

Ist die Homepage ein Servicekanal und soll **Kosten für Support** und Beratung einsparen?

Die meisten Unternehmen wollen alles und das führt zu enttäuschten Hoffnungen. Im Social Web ist alles noch etwas komplizierter. Keiner kennt derzeit die Regeln und alle sind noch am Experimentieren. Es gibt jedoch Unterschiede. Das Internet der Homepages und der **Suchmaschinen** ist die Plattform für Menschen, die nach Produktinformationen suchen. Wer googelt, tut dies in den meisten Fällen vor einer Kaufentscheidung.

Das Social Web wird genutzt, um zu schauen, **was die Freunde tun** und was sonst so im eigenen Umfeld abgeht. In diesem Modus lassen sich Menschen gerne inspirieren und verführen. Ob allerdings die konkrete Chance auf einen anschließenden Kauf die Investition in eine Facebook-Anzeige rechtfertigt, wird die Zukunft zeigen.

Ist das Social Web ein Vertriebskanal?

Momentan stößt **reine Produktwerbung** auf wenig Gegenliebe. Was jedoch wunderbar funktioniert: Meinen Freunden zu zeigen, welche Produkte mir gefallen und welche nicht. Der **„Gefällt mir"-Knopf** wird zum Werbemittel. Je mehr Menschen meine Produkte gefallen, desto mehr werden andere darauf aufmerksam.

„Gefällt mir"-Knopf wird zum Werbemittel

Für den Produktverkauf sind Suchmaschinen-, Affiliate- und E-Mail-Marketing erprobte und funktionierende Tools. Ob hier jedoch Social Media Marketing außer bei ausgewählten Hype-Produkten jemals erfolgreich sein wird, darf angezweifelt werden. Einzige Ausnahme: Wenn es Facebook gelingt, durch ausgefeiltes Data-Mining die **Kaufwahrscheinlichkeit** einzelner Nutzer präzise vorherzusagen. Aber das kann noch dauern und erfordert neben viel Technik auch eine Diskussion über den Umgang mit personenbezogenen Daten.

Ist das Social Web nur Pflichtprogramm für ein positives Image?

Für viele ist es wirklich wie 1995 mit dem Web: Man fragt sich, was das soll, ist aber dabei, weil die anderen es auch sind. Ich habe Ende der Neunziger die Frage **„Brauchen wir eine Homepage"** immer mit einem klaren „Ja" beantwortet. Der Grund: Potenzielle Kunden suchen einfach nur die Telefonnummer, die Adresse oder die Anfahrtskizze. Meine Empfehlung daher: Eine ganz einfache Homepage, die aus drei bis fünf HTML-Seiten besteht und beschreibt, wie man mit dem Unternehmen in Kontakt treten kann.

Heute beantworte ich die Frage zu Twitter und Facebook ähnlich: Machen Sie ein Minimalprogramm, bis Sie wissen, was Sie wollen. Aber warten Sie nicht lange ab, sondern tun Sie es jetzt. Dafür bekomme ich regelmäßig Schläge von Social Media-Beratern, die sagen, das sei keine Strategie. Und ohne Strategie ginge da nichts. Ich bleibe dabei: besser mit **Minimalprogramm** dabei sein, als gar nicht. Der Grund: Ihre Fans suchen Sie schon heute im Social Web. Und diesen Fans sollten Sie heute schon eine Möglichkeit geben, **„Folgen"** oder **„Gefällt mir"** zu drücken.

Die Fans suchen Sie schon heute im Social Web

Allerdings sollten Sie auch **klar kommunizieren**, dass an dieser Stelle mit nichts mehr als unregelmäßigen Pressemitteilungen zu rechnen ist. Die Pressemitteilungen laufen über **Twitterfeed** vollautomatisch ein und Ihr Zeitaufwand liegt bei Null. Warum ich solche primitiven Dinge empfehle? Es kann sein, dass Sie diesen direkten Draht zu Fans Ihres Unternehmens einmal bitter nötig haben. Dann nämlich, wenn etwas richtig schief geht in Ihrer Firma. Wenn alle Welt auf Ihre Presseerklärung wartet. Dann haben Sie mit Twitter und Facebook einen direkten Draht zur Öffentlichkeit, mit dem Sie einen Flächenbrand zumindest eindämmen können. Allerdings können Sie auch Öl ins Feuer gießen. Daher mein Tipp: Sichern Sie sich jetzt schon den Kontakt zu einer in **Krisen-PR** erfahrenen Social Media-Agentur, die im hoffentlich nie eintretenden Fall der Fälle Ihrer PR-Agentur beratend zur Seite steht.

Mit Twitter und Facebook einen direkten Draht zur Öffentlichkeit

Kann das Social Web Kontakt zu potenziellen Neukunden herstellen?

Im Moment ist Suchmaschinenmarketing der wichtigste Weg, online zu neuen Kunden zu kommen. In Zukunft werden diese neuen Kontakte zum Teil über das Social Web angebahnt. Die Beliebtheit im Social Web wird in Zukunft auch Auswirkungen auf die **Auffindbarkeit** in Suchmaschinen haben. Zwei Gründe also, warum Unternehmen unbedingt mehr tun sollten, als das Social Web einfach nur mit Pressemitteilungen zu befüllen. Hier gibt es drei Wege, zwei direkte und einen indirekten.

Neue Kontakte zum Teil über das Social Web angebahnt

Der direkte ist das **Befüttern des Social Web** mit relevanten Inhalten. Dazu gibt es einige wichtige Werkzeuge, auf die im Folgenden noch einmal detailliert eingegangen wird. Die Qualität der Inhalte lässt heute oft noch zu wünschen übrig. In Zukunft aber wird sich Relevanz durchsetzen.

Der zweite direkte Weg ist der **Dialog mit Menschen** im Social Web. Dieser ist zeitaufwendig, macht das Unternehmen dafür jedoch meist sehr **sympathisch**. Wer diesen Kanal jedoch öffnet, muss auch mit Kundenanfragen rechnen. Und wer dafür keine Kapazitäten einkalkuliert, riskiert statt Imagegewinn das Gegenteil. Also bitte keine **Erwartungen** wecken, die nicht erfüllt werden können. Was hilft mir das nette Twittern mit einem Unternehmensmitarbeiter, wenn er mir nicht sagen kann, an wen ich mich mit meinem Problem denn nun wenden kann. Wer jedoch mit seinem Dialogangebot im Social Web Kunden positiv überrascht, erntet **Lob und Weiterempfehlungen**. Das ist der indirekte Weg zu neuen Kunden.

Keine Erwartungen wecken, die nicht erfüllt werden

Dieser indirekte Weg ist viel wichtiger und Titel dieses Buchs: WOM. Schon ohne dass Sie selbst im Social Web aktiv sind, wird über Sie geredet. Anne Schüller beschreibt im nächsten Kapitel die **Customer Touchpoints**. Jeder Kontaktpunkt kann Anlass für einen Kommentar im Social Web sein. Jemand schreibt etwas in Twitter oder Facebook und alle Freunde lesen das. Einer der Freunde drückt „Gefällt mir“ oder „Retweet“ und schon erfahren es dessen Freunde. Weiterempfehlen ist nicht neu. Neu ist nur, wie einfach, schnell und bequem eine Nachricht heute im **Schneeballprinzip** Millionen von Menschen erreichen kann.

Jeder Kontaktpunkt kann Anlass für einen Kommentar im Social Web sein

Es wird Menschen geben, die sich Unternehmenskommunikation gegenüber immer mehr verschließen. Das **Vertrauen in Werbung** ist gesunken. Der einzige Weg, diese Menschen noch zu erreichen, führt über deren Freunde. Umgekehrt gibt es keinen besseren **Werbefilter** als die eigenen Freunde. Nur wenn die etwas cool finden, nehme ich es noch wahr. Alles andere wird ausgeblendet. Das ist WOM.

Der beste Weg, Menschen zu erreichen, führt über deren Freunde

Sollen wir das Social Web als Servicekanal öffnen?

Die Homepage kann ganz wesentlich Kosten für **Support- und Kundenberatung** einsparen. Ausführliche Produktbeschreibungen und -konfiguratoren werden stundenlang von Kaufinteressierten konsultiert. Häufig gestellte Fragen werden auf der Homepage beantwortet. In Foren beraten sich Kunden gegenseitig. Wer fragt heute noch den Schuhverkäufer, der gerade in die Elektronikabteilung versetzt wurde? Im Internet hat jeder Laie in fünf Minuten mehr Detailwissen als ein Hochschulabsolvent.

Was auf der Homepage **Customer Self-Service** ist und Kosten spart, artet im Social Web in Arbeit aus. Otto, Telekom, 1&1 und Vodafone können ein Lied davon singen. Dort sind mehrere Mitarbeiter damit beschäftigt, die Flut an Anfragen zu bewältigen. Wer jedoch so zuvorkommend bedient wird, erzählt das gerne seinen Online-Freunden weiter. Auch das ist WOM.

Flut an Anfragen bewältigen

Social Media Monitoring

Nach dem eigenen Namen **googeln** ist die Lieblingsbeschäftigung nicht nur selbstverliebter Karrieremenschen. Und in der Tat bietet Google eine ganze Reihe brauchbarer Tools, um die wichtigste Aufgabe im Social Media Marketing zu erfüllen: Ohren aufhalten. Drei Dinge sollten Sie regelmäßig durchstöbern: **News, Blogs und Gruppen**. Selbst große Social Monitoring-Dienstleister geben unumwunden zu, dass Google ihr wichtigstes Werkzeug ist.

Kommentare in Twitter und Facebook beobachten

Googles Kernkompetenz ist die **Relevanzanalyse** bereits länger vorhandener Dokumente. Viel spannender ist jedoch das **Echtzeit-Web**. Derzeit gibt es hier jedoch nur wenige Relevanzfilter. Um herauszufinden, ob sich gerade etwas zusammenbraut, ist die Analyse von Kommentaren in Twitter und Facebook unabdingbar. Die Ergebnisse sind **minutengenau**. Twitter durchsuchen Sie am einfachsten mit der hauseigenen Echtzeitsuche **Search.twitter.com**.

Analyse von Kommentaren in Twitter und Facebook

Für Unternehmen kann es recht aufschlussreich sein, wenn sie direktes, ungefiltertes Feedback zu Kampagnen oder Produkten erhalten. Bei Facebook ist die Suche etwas versteckt. Man muss bei der Suche die **Option „Alle Beiträge“** wählen. Bei der Recherche zu diesem Buch habe ich als Beispiel die Kampagne von **Ergo** gewählt. Dabei fiel auf, dass zu Beginn der Kampagne die Beiträge überwiegend positiv waren. Nach zwei Wochen schwenkte der Tenor jedoch zu kritischen bis gehässigen Kommentaren.

Zu Beginn der Ergo-Kampagne waren die Beiträge überwiegend positiv

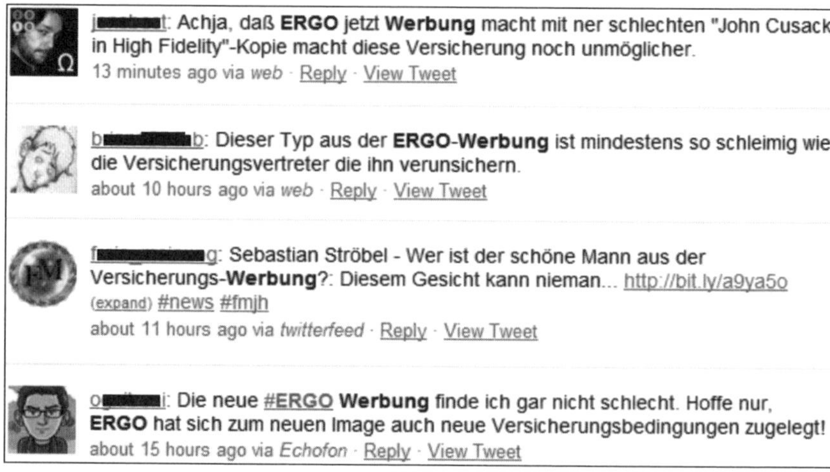

Abb. 1: Social Media Monitoring bei Twitter am Beispiel Ergo-Werbung

Abb. 2: Social Media Monitoring bei Facebook am Beispiel Ergo-Werbung

Reaktionen auf laufende Kampagnen erhalten

Social Media Monitoring macht es für werbetreibende Unternehmen sehr leicht, Reaktionen auf **laufende Kampagnen** zu erhalten. Die Verantwortlichen großer Werbebudgets können einfach und bequem Zugang zu **ungefilterten** Meinungsäußerungen erhalten. Agenturchefs werden angesichts der Transparenz erschrecken. Erst recht, wenn sie beispielsweise nacheinander „Werbung **Ergo**“ und „Werbung **Ikea**“ eingeben. Die einen werden hemmungslos kritisiert und die anderen **hochgelobt und weiterempfohlen**. Da lässt sich WOM in einem einfachen Satz zusammenfassen: Wer gute Werbung macht, erhält höhere Reichweiten bei geringeren Mediakosten.

Wer gute Werbung macht, erhält höhere Reichweiten bei geringeren Mediakosten

Multiplikatoren identifizieren und deren Einfluß messen

Beim Social Media Monitoring geht es jedoch nicht nur darum, die Vielfalt der Meinungen zu beobachten. Gezielt soll auch die **Effizienz der Mundpropaganda** verbessert werden. In der Praxis werden Sie Brand-Monitoring daher eher bequem mit Tools wie **Mediafunnel** oder **Radian6** durchführen. Der Vorteil solch professioneller Werkzeuge: Sie können systematisch analysieren, wer Ihre wichtigsten **Multiplikatoren** sind und wie groß deren **Einfluss** ist. Auch können Sie aus dem Tool heraus direkt auf Kommentare antworten. Diese Antworten sind dann in einer einzigen Anwendung auch für die anderen Mitarbeiter sichtbar.

Gratis:	Kostenpflichtig:
Mediafunnel	Radian6
Social Mention	Sysomos
Icerocket	Alterian SM2
Addictomatic	Infegy Socialradar
Blogpulse	Visible
Twazzup	Trackur
Dwitter	Synthesio
Twingly	blueReport
Amplicate	Cloudtracker.fm
StepRep	Buzzient

Tab. 1: Werkzeuge für Social Media Monitoring

Durch Monitoring PR-GAU vermeiden

Das Risiko eines PR-GAUs reduzieren

Wer im Social Web **Fingerspitzengefühl** entwickelt, reduziert das Risiko eines PR-GAUs. Beschwerden über ein **Kryptonite**-Fahrradschloss fingen erst leise in einem Blog an. Vodafone hat nach seinen Blog-Erfahrungen durch ehrliche Kommunikation den Topf gerade noch einmal vor dem Überkochen bewahrt. **Jamba** musste bittere Lektionen lernen und konnte den Spreeblick-Beitrag bis heute nicht aus Google Top-Ten herausbringen. **Jack Wolfskin** dagegen kann Entwarnung geben: Der „Abmahn-Herbst“-Blogbeitrag ist jetzt endlich auf der zweiten Seite der Googlesuche. Auch der Spiegel-Beitrag über „rüde Mittel" von **Thalia** ist jetzt auf Seite 2. In allen Fällen hätten die Folgen abgemildert werden können, wenn die Unternehmen ohne Zeitverzug im Social Web adäquat reagiert hätten.

Abb. 3: Suchvorschläge bei einer Google-Recherche nach „Kitkat" (Stand: August 2010)

Bei der Produktsuche werden kritische Punkte eingeblendet

Besonders offensichtlich werden **negative Meinungen**, wenn kritische Punkte direkt bei der **Produktsuche** eingeblendet werden. Die Nachwirkungen des Umgangs von **Nestlé** mit einer Kampagne von **Greenpeace** sind noch eine ganze Weile sichtbar gewesen. Dabei hätte das Unternehmen den Freunden des Schokoriegels **Kitkat** lediglich mitteilen müssen, was die Gründe für die Verwendung von Palmöl sind und wie weiter vorgegangen werden soll.

Die wichtigsten Plattformen im Social Web

Zweitwichtigste Werbeform nach E-Mail-Marketing

In den USA hat sich Social Media Marketing schon zur zweitwichtigsten Werbeform nach **E-Mail-Marketing** etabliert. Deutsche Unternehmen verhalten sich überwiegend noch abwartend.

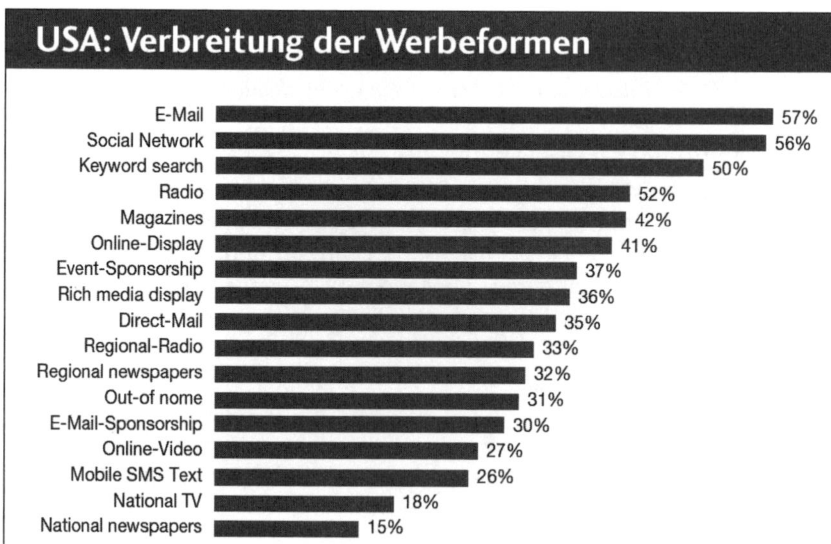

Abb. 4: Anteil der US-Marketer, die Ende 2009 planten, die jeweilige Werbeform 2010 einzusetzen [1]

Traditionell waren die **VZ-Netzwerke** in Deutschland sehr stark. Facebook legt jedoch das größere Wachstum an den Tag. In beiden Netzwerken findet ein intensiver Austausch der Teilnehmer untereinander statt. Twitter wächst ebenfalls überproportional stark. Es ist jedoch kein Social Network im engeren Sinne, sondern eher ein **Kurznachrichtendienst**. Für das Social Media Marketing spielt es eine wichtige Rolle, weil fast alle Kommentare öffentlich einsehbar sind. Bei den meisten anderen Netzwerken finden die Diskussionen nur unter **Freunden** und hinter verschlossenen Türen statt.

Twitter kein Social Network, sondern ein Kurznachrichtendienst

Diskussionen nur hinter verschlossenen Türen

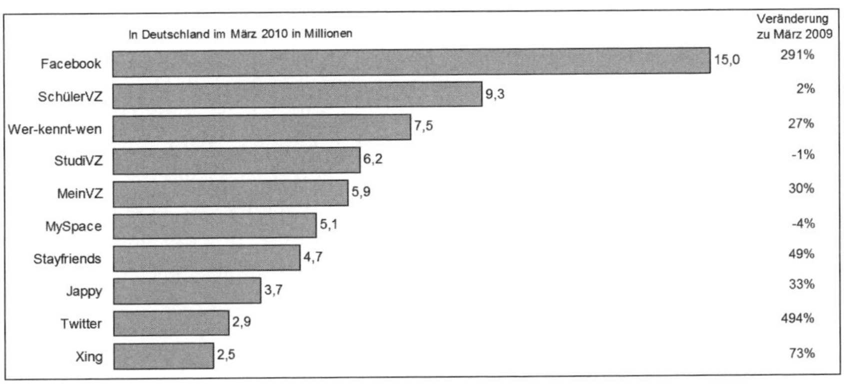

Abb. 5: Reichweite der Social Web-Plattformen in Deutschland im März 2010 [2]

In den USA sind die meisten Unternehmen auf Facebook und Twitter aktiv. Danach folgt das **Business-Netzwerk** LinkedIn. In Deutschland entspricht dies dem Netzwerk **Xing**.

Business-Netzwerk in Deutschland: Xing

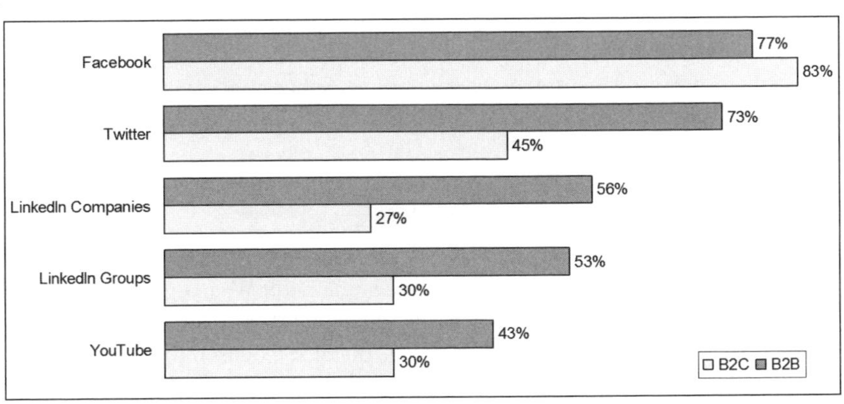

Abb. 6: Nutzung der Social Media-Plattformen in den USA [3]

Das Social Web passiv für WOM nutzen

Was für die Freunde interessant ist, wird sowieso weitererzählt

Wer im Social Web **präsent** sein will, muss nicht unbedingt eine eigene Facebook- oder Twitter-Seite anlegen. Oft reicht es schon, die eigenen Kunden oder Interessenten um eine **Empfehlung** zu bitten. Meist muss man auch das nicht tun: Wenn im Kontakt mit einem Unternehmen irgend etwas geschieht, was für die Freunde interessant ist, wird das sowieso **weitererzählt** – persönlich oder im Social Web.

Wer eingebunden wird, hat meist etwas zu erzählen

Martin Oetting beschreibt in diesem Buch, wie wichtig es daher ist, Kunden zu **involvieren**. Am besten beteiligt man sie gleich von Beginn der Kampagne an. Beim US-Chipshersteller **Kettle** werden Kunden bei der Auswahl der Geschmacksrichtungen beteiligt. Beim Konkurrenten **Doritos** dürfen Nutzer Werbefilme drehen, die dann auch im Fernsehen gezeigt werden. Dass gut gemeinte Einbeziehung aber auch in die Hosen gehen kann, bekam General Motors zu spüren. Bei Einführung des **Chevy Tahoe** durften die Nutzer Werbesprüche in einen Film einblenden. Und die waren nicht so, wie das Unternehmen erhofft hatte.

Webseiten in Facebook empfehlen

Der einfachste Weg ins Social Web ist der **„Gefällt mir“**-Knopf von Facebook. Auf jeder beliebigen **Webseite** können Sie ihn mit wenigen Mausklicks einrichten. Wer draufklickt, **empfiehlt Ihre Webseite** dann seinen Freunden. Wenn Sie etwas Interessantes darauf haben, verbreitet sich der Tipp wie ein **Lauffeuer**.

Tipp verbreitet sich wie ein Lauffeuer

„Gefällt-mir"-Knopf kann auf jeder Webseite eingebaut werden

Technisch ist es ganz einfach. Auf der Seite developers.facebook.com/docs/reference/plugins/like gibt es ein **Formular**, in das nur die URL der zu empfehlenden Seite eingetragen werden muss. Schon wird ein **Codeschnipsel** generiert, der ganz einfach in den Quelltext der entsprechenden Webseite eingebaut wird.

Eigene Webseiten in Twitter empfehlen lassen

URL der Seite wird weiterempfohlen

Nachdem der „Gefällt mir“-Knopf von Facebook so erfolgreich war, hat auch **Twitter** nachgezogen. Hier wurde ein noch einfacherer Weg gegangen, bei dem nicht einmal mehr die URL der zu empfehlenden Seite eingetragen werden muss. Auf twitter.com/goodies/tweetbutton ist der folgende Codeschnipsel angegeben, der **automatisch** in den Quelltext jeder **Webseite** eingebaut werden kann:

```
<a href=“http://twitter.com/share“ class=“twitter-share-button“
data-count=“vertical“>Twittern</a><script type=“text/javascript“
src=“http://platform.twitter.com/widgets.js“></script>
```

SWYN: Per E-Mail zum Weiterempfehlen auffordern

Der schnellste Weg zu vielen Empfehlungen ist Ihr **E-Mail-Verteiler**. Sie können jede beliebige Webseite mit einem Mausklick aus einer E-Mail heraus bequem **empfehlen lassen**. René Kulka beschreibt im Detail, wie Sie das für Facebook, **Twitter, Xing, VZ** und andere Netzwerke technisch realisieren. Das Ergebnis ist enorm: Wir selbst haben über unseren recht mächtigen Newsletterverteiler hinaus eine Reichweitenerhöhung von **zwanzig Prozent** gemessen. Die wichtigsten Beiträge können bei uns direkt weiterempfohlen werden, indem dazu einfach ein Knopf mit einem X (für Xing), T (für Twitter) oder F (für Facebook) angeklickt wird.

Mit Twitter, Xing und VZ empfehlen lassen

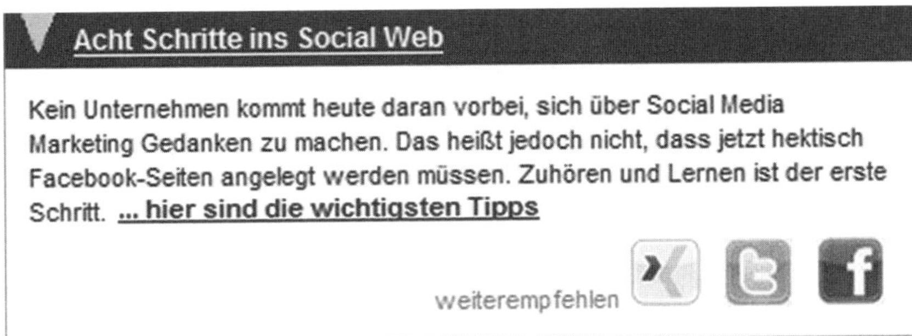

Abb. 7: Weiterempfehlung einzelner Artikel im Absolit-Newsletter

Im Newsletter einzelne Artikel weiterempfehlen

Der Grund für die Beliebtheit und den Erfolg der elektronischen Empfehlungen ist deren **Einfachheit**. Ein Mausklick genügt, um alle **Bekannten zu informieren**. Vorausgesetzt, es gibt auch etwas, was **empfehlenswert** ist.

YouTube und Twitter aktiv nutzen

Bevor Sie sich aktiv ins Social Web wagen, sollten Sie eine Strategie entwickeln. Was ist Ihr Ziel und welche **Ressourcen** haben Sie? Haben Sie wenig freie Kapazitäten, können Sie zum Beispiel ohne großen Personalaufwand einfach Ihre **Pressemitteilungen** nehmen und in Twitter einstellen. Mit dem Dienst **Twitterfeed** geht das sogar vollautomatisiert, sofern Ihr Pressebereich einen **RSS-Feed** hat. Die Presseinformationen sind deshalb wichtig, weil unter den drei Millionen deutschen Twitternutzern überproportional viele **Journalisten** sind. Twitter ist für **Presserecherchen** heute schon der Quasi-Standard für das **„Echtzeit-Web“**. Deshalb können Sie hier mit wenig Aufwand großen Nutzen erzielen.

Twitterfeed automatisiert das Einstellen in Twitter und Facebook

Unter den Twitternutzern sind überproportional viele Journalisten

YouTube-Seite einrichten

YouTube ist die **zweitgrößte Suchmaschine** nach Google. Wenn Sie eigene Videos haben, können Sie diese bequem publizieren. Wenn nicht, zeigen Sie auf Ihrer Seite eben nur die Videos, die Sie für interessant halten. Dazu müssen Sie ein Video nur als **Favorit** markieren. Ich habe das auch nicht anders gemacht: youtube.com/absolit.

Video einfach als Favorit markieren

Welche Inhalte haben Sie in welcher Häufigkeit?

Besser als nur Presseinformationen ist jedoch eine etwas höhere **Frequenz**. Genau wie Sie bei Ihrem Newsletter ein klares **inhaltliches Konzept** haben, benötigen Sie das auch für das Social Web: Welche **Inhalte** haben wir, wie oft gibt es da etwas Neues und wo soll das wie kommuniziert werden? Und dann sollten Sie die in Bezug auf den **Arbeitsaufwand** entscheidende Frage beantworten: Was machen wir, wenn Fragen kommen? Mit wie vielen **Anfragen** muss gerechnet werden? Wer beantwortet diese. Sie haben vielleicht schon die Twitterprofile von **Otto, Vodafone und 1&1** gesehen. Da stecken mehrere Personen dahinter, die gut beschäftigt sind.

Was soll wo kommuniziert werden

Selbst twittern

Wer im Web zu spät kam, dessen **Domainname** war vergeben. Die Domainregistrierung ist jedoch eine Hürde. Bei Twitter lässt sich ein Name mit wenigen Mausklicks registrieren: Vier Formularfelder ausfüllen – fertig. Also gleich den Unternehmensnamen **reservieren**.

Unternehmensnamen mit wenigen Mausklicks reservieren

Nun beobachten Sie, wie andere Unternehmen Twitter für sich nutzen. Unter http://**talkabout.de**/twitter/top-100 finden Sie die aktivsten. In der Absolit-Studie werden deren Strategien analysiert [4]. Legen Sie sich – wenn Sie wollen unter Pseudonym – ein Twitterkonto an, mit dem Sie den für Sie relevanten Unternehmen und Personen folgen. Sie können später Ihren Namen immer noch ändern oder ein neues Profil anlegen. Für jedes neue Profil benötigen Sie eine eigene E-Mail-Adresse. Niemand zwingt Sie übrigens, selbst zu twittern. Wer was zu welchem Thema twittert, sehen Sie, wenn Sie unter **search.twitter.com** nach einem Stichwort suchen. Machen Sie sich nun ein Bild davon, was Sie selbst twittern könnten. Welche Dinge könnten Ihre **Follower** interessieren? Wollen Sie reine Informationen versenden, oder den direkten Dialog suchen?

Welche Dinge könnten Ihre Follower interessieren?

Ziele festlegen

Was wollen Sie damit bezwecken, dass Sie auf Twitter aktiv sind? Wollen Sie einfach nur dabei sein, oder Ihre **Reichweite erhöhen**? Wollen Sie neue Kunden gewinnen oder mit bestehenden **ins Gespräch kommen**? Wollen Sie Twitter als **Vertriebskanal** nutzen oder wollen Sie Ihre Zielgruppe besser verstehen lernen? **Dell** gelang es, für sein Outlet einen Fanclub aufzubauen. Die **Telekom** wickelt Ihren Kundenservice über Twitter ab. **Otto** versucht, seine Kunden besser zu verstehen. Zumindest Marktforschung sollten Sie in jedem Fall betreiben. In den USA twittern viele Kunden, wenn sie eine Frage oder einen Kommentar zu einem Unternehmen haben.

In den USA twittern viele Kunden, wenn sie eine Frage haben

Zielgruppen definieren

Wer wird Ihre **Einträge lesen**? Sind es Kunden oder **Interessenten**? Gibt es in Ihrer Zielgruppe überhaupt Menschen, die Twitter nutzen? Oder sind es nicht etwa einige wenige **Multiplikatoren**, die es für Sie interessant machen, in Twitter aktiv zu werden. **Journalisten** nutzen Twitter heute sehr stark als Rechercheinstrument. Interessante Twittereinträge werden oft auch in **Suchmaschinen** angezeigt. Die reine Followerzahl ist nicht wichtig. Entscheidend ist, wie viele Multiplikatoren darunter sind. Erfolgreich sind Sie, wenn Ihre Einträge von den richtigen Menschen gelesen und weitergeleitet (**retweetet**) werden.

Einträge werden auch von Multiplikatoren retweetet

Inhalte finden

Wenn Sie nichts zu erzählen haben, kommen keine Leser. **Relevanz** ist wie bei einem E-Mail-Newsletter auch bei Twitter oberstes Gebot. Folgende Möglichkeiten gibt es:

- Produkt- und Sonderangebote á la **Dell** oder **Lidl**
- News aus der Branche oder aus Ihrem Unternehmen
- Verweise auf interessante Webseiten und Blogeinträge
- Fachliche Gedanken, die Sie persönlich beschäftigen
- Einblicke in Ihre **privaten** Aktivitäten

Sicher schafft es Vertrauen, wenn man Mitarbeiter auch einmal als Menschen kennen lernt. Aber kann ein deutsches Unternehmen mit solch **unkontrollierbarer** Unternehmenskommunikation umgehen? In jedem Fall empfiehlt sich ein Redaktionskonzept, das klar definiert, wer wie über was **twittern darf.** Sobald Sie ein klares Ziel und ein **Inhaltskonzept** haben, kann es losgehen. Mehrmals in der Woche oder sogar mehrmals täglich versorgen Sie Ihre Follower mit Informationen. Sie können auch **diskutieren**. Schauen Sie regelmäßig nach, ob Ihnen jemand antwortet. Um selbst auf einen Kommentar zu antworten, drücken Sie einfach auf **„Antworten"**. Oder Sie setzen vor den Eintrag ein @ gefolgt vom Twitternamen des Adressaten. Wenn Sie interessante Beiträge empfehlen möchten, leiten Sie diese einfach an Ihre Follower weiter. Dazu drücken Sie auf **„Retweet"** oder setzen ein „RT" vor das @.

Unkontrollierbare Unternehmenskommunikation

Absender festlegen

Wer soll bei Ihnen eigentlich twittern? Fünf Optionen stehen zur Auswahl:

Sie haben als Unternehmen einen einzigen Twitterfeed.
Sie betreiben mehrere Feeds, zum Beispiel für **Presse**, **Bewerber** oder als **Servicekanal**.
Sie sind anonym nur unter dem Unternehmensnamen ohne Nennung von Personen.
Sie zeigen in Ihrem Unternehmensfeed, **welche Personen** dort twittern.
Sie twittern nicht mit Unternehmenslogo, sondern mit Ihrem Namen und Foto, sagen aber ganz klar, für welches Unternehmen Sie arbeiten.

Aufwand abschätzen

Wie viel Aufwand ist Ihnen Twitter wert? Wollen Sie wirklich zehnmal täglich etwas schreiben? Wollen und können Sie auf alle **Anfragen** anworten? Twitter ist als Instrument sicher wenig sinnvoll, wenn wochenlang **Funkstille** herrscht. Erläutern Sie Ihr Konzept in der **„Biografie"**, die auf der Seite angezeigt wird.

Wollen Sie wirklich zehnmal täglich etwas schreiben?

Der größte Aufwand entsteht durch das Eingehen auf Menschen, die den **Dialog** suchen. Immer mehr Unternehmen leisten es sich, in diesen Dialog einzusteigen. Der Erfolg ist weniger eine direkte Umsatzsteigerung als vielmehr der **Imagegewinn** des Unternehmens.

Werkzeuge, die den Umgang mit Twitter vereinfachen:

Zeitversetzt twittern

- Tweetdeck.com für den besseren Überblick am Desktop
- Cotweet.com wenn mehrere Mitarbeiter des Unternehmens twittern
- Twitterfeed.com um **RSS-Feeds** automatisch zu twittern
- Mediafunnel.com Stichworte beobachten und publizieren in einem Tool
- Hootsuite.com wenn Unternehmen **mehrere Accounts** managen müssen
- Socialoomph.com um zu einem späteren Zeitpunkt zu twittern
- Twitter-trends.de um die deutschen Twitter-Trends zu analysieren
- Klout.com um Trends und die eigene Reichweite zu analysieren
- Yotwits.com um per RSS Feed automatisch zu twittern
- Twhirl.org für die bessere Übersicht am **Desktop**
- Twitterblacklist.com Liste mit bekannten Spammern
- Twitpic.com um Fotos zu twittern
- Twittercounter.com/pages/twittermail um per E-Mail zu twittern
- Twtpoll.com um **Umfragen** in Twitter durchzuführen
- Bit.ly um lange URL´s zu kürzen und diese zu tracken

Analyse Tools um die eigenen Twitter-Accounts zu analysieren:
Tweetstats.com, Twitalyzer.com, Twitter.grader.com,
Tweet-rank.de, Twittercounter.com

In Facebook mit eigenen Inhalten präsent sein

Irgendwann kann der Punkt kommen, an dem Sie im Rahmen einer Content/ Dialog-Strategie zu dem Ergebnis kommen, dass eine Facebook-Seite Sie Ihrem Ziel näher bringt. Technisch ist das in wenigen **Sekunden** auf der Seite facebook.com/pages/create.php erledigt. Vorher sind jedoch drei Dinge zu beachten: Die Seite sollte:

- von einem Profil aus eingerichtet werden, das dem Unternehmen gehört,
- relevante Informationen enthalten,
- „empfehlenswert“ sein.

Den Facebook-Freunden einen Vorteil bieten

Es sollte einen Grund geben, warum viele „gefällt mir“ drücken. **Starbucks** hat bereits acht Millionen Fans bei Facebook. Immer wieder gibt es **Couponing**-Aktionen, die den Facebook-Freunden einen Vorteil bieten. Weisen Sie an jeder Ecke darauf hin, dass Sie im Social Web aktiv sind. Fordern Sie nicht nur auf der Homepage, sondern in allen Medien auf, Ihnen zu folgen.

Es gibt nicht nur Fanseiten

Neben der klassischen Unternehmensseite gibt es noch viele weitere Möglichkeiten, Facebook zu nutzen. **Veranstaltungen** und **Gruppen** sind die wichtigsten. Andreas Bersch geht in seinem Beitrag ausführlich auf die Vor- und Nachteile von Fan- und Gruppenseiten ein. Aber auch für die Generierung von **E-Mail-Adressen** lässt sich Facebook nutzen. Eher selten eingesetzt werden derzeit noch Anzeigen bei Facebook. Ähnlich wie bei Google Adwords ist das Schalten der **Anzeigen** automatisiert. Die Abrechnung erfolgt je nach Anzeigentyp wahlweise auf TKP- oder Klickbasis.

Auch für die Generierung von E-Mail-Adressen lässt sich Facebook nutzen

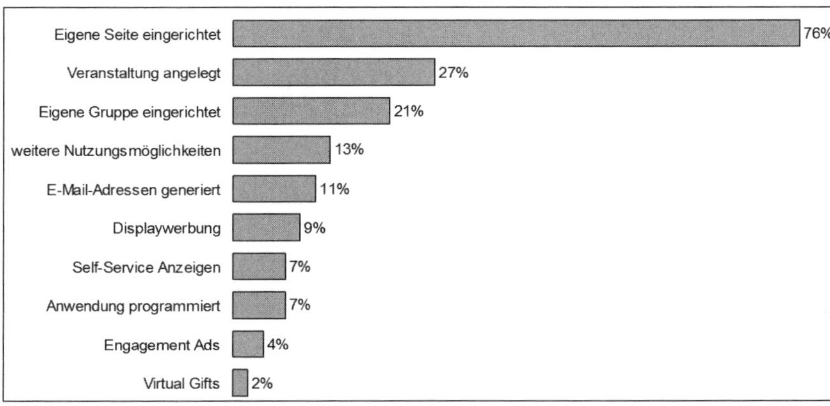

Abb. 8: Befragung online-affiner Unternehmen zur Art der Facebook-Nutzung [5]

Die neue Empfehlungsgesellschaft

Facebook, Twitter und die VZ-Netzwerke sind reichweitenstarke Plattformen, auf denen Freunde sich gegenseitig darüber informieren, was ihnen gefällt. Es sind jedoch derzeit noch keine Bewertungsportale. Websites wie **Qype**, **Yelp** oder **GoogleMaps** dagegen sammeln systematisch Bewertungen und Kommentare zu Geschäften. Wenn ich in einer fremden Stadt unterwegs bin, gehe ich in kein Restaurant, ohne mir vorher auf diesen Portalen die Bewertungen kurz anzusehen. Marcel Schreyer betont in seinem Beitrag, wie wichtig es ist, seine Kunden um Empfehlungen zu bitten. Immer mehr Restaurants haben an der Tür einen Qype-Aufkleber oder verteilen Postkarten dazu.

Restaurants haben an der Tür einen Qype-Aufkleber

Bewertungen sind bei Hotels normal

Mal ganz ehrlich: Welcher halbwegs onlineaffine Mensch bucht heute noch ein Hotel, ohne vorher in **Holydaycheck**, **Travelocity**, **Venere** oder **HRS** kurz nach der Bewertung zu schauen? Die Hotelbranche macht vor, was auf andere Branchen noch zukommt: Online-Empfehlungen werden zur Grundlage für Kaufentscheidungen. Würden Sie bei einem **eBay**-Händler mit nur neunzig Prozent **positiven** Bewertungen kaufen?

Trustyou aggregiert Kommentare verschiedener Bewertungsportale

In einem ist die **Hotellerie** dem Rest der Wirtschaft schon voraus: Hier gibt es Metaportale. Das sind Suchmaschinen, die Bewertungen „verstehen“ und kategorisieren können. Diese semantische Suche wird immer besser. Das Portal **Trustyou** sammelt die Bewertungen sämtlicher Portale und wertet sie in einer Datenbank semantisch aus. Dort können Sie dann nach speziellen Kriterien suchen. So zum Beispiel nach einem Hotel in Berlin mit gutem Frühstück.

Schlechte Qualität = hohe Akquisekosten

Wer schlechte Qualität bietet, hat höhere Akquisekosten

Was in der Hotellerie bereits Standard ist, kommt auf andere Branchen noch zu: Werbung alleine bringt noch keine neuen Kunden. Die **Qualität** der Produkte muss stimmen, damit positive Bewertungen überwiegen. Oder anders herum gesagt: Wer schlechte Qualität bietet, hat höhere **Akquisekosten**, um die gleiche Anzahl neuer Kunden zu gewinnen wie der **beschwerdefreie** Mitbewerber.

Beschwerdemanagement online

Was bei Marketingaktionen immer gerne verschwiegen wird, sind die **Kosten** der dadurch verursachten Nachfragen. Auch der letzte Internetanbieter hat inzwischen begriffen, dass die **telefonische Beratung** zur Standard-Anforderung von Kunden gehören. Jede Werbemaßnahme führt zu einer Erhöhung der Anfragen und damit zu Kosten. Drei Wege gibt es, diese Kosten zu senken:

Auf das Web verweisen: Manche Unternehmen haben eine **Bandansage**, die deutlich sagt, dass kein Telefonsupport angeboten wird. Stattdessen wird auf den Supportbereich im Web verwiesen.

Telefonschleife: Viele Unternehmen nutzen eine automatische Anlage zur Anrufweiterleitung. Wer kennt nicht das „bitte drücken Sie die Fünf..” oder „bitte geben Sie Ihre 16-stellige ...”, um am Ende der **Prozedur** zu erfahren „ist momentan leider nicht verfügbar”.

Kostenpflichtige Nummer: Zumindest die Supportkosten werden minimiert, wenn der Telefonservice kostenpflichtig gemacht wird. Wenn dann jedoch Kunden zehn Minuten in der Leitung warten müssen, ist Ärger vorprogrammiert.

Gute Qualität reduziert den Supportaufwand

Entwerfen Sie Ihre Produkte so, dass möglichst keine Rückfragen nötig sind

All diese drei Wege sind Sackgassen, die nur dazu führen, dass sich in Twitter und Facebook die Beschwerden häufen. Die einzige nachhaltige Lösung ist Qualität. Entwerfen Sie Ihre Produkte so, dass möglichst keine Rückfragen nötig sind. Für die wenigen **Rückfragen bedanken** Sie sich und lösen die Fragen. Die Lösung dokumentieren Sie in einem übersichtlichen **Supportforum** online. Gleichzeitig verbessern Sie die Produktqualität so, dass diese Rückfrage in Zukunft seltener kommt.

Die **Schweizer** sind ja bekannt für ihre Qualität. Bei **Logitech** werden alle Produkte radikal aus dem Sortiment genommen, die die Kundenerwartungen nicht erfüllen. Oft ist es aber auch nur die Benutzeroberfläche, die etwas vereinfacht werden kann. Wissen Sie, warum **Steve Jobs** immer einen Rollkragenpulli an hat? Anzüge haben ihm zu viele Knöpfe.

Onlinesupport ist im Kommen

An mehreren Stellen haben Sie in diesem Buch bereits gelesen, dass Unternehmen zunehmend die **Kontrolle** über ihre Wahrnehmung am Markt an **Konsumenten** abgeben müssen. In Zukunft wird davon ein Bereich besonders betroffen: Der Support. Weil aus Kostengründen die Produktberatung qualitativ wie quantitativ reduziert wird, greifen Kunden zur **Selbsthilfe**. Björn Schäfers beschreibt, wie auf **Smatch.com** Modeinteressierte sich gegenseitig Tipps geben. In diversen Technikforen finden sich Antworten auf Fragen, die kein **Elektronikmarkt** je geben wird. Falls es dort überhaupt noch gelingt, einen Verkäufer zu erwischen. Auf Portalen wie **GetSatisfaction** können sich Kunden eines Unternehmens verbünden. Gegenseitig verrät man sich, wie man ein Problem gelöst hat. Der Clou: Auch die Unternehmen dürfen sich einloggen und das Portal nutzen. Im Moment jedoch wird eher noch beobachtet. Hier ein paar Zahlen:

Unternehmen müssen die Kontrolle über ihre Wahrnehmung am Markt abgeben

In diversen Technikforen finden sich Antworten auf Fragen

Unternehmen	Registrierte Kunden	Registrierte Mitarbeiter	Anzahl der Themen
Zappos	1591	104	128
JetBlue	250	1	20
Lufthansa	78	1	13
Deutsche Bahn	90	0	9
Air Berlin	0	0	0

Tab. 2: Nutzung des Support-Portals GetSatisfaction durch Kunden und Unternehmen

Am Beispiel des Portals GetSatisfaction wird schnell deutlich, dass es sich keineswegs um **Dauernörgler** handelt, die dort publizieren. Vielmehr sind es Menschen, die ein **echtes Interesse** daran haben, dass das Unternehmen erklärt, wie es zu einer bestimmten Situation kommen konnte und was unternommen wird, um solche Fälle in Zukunft zu vermeiden.

Nicht Dauernörgler, sondern Fans melden sich

Am Beispiel **Bahncard** wird deutlich, dass die Beschwerde lediglich dadurch provoziert wurde, dass in der Werbung **Erwartungen geweckt** wurden, die nicht erfüllt werden konnten. Dem Kunden war nicht klar, dass die Bahncard nur für **„Spartarife“** gilt, nicht aber für „Spezialtarife“. Richtig verärgert war er jedoch erst, als ihm die **Rücknahme** der Bahncard mit den Worten verweigert wurde: „wenn wir in jedem entsprechenden Fall nachgeben würden, hätten wir tausende Erstattungen“. Fazit: Mit etwas **weniger Werbedruck** und etwas mehr Kulanz lassen sich solche Beschwerden reduzieren.

Werbung weckte Erwartungen, die nicht erfüllt wurden

Mit weniger Werbedruck und mehr Kulanz Beschwerden reduzieren

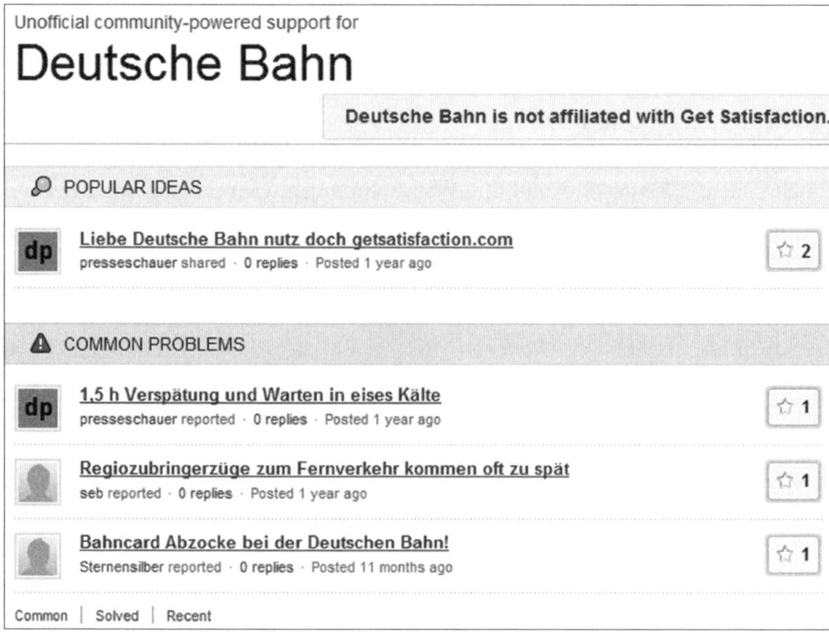

Abb. 9: Beispiel für Kundenkommentare bei GetSatisfaction

Crowdsourcing als Unternehmensphilosopie

Anregungen von Kunden sammeln

Unternehmen kann nur geraten werden, die Hilfe engagierter Kunden in Anspruch zu nehmen. Außer GetSatisfaction gibt es noch eine Reihe weiterer Lösungen, mit denen **Anregungen** von Kunden gesammelt, analysiert und bewertet werden können. Hier eine Auswahl: IdeaTorrent, CrowdSound, UserEcho, Uservoice, VoxPopuli.

„Ernst nehmen" ist Basis für Engagement und damit WOM

Unternehmen wie **Dell**, **Tchibo**, **HP** oder **Philipps** setzen schon lange auf das kreative Potenzial der Kunden. Dabei geht es jedoch um mehr als nur eine billige Form der Produktentwicklung. Die Botschaft, die bei den Fans des Unternehmens ankommt ist: Wir werden ernst genommen. Martin Oetting hat ja eindringlich geschrieben, wie wichtig dieses „Ernst nehmen" ist, um Engagement und damit WOM zu generieren. Nicht umsonst hat **Procter & Gamble** einen Teil seines Werbebudgets in den Aufbau von Portalen wie **Vocalpoint** oder **Tremor** gesteckt.

Wer seine Kunden ernst nimmt, bekommt mehr Empfehlungen

In diesem Buch geht es um zwei Portaltypen, die für Empfehlungen wichtig sind. Erstens echte **Empfehlungsportale** wie Qype, Yelp oder Holidaycheck. Und zweitens um allgemeine Plattformen wie Twitter oder Facebook.

Beide Portaltypen haben in Bezug auf Empfehlungen derzeit noch Grenzen. Diese Grenzen liegen in der noch in Entwicklung begriffenen **semantischen Analyse** von Internetinhalten. Ansatzweise ist diese Analyse bei Bewertungsportalen bereits heute möglich, wie das Metabewertungsportal **Trustyou** zeigt.

Die größte Chance für Empfehlungen liegt jedoch in der semantischen Analyse des **Echtzeit-Web**. Wenn es gelingt, sämtliche Kommentare in Twitter korrekt zu erfassen, ergibt sich eine gigantische Datenbasis, um **Meinungsbilder** über Unternehmen oder deren Produkte zu erhalten. Die ersten Ansätze, wie das Portal **Amplicate**, sind noch verbesserungsfähig.

Meinungsbilder über Unternehmen oder deren Produkte

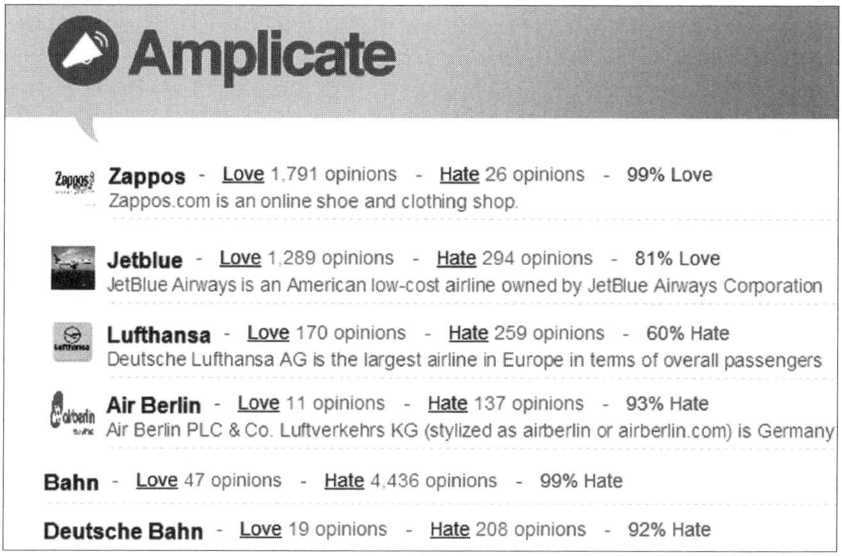

Abb. 10: Das Meinungsportal Amplicate zählt positive und negative Kommentare in Twitter

Amplicate misst die Häufigkeit von negativen und positiven Kommentaren

Amplicate misst die **Häufigkeit** von negativen und positiven Kommentaren in Verbindung mit dem Unternehmensnamen auf Twitter. Der Algorithmus ist auf die englische Sprache abgestimmt, hat also für deutschsprachige Unternehmen nur bedingt Aussagekraft. **Negative Kommentare** werden auch im deutschsprachigen Twitter meist mit dem Hashtag #fail versehen. Das erklärt den Überhang negativer Kommentare bei deutschen Unternehmen. Bemerkenswert ist allerdings die hohe Zahl negativer Kommentare bei der Bahn schon. Möglicherweise haben **Bahnfahrer** mehr Zeit, Bewertungen zu schreiben, während im Flieger das Smartphone ausgeschaltet werden muss. Aber vielleicht ist das auch nicht der einzige Grund. Auf eines deuten die Zahlen – wenn sie stimmen – jedoch hin: Die Deutschen machen rege Gebrauch von einem Werkzeug, mit dem sie ihre **Meinung artikulieren** können. Oder belegen die Zahlen lediglich, dass Deutschland in Bezug auf **Dienstleistungsqualität** noch Entwicklungsland ist? Gespräche mit **amerikanischen** Gästen lassen mich Letzteres befürchten.

Deutschen wollen ihre Meinung artikulieren können

Diese ersten unsicheren Zahlen zeigen schon sehr deutlich, wohin die Reise geht: Werbeverantwortliche werden nicht mehr wie gebannt auf die **Einschaltquoten** der **TV-Sender** starren. Stattdessen schauen sie nach den aktuellen Kennzahlen der **Meinungsportale**. Woche für Woche kann der Zusammenhang zwischen Werbedruck, Werbeversprechen und **Kundenerfahrung** präzise erfasst werden.

Zusammenhang zwischen Werbedruck, Werbeversprechen und Kundenerfahrung kann präzise erfasst werden

Das ist die Empfehlungsgesellschaft. Verlierer sind diejenigen, die mit einem enormen Werbedruck nur eine Erhöhung der negativen Kommentare erzielen. Gewinner sind diejenigen, die **ohne einen Cent Werbung** Millionen von Menschen dazu bewegen, sich positiv zu äußern.

Was die Lawine lostreten wird

Momentan sind wir noch nicht in der Empfehlungsgesellschaft angekommen, sondern stehen kurz davor. Genau so wie das World Wide Web im Jahr 1993. Warum kam der Durchbruch nicht gleich 1991, nachdem **Tim Berners-Lee** am 12. Dezember die erste öffentliche Webseite der USA freischaltete? Am 18. Dezember hat er das WWW auf der Konferenz **„Hypertext 91"** in San Antonio vorgestellt. Trotzdem blieb der **Durchbruch** aus. Der kam erst, nachdem Marc **Andreessen** mit Jim Clark 1994 mit **Mosaic** den ersten bequem zu bedienenden grafischen **Browser** vorstellte und zum Download anbot. Fazit: Erst die bequeme Nutzbarkeit verhilft einer genialen Technik zum Durchbruch.

Erst die bequeme Nutzbarkeit verhilft einer genialen Technik zum Durchbruch

Bei Online-Empfehlungen ist es heute ähnlich: Die meisten Menschen müssen sich noch extra **an den Computer setzen**, um etwas zu bewerten oder zu kommentieren. Aber mal ganz ehrlich: wer verschwindet beim Heimkommen nach einem netten **Restaurantbesuch** erstmal hinter seinem Rechner? Keiner – und das erklärt auch die geringe Anzahl von Bewertungen bei **Qype**. Ich selbst habe es mir angewöhnt, bei guten Restaurants direkt im Lokal kurz ein zwei Zeilen direkt in mein **iPhone** zu schreiben. Aber wird das ein Massentrend? Mehrere Gründe sprechen dagegen.

DAS große Standard-Bewertungsportal

Momentan haben die wenigsten Kunden ein **Smartphone** und eine **Flatrate**. Außerdem gibt es noch nicht DAS große Standard-Bewertungsportal, das alle Bewertungen und Kommentare sammelt.

Zu umständlich, eine Bewertung zu schreiben

Die Nutzung muss bequemer werden

Momentan ist es noch viel zu umständlich, eine Bewertung zu schreiben. Erst muss der zu Bewertende **mühsam gesucht** werden und dann ist auch noch dichterisches Können gefragt. Zugegeben, über die GPS-gesteuerte Umgebungssuche bei Qype, **Foursquare** und Gelben Seiten entfällt die umständliche Suche, wenn man gerade vor Ort ist. Trotzdem sind es noch viel zu viele Knöpfe, die gedrückt werden müssen.

Gefällt mir – gefällt mir nicht

Bewertungen zentral zusammen laufen lassen

Viel einfacher wäre eine Bewertung, die **mit wenigen Klicks** realisiert werden kann. Dazu können wie bei **Amazon** fünf Sternchen vergeben werden – oder auch weniger. Amazon ist übrigens eines der ersten Händlerportale, das den Mut hatte, die Kunden ernst zu nehmen und **Bewertungen** einzuführen. Noch einfacher wäre allerdings ein **Gefällt-mir-System**, wie es Facebook praktiziert. Einziger Haken: Es gibt keine Möglichkeit, negative Erfahrungen zu dokumentieren. **Yiid** ist ein innovativer Ansatz, Bewertungen zentral zusammen laufen zu lassen. Das Portal bietet die Möglichkeit, auch „Gefällt mir nicht" zu wählen.

Abb. 11: Qype zeigt automatisch Restaurants der Umgebung mit Bewertung an

Unabhängige Bewertung oder Gefälligkeit

Verbindung zwischen Bewerter und Bewertetem

Die größte Hürde auf dem Weg in die Empfehlungsgesellschaft sind die Empfehler. Das ganze Kapitel vier befasst sich mit dieser Frage. **Benchpark** recherchiert akribisch die Verbindung zwischen Bewerter und Bewertetem. Das ist im Geschäftsleben prima, aber für den Endverbrauchermarkt nicht praktikabel. **Amazon** kann ein Lied von **Rezensenten** singen, die sämtliche Bücher des einen Autors toll finden und dessen Konkurrenten **mies machen**. Dass diese Rezensenten aber ansonsten gar keine anderen Bücher lesen beziehungsweise rezensieren, macht stutzig. Amazon löst das Problem, indem es die Rezensionen wiederum bewerten lässt. **eBay** lässt Händler bewerten.

Rezensionen bewerten lasssen

Holger Schmidt fasst in seinem Beitrag den Forschungsstand zur Ermittlung der Relevanz von Tweets zusammen. Erst wenn ein Bewerter mit einer **Gefälligkeitsbewertung** seine eigene **Reputation** gefährdet, kann diese Gefahr gebannt werden. Würden Sie ein schlechtes Restaurant empfehlen, wenn Sie damit Ihren **Spitzenwert** in der Kategorie „Urteilsvermögen“ in Gefahr bringen? Lassen Sie uns gespannt sein, welche **Algorithmen** die Techniker austüfteln, um das Problem zu lösen. Im Moment gibt es nur eine Lösung: Die Masse macht's. Einige wenige Bewertungen zu **fälschen**, ist einfach. Aber beobachten Sie sich doch einmal selbst: Am Ende entscheiden Sie nicht nur danach, ob jemand vier oder **fünf Sterne** hat. Schließlich entscheidet auch, ob er drei oder dreihundert Bewertungen hat. Die mittelfristige Lösung besteht daher nicht in ausgeklügelten Relevanz-Algorithmen. Stattdessen muss einfach die **Masse** der Bewertungen für mehr Aussagesicherheit sorgen.

Algorithmen, um Empfehler zu bewerten

Masse der Bewertungen muss für mehr Aussagesicherheit sorgen

Jeden Tag zehn+ Bewertungen

In der Empfehlungsgesellschaft sind wir dann angekommen, wenn jeder Mensch jeden Tag jeweils mehr als **zehn Bewertungen** abgibt. Derzeit geschieht das

Handykamera identifiziert Produkte auf Fotos

überwiegend am Computer. Facebook bietet inzwischen ja für alles und jeden seinen **„Gefällt-mir"-Knopf**. Nachteil: Wenn Sie sich wirklich über etwas freuen oder ärgern, sind Sie unterwegs und nicht am heimischen Computer. Die Lösung könnte das bald omnipräsente **Smartphone** sein. Aber wer will dann umständlich das Produkt suchen? Die Lösung muss das Produkt selbst sein, das sich dem Handy gegenüber zu erkennen gibt. Dazu gibt es derzeit zwei Techniken. Das eine ist die **Bilderkennung**. Ein Reihe von Unternehmen arbeiten fieberhaft daran, dass man aus Fotos Produkte identifiziert. Dann genügt eine **Handykamera**, um die Verbindung zum Online-Shop herzustellen und eine Bestellung auszulösen. Oder eben eine **Bewertung** zu schreiben. **Kooaba** bietet eine solche Bilderkennungstechnik. Die zweite Technik ist bereits weiter entwickelt: **QR-Codes**.

Code abfotografieren und Produkt bewerten

Bereits 2007 führte die Zeitung **„Welt kompakt"** QR-Codes ein, um Hintergrundinformationen zu Artikeln bequem verfügbar zu machen. Wer den Code fotografiert, landet auf der Website auf einer Seite mit ausführlichen Details. **Henkel** versieht Produkte mit QR-Codes, über die sich Wasser- und Energiespartipps abrufen lassen. Auch in der **Außenwerbung** werden zunehmend QR-Codes eingesetzt.

Abb. 12: QR-Codes stellen bequem die Verbindung zwischen Produkt und Bewertungsportal her

Mit wenigen Klicks jegliche Produkte bequem bewerten

In der Praxis sieht das so aus, dass Sie auf Ihrem Smartphone einen QR-Reader installieren. Einfach den Namen Ihres Handys und „QR-Code" oder „QR-Decoder" eingeben. Ebenso wird es aber in der Zukunft **QR-Reader** geben, die direkt von den Bewertungsportalen bereitgestellt werden. **Yiid** plant demnächst einen solchen Reader für das **iPhone** bereitzustellen. Damit wird es möglich mit wenigen Klicks jegliche Produkte bequem zu bewerten. Wenn das viele Menschen tun, sind wir an der Schwelle zur Empfehlungsgesellschaft.

Navigationssysteme für das tägliche Leben

Können Sie sich noch an die Zeit erinnern, als es im Auto noch kein Navigationssystem gab? Als ein **Mitfahrer** sich mühsam in einem Druckwerk namens **„Straßenkarte"** zurechtfinden musste? Heute ist das einfacher: Wunschadresse ins Navigationssystem eingeben und führen lassen.

Verzeichnisse werden der Vergangenheit angehören

Genauso werden wir einmal lächeln über die Zeit, als es gedruckte **Restaurantführer** gab. Als die Zeitschrift **Focus** stolz auf ihre **Ärztelisten** war. Als die Gelben Seiten der normale Weg waren, einen **Klempner** zu finden. Und als es spezielle Zeitschriften gab, in denen die **Veranstaltungen** der Woche aufgelistet waren.

Verzeichnisse werden der Vergangenheit angehören, wenn wir alle mit einem elektronischen Tausendsassa namens **Smartphone** unterwegs sein werden. Dann fragen wir das Superhirn nach einem für uns passenden Kinofilm, Restaurant oder einer Boutique und bekommen prompt einen garantiert **guten Tipp**. Und danach **bedanken** wir uns mit einer Empfehlung. Und das Beste an dem kleinen Helferlein: Es kann auch **Freunde** empfehlen. Wenn in unserer Nähe jemand ist, der zu uns passt, **vibriert** das Gerät in der Hosentasche. Und wenn Sie in zwanzig Jahren ein glückliches Paar fragen, wie sich die beiden kennen gelernt haben, kommt die selbstverständliche Antwort: Über eine Empfehlung des Smartphones natürlich.

Quellen

[1] Center for Media Research: „2010 Media Planning Intelligence Study" des Center for Media Research, Lincoln 2010.

[2] Comscore: Nutzung sozialer Netzwerke in Deutschland, April 2010, Comscore INC, http://www.comscore.com/ger/Press_Events/Press_Releases

[3] Business.com: 2009 Business Social Media Benchmarking Study, 2010, Business.com Inc. http://www.business.com/info/business-social-media-benchmark-study

[4] Absolit 2009: Twitter-Strategien deutscher Unternehmen. – Untersuchung der Twitter-Aktivitäten der 26 aktivsten Unternehmen. 300 Seiten, 150 Abbildungen, 36 Tabellen, Waghäusel Dezember 2009. http://www.absolit.de/Twitterstudie.htm

[5] Absolit 2010: Facebook-Nutzung deutscher Unternehmen. Empirische Untersuchung der Aktivitäten online-affiner Unternehmen. 32 Seiten, 14 Tabellen. Waghäusel September 2010.

Die neuen Momente der Wahrheit: WOM im Kontaktpunkt-Management

Anne M. Schüller

7

In unserer Web-2.0-Welt kommt früher oder später alles raus

Unternehmen benehmen sich besser ordentlich und behandeln ihre Kunden gut, denn in der **Web 2.0-Welt** kommt alles raus. Wer schlechte Leistungen erbringt, verheimlicht, verschleiert, bei Leistungsfeatures lügt oder bei der Preisgestaltung betrügt und so den Kunden über den Tisch ziehen will, hat in Zukunft ein echtes Problem. Der Kunde nämlich, der nur pariert und ohnmächtig jegliche Form von „Un-Service" über sich ergehen lässt, gehört endgültig der Vergangenheit an.

Marketing und Marke haben die Kontrolle über ihre Kommunikation längst verloren

Gebloggter, getwitterter oder den Meinungsportalen anvertrauter Unmut erreicht heutzutage wie ein Lauffeuer innerhalb weniger Stunden die breite Öffentlichkeit – und wird von den sensationshungrigen Medien dankbar aufgenommen. Auf diese Weise haben wenige Unzufriedene schon manches Unternehmen in die Knie gezwungen. So haben Marketing und Marke die Kontrolle über ihre Kommunikation längst verloren. Kunden geben fortan die Marschrichtung vor. Wer nicht spurt, dem kehrt man den Rücken. Das Machtverhältnis hat sich umgekehrt: Die Unternehmen wurden vom Jäger zum Gejagten. **Der Kunde ist der wahre Boss.**

In diesem Szenario bekommen die **„Moments of Truth"**, wie sie der Ex-SAS-Vorstand Jan Carlzon in seinem Klassiker „Alles für den Kunden" nannte, fortan eine ganz neue Bedeutung. Denn nicht millionenschwere Werbekampagnen, sondern einzig und allein, was Kunden über Produkte, Services und Marken sagen, was auf der Straße hinter vorgehaltener Hand geredet und im Social Web an die große Glocke gehängt wird, entscheidet über Wohl und Wehe am Markt.

Die Kunden geben fortan die Marschrichtung vor

Gerade an den **neuen onlinebasierten Kundenkontaktpunkten** zeigt sich, was die Versprechen eines Unternehmens wert sind: Vorbildliches wird belohnt und Gutes kräftig weiterempfohlen, Fehlverhalten und Minderwertiges hingegen herbe abgestraft. Und die Menschen machen rigoros Gebrauch davon. Dabei ist die Meinung der Kunden immer subjektiv, häufig verallgemeinernd, manchmal unfair, vielleicht sogar falsch – aber es ist die Meinung der Kunden, die sie gefragt oder ungefragt weitergeben. Nur leider tun sie dies selten genug beim Anbieter selbst. Das Internet ist der neue Helfershelfer, dem man alles erzählt. Und das, was dort dann die Runde macht, ist nicht mehr zu löschen.

Besser also, die Unternehmen hören gut hin und ermutigen ihre Kunden, sie fleißig in den höchsten Tönen zu loben. Zu den **Gewinnern** werden solche Anbieter zählen, die wertvolle Produkte und exzellente Dienstleistungen bieten. Und die, die offen, ehrlich und vertrauenswürdig kommunizieren.

Darüberhinaus muss es gelingen, Kunden zu engagierten Multiplikatoren und aktiven Empfehlern zu machen. Zu Botschaftern also, die für die Marke einstehen, ihren guten Ruf in die Welt hinaustragen und Andere zum Kauf animieren. Denn Konsumenten glauben nicht länger den aufgehübschten Werbebotschaften der Anbieter am Markt. Vornehmlich trauen wir dem, was mehr oder weniger glückliche Anwender sagen. **Fans, Fürsprecher und Mundpropagandisten sind die besten Verkäufer.** Immer mehr Menschen folgen deren Stimmen nahezu blind.

Vornehmlich trauen wir dem, was mehr oder weniger glückliche Anwender sagen

Die neuen „Momente der Wahrheit"

Gerade bei strategischen Überlegungen wird immer noch allzu oft übersehen, dass **die effizientesten Wachstumstreiber** all die Kunden sind, welche die Angebote eines Unternehmens enthusiastisch weiterempfehlen. Das Marketing und die komplette Vertriebsmannschaft müssen deshalb lernen, gezielt ihre Kunden so mit einzubinden, dass diese zu aktiven Kommunikatoren werden. Obendrein müssen die Reputation positiviert, das Mundpropaganda-Potenzial ausgelotet und die Empfehlungsbereitschaft entzündet werden. Zwei Fragen rücken dabei in den Vordergrund:

Die Kunden zu Verkäufern machen

1. Wird das, was wir tun, und vor allem, wie wir es tun, ein Weitererzählen bewirken?
2. Wird das, was wir tun, und vor allem, wie wir es tun, auch Empfehlungen generieren?

Zwei wichtige Fragen fürs Generieren von Empfehlungen

Bei der **Mundpropaganda** geht es, wie im ersten Kapitel dieses Leitfadens schon gehört, um das mehr oder weniger meinungsbildende „über ein Unternehmen und seine Angebote reden". („Ich hab da was gesehen?" „Hast du das schon gehört?") Dies kann persönlich, telefonisch oder schriftlich wie auch per Foto, Video oder Mausklick geschehen. Eine **Empfehlung** hingegen impliziert über die reine Kommunikation hinaus einen einflussnehmenden Handlungshinweis, dem fast immer eine eigene Erfahrung vorausgeht. („Kann ich dir wärmstens empfehlen!" oder: „Kauf das bloß nicht!") Dabei wird in der Regel ein nicht kommerzielles Interesse des Empfehlers unterstellt. Denn genau dies macht ihn glaub- und vertrauenswürdig.

Weiterempfehlungen sind **das Wertvollste**, das ein Anbieter von seinen Kunden bekommen kann. Diese werden allerdings erst dann ausgesprochen, wenn man sich seiner Sache absolut sicher ist. Denn mit jeder Empfehlung steht ja immer auch die eigene Reputation auf dem Spiel. Empfohlen wird also nur, was unwiderstehlich, überaus nützlich oder aufsehenerregend ist. Dies sorgt für den so wichtigen Erzählstoff, der Mundpropaganda auslöst und schließlich Empfehlungen bewirkt. Deshalb gilt es, **Kopf und Herz** seiner aktuellen und potenziellen Kunden zu berühren. Nur, wer von Ihrer Sache restlos überzeugt und Ihnen wohl gesonnen ist, wird Großes für Sie tun. Und selbst das beste Produkt nutzt nichts, wenn es letztlich an Sympathie mangelt. Denn wir empfehlen niemanden, den wir nicht leiden können.

Mit jeder Empfehlung steht immer auch die eigene Reputation auf dem Spiel

Wer empfohlen werden will, muss empfehlenswert sein

Wer empfohlen werden will, muss also empfehlenswert sein. Um dafür eine stabile Basis zu schaffen, ist man mit dem Customer Touchpoint Management gut beraten. Ein ganz spezieller Kundenkontaktpunkt erlangt dabei zunehmend eine herausragende Bedeutung: Das **Suchfeld von Google & Co.** Immer öfter ist es der Startpunkt einer potenziellen Kundenbeziehung – und manchmal gleichzeitig das Ende. Wer in den Suchmaschinen nämlich nicht schnell zu finden oder überwiegend mit Negativschlagzeiten vertreten ist, der wird auch nicht gekauft.

Suchmaschinen sind der neue Startpunkt einer potenziellen Kunden-beziehung

Beispielsweise haben schon 19 Prozent aller Reiselustigen, wie die 2009er FUR-Reiseanalyse herausfand, nach dem Besuch eines Meinungsportals ein anderes als das zunächst beabsichtige Hotel gebucht. Das heißt, **schlecht bewertete Hotels** verlieren jeden fünften Gast alleine durch das Internet – und ohne es zu wissen. Und dem Online-Shopper-Report der European Interactive Advertising Association (EIAA) zufolge erwerben sechzig Prozent der Konsumenten nach ihren Web-Recherchen einen anderen als den ursprünglich geplanten Elektroartikel.

Unternehmen müssen also alles daransetzen, mit ihren Schlüsselbegriffen bei Google & Co. weit nach vorne zu kommen. Am besten auf die erste Seite. Dazu sind eine effiziente Suchmaschinenoptimierung (SEO) sowie ein planvolles Suchmaschinen-Marketing (SMM) vonnöten. Ein weiteres Ziel muss es sein, im Social Web soviel Positives zu produzieren, dass etwaig Negatives einfach untergeht. **Online-Reputation** ist ja, wie in den vorhergehenden Kapiteln schon dargelegt, ein zunehmend wichtiger Kaufauslöser, sie fördert die Kundenloyalität und stärkt das Empfehlungsverhalten.

Was sind eigentlich Costumer Touchpoints?

Grundsätzlich entstehen **Customer Touchpoints, also Kundenkontaktpunkte**, überall dort, wo der Kunde mit einem Unternehmen beziehungsweise seinen Produkten, Dienstleistungen oder Marken in Berührung kommt. Dies kann sowohl in direkter Form (Verkäuferbesuch, Telefonat, Mailing) als auch in indirekter Form (Meinungsportal, Test- oder Pressebericht, Mundpropaganda) geschehen. An jedem Touchpoint können positive wie auch negative Erlebnisse vorfallen. So kann ein einziges negatives Ereignis an einem für den Kunden wichtigen Kontaktpunkt zum sofortigen Abbruch der Geschäftsbeziehung und darüber hinaus zu rufschädigender Mundpropaganda führen. Damit dies nicht passiert, muss die Summe der positiven Erfahrungen bei weitem überwiegen. Manche Touchpoints sind dabei effizienter als andere.

An jedem Kundenkontakt-punkt können positive wie auch negative Erlebnisse vorfallen

Unter **Customer Touchpoint Management** (Kundenkontaktpunkt-Management) verstehen wir die Koordination aller Maßnahmen dergestalt, dass dem Kunden an jedem Kontaktpunkt eine herausragende sowie verlässliche und vertrauenswürdige Erfahrung geboten wird. Und dies, ohne dabei die Prozesseffizienz aus dem Auge zu verlieren. Ziel ist das stete Optimieren der Kundenerlebnisse an den einzelnen Kontaktpunkten, um die bestehenden

Kundenbeziehungen zu festigen und via Weiterempfehlung hochwertiges Neugeschäft zu erhalten. Dazu heißt es, dem Kunden Enttäuschungen zu ersparen und über den Zufriedenheitsstatus hinaus immer wieder neue Momente der Begeisterung zu verschaffen.

Die intensive Auseinandersetzung mit den einzelnen Touchpoints ist auch aus interner Sicht von Vorteil. Sie legt Effizienzreserven frei und führt über eine **Ressourcen-Optimierung** schließlich zu höheren Erträgen. Durch eine Priorisierung der erfolgswirksamsten Schlüssel-Touchpoints können beispielsweise Gelder weg von teuren und zunehmend wirkungslosen Anzeigenkampagnen hin zu dialogischen Maßnahmen und zwischenmenschlichen Interaktionen geleitet werden. Aufgabe ist es, auf solche Kontaktpunkte zu fokussieren, die Kundenloyalität und Empfehlungsbereitschaft am nachhaltigsten stärken.

Auf solche Kontaktpunkte fokussieren, die Kundenloyalität und Empfehlungsbereitschaft am nachhaltigsten stärken

Bei alldem kooperiert man mit den Kunden, beobachtet und befragt sie regelmäßig und bindet sie aktiv in die Abläufe ein. So macht man seine Kunden zu Mitwissern und Mitgestaltern. Dies senkt nicht nur das unternehmerische Risiko, sondern baut zusätzliche Eintrittsbarrieren für den Wettbewerb auf. Denn wenn man Menschen zeigt, dass man sich für ihre Meinung wirklich interessiert, und wenn man ihnen Mitwirkungsmöglichkeiten gibt, verändert sich deren Haltung zum Unternehmen und seinen Angeboten positiv. Dies sorgt nicht nur fürs Drüberreden, sondern auch für den sogenannten **„Mein-Baby-Effekt“**. Und wer lässt schon gern sein Baby im Stich?

Kunden als Mitgestalter

Der Prozess des Customer Touchpoint Managements

Der Prozess des Customer Touchpoint Managements besteht aus vier Schritten

Der Prozess des Kundenkontaktpunkt-Managements besteht aus vier Schritten:

1. Die Ist-Analyse: In diesem Schritt geht es um das Erfassen der relevanten Kontaktpunkte, das Verstehen der Prozesse und das Dokumentieren der Ist-Situation. Folgende Fragen lassen sich hierzu stellen: Welche Kunden treten an welchen Stellen und zu welchen Anlässen wie häufig mit welchen Mitarbeitern im Unternehmen in Kontakt? Was erlebt er dort? Wie sehen die Abläufe an den einzelnen Punkten aus? Sind sie selbstzentriert oder aus Kundensicht gestaltet? Entsprechen sie dem natürlichen Kundenverhalten? Sind sie abteilungsübergreifend aufeinander abgestimmt? Sind sie markenkonform inszeniert? Wie gut leben die Mitarbeiter das, was Marke und Unternehmen versprechen? Besteht Mundpropaganda und Empfehlungspotenzial? Wer sind die reichweitenstärksten und einflussreichsten Empfehler? Welche Angebote werden tatsächlich weiterempfohlen? Wo wird vehement abgeraten? Was läuft gut? Was muss weg? Was muss zukünftig anders beziehungsweise besser gemacht werden? Und wo besteht akuter Handlungsbedarf – aus Sicht des Kunden betrachtet?

Hilfreiche Fragen bei der Ist-Analyse

2. Die Soll-Strategie: In diesem Schritt geht es um das Definieren der relevanten Ziele und der angestrebten optimalen Soll-Situation. Folgende

Fragen lassen sich hierzu stellen: Welche Produkt- und Servicequalität wollen wir welchen Kunden an welchen Kontaktpunkten zukünftig bieten? Mit welchen Ressourcen wollen wir diese Servicelevels erreichen? Auf welche Weise? Mit welchen Prioritäten? Welche Handlungsszenarien gibt es dabei? Soll die Zahl der Kontaktpunkte vergrößert werden? Oder verkleinert? Wo kann am ehesten Mundpropaganda- und Empfehlungspotenzial entwickelt werden? Welche Kundengruppen beziehungsweise Zielpersonen können uns dabei am wirkungsvollsten unterstützen? Auf welche Weise? Wie sollen insbesondere die Schlüsselkontaktpunkte mundpropagandakonform optimiert werden?

Hilfreiche Fragen bei der Soll-Strategie

3. Der To-do-Plan: In diesem Schritt geht es um die Planung und Umsetzung eines passenden Maßnahmen-Mixes, der von der Ist-Situation zur Soll-Situation führt. Folgende Fragen lassen sich hierbei stellen: Wer macht was ab/bis wann mit welchem Budget? Welche Ressourcen müssen bereitgestellt werden? Welche Zeitlinien sind sinnvoll und machbar? In welcher Form kann dabei der Kunde einbezogen werden? All das ist – gemeinsam mit den Mitarbeitern – zu planen und anschließend umzusetzen.

Hilfreiche Fragen für Kontrolle und Optimierung

4. Kontrolle und Optimierung: Hierbei geht es um das Messen der Ergebnisse zwecks weiterer Optimierung der Prozesse. Folgende Fragen lassen sich dazu stellen: An welchen Kriterien wollen wir unsere Kundenkontakt-Performance messen? Welche Kennzahlen wollen wir auf welche Weise wie oft und für wen erheben? Werden insbesondere die Empfehlungsbereitschaft sowie die Empfehlungsrate ermittelt? Wie wird das gewonnene Wissen dokumentiert und mit den Mitarbeitern besprochen? Wer leitet auf welche Weise die notwendigen Prozessverbesserungen ein?

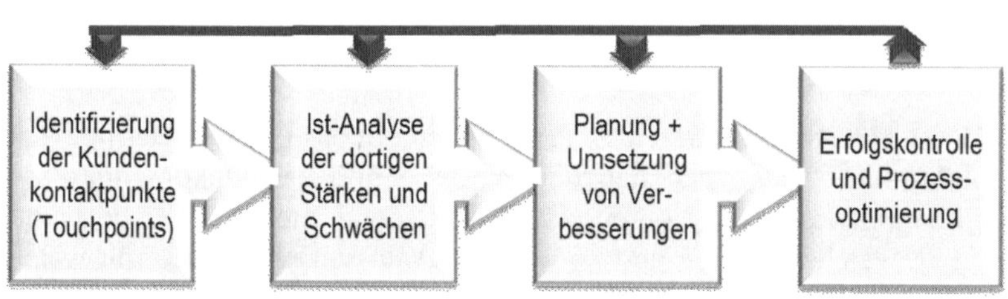

Abb. 1: Der Prozess des Kundenkontaktpunkt-Management in vier Schritten

Die Bestimmung der Touchpoints

Im ersten Schritt eines **Customer Touchpoint-Projektes** werden zunächst alle Online- und Offlinekontaktpunkte chronologisch aufgelistet, die ein Kunde im Zuge eines Kaufprozesses beziehungsweise einer Nutzungsbeziehung hat oder haben könnte. Diese sind aus der Perspektive des Kunden zu betrachten. Dabei werden die faktischen wie auch die emotionalen Erlebnisse, die er an jedem Kontaktpunkt hat oder haben könnte, abteilungsübergreifend beleuchtet.

Dies kann dem Buying Circle des Kunden folgend (Suchphase, Kaufphase, Nutzungsphase, Wiederkauf) weiter ausdifferenziert werden.

Selbst bei mittelgroßen Unternehmen kommen bei sorgfältiger Analyse schnell mehr als hundert Touchpoints zusammen. Sind diese definiert, wird nun die **Wertigkeit** für das Fortbestehen einer guten Kundenbeziehung determiniert. Dazu kann eine Skala von null bis zehn verwendet werden, wobei zehn für die höchste Wertigkeit steht. Direkte und persönliche Mensch-zu-Mensch-Kontakte zwischen Mitarbeiter und Kunde haben in aller Regel eine hohe Wertigkeit und sollen deshalb besonders markiert werden. Danach bestimmt man – ebenfalls auf einer Skala von null bis zehn – das Mundpropaganda- und Empfehlungspotenzial an jedem Kontaktpunkt.

Die Wertigkeit der Kontaktpunkte determinieren

Wenn ich **Customer Touchpoint-Workshops** moderiere, stelle ich den Teilnehmern gerne die folgende Frage: Welches ist der erste Kontaktpunkt, den ein potenzieller Kunde mit Ihrem Unternehmen hat? Die Antworten fallen – über alle Branchen hinweg – sehr ähnlich aus: Der Interessent kommt vorbei, er ruft an, er mailt, er erhält Unterlagen, er geht auf unsere Webseite, er wird von einem Außendienst-Mitarbeiter besucht.

Das Mundpropaganda- und Empfehlungspotenzial an jedem Kontaktpunkt ausloten

Hieran erkennt man die immer noch **vorherrschend selbstzentrierte Sichtweise** in den Unternehmen. In Wirklichkeit entstehen die ersten Kontakte ja schon sehr viel früher:

- Der potenzielle Kunde hat einen latenten Kaufwunsch und es kommt ihm dazu ein adäquater Anbieter in den Sinn. Dieser allererste Gedanke ist je nach Vorerfahrung beziehungsweise Unternehmensreputation positiv oder negativ besetzt.
- In seinem Umfeld hört er oder in den Medien liest er ganz beiläufig etwas über ein Unternehmen und seine Angebote – und dies ist positiv oder negativ gefärbt.
- Er befragt Kollegen oder Freunde, was sie zu einem Unternehmen und dessen Produkten und Services sagen können.
- Er googelt das Unternehmen und stößt dabei auf zu- oder abratende Einträge in Foren und Blogs oder auf Meinungs- und Bewertungsportalen.

Indirekte Kontaktpunkte beachten

So kommt es, dass viele Unternehmen es sich mit ihren Interessenten bereits verscherzt haben, noch bevor es überhaupt zu einem ersten direkten Kontaktversuch kam.

Die Ist-Analyse der Touchpoints

Nachdem das Ensemble der zu betrachtenden Touchpoints nach **Art** und **Wertigkeit** definiert ist, identifiziert man im nächsten Schritt die **Schwachstellen** sowie die **Treiber** dauerhaft guter Kundenbeziehungen. Hierzu werden sowohl die kritischen Ereignisse als auch die positiven Geschehnisse aufgelistet, die einem Kunden an jedem Touchpoint widerfahren – oder im schlimmsten Fall widerfahren könnten.

Die Schwachstellen und Treiber dauerhaft guter Kundenbeziehungen analysieren

Was läuft prima? Gibt es heikle Situationen? Wann stellt sich ein Moment großer Freude ein? Was erwartet der Kunde? Und was nicht? Wo gibt es öfter Beschwerden? Und wo werden wir besonders gelobt? Wo können wir Erwartungen übertreffen? Wie den Kunden angenehm überraschen? Worüber reden die Kunden? Wer oder was wird warum wie oft weiterempfohlen? Was könnte die Geschäftsbeziehung intensivieren? Wo lauern Abwanderungsrisiken? Was sollten wir schnellstens ändern oder verbessern? Und was hat uns bislang daran gehindert, dies zu tun? Auch wenn unangenehm, die letzte Frage muss unbedingt besprochen werden. Denn erst, wenn die wahren Ursachen für **Handlungsblockaden** offen liegen, lässt sich etwas dagegen unternehmen.

Im Rahmen von Workshops lassen sich dazu folgende **Aufgabenstellungen** bearbeiten:

Aufgabenstellungen für Touchpoint-Workshops

- Wenn ich selber Kunde bin, was ist mir dann besonders wichtig?
- Wenn ich selber Kunde bin, was ärgert mich und stößt mich ab?
- Was erzählen unsere Kunden im Guten wie im Schlechten über uns? Und wonach haben sie in letzter Zeit öfter gefragt?
- Was dürfen wir keinesfalls tun, weil es unsere Kunden vergrault und vertreibt?
- Was sind die Minimumerwartungen unserer Kunden, also solche, die immer erfüllt werden müssen?
- Was könnte unsere Kunden begeistern, weil es ihre Erwartungen übertrifft?
- Was habe ich als Mitarbeiter/in davon, wenn ich Kunden begeistere? Was hat das Team davon, wenn wir das alle gemeinsam tun? Und die Firma?
- Was ist die absolut verrückteste Idee, die uns zum Thema Kundenbegeistern und Mundpropaganda-Machen in den Sinn kommt?

Oft besteht die Tendenz, die eigenen Leistungen zu beschönigen oder aber in einem zu warmen Licht zu sehen. Deshalb ist es wichtig, gerade die Schwachstellen ausgiebig zu beleuchten. Denn solange es diese noch gibt, werden Sie keine Kunden begeistern – und somit weder Loyalität noch Mundpropaganda und Empfehlungen erhalten.

Klingende Namen für das Ausmerzen der Schwachstellen finden

Damit nun das **Ausmerzen der Minderleistungen** gezielt in Angriff genommen und als Herausforderung gesehen werden kann, lohnt es sich, diesem Prozess klingende Namen zu geben. Heike Bruch vom Lehrstuhl für Führung und Personalmanagement der Universität St. Gallen schlägt folgende vor: „Den Drachen besiegen“ oder „Die Prinzessin vom Eis holen“.

Nach Listung der negativen Ereignisse wird im Umkehrschluss nach tatsächlichen oder denkbaren positiven Erlebnissen gefahndet. Dabei stehen insbesondere auch solche im Fokus, die zu einer Übererfüllung der erwarteten Leistung führen und damit am ehesten positive Mundpropaganda bewirken. Ist diese Phase abgeschlossen, wird notiert, welche Mitarbeiter abteilungsübergreifend die **„Eigner“ des Touchpoints** sind.

Da es sich bei all dem um Einschätzungen handelt, sollten in der Folge die **Kunden** einbezogen werden. Sie voten, ranken, kommentieren, ergänzen, geben

Anregungen, Hinweise und Tipps. Sie berichten darüber, was sie wie denken und warum tun. Und sie erzählen von ihren Idealvorstellungen. Konkret heißt das: Ausgewählte Kunden machen bei diesem Prozess mit. Oder sie werden mündlich respektive schriftlich befragt. Besser noch: Sie werden auf angemessene Weise beobachtet. Oder man zieht die bereits existierenden Kommentare aus Zufriedenheitsbefragungen zu Rate. Oder man nimmt sich Beschwerdefälle aus der Vergangenheit vor. Oder man durchforstet das Web auf der Suche nach Meinungen, Beispielen und Kommentaren. Übrigens: Letzteres auch mal für die Konkurrenz zu machen, das kann sehr lehrreich sein.

Wie man Kunden in diesen Prozess involviert

Die Erkenntnisse aus solchen Untersuchungen können zu völlig neuen Einsichten führen. So glaubten die Manager eines Versicherungskonzerns, dass im Web die teuren Tarife kritisiert würden. Nach dem **Monitoring** war hingegen klar: Die Kunden waren vor allem sauer über die Penetranz des Außendienstes. Mit entsprechenden Schulungsprogrammen konnte schließlich gegengesteuert werden.

Die **Kundenintegration** ist auf vielerlei Weise möglich. Beispiele gibt es zuhauf. So wurde zu der Zeit, als die Mädchen noch bauchfrei gingen und Jungs Baggy-Hosen trugen, in einer Münchner Bank die Kleiderordnung diskutiert. Anstatt nun von „oben" herab zwingende Regeln zu erlassen, schickte man die Azubis zu einer Befragung in die Fußgängerzone. Ergebnis: Die Kunden gaben ein klares Votum ab, wie sie sich das Äußere junger Bankmitarbeiter vorstellten. Die Chefs brauchten also keine Gammel-T-Shirts, Piercings und nackten Bäuchlein zu verbieten, das ergab sich wie von selbst.

Beispiel Dresscode

Der Soll-Plan für die Touchpoint-Optimierung

Ist die Ist-Analyse erstellt, werden im nächsten Schritt der **Soll-Plan** sowie der darauf aufbauende **Aktionsplan** festgelegt. Soweit noch nicht vorhanden, kann es zunächst nötig sein, für einzelne Touchpoints Minimum-Standards zu entwickeln, Serviceversprechen (Do's and Dont's) zu definieren, Garantien zu formulieren oder Service Level Agreements (SLA) zu initiieren. Und für jeden im Unternehmen – angefangen bei den Führungskräften – ist ihre Anwendung Pflicht. Wer das nicht kann oder will, hat im Unternehmen keinen Platz. Vor allem mit den kundennahen Mitarbeitern müssen die Service-Basics regelmäßig geübt und besprochen werden, damit alles in Fleisch und Blut übergeht – und im Kundenkontakt nicht künstlich wirkt. Je nach Situation sind adäquate Weiterbildungsmaßnahmen zu konzipieren, um die Einstellung und das Verhalten der Mitarbeiter empfehlungswirksam zu entfalten.

Standards entwickeln und für alle bindend machen

Sehr gut bewährt hat sich bei all dem das in einem früheren Kapitel schon näher beschriebene **Storytelling**. Dabei geht es um passende Geschichten, die verdeutlichen, welches Verhalten an den einzelnen Kontaktpunkten erwünscht und Erfolg versprechend ist – und welches nicht. Solche Geschichten können in internen Wikis oder Blogs dokumentiert und im Rahmen turnusmäßiger Meetings gemeinsam besprochen werden. So findet „Kontrolle" nicht länger

Geschichten über adäquates Verhalten erzählen

von oben, sondern vielmehr über das Team statt. Man diskutiert gemeinsam darüber, was passt und was nicht. Wissen wird so nicht eindimensional sondern im Austausch entwickelt, vernetzt und weitergereicht.

Ist all das geklärt, werden im Rahmen des Aktionsplans dann die Prioritäten gesetzt. Hierbei stehen die Touchpoints im **Fokus**, die für ein positives Kundenerlebnis, eine dauerhafte Loyalisierung und ein wohlwollendes Weiterempfehlen von zentraler Bedeutung sind. Zielgruppenbelange beziehungsweise regionale oder nationale Besonderheiten können dabei eine große Rolle spielen. Ein weiterer Filter kann die Marke sein. Man fragt: Was passt gut zur Marke – und was nicht?

Beispiel Mini

So gibt es bei der Automarke Mini nach dem Werkstatt-Besuch einen Lenkradschoner mit folgende Botschaft: „I missed you". Ganz klar: Das passt zum Kern der Marke. Es sorgt für Emotionalität – und für Mundpropaganda. Denn sowas muss man einfach weitererzählen. Oder man macht ein Foto und zeigt es seinen Freunden im Internet.

Beispiel Malermeister Deck

Ein weiteres Beispiel: Beim Malermeister Werner Deck gibt es Clemens, das Bärchen. Es wird nach Beendigung der Arbeiten aber nicht als Geschenk überreicht, sondern als Überraschungseffekt im Raum so versteckt, dass man es erst zu einem späteren Zeitpunkt entdeckt. Zum Beispiel auf der Fensterbank hinter dem Vorhang oder auf dem Fernseher hinter der Vase. Clemens trägt auf dem Rücken einen Aufkleber mit Adresse und folgendem Text: „Einen schönen guten Tag, ich bin Clemens von malerdeck und möchte mich bei Ihnen für die gute Zusammenarbeit bedanken. Es hat uns großen Spaß gemacht, Ihre Umgebung ein bisschen farbiger zu gestalten. Mir gefällt es so gut, ich bleibe da. Eine Bitte habe ich zum Schluss: Empfehlen Sie uns weiter! Danke." Ein Schmunzeln, Mundpropaganda und Folgeaufträge sind sicher.

Wie dem auch sei: Ein sogenannter **„Quick win"**, also eine Maßnahme, die einen schnellen Erfolg verspricht, sollte ganz oben auf der Liste stehen. Das spornt an, sich mit dem Prozess weiter zu beschäftigen. Der To-do-Plan umfasst folgende Punkte:

Fragen für den To-Do-Plan

- Was ist unser „Quick win", also ein schnelles Erfolgserlebnis?
- Welche Touchpoints werden auf welche Weise optimiert, um Loyalität und Profitabilität zu stärken sowie werthaltige Empfehlungen zu bewirken?
- Welche Touchpoints werden neu lanciert, um Wettbewerbsvorsprünge und positive Mundpropaganda zu generieren?
- Welche Touchpoints werden gestrichen, ohne dass Proteste und üble Nachrede provoziert beziehungsweise bestehende Kundenbeziehungen gefährdet werden?
- Welche internen Ressourcen, wie viel Budget und welche Zeitlinien sind anzusetzen?

Was ganz konkret an den einzelnen Kontaktpunkten getan werden kann? Dazu haben Sie von den Autoren dieses Buches schon eine Menge gehört. Für all die, denen das ein wenig zu onlinelastig war: In meinem Buch „Zukunftstrend

Empfehlungsmarketing" finden Sie jede Menge zusätzliche Anregungen für offlinebasierte Maßnahmen – zum Beispiel im persönlichen, telefonischen und schriftlichen Verkaufsgespräch.

In jedem Fall gilt es heute, das **Offline- und Online-Empfehlen** eng miteinander zu verknüpfen. Word-of-Mouth entfaltet ja erst dann seine volle Wirkung, wenn Menschen das, was sie im Internet finden, in die reale Welt hinaustragen können – und umgekehrt. Aktionismus ist dabei wenig förderlich. Und Patentrezepte gibt es nicht. Vielmehr muss jedes Unternehmen seinen eigenen unverwechselbaren Weg beschreiten.

Das Offline- und Online-Empfehlen miteinander verzahnen

Ein wenig Empfehler-Psychologie

„Neue Produkte haben nur dann eine Chance, sich auf dem Markt durchzusetzen, wenn sie so bemerkenswert sind, dass die Verbraucher selbst Werbung dafür machen", sagt Seth Godin in seinem Buch „Purple Cow". Ergo: Das „Mund-propaganda-Gut" muss uns emotional so intensiv berühren wie das Bauchkribbeln bei einer neuen Liebe. Die damit gemachten Erfahrungen müssen derart atemberaubend sein, dass der unbändige Wunsch entsteht, dies schnellstmöglich mit anderen zu teilen. Nicht selten wollen wir uns durch Empfehlungen auch **profilieren**. Oder anderen bei ihren Entscheidungen **helfen**.

Das „Mund-propaganda-Gut" muss emotionalisieren

Ganz erstaunlich ist, wie viel **missionarische Energie** man bisweilen investiert, um seine Lieblingsmarke anderen schmackhaft zu machen. Und beeindruckend ist, wie echte Fans bei Attacken gegen ihre „Schätzchen" zur Verteidigung schreiten. Oder wie sie protestieren, wenn ihnen bei ihrem Herzensanbieter etwas ganz und gar nicht passt.

Unternehmen müssen ihren Fans also wirklich gute Gründe geben, um ins Gespräch zu kommen – und nicht ins Gerede. Mit einer erstklassigen Empfehlung erzielen Fürsprecher Aufmerksamkeit und Anerkennung, ernten Lob und Dank. Mit einem schlechten Rat hingegen riskiert man Spott und Tadel. Mit jeder Empfehlung kann man sich also **Freunde**, aber auch **Feinde** machen. Empfehlungen helfen, vertrauensvolle Beziehungen aufzubauen, soziale Bindungen zu stärken und Freundschaften zu pflegen.

Empfehlungen stärken zwischen-menschliche Beziehungen

Empfehlungen sind auch ein **Vertrauensbeweis**. Sie sind immer subjektiv – sehr persönlich. Sie verraten etwas über die eigenen Wertvorstellungen. Und sie polarisieren. Denn für das, worüber man mit Leidenschaft spricht, geht man oftmals „durchs Feuer". Und das, was man hasst wie die Pest, weil es einen zutiefst verletzt oder enttäuscht hat, will man bisweilen zerstören.

Damit ist klar: Empfehlungen sind eine höchst emotionale Angelegenheit. Und die Menschen, das wurde im Beitrag über die Limbic Typs sehr deutlich, gehen unterschiedlich damit um. **Aus Sicht des Gehirns** lässt sich Folgendes sagen:

- Empfehlungen stimulieren unser cerebrales Belohnungssystem.
- Empfehlungen sorgen für „Brain-Convenience".

Unser Hirn liebt Empfehlungen

Unser Hirn favorisiert anstrengungslose Informationsverarbeitung. Und es ist ständig auf der Suche nach Risikominimierung. Positive Erfahrungen hingegen sucht es zu wiederholen. Denn unser Hirn liebt das Happy End. So machen uns Empfehlungen, wie starke Marken auch, das Leben einfach. Sie reduzieren Komplexität, sie sorgen für Orientierung und verschaffen Sicherheit. Sie geben uns damit ein gutes Gefühl.

Immer dann, wenn wir etwas gedacht oder getan haben, das aus Sicht des Gehirns eine Belohnung verdient, werden **Glückshormone** ausgeschüttet. Diese körpereigenen Opiate, den Drogen chemisch sehr ähnlich, geben uns ein wohliges Gefühl, sie machen uns je nach Art und Dosierung glücklich, euphorisch, ekstatisch. Davon wollen wir mehr! In einem solchen Zustand zu sein, hat weitere Vorteile. Wir werden offener, kreativer, agiler – und schreiten zur Tat. Kleine Fehler verzeihen wir gern. Alles in allem: Wir sehen die Welt durch eine rosarote Brille, wie ein Verliebter, der nur die guten Seiten sieht – und über Schwächen milde hinweg schaut.

Empfehlungen machen süchtig

Ziel muss es also sein, zu seinen Verwendern eine solche Beziehung aufzubauen, über die sie oft und leidenschaftlich gerne sprechen. Wenn in der Folge eine **Empfehlungserfahrung** positiv war, wird sie vervielfältigt. Und zwar von dem, der die Empfehlung gab – und von dem, der sie erhalten hat. So wird man in Zukunft öfter als Empfehler aktiv. Und fortan stärker auf Empfehlungen setzen. Qualifizierte Empfehler werden zunehmend ins Vertrauen gezogen. Und empfohlene Leistungen werden ihrerseits weiterempfehlen. Ergo: Empfehlungen haben Suchtpotenzial. Und sie erzeugen eine **Erfolgsspirale**, die sich immer weiter nach oben dreht.

All das ist unentgeltlich zu bekommen. Hirnforscher haben dazu Folgendes herausgefunden: „Gutes tun“ wird vom Hirn mit Glücksgefühlen belohnt. **„Helper‘s high“** wird dieser Zustand genannt. Altruistische Taten, also auch das scheinbar selbstlose Aussprechen von Empfehlungen, heißt sich als wertvolles Mitglied einer Gemeinschaft zu zeigen. Eine solche Motivation kann eindeutig vor monetären Beweggründen stehen, wie auch die Studie von Defacto weiter vorn im Buch sichtbar macht.

Gute Gefühle sind wichtiger als Geld

Das bedeutet: Egoistische und rein auf Gewinnmaximierung ausgerichtete Ziele sind gerade bei Empfehlungen kaum ein Thema. Um Geld geht es vorrangig immer dann, wenn Emotionalisierendes auf der Strecke bleibt. Ist aber **Monetäres** im Spiel, geht es – logisch – immer auch um eigene Interessen. Und da wird der Empfehlungsempfänger wohl eher vorsichtig sein. Es sei denn, auch er profitiert von dem Deal.

Controlling im Touchpoint-Management

Ist alles berücksichtigt und stringent geplant, dann kann – am besten in Form von Tests – die Umsetzung beginnen. Feedback-Schleifen und schnelle Reportings, flankiert von geeigneten internen und externen Kommunikationsmaßnahmen, sichern die kontinuierliche Weiterentwicklung. Im Intranet oder einem Firmen-

Wiki kann das Ganze dokumentiert und bereichert werden. Der Rückfluss muss vor allem die Stellen erreichen, für die die **Rückmeldungen** wertvoll sind.

Geeignete Controlling-Methoden benutzen

Ob alles wie gewünscht funktioniert? Hierzu können Beschwerde-Reportings und Prozesskennzahlen herangezogen werden. Bei manchen beliebt ist auch das fragwürdige Mystery Shopping. Das sind verdeckte Testkäufe, bei denen es meist mehr um Kontrolle als um konstruktives Feedback geht. Viel besser geeignet sind intelligent gemachte **Kundenbefragungen**. Exemplarisch können dazu Vertreter aus den einzelnen Zielgruppen mit geeigneten Methoden interviewt werden.

Dabei können zum Beispiel die von mir propagierten **fokussierenden Fragen** zum Einsatz kommen. Sie bringen mit einer einzigen Frage die Sache auf den Punkt. So kommt man wahren Beweggründen des Gesprächspartners am ehesten näher – ohne ihm dabei zu nahe zu treten. Im Kundenkontaktpunkt-Management klingen sie so:

Fokussierende Fragen stellen

- Was war es, das Sie an diesem Punkt am meisten begeistert hat?
- Was war es, das Sie an diesem Punkt am meisten enttäuscht hat?

In den Extremen, also in massiven Unzufriedenheiten ebenso wie in hehrer Kundenbegeisterung stecken die größten Innovationschancen. Fragen heißt auch: **Konzentration auf das für den Kunden Wichtigste** – statt Verzettelung auf Nebenschauplätzen. Auf diese Weise entdecken Sie vielleicht das alles entscheidende Detail, das dem Wettbewerber bislang verborgen blieb.

Und Sie werden schnell. Denn treffsicher lässt sich der konkrete Handlungsbedarf an den erfolgskritischsten Stellen erkennen, um dann sofort reagieren zu können. So löst man nicht nur die Probleme einzelner, sondern wappnet sich gegen die Unzufriedenheit vieler Kunden. Allerdings ist zu berücksichtigen, dass Kunden nicht immer wissen, was sie wollen, dass sie keinen Zugang zu ihren wahren Motiven haben oder im Einzelfall auch berechnenderweise falsche Angaben machen.

Neben der Bewertung als solcher sind ferner die Wichtigkeit der Touchpoints sowie die **Wiederkaufabsicht** und die **Empfehlungsbereitschaft** an den einzelnen Punkten zu messen. So wird ausgeschlossen, dass man seine ganze Energie in eine Leistung investiert, die zwar begeistert, aber den Kunden letztlich egal ist. Die Fragen lauten, auf einer Skala von null bis zehn abgetragen:

Fragen zu Wichtigkeit, Wiederkaufabsicht und Empfehlungsbereitschaft stellen

- Wie wichtig ist Ihnen dieser Punkt?
- Würden Sie an diesem Punkt wiederkaufen?
- Würden Sie diesen Punkt weiterempfehlen?

Unabhängig davon kann man den Kunden auch folgende **Fragen** stellen:

- Von all den Dingen, die Sie bei uns schätzen, was gefällt Ihnen am besten?
- Wenn es eine Sache gibt, die wir unbedingt anders machen sollten, was wäre da das Wichtigste für Sie?
- Wie würde für Sie eine perfekte Leistung aussehen? Erzählen Sie mal!
- Was ist für Sie der wichtigste Grund, uns die Treue zu halten?

- Wenn es eine Sache gibt, für die Sie uns garantiert weiterempfehlen könnten, was wäre da das Empfehlenswerteste für Sie?
- Wenn es eine Sache gibt, für die Sie uns ganz sicher nicht weiterempfehlen können, was ist das für Sie?

Solche Fragen eignen sich insbesondere für persönliche oder telefonische Gespräche, können aber auch online oder schriftlich gestellt werden. Hierdurch wird Loyalität gestärkt, Empfehlungsverhalten begünstigt und Kundenschwund vorgebeugt. Man spart sich eine Menge Kosten für die langwierige klassische Marktforschung und vermeidet Fehlentscheidungen am grünen Tisch. Vielmehr wird ein **praxisnahes Kundenverständnis** entwickelt, man kann auf Kundenwünsche differenzierter eingehen und Investitionen in die aus Kundensicht entscheidenden Bereiche lenken.

Investitionen in die aus Kundensicht entscheidenden Bereiche lenken

Kennzahlen im Empfehlungsmarketing

Um das Empfehlungsmarketing zu steuern und messbar zu machen, braucht es kein komplexes Kennzahlensystem. Der Loyalitätsexperte Frederick F. Reichheld propagiert hierzu den **Net Promoter Score (NPS)**, mit dessen Hilfe sich die Empfehlungsbereitschaft messen lässt. Ich selbst favorisiere dort, wo dies möglich ist, das Ermitteln der Empfehlungsrate. Sie ist die wohl wertvollste betriebswirtschaftliche Kennzahl. Wer nicht länger empfehlenswert ist, ist auch schon bald nicht mehr kaufenswert.

Eine der markantesten Erkenntnisse aus den Untersuchungen Reichhelds lautet: Unternehmen brauchen keine komplexen Kundenstudien, sondern am Ende nur ein, zwei Fragen, die kontinuierlich gestellt werden müssen. Als die mit Abstand effektivste Frage schlägt er die folgende vor, die er **die „ultimative Frage“** nennt: „Wie wahrscheinlich ist es, dass Sie Unternehmen X an einen Freund oder Kollegen weiterempfehlen werden?“

„Wie wahrscheinlich ist es, dass Sie Unternehmen X an einen Freund oder Kollegen weiterempfehlen werden?"

Zusammen mit Bain & Company wurde eine Skala von null bis zehn entwickelt. Dabei lassen sich die Kunden anhand der Antworten in drei Gruppen einteilen: Promotoren, passiv Zufriedene und Kritiker. Als **Promotoren** beziehungsweise Förderer gelten dabei nur diejenigen, die ihre Empfehlungsbereitschaft mit neun oder zehn einstufen. Von den Promotoren werden die **Kritiker** (zwischen null und sechs) abgezogen. Das Ergebnis ist der Net Promoter Score (NPS). Er kann positiv oder negativ sein.

NPS:

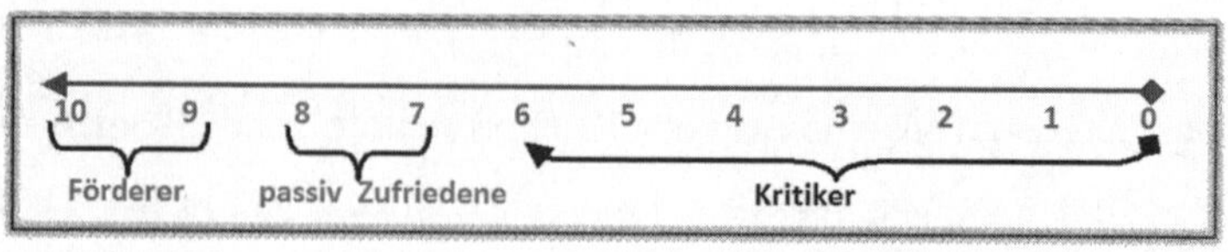

Abb. 2: Die Skala des Net Promoter Score (NPS)

Der NPS ist einfach anzuwenden

Der große Vorteil des NPS ist seine Einfachheit: Unternehmen können über eine einzige Kennzahl ihre Kundenzufriedenheit messen. Eine ganze Reihe von Unternehmen aus verschiedensten Branchen arbeitet damit. Zum Beispiel wird in Österreich der NPS für Banken, Versicherungen und Bausparkassen inzwischen landesweit erhoben. Die Besten werden anlässlich einer Gala mit dem **Recommender Award** geehrt.

Logitech, ein Hersteller von Computer-Zubehör aus der Schweiz, lässt seine Kunden per NPS entscheiden, welche Produkte überleben. Solche, die einen NPS-Wert unter sechs erzielen, werden aus dem Programm gestrichen. Ohne weitere Diskussionen.

Allerdings misst der NPS nur die „Temperatur" der Empfehlungsbereitschaft. Die Gründe dafür müssen mit einer zweiten Frage ermittelt werden, und die geht so: „Was ist der wichtigste Grund für die Bewertung, die Sie gerade abgegeben haben?" Vor allem aber zeigt der NPS nicht, ob auf die **Empfehlungsbereitschaft** auch Taten folgen. Wollen ist ja nett, doch erst das Tun – wenn also tatsächlich eine wirkungsvolle Empfehlung ausgesprochen wird – kann schließlich zu neuen Kunden führen.

Der NPS misst „nur" die Empfehlungsbereitschaft

Im Rahmen einer Kundenbefragung bei einem Telekommunikationsunternehmen kam zum Beispiel heraus, dass zwar 81 Prozent der Interviewten behaupteten, den Anbieter weiterzuempfehlen, doch nur dreißig Prozent taten dies auch. Und nur in zwölf Prozent der Fälle entstand daraus Neugeschäft. Für einen Finanzdienstleister betrugen die Zahlen 68, 33 und 14 Prozent (Harvard Business Manager 2/2008). Der NPS ist also höchstens eine **Hilfskennzahl**, geeignet vor allem für Unternehmen mit großen Kundenbeständen und wenig persönlichem Kundenkontakt. In allen anderen Fällen ist die Empfehlungsrate die nützlichere Messgröße.

Wie die Empfehlungsrate ermittelt wird

Was Sie zum Steuern des Empfehlungsmarketing wissen müssen:

Die Empfehlungsrate zählt zu den wichtigsten betriebswirtschaftlichen Kennzahlen

- Wie viele Kunden empfehlen uns weiter? Und warum genau?
- Welche Produkte und Services werden am stärksten empfohlen?
- Wer genau hat uns empfohlen? Und wie bedanken wir uns dafür?
- Wie ist der Empfehlungsprozess abgelaufen? Gibt es erkennbare und damit wiederholbare Muster?
- Wie viele Kunden haben aufgrund einer Empfehlung erstmals gekauft?

Die Empfehlungsrate ist gleichzeitig **Ausgangspunkt und Ziel eines systematischen Empfehlungsmarketing**. Am Ende reichen drei einfache Fragen, um dem auf die Spur zu kommen. Sie können neuen wie auch bestehenden Kunden, soweit es die Situation erlaubt, am Ende eines persönlichen oder telefonischen Gesprächs gestellt werden. Dies wird am besten eingeleitet mit: Ach übrigens …

Drei wertvolle Fragen

- Wie sind Sie eigentlich auf uns aufmerksam geworden? Sofern eine Empfehlung im Spiel war, geht es dann weiter wie folgt:
- Und jetzt interessiert mich mal: Was hat denn der Empfehler über uns/unser Produkt/unseren Service gesagt?
- Und jetzt bin ich mal ganz neugierig? Wer war das denn, der uns empfohlen hat?

Die empfehlungsstärksten Angebote sollten favorisiert werden

Durch die erste Frage lässt sich ermitteln, wie viel Prozent der neuen Kunden aufgrund einer Empfehlung kamen: Das ist Ihre **Empfehlungsrate**. Die Antwort auf diese Frage zeigt im Übrigen auch, wofür Sie in Zukunft Ihre Werbegelder verstärkt verwenden sollten. Über die zweite Frage gibt der Kunde Hinweise darauf, was genau Sie erfolgreich macht und in welche Richtung Sie sich und Ihre Angebotspalette weiterentwickeln können. Die empfehlungsstärksten Angebote sollten dabei zukünftig favorisiert werden.

Erfragen Sie da wo dies geht, auch den **Namen des Empfehlers**. Denn aus seiner Persönlichkeitsstruktur und seinem Kaufverhalten lassen sich bereits erste Rückschlüsse auf die voraussichtlichen Wünsche und Bedürfnisse des Interessenten ableiten. Ihr Empfehler hätte Ihre Angebote sicher niemals empfohlen, wenn sein guter Rat für den Empfänger nicht von Interesse wäre. Bringen Sie auch in Erfahrung, welche spezifischen Leistungen der Empfehler hervorgehoben hat. Denn darauf wird Ihr neuer Interessent sicher besonders achten. Deswegen ist er ja gekommen. Hier sind seine Erwartungen hoch. Eine Enttäuschung fiele nicht nur negativ auf Sie, sondern auch auf den Empfehler zurück. Und das wollen Sie nicht nur sich selbst, sondern vor allem Ihrem Empfehler ersparen.

Menschen verstärken Verhalten, für das sie Aufmerksamkeit, Anerkennung und Belohnungen erhalten

Sie konnten den Namen eines Empfehlers erfahren? Dann **bedanken Sie sich** für seine unentgeltliche Verkaufsarbeit: unverzüglich, überschwänglich, möglichst persönlich – verbunden mit einer kleinen Aufmerksamkeit! Und in der virtuellen Welt? Schreiben Sie – wenigstens – einen Dank unter eine positive Bewertung! Geben Sie Ihrem Empfehler – wenn möglich – auch eine Rückmeldung darüber, was aus seiner Empfehlung geworden ist. Und: Wertschätzen Sie die Person, die Sie durch ihn kennen gelernt haben. Das kann sich beispielsweise so anhören: „Ich muss schon sagen, Sie kennen wirklich interessante, einflussreiche, angenehme Leute."

Zu aufwendig, das Ganze? Dann überlegen Sie mal, wie aufwendig die „kalte" Neukundenakquise ist! Ferner gibt es ein ganz wichtiges Prinzip: Menschen verstärken Verhalten, für das sie Aufmerksamkeit, Anerkennung und kleine Belohnungen erhalten. Denn das setzt Glückshormone frei, und diese wirken, wie schon gesagt, **wie eine Droge**. Davon will man immer mehr.

In der Folge lassen sich dann weitere Details analysieren, um empfehlungsfokussierte Aktivitäten künftig noch besser gestalten zu können. Hierzu gehören – je nach Situation, und soweit sich dies feststellen lässt – beispielsweise die folgenden **Leitfragen**:

Weitere Fragen zur Steuerung des Empfehlungsgeschäfts

- Wie hoch ist (wenn Sie Verkaufstermine machen) die Terminquote bei empfohlenem Geschäft? Und bei nicht empfohlenem?
- Wie lange dauert es bis zum Abschluss bei empfohlenem Geschäft? Und bei nicht empfohlenem?
- Wie hoch ist die Abschlussquote bei empfohlenem Geschäft? Und bei nicht empfohlenem?
- Wie teuer ist ein neu gewonnener Kunde, wenn er aufgrund einer Empfehlung kommt? Und wie teuer ist er im Fall anderer Sales- & Marketing-Aktivitäten?
- Wie hoch sind die durchschnittlichen Umsätze bei empfohlenem Geschäft? Und bei nicht empfohlenem?
- Wie stark spielen Rabatte beziehungsweise Sonderkonditionen eine Rolle bei empfohlenem Geschäft? Und bei nicht empfohlenem?
- Mit welcher Wahrscheinlichkeit werden Empfehlungsempfänger, die Kunde wurden, selbst als Empfehler aktiv?
- Wer spricht die wirkungsvollsten Empfehlungen aus?
- Wer sind unsere stärksten Empfehler?
- Wie markieren wir unsere Empfehler in der Datenbank?
- Gibt es unter unseren Empfehlern Meinungsführer und Multiplikatoren?
- Welche Kundenkreise und Branchen empfehlen am ehesten weiter?
- Gibt es geschlechterspezifische oder regionale Unterschiede?

Auf Basis der Ergebnisse lassen sich dann konkrete Maßnahmen erarbeiten, um die derzeitige Empfehlungsrate weiter zu steigern.

Empfehlungsmarketing ist Umsatz-Boosting

Es gibt viele gute Gründe, Mundpropaganda und Empfehlungsmarketing gezielt zu entwickeln

Wirklich empfehlungswerte Unternehmen tun sich mit Mundpropaganda ganz leicht. Denn Menschen sind für jede Hilfe dankbar, die das Risiko einer Fehlentscheidung minimiert. Empfehlungen geben unserem Hirn **„Peace of Mind“**. Und das wird – angesichts einer immer komplexeren Zukunft – bald noch sehr viel wichtiger sein.

Empfehler schenken uns Zeit. Sie machen unser Leben einfach und sicher. Sie bringen ihre favorisierten Anbieter und Marken weitläufig ins Gespräch. Sie kontaktieren gezielt und ohne Streuverluste genau die Personen, die sich für ein bestimmtes Angebot auch tatsächlich interessieren. Das tun sie unentgeltlich, glaubwürdig, überzeugungsstark – und mit **beachtlichen Abschlussquoten**.

Und das ist noch nicht alles. Im Rahmen einer experimentellen Untersuchung an der Universität Hamburg konnte nämlich nachgewiesen werden, dass sich Kunden nach Abgabe einer Empfehlung dem Unternehmen auch in stärkerem Maße verbunden fühlen. Ebenso konnte gezeigt werden, dass das Aussprechen einer Empfehlung eine positive Wirkung auf die eigene Wiederkaufabsicht hat.

So ist es also **dreifach sinnvoll**, sein Empfehlungsmarketing gezielt zu entwickeln: Es sorgt für vermehrten Bestandskundenumsatz, für eine höhere

Her mit dem WOM!

Kundentreue und schließlich für eine äußerst wirkungsvolle, kostenlose Neukundengewinnung.

Da kann man doch nur noch eines sagen: Her mit dem WOM!

Literatur

Christakis, Nicholas A./Fowler, James H.: Connected! Die Macht sozialer Netzwerke und warum Glück ansteckend ist. – Fischer, Frankfurt, 2010.

Cole, Tim: Unternehmen 2020. Das Internet war erst der Anfang. – Hanser, München, 2010.

Garnefeld, Ina: Kundenbindung durch Weiterempfehlung. – Gabler, Wiesbaden, 2008.

GDI Impulse: Die Transparenz-Revolution. – Ausgabe 2/2010.

Godin, Seth: Purple Cow. – Campus, Frankfurt/New York, 2004.

Greve, Götz/Benning-Rohnke, Elke (Hrsg.): Kundenorientierte Unternehmensführung. – Gabler, Wiesbaden 2010 .

Häusel, Hans-Georg: Boosting. – Haufe, Planegg, 2009.

Kirby, Justin/Mardsen Paul: Connected Marketing. – Butterworth-Heinemann, Oxford, 2006.

Langner, Sascha: Viral Marketing. – Gabler, Wiesbaden, 2005.

Mikunda, Christian: Warum wir uns Gefühle kaufen. – Econ, Berlin, 2009.

Oetting, Martin: Wie Web 2.0 das Marketing revolutioniert. – In: Leitfaden Integrierte Kommunikation. – G. Braun/T. Schwarz (Hrsg.), Absolit, Waghäusel, 2006.

Qualman, Eric: Socialnomics. Wie Social Media Wirtschaft und Gesellschaft verändern. – Mitp, Heidelberg, 2010.

Reichheld, Frederick F.: Die ultimative Frage. – Hanser, München, 2006.

Röthlingshöfer, Bernd: Mundpropaganda-Marketing. – DTV, München, 2008.

Rosen, Emanuel: The Anatomy of Buzz Revisited: Real-life lessons in Word-of-Mouth Marketing. – Broadway Business, 2009.

Schüller, Anne M.: Der beste Weg zu neuen Kunden. Die 25 wertvollsten Erfolgsrezepte für ein gezieltes Empfehlungsmarketing. – Hörbuch, Breuer & Wardin, 2010.

Schüller, Anne M.: Treue Kunden gewinnen und dauerhaft halten. Die 25 wertvollsten Erfolgsrezepte für Kundenloyalität und Bestandskundenpflege. – Hörbuch, Breuer & Wardin, 2010.

Schüller, Anne M.: Kunden auf der Flucht? Wie Sie loyale Kunden gewinnen und halten. – Orell Füssli, Zürich, 2. Auflage 2010.

Schüller, Anne M.: Kundennähe in der Chefetage – Wie Sie Mitarbeiter kundenfokussiert führen. – Orell Füssli, Zürich, 2. Auflage 2009.

Schüller Anne M.: Zukunftstrend Empfehlungsmarketing. – Business Village, Göttingen, 4. Auflage 2009.

Schüller Anne M./Fuchs Gerhard: Total Loyalty Marketing. – Gabler, Wiesbaden, 5. aktualisierte und erweiterte Auflage 2009.

Sonnenschein, Martin u.a.: Customer Energy. – Gabler, Wiesbaden 2006.

Surowiecki John: Die Weisheit der Vielen. – Goldmann, München, 2007.

Tapscott Don/Williams Anthony D.: Wikinomics. – Hanser, München, 2007.

Urchs, Ossi/Körner, Alexander: Mundpropaganda Marketing. – In: Leitfaden Online Marketing. – Hrsg: Torsten Schwarz, marketing-BÖRSE, Waghäusel 2007.

Wuring, Nicolette: Customer Advocacy. – Msc 2008.

ANHANG

8

AUTORENVERZEICHNIS 8

Roman Becker ist geschäftsführender Gesellschafter der forum! Gruppe mit den beiden Geschäftsbereichen forum! Marktforschung und forum! Marketing- und Kommunikationsberatung. Zu seinen Schwerpunkttätigkeiten zählen die Grundlagenforschung zu den Themen Kundenwert, Emotionale Kundenbindung, Mitarbeitermotivation, Exzellentes Management und Agenda Building sowie die Betreuung zahlreicher Unternehmen aus dem B2B-Sektor.

Stefan Berns ist Geschäftsführer der @TwittCoach & Consulting! Sie ist die erste deutsche Unternehmensberatung, die sich auf die Nutzanwendung mit und auf Twitter für KMU`s, Trainer und Coaches spezialisiert hat! Gleichzeitig ist er Gründer und Moderator der Twitter-Marketing-Gruppen auf Xing. LinkedIn, Facebook und wer-kennt-wen. Auch ist er Autor des Buch-Bestsellers „Der Twitter Faktor – Kommunikation auf den Punkt gebracht".

Dr. Andreas Bersch ist Geschäftsführer der Berliner Brandung GmbH, Autor des Blog www.facebookbiz.de. Von 1994 bis 1998 war er Leiter der Intendanz Deutschlandradio. Seit 1998 ist er selbständig. Zu den Aktivitäten gehören die Agentur Kulturpartner, das Unternehmen Data Kulturlink AG, Deutschlands führender Online Marketing Dienstleister (Newsletter, Termindatenbanken) im Bereich Kultur, sowie die Kulturclub Media GmbH mit der Community Kulturclub.de.

Michael Brandtner, Markenstratege, ist der Spezialist für strategische Marken- und Unternehmenspositionierung in Rohrbach, Oberösterreich, und Associate von Ries & Ries. Zu seinen Klienten zählen nationale und internationale Unternehmen. Neben seiner Beratertätigkeit ist er gefragter Vortragender, Autor dutzender Fachartikel, Gastkommentare und des Buches „Brandtner on Branding". Er lehrt als nebenberuflicher Lektor Produkt- und Markenpolitik an der FH Campus 02 in Graz (www.michaelbrandtner.com).

Tim Cole, das „Internet-Urgestein" war einer der ersten Journalisten in Deutschland, die sich mit Online-Themen beschäftigt haben – unter anderem als Chefredakteur des „Net-Investor" und Co-Moderator der Sendung „eTalk" auf n-tv. Seine Bücher „Erfolgsfaktor Internet" und „Das Kunden-Kartell" haben vor allem Nichttechnikern gezeigt, wohin die Reise geht. Als Analyst von Kuppinger Cole + Partner ist er heute einer der Vordenker bei der Lösung des Problems der Online-Identität.

Dr. Jens Cornelsen absolvierte eine Ausbildung zum Betriebswirt VWA bei der Kali & Salz AG in Kassel. Danach studierte er Betriebswirtschaftslehre an der Friedrich-Alexander-Universität Erlangen-Nürnberg mit anschließender Promotion zum Thema „Kundenwertanalysen im Beziehungsmarketing" im Jahre 1999. Danach war er als International Manager und Leiter Kundenzufriedenheit bei der GfK Marktforschung, Nürnberg, tätig. Seit 2005 ist er Geschäftsführer der defacto research & consulting GmbH.

Fabian Dörr ist wissenschaftlicher Mitarbeiter am Institut für Marketing an der Universität St. Gallen. Seine Forschungsschwerpunkte liegen im Bereich der Customer Centricity. Er arbeitet in Forschungsprojekten unter anderem mit BMW, Phonak und der Graubündner Kantonalbank zusammen.

Klaus Eck, der Kommunikationsberater berät Unternehmen im Online Reputation Management und setzt hierbei auf Influencer Relations. Eck Kommunikation unterstützt Marken beim Aufbau und bei der Pflege einer eindeutigen Positionierung und Social Media Strategie. Sein PR-Blogger.de ist seit mehr als sechs Jahren das erfolgreichste deutsche Fachblog zur Online-Kommunikation. Klaus Eck ist zudem ein gefragter Social Media-Experte, Redner und Interviewpartner.

David Eicher ist Geschäftsführer der Münchner webguerillas – die Agentur für alternative Werbeformen. Parallel ist er als Dozent für Alternatives Marketing an der FH Erding und der Akademie des deutschen Buchhandels tätig. Gemeinsam mit Jörg Lackner und Gunther Weis gründete er 1997 die Werbeagentur „Robert & Horst“, 2000 dann den ersten Spin-off, die webguerillas.

Prof. Dr. Franz-Rudolf Esch ist Inhaber der Professur für Betriebswirtschaftslehre mit dem Schwerpunkt Marketing an der Justus-Liebig-Universität Gießen und Direktor des Instituts für Marken- und Kommunikationsforschung, Gießen (www.imk-giessen.de) sowie Gründer und wissenschaftlicher Beirat von ESCH. The Brand Consultants, Saarlouis (www.esch-brand.com).

Christian Maria Fischer aus Düsseldorf ist seit nunmehr zehn Jahren Experte für Presse- und Öffentlichkeitsarbeit. Als Inhaber des Presse- und PR-Büros, leistet Fischer für innovative Unternehmen Pressearbeit auf Erfolgsbasis. Unter www.pr-kampagnen.de/pr_im_mittelstand.pdf hat Fischer den kostenlosen PR-Ratgeber „PR im Mittelstand“ veröffentlicht.

Dr. Werner T. Fuchs studierte Germanistik und Theologie. Nach verschiedenen Tätigkeiten im In- und Ausland wechselte er 1989 in die Werbung. Stark von den Ideen des Franzosen Jacques Séguéla beeinflusst, gründete er 1999 Propeller Marketingdesign. Seit über zwanzig Jahren beschäftigt sich Werner T. Fuchs intensiv mit den Neurowissenschaften und zählt heute zu den führenden Spezialisten für Neuromarketing und Storytelling. Bestsellerautor und Gewinner der schweizerischen Marketing-Trophy.

Thorsten Hahn ist Geschäftsführer des Start-Up-Unternehmens Bankingclub GmbH. Seine Arbeit als Trainer brachte ihm unter anderem den Internationalen Deutschen Trainingspreis 2003 und den Trainingspreis in Gold ein. Im Januar 2005 gründete der diplomierte Kaufmann den Bankingclub, eine Netzwerk Community für Banker und Finanzdienstleister. Im Businessnetzwerk „Xing” moderiert Thorsten Hahn das größte Onlineforum für Banker in Europa, welches er 2004 gegründet hat. Seit August ist sein neues Buch, „77 Irrtümer des Networkings”, auf dem Markt.

Dr. Hans-Georg Häusel ist Dipl. Psychologe und Vorstand der Gruppe Nymphenburg Consult AG, München. In der Marketing-Hirnforschung und ihrer Übertragung auf Fragen des Konsumverhaltens, Marketings und Marken-Managements zählt er weltweit zu den führenden Experten. Er ist Mitglied im wissenschaftlichen Beirat der Zeitschrift „NeuroPsychoEconomics“ und Dozent an der Hochschule für Wirtschaft in Zürich. Auf internationalen Veranstaltungen ist er ein gefragter Keynote-Speaker.

Dennis Herhausen ist wissenschaftlicher Mitarbeiter am Institut für Marketing an der Universität St. Gallen. Seine Forschungsschwerpunkte liegen in den Bereichen Marktorientierung, Strategisches Innovationsmanagement und Multichannel Management. Er arbeitet in Forschungsprojekten unter anderem mit BMW, Henkel und Phonak zusammen.

Christian Holsing, Dipl.-Kfm., studierte Betriebswirtschaftslehre mit den Schwerpunkten Marketing und Statistik an den Universitäten Bielefeld und Wien. Praxiserfahrungen sammelte er unter anderem durch eine kaufmännische Ausbildung bei der EDEKA und als Junior Marketing Consultant bei der Information Resources GmbH. Seit 2007 ist er wissenschaftlicher Mitarbeiter am Lehrstuhl für Marketing an der FernUniversität in Hagen und promoviert zum Thema „Such- und Kaufverhalten im Internet“.

Felix Holzapfel ist Geschäftsführer der deutschen Niederlassung von conceptbakery. Die Agentur ist auf die Entwicklung alternativer Marketingstrategien für Unternehmen in Deutschland und den USA spezialisiert – sowohl für große namhafte Anbieter als auch für KMU. Er hat sich einen Namen als Autor und Co-Autor mehrerer Bücher gemacht und ist gefragter Referent für unkonventionelles, digitales und medienübergreifendes Marketing.

Karsten Kilian, Dipl.-Kfm., hat Markenlexikon.com aufgebaut. Nach seinem BWL-Studium an der Universität Mannheim und der University of Florida arbeitete er mehrere Jahre als Consultant bei Simon-Kucher & Partners. Neben seiner Forschungstätigkeit an der Universität St. Gallen lehrt er seit vielen Jahren als Hochschuldozent. Karsten Kilian ist Autor unzähliger Fachartikel und Buchbeiträge. Er berät Unternehmen in Markenfragen, leitet Management-Seminare und hält regelmäßig Vorträge auf Konferenzen und Kongressen.

Thomas Kilian leitet die Werbeagentur Thoxan GmbH, Agentur für neue Medien, in Ostwestfalen und hat sich auf die Neukunden-Gewinnung im Internet spezialisiert. Der studierte Germanist hat ein Faible für Neue Medien, professionelle Texte und freches Marketing. In seinem Buch „Der Igel-Faktor" zeigt er, wie die Akquise im WWW gelingt.

Kai Harald Krieger, Dipl.-Kfm., ist wissenschaftlicher Mitarbeiter an der Professur für Marketing von Prof. Dr. Franz-Rudolf Esch an der Justus-Liebig-Universität Gießen sowie Projektmitarbeiter am Institut für Marken- und Kommunikationsforschung, Gießen.

Alexander Körner ist Experte für strategisches Marketing und Business Development. Sein Fokus liegt auf Marketing 2.0 – der Weiterentwicklung strategischer Marktbearbeitung sowie marktorientierter Unternehmensführung aufgrund der Implikationen von Social Media. Der diplomierte Betriebswirt ist seit 2002 geschäftsführender Gesellschafter der lemon5 - fresh consulting gmbh mit Sitz in Offenbach und berät Unternehmen wie Ferrero, Vorwerk und T-Mobile zu Marketing 2.0. Als Autor von Fach- und Buchbeiträgen sowie als Referent äußert er sich zum aktuellen Paradigmenwechsel im Marketing.

René Kulka ist E-Mail-Marketing-Consultant bei der optivo GmbH, einem Komplettanbieter im E-Mail-Marketing aus Berlin. Der Diplom-Kaufmann verantwortete von 2006 bis 2009 bei der Essener Direktmarketing-Agentur DZ-Media das Affiliate- und E-Mail-Marketing. Seit September 2009 steuert er bei optivo den Wissenstransfer und berichtet auf blog.optivo.de über Trends, Tipps und Tricks rund um effektives E-Mail-Marketing.

Mirko Lange ist Inhaber und Geschäftsführer von talkabout. Nach dem Studium der Wirtschaftswissenschaften und der Jurisprudenz in Berlin und München begann er seine berufliche Laufbahn in der Unternehmens-Beratung „DGM". Nach einem einjährigen Auslandsaufenthalt und einem Aufbaustudium zum Fachwirt Public Relations wurde Lange Berater in der PR-Agentur „PR Partner (GPRA)", die er 1999 als Mitglied der Geschäftsleitung verließ, um talkabout zu gründen. Seine Spezialgebiete sind „Wertschöpfung durch Kommunikation" und Social Media.

Dirk Maass ist Diplom-Betriebswirt und wurde 2000 Gesellschafter und Geschäftsführer der Benchpark GmbH & Co. KG, Betreiberin von Benchpark.com. Mit monatlich 15.000 Besuchern zählt Benchpark.com zu den bedeutendsten Business-to-Business Empfehlungsportalen im deutschsprachigen Raum. Mehr als 8.000 Teilnehmer empfehlen und bewerten fortlaufend über 4.000 Anbieter aus derzeit 24 Branchen.

Dr. Martin Oetting ist einer der wenigen auf Mundpropaganda spezialisierten Marketingexperten in Europa. Als Director Research leitet er mit Rob Nikowitsch, Torsten Wohlrab und Karsten Hoffmann die Münchner trnd AG – den einzigen allein auf Word-of-Mouth Marketing spezialisierten Anbieter in Deutschland. Seine Doktorarbeit zu Word-of-Mouth Marketing ist 2009 unter dem Titel „Ripple Effect" erschienen; er betreibt das größte deutsche Word-of-Mouth-/Viral-Marketingblog unter dem Namen ConnectedMarketing.de.

Stefan Oßwald arbeitet seit Mai 2009 als Corporate Social Media Consultant bei talkabout communications gmbh. Zuvor studierte er im Bachelor-Studiengang der Hochschule Mittweida Medientechnik. Nach seinem Studium sammelte er bei myON-ID Erfahrungen im Social Media Marketing. Auch privat ist er aktiv in Netz unterwegs: Seit 2006 betreibt er erfolgreich sein eigenes Weblog. Weiterhin referiert er regelmäßig über Jugendkommunikation im Netz.

Thomas Patalas ist Gründer und Inhaber der Agentur MAKS-Marketing und Kommunikationsservice, die Unternehmen berät, die ihre Kunden mit außergewöhnlichen Kommunikationsmaßnahmen erreichen wollen. Er ist seit mehreren Jahren Lehrbeauftragter der Heinrich-Heine-Universität Düsseldorf sowie IHK-Dozent. Zuvor war er Senior Consultant für Stadtmarketing-Projekte bei „Heinze und Partner", wo er Vermarktungskonzepte für Städte und Regionen entwickelt hat.

Mark Pohlmann ist Gründer und Inhaber von MAVENS Empfehlungsmarketing. Er gilt als Vordenker partizipativer Marketingmodelle, die den Kunden nicht nur als Empfänger verstehen, sondern ihn als Multiplikatoren aktiv einbeziehen. Zuvor hat der studierte Historiker und gelernte Journalist die Unternehmenskommunikation des Internetdienstleisters SinnerSchrader geleitet und den Bereich „Online Conversations" aufgebaut. Pohlmann ist Mitinitiator der von SinnerSchrader veranstalteten „next conference" und verantwortet seit 2006 deren Programm.

Marco Ripanti entwickelt mit seinem Unternehmen ekaabo GmbH den Internetdienst Your Internet ID. Seit über zehn Jahren ist der gelernte Wirtschaftskorrespondent und Betriebswirt eBusiness außerdem im Bereich Weiterbildung aktiv. Seine größte persönliche Leidenschaft ist das Leben und Arbeiten im Social Web. Dieses möchte er mit Your InternetID demokratischer und transparenter machen.

Emanuel Rosen ist der Autor der Bestseller "The Anatomy of Buss" (2000) und "The Anatomy of Buzz Revisited" (2009). Für seine Arbeit zum Thema Werbung erhielt er den Bronzenen Löwen des Internationalen Werbe Festivals in Cannes sowie mehrere nationale Preise. Rosens Arbeit wurde im Time Magazine, bei CNN, im Economist, der Harvard Business Review und anderen Publikationen erwähnt. Zum Thema Buzz hält er weltweit Vorträge. The Anatomy of Buzz „hat es geschafft, selbst ziemlich viel Buzz zu generieren", wie Business Week Online bemerkte. Das Buch schaffte es auf die Business-Bestseller-Liste des Wall Street Journals und ist heute in zwölf Sprachen erhältlich.

Bernd Röthlingshöfer ist Fachjournalist und Autor mehrerer Bücher zu den Themen Werbung, Marketing, Mundpropaganda und Virales Marketing. Besonderer Schwerpunkt ist die Beschreibung neuer Marketingmethoden (Marketeasing) sowie Werbung für Existenzgründer, kleine und mittlere Unternehmen. Seit 2007 ist er Chefredakteur des Fachinformationsdienstes „WerbePraxis aktuell" und des Newsletters „Werbe-&PR-Profi". Zuvor arbeitete er als Texter, Creative Director und Geschäftsführer in verschiedenen Werbeagenturen Er lebt in Berlin, sowie in Schlier bei Ravensburg.

Peter Sawtschenko – der international renommierte Wirtschaftsexperte gilt als der führende Praxisexperte für Positionierung und Marktnischenstrategien. Er berät Unternehmen, unter anderem auch in den USA, Österreich, der Schweiz, Polen, Tschechien, die eine nachhaltige Stärkung und Verbesserung der eigenen Marktposition anstreben. Er ist Gewinner des Strategiepreises 2007 und wurde mit dem Conga Award als einer der „10 besten Referenten und Trainer" ausgezeichnet.

Dr. Björn Schäfers ist Geschäftsführer von smatch.com, der größten deutschen Produktsuche für Mode, Wohnen und Lifestyle. Die mehrfach ausgezeichnete Produktsuche nutzt Social Shopping- und Personalisierungs-Komponenten, um Nutzern individuell passende Produktempfehlungen zu geben. Er ist Autor zahlreicher Artikel zum E-Commerce und Herausgeber der Bücher „Die eCommerce-Gewinner" und „Preisgebote im Internet".

Dr. Martin Schirmbacher ist renommierter Fachanwalt für IT-Recht bei HÄRTING Rechtsanwälte in Berlin. Der Schwerpunkt seiner Tätigkeit und seines IT-Rechtsteams ist die Beratung und Betreuung von national sowie international tätigen Unternehmen bei allen Angelegenheiten im Zusammenhang mit Technologien. Er berät beispielsweise Softwareunternehmen bei Vertragsverhandlungen, prüft Online-Geschäftskonzepte und Marketingideen.

Dr. Holger Schmidt ist seit 1997 Wirtschaftsredakteur der Frankfurter Allgemeinen Zeitung (F.A.Z.) und schreibt dort vor allem über die Themen Internet, Social Media und Telekommunikation. Zudem ist der promovierte Volkswirt seit 2002 Internet-Koordinator der F.A.Z. und seit 2007 als bloggender „Netzökonom" im Social Web aktiv. Als privates Projekt betreibt er die Twitter-Empfehlungsseite Tweetranking.com. In einem nächsten Schritt soll daraus ein sozialer Filter für die Informationsflut auf Twitter werden.

Prof. Dr. Marcus Schögel ist Direktor des Instituts für Marketing an der Universität St. Gallen. Seine Forschungsschwerpunkte liegen in den Bereichen Strategisches Marketing, Channel Management, Innovation Driven Marketing und Interaktives Marketing. Er arbeitet in Forschungsprojekten u.a. mit BMW, Henkel, Phonak, PricewaterhouseCoopers, McKinsey, TUI und Microsoft zusammen.

Dr. Andreas Schöler ist Inhaber von DR+SCHÖLER markt. organisation. entwicklung. Er unterstützt Unternehmen bei Markt- und Organisationsforschung und begleitet Projekte zur kundenorientierten Unternehmensentwicklung. Er war wissenschaftlicher Mitarbeiter von Prof. Dr. Bernd Stauss am Lehrstuhl für Dienstleistungsmanagement an der Katholischen Universität Eichstätt-Ingolstadt und ist Lehrbeauftragter an der Ludwig-Maximilians-Universität München.

Marcel Schreyer ist Marketingberater und Inhaber der marketing-agentur comma5 aus Waiblingen bei Stuttgart. Der Jungunternehmer hat die Agentur bereits 2006 während seines Studiums als Diplom-Wirtschaftsingenieur (FH) gegründet. Seine Schwerpunkte sind Online- und Social-Media-Marketing.

Anne M. Schüller ist Management-Consultant und gilt als führende Expertin für Loyalitätsmarketing. Die Diplom-Betriebswirtin und neunfache Buch- und Bestsellerautorin zählt zu den gefragtesten Keynote-Speakers im deutschsprachigen Raum. Sie arbeitet auch als Business-Trainerin und lehrt an mehreren Hochschulen. Ihr Buch „Kundennähe in der Chefetage" wurde mit dem Schweizer Wirtschaftsbuchpreis 2008 ausgezeichnet. Zu ihren Kunden zählt die Elite der deutschen, schweizerischen und österreichischen Wirtschaft.

Dr. Torsten Schwarz ist Herausgeber des Standardwerks „Leitfaden Online-Marketing" und gilt in der Branche als führender Experte für Online-Kundengewinnung und -bindung. Er ist Autor von zehn Büchern, mehrfacher Lehrbeauftragter und gehört laut der Zeitschrift acquisa zu den Vordenkern in Marketing und Vertrieb. Schwarz ist Herausgeber des Fachinformationsdienstes Online-Marketing-Experts und des Dienstleisterverzeichnisses Marketing-Börse.de. Der Online-Pionier war Marketingleiter eines Softwareherstellers und berät heute internationale Unternehmen. Als Trainer wurde er von der Dialog-Akademie DDA als „Dozent des Jahres 2009" ausgezeichnet.

Daniel Stenger, Dipl.-Kfm., ist externer Doktorand an der Professur für Marketing von Prof. Dr. Franz-Rudolf Esch an der Justus-Liebig-Universität Gießen.

Ossi Urchs studierte Philosophie, Theaterwissenschaft und Politikwissenschaft. Seit 1982 betreibt er gemeinsam mit Sigi Höhle die F.F.T. MedienAgentur, die Unternehmen bei der Entwicklung ihrer Web-Strategien unterstützt. Seit 1992 Entwicklung und Konzeption im Bereich interaktiver Kommunikation und Internet-Anwendungen. Daneben verfasst Ossi Urchs seit 1986 zahlreiche Beiträge in Fachbüchern und Zeitschriften zu Digitalen Medien, Interaktiver Kommunikation, Online-Marketing, E-Commerce, Web 2.0 und Social Networks.

Harry Weiland ist Inhaber von casestudies.biz. casestudies.biz ist der führende Spezialist für Referenzmarketing. Der Anbieter mit Sitz in Hamburg unterstützt Unternehmen, mit Referenzen neue Kunden zu gewinnen. Harry Weiland ist gelernter Journalist mit Stationen bei Touristik Report, werben & verkaufen und SPIEGELnetAG. casestudies.biz wurde 2003 gegründet.

Elita Wiegand begann ihre journalistische Laufbahn bei der NRZ. Danach war sie über zehn Jahre beim WDR Hörfunk und Fernsehen als Reporterin, Moderatorin und Redakteurin tätig. 2003 hat sie ihre Firma, die e-lita GmbH und den Business-Club innovativ.in gegründet. Seit März 2007 ist Elita Wiegand zudem Chefredakteurin des Düsseldorfer Wirtschaftsportals Business-on und ist als PR-Beraterin tätig.

Ed Wohlfahrt war nach seinem Studium in Salzburg als politischer Pressesprecher, später als Junior Berater bei PLEON Publico tätig. Die Erkenntnis, dass User generierte Inhalte alte Muster aus PR und Marketing zunehmend auf den Kopf stellen, führte 2007 zur Gründung der Agentur Ed Wohlfahrt PR & Social Media. Als selbstständiger Berater ist Ed Wohlfahrt heute auf Projekte in den Bereichen Corporate Social Media, Online-Reputation und Social Media Monitoring spezialisiert.

STICHWORTE 8

Online-Marketing
BERATUNGSBRIEF VON TORSTEN SCHWARZ
AUSGABE 1/2009 – JANUAR
www.Online-Marketing-Experts.de
Die fünf Pflichten des Onlinemarketings
INHALT
hakromedia
EXPERT-SITES
anmelden
ADTECH